패션 Fashion
Accessories
액세서리

패션 Fashion
액세서리 Accessories

Celia Stall-Meadows 지음

김용숙 · 김정숙 · 유숙희 · 권수애 · 최해주 옮김

Σ 시그마프레스

패션 액세서리

발행일 | 2008년 3월 3일 1쇄 발행

저자 | Celia stall-meadows
역자 | 김용숙, 김정숙, 유숙희, 권수애, 최해주
발행인 | 강학경
발행처 | (주) 시그마프레스
편집 | 박명숙
교정·교열 | 장은정

등록번호 | 제10-2642호
주소 | 서울특별시 마포구 성산동 210-13 한성빌딩 5층
전자우편 | sigma@spress.co.kr
홈페이지 | http://www.sigmapress.co.kr
전화 | (02)323-4845~7(영업부), (02)323-0658~9(편집부)
팩스 | (02)323-4197

인쇄·제본 | 해외정판사

ISBN | 978-89-5832-417-1

역자 서문

패션에서 의복이 차지하는 비중이 크지만 패션의 완성을 위하여 액세서리가 하는 역할은 의복의 비중을 능가한다고 본다. 그러나 우리는 교단에서 의복에 너무 많은 역점을 두었고, 패션 액세서리에 대한 관심을 적게 두었으며, 그 결과 패션 액세서리 관련 서적이 극히 적은 실정이다. 토털 코디네이션의 중요성이 커지면서 패션 액세서리 관련 서적의 필요성을 통감하고 있던 역자들은 '패션 액세서리'를 접하자마자 의기투합하여 번역을 같이 하기로 하였고, 우리는 패션 액세서리 번역 작업에 몰두하여 하나의 작은 결실을 볼 수 있게 되었다. 우리는 이 번역작업을 하면서 패션 액세서리 아이템 관련 용어가 명확히 정의되어 있지 않고, 외래어를 너무 많이 사용하고 있는 사실에 당면하였다. 이 점은 앞으로 개선해 나가야 할 중요한 문제라 할 수 있다.

이 책은 대학교 의류학과 패션디자인, 패션마케팅, 패션 머천다이징, 패션 리테일링 등 과목의 보조 교재로, 패션 산업 현장에서 상품 기획이나 디자인을 담당하는 사람들에게 많은 도움을 줄 수 있을 것으로 기대한다. 특히 패션 액세서리 산업은 취업 기회가 풍부하고 성장 가능성이 큰 분야이기 때문에 이 책을 공부하는 학생들이 패션 액세서리에 많은 관심을 갖고 보다 적극적으로 관련 분야에서 취업하기를 기대한다.

앞으로도 이 책의 내용을 보완하고, 패션 액세서리 산업의 발전을 위하여 많은 관심을 갖고 노력할 것을 약속한다. 끝으로 이 책을 출간해 주신 (주)시그마프레스의 강학경 사장님과 이상덕 차장님께도 깊은 감사를 드리고 싶다.

2008년 2월
역자 일동

저자 서문

이 책에서는 패션 액세서리를 다루고 있다는 분명한 전제를 뛰어넘어, 정장 구두와 우산 사이에는 어떤 유사성이 있을까? 가죽 벨트와 다이아몬드 반지 사이에는? 이것은 모두 서로 다른 재료로 만들어졌다—어떤 것은 재단 후 바느질했고, 또 다른 것은 성형해서 만들었다. 어떤 액세서리는 10년 이상의 라이프사이클을 갖고 있으나, 어떤 것은 한 계절만 착용된다. 그러나 같은 사회, 경제, 정치, 환경 영향 속에서 형성되었기 때문에 유사성이 분명히 존재한다. 이 책에서 이들 요인들은 서로 영향을 주고, 서로 얽혀서, 모든 액세서리 범주를 묶는 붉은 실을 만들어 낸다.

표적 독자

이 책은 대학에서 의류 머천다이징과 마케팅을 공부하는 학생들에게 여성용, 남성용, 어린이용 패션 산업에서 액세서리 범주의 중요성에 대한 자세한 정보를 제공하고자 한다. 패션 머천다이징 기초과목을 수강한 학생들에게 적합한 과목이다. 2년제 대학 2학년생과 4년제 대학 2~3학년생에게 적당하다. 또 이 책은 복식사, 최신 트렌드와 이슈에 관한 교과목에 도움을 줄 것이다. 관련 액세서리 상품을 판매하는 소매상에서 직원 교육용 또는 참고자료로 사용하여도 유용할 것이다.

목 표

이 책의 목표는 다음과 같다.

- 패션 액세서리 산업에 대한 흥미를 불러 일으키고 취업 기회를 제공한다.
- 학생들이 자신이 전공하는 분야에 도전하게 해준다.
- 중요한 패션 액세서리 범주에 대하여 전반적으로 살펴볼 수 있게 한다.
- 하나의 산업 단위가 다른 단위에 어떤 영향을 주는지 보여준다.
- 액세서리에 대한 역사적 요소와 현대적 요소에 대한 전체적 개관을 제공하여 학생들이 다가올 패션 트렌드를 예측할 수 있는 능력을 길러 준다.
- 패션 관련 프로그램을 졸업하는 학생들에게 상품 지식을 주어 경쟁력을 길러 준다.

요소

이 책은 액세서리 개론, 재료, 범주와 같이 3부로 구성되었다. 제1부는 패션 액세서리 개론으로 제1장과 제2장에서 액세서리 산업과 취업 기회를 소개하였다. 또 모든 액세서리 상품 개발에 따르는 주요 단계를 설명하였고, 제2부는 패션 액세서리 재료이며 제3장, 제4장, 제5장, 제6장에서 액세서리 제작에 사용되는 여러 가지 소재를 소개하였다. 여기에는 텍스타일류, 잡화, 트리밍, 가죽, 금속, 보석 등이 포함되었다. 제3부는 패션 액세서리 범주이며, 제7장, 제8장, 제9장, 제10장, 제11장, 제12장, 제13장, 제14장, 제15장에서 착용하거나 들고 다니는 모든 패션 액세서리에 대하여 포괄적으로 설명하였다.

제7장 : 신발

제8장 : 핸드백, 개인용 소품, 벨트

제9장 : 양말류

제10장 : 스카프, 타이, 손수건

제11장 : 모자, 헤어 액세서리, 가발, 헤어피스

제12장 : 장갑, 우산, 안경

제13장 : 파인 주얼리

제14장 : 코스튬 주얼리

제15장 : 시계

취업

패션을 공부한 학생들이 취업할 수 있는 기회가 다양한 점은 패션 액세서리 산업의 매력적인 면이다. 이 책에서는 패션 액세서리 산업에 대한 전반적인 소개를 하므로 학생들이 산업의 복잡한 구조를 파악할 수 있게 도와 준다. 경쟁력 있는 고용인을 많이 필요로 하며, 대학 졸업생들의 기대감은 전보다 훨씬 높아졌다—텍스타일, 잡화, 트리밍 생산자와 조달업체, 디자이너와 스타일리스트, 생산감독, 마케팅, 광고 및 홍보 담당자, 바이어, 패션 코디네이터, 디스플레이 디자이너, 인사부, 판매원 등이 있다. 근본 방침은, 우리는 옷과 액세서리를 만들지만, 패션을 판매해야 한다.

감사의 글

나의 가족과 친구들이 이 책을 만드는 데 정신적으로 후원해 주고 용기를 북돋아 주었다. 나는 나의 가족—Kendall, Faye, Kendra, Elaine—에게 감사 드린다. 나의 부모님과 형제 자매들이 보내준 격려와 사랑에도 감사드린다.

내 강의를 수강했거나 현재 수강하고 있는 학생들도 내 강의 노트를 책으로 출판하도록 도움을 주었다. 여러분들이 패션 산업체와 일상생활에서 성공적으로 일하는 것을 바라보는 것은 내게 큰 즐거움이고 내가 학생들을 가르치는 큰 이유이다.

가족 및 소비자학 분야의 동료와 이 분야의 연구자들도 이 책을 만드는 데 도움을 주었다. 이들에게서 나는 학문을 배웠고, 또 같이 공부한 분들도 있다. 특히 Northeastern State University에 재직하시는 동료와 친구들에게 특별히 감사의 말씀을 보내고 싶다.

이 책을 준비할 때 도와주신 분들이 몇 분 더 있다. 풍부한 출판 경험이 있는 페어차일드의 편집자와 직원들에게도 깊은 감사를 보내고 싶다. 이 책의 집필을 시작할 때 Sylvia Weber는 힘찬 역할을 Roberta Moore는 꼼꼼하게 편집을, Olga Kontzias, Mary McGarry, Beth Applebome, Amy Zarkos, Suzette Lam, Priscilla Taguer, Adam Bohannon 등은 이 책의 전개에 대한 비평 단계에서 많은 도움을 주셨다. Bina Abling은 이 책의 내용과 잘 맞는 삽화를 그려 주셨다. 나의 멘토이자 동료인 Tana Stufflebean에게도 감사드린다.

출판사에서 선정하여 이 책을 검토하고 도움을 주신 다음 분들에게도 감사드린다.

Leo Archambault, Mount Ida College; Martha Barker, University of Massachusetts-Amhearst; Betsey Davis, Florida Community College; Virginia H. Elsasser, Centenary College; Ellen Goldstein, Fashion Institute of Technology; Debra McDowell, Southern Mississippi State University; Sarah Moore, Eastern Michigan University; Patricia Morrison, Berkeley College; Karen Schaeffer, University of Delaware; Sue Sharp, University of Southern Mississippi; Tana Stufflebean, University of Central Oklahoma; Phyllis Tortora, Queens College(emerita); Marilayn Van Court, Mississippi Gulf Coast Community College; Lauretta Welch, Florida State University.

이 책을 만드는 데 도움을 주신 모든 분들에게 감사드린다.

Celia Stall-Meadows

Contents

패션 액세서리의 범주 **03**

제 1 부

패션 액세서리의 개관

제 1 장

패션 액세서리 산업

"옷을 잘 입고 싶은 사람은 전혀 시간을 들이지 않은 것처럼 보이기 위하여 많은 시간을 투자한다."

— 챌리 크레이(Charlie Cray), 월스트리트 저널–미국 배우 더글러스 페어뱅크

"변덕스러운 젊은 고객들은 자신이 좋아하는 옷과 쇼핑 장소를 매주 바꾸지만, 항상 액세서리를 쇼핑목록의 맨 위쪽에 적어놓을 것이다."

— 멜라니 크레터(2000년 2월 14일), WWD 매직/주니어 액세서리, 26쪽

⊚ 액세서리 산업의 개념

액세서리 산업은 실리적이거나 옷을 장식하거나 보완해 주는 패션 아이템을 포함한다. 예를 들면, 우산을 사용하는 주요 목적은 비나 태양으로부터 보호하는 데 있지만, 우산 디자이너는 소비자의 **토털룩**(total look)을 창출할 수 있는 우산의 색이나 스타일을 결정하기 위하여 패션 산업에 관심을 둔다. 액세서리 산업은 디자이너, 소재와 부품 생산자, 제품 제조업자, 패션 액세서리 유통업자나 판촉담당자 사이의 네트워크로 구성되어 있다.

 패션 액세서리 산업은 가격 범위가 1달러 이하부터 수억 달러에 달하는 제품을 생산하는 세계적인 산업으로 미국 액세서리 산업의 규모는 250억 달러 이상이다. 간단한 판타롱 길이의 스타킹부터 수공으로 보석을 넣은 시계에 이르기까지 액세서리 산업은 의류산업의 흐름과 민감하게 연결되어 있다.

 생산을 살펴보면 이 산업의 국제적 규모를 분명히 알 수 있다. 독창적 영감과 디자인은 미국 회사에서 개발되는 경우가 많다. 그러나 액세서리 부품이나 제품 생산은 노동집약적이기 때문에 생산 인건비가 낮은 개발도상국가에서 생산하고 있다. 수입에 따르는 경쟁은 끝이 없으므로 미국 내 액세서리 생산자에게는 지속적인 관심사이지만, 많은 유통업자들은 수입 액세서리를 유통시킬 경우 더 많은 이익을 얻을 수 있다. 사람들은 자신이 소장하고 있는 옷을 적은 비용으로 새롭게 하기 위하여 액세서리를 선호하기 때문에 액세서리를 자주 바꾸는 소비자들에게 값싼 수입 액세서리의 소구력은 대단히 크다. 그러므로 미국 산업체의 수출품이 차지하는 비중이 적어지는 반면에 미국 내 액세서리의 소비는 증가하고 있다.

1) 패션 액세서리 산업

액세서리는 모든 의류 유통경로—전통적 제조업 소매점(백화점, 전문점, 할인점 등), 직송되는 카탈로그, 인터넷 웹 사이트—에서 볼 수 있다. 저가, 중저가, 고가, 디자이너의 명품에 이르는 모든 가격대의 액세서

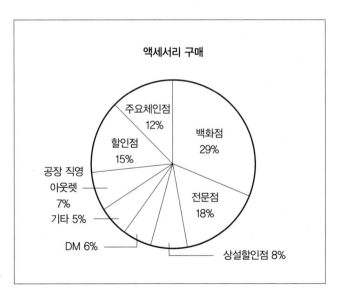

▶ **그림 1.1** NPD 그룹

리가 있다. 그림 1.1은 NPD 미국 쇼퍼 패널(American Shoppers Panel : 1998년 10월~1999년 9월)에서 1,400 개 이상의 점포로부터 얻은 자료이다. 이 도표를 보면 백화점에서 많은 양의 액세서리가 판매되고 있음을 알 수 있다.

백화점에서 패션 액세서리는 가시성이 높고 쉽게 구매할 수 있기 때문에 백화점 이익의 상당부분을 차지하고 있다. 패션 액세서리 산업의 성공은 유통수준에서 볼 때 충동구매 의존도가 높다. 소비자들은 매장의 매력적인 상품 진열대나 선반을 지나치고 나서 자신이 갖고 있는 옷을 보완해 줄 만한 합리적 가격대의 액세서리 상품을 충동적으로 선택한다. 소비자에게 매력적인 포장, 가격, 또는 진열된 액세서리로 비계획 구매를 자극하기 위하여 모든 수준의 산업들이 힘을 합하고 있다.

유통업체만 패션 액세서리를 판매하여 높은 이익을 올리는 것이 아니라, 이미 의류를 판매했던 회사에게도 주요 수입원이 되고 있다. 요즈음 패션 매종에서는 디자이너 또는 고가격대 의류 컬렉션으로 재정적 적자를 얻는 경우가 많다. 그러나 액세서리 라인은 섬유제품 판매업자에게 부족한 이익분을 보충해 준다. 향수는 패션쇼 활주로를 재정적으로 지탱해 주기 위하여 판매되는 효자상품 역할을 해 왔으나 이제는 액세서리가 그 역할을 돕고 있다.

최근 들어 패션 산업은 재고관리를 좀 더 효율적으로 하기 위하여 컴퓨터에 의존하고 있다. 특수 추적시스템(tracking system)이 개발되어 업체 소유주가 잘 판매될 것으로 생각하는 상품을 주문하는 추정작업(guesswork)을 덜어주고 있다. 컴퓨터 프로그램은 분석가들에게 판매경향을 추적하는 관련 자료를 제공해 준다. 패션이 움직이는 방향을 이해하면 업체에서는 이상적인 상품 구색을 갖출 수 있는 기회를 더 많이 갖게 된다. 즉 적절한 시기에, 적절한 장소에, 적절한 양으로, 고객들이 지불하고자 하는 가격대로, 적절한 상품을 갖출 수 있다.

2) 액세서리의 범주

패션 액세서리는 자신이 갖고 있는 의복을 확장하고 패션 룩을 보완해 주는 장식과 기능을 수행하는 제품을 포함한다. 패션 액세서리의 소재, 질감, 색, 형태, 사이즈는 다양하다. 이 책에서는 액세서리 산업 개론, 액세서리 소재, 중요 액세서리 범주 등 3부분으로 나누었다. 이 책에 포함된 액세서리의 범주는 신발, 핸드백, 개인용 소품, 여행 가방, 벨트, 양말류, 스카프, 타이, 손수건, 모자, 헤어 액세서리, 장갑, 우산, 안경, 파인 주얼리, 모조 장신구, 시계 등이다.

3) 액세서리 연구 목적

왜 액세서리에 대하여 연구하는가에 대한 대답은 수없이 많다. 첫째, 옷과 액세서리는 함께 착용하기 때문에 이것을 따로 떼어 생각할 수 없다—한쪽이 변화하면 다른 한쪽도 보완하는 쪽으로 변화해야 한다. 소비자는 토털룩을 구매하며, 성공적인 머천다이저는 이 **토털룩**을 창출하는 방법을 알아야 한다.

둘째, 패션의 방향을 이해하기 위하여 학생들은 패션의 역사를 공부해야 한다. 작업현장에 있는 사람들을 접할 때 과거 경력이 미래를 예측할 수 있는 좋은 지표가 된다. 패션 상품의 주기도 마찬가지다. 이 책에서는 패션 액세서리의 과거를 돌아보고, 이와 같은 액세서리를 선택하여 널리 유행하게 만든 역사적 사건을 논의한다. 하나의 패션이 일단 채택되면 업주는 유행 주기를 합리적으로 예측하고 다음 트렌드를 알아낼 수 있는 능력을 갖춰야 한다. 예를 들면, 20세기 들어 여성들이 넥타이를 액세서리로 채택하여 몇 번 유행되었다. 넥타이는 전형적인 남성 패션으로 취급되었는데, 왜 여성들 사이에서 넥타이가 유행하게 되었는지 의아하게 생각할 것이다. 더 넓은 사회적 트렌드—여성들의 독단성—가 시작되는 것을 알리는 신호인가? 패션 마케터는 넥타이가 여성들 사이에서 유행하는 것을 본 후 다른 남성 전용 액세서리도 곧바로 여성들 사이에서 유행하게 될 것으로 예측할 수 있을까? 이와 같은 트렌드는 얼마나 지속될 것인가? 그 트렌드가 현재 유행하고 있을 때 이와 같은 질문에 대답하기가 쉽지 않지만, 과거 트렌드 지속기간과 스타일 유행 기간에 대하여 연구하면 현재 유행에 대하여 평행이동시켜 적용할 수 있다.

셋째, 패션 액세서리를 연구하는 학생들은 이익에 대해서 연구해야 한다. 지식을 갖추고 실무 훈련을 받은 판매원은 판매를 성공적으로 해낸다. 미국의 경우 수십억 달러에 이르는 패션 액세서리 판매고와 더불어 액세서리 범주에 대한 전문 지식을 갖춘 졸업생들은 수익을 크게 올릴 수 있다.

넷째, 액세서리 산업에는 지리적 경계선이 없으므로, 미국 내 주요 마켓 센터뿐 아니라 세계 어느 곳에서나 취업의 기회가 있다. 다른 지역으로 옮겨가기 어려운 사람들을 위하여 액세서리부는 모든 패션 점포에서 실질적으로 한 부분을 차지하고 있으며, 가내공업인 경우가 허다하다. 진취적인 사람은 인터넷을 유통채널로 하여 자신의 패션 액세서리 컬렉션을 운영할 수 있다.

패션 산업에서의 무한한 가능성은 '도전적이고, 흥미롭고, 속도가 빠르고, 보상받을 수 있다.'는 키워드로 나타낼 수 있다. 창의적인 사람은 액세서리를 디자인하고 촉진하는 업무를 선택하면 알맞고, 구성이나 제작에 관심이 큰 사람은 생산업무와 관련된 직업을 선택하면 좋을 것이다. 또한 어휘력이나 작문실력이 뛰어난 사람은 패션작가나 개인적인 판매업에 종사하면 좋을 것이다.

산업의 어느 영역에 취업했는가와 관계없이 이들은 장차 업주가 되어 다른 소비자(무역 또는 최종 소비자)에게 상품이나 서비스를 마케팅하는 위치에 오를 것이다. 또한 산업에 대한 기본적인 지식을 갖춘 사람은 사업에서 타인들의 욕구를 알아내고 이해하여 자신의 고용주가 좀 더 시장성이 높도록 만들 수 있다.

◎ 액세서리에 영향을 미치는 변인

디자이너나 중간상과 거래하는 대규모 소매상은 액세서리의 트렌드를 결정한다. 디자이너는 주요 시장의 트렌드를 파악하기 위하여 필사적으로 노력하며 새로운 액세서리를 만들어 낸다. 트렌드를 설정하기보다는 트렌드를 추종하는 디자이너들은 다른 사람의 원천적 아이디어를 좀 더 널리 수용될 수 있도록 해석하여 디자인한다. 의상 디자이너들이 액세서리 패션 아이디어에 영감을 주는 경우가 허다하다. 애국심, 동양식, 미니멀리즘, 히피풍, 글램 등과 같은 기성복의 주제는 패션을 따르는 액세서리 디자인에도 영감을 준다. 이들 '파급효과(spin-off)' 룩은 하이패션부터 중저가의 소매점과 패션 점포로 내려가며, 이러한 콘셉트는 **하향전파이론**(trickle-down theory)에 적용된다.

기술 이야기 : 실리콘 밸리가 제 7번가와 제휴하다

기술의 혁신은 액세서리에 큰 영향을 주고 있다. 안경부터 구두와 보석에 이르기까지 패션과 기술의 결합은 상호보완적이라기보다는 독특하다. 밤에 시력을 높여주고 작은 컴퓨터 스크린 역할을 하는 안경과 이메일을 주고받을 수 있는 디지털 목걸이를 상상해 보자. 전화가 왔음을 알려주는 번쩍거리는 귀걸이를 생각해 봤는가? 손바닥 크기의 PDA(Personal Digital Assistant)나 자신의 위치를 추적해 주고 여러분의 PC로 다운로드받을 수 있도록 비디오 장면을 보내주는 손목시계는 어떠한가? 발의 활동성을 높여줄 수 있도록 여러분의 스포츠 활동에 쿠션을 맞춰 주거나, 여러분의 걸음 폭이나 심장박동 또는 뜀뛰기 높이를 기록해 주는 컴퓨터가 부착된 운동화를 구입할 수 있을 것이다.

첨단 기술을 갖춘 패션업체에서는 이와 같이 착용 가능한 컴퓨터(wearable computer) 제품을 제공해 주고, 일부 제품은 고객의 욕구에 맞춤 서비스를 제공한다. 스웨덴 스톡홀름에 본부를 둔 생각하는 소재(thinking material)를 생산하는 회사에서는 원단을 사용하여 핸드폰과 같은 착용 가능한 커뮤니케이터(communicator)를 생산한다. 사진자료는 첨단기기가 설치된 핸드백을 보여 준다. 캘리포니아 서니베일에 있는 혁신적 상품을 제작하는 인비조(inViso)사에서는 유행하는 선글라스 형태의 이-셰이드(e-shade)를 생산하는데, 이것은 어디에서든 '대형 화면'의 컴퓨터를 경험할 수 있게 해준다.

착용 가능한 컴퓨터 생산업체에서는 사업상 제휴를 하기 위하여 전시회(trade show)를 개최하는데, 2001년 10월에 뉴욕시 매디슨 스퀘어 가든에서 테크-유-웨

▲ 착용 가능한 기술(자료원 : Thinking Materials)

어(Tech-U-Wear) 학술대회와 전시회가 개최되었다. 학술대회에서 스테이트-어브-더-아트(State-of-the-Art)사들은 착용 가능한 컴퓨터를 실제로 적용한 사례를 상호 교환하면서 보여주고 패널토론에 참여하였다.

착용 가능한 컴퓨터의 크기는 작아지고 비용은 적게 들어감에 따라 수요가 증가하게 되었다. 이와 같은 변화는 대단하며, 여러분은 원하는 색상만 고르면 된다!

참고문헌

Company Information. (n.d.) Retrieved Oct 5, 2001. from http://www.inviso.com; http://www.thinkingmaterials.com, and http://tech-u-wear.com

Meyer, M. (Oct. 7, 2000). Wearable technology is the Latest Fashion Revolution.

St. Louise Post-Dispatch, p. 32.

Yaukey, J. (Nov. 14, 2000). Computers to Wear. Muskogee Daily Phoenix, p.1-2C.

액세서리의 패션 트렌드가 젊은층에서부터 시작되었을 때 — 특히 저소득 가정 출신이거나 저소득층의 라이프 스타일을 따르는 젊은층 — **하향전파설**(trickle-up theory)이라 부른다. 패션 액세서리 산업의 경우 트렌드는 모든 소득계층에 있는 혁신적 십대 바이어들 사이에서 옆으로 퍼져 나가는 경우가 많다. 대량생산으로 인하여 모든 가격대의 새로운 스타일이 동시다발적으로 소개된다. 1963년에 찰스 킹(Charles W. King)은 **수평전파설**(trickle-across theory)을 제안했다. 모든 소득계층의 십대 자녀들은 자신이 좋아하는 저명인사의 영향을 받아 패션 액세서리를 많이 구입한다. 음악가나 헐리우드 명사들은 트렌드 세터이고, 십대들은 텔레

비전 쇼, 뮤직 비디오, 영화에 등장한 흥미로운 스타일 특성을 제일 먼저 채택하는 경우가 많다.

경제상황은 일반적인 액세서리와 특정 액세서리 범주의 유행에 직접적인 영향을 준다. 경제적으로 어려워지면 소비자들은 단호하게 유행 디자인의 상품을 구입하지 않지만, 저렴한 가격대의 액세서리를 사용하여 옷장을 새롭게 만들 수는 있다. 그러나 경제적으로 여유가 생기면 좀 더 패셔너블한 룩과 트렌디한 상품을 선호하게 된다. 이들 관계에 대하여 가끔 논란이 있으며 이것을 **실용적 패션 액세서리 이론**(pragmatic fashion accessary theory)이라고도 하지만, 적당한 연구 검증은 부족한 실정이다.

2001년 9월 테러분자들이 일으킨 대참사와 같은 극단적 사태로 갑자기 경제상황이 악화되면 엄청난 가격할인이나 폐업정리 등으로 액세서리 산업은 고통을 겪게 된다. 악화된 경제상황은 대참사의 결과지만 이와 같은 사건은 디자이너들이 액세서리 패션을 제작할 때 영감을 불어넣어 줄 수 있다. 예를 들면, 2001년 9월에 끔찍한 테러분자들이 미국을 공격했을 때 미국을 주제로 만든 옷이나 액세서리 상품에 대한 욕구가 분출되었고, 국가적 자존심을 나타내기 위하여 여러 가지 미국 로고와 상징물이 성이나 나이를 불문하고 유행했다.

◎ 패션의 주기

모든 유행과 함께 액세서리도 시간에 따라 진화하며 완전한 주기를 갖고 있다. 패션 주얼리, 헤어 액세서리, 양말류, 선글라스 등과 같은 많은 액세서리 범주는 기성복의 주기보다 더 짧고, 로퍼, 기본적 형태의 가죽 핸드백, 운전용 장갑과 같이 클래식한 액세서리는 의류보다 주기가 더 길다. 주기의 길이는 한 계절에서 몇 계절에 이르며, 모든 액세서리는 패션 주기를 그대로 따른다.

패션 상품의 주기(fashion product life cycle)는 소개기, 상승기, 절정기, 하강기, 폐지기 등 5단계이다. 그림 1.2는 상품의 주기곡선이며, 세로축은 수용 인원수를 나타내고 가로축은 시간을 나타낸다.

1) 소개기

소개기(introductory stage)는 소비자에게 새로운 디자인을 선보이는 것으로 하이패션 디자이너들이 만든 고가의 액세서리가 새로운 모습으로 소비자에게 첫선을 보이기도 한다. 소비자들은 텔레비전이나 사진에서 특별한 액세서리를 착용한 저명인사들을 볼 수 있다. 예를 들면, 영화배우 사라 제시카 파커(Sarah Jessica Parker)는 HBO의 'Sex and the City'에서 캐리 브래드쇼(Carrie Bradshaw) 역할을 하면서 트렌드 세팅 액세서리 몇 개를 착용했다. 디자이너 패트리샤 필드(Patricia Field)와 레베카 필드(Rebecca Field)가 담당했던 파커의 의상에는 실크 꽃, 이름표가 달린 목걸이, 모피로 가장자리를 장식한 옷 등이 있었다. 이 쇼가 패션 측면에서 흥행력이 높아졌기 때문에 디자이너 패트리샤 필드와 레베카 필드는 2000년에 액세서리 협회에서 주는 '최고 액세서리 텔레비전 프로그램(The Best Accessorized Television Program)' 상을 수상했다.

가끔 새로운 액세서리 디자인이 부자나 저명인사가 아닌 집단으로부터 길거리 패션에 등장하기도 한다.

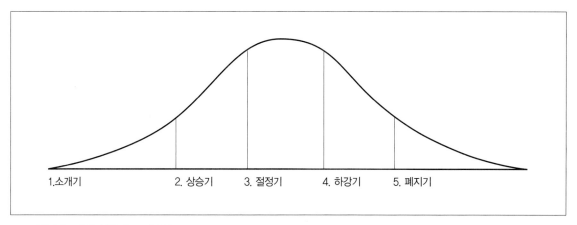

▲ **그림 1.2** 패션 상품의 주기곡선

이와 같은 예에는 볼 캡(ball cap), 문신 같아 보이는 보석, 홀치기염색으로 만든 두건, 데님 가방, 힙합 풍의
액세서리 몇 종류가 있다.

2) 상승기

패션 주기에서 **상승기**(rise stage)에는 초기 채택자 몇 명과 많은 수의 후기 채택자들이 이 패션을 수용한
다. 상승기의 전반부에 십대들이 강력한 구매력을 갖는 소비자인 경우가 많다. 이 시기에는 대다수 소비
자들이 거부할 가능성이 크기 때문에 액세서리는 한정되어 있고, 가격도 높지만, 상승기의 후반부가 되
면 액세서리 구색이 완벽해지고 정상 가격대에서 다양한 색과 사이즈을 갖추고 점포에서 판촉하기 시작
한다.

3) 절정기

절정기(culmination stage, peak stage)는 패션 추종자들이 널리 수용하는 시기이다. 이때 가격은 하락하며 점
포에서 가격할인을 광고하기 시작하는데 이 시기가 소매점 판매고가 제일 높은 시기이다. 액세서리를 원하
는 사람들은 거의 모두 소유할 수 있게 되지만, 트렌드 세터들은 현재 유행하는 상품을 버리고 새로운 유행
을 소개시킨다. 제조업자들은 기존 상품의 색을 새롭게 바꾸거나 재조립한 상품을 소개해서 절정기를 연장
시키기도 한다. 예를 들면, 1980년대 후반부터 1990년대 전반까지 케즈사에서 만든 흰색 캔버스천으로 만
든 테니스화가 유행했다. 유행이 시들해지자 이 회사에서는 유색 캔버스천으로 만든 테니스화를 소개했
고, 이어 나염 캔버스 천과 가죽으로 만든 테니스화를 소개했다. 케즈사에서는 기존 스타일을 약간 응용한
상품을 지속적으로 소개해서 패션 주기를 몇 계절 더 연장했다.

4) 하강기

하강기(decline stage)에 사람들은 그 패션을 착용하고 있으나, 점포에서는 그 재고를 없애기 위하여 잔여 상품을 정리하는 광고를 한다. 할인점이나 상설할인점에서 그 패션을 볼 수 있다.

5) 폐지기

폐지기(obsolescence stage)에 접어들면 일부 유행 지체자들이 그 패션을 착용하지만, 대부분의 사람들은 그 패션 상품을 처분하고 새로운 패션을 받아들인다. 폐점을 앞둔 아웃렛 매장에 가면 단종된 상품을 몇 가지 소장하고 있다.

🌀 액세서리와 의상

패션 액세서리와 의상 사이의 관계는 상호보완적이다. 패션 액세서리와 의상은 함께 착용하며 서로 보완적 역할을 한다. 의상에 장식이 많은 경우 액세서리는 보수적이며, 의상이 테일러드 또는 보수적인 경우 액세서리는 장식적이고 화려하다(그림 1.3).

패션의 범주는 정치, 사회, 경제적 환경과 같은 환경요인의 영향을 받는다. 의상과 액세서리 생산업자들

▶ **그림 1.3** 패션 액세서리는
의상을 보완해준다.
(자료원 : 페어차일드 출판사)

은 미국색채협회(Color association of the United States)와 같은 색채 예측기관과 의견을 같이 한다. 대부분의 경우 디자이너들은 의상과 액세서리를 함께 생산하며, 의상과 액세서리 범주에 같은 소재와 트리밍을 사용한다.

중요한 패션 트렌드는 상품 범주의 경계를 초월하고, 의상 및 액세서리 디자이너들은 이들 트렌드를 판매 가능한 형태로 분석하느라 고전한다. 이처럼 경계가 무너졌던 패션 트렌드의 대표적인 예로 1900년대 후반과 2000년대 초반에 등장했던 동물무늬가 있다. 이 무늬는 의상, 액세서리, 홈 패션 등에서 실질적으로 볼 수 있었다.

의상 디자이너들은 컬렉션에 대비하여 조화시킬 수 있는 액세서리를 만들거나, 구두 전문 디자이너 마놀로 블라닉(Manolo Blahnik)이나 모자 디자이너 필립 트레이시(Philip Treacy)와 같은 전문 디자이너를 영입한다. 의상 제조업체에서는 액세서리를 포함한 관련 상품을 다양화하고 있는 반면, 액세서리 제조업체에서는 의상 생산에 관여하고 있다.

⊚ 액세서리 마케팅과 머천다이징

성공적으로 액세서리 마케팅을 수행하려면 급변하는 액세서리 트렌드에 적응하는 능력이 중요하다. 소매상에서는 중요 트렌드를 분별해 내는 능력이 부족하므로 변화에 대한 유연성과 적응력이 중요하다. 소비자들은 트렌드를 빨리 선택하고 내던지면서 빠른 패션 변화를 요구하고 있다고 벤더(vendors)와 소매상인들은 보고한다. 벤더들은 신상품을 개발하거나 혁신적으로 전시하고 경쟁력 있게 포장하고 소비자 마음의 최전방에 기억되기를 원하고 있다. 저가격대의 액세서리 상품과 십대들의 재량소득의 증가로 인해 소비자 선호도가 급변하므로, 십대를 표적으로 하는 업체에서는 십대들은 성숙한 세대들보다 더 빨리 트렌드에 실증을 느낀다는 점을 이해해야 한다.

소매상들은 트렌디한 상품과 핵심이 되는 항상상품(staple goods) 사이의 상품 구색 면에서 균형을 잘 유지해야 하는 것은 머천다이징에서 중요한 도전으로, 선택을 압도하지 않으면서 패션 라인은 핵심 범주를 보완한다. 패드 상품들이 항상상품을 압도하는 계절도 가끔 있지만, 그렇지 않은 경우에는 갈색과 검정 가죽으로 만든 상품과 같은 핵심 범주들이 액세서리 부서를 표류하게 만들 수 있다.

교차 머천다이징(cross-merchandising), 상호교류(cross-pollination) 또는 일괄구매(one-stop shopping)라고도 하는 이 개념은 관련된 상품 일체를 소비자에게 제공하는 것을 말한다. 색, 질감, 라이프스타일, 기능, 선물하는 목적 면에서 서로 관련있는 상품이 있다. 예를 들면, 선글라스, 태양광선 가리개, 플라스틱 샌들, 머리핀, 핸드폰 전용 칸막이가 있는 핸드백과 같은 여름 외출에 유용한 단품들을 갖춘 액세서리 점포에서 교차 머천다이징이 가능하다. 이처럼 상품을 갖춰 놓으면 고객에게 완벽한 패션 룩에 대한 머천다이징 메시지를 제공할 수 있다. 이와 같은 머천다이징 형태는 경쟁 상품과 함께 머천다이징하도록 상품을 따로 따로 분리시켜 놓는 것보다 더욱 효율적이다.

점포 안에서 적용할 수 있는 또 다른 머천다이징 기법은 목표점을 설정하는 것이다. **목표점**(destination point)이란 독특한 상품, 이상적인 구색, 교차 머천다이징 전시, 일괄 구매를 하기 위하여 표적 고객들이 여기 저기 옮겨 다녀야 하는 점포 안에서의 위치를 의미한다. 이것은 가처분 용돈과 액세서리 충동구매 경향이 있는 특히 십대 시장에 소구력이 크므로, 그 상품이 처음에 놓였던 점포 내 위치에 구애받지 않고 관련된 품목들로 시선을 끌어 모으는 주요 통로의 끝에 목표점을 집중적으로 배치한다. 예를 들면, 헤어 액세서리, 인조 장신구, 수면용 마스크, 화장용 액세서리와 같은 십대들의 침실에서 흔히 볼 수 있는 교차 머천다이징 품목을 갖춘 주니어부의 출입문 옆에 목표점을 배치시키면, 그 결과 이익을 많이 남기는 액세서리 판매고는 올라갈 것이다.

8~12세 소녀들 집단인 트윈스(tweens)를 포함한 주니어 시장은 액세서리업자에게 매우 중요하다. 그 이유는 이들의 구매력과 분명한 시장의 크기 때문이다. 예를 들면, 주니어 시장은 나이 어린 소녀부터 젊은 이미지를 갖고자 하는 이들의 어머니까지 포함하는데, 이 세분시장이 커짐에 따라 소매상들은 급속도로 변화하며 참신한 상품을 갖춘 주니어 액세서리부를 개설하고 상품 라인을 확대하고 있다. 소매상 마케터의 주안점은 급속도로 변화한다는 것이며, 십대들은 자신이 그 상품을 구입하자마자 트렌드가 지나가 버린다. 주니어 액세서리 시장에서 한 액세서리 트렌드를 과잉으로 마케팅하는 것은 성공적이지 못하다.

가정 살림을 잘 돌보는 것을 강조하는 것은 액세서리부에서 자주 선정하는 주요 머천다이징 전략이다. 많은 액세서리의 물리적 특성 때문에 머천다이징 시 깔끔하게 유지하기 어렵다—고객들은 상품을 한 번 살펴보고 구입 의사결정을 하지 않은 상태에서 포장을 닫거나 접어 놓거나 제자리에 걸어 놓지 않는다. 그러므로 액세서리 연구는 단순한 상품 분석 그 이상으로, 소비자의 구매 및 쇼핑 습관, 머천다이저가 매력적이고 정돈된 전시를 할 수 있는 방법에 대하여 연구하는 것도 포함한다. 액세서리가 깔끔하고 체계적으로 전시된 경우 고객들은 상품을 좀 더 소중하게 다룰 것이다. 소매상들은 매상을 높이고자 하므로 패션 액세서리를 연구하는 학생들은 소매상 환경에 대하여 학습해야 한다.

일부 점포에서는 하나의 부서를 유지하기 위하여 외부 서비스업체와 계약을 맺기도 하고, 또 다른 점포에서는 그 부서를 유지하면서 나오는 판매고에 의존하기도 한다. 서비스 회사를 활용하는 점포에서는 비용의 15~18%를 더해서 그 품목의 소매가를 결정하고 전업 직원을 적게 고용하면 된다고 주장한다. 일부 점포에서는 매일 판매대에서 상품을 전시하고, 제자리에 갖다 놓고, 목록을 정리하는 것을 배운 1~2명의 정년을 보장받은 전업 고용인에게 책임을 맡기기도 한다.

포장은 패션 액세서리 제조업자와 소매상에게 마케팅과 머천다이징에서 중요한 동업자 기회를 제공한다. 제조업자는 독특하면서 눈에 거슬리지 않고 좀도둑 당하지 않도록 포장을 견고하게 하려고 노력한다. 머천다이즈 관점에서 애매하지 않을 정도로 눈에 거슬리지 않는 포장을 고안하고 있다. 고객들은 상품을 가까이에서 보기 위하여 커다란 라벨을 없애거나 플라스틱 상자를 열어서는 안 된다. 견고한 포장은 소비자가 상품을 꺼내면서 찢어지거나 떨어뜨려도 부서지지 않는 상자나 걸고리를 포함한다.

액세서리 마케팅에서 중요 유통경로는 전시회이다. 뉴욕에서 열리는 중요 전시회는 액세서리 서킷(Accessorie Circuit)과 액세서리더쇼(AccessoriesTheShow)이며, 이 전시회는 액세서리 마켓 위크(Accessaries market week) 중에 열린다. 소매상 바이어들이 마켓 센터를 방문하여 자신이 속한 점포에 적합한 전시회를 선택하면 그 전시회 예정시간을 알려준다(그림 1.4).

◀ **그림 1.4** 뉴욕시에서 열리는
액세서리더쇼
(자료원 : 페어차일드 출판사)

　뉴욕시에서 열리는 다른 전시회에는 패션 애브뉴 마켓 엑스포(Fashion Avenue Market Expo: FAME), 아틀리에(Atelier), 누보 컬렉션(Nouveau Collection), 팜(Femme)이 있으며, 소매상 바이어들에게 인기 있는 의상과 액세서리를 보여준다. 미국의 다른 도시에서도 마켓 위크를 갖고 액세서리 전시회를 주관한다. 시카고 어패럴 센터(Chicago Apparel Center)와 머천다이즈 마트(Merchandise Mart)(그림 1.5), 댈러스 마켓 센터(Dallas Market Center)(그림 1.6), 덴버 머천다이즈 마트(Denver Merchandise Mart), 애틀랜타의 아메리카스

◀ **그림 1.5** 시카고 어패럴 센터
(자료원 : 페어차일드 출판사)

▲ **그림 1.6** 댈러스 마켓 센터(자료원 : 페어차일드 출판사)

인물소개: 액세서리더쇼(AccessaryTheShow)

패션 액세서리 업계에서 가장 규모가 크고 역사가 긴 액세서리더쇼에는 모든 액세서리가 출품된다. 뉴욕시 재콥 재빗 컨벤션센터에서 해마다 3번 개최된다. 2000년 이전에는 패션 액세서리 엑스포라고 불렀다.

미국 내 50개 주와 세계 40개국에서 7500명의 바이어들이 쇼에 참가한다. 이들 바이어는 전문점, 부티크, 전시장 점포, 공방, 백화점, 보석상, 카탈로그상을 대표하며, 참가자의 85% 이상이 중가와 고가 상품을 구매한다. 참석한 바이어들은 짐이나 무료 음료 서비스를 제공받고 매일 경품도 받는다.

벤더들은 쇼에 참석하여 전시하면 시각적으로 보여줄 수 있어 내셔널 브랜드로 인지될 가능성이 크므로 쇼의 전시에 신경을 많이 쓴다. 쇼 진행자는 1년 내내 전시 정보를 제공하는 웹 사이트를 운영하기도 한다. 액세서리 거래에 관한 잡지 Accessaries는 다음 호에 출판할 내용을 얻고, 소비자 잡지의 편집장은 자사 잡지에 소개할 액세서리를 찾아보려고 쇼에 참석한다.

신진 디자이너와 기성 디자이너들은 전시회에서 각 특징을 드러낸다. 포장, 마케팅, 유통업자 상표에 대한 아이디어가 공론화된다. 쇼 후원사들은 '액세서리 디자인에서 부상하는 라벨'을 매수하기도 한다. '외국 전시관'에서는 유럽계 전시자들이 미국 바이어에게 패션 보석, 명품 선물, 관광상품 컬렉션을 제공한다.

마트(AmericasMart), 로스앤젤레스의 캘리포니아 마트(California Mart) 등에서도 액세서리 쇼가 열린다. 본 책의 제2부와 3부에 이들 전시회의 범주 목록을 제시하였다.

동업자조합도 많이 있다. 액세서리 각 범주마다 업체 구성원을 위한 1개 이상의 전문 동업자조합이 있다. 미국 패션 액세서리협회(National Fashion Accessaries Association: NFAA)와 패션 액세서리 운송인협회(Fashion Accessaries Shippers Association)가 여러 액세서리 분야를 대표한다.

또 다른 동업자 조합으로 미국 액세서리업자들에게 봉사하기 위하여 1995년에 설립된 액세서리협회(Accessaries Council)가 있다. 이 기구의 웹 사이트에 들어가면 액세서리 유행 방향 및 뉴스, 이벤트 캘린더, 온라인 포럼, 취업정보 등을 알 수 있다. 또 소비자에게 여러 브랜드의 액세서리 상품 웹 사이트를 알려 준다.

◉ 액세서리 제작 및 판매

패션 액세서리 업체의 4대 유통경로는 디자인, 생산, 도매, 소매이다. 액세서리는 각 단계에서 다음 단계로 팔려 가며, 최종적으로 소비자는 소매상에서 완성품을 구입한다. 디자이너는 대량생산 아이디어를 제조업자에게 제공한다. 도매상은 세계 여러 곳의 제조업자들로부터 상품을 대량 구입하여, 소매상이 선택할 수 있도록 하고, 소매상은 소비자가 필요한 만큼 구입할 수 있도록 소비자에게 편리한 장소에 자리잡고 있다. 다음은 유통경로의 흐름을 보여준다.

$$\boxed{디자인 \;\rightarrow\; 생산 \;\rightarrow\; 도매 \;\rightarrow\; 소매}$$

1) 디자인

옷과 액세서리는 함께 착용하기 때문에 이들 디자인 사이에는 긴밀한 공유영역이 있다. 의상 디자이너는 옷과 조화시켜 착용하는 액세서리 디자인에서 많은 이익을 얻을 수 있다는 가능성을 감지하기 시작했다. 액세서리 산업은 장래가 불투명하기 때문에 인기 있는 액세서리 디자이너들은 평판이 높은 의상이나 홈패션 분야로 가지를 펼쳐 나간다.

디자이너들은 지나간 패션, 신소재 섬유, 영화산업, 민속문화, 사회 · 경제 · 정치적 환경, 세계적 이벤트 등을 포함한 다양한 원천에서 영감을 얻어서 새로운 아이디어로 만들어낸다. 성공적인 디자이너는 이 원천에서 얻은 영감을 원천적 아이디어와 잘 섞어 판매 가능한 상품을 만들어내는 성향을 갖고 있다.

액세서리 디자인을 창출해 낼 때 디자이너가 쏟는 정성은 본인이 완전히 통제하는 상품부터 저명 디자이너의 이름을 허락받은 회사에서 사용하는 합법적 동의에 이르기까지 다양하다. 회사에서는 이미 결정된 안내 절차에 맞는 액세서리를 생산하고 디자이너는 매상에 따라 저작권 사용료를 받는다.

기여도가 높은 디자이너는 액세서리협회에서 주는 우수상(Accessory Council Excellence Award)을 받게 된다. 액세서리 신진 디자이너 최우수상(The Best New Accessory Designer Award)은 액세서리 디자인 분야에 처음 발을 들여 놓고 그 해에 기여도가 높은 디자이너에게 수여한다. 기타 액세서리협회에서 수여하는 상은 다음과 같다. Best Accessories Licensed Program, Best Accessorized Television Program, Consumer

▶ **그림 1.7** 나인웨스트에서 저작권을 갖고
　　있는 상품(자료원 : 페어차일드 출판사)

Fashion Magazine에서 수여하는 Best Coverage of Accessories, Best Accessories Ad Campaign, 소매상에서 수여하는 Best Accessories Visual Merchandising 등이다. 마지막으로 ACE Hall of Fame Award는 액세서리 분야에서 기여도가 가장 높은 사람에게 수여된다.

2) 생산

액세서리 생산업자는 액세서리 디자인을 대량생산 가능한 품목으로 변형시키는 역할을 한다. **생산** (manufacturing) 과정은 패턴제작, 재단, 봉제, 조합, 검사, 포장 등을 포함한다. 모든 생산공정이 한 지붕 아래에서 이루어지거나(점포 내 생산) 전문점포에서 하청 생산하기도 한다(점포 외 생산)(그림 1.7).

디자이너나 보조 디자이너들이 수작업 또는 컴퓨터 작업(CAD)으로 오리지널 패턴(original pattern)을 제작하고, 시제품이 대량생산에 적합하다고 판정되면 필요 사이즈로 그레이딩한다. 소재를 최대로 절약할 수 있도록 컴퓨터로 패턴을 그레이딩하고 패턴을 원단에 배열한 레이아웃을 만든다. 소재가 한 겹인 경우에는 가위로 자르고, 여러 겹인 경우에는 재단대 위에서 재단용 칼이나 레이저로 자른다. 봉제와 조합은 생산공정에서 가장 비용이 많이 들기 때문에 노동집약적인 액세서리인 경우 해외생산을 하기도 한다. 일단 조립이 끝나면 패션 액세서리를 미국으로 반입하여 검사와 포장과정을 거친다.

3) 도매

도매상(wholesaler)은 하나 또는 여러 계열의 액세서리를 판매하는 중간상으로, 외국 생산업체에서 상품을 사들여 미국 내 소매상에게 되팔기도 한다. 이 유형의 중간상을 수입업자라 하며, 이들은 값싸게 생산된 상품을 소매업자에게 판매하여 상당한 이익을 남긴다. 도매상은 독립적으로 몇몇 생산업자 대리인 역할을 하기도 한다.

4) 소매

소매상(retailer)은 도매상으로부터 상품을 구입하여 최종 소비자에게 판매한다. 소매상에서는 바이어를 고용하여 **도매가**(wholesale price)에 대량으로 상품을 구입한 후 소매가(retail price: 도매가의 약 2배)로 소량 또는 1개씩 판매한다. 바이어는 세계 도처에서 열리는 컬렉션 개회식과 시장에 상품을 대량으로 내다 팔 때 참석하여 자사 점포의 표적 고객에게 알맞은 액세서리를 선택한다.

소매상은 굴뚝산업의 소매점 또는 인터넷 사이트상의 가상공간으로 나뉘며, 인터넷상의 소매상을 전자상거래라 부른다. 유통경로와 관계없이 소매상의 기능은 패션 상품이 소비자에게 전달되는 마지막 시장이다.

🌀 취업 기회

패션 액세서리 산업에서는 대학 졸업생들에게 많은 취업 기회를 제공한다. 대학 재학시절에 액세서리 관련 소매상에서 일해 본 경험은 액세서리 산업을 이해하는 밑거름이 된다. '판매가 이루어지기 전에는 아무 일도 일어나지 않는다.' 라는 소매상에서의 속담을 패션 산업의 마지막인 소매상에서 일을 해 봐야 실감할 것이다.

　패션 액세서리 전공자는 대학 졸업장, 소매상에서의 경험, 업체에서 사용되는 컴퓨터 프로그램 지식, 목표지향적인 이력서와 포트폴리오 등을 갖추어야 하며, 영어와 스페인어를 동시에 구사할 수 있는 이중언어 능력은 각별히 유용할 것이다. 대학 졸업생은 회사에서 보조 또는 인턴으로 일을 시작한다. 이와 같은 초보자 업무는 전문가의 지휘하에서 그 업무를 습득할 수 있는 기회를 제공해 준다. 대부분의 패션 액세서리 업무는 흥미롭고, 여행 기회가 많으며, 수행능력에 따라 상금을 주기도 한다. 초급자 업무에 대한 설명은 다음과 같다.

1) 보조 디자이너

이 직종을 패턴사라고도 부른다. 패션 스케치, 캐드, 패턴제작, 패턴 그레이딩, 그림, 텍스타일, 기본 구성 등이 이 분야 직무수행에 필요하다. 보조 디자이너는 엑셀(Excell), 컬러매터즈(Color Matters), 포토샵(Photoshop), 일러스트레이터(Illustrators) 등과 같은 프로그램에 대한 기초지식이 필요하며, 창의성, 그리기, 조직력과 같은 자질도 필요하다. 어떤 남성용 액세서리 회사에서는 패션 트렌드를 수집하고 해석하고

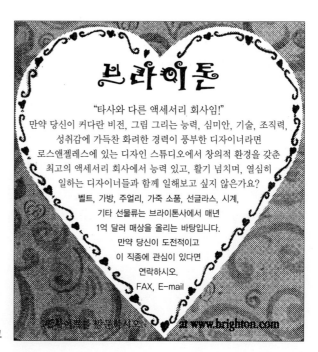

▶ **그림 1.8** 브라이톤사의 광고

의견교환할 수 있는 벨트 디자이너를 원한다고 광고했다. 보조 디자이너를 고용하는 생산업체는 시카고와 댈러스에 주로 모여 있지만, 미국의 대서양연안과 태평양연안에 있는 주요 마켓 중심지를 재배치하여 많은 대학 졸업생들에게 취업기회를 제공하고 있다.

보조 디자이너는 주임 디자이너와 함께 디자이너의 스케치를 토대로 작업 가능한 패턴을 만들어 낸다. 보조 디자이너와 패턴사는 캐드와 컴퓨터 그래픽에 관한 지식이 필요하다. 패턴으로 시제품(prototype)을 제작한다. 보조 디자이너, 디자이너, 생산 '전문가'는 그 디자인으로 대량생산했을 때 얻을 수 있는 이익을 '산출'해 낸다. **'원가계산(costing)'** 이란 소재, 트리밍, 안감, 소도구, 인건비, 이익 등을 낱개의 상품에 배정하는 것을 의미한다. 보조 디자이너는 견본 소재와 트리밍 보관실을 원단과 기타 잡동사니로 가득 채워 두어야 한다. 또 이들은 소재견본, 사진 패션 스케치로 채워진 시각자료인 스케치판이나 트렌드, 디자인을 개발해야 한다. 그림 1.8은 브라이튼사의 액세서리 디자이너를 채용하기 위한 광고이다. 브라이톤사의 액세서리에는 벨트, 핸드백, 보석, 가죽소품, 선글라스, 시계 등이 있다.

2) 생산 전문가

액세서리 생산 전문가는 제조업체와 해외생산 시 처음부터 완성품이 나올 때까지 관여한다. 대학 졸업생들이 생산 전문가로 성공하려면 생산 보조원과 같은 초보자 직무를 수용할 자세가 필요하다. 대학생들은 구성관련 과목을 수강하고 재봉틀 사용에 익숙해야 하며, 마이크로소프트 워드(Microsoft Word)와 엑셀(Excel)과 같은 프로그램도 익혀야 한다. 패션 액세서리를 전문적으로 판매하는 소매상에서의 판매 경험은 비슷한 액세서리 중에서 품질을 판별해 낼 수 있도록 훈련시켜 줄 것이다.

생산 전문가와 생산 보조원은 생산 단계를 효율적으로 조직하고 기획할 수 있어야 하며, 생산 전문가는 생산 단계별 원가를 산출해야 한다. 자원을 효율적으로 사용하기 위하여 생산 전문가와 보조원은 원단과 트리밍, 재단과 봉재, 소속사의 품질 수준 등을 정확히 알아야 한다. 생산 보조원은 주문배달, 해외 공급업자들과 의견교환, 품질관리 경청, 견본 승인 업무를 수행한다.

3) 초보 판매 대리인

초보 판매 대리인은 제조업자 편에서 마켓 전시장과 로드에서 업무를 수행하며, 소매상 바이어들에게 상품을 판매한다. 이들은 기존 구좌를 할당하고, 새로운 고객을 확보해야 한다. 재배치란 영역을 지리적으로 할당하는 작업으로 하나의 마켓 센터나 주 또는 몇 개의 주를 할당할 수 있다. 대다수 회사에서는 경력 있는 판매 대리인을 모집하지만, 일부 업체에서는 성의 있고 활동적인 대학 졸업생을 초보 판매 대리인으로 모집하기도 한다. 마켓 위크에 대학생들은 전시장에서 보조원으로 작업을 하는 경우가 있으며, 이를 바탕으로 졸업 후 일자리를 얻기도 한다. 상품이나 서비스의 유형과 관계없이 과거 판매 경험이 있으면 유리하다. 이와 같은 직종은 부분적 또는 전적으로 판매고에 따라 수입을 결정하므로 판매에 대한 이해가 필수적이며, 비즈니스와 마케팅 과목이 직무수행에 도움을 준다. 그림 1.9와 그림 1.10은 *Women's Wear Daily*에 게재된 액세서리 회사의 광고이다.

주얼리

고급 다이아몬드와 보석 주얼리 생산분야의 선두업체인 사무엘 애론 인터내셔널에서는 다음 직종에 적합한 인재를 원합니다.

판매보조원… 주얼리나 판매 경험이 있는 대학 졸업자, 판매보조원은 직접판매, 부장에게 보고하고, 목표를 수립하며, 판매 관련 업무를 보조함, 흥미롭고 성장 가능성이 큰 직종임.

주얼리 판매 지배인… 회계학 전공자로 판매 경험이 2년 이상일 것, 판매부장에게 직접 보고, 발표 준비, 상품을 준비하고 진열함, 여행 기회가 많음.

위의 직종자는 엑셀/워드에 능통하고, 월~금 근무, 휴가 있음, 국민보험, 월급은 경험에 따라 올라감.

▶ **그림 1.9** 사무엘 애론사의 광고

색엘리엇 루카

색 엘리엇 루카사에서는 북동지역을 총괄하는 뉴욕 전시장에서 전문점 회계 책임자로 일할 사람을 구합니다. 다양한 액세서리 라인 판매 경험이 필수적이고, 핸드백과 구두 판매 경험을 바탕으로 고객층 확보를 부수적으로 해야 함. 결과 지향적이고 자발적인 성품을 가진 사람은 이력서를 팩스로 보내 주시오.

▶ **그림 1.10** 색 엘리엇 루카사의 광고

4) 매장 매니저

액세서리 매장 매니저는 경력이 없는 대학 졸업생도 할 수 있지만, 대학 졸업 전에 판매 경험이 있으면 유리하다. 매니저는 종업원을 훈련시켜야 하며, 자신이 소속한 매장의 인원 배치에 책임을 겨야 한다. 또 소장하고 있는 상품, 가격인하 기록, 재고 보충, 기타 상품 관련 잡무를 책임진다. 매니저는 할당받은 판매고를 책임지며, 종업원에게 판매를 독려해야 한다.

5) 구역 판매 매니저

구역 판매 매니저는 점포 매니저에게 보고해야 하며, 여러 매장과 소속 매니저를 감독한다. 소매상 경험은 필수이고, 가장 인기 있는 졸업생은 이와 직접 관련된 분야에서 경험이 있어야 한다.

구역 판매 매니저는 그 구역의 판촉을 위하여 특별 이벤트를 기획하고, 그 구역 매니저들과 합심하여 공동 목표를 달성해야 한다. 중소규모 백화점에는 3~4명의 매장 판매 매니저가 있으며, 이들은 각각 관련된 매장들을 묶어서 관리한다. 예를 들면, 여성복 구역 판매 매니저는 액세서리 매장, 화장품 매장, 주니어, 미시, 아동매장을 책임진다.

6) 액세서리 보조 바이어

부바이어 또는 주니어 바이어라고도 부른다. 보조원은 액세서리 바이어에게 직접 보고해야 하며, 벤더에게 주문한다. 협상능력, 상품과 관련된 기본 수리 능력, 컴퓨터 다루기, 말하기, 작문 기술 등이 필요하다. 보조 바이어는 여러 마켓을 돌아다니며 상품을 선택하며, 가능한 자원을 배치하기 위하여 전화에 매달려 있기도 한다. 또 경험을 쌓으면 벤더들을 검토하고 특정 액세서리를 구매하는 역할을 하게 된다.

7) 카피라이터

패션 액세서리 카피라이터는 신문방송학과 패션을 전공하는 편이 좋다. 자국어를 전공한 카피라이터도 있다. 대부분의 카피라이터는 본사나 구매사업부에 배치받으며, 뛰어난 문법과 작문기술이 필수적이다. 대학신문사에서 경험이 있으면 유리하다. 광고, 카탈로그, 무역 및 소비자 패션 관련 출판물, 기타 홍보물을 작성한다. 예를 들면, J.C.Penny사의 본부는 텍사스 플라노에 있고, 카피라이터는 카탈로그 부서에서 직무를 수행한다. 카피라이터는 벤더와 바이어들과 협력하여 J.C.Penny사 카탈로그에 상품 설명을 작성한다.

8) 비주얼 머천다이저

이 직종은 점포 내 모든 매장의 실내를 장식한다. 점포 내외 전시, 기호나 문자, 점포 장식, 바닥, 조명 등에 대하여 책임진다. 대부분의 백화점에는 1명 이상의 비주얼 머천다이저를 고용하고 있으며, 규모가 큰 점포에서는 비주얼 머천다이저가 팀을 이루고 비주얼 매니저에게 보고한다. 대학생들은 비주얼 머천다이저의 지휘하에서 트리머(trimmer)로 일할 수 있다. 크리스마스 휴가 전과 같이 모든 점포에서 동시에 장식하고, 그 휴가가 끝나면 곧바로 철거해야 할 때 트리머가 필요하다. 지역에 있는 작은 쇼핑몰에서는 대학생들을 일시적으로 트리머로 고용하여 크리스마스 장식을 부탁한다. 또 다른 점포에서는 1달에 1번 또는 점포가 문닫은 후에 주기적으로 시간제 보조원을 고용하여 바닥과 벽에 있는 상품을 재배치한다. 비주얼 머천다이징 분야에서 일하고자 하는 학생들은 비주얼 머천다이징과 미술과목을 꼭 수강해야 한다.

9) 점포 플래너

점포 플래너는 매상을 최대로 올릴 수 있도록 최상의 위치에 상품이나 설비를 배열하는 일을 하며, 비주얼 머천다이저와 긴밀하게 같이 작업한다. 점포 플래너는 캐드로 벽 입면도와 바닥 또는 평면도를 그리는데, 소매상 머천다이저들이 이 그림을 보면 상품의 정확한 위치를 알 수 있다. 또한 점포 플래너는 점포 내 상품 배열을 알려주는 사진을 보내기도 한다.

대학 졸업생들은 본사로 옮겨가기 전에 소매상에서 실무를 익혀야 한다. 점포 플래너를 지망하는 학생들은 소매점에서 트리머, 비주얼 머천다이저, 판매원 등으로 시간제 근무경험을 쌓으면 취직했을 때 점포에서 실무 경험을 쌓지 않아도 된다.

대부분의 점포 플래너 직종은 본사에 있으며, 컴퓨터 작업을 주로 한다. 시범점포에서는 바닥 배치나 벽면 입면도를 시험해 보고, 평가하고, 개량해 본다. 점포의 위치와 관계없이 점포 플래너는 모든 점포 고객에게 회사에서 원하는 이미지를 유지하는 것을 목표로 한다.

패션 액세서리 분야 취업자의 연봉

패션 액세서리에 관심 있는 대학 졸업생들에게 흥미 있고 다양한 취업기회가 있다. 월수입은 경영학 분야를 전공한 졸업생들과 비교할 만하며, 지리적 위치, 판매고, 책임의 정도에 따라 달라진다. 현장 경험이 있는 졸업생들은 고용주와 좀 더 많은 월급을 협상할 수 있고, 고용주도 많이 배려한다. 졸업 후 낮은 직종부터 경험을 쌓기 시작하여 몇 년이 지나면 좀 더 책임을 갖는 높은 지위로 승진할 수 있다. 재학 중에 월급에 대한 정보를 많이 수집하여 졸업 후 가능한 한 많은 월급을 받도록 해야 할 것이다. 표 1.1은 다양한 패션업

▶ **표 1.1** 패션 직종별 월급

직 종		연봉의 범위(달러)
디자인	보조 디자이너/패턴사	32,000~50,000
제조업	보조 디자이너/패턴사 생산 전문가	36,000 58,000
도매업	초보 판매 대리인 고객 담당 회계 책임자	36,000 80,000
소매업	소매상 보조 판매인 머천다이징 보조원 매장 보조 매니저 소매상 관리 견습생 매장 매니저 판매 감독 점포 매니저	15,800~19,500 22,000 22,500 34,000 39,000 36,000~44,000 65,200
소매상 후원직종	액세서리 보조 바이어 바이어 카피라이터 트리머 비주얼 머천다이저 점포 플래너	31,500~45,000 42,600~60,000 32,000 22,900 28,900~35,000 55,000

자료원 : California Employment Development Department. Labor Market Information.
　　　　http://www.calmis.cahwnet.gov/file/occguide/Buyer.htm
　　　　Median Salaries for Retail Careers.
　　　　　http://www.retail.monster.com/archives/salaryguide/
　　　　Retail Career Opportunities, October 2001.
　　　　　http://www.retailrecruitersusa.com/career.html
　　　　Women's Wear Daily classified advertisements.

종사자의 월급이다. 직업을 직무에 따라 구분하였고 책임이 낮은 직종부터 높은 직종 순으로 배열하였다.

🌀 무역기구, 출판물, 전시회

이 책의 제 3부에 수록한 액세서리의 각 범주별 다양한 무역기구, 출판물, 전시회에 대하여 논의하기로 한다. 액세서리 상품은 다양하기 때문에 전문화된 무역기구가 필요하다. 예를 들면, 뉴욕에 있는 패션 신발협회(Fashion Footwear Association)와 모피정보심의회(Fur Information Council)는 크고 전문화된 액세서리 산업을 촉진하기 위하여 결성되었다. 반대로 액세서리심의회(Accessory Council), 국립 패션 액세서리협회(National Fashion Accessory Association), 패션 액세서리 운송인협회(Fashion Accessory Shippers Association)에서는 대부분의 패션 액세서리 상품을 촉진하고 무역을 후원한다(표 1.2).

이들 협회는 관련된 분야의 사업을 후원하므로 대학 졸업생들은 자신의 사업 분야와 관계 깊은 협회를 골라서 가입해야 한다. 대 정부 로비, 홍보물과 출판물 발간, 광고 캠페인, 교육 등을 후원해 준다.

사업체 직원들은 무역 관련 출판물을 볼 수 있다. 사업에 종사하는 사람들은 사업의 변화, 무역에 영향을 주는 새로운 법 제정, 기타 시장과 관련된 사건을 잘 알아야 한다. 도소매상을 대상으로 하는 사업체 광고는 자사에 도움을 주는 신상품이나 서비스를 접할 수 있게 해준다(표 1.3).

시장 동향을 파악하기 위하여 전시회에 꼭 참석해야 한다. 전시회는 미국 내 여러 지역의 중심지나 세계 주요 시장에서 개최된다. 신상품이나 서비스가 전시회에 맨 먼저 소개되므로 전시회에 참석하는 사람들은 경쟁적이다. 전시회에 참석하면 도움이 되는 사업체와 접할 수 있고, 취업정보도 얻을 수 있다(표 1.4).

▶ **표 1.2** 패션 액세서리 사업을 위한 무역기구

기 구	웹 주소	목 적
액세서리심의회	www.accessoriescouncil.org	사업 뉴스, 패션 예측, 이벤트 캘린더, 출판물 배포, 액세서리업체 간 상호관련, 개인 이력서를 무료로 보낼 수 있게 해 줌.
국립 패션 액세서리협회 (NFAA) 패션 액세서리 운송인협회 (FASA)	www.accessoryweb.com	모든 액세서리 영역을 대표함. '액세서리 판매법' 소매 안내서 출판, 수입업자와 생산자에게 정보 유포, 노동자와의 관계를 잘 유지할 수 있게 도와 줌.

▶ **표 1.3** 패션 액세서리 산업의 무역 관련 출판물

출판물	설 명
액세서리 잡지 Accessories Magazine	월간 무역 출판물 : 중가 및 모조 보석을 포함한 모든 액세서리를 포괄함.
위민즈 웨어-월요판 Women's Wear Daily~Monday	무역 관련 주간지, 페어차일드에서 출판 : 보석과 기타 액세서리에 대한 유행 정보와 사업 특성을 보도함.
위민즈 웨어-보충판 WWD Accessory Supplement	페어차일드 특별 편집판으로 보석을 포함한 모든 액세서리 유행 정보를 제공함.

▶ **표 1.4** 패션 액세서리 산업을 위한 전시회

전시회	위 치	후원업체
액세서리서킷 AccessorieCircuit	뉴욕 주, 뉴욕	ENK International
액세서리더쇼 AccessoriesTheShow	뉴욕 주, 뉴욕	Business Journals, Inc
패션 코터리 Fashion Coterie	뉴욕 주, 뉴욕	ENK International
인터메조 켈렉션 Intermezzo Collection	뉴욕 주, 뉴욕	ENK International
위민즈 웨어 데일리/매직쇼 WWD/MAGIC Show	네브래스카 주, 라스베이거스	Women's Wear Daily Men's Apparel Guild in California

◟ 요약 ◞

- 패션 액세서리는 재고관리체계가 잘 되어 있기 때문에 다른 패션 상품보다 이익을 많이 남길 수 있다. 즉 판매시기와 가까운 시점에 주문하고 패션 상품과 클래식 상품 구색의 균형을 맞출 수 있다.

- 액세서리 머천다이징에서 주요 요소는 트렌드에 맞추고, 충동적 품목을 제공하고, 라이프스타일 브랜드를 만들고, 십대를 표적으로 하고, 여러 매장의 관련 상품에 대하여 통일감 있게 전시하며, 매장의 목표점을 달성하는 것이다.

- 액세서리는 디자이너와 고가 기성복 트렌드의 영향을 많이 받는다. 액세서리 디자이너는 중요 트렌드를 표적 고객의 욕구에 알맞게 해석한다.

- 십대들은 새로운 유행을 맨 먼저 채택하기 때문에 패션 액세서리에 영향력이 크다.

- 액세서리는 정치, 경제, 사회적 분위기 등의 영향을 받는다. 경제 사정이 어려울 때 액세서리는 좀 더 보수적으로 되고, 경제상황이 활발해지면 유행지향적으로 변화한다. 기술의 혁신과 정치, 사회, 경제적 사건들은 패션 트렌드를 결정한다.

- 액세서리는 다른 패션 상품이나 소비재와 같은 패션 주기, 즉 소개, 상승, 절정, 하강, 폐지의 5단계를 거친다.

- 패션 액세서리와 패션 의류는 상호보완적이며 같은 패션 트렌드를 따른다. 패션 액세서리와 패션 의류는 같은 환경 요인과 예측 정보의 영향을 받기 때문에 같은 디자인팀에서 액세서리와 의류를 함께 만들기도 한다.

- 액세서리 마케터는 한 트렌드가 절정일 때 그 유행에 신속하게 반응한다. 유연성과 참신성이 머천다이징의 핵심이다.

- 액세서리 구색은 패션과 핵심라인 사이에서 균형을 이루어야 모든 표적 고객들이 적절하게 선택할 수 있다.

- 교차 머천다이징은 일괄구매라고도 하며, 관련 상품들을 목표점이라 부르는 단일 전시공간에 모아 놓은 것을 말한다. 이처럼 전략적으로 통행이 빈번한 목표점은 규모와 구매력이 큰 십대를 유인한다.

- 액세서리 매장 경영은 필수적이다. 점포 내부 또는 점포 외부 용역회사에서 이러한 임무를 수행해 준다. 좀도둑을 방지하기 위하여 눈에 잘 띄지 않게 미리 튼튼하게 포장해 두면 매장 관리에 도움이 된다.

- 전시회는 패션 액세서리 신상품 정보를 널리 알리는 중요한 방법이다. 주요 마켓 센터에서는 마켓 위크 중에 액세서리 전시회를 유치한다. 일부 전시회에서는 폭넓은 액세서리 분야를 취급하고, 일부 전시회에서는 귀금속 전시회와 같이 특정 품목을 취급한다.

- 액세서리 종류별 동업조합이 있다. 조합에서는 최종 고객 정보를 널리 알리거나 업체 사이의 관계를 맺게 해준다. 일반 액세서리 동업조합에는 국립 패션 액세서리협회(National Fashion Accessories Association), 패션 액세서리 운송인협회(Fashion Accessories Shippers Association), 액세서리협의회(Accessories Council)가 있다.

- 패션 액세서리 사업은 4개의 주요 경로, 즉 디자인, 생산, 도매, 소매로 나누며, 상품이 최종 소비자에게 닿을 때 각 단계에서 판매가 이루어진다.
- 생산, 도매, 소매, 점포 보조분야에서 취업 기회가 있다. 관련 분야에서 일해 본 경험이 있는 대학생은 졸업 때까지 판매 기술과 지식을 갖춰야 한다.

핵심용어

원가계산(costing)

교차 머천다이징
  (cross-merchandising)

절정기(culmination stage)

하강기(decline stage)

목표점(destination point)

패션 상품의 주기
  (fashion product life cycle)

소개기(introduction stage)

생산(manufacturing)

폐지기(obsolescence stage)

실용적 패션 액세서리 이론
  (pragmatic fashion accessory
  theory)

소매가(retail price)

소매상(retailer)

상승기(rise stage)

스트리트 패션(street fashion)

수평전파설
  (trickle-across theory)

하향전파설
  (trickle-down theory)

상향전파설(trickle-up theory)

도매가(wholesale price)

도매상(wholesaler)

복습문제

1. 다른 패션 상품과 달리 패션 액세서리는 이익을 많이 남길 수 있을까?
2. 과학기술의 발전은 액세서리 산업에 어떤 영향을 주었을까?
3. 액세서리 상품의 주기를 들고, 그 각 단계에 대하여 설명하시오.
4. 액세서리와 의류는 어떤 긴밀한 관계를 갖고 있을까?
5. 패션 액세서리 트렌드와 패션 의류 트렌드 사이에 어떤 차이가 있을까?
6. 패션 액세서리에 영향을 미치는 트렌드에는 무엇이 있을까?
7. 교차 머천다이징과 목표점 머천다이징은 무슨 의미인가?
8. 주니어와 십대 시장이 패션 액세서리 산업에서 중요한 의미를 갖는 이유는 무엇인가?
9. 액세서리 포장은 어떻게 변천했으며, 그 이유는 무엇일까?
10. 패션 액세서리를 전공하는 학생들이 선택할 수 있는 취업 분야에는 무엇이 있나?

응용문제

1. 잡화점, 대형할인점, 상설할인점을 방문하시오. 점포에 진열된 액세서리에 목표점 또는 교차 머천다이징 기법을 적용하였는지 평가하시오. 여러분이 발견해 낸 상품 유형의 특성을 기록하고, 자신이 찾아 낸

것을 평가하시오. 그 분야에서 성공하기 위한 자신의 전략을 1페이지 분량으로 간결, 다양성, 주제, 위치, 포장, 가격점, 성공 가능성 등에 대하여 기록하시오.

2. 액세서리 매장을 방문하여 그 영역의 액세서리에 대하여 간단하게 평가하고 개선방안에 대한 보고서를 작성하시오.

3. 소집단을 만들어 패션 잡지를 정독하고, 의상과 액세서리의 주요 트렌드에 대하여 논의하시오. 의상과 액세서리 사이의 관계와 현재 나타나는 현상에 대하여 구두 발표하시오.

4. 패션 주기곡선의 5단계를 그리고, 잡지나 카탈로그 광고에서 패션 주기의 각 단계에 있는 사진을 2장씩 총 10장 선정하고 이들을 해당 위치에 놓으시오.

5. 테크노 – 패션 웹 사이트를 방문하여, 웨어러블 컴퓨터 상품 목록을 작성하시오. 자신이 작성한 결과를 수업시간에 동료들과 나누어 갖고 종합 목록을 작성하시오.

6. 인터넷이나 도서관에서 취업 기회를 찾아보시오. 패션 액세서리 관련 직종의 급료를(표 1.1)의 평균 급료와 비교하시오. 자신이 작성한 결과를 수업 시간에 동료들과 나누어 갖도록 하시오.

제2장

상품 개발

텍사스 주 댈러스 시 마켓 센터에서 해마다 봄에 개최되는 '취업의 날' 행사에 패션과 실내장식을 전공한 수많은 학생들이 트렌드 보드 경진대회에서 서로 경쟁한다. 패션 그룹 인터내셔널의 댈러스 분과에서 해마다 봄에 주관하는 '취업의 날'에 미국 내 수천 명의 대학생들이 몰려든다. 트렌드 보드 경진대회에서는 텍사스에서 재배한 천연섬유를 사용하는 것이 특징이다. 이 경진대회를 통하여 대학생들은 상품 개발과정의 창의성을 실질적으로 체험하고 장차 고용주에게 자신의 역량을 보여줄 수 있다.

패션 액세서리 산업에는 매우 다양한 범주가 있으며, 액세서리 제작과 관련된 단계는 매우 다양하다. 그러나 각 단계별 공정이 다른 경우에도 대부분의 범주는 비슷한 상품 개발 단계를 거친다.

디자이너가 한 계절의 라인이나 컬렉션을 만들 목적으로 영감과 스케치를 하면서부터 상품 개발이 시작된다. 색, 소재, 형태 등을 선정하고, 가격을 추정한 후 추후에 최종 결정한다. 견본을 만들고 실험해 본 후 개조하여 생산하므로 판매 대리인은 잠재적 소매상 바이어에게 이 견본을 보여 주고 최종 단계에서 상품을 대량생산한다. 이윤은 생산의 전 과정과 각 단계에서 추진력이 되며, 원가는 최종 관심사이다.

🌀 라인과 컬렉션 디자인

디자이너는 기성복 패션, 전시회, 패션 서비스를 포함한 다양한 원천으로부터 영감을 얻는다. 파리에서 1년에 2번씩 열리는 쁘리미에르 클라세 액세서리쇼(Premiere Classe accessories show)는 많은 디자이너들이 새로운 트렌드를 배울 수 있는 가장 중요한 전시회 중 하나이다. 액세서리 유행은 의복 컬렉션의 영향을 크게 받는다. 계절마다 디자이너들이 발표하는 컬렉션 수가 엄청나게 많기 때문에 액세서리 디자이너가 중요한 패션 트렌드를 정확하게 해석해 낼 수 없다. 패션 서비스는 비디오, 인쇄물, 스케치, 슬라이드, 사진, 스와치 등과 함께 의류 컬렉션을 상세히 요약한 보고서를 제공해 준다. 이러한 서비스를 받아보면 디자이너는 자신이 표적하는 특정 시장에 맞아 떨어지는 주요 트렌드 요소만을 정리한 하나의 라인을 만들 수 있다.

상품 라인(product line) 또는 **라인**(line)이란 한 제조업체에서 만들어 특정 시기에 소매상 바이어에게 배송해 주기 위하여 보여주는 모든 핸드백과 같이 특정 품목의 한 형태를 지칭한다. **컬렉션**(collection)이란 핸드백이나 서류가방과 같이 관련된 품목의 집합을 지칭한다. 또 컬렉션은 디자이너나 고가 품목을 지칭하기도 한다(그림 2.1). 제조업자는 바이어들이 한 컬렉션의 모든 상품을 구매하여 점포에서 진열했을 때 시각적 효과를 최대로 낼 수 있기를 기대한다.

◀ **그림 2.1** 케이트 스페이드의 2003년 봄 컬렉션
(자료원 : 페어차일드 출판사)

라인과 컬렉션은 디자이너가 화판에 그린 일러스트나 스케치에서부터 시작하며, 많은 일러스트 중에서 가장 잘 팔릴 것으로 예측되는 상품을 선정하여 견본을 만든다. 액세서리 제조업자는 각 계절마다 완전히 새로운 라인을 생산해 내기보다는 색과 원단을 새롭게 바꾸기도 한다. 의복의 경우 1년에 4~6회 라인을 생산하지만, 액세서리의 경우 그 종류에 따라 1년에 1~5회 생산해 낸다.

1) 스타일링과 디자인하기

스타일링(styling)이란 기존의 패션에서 디테일한 부분이 변화하는 것이다. 예를 들면, 널리 사용되는 지갑은 타조가죽부터 소가죽에 이르는 여러 유형의 가죽으로 생산된다. 스타일링은 위험 가능성이 좀 낮으나, '새로운' 상품을 개발하지 않으면 침체되기 쉽다. 스타일리스트는 독특한 상품을 개발하는 디자이너보다 독창적이지 않아도 무방하다. **디자인하기**(designing)란 수작업이나 컴퓨터를 활용하여(computer aided design: CAD) 새로운 아이디어를 발상해 내는 것을 지칭한다. CAD를 활용하면 쉽게 기존의 스타일을 변화시킬 수 있으므로, 디자이너와 스타일리스트는 CAD를 사용하여 변화된 룩(look)을 손쉽게 많이 얻을 수 있다. 그림 2.2는 액세서리 디자이너 구인광고의 예이다. CAD 활용 능력이 필수적이다.

상품 개발담당자(product developer)는 판매 계절이 다가오면 어느 상품이 소매상에서 잘 판매되는지 살펴보는 스타일리스트이다. 이들은 패션 지향적인 소매상에서 유행 상품을 몇 개 구입하여 스타일링할 때 영감을 얻기 위하여 사용한다. 상품 개발담당자는 변화시킨 정도에 맞게 원단, 디자인, 트리밍, 색 등을 조화시키려 노력한다. 즉 이들은 자신의 라인을 사용하는 고객에게 어울리는 룩을 창출하기 위하여 잘 알려진 디자이너 브랜드에서 '빌려' 온다.

2) 라인 계획

라인 계획(line plan)이란 라인을 채우는 데 필요한 스타일을 개략적으로 예측하는 것이다. 중요한 룩을 적절하게 나타낼 수 있는 것이 없을까? 대규모 제조업체에서는 표적 고객의 욕구를 충족시켜 줄 수 있는 라인을 개발하기 위하여 **머천다이저**(merchandiser)로 구성된 팀이 디자인 스태프들과 함께 작업한다. 머천다이

▶ **그림 2.2** 바이어 스피거의 구인광고
(자료원 : 페어차일드 출판사)

VIA SPIGA

이탈리아의 유명한 신발 및 액세서리 회사에서는 새로 시작하는 핸드백과 가죽소품부에서 함께 일할 역동적이고 경험 있는 디자이너/머천다이저를 채용하고자 합니다. 가죽소재 작업 경험이 풍부하고 섬세한 작업에 능숙하고 캐드, 일러스트레이터, 포토샵과 같은 소프트웨어에 능숙할 것. 이력서, 자기소개서, 희망연봉을 팩스로 보내시오.

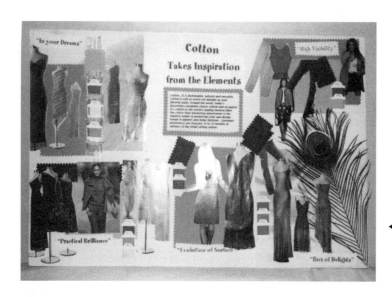

◀ **그림 2.3** 패션 그룹 인터내셔널에서 주관하고 텍사스, 댈러스 시에서 매년 열리는 취업의 날에 학생 트렌드 게시판 경진대회(자료원 : 케이트 와이드너)

저들은 판매자료와 시장조사 결과를 기초로 판매 가능성이 높은 스타일을 조정한다. 소규모 업체에서는 사장이나 디자이너가 라인 계획을 결정한다. 연구결과를 기초로 라인을 설정하면서 디자이너는 스타일 또는 트렌드 게시판에 있는 스케치에서 선택하여 마스터 작업계획을 세운다. 시각적으로 '각본'을 짜놓으면 의사결정권자들이 스타일을 가감하여 라인을 완성한다. 라인 계획을 세울 때는 과거의 실패 또는 성공 경험을 고려해야 한다(그림 2.3).

3) 색채 선택

패션 액세서리의 색채를 선택하는 작업은 디자이너들이 라인을 설정할 때 제일 먼저 결정하는 것 중 하나이다. 패션에서 색채의 주기적 유행현상은 사회, 경제, 정치, 문화적 요인의 영향을 받는다. 미국 색채협회(Color Association of the United States), 국제 인터컬러(Worldwide Intercolor), 국제색채기구(International Color Authority) 등은 디자이너들에게 유행색을 예측해 주는 서비스사이다. 팬톤(PANTONE), D₃ Doneger, 컬러박스(Color Box), 휴포인트(Huepoint), 디자인 인텔리전스(Design Intelligence)와 같은 컬러 컨설팅 서비스사에서는 중요한 계절 색채를 요약한 '보고서'를 디자이너나 생산업체에게 보내준다. 잘 알려진 팬톤 컬러체계는 디자이너들이 창작 팔레트에서 사용할 수 있도록 컴퓨터로 색채를 조화시킬 수 있는 컬러칩과 스와치를 수천 개 제공한다. 팬톤과 먼셀을 포함한 여러 컬러체계에서는 국가 간 언어장벽을 초월하여 보편적으로 체계를 조화시킬 수 있도록 숫자체계를 쓰고 있다. **트렌드 북**(trend books), **실 카드**(yarn cards), **컬러 스토리**(color story)를 사용하여 정보를 제공한다. 트렌드 북은 패션의 이동방향이나 다가올 패션의 주제(theme)에 대한 통찰력을 제공해 준다. 예를 들면, 액세서리 트렌드가 '향수(nostalgia)'인 경우, 액세서리와 의류에 걸쳐서 데님을 비롯한 면직물, 레이스, 천연색 등을 볼 수 있다. 실 카드는 다가올 계절의 유행색을 염색한 실로 만든 견본이다. 색채는 셔벗 파스텔(sherbet pastels)이나 보석 톤(jewel tones)과 같이 주제로 구분하는 때도 있다. 컬러 스토리는 다양한 의복과 액세서리에 특징적으로 나타나는 중요 유행색에 역점을 둔다.

액세서리 디자이너는 서비스 전반에 걸쳐 색채의 공통점을 알아내기 위하여 복합적 컨설팅 서비스를 신청해야 하며, 연회비는 600~1,500달러이다.

디자이너는 일단 라인 색채를 선택한 후 **색채설계**(colorways), **게시판**(presentation boards), **분위기판**(mood boards), **작업판**(work boards) 등으로 알려진 **스토리보드**(storyboards)를 준비하여 특정 색채의 주제와 계획 또는 '색감(color feeling)'을 보여준다. 스토리보드는 실루엣 라인 그림, 길거리 사진, 그림(잡지나 카탈로그에서 오려낸 그림), 페인트 카드, 트리밍과 실이나 바늘 견본, 중요 색채나 무늬를 잘 보여주는 원단 스와치 등이 특징이다. 스토리보드는 디자이너나 생산업자들이 지배적인 주제를 추적해낼 수 있도록 도

인물소개 : 미국색채협회(Color Association of the United States)

앞으로 2년 동안 사람들이 입는 옷의 색채를 예측할 수 있을까? 미국색채협회(Color Association of the United States: CAUS)에서는 놀라운 성공률로 예측해 낸다! 전문가들이 자원하여 만든 위원회에서는 실내장식, 여성, 남성, 어린이 등 네 범주로 집단화하여 색채를 예측한다. 미국색채협회는 색채 분위기를 예측할 뿐 아니라 탁상용 컴퓨터 액세서리 같은 상품군의 색채연구도 지원한다.

1915년까지 다가올 계절의 색채를 결정해 줄 수 있는 전문 기구가 없었다. 모자 생산업자들은 독일에서 염료 정보를 얻고, 파리에서 유행 정보를 얻었다. 즉 유행업체의 선두주자들로부터 단서를 얻었다. 제1차 세계대전이 일어나자 외국 패션 마켓과 교류가 제한되었고, 이때 미국의 텍스타일 생산자는 관련 업체들끼리 힘을 합해서 텍스타일 컬러 카드협회(Textile Color Card Association : TCCA)를 결성했다. 이 협회는 원사와 단추 생산업자부터 의류 생산업자에 이르는 시장의 다양한 집단에게 표준색채로 만든 컬러 카드를 1년에 2회 제공해 주었다. 모자와 양말 생산업자들도 이 서비스를 자주 이용했다. 맨해튼에 근거지를 둔 정보교환소로서 TCCA에서는 첫해에 117개 회원사와 110개 표준색채를 가졌다고 자랑했다. 미군부대도 군복, 국기, 리본, 기타 장식품에 대한 색채를 표준화하기 위하여 TCCA의 서비스를 받을 목적으로 회원이 되었다.

1940년 들어 국제 회원사를 확보하였고, 1950년대에는 홈 패션 분야로 확장시켰으며, 1960년대에는 남성복 분야로, 1980년대에는 어린이 옷 분야로 확장시켰다. 1955년에 TCCA는 미국색채협회(CAUS)로 명칭을 바꾸었다. 현재 CAUS 회원수는 1000 이상이고, 디자인회사, 텍스타일 공장, 페인트 생산업자까지 가입하고 있다.

CAUS에서는 2달에 1회 **CAUS News**라는 뉴스레터를 발간하며, 1915년부터 색채 파일을 저장해 두고, 정보를 제공하는 웹 사이트, 워크숍, 색채 관련 질문에 응답하는 컬러 핫라인, 회원들에게 개별적 상담 서비스를 제공한다.

CAUS에서는 세계 여러나라의 관심 있는 학생들에게 인턴십을 제공하고 있다. 인턴들은 자신이 관심 있는 분야에 대하여 독창적 연구를 수행한다. 인턴들은 유행색을 해석하고 마켓 캠페인 하는 것을 배운다. 이들은 매주마다 박물관을 방문하여 CAUS 회원들과 의견을 나누고 도와준다.

참고문헌

Color information (n.d.) Color Association of the United States. Retrieved Sept. 19, 2001 from the World Wide Web at http://www.colorassociation.com/docs/copy2a.html

Jarnow, J. and Dickerson, K. (1997). Inside the Fashion Business. Upper Saddle River, NJ: Merrill, an imprint of Prentice Hall.

와준다. 디자인 시즌이 다가오면 이 스토리보드는 창의적 작업판 역할에서 잘 판매되는 상품 라인 게시판으로 바뀐다. 거버사(Gerber Technology)에서는 스토리보드 출판업자용 소프트웨어를 제공하여 디자이너들이 스토리보드 제작용 모형에 사진, 원단, 라인 스케치, 내용 등을 삽입하도록 한다.

색채에 대하여 논할 때 디자이너들은 3요소인 색상, 명도, 채도를 얘기한다. **색상**(hue)은 빨강과 같이 특정 색을 지칭하며, **명도**(value)는 벽돌빛 빨강이나 베이비 핑크 같은 색의 명암을 의미한다. **채도**(chroma) 또는 **순도**(intensity)는 선명하고 밝은 핑크나 둔탁한 청색과 같이 색의 선명함이나 둔탁한 정도를 의미한다.

먼셀의 색채이론은 좀 더 복잡한 컬러체계로, 하나의 색채를 색상, 명도, 순도에 따라 3차원으로 표시한다.

특정 색채 용어를 사용하면 생산에 관련된 사람들 사이에서 의견교환이 정확하게 이루어진다. 디자이너는 다른 나라에 있는 생산업자와 의견을 교환하여 색채의 한 요소를 변화시켜야 할 경우가 있다. 예를 들면, 명도를 20% 줄이거나, 채도를 10% 더 선명하게 변화시켜야 할 경우가 있다. 틴트(tint) 또는 셰이드(shade)는 특정 색채를 지칭하는 용어이다. **틴트**(tint) 또는 **파스텔**(paetel)은 흰색이 더해진 색상을, **셰이드**(shade)는 검정색이 더해진 색상을 지칭한다. 예를 들면, 베이비 청색은 청색 틴트이고, 네이비 청색은 청색 셰이드이다.

디자이너는 새로운 라인을 만들 때마다 색채를 변화시키지 않는다. 한 계절에 잘 팔리는 색채는 다음 계절에도 잘 팔릴 것으로 예측된다. 현명한 디자이너는 이미 검증된 사실에 의존한다. 또한 이들은 트렌드에 관심을 두고 갱신될 때까지 기다리지만, 자신이 작업한 것을 버리지는 않는다.

4) 소재 선택

패션 액세서리 재료에는 원단, 플라스틱, 가죽, 밀짚, 돌, 금속, 목재 등이 있다. 최종 용도, 가격대, 스타일, 그 소재를 구할 수 있는가 등을 고려하여 소재를 결정한다. 패션 산업에서 원단은 길이로 재서 판매하는 **피륙**(piece goods) 또는 천이라 부른다. 원단을 고를 때는 섬유 조성과 외양, 필요한 길이, 야드당 가격, 텍스타일 공장의 위치, 배송에 걸리는 시간과 신뢰도, 수입과 수출 할당량, 해외생산에 따르는 원가 등을 고려한다. 소재는 잘 포장된 상태로 공급 또는 주문이 이루어진다.

액세서리 소재 선택 시 고려해야 할 사항에는 단위당 가격(예, 지퍼), 파운드당 가격(예, 깃털과 가죽), 내구력, 소재의 구매 가능성, 운반 또는 수입에 따르는 원가 등이 있다. 표 2.1은 플라스틱 손잡이와 면 안감

▶ **표 2.1** 면과 나일론으로 만든 손가방을 만드는 데 필요한 소재의 원가

직사각형의 금속틀	4.00달러
마당 5.00달러짜리 나일론 원단 3/8마	1.88달러
마당 4.25달러짜리 면직물 3/8마	1.59달러
95달러짜리 플라스틱 손잡이 2개	1.90달러
소재 원가 전체	1.90달러

▲ **그림 2.4** 핸드백의 경우 형태가 판매에 결정적 영향을 미친다.(자료원 : 페어차일드 출판사)

이 있는 나일론 손가방에 사용되는 소재의 원가를 보여 준다.

5) 형태 고르기

핸드백이나 신발과 같은 액세서리 범주의 경우 디자인을 고려할 때 형태가 매우 중요하다(그림 2.4). 형태를 고를 때 디자이너는 과거 판매실적, 현재 유행, 기능 면에서 필요사항, 다가올 패션 트렌드, 표적 고객의 기호 등을 고려한다. 예를 들면, 핸드백 디자이너는 지난 계절에 잘 팔렸던 형태와 비슷한 지갑모양을 개발한다. 과거 판매실적을 살펴보면 특정 형태의 패션 주기를 알 수 있다. 디자이너는 잘 알려진 형태의 **스타일 분석**(style out analysis)을 진행한다. 이 작업은 브랜드와 관계없이 고객에게 널리 소구력 있어 보이는 특정 디테일을 파악할 수 있는 단서가 된다.

핸드백의 기능적 요소에는 손잡이, 주머니, 작은 주머니 등이 있다. 이들 요소는 생산 원가를 더 지불하게 하며 핸드백의 최종 형태에 영향을 준다. 액세서리 크기가 커지는 트렌드일 때 디자이너는 기본 형태를 바꾸지 않고 그 비례대로 확대시키는 경우도 있다. 표적 고객이 10~12세 또는 주니어인 경우 디자이너는 작은 체형을 보완할 수 있도록 핸드백 크기를 축소시키기도 한다. 트렌디하거나 최첨단 유행을 추구하는 디자이너는 새로운 형태를 즐겨 도입한다. 그러나 좀 더 보수적인 디자이너는 이미 검증된 형태에 계절적 감각을 약간 추가한다.

◎ 생산 공정

액세서리 제조업자는 팔리지 않는 상품도 생산하지 않을 수 없다. 이들이 최선을 다하는 데도 불구하고 발생하지만, 상품 실패율을 줄이고 이익을 남기기 위하여 생산 공정에 예비 생산단계를 두는데, 이 단계에서 생산 전에 바이어에게 상품을 살펴보고 주문을 받아 볼 수 있는 기회를 준다. 회사에서는 새로운 라인을 전개했을 때 이익을 확보하기 위하여 상품의 가격과 원가를 계산한다.

1) 시제품과 라인 작업용지

스케치에서 새로운 상품 디자인을 선택하고 나면 **시제품**(prototype)을 생산하여 원가와 판매 가능성을 평가한다. 액세서리를 대량생산하기 전에는 수천 번의 의사결정을 한다. 시제품을 만들면 제조업자는 생산에 따르는 질문에 대답할 수 있게 된다. 이 디자인은 작업이 가능한가? 소재, 트리밍, 인력 면에서 필요한 것은 무엇인가? 조립작업은 효율적인가? 맞음새는 어떠한가?

시제품을 수정하여 의사결정권자들이 만족한 후, 소매상 바이어에게 그 계절 라인으로 보여주고 판매 대표부에 보내기 위하여 견본을 더 많이 만든다. 기술의 발달에 따라 회전 가능한 3차원의 컴퓨터 이미지를 만들어 일부 판매 대표부에 견본 대신 보내기도 한다.

상품의 3차원 견본이 꼭 필요하지 않은 경우에는 디자인을 **라인 작업용지**(line sheet)에 그리기도 한다. 제조업자들이 판매 시즌에 대비하여 제시한 각 스타일에 대한 사진이나 간단한 라인으로 표현한 그림을 이 용지에 그린다. 각 스타일에 대한 간단한 일러스트와 함께 스타일 번호와 이름, 간단한 설명, 색상 로트, 생산 가능한 사이즈, 도매 가격(별도의 용지에 기입하지 않았을 경우) 등이 적혀 있다. 일부 라인 작업용지에는 일부 바이어를 위하여 간단한 정보만 제시하기도 하지만, 작업용지가 바이어 주문서와 함께 붙어 있는 경우도 있다. 그림 2.5는 미식축구모자의 간단한 라인 작업용지와 주문서의 예이다.

바이어가 상품을 선택하면 소매상 바이어들로부터 적절한 이익을 남길 수 있는 스타일만 대량생산한다. 주문을 조금 받은 스타일은 라인에서 제외되며, 이 작업을 **라인 편집**(editing line)이라 한다. 판매 대표부에서는 취소된 스타일을 주문한 바이어와 접촉하여 좀 더 판매 가능성이 높은 스타일을 주문하도록 유도한다.

100% 면 능직 원단 #18862-스타일 #4317 미식축구 모자

색상 번호	색상명	사이즈	도매가(달러)	소매가(달러)	수량	도매/소매
1A	연한 데님색	1(O/S)	12.00	25.00		
2A	중간 데님색	O/S	12.00	25.00		
3A	짙은 데님색	O/S	12.00	25.00		

◀ **그림 2.5** 라인 작업용지와 주문서

2) 예비 원가 계산

생산에 앞서 원가를 계산할 때 디자이너, 견본 제작자, 생산전문가 또는 기술자가 함께 회의를 한다. 이들은 견본이나 모델을 기초로 원가를 대략 계산한다. 이 회의를 진행하면서 이들은 필요한 원단, 트리밍, 기타 부속품의 양을 추정한다. 이 값은 정확하지 않지만 하나의 디자인 생산 여부를 결정하는 데 중요하다.

3) 사양서

사양서(specification)에는 하나의 디자인을 생산하는 방법을 정확하게 설명하는 결정적인 통계 값을 적는다. 신발과 같은 액세서리는 정확하게 세세한 설명이 필요하지만, 겨울용 스카프와 같은 편성물을 비롯한 일부 액세서리는 약간의 오차가 허용된다. 사양서에는 액세서리에 대한 상세한 스케치나 시각 자료와 여러 각도에서 본 상세한 계측 값이 적혀 있다. 많은 액세서리는 영어를 사용하지 않는 해외에서 생산하는 경우가 많기 때문에 각 상품에 대하여 정확하고 이해하기 쉽게 시각 자료를 제시해야 한다.

4) 생산

제3장에서 각 액세서리의 생산에 대하여 논의할 예정이다. 그러나 공통적으로 볼 수 있는 보편적인 단계가 있으며, 일반적으로 각 단계마다 인건비를 계산한다. 다음은 각 단계에 대한 설명이다.

- 패턴 제작(pattern making)　패턴사는 손이나 컴퓨터를 사용하여 시각적 디자인을 패턴으로 만들어 낸다.
- 그레이딩(grading)　그레이딩은 한 사이즈의 패턴을 여러 사이즈로 전환하는 작업이다. 숙련공이 수작업으로 정확하게 진행했으나, CAD 프로그램을 이용하면 짧은 시간에 할 수 있다.

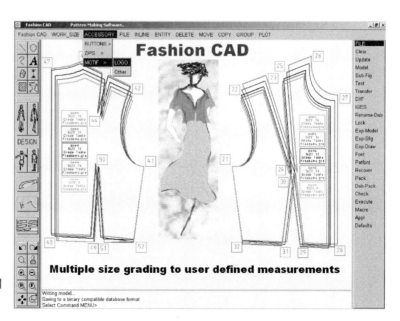

▶ **그림 2.6** 컴퓨터에 의한 패턴 그레이딩(자료원 : 패션 캐드)

- **마킹**(marking) 패턴 조각을 원단 위에 효율적으로 배열하는 작업이다. CAD를 이용하며, 패턴 조각을 잘라내는 순서를 플로터로 직접 프린트해 낼 수 있다.
- **재단**(cutting) 소재의 형태나 가격에 따라 재단 단계가 다르다. 예를 들면, 가죽 핸드백의 경우 가죽에서 결점이 있는 곳을 피해서 재단해야 하기 때문에 한 겹의 가죽을 놓고 잘라낸다. 그러나 직물로 가방을 만드는 경우 직물을 여러 겹을 겹쳐 놓고 재단한다.
- **조합**(assembling) 봉재, 접착제로 붙이기, 틀에 찍어 내기 등과 같은 조합작업은 노동집약적이기 때문에 미국 밖의 개발도상국가에서 생산하는 경우가 많다. 조합이 이루어지는 곳이 원산지이다. 생산공들은 생산한 상품의 수나 시간당 작업량을 기초로 임금을 받는다. **성과급**(piecework) 제도를 채택하면 작업효율과 속도가 높아지나, 모든 상품을 처음부터 끝까지 조립하는 방법보다 보수가 낮다. 패턴사, 그레이딩 작업사, 마킹 작업사와 같은 생산공들은 시간당 임금을 받거나 월급을 받는다.

5) 생산 계획

생산의 각 단계마다 마감시간이 있다. 생산 계획은 각 단계마다 지켜야 할 마감시간과 해야 할 일을 요약한 상세한 시간표이다. 액세서리는 관련 의상과 동시에 시장에 출시되어야 한다. 패션은 금방 지나가 버리기 때문에 생산의 한 단계에서 지체되면 **정가로 완판**(full-price sell-throughs) 상품이 **할인가**(discounted prices)로 판매될 수 있다. 곧 소매상의 판매 성공과 관련된다. 한 액세서리를 최대로 이익을 남기고 판매할 경우 정가로 완판했다고 한다. 그러나 소매상에서 세일 기간 전에 할인가로 판매할 경우 할인 판매했다고 한다. 소매상들은 배달 기한을 꼭 지키고 이를 어길 경우 주문을 취소한다.

6) 최종 원가 계산

최종 원가 계산(final costing) 과정에서는 모든 생산공정 비용과 이익을 세밀하게 계산해야 한다. 원가와 관련된 특수 요인에는 소재, 부속품, 인건비, 포장비, 관리비, 도매 할인, 세금, 이익 등이 포함된다. 작은 단추부터 파이핑 재료비 또는 사용한 안감이나 패션 소재에 이르는 모든 요소를 계산에 포함시켜야 한다. 이것이 도매가이며, 이 원가는 소매상에게도 부과된다. 표 2.2는 실크 넥타이 원가를 상세히 계산한 예이다.

7) 가격 산출

액세서리가 아무리 잘 팔려도 제조회사의 도매가격대 안에서 생산할 수 없거나 이익을 남기지 못하면 더 이상 대량생산해서는 안 된다. 제조업자들이 **최저 이익 보장선**(bottom line profit margin)에 관심이 큰 것과 같이 소매상도 관심이 크다. 점포의 바이어는 액세서리 라인을 완판하고도 점포에 이익을 가져오지 못하는 라인을 한 가지도 구매해서는 안 된다. 표 2.3은 표 2.2의 실크 넥타이에 대한 점포의 원가, 현금할인(청구서 대금을 조속히 지불한 경우), 가격 인하(정가로 판매가 부진한 경우), 운영비(월세, 임금, 광고비 등), 세금, 이익 등을 상세히 보여 준다. 액세서리의 소매가는 도매가의 약 2배이다.

▶ 표 2.2 실크 넥타이 최종 원가 계산서

소재	5.38달러
부속품 : 봉사/안감	.70달러
인건비	5.18달러
포장	.72달러
관리비	4.19달러
도매 할인(현금 거래시)	1.17달러
세금	.81달러
이익	1.35달러
총도매 원가	19.50달러

▶ 표 2.3 실크 넥타이 소매가 분석

도매 원가	19.50달러
현금거래시 6%미만 할인	1.17달러
가격 인하(정가로 판매가 부진할 때)	4.65달러
점포 운영비(월세, 월급, 광고비 등)	14.70달러
세금	.97달러
이익	1.35달러
총도매 원가	40.00달러

◉ 생산 시 고려사항

모든 생산 공정이 한 지붕 아래서 이루어지지는 않는다. 생산 단계의 일부는(흔히 재단 또는 조립) 점포 밖, 국내 또는 국외에서 이루어진다. 사실 액세서리 중 한 라인의 생산은 완전히 국제적이라 할 수 있다. 예를 들면, 미국에서 디자인하고, 인도에서 제직된 원단을 재단하여, 방글라데시에서 봉제한 후, 멕시코에서 자수를 놓고, 미국 소매상으로 들여와 판매된다. 국제적으로 생산될 때 통제하기 어렵지만 생산의 모든 단계마다 품질관리가 분명히 이루어져야 한다.

1) 내부 생산

내부 생산(internal manufacturing)이란 점포 내부 또는 회사 내부에서 하나의 스타일을 생산하는 것이다. 제조회사는 생산 설비를 갖추고 액세서리 조립에 대한 품질관리를 철저히 할 수 있다. 내부 생산의 단점은 기계에 대한 비용을 엄청나게 투자해야 한다. 작은 회사는 비싼 기계를 지속적으로 사용하여 많은 양을 생산할 수 없다. 모자 공장과 같이 아주 작은 회사에서는 디자이너가 시작부터 끝까지 액세서리를 만들어 낸다. 그러나 작업의 형태는 대량생산 스타일이 아닌 특정 디자인 또는 개인별 맞춤식이다.

2) 외부 생산

외부 생산(external manufacturing)이란 대량생산을 하기 위하여 점포 외부나 외부 업자에게 하청을 주는 것이다. 주문량이 엄청나게 많거나 산발적인 경우 회사에서는 외부 점포에서 상품을 조립해 올 수 있다. 일부 패션 액세서리의 경우 선반에 놓아 두는 시간이 짧기 때문에 가능한 한 빠른 생산 방법을 선택하는 편이 유리하다. 외부 생산의 단점은 품질관리에서 제약을 받는 점이다. 하청 회사의 요구조건에서 벗어나도 품질 기준을 꼼꼼하게 살펴보기 어렵다. 예를 들어, 트리밍을 다른 품목으로 대체하거나 색이 약간 다른 것을 사용한 것과 같은 품질상 문제점이 가장 빈번하게 일어난다.

외부 점포는 국내 또는 해외에 위치할 수도 있다. 생산의 봉제와 조립 단계는 노동집약적이므로 인건비가 저렴한 개발도상국가에 외부 점포를 두는 경우가 많다.

3) 국내 생산

국내 생산(domestic production)은 액세서리 생산 설비가 미국 내에 위치하고 있는 것을 말한다. 미국의 회사들은 외국 생산자에 비하여 가격 경쟁력이 낮으나, 빠른 작업 시간으로 경쟁한다. 많은 미국 내 제조업자들은 공급망 관리(supply chain management) 개념을 적용하고 있다. 이 전략은 양말이나 스타킹과 같은 항상상품에 대하여 미국 내 생산에 대한 자부심 위원회(Crafted with Pride in the USA Council)의 지원을 받는다. 공급망 관리는 텍스타일 공장, 제조업자, 소매상 사이의 상호협조를 바탕으로 한다. 미국 내 텍스타일 공장은 국내 액세서리 제조업자에게 신속하게 주문을 처리해 주고, 액세서리 제조업자는 국내 소매상에게 신속하게 주문을 처리해 준다. 판매가 이루어지면 이 자료는 텍스타일 공장과 제조업자에게 전달되어 재고가 신속하게 채워진다.

4) 해외 생산

해외 생산(offshore production)은 외국 공장에서 액세서리를 생산하는 것이다. 저임금에도 일하려는 사람들이 많은 개발도상국가에서 해외 생산이 이루어진다. 미국 내 회사들은 자체 생산설비를 갖추고 있거나 외국에서 생산한 상품을 수입하는 하청생산을 한다. 멕시코는 운송비가 적게 들고, 1994년 1월에 **북미자유무역협정**(North American Free Trade Agreement : NAFTA)이 체결되었기 때문에 해외 생산 기지로 부상하고 있다. 북미자유무역협정은 북미대륙의 3국가—멕시코, 미국, 캐나다—사이의 무역을 활발하게 촉진시키는 무역프로그램이다. 북미자유무역협정은 미국과 멕시코, 미국과 캐나다 사이에서 할당 상한제와 관세를 없애는 데 그 목적이 있다.

할당제와 관세는 일부 상품의 수입을 제한하기 위한 합법적인 방법이다. **수입관세**(import tariff) 또는 **세금**(duty)은 수입 상품이 국내에서 생산된 상품과 경쟁하기 때문에 수입 회사에게 세금을 추가적으로 부과하는 것이다. 미국 근로자들에게 많은 급료를 지불하고 외국에서 볼 수 없는 노동조합을 지원하는 미국 내 제조업자들은 관세를 적용한 외국상품과 대등하게 경쟁한다. 일부 국가에서는 미국으로부터 지원받는 형식으로 관세를 부과하지 않는다. 예를 들면, 카리브해 해역 협정(Caribbean Basin Initiative: CBI)은 자메이카, 아이티, 바베이도스와 같은 카리브해 해역 국가에서 수입하는 상품에 대하여 관세를 부과하지 않는다.

할당제(quota)는 외국에서 생산한 일부 상품에 대하여 미국으로 운송해 들어오는 양을 제한하는 것이다. **통상정지**(embargo)란 어떤 상품이 미국 국경지역 창고에서 선적을 대기하고 있더라도 무역업자들이 그 상품에 손대는 것을 금하는 것이다.

해외 생산에 따른 기타 단점에는 재주문하기 어렵고, 주문부터 주문된 상품을 입수하는 데 걸리는 리드 타임(lead time)이 길고, 또 언어와 문화의 차이 때문에 생산에 문제가 발생하거나 지연될 수 있다. 그러나 이러한 단점에도 불구하고 외국에서 생산하면 인건비가 적게 든다는 장점 하나 때문에 단점을 간과하기도 한다.

ᴗ 요약 ᴗ

- 모든 액세서리 범주에 걸쳐 생산 개발의 단계는 라인과 컬렉션 디자인, 색채, 소재, 형태 선택, 견본 개발, 생산방법과 사양서, 원가 분석 등이다.

- 디자이너는 기성복, 전시회, 패션 서비스, 표적 고객의 욕구와 필요 분석에 대한 액세서리업체의 해석 등에서 영감을 얻는다.

- 신상품 라인이나 컬렉션은 1년에 1~5회 생산된다. 라인 계획은 라인을 채우고 있는 스타일을 개략적으로 그린 그림으로, 이 라인을 평가하고 생산 단계로 진행할지 또는 빼버릴지 의사결정한다.

- 제조업자들은 이익을 가장 많이 남기고 판매 가능성이 가장 높은 새로운 디자인만 골라서 생산한다. 현재 가장 잘 판매되는 상품의 색채나 소재를 변화시키기도 한다.

- 스타일링은 기존 디자인의 디테일을 바꾸는 것이고, 디자이닝은 새로운 룩을 완전히 만드는 것이다. 스케치를 시각적으로 조작하거나 캐드로 그린 그림은 최종 계획이며, 디자이너는 필요에 따라 스타일을 더하거나 뺀다.

- 디자이너들은 색을 마지막 단계에서 결정한다. 트렌드에 좀 더 정확하게 접근하기 위하여 디자이너는 유행색 예측 서비스를 받는다.

- 주제 색채를 시각적으로 보여주기 위하여 스토리보드, 색채설계, 게시판, 분위기판, 작업판 등을 사용한다. 이들 게시판에는 색채, 그림, 색채를 설명하는 품목 등이 있으며, 영감을 주고, 지배적인 주제를 제시한다.

- 색채는 색상, 명도, 채도 등 3요소로 되어 있다. 생산 시 정확한 색채를 지칭하기 위하여 숫자를 이용한 컬러체계를 사용한다.

- 패션 액세서리 재료에는 원단, 플라스틱, 가죽, 밀짚, 금속 등이 있다. 사용된 재료에 따라 최종 용도, 가격, 스타일링, 입수 가능성 등이 결정된다. 기타 다른 요인으로 내구력, 섬유 조성, 원단의 외양, 필요한 야드수, 가격, 공장의 위치, 입수 가능성, 배달 시간과 신빙성, 할당량, 운송비 등이 있다.

- 새로운 액세서리의 형태는 과거 판매실적, 현재 및 앞으로 다가올 패션, 기능, 고객 기호도 등의 영향을 크게 받는다.

- 시제품과 라인 작업용지는 제조업자에게 그 디자인의 작업 가능성과 판매 가능성을 피드백시켜 준다. 바이어로부터 적당한 주문을 받은 상품만 대량생산된다.

- 생산 시간표는 생산의 각 단계에 대한 시간표이다. 액세서리의 주기가 비교적 짧기 때문에 생산이 지연되면 재고로 남게 된다.

- 생산 단계는 패턴 제작, 그레이딩, 마킹, 재단, 조립 등이다. 급료를 지불하는 방법에는 생산 품목의 수, 시간급, 월급 등이 있다.

- 예비 원가 계산이란 원단, 트리밍, 부속품, 인건비 등을 대략 계산해서 그 상품을 생산했을 때 이익을 얻을 수 있을지 알아 보는 것이다.

- 사양서는 한 상품의 재단이나 조립 방법에 대하여 상세히 기록한 것이다.
- 모든 재료, 부속품, 인건비, 포장, 운영비, 할인, 세금, 이익 등을 모두 합하면 총원가 또는 도매가가 되고, 이것을 소매상에 부담시킨다.
- 한 상품에 대하여 점포에서 부담하는 가격이 소매가이고 도매가의 2배 정도 된다. 제조업자와 소매상은 판매가에서 이익을 얻는다.
- 내부 생산은 한 지붕 밑에서 생산이 이루어지는 것이고, 전문화된 외부 공장에서 생산할 때는 외부 생산이라 한다.
- 국내 생산과 해외 생산은 생산 설비의 위치에 따라 결정된다. 개발도상국가의 값싼 인건비는 해외 생산의 이점이며, 관세와 할당제는 방해요인이다. 해외 생산의 단점으로는 재주문이 어렵고, 리드타임이 길어지며, 언어와 문화의 차이가 있다.

핵심용어

국내 생산(domestic production)

내부 생산
   (internal manufacturing)

도매가(wholesale price)

디자인하기(designing)

라인 계획(line plan)

라인 작업용지(line sheet)

라인 편집(editing the line)

머천다이저(merchandiser)

명도(value)

북미자유무역협정
   (North American Free Trade
   Agreement)

사양서(specifications)

상품 개발담당자
   (product developer)

상품 라인(product line/line)

셰이드(shade)

성과급(piecework)

색상(hue)

수입 관세(import tariff/duty)

스타일(style/trend board)

스타일링(styling)

스타일 분석(style out analysis)

스토리보드
   (storyboards/colorways/present
   ation boards/mood boards/
   work boards)

시제품(prototype)

실 카드(yard cards)

예비 원가 계산(precosting)

외부 생산

   (external manufacturing)

정가로 완판
   (full-price sell-through)

조달(sourced)

채도(chroma)

최저 이익 보장선
   (buttom line profit margin)

최종 원가 계산(final costing)

컬러 스토리(color stories)

컬렉션(collection)

통상정지(embargo)

트렌드북(trend books)

틴트(tint/pastel)

피륙(piece goods)

할당제(quota)

해외 생산(offshore production)

복습문제

1. 디자이너는 라인이나 컬렉션을 창출할 때 어디에서 영감을 얻는가?
2. 스타일링과 상품 개발은 디자이닝과 어떤 면에서 다른가?

3. 컬러 스토리북의 목적은 무엇인가?

4. 색채의 요소에는 무엇이 있는가?

5. 생산 계획은 무엇이며, 왜 중요한가?

6. 시제품은 제조업자에게 어떤 면에서 중요한가?

7. 내부 생산과 외부 생산의 이점은 각각 무엇인가?

8. 해외 생산의 장단점은 무엇인가?

9. 사양서는 어떻게 생산이 빠르게 진행되도록 돕는가?

10. 도매 원가와 소매가의 관계는 어떠한가?

응용문제

1. 소집단을 구성하여 최신 유행을 주제로 스토리보드를 전개하시오. 스케치, 컬러와 원단 스와치, 길거리 사진, 페인트나 트리밍 견본, 부속품 등을 스틸로폼 판에 붙이시오.

2. 판스워스 - 먼셀(Farnsworth-munsell)의 100색상 실험-학교용으로 색채 구별 정확도를 시험하시오.

3. 액세서리 생산업체를 방문하여 생산 단계별로 순차적으로 목록을 작성하시오.

4. 소매점포를 방문하여 액세서리 한 범주를 고르시오. 특정 품목 또는 재고관리(stock-keeping unit) 품목에 대하여 특정 색의 빈도를 기록하는 꼬리표 체계를 만들어 보시오. 주조색이 보이도록 여러분들이 발견해 낸 것을 모으시오.

5. 여러분이 관심 있는 액세서리 범주에 대하여 생산과 관련된 질문 10개를 만드시오. 특정 브랜드의 웹 사이트 1~2 곳을 방문하여 회사에 이메일로 질문하시오. 자신이 알아낸 것을 학급 동료들과 같이 나누어 가지시오.

제2부

액세서리 소재

제**3**장

텍스타일과 트리밍

텍스타일 중 실크가 최고이다. 실크의 가치는 실크로드 교역 루트로 거슬러 올라갈 수 있으며, 실크는 교역 대상품목의 30% 이상을 차지했다. 교역 루트는 지중해에서부터 고비사막을 가로질러 중국으로 연결되었다. 실크로드는 수백 년 지속되었고, 가장 유명한 무역업자는 베니스의 마르코 폴로(1254~1324)였다. 마르코 폴로의 재산에는 실크 문직물과 금을 비롯한 귀중한 의류 원단이 많이 있었다고 상속물품 목록에 기록되어 있다. 마르코 폴로는 말년에 '세계의 이모저모'라는 저서에서 자신의 여행담을 과장하여 발간했다. 죽을 때 침상에서 "내가 본 것의 절반밖에 얘기하지 못했다."고 목사님께 고백했다는 얘기가 자주 인용된다.

◎ 텍스타일과 트리밍의 역사

텍스타일과 트리밍 산업은 오랫동안 자리잡고, 농작물을 경작하고, 가축을 키웠던 농경사회와 함께 시작되었다. 아마, 면, 양모는 5000년 전부터 사용되었던 3대 텍스타일 섬유이다. 역사적 정보, 신화, 사실에 따르면 중국의 황후가 기원전 2700~2600년에 실크섬유를 발견했다고 전해진다. 실크 생산, 즉 **양잠업**(sericulture)은 철저히 보완되었기 때문에 이를 둘러싼 간첩활동 얘기가 전해진다.

고고학적으로 볼 때 나뭇가지나 잎 또는 풀을 엮어서 둥지를 만들었던 것이 최초의 텍스타일일 것이다. 후에 그 지역에서 자생하는 면이나 마섬유를 엮어 의복을 만들어 신체를 보호하거나 장식하기 위하여 사용했다.

18~19세기까지 섬유를 만들고 제직하는 과정은 가내 수공업으로 이루어졌으나, 산업혁명 이후 가내 수공업에서 공장생산으로 이양되었다.

발명가 2명이 텍스타일의 대량생산에 중추적 역할을 했다. 텍스타일 기계공이었던 사무엘 슬레이터(Samuel Slater)는 영국에 거주하면서 면방직 공장 계획을 머릿속에 기억해 두었다. 자신을 농부로 속이고 로드 아일랜드 지역으로 불법 이민을 시도했다. 영국법으로 금지되었는 데도 불구하고 1791년에 그는 자신의 기억을 기초로 방직기를 재제작했다. 슬레이터는 공장 체계에서 선구적 역할을 하여 산업혁명의 아버지로 데뷔했다. 1793년에 엘리 휘트니(Eli Whitney)는 목화씨와 린트를 분리시키는 톱니형 조면기를 개발하였다. 이 기계를 발명한 결과 영국 내 면 생산량이 1790년에는 3,000베일에 불과했는데 1835년에는 100만 베일로 증가했다.

3세기경에 손뜨개가 등장했으며, 1589년에 윌리엄 리(William Lee)가 편물기를 발명할 때까지 수공예로 작업이 이루어졌다. 편성물은 직물에 비하여 생산속도가 빠르기 때문에 가격이 저렴해서 편성물이 널리 사용되었다.

16세기 이전부터 브레이드와 좁은 폭의 레이스가 부분적으로 만들어졌으나, 16세기 이후 레이스 제작기술, 손으로 뜬 레이스, 바늘로 뜬 레이스 등이 전적으로 도입되었다. 농부 부인들이 레이스를 떠서 교회에 주고 수수료를 받거나 어린이에게 기술을 전수할 수 있는 작업장을 수도원에 마련하면서 수녀들이 레이스 산업을 육성했다. 1937년에 존 레버(John Lever)는 레이스 기계를 만들어 레이스를 대량생산할 수 있는 길을 마련했다.

역사적으로 볼 때 미국 텍스타일 산업은 젊은 여성과 소수민족의 노동력을 기반으로 형성되었다. 미국 식민지시대의 텍스타일 산업은 제직과 레이스 제작기술을 가진 이민자들이 유입되면서 성장하였다. 봉제 기술을 가진 이민자들은 보수를 적게 받고 작업환경이 나쁜 경우도 있었지만 쉽게 직장을 얻을 수 있었다. 봉제기술을 가진 남부지역 노예들은 야외에서 고된 일을 하지 않고 농장에서 작업시키기 위하여 선발되었다. 1865년 노예제도가 폐지된 이후 과거 가정에 고용되었던 노예들은 북부에 있는 텍스타일 공장, 의류나 모자공장에 고용되었다.

◎ 텍스타일 개론

텍스타일 공장의 발달은 패션 액세서리 산업의 발달과 관련이 크다. 면, 양모, 아마, 견 등은 패션 액세서리 상품에서 광범위하게, 때로는 독점적으로 사용된다. 예를 들면, 스타킹과 양말은 모든 식민지 이주자에게 필수품이었다. 부유층은 실크를 사용하였고, 기타 다른 계층에서는 면이나 양모를 사용했다. 모자는 면 칼리코 보닛부터 리본, 망, 깃털 등으로 장식된 실크 모자에 이르기까지 빼놓을 수 없는 품목이었다. 또 텍스타일 원단으로 만든 장갑, 숄, 지갑, 여행용 가방과 같은 액세서리 품목은 미국 텍스타일 산업을 발달시켰다.

1) 섬유소 섬유

패션 액세서리 소재로 사용되는 섬유소 섬유에는 면, 아마, 대마, 황마가 있고, 식물에서 채취한다. 면 섬유는 종자에서 채취하고 아마, 대마, 황마는 식물의 줄기 내부에서 채취한다. **면**(cotton) 섬유는 면 캔버스 천으로 만든 손가방과 태피스트리로 만든 여행 가방부터 스포츠용 양말, 네커치프, 손수건, 스카프, 모자 등과 같은 다양한 액세서리를 만드는 데 사용된다. **아마**(linen)는 사용범위가 좁아 여름용 신발과 가방을 만드는 데 사용되고, **대마**(hemp)와 **황마**(jute)는 아마보다 밧줄과 같이 거칠기 때문에 여름용 샌들이나 패션 장신구 제작에 사용된다.

2) 단백질 섬유

단백질 섬유(protein fiber)는 동물에서 채취한다(양에서 양모를 얻고 누에고치에서 견을 얻는다). 액세서리에 사용되는 단백질 섬유에는 파시미나(캐시미어나 캐시미어와 견 혼방), 양모, 견, 가죽, 모피 등이 있다. **파시미나**(pashmina)는 인도 히말라야 산에 사는 카프라스 산양의 복부에서 채취한다. 가장 잘 알려진 파시미나 액세서리에는 고가의 우아한 숄이 있다. 제10장에 파시미나의 원류에 대한 정보가 있다. **양모**(wool) 섬유는 모든 종류의 액세서리 제작에 사용된다. 양모로 만든 겨울용 모자, 스카프, 장갑 등 다양하며, 가장자리에 술이 달린 격자무늬 양모 스카프는 겨울용 액세서리로 꾸준히 사용되는 상품 중 하나이다.

견(silk) 섬유는 우아한 모자부터 양말과 장갑에 이르는 많은 액세서리로 옛날부터 사용되었다. 오늘날 중저가 액세서리는 폴리에스테르와 나일론 극세 섬유로 만든 유사 실크로 만든다. 이 유사 실크는 견과 비슷한 외양과 감각을 주지만, 가격이 낮다. 견은 파시미나 숄, 여성용 패션 스카프, 남성용 타이와 같은 고가품을 생산한다. **가죽**(leather)과 **스웨이드 가죽**(suede leather)은 보통 섬유로 취급되지 않지만, 핸드백, 여행용 가방, 장갑, 신발, 벨트, 기타 개인용 휴대품과 같은 패션 액세서리 소재로 사용되는 천연 단백질 텍스타일이다. 제4장에서 가죽 제품 산업에 대하여 전문적으로 논의한다. 가죽 조각이 남으면 갈기갈기 찢어서 낮은 가격대의 가죽 텍스타일로 재구성하는데 이렇게 하면 가죽의 내구력을 잃게 된다. 이 제품에는 분말로 만든 가죽(ground leather), 분해한 가죽(pulverized leather), 채 썬 가죽(shredded leather), 재구성한 가죽

대마 이야기

아시아 지역에서 재배되는 대마 섬유를 처음 사용한 시기는 중국에서 기원전 2300년으로 추정된다. 대마는 해발 8,000피트 이상 고지대부터 고온에 이르는 다양한 온도에 잘 적응한다. 대마는 짙은 황갈색이며 식물의 줄기 내부에 다발로 성장하는 짚 또는 갈대 같은 섬유이다. 대마 섬유는 거칠은 아마와 비슷하며 천연 섬유 중 강도가 가장 강하다. 대마 섬유는 마크라메와 같이 예술적으로 매듭을 지어 패션 주얼리(목걸이, 팔찌, 발 찌)로 사용된다. 대마를 땋아 만든 브레이드를 캐주얼 구두축에 사용하고 화장품으로도 사용한다(대마씨기름).

미국에서는 1937년 이후(1942년부터 1945년은 제외) 산업용으로 대마를 재배하는 것을 불법으로 금지하였으나, 제2차 세계대전 동안 전쟁으로 인하여 일본산 대마를 얻을 수 없어 기근이 들자 정부에서는 밧줄과 낙하산용 식물을 재배하는 것을 농부들에게 권장했다. 정부에서는 **'승리하기 위한 대마'**라는 영화를 제작하여 대마 재배를 통하여 얻을 수 있는 혜택을 판매했다.

법률 입안자들은 대마는 마리화나와 비슷하기 때문에 마약 재배자들이 대마와 함께 마약을 재배하여 마리화나를 근절하기 어렵게 만든다고 주장했다. 그러나 1998년 캐나다에서 대마 재배를 합법화했던 것처럼 미국 농부들은 대마 재배를 합법화하기 위하여 의회에 로비하고 있다.

정부의 규제에도 불구하고 일부 회사에서는 대마 제품을 생산하고 있다. 디프 이(Deep E)라는 생태학적 구두를 제조하는 회사에서는 남녀 캐주얼 구두를 환경친화적으로 생산하고 대마와 같이 독성이 없는 재료를 사용한다. 이 회사의 창시자 줄리 루이스(Julie Lewis)는 "대마는 면보다 3배, 내마모성은 2배 강하고, 곰팡이와 박테리아에 본질적으로 내성이 있다."고 설명하였다. 그리고 대마는 재배과정에서 독성이 있는 농약을 사용하지 않아도 되는 재사용이 가능한 소재이다.

1990년대 후반에 아디다스에서는 30,000켤레의 운동화 부품으로 대마를 사용했다.

이지 스미스(E.G. Smith)사에서 개발한 양말용 대마는 경이로운 섬유라 하면서 고객을 유인했다. 1999년에 회사 대표 라우리 말렛(Laurie Mallet)은 "대마는 생태학적으로 건강하고, 살충제가 필요없고, 본질적으로 곰팡이와 땀에 내성이 있고, 염색도 잘 된다."고 설명했다.

미국 정부에서 대마 섬유 재배를 금지하고 있는 데도 불구하고 패션 액세서리용 수입 대마는 지속적으로 유행된다. 캘빈 클라인과 조지오 아르마니 같은 유명 디자이너는 최근 들어 자신의 컬렉션에 대마 디자인을 제공하는데, 대마 원단을 아마와 같이 보이게 하는 가공 기술이 발달함에 따라 이들 디자이너는 대마를 더욱 많이 사용한다. 패션 주얼리인 목걸이와 팔찌가 판매되기 시작했고, 구슬과 대마 브레이드를 사용하여 자기 주얼리 만들기가 십대와 젊은 층에서 유행이다. 그러나 대마 재배가 미국에서 합법화되지 않으면 대마 공급이 제한된다. 과거에 대마 섬유로 만든 액세서리는 환경의식적 소비자에게 틈새시장으로 소구력이 있어 보였으나, 최근 들어 대마는 패션 소재로 각광받게 됨에 따라 대마 패션에 대한 요구가 확산되게 되었다.

참고문헌

Deep E's Hemp–Environmentally Correct. (Oct. 28, 1996), *Footwear News*, 52(47), p. 4.

Hessen, W. (Feb. 1999). Keeping It Simple and Stylish. *Women's Wear Daily* Magic International Supplement, p. 28.

(reconstitutedleather), **접착 가죽**(bonder leather) 등 라벨을 붙여 판매한다. 액세서리 소재로 사용되는 **모피** (fur)는 동물의 가죽에 붙어 있는 상태 또는 **모피 섬유**(fur fiber)를 뽑아서 실로 만든 후 사용한다. 앙고라 토끼털 5%를 넣어 겨울용 니트 스카프를 만드는 것과 같이 모피 섬유를 추가 사용하면 텍스타일의 미적 감각이 높아진다. 모피로 가장자리를 장식하는 것이 최근 유행이며, 모피로 구성하면 독창적 액세서리를 만들수 있다. 제5장에서 모피 산업에 대하여 심도 있게 논의할 예정이다.

3) 인조 섬유

인조 섬유의 역사는 19세기 말에 인조견을 발명하면서 시작되었다. 후에 **레이온**(rayon)으로 명명되었으며, 면 린터나 목재 펄프를 재료로 사용하였다. 레이온이 성공함에 따라 **아세테이트**(acetate)와 **트리아세테이트** (triacetate)를 포함한 인조 섬유를 지속적으로 생산하게 되었다.

　나일론(nylon)은 최초의 합성 섬유로 재생 섬유소 섬유가 아니라 석유에서 합성해서 만들었다. 나일론이 성공하게 된 계기는 1939년 세계박람회에 스타킹을 소개하면서부터였다. 이어 '빨아서 다림질하지 않고 입을 수 있는' **폴리에스테르**(polyester) 섬유와 '가볍고 따뜻한' **아크릴**(acrylic) 섬유가 개발되었다. 양모에 피부가 닿으면 자극을 받는 소비자들이 많았기 때문에 아크릴 섬유는 겨울용 액세서리에서 양모 대용품으로 사용되었다.

　스판덱스(spandex)는 고무 대용 합성물질로 액세서리 산업계에서 중요한 위치를 차지했다. 스판덱스를 소량만 사용해도 편안하고 활동에 따라 신축성이 있기 때문에 헤어 액세서리, 탄력성 원단으로 만든 신발, 양말에 사용되었다. 액세서리나 의류에서 스판덱스는 극히 소량 사용되며, 면이나 나일론과 함께 혼방하여 사용된다.

　극세 섬유(microfiber)는 100% 견과 같은 촉감을 갖는 직경이 아주 작은 섬세한 섬유로, 일본에서 폴리에스테르 극세 섬유를 처음 만들어 **울트라스웨이드**(Ultrasuede)라 등록하였다. 최근에는 많은 인조 섬유를 극세 섬유로 방적하고 있는데, 남성용 타이와 여성용 스카프를 폴리에스테르 극세 섬유로 만들면 천연실크 제품과 구별하기 어렵고, 또 여성용 양말이나 타이즈도 나일론 극세 섬유로 만들면 실크와 같은 촉감을 갖는다. 여성용 신발 윗부분을 극세 섬유로 만들기도 하므로 앞으로 극세 섬유는 널리 다용도로 사용될 것이다.

　숨쉬는 합성 섬유, 방수 기능이 있는 테프론 코팅, 날씨에 따라 색이 변화하는 소재와 같은 고기능성 원단을 액세서리 소재로 사용하고 있으며, 원단에 작은 마이크로 칩을 끼어 넣어 주위 환경에 따라 적응하는 원단도 있다. 고기능성 원단으로 모자, 양말, 넥타이, 손수건 등을 만들기도 한다. 이들 원단에 대해서는 관련 액세서리를 설명할 때 심도 있게 논의할 예정이다.

◎ 텍스타일 생산 공정

텍스타일 생산은 실 생산 다음 단계이다. 부직포, 레이스, 마크라메, 크로셰 제작, 제직, 제편에 알맞은 실로 만들기 위하여 섬유를 꼰다. 전통적인 섬유 이외에 짚이나 대나무도 액세서리용 실이나 원단을 만드는 데 사용된다.

1) 실

실은 액세서리용 원단의 이상적인 촉감과 아름다운 외양과 관련이 크다. 부드럽고 평편한 원단은 **단순사**(simple yarns)를 사용하여 만드는 데, 단순사는 실의 길이 방향 꼬임이 균일하다. 남성용 타이, 여성용 스카프, 양말류는 단순사로 만든 패션 액세서리의 예이다. **복합사**(complex yarns) 또는 **노벨티사**(novelty yarns)는 실의 길이 방향 전체에 걸쳐서 꼬임이 불균일하고 부피감이 있어 보온성이 높다. 복합사는 균일성이 없고, 외양이 불균일하고, 루프나 컬이 있는 것이 특징이다. **셔닐**(chenille) 원단으로 만든 패션 액세서리에는 겨울용 스카프와 장갑이 있다.

겨울용 스카프, 모자, 장갑을 만드는 데 사용되는 복합사의 예에는 **부클레**(bouclé)사가 있는데 부클레는 버클을 불어로 표기한 것이다. 이들 복합사에는 피부 쪽에 막힌 공간이 있어 신체의 열을 유지해 준다(그림 3.1).

2) 피륙화

피륙화(fabrication)이란 섬유나 실 상태에서 피륙 상태로 만드는 공정을 지칭한다. 제직, 제편, 부직포, 기타 장식적 구성 공정을 통하여 패션 액세서리용 피륙을 만든다. 내구력, 가격, 외양, 최종 목적에 따라 특정 제작 공정을 선택한다. 경우에 따라 가죽 대신 피륙이 값싼 소재로 대용되기도 한다.

(1) 제직

제직(weaving)은 텍스타일 원단을 생산하기 위하여 두 가닥의 실을 직각으로 교차한다. 직물(woven fabric)은 대각선 방향인 바이어스 방향으로는 약간의 신축성이 있으나, 가로 또는 세로 방향으로는 신축성이 없다. 스판덱스 섬유를 혼방하면 가로 방향과 세로 방향으로 늘어나는 **신축성 직물**(stretch woven)을 얻을 수 있다.

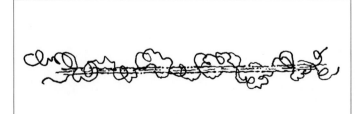

▶ **그림 3.1** 부클레사

◀ **그림 3.2** 모바도사의 데님 시곗줄
(자료원 : 페어차일드 출판사)

직물의 장점은 내구력과 형태안정성이다. 일부 액세서리는 세탁을 해야 하기 때문에 이와 같은 특성은 중요하다. 핸드백, 배낭, 여행용 가방은 나일론과 같이 강도가 강하기 때문에 무게를 잘 견디는 섬유로 제직한 원단을 사용해야 한다. 실크 스카프와 타이와 같이 크기가 작은 액세서리와 벨트, 시곗줄, 리본과 같이 폭이 좁은 품목은 직물의 내구력과 강도가 필요하다(그림 3.2).

(2) 편성물

제편(knitting)은 텍스타일 원단을 생산하기 위하여 루프를 서로 엮는다. 편성물은 편안하고 활동에 따라 신축성이 있고, 활동을 위한 여유가 있으며 몸에 잘 들어 맞는다. 스판덱스 섬유를 사용하면 더욱더 **탄력성**(elasticity)이 커지고 형태를 잘 유지한다. 편성물은 직물보다 가격이 낮다.

착용 가능한 액세서리류는 대부분 편성물로 되어 있다. 신발을 나일론과 스판덱스로 디자인하면 가죽 구두에서 경험할 수 없는 편안한 신축성을 느낄 수 있으며, 또 편성물로 만든 액세서리는 가죽으로 만든 품목과 비교할 때 가격이 훨씬 저렴하다. 핸드백(가방 틀 위에 신축성 있는 편성물로 만든), 착 달라붙는 편성물로 만든 장갑과 양말, 막힌 공간이 있어 열을 유지하기 때문에 따뜻한 털이 많은 겨울용 모자와 스카프 등은 편성물로 만든 액세서리이다.

(3) 부직포

부직포(nonwoven) 텍스타일은 섬유가 무질서하게 흐트러져 있는 것부터 필름으로 코팅하여 가죽과 같은 느낌을 주는 원단에 이르기까지 다양하다. 심, 펠트, 비닐, 스웨이드 원단 등이 패션 액세서리 산업에서 중요한 부직포 범주이다.

펠트(felt)는 본래 양모 섬유에 열, 습기, 압력을 가하여 서로 엉겨 붙도록 해서 만든 텍스타일이다. 겨울에는 양모, 비버와 같은 동물의 모피 섬유, 아크릴 섬유로 만든 펠트 모자를 착용한다. 최근 들어 모드 아크릴 섬유로 만든 펠트 소재를 사용하여 만든 핸드백이나 구두가 유행이다. 펠트 원단은 형태 안정성이 낮기 때문에 세탁이나 인장을 견디는 용도에는 적합하지 않다(그림 3.3).

비닐(vinyl)은 바탕 원단 위에 폴리비닐클로라이드(PVC)나 폴리우레탄 필름을 입혀 만든다. **코팅 원단**(coated fabric)인 비닐은 에나멜 가죽이나 동물 가죽의 무늬를 엠보싱한 느낌을 갖는다.

스웨이드 원단(suede cloth)은 진짜 스웨이드와 비슷한 촉감을 갖도록 미세 섬유를 불규칙적으로 배열한 후 부직포 웹 형상으로 만든 것이다.

(4) 레이스

레이스(lace)는 오랫동안 손으로 정교하게 만들기 때문에 소중하게 취급되는 텍스타일이다. 영국인 존 레버(John Lever)가 1815년경에 고안한 기계로 레이스를 생산한다. 1400년경에 이탈리아의 베니스에서 **바늘뜨개 레이스**(needlepoint lace)가 만들어졌다. 양피지에 정교한 무늬를 그린 후, 무늬 선을 따라 실을 건다. 장식적 스티치로 실을 서로 연결하는 자수를 놓고, 시침바느질을 걷어 낸다. **보빈 레이스**(bobbin lace) 또는 **받침대 레이스**(pillow lace)는 종이에 무늬를 그린 후 받침대 위에 놓는다. 일정 간격으로 핀을 꽂아 받침대 위에 무늬를 고정시킨다. 일정 간격을 두고 장식사로 매듭을 지으면서 **망**(netting)을 엮으며 모자 장식으로 사용된다. **육각 그물눈 레이스**(bobbinet lace)에는 전통적인 나일론 망과 같은 육각형의 구멍이 뚫려 있다. 대부분의 레이스는 올이 긁히기 쉽기 때문에 특수 양말, 신부용 옷, 장갑, 숄, 모자 등으로 사용된다.

(5) 마크라메

마크라메(macramé lace)는 아랍지역에서부터 시작되었다. 터키어 마크라마(makrama) 또는 마라마

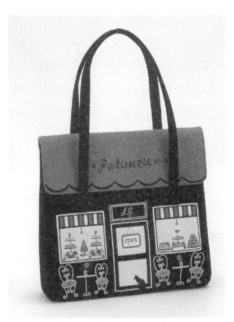

▶ **그림 3.3** 루루 기네스에서 제작한 펠트 핸드백
(자료원 : 루루 기네스)

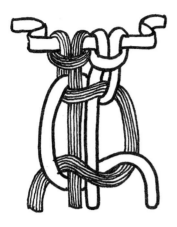

◀ **그림 3.4** 마크라메 액세서리

(mahrama)에서 유래했으며, 냅킨이나 타올을 의미한다. 선원들이 이탈리아로 전파시켰으며, 망을 제작하는 방법과 비슷하다. 코드사를 이용하여 루프나 매듭을 만들며, 장식적 매듭 속에 비즈를 넣기도 한다. 마크라메는 1900년대 이전에 단기간 유행했으나, 1960년 말부터 1970년 초까지 그 중요도가 낮아졌다. 마크라메는 헤어 장식품, 목걸이, 핸드백, 벨트, 샌들 등에 사용되며, 그 유행은 패션 산업의 영향을 크게 받는다. 최근 들어 1960년대와 1970년대 복고풍이 유행하면서 마크라메가 재도입되었다(그림 3.4).

(6) 크로셰

크로셰(crochet)는 한쪽에 훅이 파인 바늘로 실 루프를 엮어 만든 구멍 뚫린 원단이다. 1840년 아일랜드에

▲ **그림 3.5** 리즈 크레이번의 면 크로셰 백
　(자료원 : 페어차일드 출판사)

▲ **그림 3.6** 토트 드 몬드의 짚으로 만든 핸드백
　(자료원 : 페어차일드 출판사)

감자 기근이 들었을 때 수도원 수녀들이 가난한 여성들을 대상으로 크로셰 레이스를 떠서 부족한 가정 물자를 구입할 수 있도록 기술지도를 해서 크로셰를 보급했다. 아일랜드 이민자들이 미국으로 크로셰를 도입했으며, 손수건 가장자리를 장식하거나 핸드백과 숄을 만들었다(그림 3.5).

(7) 짚과 대나무

짚(straw)은 야자과 식물, 밀짚, 풀, 용설란과 대마, 벼 등에서 얻는다. 짚이나 대나무 조각으로 만든 모자나 핸드백은 여름용 장신구이다. **대나무**(bamboo)는 열대지방에서 얻는 유연한 목재이다. 이들 소재의 내구력과 내굴절성은 낮다. 짚이나 대나무로 섬세하게 만든 액세서리는 아름답지만 한 계절밖에 사용하지 못하고 수명이 짧다(그림 3.6).

🌀 소도구와 트리밍 개론

소도구(notion)는 지퍼, 단추, 스냅, 버클 등과 같이 장식용 목적 또는 그렇지 않은 경우도 있으며, 작고 유용한 품목이다. 트리밍은 조화, 깃털, 조개껍데기, 돌 등을 포함하며 장식 목적으로 사용된다.

1) 지퍼와 손잡이

지퍼의 역사는 약 100년 정도밖에 안 되었으나, 역사가 긴 것으로 알려져 있다. 슬라이드 패스너라고도 부르는 지퍼는 1890년대 초에 발명되었고 1917년에 탈론사(Talon Company : 현재에도 지퍼를 생산하고 있음)에서 판매하기 시작했다. 비 에프 굿리치사(B. F. Goodrich Company)에서는 1923년에 지퍼란 명칭으로 특허를 받았다. 표준형 지퍼 이외에도 나일론 톱니가 원단 테이프 속에 끼어 있는 **눈에 보이지 않는 지퍼**(invisible zipper)와 놋쇠로 만든 굵은 톱니로 된 **공업용 지퍼**(industrial zipper)도 사용된다.

많은 액세서리에 지퍼를 달아 내부 물품을 분실하지 않도록 단단히 여민다. 핸드백, 여행용 가방, 전대, 동전 지갑 등은 값진 것을 분실하지 않도록 슬라이드 지퍼로 여며져 있다. 지퍼의 장점은 솔기를 최대로 벌릴 수 있다는 점이다. 무릎길이의 꼭 맞는 부츠 안쪽 옆 솔기에 길이 방향으로 슬라이드 지퍼가 달려 있다.

지퍼는 유행 상품의 일부분 또는 전체가 되는 경우도 있다. 디자이너는 라인스톤 톱니로 지퍼를 만들기도 하고, 지퍼로 구두 디자인을 하기도 하며, '지퍼 목걸이'에는 금이나 은으로 만든 슬라이드 패스너가 달려 있어 조절할 수 있다.

2) 단추

프랑스어 bouton에서 유래한 단추는 원반, 매듭, 공 모양으로 여미거나 장식용으로 사용된다. 대부분의 단추는 밑에 있는 천에 여유를 갖고 달려 있으며, 위에 있는 층에는 루프나 구멍이 있어 여밀 수 있다. 단추의 재료에는 나무, 뿔, 플라스틱, 유리, 돌, 금속, 가죽 등이 있다.

단추를 단춧구멍으로 여미는 방법은 1300년대 초기에 도입되었다. 그 전에는 **피블라**(fibulae : 날카로운 핀), 벨트, 끈 등이 여미는 데 사용되었다. 19세기 말부터 20세기 초에 발목까지 오는 신발(단추 달린 신발)에 작은 단추를 달아 여미는 데 사용하였다. 1990년대 후반에 유행했던 액세서리는 평범한 여성용 셔츠 단추를 덮기 위하여 만든 장식적 단추 커버였다. 오늘날 패션 액세서리에서 단추는 장식적 역할만 하거나 또는 기능적 역할을 한다. 예를 들면, 최신 패션 액세서리인 고리장식이 달린 팔찌와 크로셰 레이스로 뜬 지갑에는 고풍스러운 또는 다채로운 색상의 단추가 장식되어 있다.

3) 스냅, 쇠고리, 벨크로, 버클

패션 액세서리 여밈 기구는 소지품을 보관하고, 형태를 유지하고, 사이즈를 조절하고, 액세서리의 기능을 확대시켜 준다. **스냅**(snap)은 지퍼나 단추 대신 사용되며 가격이 저렴하고, 눈에 띄지 않는 곳에 사용하거나 장식적으로 사용된다. 스냅은 단추나 지퍼만큼 단단하게 여미지 않으나 빨리 여닫을 수 있어 핸드백이나 작은 가죽제품, 캐주얼 모자에 사용한다.

쇠고리(grommet)는 끈을 꿰는 구멍에 금속으로 내구력을 보강한 것이다. 그 구멍에 레이스나 끈을 넣으며, 원단이 찢어지지 않도록 단단하게 구멍에 부착되어 있다(그림 3.7). 어부들이 모자를 써서 머릿속에 시원한 공기가 들락거릴 수 있도록 하듯이 쇠고리 위에 부드러운 꼭지를 덧씌운 것도 있다.

벨크로(Velcro)는 겉면에 파일이 덮인 나일론 테이프 2조각으로 이루어진 테이프 형태의 여밈 기구이다. 테이프의 한쪽 면에는 나일론 훅이 털을 곤두세우고 있어 반대편에 있는 나일론 루프와 맞물린다. 양쪽 테이프를 누르면 파일이 서로 얽혀 적당한 지지력이 생긴다. 어린이는 신발 끈을 잘못 조이기 때문에 어린이 신발에는 레이스나 버클을 사용하지 않고 벨크로를 사용하며, 모자나 시계의 팔목둘레 크기를 조절할 때도 버클이나 스냅 대신 벨크로를 사용한다.

버클(buckle)은 단추와 마찬가지로 기능적 또는 장식적 목적으로 사용되며, 액세서리 유행의 영향을 받는다. 버클은 크기가 크고 보석으로 장식된 것이 있는 반면 눈에 잘 띄지 않는 금색 또는 은색 버클도 있다. 버클 소재에는 플라스틱, 나무, 금속, 거북 껍질, 진주층, 모조 다이아몬드 등이 있다. 핸드백, 여행용 가방, 구두, 벨트, 시곗줄 등에서도 버클을 볼 수 있다.

◀ **그림 3.7** 핸드백의 구멍에 쇠고리를 박아 튼튼하게 만든다.
(자료원 : 페어차일드 출판사)

▲ **그림 3.8** 조지 나토리가 디자인한 캐시미어 덮개를
자수와 밍크로 장식(자료원 : 페어차일드 출판사)

▲ **그림 3.9** 금속사(자료원 : 페어차일드 출판사)

4) 브레이드

브레이드(braid)는 액세서리 가장자리를 정리하기 위하여 사용되며, 좁게 제직된 트리밍이다. 밀짚모자 테두리는 밀짚으로 만든 핸드백의 노출된 솔기 가장자리처럼 좁은 브레이드로 마무리되어 있다. **수테**(Soutache) 또는 **러시안**(Russian) **브레이드**는 1990년대 중반에 의상과 액세서리의 장식적 트리밍으로 유행했다.

5) 실, 레이스, 리본, 보우

색실, 리본, 보우 등은 지금도 지속적으로 유행한다. 실은 솜털이 덮인 것, 광택이 없는 것, 광택이 있는 것, 단순한 것, 복합사 등 다양하다. 장식사는 액세서리 장식용 또는 탑 스티치 할 때 사용된다(그림 3.8).

자수용 털실(crewel thread)은 광택이 없고, 색이 다양한 두꺼운 양모사이며, 액세서리 자수용으로 사용된

▲ **그림 3.10** 샤논 디에고가 디자인한 가죽끈으로 레이스를
뜬 핸드백과 신발(자료원 : 페어차일드 출판사)

▲ **그림 3.11** 펠릭스 레이가 디자인한 그로그램
리본 핸드백(자료원 : 페어차일드 출판사)

다. 파시미나 숄이나 핸드백에 독특한 자수를 놓아 착용자의 개성을 나타내기도 한다. **금속사**(metalic thread)는 내구력을 증진시키기 위하여 다양한 색의 알루미늄사 겉면을 플라스틱으로 얇게 덮었다. **루렉스** (lurex)는 패션 액세서리를 반짝이게 하거나 시각적 아름다움을 주기 위하여 사용되는 잘 알려진 금속사의 상표명이다.

가방이나 신발과 같은 액세서리를 가죽으로 **레이스 뜨기**(lacing)를 하면 기능적이고 장식적 효과를 얻을 수 있다. 그림 3.10은 샤논 디에고(Shannon Diego)가 가죽끈으로 레이스를 뜬 창작품이다.

리본은 그로그랭이나 공단으로 되어 있으며, 폭이 다양하다. **그로그랭 리본**(grosgrain ribbon)은 표면에 분명한 골이 있으나, **공단 리본**(satin ribbon)은 유연하고 광택이 많다. 그로그랭이나 공단 리본은 소녀용 액세서리에 보우 형태로 매듭을 지어 장식하는 데 자주 사용되며, 다른 독특한 품목 장식에도 사용된다. 그림 3.11은 디자이너 펠릭스 레이(Felix Rey)가 그로그랭 리본으로 만든 창작품이다.

6) 조화

조화 또는 실크로 만든 꽃은 모자나 헤어, 핸드백 장식, 패션 핀 등에서 많이 볼 수 있다(그림 3.12). 실크로 만든 꽃이 유행이면 여성적인 꽃무늬와 향수가 유행한다. 쿠튀르 디자이너인 코코 샤넬은 깃털과 조화로 잘 알려진 르 마레라는 프랑스계 회사에서 제작한 아름다운 깃털과 동백꽃으로 장식한 것으로 잘 알려져 있다.

◀ **그림 3.12** 조화로 만든 모자(자료원 : 페어차일드 출판사)

7) 깃털

깃털은 축산업의 부산물 또는 여러 종류의 새 둥지에서(8~9월에) 자연적으로 떨어져 나온다. 가장 널리 쓰이는 깃털은 닭, 수탉, 거위, 칠면조, 타조, 꿩, 비둘기, 공작, 레아(타조 깃털과 비슷하나 크기가 더 작다.) 등에서 얻는다. 모든 새의 경우 채취한 부위에 따라 깃털이 다르다. 예를 들면, **아프리카 무수리 깃털** (marabou feather)과 같이 유연하고 솜털 같은 깃털은 칠면조 엉덩이에서 채취하나, 다른 부위의 깃털은 단단한 깃대가 있어 거칠다. **코키유**(coquille)는 거위 목에서 채취하며 길이가 4~13cm이며 작고 섬세한 깃털이며 가볍다. 날개 쪽 깃털은 포인터라 부르며, 길이는 18~36cm이다. 작은 깃털은 파운드 단위로 판매되며, 수백~수천 개의 깃털이 모여 450g이 된다. 특이한 깃털이나 꼬리 깃털은 1개 또는 1다스, 묶음 또는 야드(아프리카 무수리 깃털의 경우)로 판매된다. 깃털 공급업자들은 다양한 형태의 깃털 컬러 이미지를 웹사이트에 널리 올려 소매상이나 도매상에게 판매한다. 그림 3.13은 유명한 필립 트레이시(Philip Treacy)가 디자인한 독특한 깃털 모자이다.

8) 조개껍데기와 돌

패션 액세서리의 **내츄럴 룩**(au natural look : 천연 소재를 사용) 유행에는 조개껍데기나 준보석을 사용한 장신구가 포함된다. 인도양에서 채취되는 별보배 조가비는 고대 중국과 아프리카에서 화폐로 사용하였다.

▲ **그림 3.13** 필립 트레이시가 디자인한 깃털 모자

▲ **그림 3.14** 장식적 벨트

별보배 조가비는 아프리카 대륙과 다문화 패션의 상징물 중 하나이다.

바닷조개와 무지갯빛 진주층 또는 이것을 상감하면 액세서리에 자연적인 아름다움을 부가시켜 준다. 디자이너는 장식적 목적으로 보석보다 터키석이나 청금석과 같은 준보석을 독창적으로 사용한다. 그림 3.14는 이와 같은 소재를 독창적으로 사용한 벨트이다.

◎ 패션 액세서리 산업과 텍스타일

한 상품에 사용된 텍스타일은 질감, 원단, 색 또는 무늬 측면에서 설명해 준다. 이 요소들은 텍스타일에 특정 외양을 갖게 해 주며, 디자이너는 액세서리를 제작하면서 자신이 원하는 상품 이미지를 창출하기 위하여 이용한다. 액세서리용 텍스타일은 기성복 트렌드를 추종하기 때문에 소비자는 자신의 의복을 보완해 줄 수 있는 액세서리를 쉽게 구입할 수 있다.

1) 디자이너가 텍스타일 질감을 사용하는 방법

액세서리의 **질감**(texture)은 소재의 겉모양과 느낌에 따라 결정된다. **태**(hand)는 만져보았을 때 경험하는 소재의 접촉감과 관련되어 있다. 질감은 부드러운(smooth), 닳아진(abrasive), 거칠은(rough), 바삭거리는(crisp), 유연한(soft), 매끄러운(silky), 단단한(firm), 보풀이 있는(fuzzy), 솜털이 덮인(furry), 자갈로 덮인(pebbly), 딱딱한(hard) 등과 관련되어 있다. 여러 가지 질감을 섞어 사용하면 서로 다른 질감의 대조를 통하여 질감을 분명히 나타낼 수 있다. 이 원리를 이용하여 디자이너들은 한 액세서리에 둘 이상의 질감을 조합하거나, 제조업자는 대조되는 질감으로 보완할 수 있는 상품 라인을 생산하거나, 비주얼 머천다이저는 바탕과 대조되는 질감의 액세서리를 전시하기도 한다. 대표적인 예를 들면, 앙고라 겨울 모자에 진주알을 박으면 시각적으로 질감과 촉감 면에서 대조를 이루고, 한 라인에서 지갑의 직조를 변화시켜 만든 밀짚 핸드백, 거칠은 잡동사니 속에서 빛나는 순은 팔찌 등이 있다.

액세서리 사이에서 질감을 반복시키는 작업이 질감의 시각적 영향을 강화시키기 위하여 사용된다. 예를 들면, 진주층이 그 계절에 가장 유행하는 액세서리 소재인 경우 시계 판과 시곗줄부터 헤어 액세서리, 핸드백, 안경 틀에 이르는 품목을 점포에서 구비한다. 진주층으로 만든 점포 내 모든 액세서리를 교차 전시하면 (천연 갑각류 껍질로 만든 액세서리와 함께) 시각적 효과를 증진시키고 그 계절에 유행하는 조개껍데기 트렌드를 고객에게 알려 준다.

2) 원단, 색, 무늬의 트렌드

액세서리 원단은 기성복 트렌드를 추종한다. 기성복 트렌드가 광채 있고, 번쩍이며, 황홀하면 액세서리 트렌드도 같아진다. 액세서리 트렌드는 옷보다 빨리 3개월 또는 그보다 짧게 변화한다. 보수적인 액세서리 디자이너는 전 계절에 잘 팔렸던 액세서리 형태에 새로운 원단을 사용하기도 한다. 이렇게 하면 위험을 최소로 줄이고 소비자에게 신선함을 전달할 수 있다. 계절이 변화하면 소재를 변화시킬 수 있으나, 기본 형태는 날씨 변동에도 불구하고 지속된다. 예를 들면, 봄과 여름철에 캔버스나 밀짚 백이 잘 팔리듯 토트백이 잘 팔리면 제조업자들은 그 스타일의 유행 주기가 끝나지 않았다고 해석한다. 제조업자들은 가죽, 모피, 헤링본, 트위드, 펠트 등으로 만든 겨울 토트백을 출시하여 추운 계절 동안 가장 잘 팔리는 스타일로 많은 돈을 번다.

원단의 색과 무늬는 유행기간을 갖는다. 제조업자는 무늬의 색을 바꿔 기존 상품 라인을 갱신한다. 예를 들면, 카우보이 모자와 같은 항상상품이 꾸준히 잘 팔리면(정상가격으로) 제조업자는 혼란스럽고 눈 속임하기 쉬운 무늬, 시퀸, 이상한 색의 원단을 사용하여 기존 스타일을 갱신한다. 이와 같은 개념은 디자이너가 시간을 최소로 들이고 상품을 신선하고 새롭게 만드는 방법이다.

◎ 세계의 텍스타일, 소도구, 트리밍 산업

텍스타일과 트리밍 산업은 대부분 미국 외부에 모여 있다. 단추, 스냅, 쇠고리, 지퍼, 기타 소품과 같은 항상상품은 아시아 개발도상국가에서 생산된다. 미국 내 텍스타일 기계 공장은 개발도상국가에 설치할 설비를 생산한다. 이들 개발도상국가들은 미국보다 인건비가 훨씬 낮고, 비교적 지속적 수요가 있는 항상상품은 생산 스케줄보다 미리 충분한 양을 주문할 수 있다. 예를 들면, 깃털 공급업자 중 하나인 레인보우 깃털

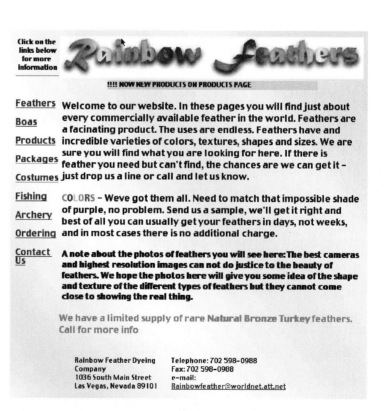

▶ **그림 3.15** 레인보우 깃털 염색회사
　(자료원 : 레이보우 깃털 염색회사)

염색회사는 전략적으로 정교하게 깃털장식을 한 옷으로 유명한 지역인 네바다 주 라스베이거스에 위치하고 있다(그림 3.15).

1) 무역기구, 출판물, 전시회

무역기구는 다양한 목적을 수행하지만, 이 기구는 조직체에서 회원권을 갖고 있는 회원사만 지원한다. 구체적인 지원 내용은 로비와 입법 행위, 연구, 평생교육, 정보보급, 홍보, 출판, 전시회 후원, 고용 보조 등이다. 새로운 무역기구가 조직되고, 이름을 바꾸거나 전략적 제휴를 맺기 위하여 상호보완적 기구를 통합하기 때문에 무역기구의 수와 형태는 지속적으로 변화한다. 의류 및 액세서리 공급업자 사이의 무역기구는 특정 사업 시장을 표적으로 할 수 있으며, 의류 및 액세서리 생산의 각 영역에 최소 1개 이상의 무역기구를 두고 있다. 텍스타일 무역기구는 섬유, 텍스타일 생산, 텍스타일 기계, 액세서리 소도구와 부속품, 장식 처리 등과 관련된 기구를 포함한다. 이상과 같은 여러 단체에서는 전자 또는 인쇄물을 통하여 잡지를 발간하

▶ **표 3.1** 텍스타일, 소도구, 트리밍 산업을 위한 무역기구

기 구	위 치	목 적
미국 봉제품 기기 및 공급업자(Sewn Products Equipment & Suppliers of Americas : SPESA) www.spesa.org	노스캐롤라이나 주, 롤리	전 세계 봉제품 산업 공급업자의 이미지와 이익을 보호하고 증진한다.
미국 의류 및 신발협회/패션협회(American Apparel & Footwear Association/The Fashion Association : AAFA/TFA) www.americanapparel.org	워싱턴 디시	미국산 의류, 신발, 기타 봉제품 회사와 공급업자를 홍보하고 사기를 높여주며, 미국내 산업에 영향을 주는 입법 조치에 발을 맞춘다.
면화위원회(Cotton Board) www.cottonboard.org	테네시 주, 멤피스	업체에 대한 연구와 요구를 홍보하여 면화 생산자와 수입업자에게 도움을 준다.
국제면화위원회/미국 면화위원회(Cotton Council International/National Cotton Council of America) www.cottonusa.org www.cotton.org	워싱턴 디시	세계시장에서 면섬유와 면 완제품 홍보를 위한 전시회, 협의회, 프로그램을 후원한다.
면화협회(Cotton, Incorporated) www.cottoninc.com	노스캐롤라이나 주, 캐리	면섬유 홍보를 위한 전시회와 협의회를 후원하고, 연구와 홍보를 통하여 면섬유의 이익과 요구를 증진시킨다.
보빈 그룹(The Bobbin Group) www.bobbin.com	사우스캐롤라이나 주, 컬럼비아	세계 의류 및 봉제품 제조업체를 위하여 3년마다 개최되는 국제전시회, 해마다 개최되는 전시회를 후원하고, 교육과정, 회의, 세미나를 조직한다.
미국 자수 전문가 네트워크(National Network of Embroidery Professionals) www.nnep.net	오하이오 주, 스토우	자수산업체와 전문가를 대표하며, 회의와 전시회를 주관한다.
자수무역협회(Embroidery Trade Association) www.embroiderytrade.org	텍사스 주, 댈러스	회원 교육, 대표, 네트워킹, 연구, 소비자 봉사 활동을 통하여 자수산업체 유대를 강화한다.

▶ 표 3.2 텍스타일, 소도구, 트리밍 산업을 위한 무역 관련 출판물

출판물	설 명
글로벌 소스 Global Source	액세서리 부품을 포함한 모든 잡화를 취급하는 중간상과 접촉하고자 하는 바이어들에게 국제 무역 지식을 제공하는 카탈로그
비하인드 심 Behind the Seams	미국 봉제품 기기 및 공급업자(SPESA)가 발간. 전시회 후원업체와 행사 일자에 대한 광범위한 목록을 포함하는 전자저널
어패럴 잡지 Apparel Magazine	보빈 그룹에서 발간하는 인쇄물과 전자 자료가 있음. 의류와 액세서리를 포함한 모든 봉제품에 대한 논문이 있으며, 매달 발간.
어패럴 바이어 가이드 Apparel Buyers Guide	보빈 그룹에서 발간. 업체 간(B2B) 상품과 기업체 목록을 포함한 서비스를 제공

▶ 표 3.3 텍스타일, 소도구, 트리밍 산업을 위한 전시회

전시회	위 치	후원업체
보빈월드 Bobbin World	플로리다 주, 올랜도	Bobbin Group, Sewn Products Equipment and Suppliers of the Americas, American Apparel and Footwear Association, Embroidery Trade association
보빈멕시코 Bobbin Mexico	멕시코, 시우다드 드 멕시코	Bobbin Group
머티리얼 월드 마이애미비치 Material World Miami Beach	플로리다 주, 마이애미비치	Urban Exposition
네트워크 Network	오하이오 주, 클리블랜드	National Network of Embroidery Professionals
국제 패션원단 전시회 International Fashion Fabric Exhibition	뉴욕 주, 뉴욕	MAGIC International
국제 텍스타일 제조업자 협회전시회 International Textile Manufacturers Association Exhibition	영국, 버밍햄 서유럽	International Textile Manufacturers Association
인터텍스타일 Intertextile	불가리아, 소피아	Bulgarian Chamber of Commerce and Industry
국제 봉제품 엑스포와 보빈월드 International Sewn Products Expo and Bobbin World	북아메리카	Sewn Products Equipment and Suppliers of the Americas, American Apparel & Footwear Association
세계 신발소재 전시회 World Footwear Materials Exposition	대만, 대중	Footwear Industries of America, American Apparel and Footwear Association

고 있다. 표 3.1은 텍스타일, 소도구, 트리밍 산업체 목록이고, 표 3.2는 무역 관련 출판물 목록이다.

액세서리 공급업체의 전시회 수는 증가하고 있으며, 지리적 제한을 받지 않는다. 남북아메리카 지역, 유럽, 아시아에 있는 기업은 전시회를 후원하여 액세서리 공급업자를 강력하게 홍보한다. 표 3.3은 보석이나 가죽과 같은 특별한 상품을 홍보하는 전시회 목록이다.

◎ 머천다이징 트렌드와 기술

텍스타일, 소도구, 트리밍의 머천다이징 계획은 기업체 사이에서 이루어진다. 대부분의 상품 회사에서는 신상품을 도입하고 중요한 기업체와 접촉할 때 전시회에 의존한다. 최근 전시회 트렌드는 정보활동을 제공하면서 기업체 고객을 교육하고 있다. 이들 활동에는 최신 이벤트 세미나, 연구 포럼을 후원하는 지적 촉진제, 기술 보고서 발표, 혁신적 상품과 서비스 제공 등이 있다.

인터넷은 기업이 많은 고객에게 접근할 수 있는 기회를 제공해 주지만, 원거리에서 패션 상품을 구입하는 데 약간의 어려움이 있다. 원단을 시각적으로 검사하고 만져볼 수 없다는 점을 고려해야 한다. 그러나 스와치를 우편으로 보내서 고객들은 재고 한도 내에서 재주문하거나, 주문할 때 눈으로 확인하지 않고도 상품과 친숙해져야 한다. 소도구와 트리밍과 같은 항상상품을 인터넷으로 구입하면 기업에서는 많은 시간을 절약할 수 있다.

전자자료교환(Electronic Data Exchange : EDI)은 꾸준히 판매되는 텍스타일이나 트리밍을 구매 또는 재주문할 수 있는 방법 중 하나이다. 전자자료교환법을 이용하면 기업체(공급업자, 제조업자, 소매상)는 전자 네트워크 시스템으로 서로 연결된다. 예를 들면, 재고목록에 있는 재고관리 단위가 판매되면, 전자자료교환 시스템에 연결된 모든 업체로 정보가 전송되므로 재고 보충 계획을 세울 수 있다. 전자자료교환과 같은 통합 기술은 앞으로 더욱더 많이 사용될 것이다.

요 약

- 면, 아마, 대마, 황마는 천연 섬유소 섬유이고, 양모, 견, 파시미나, 가죽, 모피는 천연 단백질 섬유이다. 레이온, 아세테이트, 폴리에스테르, 나일론, 아크릴, 스판덱스는 천연 섬유 대용으로 생산되는 가격이 비교적 낮은 인조 섬유이다.

- 단순사는 부드럽고 평편한 원단을 만드는 데 사용되고, 복합사는 질감과 보풀이 있는 원단을 만드는 데 사용되며, 셔닐사와 부클레사는 패션 액세서리 제작에 많이 사용되는 복합사이다.

- 극세 섬유는 견섬유 대용품으로 사용되는 아주 가는 섬유이다.

- 레이스, 마크라메, 크로셰와 같은 구멍이 있는 원단 구성기법을 적용하면 패션 액세서리에 장식적 요소를 더할 수 있다.

- 짚은 식물에서 채취되며 내구력이 낮다. 짚의 용도에는 샌들 밑창, 핸드백, 여름용 모자가 있다.

- 대나무는 나무와 같이 단단한 재질감이 있으며, 핸드백 손잡이로 많이 사용된다.

- 슬라이드 패스너라 부르는 지퍼는 100년의 역사를 갖고 있다. 내용물이 밖으로 나오지 않도록 해주고, 액세서리가 몸에 잘 맞게 도와준다. 지퍼는 기능적 용도뿐 아니라 장식적으로도 사용된다.

- 단추는 나무, 조개껍데기, 뿔, 플라스틱, 유리, 돌, 금속, 가죽, 패션 원단과 같은 재료로 만들며, 여미는 역할을 한다.

- 스냅, 쇠고리, 벨크로, 버클은 액세서리를 여미는 데 사용되며, 용도에 따라 선별적으로 사용된다.

- 브레이드는 가장자리를 정리하거나 장식적 트리밍으로 사용되는 좁게 직조된 원단이다.

- 실, 레이스, 리본, 보우는 상침, 장식 또는 좁게 제직된 원단이다. 가죽끈으로 레이스를 떠서 액세서리 부분을 연결하기도 한다.

- 조화는 여성과 어린이용 액세서리, 특히 모자에 사용된다. 닭, 칠면조, 공작새의 깃털은 매력적인 장식이나 내구력이 부족하다.

- 무지갯빛 조개층과 준보석과 같은 조개껍데기는 패션 액세서리로 널리 사용된다.

- 텍스타일은 질감, 섬유조성, 조직, 색, 무늬 측면에서 설명할 수 있다. 기성복의 텍스타일 트렌드는 패션 액세서리 상품으로 해석된다. 가끔 디자이너는 위험을 최소화하기 위하여 새로운 텍스타일 요소를 도입한다.

- 아시아 국가에서 많은 소도구를 생산해 온다. 스냅과 쇠고리와 같은 소도구는 계절이 지나도 변화가 없기 때문에 제작 전에 주문하고 있다.

- 국제 상업의 중심지를 비롯한 세계 전역에서 전시회가 개최되고 있다.

- 텍스타일, 소도구, 트리밍 산업은 일반 대중보다는 기업을 상대로 홍보가 이루어지며, 기업과 기업 사이의 전시회는 중요 정보를 교환할 수 있는 기회이다. 기업 사이의 상거래에서 웹 사이트가 주로 이용되고, 전자자료교환은 공급업자, 제조업자, 소매상 사이에서 판매자료를 주고받고 재고를 보충하는 비용을 절감할 수 있는 네트워크 시스템이다.

핵심용어

가죽(leather)

견(silk)

공단 리본(satin ribbon)

공업용 지퍼
(industrial zippers)

그로그랭 리본
(grosgrain ribbon)

극세 섬유(microfiber)

금속사(metalic thread)

나일론(nylon)

눈에 보이지 않는 지퍼
(invisible zippers)

단백질 섬유(protein fiber)

단순사(simple yarns)

대나무(bamboo)

대마(hemp)

레이온(rayon)

레이스(lace)

레이스 뜨기(lacing)

루렉스(Lurex)

마크라메 레이스
(macrame lace)

망 엮기(netting)

면(cotton)

모피(fur)

모피 섬유(fur fibers)

바늘뜨개 레이스
(needlepoint lace)

벨크로(velcro)

보빈(받침대)(bobbin(pillow))

복합사(complex(novelty) yarn)

부직포(nonwovens)

부클레(bouclé)

비닐(vinyl)

섬유소 섬유(cellulose fiber)

셔닐(chenille)

소도구(notions)

쇠고리(grommets)

수테/러시안 브레이드
(soutache(Russian braid))

신축성 직물(stretch wovens)

스냅(snaps)

스웨이드 가죽(suede leather)

스웨이드 원단(suede cloth)

스판덱스(spandex)

아마(linen)

아세테이트(acetate)

아크릴(acrylic)

아프리카 무수리 깃털
(marabou feathers)

양모(wool)

양잠업(sericulture)

울트라스웨이드(ultrasuede)

육각 그물눈 레이스
(bobbinet lace)

자수용 털실(crewel thread)

자연스러운 룩
(au natural look)

제직(weaving)

제편(knitting)

질감(texture)

짚(straw)

코키유 조개껍데기(coquille)

코팅 원단(coated fabric)

크로셰(crochet)

탄력성(elasticity)

태(hand)

트리아세테이트(triacetate)

파시미나(pashmina)

펠트(felt)

폴리에스테르(polyester)

피륙화(fabrication)

피블라(fibulae)

황마(jute)

복습문제

1. 패션 액세서리 제작에 많이 사용되는 천연 섬유와 인조 섬유에는 무엇이 있을까?

2. 단순사로 만든 액세서리와 복합사로 만든 액세서리는 어떤 차이가 있을까?

3. 패션 액세서리를 만들 때 많이 사용되는 피륙화 기법에는 무엇이 있을까?

4. 레이스, 마크라메, 크로셰 사이의 공통점은 무엇이며, 이들 기법으로 어떤 액세서리를 만들까?

5. 좁게 제직한 원단에는 무엇이 있을까?

6. 지퍼의 용도를 기능에 한정하지 않고 패션 아이템으로 만들 수 있는 방법은 무엇인가?

7. 어떻게 액세서리의 질감을 개선할 수 있을까?

8. 기존 상품 라인을 갱신하기 위하여 디자이너는 색과 무늬를 어떻게 사용하는가?

9. 텍스타일과 트리밍 산업에서 중요한 무역기구, 출판물, 전시회에는 무엇이 있는가?

10. 텍스타일과 트리밍 산업에서 컴퓨터 기술이 어떻게 마케팅 도구로 사용되는가?

응용문제

1. 밀짚으로 만든 모자나 핸드백이 있는 점포나 웹사이트를 방문하시오. 모든 액세서리에 사용된 짚의 형태를 기록하시오. 밀짚의 형태를 연구한 후 식물과 섬유 특성을 설명하시오.

2. 지갑, 핸드백, 벨트, 스카프, 넥타이 등 액세서리 한 종류를 선택한 후 여러 유형의 상품을 갖춘 점포를 방문하시오. 사용한 섬유의 조성, 소재, 기준 소매가격을 표로 만드시오. 소재와 기준 소매가격 사이의 관계를 평가하고, 동료들과 결과를 비교하시오.

3. 원단점포, 제조업체 설비나 디자인 회사와 같은 텍스타일과 트리밍 취급업체에 근무하는 사람과 면접하시오. 면접하기 전에 중요한 질문 목록을 작성하시오.

4. 원단이나 소도구 판매점포를 방문하여 이 장에서 논의했던 텍스타일과 트리밍 10가지를 고르시오. 도표에 이름, 설명, 가격, 수량, 포장에 관한 정보를 기록하고, 가능하면 각 상품을 상세히 스케치하시오.

5. 학교 도서관을 방문하여 텍스타일이나 트리밍 관련 잡지 또는 *Women's Wear Daily* 한 권을 선택하시오. 논문을 요약하여 한 쪽짜리 요약 보고서를 작성하고, 논문 복사본 한 부와 참고문헌 정보도 기록하시오.

제**4**장

가죽

옛날 동양의 어느 나라 왕이 자기 나라를 돌아다니는 것을 좋아했다.

그러나 땅이 울퉁불퉁하고 험해서 맨발로 걷기 힘들었으므로 하인에게 그 땅을 가죽으로 덮도록 명령했다.

이 일을 하는 데 너무 시간이 많이 걸리므로 인내심 없는 왕은 총리에게 왕이 가는 왕국의 모든 길을
가죽으로 덮는 도구를 만들어 내라고 했다.

그러나 그 총리는 불가능한 왕의 명령 때문에 총리직을 사임하고 칩거하였다.

그는 해결의 가능성을 포기하고, 어느 누구도 만나려고 하지 않았다.

그런데 한 청년이 이 이야기를 듣고 총리를 만나고자 하였지만 총리는 만나주지 않았다.

그 청년은 왕의 궁전에 몰래 들어가서, 왕을 만나려 시도했다. 왕이 호위병을 부르기 전에
그 청년은 얼른 한 켤레의 신발을 왕 앞에 내밀었다.

"왕이시여, 당신이 가는 곳마다 항상 가죽으로 덮여 있을 것입니다."고 재빠르게 외쳤다.

이 기발한 청년은 총리로 임명되었고, 이것이 가죽신발의 기원이다.

– 작자 미상

◎ 가죽의 역사

가죽은 아름답고 내구성이 크기 때문에 선사시대부터 의복이나 액세서리의 중요한 소재가 되었다. 어떤 과학자는 농경시대 이전부터 가죽은 가장 오래된 무역의 대상품목이라고 주장하였다. 세계적 인류학자인 리키(L.S.B. Leaky)는 아프리카에서 60만 년 전에 가죽을 만드는 기구를 발견하였다. 무두질은 동물의 가죽의 형태가 변하는 것을 방지하고 보존하기 좋게 만드는 것이며, 이집트인이나 희랍인들은 이 **무두질**(tanning)하는 방법을 글로 남겼다. 이 기본적인 고대의 무두질법은 아직도 세계 여러 지역에서 사용되고 있다(그림 4.1).

오랜 기간에 걸쳐 문명화되는 과정에서 가죽은 중요한 텍스타일로 자리잡았다. 가죽은 의류와 액세서리뿐 아니라 기록용(종이와 비슷한 **양피지**), 물병, 가구, 안장, 신체보호용 갑옷, 텐트나 유목민용 주택용으로도 사용되었다. 때로 가죽은 금, 은, 상아, 보석과 함께 중요한 위치를 차지하기도 했다. 정교하게 금박을 입히고 보석으로 장식한 가죽 케이프, 가구, 방패막이 등은 가죽이 차지했던 역사적 위치를 보여주는 증거이다.

북아메리카에서는 원주민들이 그들 고유의 가죽 무두질 기법을 개발하기도 했다. 사슴가죽은 가장 값진 가죽이었다. 첫 번째 이주자들이 폴리머스록(Plymouth Rock)에 상륙한 후 무두질 공장이 매사추세츠에 세워지면서 북아메리카 지역에서 거대한 가죽 산업이 시작되었다(그림 4.2).

1800년대에 뉴잉글랜드의 무두장이들이 무두질 매개제로 크롬염을 사용하기 전까지는 식물성 약품을 사용한 무두질이 보편적으로 이루어졌다. 초기에 미국의 무두장이가 사용했던 방법은 현재의 방법에 비하여 최소 1년 이상 길게 걸렸고 전통적이지 못했다. 남북전쟁 동안 신발을 빨리 생산해야 했기 때문에 물리적 방법과 약품이 몇 가지 개발되었고, 그 결과 19세기 들어 가죽 제품의 품질과 공정이 개선되었다. 개선된 방법 중에는 사무엘 파커(Samuel Parker)가 고안한 층으로 나누는 기계가 있어 하루에 송아지 하이드를 100장이나 얇은 층으로 나눌 수 있게 되었고, 무두질할 때 식물성 약품 대신 크롬 금속염이 사용되었다.

19세기 미국에서 가죽 생산의 절정기에 보스턴의 남쪽 거리는 가죽 산업의 중심지로 통하고, 대부분의 교역이 여기에서 이루어졌다. 무두질 공장은 뉴잉글랜드 지역에서 중요한 산업 기반이 되었고, 밀워키, 시카고, 세인트루이스 등의 도시가 있는 서쪽으로 이동했다. 수요에 맞춰 하이드를 서부의 가축이 많은 주에

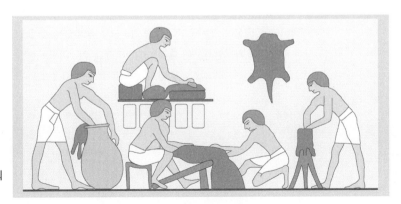

▶ **그림 4.1** 고대 이집트시대의 가죽 무두질

◀ **그림 4.2** 미국의 초기 무두질
(모르트 쿤스틀러의
그림)(자료원 : 모르
트 쿤스틀러사)

서 실어 왔고, 아르헨티나와 멕시코에서 수입해 왔다.

　19세기 한때 번영했던 가죽 산업에 여러가지 문제점이 나타났다. 기계화되고 능률이 향상됨에 따라 과잉생산의 문제점을 낳아서 소규모 무두질 공장이 폐업하고 큰기업에 흡수되었다. 쇠고기 산업의 붐은 하이드 시장을 포화상태로 만들었고, 가죽은 일본, 홍콩, 한국, 대만 등으로 수출하게 되었다. 또한 인조가죽 구두가 소개되었고 이 상품에 대한 수요 때문에 미국 가죽 산업에 피해를 가져왔다. 미국정부의 환경 기준의 강화는 미국 무두공장을 더욱 축소시켰다.

◎ 가죽 산업

미국에서 가죽 생산이 감소하는 반면 세계 가죽시장은 발달하였다. 수많은 개발도상국가들은 직접 동물을 사육하거나 미국의 하이드나 스킨을 수입하여 가죽 생산에 참여하였다. 가죽을 이용하여 액세서리나 신발, 모자, 장갑, 벨트, 핸드백, 개인용 가죽소품, 여행가방 등을 생산하였다. 가죽이 널리 사용되고 특별한 손질이 필요하기 때문에 패션 액세서리 연구의 중요한 주제가 되었다.

　가죽(leather)은 육지동물, 파충류, 생선, 새(깃털을 제거한)에서 얻은 하이드나 스킨을 가공한 것을 포함한다. 가죽 산업에서는 가축이나 말과 같이 큰 동물 가죽을 **하이드**(hide)라 하고, 송아지 양, 염소와 같이 작은 동물의 가죽을 **스킨**(skin)이라 한다.

　스킨이나 하이드의 **은면** 또는 **털면**(grain)이란 가죽 표면의 털이 자라는 제일 위쪽이다. 그 밑을 **진피층**(splits)이라 하며 이것도 가죽으로 사용된다. **풀**(full) 또는 **외피층**(top grain)은 털을 제거한 제일 위 표피인데 내구성이 가장 강하고 매력적인 톡특한 무늬를 가진 부분이다. 외피층의 **무늬**(marking)는 불규칙한 가죽 특유의 모양을 나타내며, 이 때문에 외피층이 진피층보다 더 비싸다.

1) 가죽 생산 공정

대부분의 자연산 텍스타일과 마찬가지로 가죽은 제품으로 제조되기 전에 비용이 많이 드는 과정을 거친다. 가죽 자원은 육류의 부산물로부터 가죽을 얻기 위하여 사육하는 동물 또는 야생에서 잡힌 동물에 이르기까지 매우 다양하다. 한 번 살육된 동물에서 하이드를 떼어내면 곧바로 부패된다. 죽은 동물의 근육이나 살집을 제거하고 나서 몇 시간 내에 **큐어링**(curing)이라고 불리는 일시적인 보존과정이 필요하다. 큐어링은 표피를 손질하여 말리거나 염화나트륨(소금)으로 처리하는 것이다. 큐어링 과정은 무두질의 한 공정은 아니지만 무두질 전에 꼭 이뤄져야 하는 공정이다.

　무두질은 숨쉬는 부드러운 피혁을 얻고, 부패와 유기물질에 의한 변화를 막기 위한 보존과정이다. 무두질에 사용되는 약품에는 명반, 크롬, 지르콘과 같은 무기질, 떡갈나무, 독미나리, 밤나무, 미모사 껍질, 열매, 잎과 같은 식물성, 생선기름과 같은 유류, 포름알데히드와 같은 화학약품이 있다. 하이드나 스킨을 상품화하는 과정에는 상호관련된 여러 단계가 있다. 각 단계는 특별한 목적을 수행하지만 각 단계의 효과는 그다음 단계와 관련되어 있다. 가죽을 만드는 작업은 크게 습식공정과 건식공정의 두 범주로 나눌 수 있다.

(1) 습식공정

　습식공정(wet operation)은 기본적으로 5 단계로 되어 있다.
　　① 예비 세척
　　② 피혁을 무두질하기 위한 준비단계로 습식 화학약품 처리
　　③ 무두질
　　④ 가죽의 두께를 얇게 하기 위하여 층 나누기
　　⑤ 외양과 촉감을 개선시키는 공정

이들 단계를 좀 더 자세히 설명하면 다음과 같다.
　　① **수령하여**(receiving) **보관하기**(storage) – 가공되지 않은 하이드를 처리하기 전에 분류하고 무게를 달아 묶음으로 분류하여 **하이드 창고**(hide house)에 보관한다. 가공되지 않은 하이드를 소금으로 큐어링하거나 죽은 동물에서 방금 떼어낸 날 것으로 수령한다.
　　② **침지**(soaking) – 큐어링 과정에서 염화나트륨이 사용되기 때문에 습기가 유출된다. 부드럽고 깨끗하게 하기 위해서 하이드와 스킨을 세제와 살균제로 채워진 큰 통에 담근다.
　　③ **탈모**(unhairing) – 알칼리 탈모제로 털 섬유를 녹인다. 만약 털 섬유를 회수하여 펠트 상품으로 판매하려 할 경우에는 약한 탈모제를 사용하거나 기계적으로 털을 제거한다.
　　④ **연화**(bating) – 연화의 첫 단계에서 알칼리 용액을 사용하여 가죽을 중화하고 세척하는데, 이 연화

을 **탈회**(deliming)라고도 한다. 두 번째 단계에서는 효소를 첨가하여 표면에 남아 있는 이물질을 녹여낸다.

⑤ **침산**(pickling) – 하이드를 무두질하기 전에 소금이나 바닷물과 산(예, 황산)을 준비한다. 연화과정에서 알칼리 용액을 사용했던 것과 반대로 하이드와 스킨에 크롬 무두제가 스며들도록 준비한다.

⑥ **무두질**(tanning) – 하이드와 스킨을 **부패되지 않는**(nonputrescible) 물질로 바꾸고, 형태 안정성, 내습 및 내마찰성, 내열성 및 내약품성, 내마모성과 내굴절성을 증진시킨다. 초기에 나무껍질을 이용한 식물성 무두제가 상업적으로 사용되었다. 가장 많이 쓰이고 시간이 적게 드는 방법은 **크롬 무두질**(chrome tanning)인데, 회전하는 큰 통 속에 하이드를 넣고 황산크롬이나 크롬(설탕과 비슷한 크롬염과 황산)을 먼저 흡수시킨다. 크롬이 하이드에 적당량 흡수되면 하이드는 푸른빛을 띤 초록색이 되고, '푸른' 또는 촉촉한 푸른' 상태라 한다. 무두장이들은 베이킹 소다와 같은 약알칼리제를 첨가하여 알칼리도를 높여 크롬제를 영구적으로 고착시킨다. 무두질 과정은 보통 4~6시간이 소요된다.

⑦ **탈수**(wranging)와 **분류하기**(sorting) – 무두질 과정을 거친 하이드와 스킨을 두 개의 커다란 롤러 사이를 통과시키면서 잉여 화학약품을 제거한다. 두께에 따라 분류한다.

⑧ **다듬기**(trimming)와 **양쪽으로 나누기**(siding) – 하이드를 평평한 컨베이어 벨트를 통과시키면서 동물의 머리와 다리 부분과 같이 필요 없는 부위를 다듬는다. 동그란 원형 톱으로 피혁의 뒤 중심선을 따라 길이 방향으로 잘라 두 쪽으로 만든다.

⑨ **층 나누기**(splitting)와 **면도하기**(shaving) – 상품을 제조하기 편하게 하기 위해서 피혁을 균일한 두께로 만들어야 한다.

    a. **층 나누기**(splitting) – 은면 쪽을 위로 향하게 놓고 안쪽의 두꺼운 육질부분을 잘라 버리기 위하여 층 나누는 기계를 통과시킨다. 이 층을 진피라 하며 스웨이드나 비싸지 않은 상품에 사용한다.

    b. **면도하기**(shaving) – 이 기계는 스킨의 두께를 더 평편하게 해 준다. 보통 하이드의 뒤 중심선은 가장 두껍고 배 쪽으로 갈수록 점점 얇아진다. 그림 4.3은 하이드의 전체적인 모양과 부분이고, 그림 4.4는 하이드 층 나누기이다.

⑩ **재무두질**(retanning), **염색**(coloring), **기름 매기기**(fatliquoring) – 이 3단계는 본질적으로 서로 다르지만 한 드럼통 속에서 이루어진다.

    a. 재무두질(retanning) – 식물 추출물이나 무기질과 같은 화학약품을 추가적으로 사용한다.

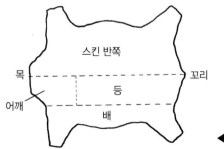

◀ 그림 4.3 하이드의 부분

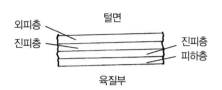

▶ **그림 4.4** 하이드 층 나누기

b. **염색**(coloring) – 석유류에서 얻은 합성 유기 염료인 **아닐린 염료**(aniline dye)를 침투시킨다.

c. **기름 매기기**(fatliquoring) – **인장강도**(tensile strength)가 증가된 부드럽고 유연한 가죽을 얻는다. 하이드와 스킨을 회전하는 드럼통 속에 넣고 기름류를 첨가한다.

⑪ **고정**(setting out) – 롤러로 하이드와 스킨을 압착하여 잉여 수분을 짜내고 건조 공정에 대비하여 스킨을 부드럽게 하고 잡아당긴다.

(2) 건조공정

건조공정(dry operation)은 다음의 4단계를 거친다.

① 잉여 수분을 제거한다.

② 부드럽고 매끈하게 처리한다.

③ 특수 표면가공을 한다.

④ 상품 제조업자에게 배송하기 위해 완성품으로 만든다.

이 단계를 자세히 설명하면 다음과 같다.

① **건조**(drying) – 저열 오븐이나 진공상태에서 10~12%의 수분을 남겨 두고 나머지 수분을 제거한다.

② **컨디셔닝**(Conditioning) – 하이드를 쌓아 놓고 그 위에 물을 뿌려서 수분이 고르게 흡수되도록 몇 시간 방치한다.

③ **걸기**(staking)와 **말리기**(dry milling) – 스킨을 수백 개의 진동하는 핀 사이를 통과시키면서 여러 방향에서 동시에 잡아당겨 은면을 유연하고 부드럽게 만든다. 말리기는 회전하는 드럼 속에 스킨을 넣고 부드러워질 때까지 회전한다.

④ **연마**(buffing) – 연마용 실린더를 사용하여 은면을 부드럽게 하고 은면의 결점을 최소화시킨다. 외피층은 연마 공정을 거치지 않는 게 보통이다.

⑤ **끝처리**(finishing) – 하이드의 외피층은 표면의 매력적인 결을 잘 보이게 하기 위해 끝처리를 최소로 한다. 외양이 아름답지 못한 가죽의 경우 불투명 처리 또는 색소 처리를 해서 겉면을 두껍게 덧씌운다.

⑥ **광택내기**(plating) – 증기와 압력으로 가죽의 표면을 매끄럽게 한다. 굴곡 있는 판을 사용하여 표면에 은면 같아 보이는 무늬를 엠보싱할 수 있다. 가죽의 진피층에는 표면 무늬가 없기 때문에 엠보싱 가공을 하기도 한다.

⑦ **등급 매기기**(grading) – 가죽은 부드러운 정도, 색과 두께의 균일한 정도, 불완전한 정도 등을 기준으로 등급을 매긴다. 여기에서 받은 등급에 따라서 가격이 달라진다.

⑧ **치수재기**(measuring) – 하이드는 평방 피트단위로 계측하여 안쪽에 스탬프로 사이즈를 낙인찍는다.

2) 가죽 가공

다양하고 쓸모 있는 가죽을 만들기 위해 스킨의 외양과 촉감을 변화시킬 수 있는 여러 가공을 한다. 제조업자와 디자이너는 다음에 제시된 가죽 가공방법을 적용하여 소가죽과 같이 풍부하고 값싼 가죽을 비싸고 독특한 가죽으로 만들 수 있다.

아닐린 가공(aniline finish) 투명 가공을 하여 외피가 잘 보이도록하고, 단백질, 송진, 래커, 왁스 등을 사용하여 보호막을 입힌다.

표백(bleaching) 가죽의 색을 옅게 하기 위해서 화학약품으로 처리한다.

보딩(boarding) 자연 그대로의 은면층이 안쪽으로 들어가도록 스킨을 접는 기계적인 과정으로 가죽의 육질부에 엠보싱 또는 인날되어 은면층 효과를 얻는다. **박스가공**(box) 또는 **윌로가공**(willow finish)이라고도 한다.

염색(dyeing) 아닐린 염색은 두 가지 방법이 있으며, 피혁의 자연적인 색깔을 바꿀 수 있다.

침염(dip-dyeing) 색이 스킨에 충분히 침투되도록 가죽을 담근다.

브러시 염색(brush dyeing) 색을 가죽의 표면에만 적용한다.

엠보싱(embossing) 울퉁불퉁한 판, 압력, 열을 사용하여 저가 가죽의 표면에 고가 가죽처럼 무늬를 영구적으로 인날한다. 예를 들면, 악어무늬를 진피층 가죽에 엠보싱해서 진짜 악어의 표피가죽의 모양을 만들어 낸다.

광택(glazing) 가죽의 은면을 빠르고 압력이 가해진 롤러 밑을 통과시켜서 광택을 높인다.

보풀(napping) 가죽의 육질 쪽을 철사 휠 같은 연마용 금강사 바퀴 위에 통과시켜서 스웨이드를 만든다.

누벅(nubuck/rybuck) 가축에서 얻은 하이드의 외피층을 가볍게 긁어 스웨이드보다 더 부드럽고 섬세한 보풀을 일으키며 벅스킨(buckskin)과 비슷해 보인다.

칠피 가죽(patent) 가죽의 은면에 광택이 나는 폴리우레탄 처리를 해서 구멍과 통기성이 없고 번쩍거리고 플라스틱처럼 보인다.

착색/채색(pigment/paint) 가죽의 표면을 불투명한 색소로 칠한다.

스웨이딩(sueding) 스킨의 육질 쪽을 연마용 바퀴 위에 통과시켜서 벨벳과 비슷한 표면을 만든다.

3) 가죽의 분류

가죽은 여러 동물에서 얻는다. 보통 육류, 우유, 양모 산업의 부산물로 얻어지지만 악어와 같이 스킨을 얻기 위해 살해하는 경우도 있다. 이런 가죽은 가격이 더 비싸다.

소가죽(bovine leather)은 모든 가죽 중에서 가장 보편적이며, 가축 산업의 부산물이다. 가축 가죽의 공급은 쇠고기 수요와 일차적 관계가 있다. 붉은 고기의 수요가 감소됨에 따라 가죽의 가격은 상승하였고, 가축용 마른풀과 사료값이 상승함에 따라 동물 사육의 의지가 꺾였다.

쇠고기 산업에서 조달되는 가죽 하이드의 5%만이 '벗겨낸 그대로' 의 외피 가죽에 아닐린으로 처리하여 가죽 제품을 만든다. 약 20%는 도포력이 있는 가루와 함께 색소를 적용한 유연가공된 가죽이다. 약 75%는 철사에 긁힌 흠집, 곤충의 피해, 겹쳐짐, 주름, 상표 낙인, 긁힘, 기타 결함을 감추기 위해 엠보싱, 메워 넣기, 연마(buffing), 채워넣기(stuffing) 등이 필요하다.

소가죽은 여러가지 액세서리에서 사용하는 단순한 분류가 아니라 시장에서 노른자위같이 최상의 위치를 차지한다. 소가죽뿐 아니라 육지나 물에서 사는 동물의 스킨도 패션 액세서리로 사용된다. 최종 용도는 가죽의 두께, 내구성, 가죽 처리과정과 희소성으로 결정된다. 다음의 표에서는 가죽을 원산지, 가죽 이름, 가장 많이 사용되는 액세서리 등으로 구분하였다. 이 가죽의 분류는 자동차, 집, 옷과 액세서리 산업 등 여

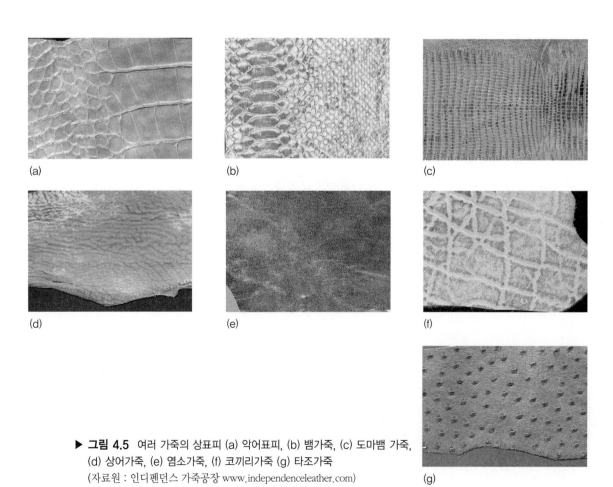

(a) (b) (c)

(d) (e) (f)

(g)

▶ **그림 4.5** 여러 가죽의 상표피 (a) 악어표피, (b) 뱀가죽, (c) 도마뱀 가죽,
(d) 상어가죽, (e) 염소가죽, (f) 코끼리가죽 (g) 타조가죽
(자료원 : 인디펜던스 가죽공장 www.independenceleather.com)

러 가지 다양한 상품에 사용된다.

표 4.1은 육지동물, 가죽이름, 대표적인 액세서리 상품의 목록이다.

표 4.2는 물에 사는 동물 가죽이름과 관련된 액세서리 상품의 목록이다.

각각 동물 외피에는 독특한 패턴이 있다. 그림 4.5는 여러 동물의 가죽 질감을 확대한 모양이다.

▶ **표 4.1** 가죽으로 사용되는 육지동물

동 물	가죽의 종류	대표 상품
소, 황소, 수송아지	• 가축 피혁, 소피혁, 황소피혁, 수송아지 피혁 • 생가죽(준비공정을 거쳤으나 무두질하지 않은 상태) • 안장가죽(식물성 약제로 무두질했고, 아닐린 처리만 했고 '벗겨낸 그대로'임.)	• 신발, 부츠, 목걸이줄, 의류, 핸드백, 벨트, 여행가방, 가구
송아지	• 송아지 가죽 • 고급 피지(양피지와 비슷함)	• 구두 상단부, 슬리퍼, 핸드백, 가죽소품, 모자의 속밴드 • 램프갓.
말	• 코르도반 혹은 표피(스페인의 코르도바에서 유래된 무두질법)	• 남성용 구두 상단부
염소, 새끼염소	• 번쩍이거나 우아함(크롬으로 무두질했고 광택이 높음.) • 레반트 피혁(양가죽이며 거죽 무늬를 축소시켰음.) • 모로코 피혁 • 가브레타	• 장갑 • 장갑, 구두, 가죽소품 • 장갑, 구두 • 장갑, 의류
양, 염소	• 샤무와(부드러운 스웨이드로 영양에서 얻음.) • 모카 스웨이드 또는 가죽 • 케이프스킨 또는 케이프 가죽 • 나파(크롬이나 명반 무두질) • 양가죽 또는 한 살배기 양의 털(털이 붙은 채로 무두질함.) • 얇은 양피(층으로 나눈 양가죽의 은면)	• 장갑, 의류 • 장갑 • 장갑, 의류 • 장갑 • 슬리퍼, 의류 • 핸드백, 모자의 속밴드, 가죽소품
돼지, 수퇘지, 멧돼지(야생돼지), 카프린초(설치류)	• 돼지가죽(크롬으로 무두질하고, 스웨이드로 만듦)	• 구두, 드레스와 스포츠용 장갑, 가죽소품
사슴, 수사슴, 영양	• 사슴가죽(상표피 그대로 사용) • 녹비사슴(상표피를 제거)	• 구두, 장갑, 의류 • 구두, 장갑, 의류
물소	• 버팔로(극동지역에서 들여옴)	• 구두, 작업장갑, 핸드백, 여행가방
캥거루, 왈라비	• 캥거루(양가죽처럼 광택 있고 강하다.)	• 남성용 구두, 가죽소품, 여행가방
타조	• 타조(너무 비싸다.)	• 웨스턴 부츠, 가죽소품
도마뱀	• 테주 또는 앨리게이터 도마뱀	• 웨스턴 부츠, 핸드백, 가죽소품
뱀	• 애너콘다(물뱀), 코브라, 비단뱀	• 구두, 의류
기타 육지 동물	• 낙타, 코끼리, 개미핥기(천산갑)	• 가죽소품

▶ **표 4.2** 가죽으로 사용되는 수중동물

동 물	가죽의 종류	대표 상품
앨리게이터 (미국산 악어)	앨리게이터('스쿠츠' 또는 '타일스' 라 하는 네모무늬가 빤짝거리는 가죽을 얻기 위하여 농장에서 사육)	구두, 핸드백, 가죽소품
크로커다일 (아프리카산 악어)	크로커다일	구두 상단부, 핸드백, 가죽소품, 손목시곗줄, 의류
뱀장어	뱀장어 스킨(동해에 서식)	가죽소품
물개, 해마	어린 물개(은면이 매력적임, 엠보싱한 모조품이 많음)	구두 ,벨트, 여행용 가방, 시곗줄, 가죽소품
상어	상어 스킨(은면이 매끄럽고 망사 같거나 어린 물개 표피와 비슷)	시곗줄, 장갑
기타 수중동물	개구리 스킨, 거북이 스킨	시곗줄, 장갑

4) 인조 가죽

모조 가죽(imitation leather) 또는 **인조 가죽**(simulated leather)은 진짜 가죽과 구분하기 점점 어렵다. 가공기술이 발달되어 냄새를 제외하고 거의 모든 면에서 진짜 가죽과 비슷한 인조 가죽을 생산하게 되었다. 레더렛(leatherette), **노가하이드®**(Naugahyde), **비닐**(vinyl), **플레더**(pleather), **리퀴드 레더®**(Liquid Leather), **벨레자임®**(Belleseime), **슈퍼스웨이드®**(Super-suede), **패실®**(Facille), **울트라스웨이드®**(Ultrasuede)와 같은 용어는 인조 가죽과 스웨이드의 이미지를 내포하고 있고, 진짜 가죽보다 세탁성이 더 나은 경우도 있다.

인조 가죽 텍스타일류 중 어떤 것은 바탕 직물에 폴리염화비닐(PVC)이나 폴리우레탄과 같은 방수코팅 플라스틱으로 도포되어 있다. 도포 또는 막을 만들어 주면 습기, 먼지, 화학약품, 마모로부터 보호해 주고, 직물 또는 편물과 같은 바탕 원단은 안정성을 제공한다. 스웨이드와 같은 소재는 흔히 폴리에스터와 폴리우레탄 폼 혼방에 바늘구멍을 내서 만들기도 한다. 인조 액세서리 제조업자는 스웨이드나 새끼염소 가죽과 같이 좀 더 비싸고 매끄러운 인조 가죽으로 제품 라인을 개발하고 있다.

유행에 민감하면서 가격을 많이 의식하는 소비자에게 접근하기 위하여 리즈 크레이번(Liz Claiborne)은 PVC 핸드백을 소매가 60달러 선에서 제공하였다. 이들 세련된 스타일의 가짜 가죽가방은 진짜 가죽과 아주 흡사했다. 그녀의 유명한 비단뱀 무늬로 만든 제품은 금속과 가죽을 혼합한 것이 특색이다. 예를 들면, 좁은 스웨이드 벨트 위에는 빛나는 은빛 비단뱀 무늬가 있다. 캘빈 클라인(Calvin Klein)의 홀로그램이 그려진 가죽신발을 포함하여 몇몇 디자이너들은 가죽 액세서리에 얇은 박을 씌우고 청동을 입혔다.

5) 기능성 가죽

1990년대 후반, 과학자들은 화학약품으로 가죽을 처리하였을 때 유연성과 통기성을 유지하면서, 세탁이 가능하고, 방오성, 방수성을 갖는 특수 무두질 공정을 개발했다. 일본의 가죽 제조업체인 다이킨(Daikin)산업에서 레자노바®(Lezanova)라 하는 이 기능성 가죽을 개발하였다. 기존의 무두질 방법을 개선시키고 부수적으로 기능성 가죽을 개발하기 위하여 가죽 산업체는 노력하고 있다.

6) 가죽 산업 규정

정부의 규정은 가죽 산업에 여러모로 영향을 미친다. 무두질 공장은 환경을 보호하기 위해 규제받고 있으며, 가죽 제품을 만들기 위하여 사용되는 동물을 보호하기 위한 법도 있다. 또한 법이나 규정은 가죽 제품의 라벨이나 광고를 보증해 준다.

(1) 환경

환경보호청(EPA)은 폐기물 처리기준을 포함한 무두질 공장을 규제하는 법규를 제정하고 관할하는 정부기관이다. 자원보전 및 복원법령과 수질오염방지법에 의하면, 무두질에 사용되는 황화물, 크롬, 산과 같은 유독성 화학약품을 폐기물 처리시설에 방출하기 전에 미리 처리해야 한다. 미국의 무두질 공장은 정부·주·지역 기준을 충족시키는 무두질 과정을 채택하고, 기준보다 적은 양의 화학약품 폐기물을 배출한다. 일부 주와 지역의 법은 정부의 규제보다 더 엄격하다.

폐기하는 가죽조각, 짙은 푸른색의 잘라낸 가죽조각, 면도질 부산물, 무두질 공장 침적물로 인하여 매립지에서 크롬 오염이 발생할 염려도 크므로 하이드의 무두질에 사용되는 크롬염을 줄이거나 제거하기 위하여 노력하고 있다. 무두질 공장에서는 크롬염을 재활용하거나 무독성 금속염으로 대체시키거나 식물성이나 합성 수지와 같은 무두질 매개체를 사용하기 위해 노력하고 있다. 2000년 미국 통상 산업부의 전망에 따르면, 산업체에서는 현재 사용되는 크롬의 일부 혹은 전체를 대체하기 위하여 무독성 금속염을 사용하는 새로운 무두질 시스템을 개발하여 채택하고 있다.

세 가지 중요한 요소는 무두질의 환경적 영향과 비용을 줄이고, 크롬을 재활용하고 소량의 화학약품을 방출하는 새로운 공정을 개발하고, 새로 개발된 설비를 설치하는 것이다.

(2) 동물보호

국회는 1973년에 멸종위기 동물보호법을 통과시켰고, 1988년에 재인가하였다. 법령은 멸종위기에 처했거나 위협을 받는 물고기, 동물, 식물의 수입, 수출, 소유, 판매 또는 사용을 금지했다. 어류·야생동물관리국과 국립해양 어족관리국은 법령의 관리에 대한 책임이 있다.

북아메리카에서 가죽을 제공하는 동물 중 멸종위기나 위험에 처한 것으로 목록에 실린 동물은 미국산 악어, 큰 바다사자, 일부 도마뱀과 뱀이다. 또한 다른 대륙에 있는 동물을 보호하기 위한 국제협정이 있다. 멸종위기 동물보호법 전문을 미국 어류·야생동물관리국에서 얻을 수 있고, 웹 사이트를 통해 접근할 수 있다.

가죽 산업은 모피 산업보다 더욱 적은 정도이지만, 동물을 윤리적으로 대하는 사람들 모임(PETA)과 같이 동물 권리 행동주의자로부터 도전받고 있다(제 5장 참조). 2006년 6월, PETA 대표자 래린 스미스(RaeLeann Smith)는 가죽을 착용하는 것에 반대하는 동물 권리그룹의 항의에 대해 설명했다. "동물의 고기와 가죽을 위해 도살하는 곳에 가보면, 잔악과 학대를 볼 것이다."

(3) 내용, 라벨, 광고

내용, 라벨, 광고에 관한 가죽 산업 규정은 구두생산과 머천다이징 계획의 기준과 밀접하게 연결되어 있다. 아래의 목록은 일반적으로 가죽 산업에 속한 구두에 대한 규정에서 발췌한 것이다.

① 상품의 재료가 가죽이 아닌 경우 가죽(leather)을 암시하는 상표명을 사용하지 말 것.

② 진짜 가죽(genuine leather) 라벨은 가죽의 외피층을 사용했을 때만 사용할 것.

③ 상품 외양이 다른 동물의 스킨과 비슷하게 가공되었을 때, 엠보싱이나 염색과 같이 정확한 가공법을 상품에 표시할 것. 예를 들면, '소의 하이드 진피층으로 만든 모조 악어가죽' 이라 표시할 것.

④ 인조 가죽의 경우 원재료를 반드시 표기할 것.

⑤ 가죽의 외양이 진피층 또는 모조 가죽인 경우 광고에도 반드시 표기할 것.

◎ 가죽 패션 산업

가죽은 아름다움과 내구성 때문에 패션 액세서리의 재료로 많이 사용되며, 가죽이나 인조 가죽 제품이 액세서리 범주에서 주류를 이룬다. 가죽의 주요 용도는 시대에 따라 신발에서 자동차 시트나 홈패션으로 옮겨지고 있다. 그러나 가죽은 액세서리나 의류의 품질을 결정하는 통합적 부분이고 세계 도처에 아직도 남아있다.

1) 가죽 제품 디자인

창조적인 디자이너는 가죽을 직물같이 사용해서 아름다운 의복과 액세서리를 창작해 낸다. 그러나 많은 가죽을 분류하고, 색이나 질감을 조화시키고, 패턴으로 정확하게 재단하려면 상당한 기술이 필요하다(그림 4.6).

요즘 디자이너들은 진주처럼 광택나는 모양, 반짝이는 청동이나 알루미늄 포일 가공, 징을 박거나 자수를 놓아 유연한 가죽 이미지를 강조하여 가죽 의류와 액세서리의 딱딱한 이미지를 바꾸고 있다. 내구성 있는 가죽을 얇은 층으로 나누고 파스텔 컬러로 염색하면 섬세하고 여성적으로 보인다. 기름지고 부드러운 새끼염소 가죽은 부드러운 디자인에 아주 적합하다.

염색, 엠보싱, 스웨이딩과 같은 특별한 가죽처리는 소재의 외양에 영향을 미친다. 디자이너는 소비자들이 원하는 우아한 외양을 만들어 내기 위하여 무두질 연구자, 화학자, 엔지니어와 함께 긴밀하게 작업한다.

인물소개 : 코치

랄프 로렌(Ralph Lauren)이나 에디 바우어(Eddie Bauer)와 함께 코치 가죽(Coach Leathers)은 미국의 아이콘이다. 이것은 미국의 전통—야구 사랑에서부터 출발하였다. 야구장갑의 아름다움과 유연성에서 영감을 받은 코치의 창시자는 같은 원칙을 여자의 핸드백에 적용했다. 코치는 식물성 무두질 약품을 사용하여 무두질한 장갑처럼 우수한 외피 가죽을 만들었다. 투명한 아닐린 염료 처리는 최고 10% 이내의 최고급 가죽에서 선별한 아름다운 결을 더욱 풍성해 보이게 한다. 1941년에 출범한 맨해튼에 위치한 이 회사에서는 첫 컬렉션으로 12개의 클래식 핸드백 스타일을 소개했다. 오늘날 코치는 아직도 유연한 장갑용 가죽으로 만든 핸드백으로 잘 알려져 있으나 그 회사는 배낭, 신발, 선글라스, 밀짚과 면 핸드백, 가죽 휴대품, 애견용 목걸이와 끈, 베개부터 가구와 개인용 가죽 스크린에 이르는 가구 등으로 확장해 나가고 있다. 맨해튼의 본점은 57번가와 매디슨 애브뉴에 위치하고 있다.

코치는 여성용 액세서리 산업에서부터 시작하여 지금은 남녀공용 여행과 비즈니스 컬렉션을 제공하고 있다. 가벼운 여행가방에 대한 수요에 응하여 면 능직물로 만든 여행 컬렉션을 만들었다. 비즈니스 컬렉션은 서류함, 정리함, 메모장, 컴퓨터 케이스, 휴대 전화 케이스로 이루어져 있다. 지금도 과거와 같이 코치에서는 클래식하게 디자인하며, 꼭 그렇지는 않으나 미국 스타일을 잘 반영하는 비율로 가죽 제품을 생산한다.

"사람들은 패션을 원한다."고 코치의 고위간부 리드 크라코프(Reed Krakoff)는 말했다. 그러므로 "우리는 가죽으로 가장자리가 둘려져 있고 천에 동물무늬가 그려진 천으로 만든 여행 가방과 페이슬리 무늬의 가방을 생산한다. 코치에서는 1년 반 전까지 가죽 제품 이외의 것을 생산하지 않았다." 1999년에 크라코프는 다음과 같이 말했다. "우리는 기성복 컬렉션을 하지 않았다. 그러나 우리는 완벽한 가죽 피코트(peacoat), 트렌치, 가죽 팬츠, 티를 만들 예정이다. 또 스웨이드 판초와 스웨이드 셔츠를 만들 것이다. 이것은 모두 핸드백과 관계있을 것

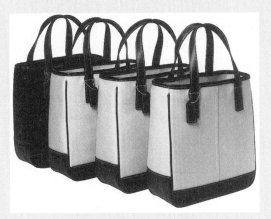

▲ 코치에서 만든 햄튼 핸드백
  (자료원 : 페어차일드 출판사)

이다."(Schiro, July, 1999, p. 9.) 2000년까지 새로 소개된 패션 상품은 코치 총판매고의 반을 차지할 것이다.

코치는 전통적인 유통경로를 이용한다—건물에 위치한 전통적 제조업 소매점포, 우편주문 카탈로그, 공장 직영 아웃렛 점포—웹 사이트 등을 통하여 상품을 거래한다. 웹 사이트에는 선물, 주문, 수선, 세탁, 서비스 관련 부서를 두고, 각 액세서리 카탈로그에 연결되어 있다. 코치에서는 서비스 운영을 잘하고 있어 소비자가 핸드백의 가죽끈을 교체하기 위한 주문도 할 수 있다. 미국 소비자는 106개의 점포, 63개의 아웃렛 중 어느 곳이나 갈 수 있고, 또한 웹 사이트에서 직접 주문할 수도 있다. 코치는 2003년까지 가게를 56개 더 열 것이다.

라이선스와 협동 벤처는 코치 전략 중 중요한 부분이다. 바커 가구점(Barker Furniture's)의 존 블랙(John Black)과 리드 크라코프(Reed Krakoff)는 세련되고 현대적인 코치 가죽 가구를 생산하기 위해서 협력했다. 시그네처 아이웨어(Signature Eyewear)에서는 코치에게 선글라스와 안경 라이선스를 주었고, 모바도(Movado)에서는 코치의 시계 컬렉션에 라이선스를 갖고 있다. 이 중에는 가죽으로 가장자리를 두르지 않은 강철 시곗줄도 있다.

홍보 예산은 미국에서 1,400만 달러와 일본(1인당 핸

드백 구입비 예산이 높음)에서 150만 달러 규모이며, 이 예산은 인쇄매체에 초점이 맞춰져 있고, 윈도우 디스플레이, 엽서, 공중전화박스, 도시의 벽을 더 강화하는 데 사용된다. 광고 카피는 톤이 더 가벼워졌다. 요즘의 프린트 홍보 캠페인은 캔디스 버겐(Candice Bergen)과 줄리안 무어(Julianne Moore)의 초상화로 채워져 있다.

20세기 후반부에 '앞선 생각과 패션에 역점을 두었다.' 는 말은 '코치사의 핸드백은 사치스러운 가죽과 동의어다.' 라는 의미이다. 앞으로 10년 동안 코치란 이름은 다른 패션 상품으로 확장될 것이고, 소비자는 높은 품질의 가죽과 뛰어난 기술을 기대할 수 있을 것이다.

▶ **그림 4.6** 존 갈리아노(John Galliano's)의 악어 가죽모자와 드레스(자료원 : 페어차일드 출판사)

2) 가죽 제품의 손질

대부분의 가죽 제품은 계속적으로 잘 관리하면 여러 계절 동안 매력적으로 잘 유지할 수 있다. 좋은 가죽 제품의 수려한 외양은 오래 사용하면 점차 닳아지고 벗겨지고 흠집이 나서 **고색창연**(patina)해진다. 이와 같이 자연스럽게 낡아지면 가죽의 특징과 아름다움이 더 증가하므로, 생산자들은 새 가죽을 불균일하게 무두질하여 **오래된 가죽**(distressed leather)과 같은 모습으로 만들기도 한다.

하이드는 무두질과 여러 가공을 거치기 때문에 완성된 가죽 의류는 드라이클리닝을 최소로 해야 한다. 가죽 의류에 특별히 '물세탁 가능' 이라는 표시가 되어 있지 않는 한 드라이클리닝 해야 한다. 드라이클리닝만 가능한 가죽을 물세탁하였을 때 가죽에서 지방이 빠져나가 뻣뻣해지고 부석거리기 쉽다. 물을 견디는 가죽이 있으며, 의류와 신발 가죽 산업에서 그 이상의 기능이 개발 단계에 있다.

　가죽의 손질 방법은 가죽의 종류에 따라 다르기 때문에 소비자는 손질법이 적힌 꼬리표나 지식이 있는 판매원으로부터 관리법을 배워야 한다. 다음은 가죽의 종류에 따른 손질법이다.

(1) 칠피 가죽(patent leather)

보통 젖은 수건에 필요에 따라 소량의 비누를 묻혀서 칠피 가죽의 오염물질을 지울 수 있다. 부드럽고 마른 수건으로 닦으면 수분을 없애고 광택을 낼 수 있다. 칠피 가죽의 큰 문제점은 매우 낮은 온도에서 갈라지고 벌어지는 것이다. 아마 이 문제 때문에 칠피 가죽 액세서리는 봄이나 여름 패션으로 사용되는 하나의 패션 룰을 만들어 냈을 것이다. 오늘날의 칠피 가죽은 대부분 합성 피혁 제품이지만 극도로 낮은 온도에서 손상되기 때문에 노출시켜서는 안 된다.

(2) 표면이 매끄러운 가죽(smooth-surfaced leather)

가죽 표면을 매끄럽게 관리해 주는 제품은 다양하다. 이런 제품은 대부분 크림타입의 파운데이션으로 가죽에 부드럽게 문지르도록 되어 있다. 가죽용 비누, 가죽 연고, 광택 왁스, 가죽용 컨디셔너는 가죽을 청결하게 하고 보습효과를 준다. 소비자는 클리너를 액세서리나 의류 전체에 사용하기 전에 눈에 띄지 않는 부분에 발라 탈색 여부를 먼저 실험해야 한다.

(3) 스웨이드 처리 가죽(suede-finished leather)

스웨이드의 보풀효과를 유지하려면 빳빳한 나일론으로 만든 브러시나 건조된 타올로 솔질해야 한다. 딱딱한 브러시나 금속 브러시는 스웨이드의 표면을 손상시켜 흠집을 낸다. 스웨이드는 닳아진 부분에서 광택이 나므로, 닳아서 광택 난 부분을 금강사로 만든 타올이나 브러시로 솔질하여 다시 보풀을 만들어야 하며, 탈색을 막기 위해 부드럽게 빗어주어야 한다.

(4) 발수(water-repellent) 및 방수가죽(water-proof)

신발용 오일, 왁스, 실리콘을 스프레이하면 발수효과를 얻을 수 있으므로 소비자는 이것을 이용하여 가죽 제품의 방수 및 방오효과를 얻을 수 있다. 신발용 오일과 왁스는 걸쭉하고 가죽에 흡수되어 방수효과를 내기 때문에 하이킹 부츠, 여행가방, 핸드백과 같은 가죽 제품의 수명을 유지해 준다. 오일을 가죽에 문지른 후 몇 시간이 경과하면 두 번째 코팅을 해야 한다. 그리고 오일은 비, 진눈깨비, 눈에 노출된 후에도 가죽에 남아 있어 유연한 촉감을 유지해 준다. 실리콘 스프레이는 분무기로 뿌리기 때문에 오일로 문질러 코팅할 때보다 더 얇게 코팅된다. 실리콘과 가죽은 결합하여 수막을 형성한다. 이 스프레이 중 일부는 가죽이 숨쉴 수 있게 해주나 비에 흠뻑 젖었을 경우에는 다시 스프레이 해야 한다. 어떤 종류의 실리콘 스프레이는 스웨이드나 겉에 보풀이 있는 가죽에 사용할 수 있도록 특수 제작되었으나, 일부 스프레이는 스웨이드나 겉에 보풀이 있는 경우에 사용할 수 없으므로 소비자는 라벨을 잘 읽고 가죽 제품에 알맞은 제품을 골라야 한다. 3M사의 스카치가드(Scotchgauard), 키위(Kiwi), 멜토니안(Meltonian)과 같은 방수용 제품이 시중에 나와 있다.

소비자는 신발용 오일, 왁스, 실리콘을 사용할 수 있으나, 테플론(Teflon)은 제조단계에서 가죽 제품에 적용한다. 이 분자는 비교적 영구적으로 가죽의 표면에 부착되는데 가죽 두께 전체에 스며들게 하면 더 영구적이다. 소비자는 고어텍스(Gore-tex)나 레자노바(Lezanova)와 같이 제조업자가 하는 방수가공에 대하여 더 많은 비용을 지불하고, 간편하게 가죽을 관리하여 많은 혜택을 얻는다.

(5) 세탁 가능한 가죽(washable leather)

소비자는 가죽 제품이 제공하는 취급방법을 주의 깊게 읽어야 한다. 보통 세탁 가능한 가죽은 약간 수축된다. 다이킨(Daikin) 산업에서 실시한 2000년도 8월의 연구에 따르면, 수축률은 스웨이드의 경우 3.6~5.6%, 가죽은 4.0~8.0%였다.

방수가공을 위해 불소계 화학약품(flouro-chemicals)으로 처리된 가죽의 수축률이 가장 작았다.

만약 가죽에 세탁 가능이라고 표시되었으면, 소비자는 다음의 기본적인 단계를 따를 때 가장 좋은 결과를 얻을 수 있다.

① 색상견뢰도를 실험하려면 먼저 가죽 제품의 눈에 잘 띄지 않는 부분을 젖은 수건으로 문지른다. 여

기술 이야기 : 실리콘 밸리가 제 7번가와 제휴하다

"5개의 포켓이 있는 바지 한 벌이 358달러?"

"하지만 그 바지는 기계세탁이 가능한 가죽이야!"

세탁 가능한 가죽이 고가 패션 시장에 있을까? 다이킨(Daikin) 산업은 그렇게 생각했다. 그리고 최근에 캘빈. 클라인(Calvin Klein)으로부터 휴가철용 세탁 가능한 가죽을 주문한 블루밍데일(Bloomingdale's), 메이시(Macy's), 버딘(Burdine's), 딜라드(Dillard's) 등에서도 그렇게 생각했다.

간단하게 표면만 코팅하는 것보다 스웨이드와 가죽에 스며들게 하고, 고어텍스, 테프론 막, 또는 스카치가드보다 더 많이 흡수시키는 특별한 화학약품 처리과정을 거친다. 레자노바(Lezanova)를 개발한 다이킨 산업에 따르면, 콜라겐 분자와 불소화합물을 완벽하고 균등하게 흡수시켜 가교로 연결하여 일종의 분자 격자를 형성하여 방수성 있고, 세탁 가능한 가죽과 스웨이드를 만들었으며, 이 무두질법으로 특허받았다. 물방울은 침투되지 않고 공기는 통과되는 레자노바 가죽은 가공하지 않은 가죽처럼 숨 쉴 수 있다.

그 결과 쉽게 사용하고 관리할 수 있는 가죽 신발, 핸드백, 장갑, 벨트, 모자, 소파, 의자, 의류를 만들게 되었다. 레자노바 가죽은 방수성이 있고, 오염과 부패를 방지하며, 냄새가 나지 않고, 기계세탁 시 수축률이 극히 적고, 드라이클리닝 가능하고, 숨 쉴 수 있다. 이 모든 것이 가능하면서도 버터처럼 부드러운 성질을 가진 가죽이다. 레자노바 가죽 제품을 실험하는 방법인 스트링전트(stringent)는 두 시간 동안 물에 담그어 놓아도 물 자국이 나지 않고, 유성 페인트 방울을 가죽에 떨어뜨리고 닦아 내도 자국이 남지 않으며, 술, 겨자, 케첩, 간장, 식용유, 샐러드드레싱 등도 자국을 남기지 않는 것을 포함한다.

레자노바의 소개단계에서 회사 관계자는 소비자에게 레자노바 처리된 가죽과 처리되지 않은 가죽 견본을 넣은 실험용 키트와 간장 한 봉지를 보냈다.

◀ **그림 4.7** 방수성이 있는 레자노바 가죽구두
(자료원 : 레자노바)

러 색으로 된 제품의 경우 색이 번지지 않는 것을 확인하기 위하여 실험해야 한다.

② 색상견뢰도를 확인한 후 극소량의 비누를 사용하여 따뜻한 물에 손으로 빨고, 비누 찌꺼기가 남지 않도록 깨끗히 헹군다.

③ 늘어나는 것을 방지하기 위해서 싱크에서 타월로 감싸서 옮긴다.

④ 가죽 제품을 다른 타월로 옮긴 후 열이나 햇빛에서 떨어진 곳에 평편하게 펼쳐 공기 중에서 건조시킨다(주기적으로 타월이 적셔지면 다른 타월로 옮겨야 한다).

⑤ 건조되면 촉감이 약간 뻣뻣해지므로 가죽용 향유를 발라 가죽을 부드럽게 만든다.

🌀 세계의 가죽 산업

미국은 국내에서 가죽 제품을 생산하기 위해 사용되는 무두질된 가죽의 44%를 수입하고, 미국에서 판매되는 가죽 제품의 80%를 수입하고 있다. 표 4.3은 미국에서 소비되고 있는 주요 가죽 제품 범주별 수입 비율이다.

중국과 개발도상국가들은 인건비가 낮기 때문에 가죽 가공과 가죽 제품을 주로 생산하고 있다. 중국은 가죽 제품을 생산하는 주요 국가이지만 가죽용 가축 하이드를 공급하는 주요 국가는 아니다. 중국은 가죽 제품 특히 가죽 구두의 50% 이상을 세계로 수출하고 있다. 중국은 양가죽과 염소가죽 생산에서 세계 1위이고, 아프리카와 아시아의 개발도상국가들은 다량의 염소가죽을 생산한다. 미국에 가죽용 스킨과 하이드를 수출하는 약 72개 국가 중 멕시코는 최대 공급국가이다. 표 4.4는 미국에 가죽을 공급하는 국가 목록이다.

미국은 다양한 형태의 가죽을 수입하지만 솟과 동물의 가죽(소가죽과 송아지가죽)이 대부분을 차지한다.

▶ **표 4.3** 미국의 가죽 제품 수입

범 주	수입 비율
무두질한 가죽	44%
핸드백	88%
가죽 의류	86%
신발	82%
여행가방	82%
장갑	73%
가죽 휴대품	62%
제품 평균	79%

(자료원 : 미국 산업과 무역 전망 2000 : 신발, 가죽, 가죽 제품)

표 4.5는 미국이 가죽 형태에 따라 수입하는 국가 목록이다.

미국은 개발도상국가들보다 가죽 제품 생산량이 작지만 미국 제품의 품질과 큰 가축의 하이드 생산은 막강하다. 미국에서는 엄청난 양(370억 마리)을 생산하고, 비육장 환경이 좋기 때문에 쓸모 있는 무거운 가축의 하이드를 생산한다. 비육장 환경은 축산업과 영양, 도살, 보관, 운송 등을 포함한다. 표 4.6은 미국과 관련 있는 국가의 솟과 동물(소, 송아지, 버팔로)의 수이다. 미국의 경우 소의 수가 얼마 되지 않지만 여기에서 얻어지는 가축 하이드가 1위라는 점은 매우 중요하다.

미국은 무거운 하이드와 좋은 품질의 솟과 동물 가죽을 생산하기 때문에 외국의 고가 가죽신발, 가구나 자동차 내장품 생산업자에게 가죽을 공급하는 수출 시장은 중요하다. 미국은 자동차 내부 시트로 사용되는 가죽의 43%를 61개국에 공급한다. 무두질을 끝낸 **젖은 청색 가죽**(wet-blue leather : 무두질은 끝났으나 다른 공정을 다 거치지 않았음)은 점점 증가하고 있다. 표 4.7은 미국에서 수입하는 국가 목록이다. 미국에서 수

▶ **표 4.4** 미국에 가죽을 공급하는 국가

국 가	백분율
멕시코	43%
아탈리아	16%
아르헨티나	16%
브라질	4%
독일	3%
우루과이	3%

(자료원 : 미국 산업과 무역 전망 2000 : 신발, 가죽, 가죽 제품)

▶ **표 4.5** 미국에서 수입하는 가죽 형태와 원산지

가죽 종류	나 라	백분율
가축가죽, 송아지, 버팔로, 말	멕시코	90%
양가죽	이탈리아	3%
염소가죽, 새끼영양가죽	중국	1%
기타		6%

(자료원 : 미국 산업과 무역전망 1999 : 신발, 가죽, 가죽 제품)

▶ **표 4.6** 소가 많은 국가

국 가	소의 수
인도	3,013,000,000,000
브라질	1,627,000,000,000
중국	147,000,000,000
미국	995,000,000,000

(자료원 : 미국 산업과 무역 전망 2000 : 신발, 가죽, 가죽 제품)

입하는 국가는 대부분 개발도상국가들로 이 국가는 인건비가 낮기 때문에 노동집약적인 신발 제품을 생산한다.

1) 무역기구, 출판물, 전시회

표 4.8, 표 4.9, 표 4.10은 무역기구, 가죽 무역 관련 출판물, 사업에 도움을 주는 전시회 목록이다. 가죽 무역과 관련된 나라는 그 나라의 판촉기구, 출판물, 주요 가죽 전시회로 가죽 산업을 후원한다.

◎ 머천다이징 트렌드와 기술

가죽 제품의 머천다이징은 특정 상품의 범주 안에서 다양하며, 소재보다 액세서리의 형태가 더 중요하다. 가죽 액세서리는 가죽이 아닌 모조품과 함께 판매, 전시, 판촉되며, 가죽이 아닌 액세서리보다 더 비싸게 판매되는 경향이 있다. 외피 가죽은 진피 가죽보다 좀 더 비싸다. 대부분의 명품 브랜드는 백화점에서도 별도의 카운터나 부티크를 운영하고 있다.

핸드백과 같은 가죽 제품은 사이즈, 스타일, 색으로 구분된다. 좋은 백화점과 전문점에서는 많은 가죽 액세서리를 먼저 상표에 따라 구분하고, 스타일, 색, 혹은 스타일과 색을 기준으로 세분한다. 고가의 가죽

▶ **표 4.7** 미국으로 가죽을 수출하는 국가

국 가	백분율
멕시코	28%(가구용 가죽)
중국/홍콩	16%
일본	11%
캐나다	10%
한국	7%(짙은 청색 가죽)

(자료원 : 미국 산업과 무역 전망 2000 : 신발, 가죽, 가죽 제품)

▶ **표 4.8** 가죽 산업을 위한 무역기구

무역기구	위 치	목 적
가죽 수출위원회 Council for Leather Exports	인도, 타밀나다	인도의 가죽 산업 촉진
가공된 가죽과 가죽 제조업체를 위한 수출홍보위원회 Export Promotion Council for Finished Leather & Leather Manufacturers	인도, 칸푸르	가공된 가죽 제품 촉진
인도 가죽 기술자협회 Indian Leather Technologists' Association www.leatherindia.com	인도, 서벵골	가죽 기술 향상
일본 가죽기술협회 Japanese Association Of Leather Technology	일본, 동경	가죽 기술 향상
가죽 의류협회 Leather Apparel Association WWW.letherassociation.com	뉴욕 주, 뉴욕	가죽 의류 산업의 미래와 건강을 증진시키고 감독
미국의 가죽 산업 Leather Industries of America www.leatherusa.com		미국 가죽의 세계적인 인식을 촉진하고 무두질 방법 연구
파키스탄 가죽 기술자협회 Pakistan Society of Leather Technologists		가죽 기술 개선
가죽 기술자와 화학자협회 Society of Leather technologists & Chemists www.sltc.org.com		가죽 기술 개선

▶ **표 4.9** 가죽 산업의 무역 출판물

출판물 명칭	목 적
미국 가죽 화학자 협회지 (American Leather Chemists Association Journal)	무두질과 가죽 산업의 기술 개선에 대한 보고서
BLC저널	가죽 기술연구 제공
가죽 생산자와 처리자를 위한 사업지 (Business Ration Plus : Leather Manufacturers & Processors)	제조업의 도표와 통계 제공
시카고 피혁과 우지 회보(Chicago Daily Hide & Tallow Bulletin)	가격안내, 무역도표, 통계 제공
피혁과 가죽 회보(Hide & Leather Bulletin)	피혁의 무역에 대한 매일 보고서를 신발 산업에 제공
홍콩 가죽 산업과 가방(Hongkong Leather Goods & Bags)	최신 상품 정보 제공
인도 가죽(Indian Leather)	가죽 무역 뉴스 게재
국제 가죽 안내서(International Leather Guide)	가죽 제품 무두장이와 생산자를 위한 자료 게재
키노트 시장 보고서 : 핸드백과 가죽 제품 (Key Note Market Report : Hand Luggage and Leather Goods)	여행가방과 가죽 제품의 무역 뉴스 제공
가죽 (Leather)	책 리뷰, 일러스트레이션, 시장 보고서에 대한 온라인 잡지
가죽 보존뉴스 (Leather Preservation News)	과거부터 가죽의 보존, 관리, 보수에 대한 과학적 연구를 제공
가죽, 피혁, 표피, 신발 보고서 (Leather, Hide, Skins, Footwear Report)	인도 가죽 산업 취급
가죽 산업의 미국 회원명부와 바이어의 안내서 (Leather Industries of America Membership Directory and Buyer's Guide)	회원업체와 그 생산품 목록
미국의 가죽 산업기술 회보 (Leather Industries of America Technical Bulletin)	환경과 기술에 관한 뉴스레터 논문 취급
가죽 생산자(Leather Manufacturer)	신발 무역을 위해 설립됨
가죽 시장(Leather Market)	가죽상품의 국제적 시장 관찰
가죽(Leathers)	인도 가죽 산업에 초점
여행가방, 가죽 상품과 액세서리 (Luggage, Leather Goods, and Accessories)	캐나다의 가죽 산업에 초점
미국 가죽 산업 통계(U.S. Leather Industries Statistics)	매년 국내외의 자료 게재
세계의 가죽(World Leather)	무두질 뉴스와 기술정보 제공

▶ **표 4.10** 가죽 산업을 위한 무역 전시회

명칭	위치	목적
중국 가죽 전시회 *All China Leather Exhibition*	중국, 상하이 마트	원재료 생산자, 화학약품과 염료회사, 기계생산자, 그리고 액세서리 의류 완제품 공급자를 포함한 전시자의 폭이 넓음. 기술 개발과 산업의 발달에 대하여 전문 세미나 제공.
아시아 태평양 가죽 박람회 *Asia Pacific Leather Fair*	홍콩	65개국에서 온 3,000개 이상의 전시장이 모인 원재료와 제품 전시회. 94개국에서 14,000명 이상의 바이어가 모인다.
팬아메리카 가죽 박람회 *Panamerican Leather Fair*	플로리다주, 마이애미	피혁 생산자, 가죽 염색가 및 가공자, 화학약품 회사를 포함한 1,400개의 전시로 된 세계적인 무역 박람회, 77개국에서 6,200여 명의 바이어들이 모인다.
Semaine Du Cuir	프랑스, 파리	가죽 제품 상인과 가죽협회에서 전시하는 세계적으로 가장 큰 무역박람회

제품은 유리 진열대에 색과 상표에 따라서 진열하고, 판매원의 도움을 받아야 볼 수 있다. 반면에 중저가 상품은 선반이나 판매대 위에 전시되어 있다.

가죽벨트와 같은 남성용 액세서리 소품은 상표보다는 색을 기준으로 구분한다. 남성들이 상표나 가격보다 자신에게 알맞는 색의 상품을 발견하는 데 더 흥미가 있음을 상인은 알게 되었다.

가죽 소비 중에 가장 급성장하는 두 가지 분야는 자동차 실내장식과 가구이다. 현재 미국의 가죽 수출 중 43%는 이와 같은 가구제품을 만드는 데 사용된다.

가정에서 사용되는 가죽 액세서리 소품은 가죽 가구에 대한 수요 증가를 능가하고 있다. 고가 핸드백으로 유명한 코치에서는 웹 사이트에서 스웨이드 쇼파와 베개를 판매하고 있는데, 베개 한 개의 가격은 125~195달러이다. 가죽 수요가 계속 증가함에 따라 많은 가정용 액세서리 범주를 직물 대신 가죽으로 만들어 판매한다.

가죽 제품의 인터넷 소매상은 평판이 좋은 거래처이다. 소비자는 가죽으로 만든 나비넥타이부터 이국적

▶ **그림 4.8** 웹 사이트는 소비자에게 전통적 제조업 소매점의 위치를 제공하여 폭넓은 소비자 서비스를 제공한다.(자료원 : 페어차일드 출판사)

인 웨스턴 부츠에 이르는 다양한 상품 판매처의 위치를 알 수 있다. 인도, 파키스탄, 터키, 멕시코, 캐나다의 국제적 상인들은 기성복이나 맞춤복, 액세서리 등을 판매하는 웹 사이트를 운영하고 있다. 개구리 가죽, 물뱀, 심해뱀, 도마뱀, 이구아나, 애너콘다, 비단뱀, 코브라와 같은 특수 가죽은 서류가방, 핸드백, 지갑, 가죽소품, 부츠, 단화 등과 같은 액세서리 제작에 사용된다. 이국적인 액세서리를 위한 인터넷 소매가격은 비단뱀 서류가방은 589달러, 개구리 가죽 지갑은 380달러에 판매되는 등 아주 비싸다.

웹 사이트에서 판매되는 상품은 보통 전통적 제조업 소매상이나 카탈로그 주문상품에서 발견할 수 있는 것과 흡사하다. 좀 더 나은 사이트에 들어가면 소비자는 작은 사진을 클릭하여 크게 확대하여 자세히 볼 수 있다. 정확한 색을 보기 어려운데 어떤 소매상은 색보기 기능을 지원해 준다. 소비자는 범주, 상황, 스타일에 따라 찾아 봄으로써 선택의 폭을 좁힐 수 있다. 잘 디자인 된 웹 사이트는 관련된 품목을 제공하여 관련된 다른 상품까지 판매한다. 소비자가 원하지 않는 품목을 가까운 가게에 반품할 수 있어서 반품이 더욱 편리하다(그림 4.8).

⌒ 요약 ⌒

- 가죽은 아름다움과 내구성 때문에 선사시대부터 의복과 액세서리의 이상적인 재료로 사용되었다.

- 가죽 보존과 무두질 과정과 관련된 기본 화학약품은 지난 몇 세기 동안 거의 변화하지 않았다. 식물성 무두제와 무기질 무두제는 가장 보편적인 무두질 방법이다. 무두질 공정의 여러 단계가 기계화됨에 따라 하이드나 스킨을 무두질하는 시간이 점차 축소되었다.

- 미국의 가죽 산업은 19세기에 절정에 이르렀고, 기계화, 과잉생산, 인조 가죽의 인기, 정부의 엄격한 오염단속과 같은 여러 요인으로 인하여 감소되었다.

- 미국의 가죽 생산이 쇠퇴하였으나, 세계 시장은 개선되었다. 많은 개발도상국가들이 가죽 생산에 참여하였다.

- 가죽 생산의 두 가지 큰 범주는 가죽의 화학약품을 넣어서 무두질하는 습식작업과 가죽 제조과정에서 첨가된 화학물질을 가죽에서 제거하는 건식작업이 있다.

- 하이드와 스킨의 품질에 따라서 외피층 가죽이나 진피층 가죽은 염색과 함께 불투명 또는 투명가공을 거친다. 표피의 육질 쪽은 보풀을 일으켜서 스웨이드로 만들 수 있고, 엠보싱 과정을 통하여 원래의 외양을 변화시켜 다른 동물의 가죽과 흡사하게 만들기도 한다.

- 대부분의 가죽은 육류산업의 부산물이다. 때로는 가죽을 얻기 위해 특별히 사육하기도 하지만 이런 동물에서 얻은 가죽은 가격이 비싸다.

- 환경보호청에서는 가죽 산업을 위한 규정을 만들고 통제한다. 멸종위기에 처한 종을 위한 법, 자원보호 및 회복을 위한 법, 깨끗한 물을 위한 법은 가죽 산업의 활동을 규제한다.

- 동물보호법과 콘텐츠, 라벨링, 광고에 대한 기준은 가죽 산업을 통제하는 규제의 일부분이다.

- 가죽은 액세서리 디자이너가 즐겨 사용하는 재료이다. 부드럽고 내구성 있는 가죽이 생산됨에 따라 디자이너는 좀 더 매력적인 상품을 생산해낼 수 있으므로 가죽 사용량이 증가한다. 인조 가죽과 세탁 가능한 가죽과 같은 고기능성 가죽은 액세서리 디자인이나 생산에 큰 영향을 미친다.

- 대부분의 가죽은 습기 있는 천이나 가죽 전용 크림을 이용해 닦아 깨끗하게 할 수 있다. 가죽 의류는 기계세탁을 할 수 있도록 화학처리 되지 않는 한, 특별한 드라이클리닝을 해야 한다.

- 개발도상국은 인건비가 낮기 때문에 가죽을 가공하고 가죽 제품을 생산하는 데 유리하다. 미국은 아주 뛰어난 품질의 하이드를 생산하여, 다른 나라에 수출하여 가공하고, 무두질하고 상품화하고 있다.

- 가죽 제품은 가죽과 비슷해 보이지만 가죽이 아닌 패션 액세서리와 함께 판매된다. 이 두 가지 제품 사이에서 가장 큰 차이점은 가격으로, 가죽 제품은 가죽이 아닌 제품보다 비싸다.

- 가정용 가구와 자동차 내부에 가죽을 이용하는 경향이 커지고 있다.

- 미국과 다국적 회사에서 생산한 이색적인 가죽, 개인 또는 가정용 가죽 액세서리가 인터넷 소매상을 통하여 대량 판매된다.

핵심용어

가죽(leather)

건식공정(dry operation)

걸기와 말리기
(staking and dry milling)

고색창연(patina)

고정시키기(setting out)

광택내기(plating)

광택내기(glazing)

끝처리/마무리(finishing)

기름 매기기(fatliquoring)

누벅(nubuck/rybuck)

다듬기와 양쪽으로 나누기
(trimming and siding)

등급 매기기(grading)

모조/인조 가죽
(imitation/simulated leather)

무늬(markings)

무두질(tanning)

박스/윌로가공
(box/willow finish)

보딩(boarding)

보풀(napping)

부패되지 않는(non putrescible)

브러시 염색(brush dyeing)

소가죽(bovine leather)

수령 및 보관
(receiving and storage)

스킨(skin)

습식공정(wet operations)

스웨이딩(sueding)

아닐린 가공(aniline finish)

아닐린 염료(aniline dye)

연마(buffing)

연화(bating)

염색하기(coloring)

은면/털면(grain)

인장강도(tensile strength)

재무두질(retanning)

진짜 가죽(genuine leather)

진피(splits)

짙은 청색 가죽(wet-blue leather)

착색/채색(pigment/paint)

층 나누기와 면도질
(splitting and shaving)

치수재기(measuring)

칠피 가죽(patent)

침산(pickling)

침염(dip-dyeing)

침지(soaking)

컨디셔닝(conditioning)

큐어링/보존처리(curing)

크롬 무두질(chrome tanning)

탈모(unhairing)

탈수와 분류하기
(wringing and sorting)

탈회(deliming)

표백(bleaching)

피혁 창고(hide house)

하이드(hide)

복습문제

1. 어떤 역사적 사건이 미국 가죽 산업의 처리과정과 처리 시간 변화를 일으켰는가? 왜 이런 일이 일어났는가?

2. 미국 가죽 산업이 쇠퇴한 3가지 이유는 무엇인가?

3. 하이드와 스킨을 가죽으로 만드는 과정에서 주로 적용되는 습식공정과 건식공정은 무엇인가?

4. 가죽처리에 어떤 방법을, 언제 사용하는가?

5. 패션 디자이너들이 인조 가죽 상품을 선택하여 생산하는 이유는 무엇인가?

6. 가죽 산업과 관련된 중요한 규제의 이름을 세 가지 들고 설명하시오. 법률은 가죽 산업에 어떤 영향을 미치는가?

7. 가죽 액세서리에 필요한 특별한 관리법은 무엇인가?

8. 세계의 가죽 생산에 비추어 볼 때, 미국은 다른 나라와 비교해서 어떠하며, 그 이유는 무엇인가?

9. 가격은 소매상에서 가죽 제품을 판매하는 데 어떤 영향을 미치는가?

10. 가죽 액세서리를 판매하는 데 인터넷은 어떻게 사용되는가?

응용문제

1. 패션잡지를 읽거나 가죽 제품을 판매하는 웹 사이트를 여러 곳 방문하시오. 이 장에 제시된 가죽과 기타 이색적인 가죽의 은면 이미지를 살펴보고 프린트하시오. 노트에 그림을 붙이고 설명을 써 넣어 가죽의 은면 특성에 대한 파일을 만드시오.

2. 가죽 제품을 전문적으로 판매하는 소매상을 방문하시오. 가죽 제품과 가죽이 아닌 제품을 판매할 때 차이점을 매니저와 토론하시오.

3. 웨스턴 부츠와 지갑과 같은 가죽 액세서리의 범주를 선택하고, 그 점포 안에 있는 같은 범주의 제품 5~10개를 평가하시오. 품목 설명, 가격, 원산지, 동물 이름, 외피 가죽인지 또는 층을 나눈 가죽인지, 특수 가공을 했는지에 대하여 도표를 만드시오. 여러분이 알아낸 것을 학급에서 보고할 준비를 하시오.

4. 가죽 무두질 공장, 가죽 제품 제조업체 혹은 가죽을 얻기 위하여 동물을 기르는 농장을 견학하시오.

5. 여러분이 선택한 가죽 제품 회사를 연구하고 보고서를 작성하시오. 웹 사이트나 정기간행물, 단행본, 회사의 대표자와 개인면담 자료를 활용하고, 발표물에 시각 자료를 포함하시오.

6. 무두질 공장과 같이 크롬을 사용하는 회사가 갖고 있는 폐기물 처리에 대한 책임의 중요성을 이해하기 위하여 '에린 브룩비치'(Erin Brockvich)라는 영화를 관람하시오.

7. 가죽 무역협회나 무역 박람회에서 정보를 수집하고, 그 정보를 모아 보고서를 간략하게 작성하시오.

제**5**장

모피

우아하고 아름답게 꾸민 모델들이 런웨이를 미끄러지듯 걸어 나오고, 사진작가들은 적절한 각도로 포즈를 잡으면서 카메라 플래시를 터뜨렸다. 모델은 12개의 은여우 꼬리가 밑단에 달려 있는 길다란 모피코트를 입고 있고, 런웨이 앞쪽에 다가서면서 여우꼬리를 흔들며 한 바퀴 돌았다. 모델은 케이프처럼 어깨에서 모피를 흘러내리게 하고, 뒤에는 여우꼬리가 끌렸다. 모델이 중심무대로 되돌아가자 여우꼬리는 런웨이에 핏자국을 남겼다.

실제 비디오일까? 아니다 동물권리 애호가들의 후원으로 재연된 것이다. 모피는 최근 10년 동안 계속해서 패션의 논쟁거리가 되고 있다. 비록 대부분(96%)의 미국여성들이 이 운동에 반대하지는 않지만 모피 산업은 동물애호가들의 괴롭힘을 당하고 동조자로부터 배척당했다. 이 그룹은 모피를 입는 것은 비인간적이고, 적어도 정치적으로 옳지 않다고 홍보했다.

– 셀리아 스텔 메도우

모피의 역사

3만 년 전 선사시대의 동굴그림을 보면 고대인들은 망토, 스커트, 바지와 흡사한 여러 형태의 옷을 입은 것으로 묘사했다. 이런 의복은 곰의 생가죽을 뼈로 만든 여밈장치로 여며서 입었을 것이다. 고고학자들은 지금은 옷 유물이 남아 있지 않지만 옷을 만들기 위해 사용했던 바늘과 뼛조각들을 발견했다.

에스키모인과 북아메리카 인디언들이 아마 처음으로 모피를 그들의 몸에 맞도록 재단하여 입었다고 역사가들은 믿고 있다. 딱 맞는 모피 층은 인체 바로 위에 공기층을 만들어 추위로부터 착용자를 격리시키고 보호하였다. 모피의 털이 있는 부분을 몸에 닿게 해서 극도의 편안함과 따뜻함을 얻기도 했다.

중세 북부의 추운지역 사람들은 창문에 덮개를 덮고 벽난로만 있었고 화려한 성에서도 적절한 난방 시설도 없이 지냈다. 추운 계절에는 모든 옷에 모피가 필요했으며, 옷의 안쪽에 모피를 바느질해 입었다. 모피는 단열재였기 때문에 가구에도 많이 사용했다. 사회경제 계층에 따라 모피의 형태는 달랐지만 대부분의 가정에서 모피는 침대 덮개, 깔개, 창문 덮개로 사용하였다.

유럽에서 모피를 입는 것은 사회적 계층의 차별화와 특권의 상징이었다. 평민은 양가죽이 적당하다고

▶ **그림 5.1** 영국의 왕 에드워드 3세는 작은 검정 점무늬가 흩어져 있는 흰색 족제비 모피는 왕실용이라고 포고하였다.(자료원 : 베트맨/코르비스)

여겼고, 부유한 사람들은 고급 모피 옷을 입었다. 교회의 고위 성직자들은 특별한 모피 안감을 댄 로브를 착용했으며, 이것이 현재의 의식용 앞 단추가 달린 짧은 케이프가 되었다. 눈처럼 하얀색의 족제비 모피 옷을 입은 귀족을 많은 그림에서 볼 수 있다(그림 5.1).

16세기까지 유럽에서 모피는 가장 중요한 것으로 여겼다. 유럽의 모피 수집가와 상인들은 북쪽과 서쪽으로 옮겨가서 점차 북아메리카 대륙에서 거주하게 되었다. 그들은 교역소를 설치하고 아메리카 원주민으로부터 모피를 사서 양식과 음식을 얻기 위해 유럽인들에게 팔았다. 이 교역소는 캐나다의 노바스코샤에서부터 미국의 뉴욕, 뉴올리언스, 세인트루이스, 디트로이트, 세인트 폴, 스포캔과 같은 도시로 펼쳐나가 초창기 모피 교역소가 되었고, 뉴욕 시는 미국 모피 산업의 중심지가 되었다. 오늘날 뉴욕 시에서 모피 구역으로 알려진 몇 블록은 범위가 넓은 의류 구역 안에 있다.

19세기 빅토리안시대에 모피코트는 패셔너블한 여성의 옷장 일부분을 차지할 것으로 예고되었다. 1900년 프랑스에서 주요 모피 전시회가 열림으로써 가을 컬렉션에서 모피 산업이 프랑스 패션 메종에 모피코트와 액세서리를 선보이는 계기를 마련했다. 1920년대와 1930년대 패션에서 모피는 승승장구했다. 1920년대의 길다란 모피 목도리와 과다한 모피 장식은 점차 사라지고, 1930년대와 1940년대 들어 여우, 밍크, 담비, 양가죽 칼라와 커프스와 햄라인의 장식이 등장했다. 1960년대 이후 디자이너들은 모피 산업의 영역을 넓혀나갔으며, 혁신적인 처리법, 기술과 염색법을 적용하여 새로운 모피 의상과 액세서리를 소개했다.

◉ 모피 개론

모피를 지닌 동물들은 추운 계절에 야외에서 잡히거나 모피 농장에서 사육된다. 수백 년 동안 미국에서 모피를 얻기 위하여 동물을 잡는 산업이 성행했지만 모피 농장이 시작된 것은 약 100년밖에 되지 않는다. 미국에서 판매되는 모피 제품의 약 80%는 사육된 모피이고, 야외에서 잡힌 동물은 20%밖에 되지 않는다.

차가운 기후에서 자란 동물들은 모피가 두껍기 때문에 대부분의 북아메리카 모피 농장은 미국과 캐나다 북부에 위치하고 있다. 위스콘신 주는 가장 큰 펠트 생산지로 11월 후반부나 12월 동안에 수확한다. 표 5.1은 미국에서 모피를 많이 생산하는 농장 목록이다.

대부분의 모피 농장에서는 통제하고 교배하여 독특한 색으로 생산해낸다. **사육 모피**(ranched fur)는 특별한 색과 품질을 얻기 위해 모피를 지닌 동물을 사육하는 것을 의미하며, 이러한 동물에는 밍크와 여우가 있다.

1) 모피 손질과 공정

모피 산업에서 **모피**(fur)라는 용어는 털, 플리스(fleece), 모피 섬유가 붙어 있는 동물의 표피 또는 부분을 의미한다. 이것은 가죽으로 만들거나 털을 완전히 제거한 후 사용하는 표피는 포함하지 않는다. 모피는 외부에 있으며 광택이 있는 길고 억센 **보호 털**(guard hair)과 그 밑에 있는 **속털**(underfur)로 구성되어 있다. 속털

▶ **표 5.1** 미국 10대 모피 농장이 있는 주

1. 위스콘신
2. 유타
3. 미네소타
4. 워싱턴
5. 아이다호
6. 오리건
7. 일리노이
8. 펜실베이니아
9. 미시간
10. 아이오와

은 부드럽고 솜털 같고 보온이 잘된다.

모피가 달린 동물의 표피를 **펠트**(pelt)라 부른다. 동물에서 채취한 생펠트를 착용 가능한 모피로 바꾸는 과정은 고도로 전문화되어 있고, 보통 몇 달 정도의 작업이 걸리며, 액세서리나 의류의 종류에 따라 100개 정도의 단계가 필요하다. 첫 번째 단계는 표피를 드레싱 공장에서 **드레싱**(dressing)하는 것이다. 드레싱 (dressing)이란 가죽의 무두질과 같이 모피에서도 표피가 부패되는 것을 막기 위하여 처치하는 것이다. 표피에서 오염물질을 제거하기 위해 소금물에 세척하고, 살이나 지방을 제거하기 위해 깎아내고, 보존하기 위해 화학약품 용액으로 다시 세척한다. 표피를 **키커**(kicker)나 나무망치(mallets)가 달린 **트램핑 기계** (tramping machine)에 걸어놓는다. 이 트램핑 기계는 펠트조직이 부스러질 때까지 두드려서 유연한 표피로 만든 후 기름을 다시 넣어 표피에 스며들게 한다. 과도한 기름은 매트드라이기와 비슷하게 생긴 톱밥이 가득한 통에 넣고 흔들어 제거한다. 이 드레싱 공정을 거치면 유연하고 내구력 있고 오래 보존할 수 있는 펠트가 만들어진다.

2) 모피 처리

모피 의류와 액세서리는 아주 놀라운 스타일과 색으로 만들어진다. 디자이너의 창의성을 살릴 수 있는 모피를 생산하기 위해 착색하고 펠트의 무게를 줄이기 위하여 혁신적인 처리과정이 필요하다. 염색이나 표백이 되지 않은 것을 **자연상태의 펠트**(natural pelt)라 한다. 모피 색의 자연스러운 변화나 특이한 색은 **돌연변이** (mutation), 특히 교차교배나 농장 내 교배를 통해 나오는데, 선택적 교배는 만족할 만한 품질과 색깔 변이를 가져온다. 모피 공급업자들의 진보적 생각은 수많은 시도와 처리를 반복함으로써 새로운 창의적인 모피 처리방법을 개발하게 되었다. 널리 적용되는 모피 처리과정은 다음과 같다.

◀ **그림 5.2** 골덴 골이 있는 모피
(자료원 : 멘델사)

표백(bleaching)　노란색을 띠는 모피에 주로 적용한다. 모피에 더 어두운 색깔을 입히기 전에 표백한다.

골덴 골(corduroy-grooved)　부드럽고 솜털 같은 속털을 고르지 않게 가위질하여 골덴조직과 같은 외양을 갖게 된다(그림 5.2).

양면/뒤집을 수 있는(double face/reversible)　펠트의 양면을 드레싱하고 처리한다. 가죽 쪽에 스텐실 가공, 스웨이드 가공, 염색, 엠보싱 가공을 한다.

염색(dyeing)　펠트 전체를 염색용 욕조에 넣는다. 염색 과정은 모피에 아무런 해도 끼치지 않는다.

모피 위에 모피(fur on fur)　밍크 크라운에 여우 털로 테를 두른 모자와 같이 두 개의 서로 다른 모피를 조합하여 하나의 액세서리를 만든다.

제편(knitting)　모피 펠트를 가늘고 길게 자른 후 이것을 뜨개질하여 원단을 만든다.

잡아당기기/털 뽑기(plucking)　거칠은 펠트에서 보호 털을 뽑아내면 부드러운 솜털만 남게 되어 벨벳과 같은 가벼운 코트를 만든다.

포인팅(pointing)　보호 털 끝 부분에만 염색한다.

털 깎기(shearing)　길이를 똑같게 하기 위해 밑털을 깎음으로써 가볍고 부드럽고 벨벳과 같은 모피 파일로 만들며, 이것은 깎지 않은 모피와 똑같은 보온효과가 있다.

스텐실링(stenciling)　모피에 염색을 부분적으로 적용한다. 스텐실 염색된 모피는 점박이 표범과 같이 다른 동물 같아 보인다.

끝 염색(tip dyeing)　단지 모피 섬유만 염색하고 표피는 영향받지 않는다.

티핑(tipping)　옅은 색의 스킨을 염색하여 모피 섬유 밑이 드러나 보이지 않게 한다.

3) 모피 제품 제조

펠트를 액세서리로 만드는 디자이너와 긴밀하게 작업하는 제조업자에게 드레싱이 끝난 표피를 보낸다. 모피 제품을 만드는 데 필요한 정확한 양으로 펠트를 조합하고, 분류하여 묶음으로 만든다. 작은 표피 위에 좁은(1/8″) 대각선 끈으로 정교하게 **커터**(cutter)로 **렛아웃**(let out)한 후, 이것을 수백 개의 솔기로 바느질하여 목선에서 단선(hemline)에 이르는 좁고 긴 부분을 만든다. 이 렛아웃 과정(늘리는 과정)으로 유연하고 부드러운 모피조각을 만들어 낸다.

모피 액세서리와 의류를 만드는 과정에 비용이 많이 들기 때문에 펠트 조각 수를 적게 사용하는 **세미 렛아웃**(semi let out)법을 적용한다. **레더링**(leathering) 과정은 좁은 모피 끈 사이에 가죽끈을 넣고 바느질하여 비용을 절감하는 방법이다. 이렇게 하면 하나의 제품을 만드는 데 필요한 모피의 양과 모피의 부피감을 줄일 수 있다.

작은 표피를 렛아웃하려면 비용이 많이 들기 때문에 값싼 모피를 만들 때에 뺄 수도 있다. **스킨 온 스킨**(skin-on-skin construction) 방법은 크기가 작은 펠트를 사용할 때 적용한다. 펠트와 펠트를 함께 바느질하여 펠트의 크기나 길이를 변화시키지 않고 패치워크 효과를 얻는다. 이것은 밍크나 토끼 액세서리 제품을 만들 때 비용을 절약하기 위하여 적용되는 방법으로, 저가의 모피는 작은 모피 조각을 조합한 후 연결하여 만든다. 고가의 모피 의류는 렛아웃 과정을 거치지 않기도 한다. 친칠라(chinchilla)와 같이 손상받기 쉽고 값비싼 모피는 일반적으로 렛아웃하지 않는 대신 스킨 온 스킨 제조과정을 사용한다.

형태를 만들고 부드럽게 하기 위해 작업대에 모피 쪽을 아래로 향하게 놓고 표피에 습기를 먹인 후 압핀으로 고정시킨다. 펠트를 패턴에 맞춰 자르며, 이 펠트에는 특수 재봉기가 사용된다. 모피코트를 만들 때 잘 맞는지 확인하기 위하여 인대에 입혀 본다. 모피 액세서리 안감으로 공단을 사용해야 착용 시 잘 미끄러져 들어간다. 일부 모피는 안쪽을 스웨이드로 해서 양면으로 입을 수 있다.

펠트를 만들고 디자인하고 제작하는 수많은 단계의 엄청난 수작업 시간은 모피 제품의 최종가격에 영향을 미치는데, 모피 동물 사육자나 모피 사냥꾼이 모피를 얻는 순간부터 이 모피 제품이 소매상에 도달하기까지는 약 1년이 걸리며, 이 모든 시간과 작업이 모피의 최종가격에 반영된다.

◉ 모피의 분류

모피는 곰, 개, 고양이, 설치류, 족제비와 같은 동물 과와 특성에 따라 분류된다. 이 분류에 의하면 모피동물의 털 길이, 내구성, 따뜻함, 희귀함과 같은 특성을 가지고 있다. 많이 쓰이는 모피동물은 표 5.2와 같다.

1) 내구성

내구성(durability)은 펠트로 옷을 만들었을 때 이 펠트에서 털이 빠져나오는 정도를 말한다. 모피는 탈모의 정도에 따라 내구성이 있는 것과 없는 것으로 분류된다. 표 5.3은 모피의 내구성의 범위 목록이다.

▶ 표 5.2 모피 동물

과	동물	특성
곰	미국 너구리(raccoon)	갈색을 띤 회색/검은색, 털끝은 은색, 길고 중간 길이의 보호 털, 양모 같은 속털, 털을 뽑거나 깎아서 누트리아나 비버 털과 비슷하게 만듦. 증가.
	핀란드 너구리	털끝은 검은색, 황갈색의 보호 털
	일본 너구리(Tanuki)	짙은 색의 분명한 무늬가 있는 옅은 황갈색 털, 긴 보호털과 촘촘한 속털이 있다. 다른 너구리 모피보다는 비싸다.
개	코요테(coyote)	회색부터 황갈색의 긴 보호 털과 숱이 많고 부드러운 속털
	여우(fox)	밍크 다음으로 천연색의 범주가 넓다. 염색하기도 한다. 광택 있는 긴 보호 털과 무성한 속털로 풍성해 보인다. 러시아, 캐나다, 알래스카산이 좋다.
	붉은 여우(red fox)	야생종의 종류가 다양하고, 코트보다는 가장자리 장식에 사용된다.
	은여우	목장에서 사육되며 은색의 보호 털과 푸른빛을 띤 검은 속털
	백금색 여우	은여우보다 은색이 더 많으며, 은여우의 돌연변이
	백여우	캐나다와 북아메리카산. 모습이 극적이다.
	청여우	푸른빛을 띤 갈색
	노르웨이 청여우	푸른색, 사육 여우의 돌연변이
	회색 여우	다른 여우보다 수요가 없음. 은여우 비슷하게 염색
	늑대(wolf)	북쪽 기후에는 흰색이고 남쪽 기후에는 황갈색으로 다양하다.
	북극 숲 늑대	백색이며 부드러운 속털과 긴 보호 털
	초원에 사는 늑대	거친 보호 털이 있으며 황회색이나 황갈색 바탕에 흰색이나 검은색 무늬가 있다.
고양이	표범	멸종위기에 처해 있어 미국에서는 판매되지 않고 있다. 크림색 노란 바탕에 검은 장미꽃 무늬가 있다. 표범 무늬는 인조 모피에 사용된다.
	스라소니(lynx)	짙은 베이지색 무늬가 크림 같은 하얀색 바탕에 있다. 촘촘하고 가벼운 속털과 곱고 비단 같은 보호 털이 있다. 흰색이 선호도가 높다.
	캐나다 스라소니	짙은 무늬가 있다.
	러시아 스라소니	털이 길고 희미한 베이지색 무늬가 있다.
	스라소니 고양이 (Lynx Cat)	스라소니와 비슷하지만 무늬가 작고, 덜 비싸다.
	오셀롯(ocelot)	황갈색 바탕에 갈색이나 검은색 링 또는 무늬가 있다. 무늬가 선명할수록 더 비싸다.
유대류	미국 옵파솜 (American Opossum)	거친 회색을 띤 흰색 보호 털, 털끝은 은빛부터 검은색이다. 부드럽고 촘촘한 속털을 보이게 하기 위해서 털을 뽑거나 깎고 염색하기도 한다.
	호주 옵파솜 (Australian Opossum)	가장 좋은 색은 끝이 검은 보호 털과 푸른빛을 띤 회색이다. 또한 황회색에서 갈색까지 있고, 속털은 양모와 비슷하게 무성하다.

▶ 표 5.2 계속

과	동 물	특 성
설치류	비버(beaver)	금발같이 특이한 색은 그대로 사용하나, 거칠은 보호 털을 뽑고 사용한다. 촉감을 부드러운 벨벳처럼 만들기 위하여 속털을 깎고 염색하기도 한다.
	친칠라(chinchilla)	비싸고 실크 같고, 조밀하고 털이 짧다. 회색이며 가장 좋은 색은 암청회색 보호 털과 짙은 색 속털이다.
	마멋(marmot)	짧고 따뜻한 모피 섬유이다. 보호 털은 거칠고 윤기 있다. 밍크와 유사하게 염색하기도 한다.
	사향뒤쥐(muskrat)	양옆은 옅은 베이지색에 검은 줄이 있으며, 털은 촘촘하다.
	뉴저지 사향뒤쥐	다른 사향뒤쥐보다 가볍다.
	북쪽 사향뒤쥐	최고 품질의 사향뒤쥐이다. 촘촘한 속털과 긴 보호털이 있다.
	남쪽 사향뒤쥐	다른 사향뒤쥐보다 속털이 적고, 색이 선명하지 않다. 비싼 밍크나 깎은 비버처럼 비싼 모피 모조품으로 사용된다.
	누트리아(nutria)	속털이 짧고 부드럽다. 털을 깎아 스포츠 의류로 디자인한다. 염색하기도 하고, 안감이나 가장자리 장식에 사용된다.
	토끼(rabbit)	비싼 모피처럼 보이도록 털을 자르거나 홈을 판다. 자연색 그대로 사용하거나 염색한다. 털이 계속해서 빠지기 때문에 비싸지 않다.
	다람쥐(squirrel)	가볍다. 털이 짧고 평편하다. 속털이 촘촘하고 자연색은 회색 계열이다.
발굽이 있는 동물	송아지(calf)	짧고 평편하며 약간 광택 있는 털에 소용돌이 치는 무늬가 있다. 염색하기도 한다.
	새끼 염소(kid)	어리고 털이 짧은 염소. 광택 있는 모아레 무늬가 있고, 비교적 싸다.
	조랑말(pony)	송아지 표피이다(1960년 이래 잘못 부르고 있음). 털이 평편하고 빛나며 비교적 비싸지 않으나, 현재 유행하며 디자이너들이 한정적으로 사용하기 때문에 비싸다.
	면양(sheep)	곱슬곱슬한 모피 섬유를 얻기 위해서 양에서 펠트를 얻는다. 대부분 서남아프리카나 중앙아시아에서 사육된다.
	꼬리 굵은 양	털은 갈색, 검은색, 또는 회색이며, 모아레 무늬가 있고 염색하기도 한다.
	몽고 양	자연색은 회색을 띤 흰색이며 가끔 염색하기도 한다. 보호 털은 매우 길고 실크같이 부드럽고 웨이브가 있다.
	새끼 양	직모를 가진 양을 깎아서 얻고, 두껍고 부드러운 평편한 모피이다. 염색하기도 하며, 남아메리카 양이다.
	페르시아 양	털은 광택이 많고 평편하며 약간 곱슬거리고, 대부분 검은색이나 갈색과 회색이다. 카라쿨 양은 아프리카나 아시아에서 사육된다. 숙련된 기능공들이 의복에 흘러가는 무늬를 만들기 위해서 펠트의 곱슬한 무늬를 맞춘다.
	한 살배기 양	양면 겸용 양가죽이다. 스웨이드나 갈색 가죽 쪽을 바깥쪽에 놓고, 안쪽에는 모피가 오도록 한다.

▶ 표 5.2 계속

과	동물	특성
족제비	족제비(ermine)	따스한 기후에서는 갈색이며, 추운 지역(시베리아와 러시아)산은 광택이 많고, 순백색의 모피이다(꼬리털 끝이 검다). 보호 털은 길고, 속털은 조밀하고 길다. 원산지는 러시아와 캐나다이며 다년간 왕족들이 사용하였다.
	아메리카 족제비 (fisher)	보호 털 끝은 검고 매끈하다. 중간 갈색부터 짙은 푸른빛을 띤 갈색이다. 속털은 촘촘하며 원산지는 캐나다이다.
	긴 털 족제비(fitch)	보호 털 끝은 검은색이며 길고, 속털은 베이지에서 노란 오렌지색이다. 색을 바꾸기 위해 형광제를 사용하기도 한다.
	시베리아 족제비	속털이 하얗다
	시베리아 밍크	털이 길고, 밍크와 비슷하게 하기 위해 어두운 색으로 염색한다. 아시아 밍크와 비교할 때 시베리아산이 더 좋다.
	담비(marten)	미국산 검은담비와 비슷하나 가격이 더 낮다.
	미국산 검은담비	푸른빛을 띤 갈색부터 검은 갈색이다. 보호 털은 길고 매끈하며, 속털은 조밀하다. 원산지는 알래스카나 캐나다이다.
	유럽산 담비	노란빛을 띤 갈색이며 검은단비와 비슷하다. 미국산 담비보다 부드럽고 매끈하다. 빛나고 촘촘한 모피다.
	일본 담비 (Japanese marten)	노란색이다. 검은단비와 비슷하게 염색된다.
	흰 가슴 담비 (stone marten)	담비 중 제일 좋다. 보호 털은 푸른빛을 띤 갈색이며 촘촘하고, 속털은 흰빛을 띤 회색이다.
	밍크(mink)	펠트 등쪽에 검은 줄이 그어져 있다. 북아메리카에서 사육되는 동물 중 가장 선호도가 높다. 보호 털은 가볍고 벨벳같이 보이기 위해 자르거나 뽑는다. 야생이거나 사육되거나 돌연변이되어 적갈색, 암회색, 사파이어색 등 많은 색이 있다.
	검은담비(sable)	가장 럭셔리한 모피 중 하나이다. 보호 털은 중간 정도부터 길고, 속털은 촘촘하다.
	러시아 담비	가장 색이 좋고 비싼 모피이다. 은빛이 도는 짙은 푸른빛을 띤 갈색이다. 은색의 보호털이 많을수록 좋다.
	캐나다산 골든 담비	호박색이다. 어두운 금색 등줄기가 있으면 더 좋다.
	스컹크(skunk)	모피에 광택이 있다. 검은색 바탕에 하얀색 줄이 등 가운데에 있다. 하얀색 모피는 거칠거나 염색하기 어려우므로 잘라 내기도 한다.
	족제비(weasel)	노란색 또는 밝은 갈색이다. 밍크와 흰 담비와 비슷해 보이나 보호 털과 속털이 짧다.
기타	두더지(mole)	여러 색으로 염색된다. 반듯한 보호 털은 소용돌이형으로 자란다. 원산지는 스코틀랜드나 네덜란드이다.
	바다표범(seal)	여러 색으로 염색된다. 보호 털을 뽑기도 한다. 알래스카산이 최고급이다.

▶ 표 5.3 많이 사용되는 모피동물의 내구성

내구성이 크다	내구성이 있다	반내구성	내구성이 없다	내구성이 아주 없다
수달, 스컹크, 너구리, 양가죽, 밍크, 비버, 페르시안 양, 누트리아	족제비, 옵파솜, 검은담비, 사향뒤쥐, 알래스카 물개, 코요테, 늑대	여우, 족제비, 담비, 마멋	흰담비, 새끼염소, 다람쥐, 토끼, 표범, 스라소니	두더지, 친칠라, 꼬리굵은 양,

◎ 모피 산업의 규제

환경보호청(EPA)과 직업 안전 위생관리국(OSHA)은 모피―드레싱 산업에 대해 규제한다. 이와 같은 미국의 단체는 환경과 400명 이상의 모피 산업 노동자를 보호한다. 85% 이상의 노동자들이 가족이 소유하고 운영하는 모피 산업에 고용되어 있다. 모피 산업은 사냥 또는 사육되는 동물의 안전을 보장할 수 있는 자체 규정을 만들었다. 그 기준은 수의사와 동물과학자와 함께 의논한 것을 기초로 가장 인간적인 취급과정을 반영한다. 모피 산업에 직접적인 영향을 미치는 2개의 연방법은 모피 제품 표시법(FPLA)과 멸종위기 동물 보호법이다.

1) 모피 제품 표시법(FPLA)

1952년에 미국 정부는 모피 제품 표시법을 처음 통과시켰고, 1980년에 개정하였다. 이 법은 소비자와 모피 산업을 거짓되고 잘못된 광고로부터 보호하기 위한 것으로, 모피에 다음과 같은 정보를 영어로 라벨에 달도록 규정하고 있다. 원산지, 모피나 펠트의 형태나 색을 바꾸기 위하여 사용된 인위적인 처리방법, 한 번 사용된 것인지, 흠집, 중고품이나 재가공 여부를 공개해야 한다. 또 동물의 이름을 꼭 영어로 밝혀야 한다.
　이 법이 제정되기 전에 모피는 값비싼 모피와 비슷한 외국어 이름이나 영어 이름 또는 영어 이외의 외국어 이름으로 사기 판매되기도 했다. 예를 들면, 토끼 모피코트에 비버, 마밍크, 북쪽 바다표범, 불어로 토끼를 지칭하는 라핀(lapin)이란 라벨을 붙이기도 했다. 가짜 라벨을 붙인 예로 점무늬가 있는 스컹크 코트를 사향고양이로, 족제비 코트를 여름철 흰 족제비로, 흠집 있는 스컹크 코트를 사향고양이 털로, 족제비 코트를 담비 코트로, 보호 털을 뽑고 염색한 사향뒤쥐 코트를 허드슨 강의 바다표범이라 가짜 라벨을 붙이기도 했다. 라벨을 붙이면 소비자에게 도움을 주지만, 같은 종에 속하는 펠트 사이의 품질 차이까지 알려 줄 수는 없다. 소비자 교육과 최고 모피 전시장의 모피 상인, 판매원은 품질 판별에 필수적이다.

2) 멸종위기 동물에 관한 법령

미연방 멸종위기 동물에 관한 법령(1973, 1988)은 멸종위기에 놓여 있는 동물을 사용하는 것을 통제한다. 어떤 모피 동물은 연방 정부 목록에 등록되어 법으로 보호받는다. 법의 위반자에 대한 형벌은 1년간 감옥이나 100,000 달러 이내의 벌금이 부가된다. 멸종위기의 동물을 보호하기 위하여 모피 무역에서는 수량이

모피 논쟁

모피 반대 행동주의자들은 비교적 수는 적으나, 최근 들어 이들의 목소리와 표현기술, 유명인사의 후원에 의해 많은 매스컴의 관심을 끌고 있다. 많은 소비자들은 인도주의적 문제점 때문에 모피를 착용하는 것을 좋아하지 않지만, 이러한 소비자들은 과격한 행동주의자에게는 동의하지 않을 것이다.

1995년 5월에 캘리포니아 주 비벌리 힐스에 거주하는 투표자들은 도시 안에서 판매되는 모든 모피에 신용카드 크기의 품질 표시 꼬리표를 달자는 안을 부결시켰다. 그 품질 표시 꼬리표에는 '소비자에게 경고 : 이 상품은 감전사, 질식사, 목 꺽임, 독살, 곤봉질, 밟거나 강철 덫에 턱이 조이거나 다리가 붙잡혀서 죽었을지도 모른 동물의 모피로 만들었음.'이라고 기재되어 있다. 수많은 투표자들은 동물 권리주의자의 모피 반대론에 의해서 그 제안이 이루어졌다고 믿었다.

동물 도덕적 대우 단체(PETA)는 에이즈, 암, 노인성 치매 등을 과학적으로 조사하기 위해 동물에게 실험하는 것을 폐지하자고 주장한다. 그들은 고기를 먹는 것 , 곤충을 죽이는 것, 애완동물을 소유하는 것을 반대한다. PETA는 홍보분야에서 두각을 나타내는 저명인사와 애국자 집단이 소매상인을 감시하고, 모피를 입은 사람들을 구두로 공격하는 것을 자랑한다.

동물 자유론자(ALF)와 같은 극단적 활동주의자는 산업시설을 공습하고, 파괴하며, 생산을 방해한다. 대부분의 극단주의자는 범죄와 관련된 집단에 속해 있거나 혼자 일하며, 잡히는 경우는 적다.

이러한 범죄는 모피 농장을 위해 생산된 사료에 소이탄을 던지고, 워싱턴의 모피 소매상 창문에 모피 반대 낙서를 그려 넣는다. ALF 활동단원들은 정부의 법과 정치적 과정이 천천히 진행되기 때문에 자신의 범죄가 정당하다고 주장한다. 모피 산업의 미래에 대한 염려는 ALF의 인터넷 해커이며, 이들은 회사의 컴퓨터 자료를 없애거나, 회사의 전자 우편체계를 혼란시키기 위해 회사 컴퓨터의 시스템을 파괴한다.

사람 우선(PPF)은 도덕적 동물 행동주의자들의 관점에 반대하는 집단이다. 1998년에 PPF 위원장 캐슬린 매쿼트(Kathleen Marquardt)는 '미국인 동료들에게'란 인터넷 편지를 보냈는데, "일반 상식으로 볼 때 권리를 가진 자는 사람이지 동물이 아니다. 우리는 모두 동물 복지에 대해 매우 신경을 써야 하지만 동물 복지와 동물 권리 사이에는 큰 차이점은 있다."라고 설명했다.

이 논쟁은 모피의 인기가 높아짐에 따라 더 뜨거워졌다. 모피를 착용하는 것을 반대하는 행동주의자들은 유행이라는 이름으로 모피를 입는 것을 훼방하기 위하여 더 극단적인 술책을 시도했다. 그러나 트렌드가 일단 시작되면 패션의 움직이는 경향은 바꾸기 어렵다.

자료원 : Marqusrdt, K. (1998년 4월2일). 사람 우선. 인터넷 통신. http://www.thewild.com/ppf

풍부하고 계속 생산할 수 있는 종의 동물만을 거래한다.

3) 모피 사육농장 규제

미국의 농장에서 사육하는 모피 동물을 위한 복지협회(Fur Farm Animal Welfare Coaliation)는 모피 농장주들이 동물을 건강하게 사육할 수 있도록 지침서를 제공하고 있다. 이 법은 동물의 영양, 주거, 수의사의 관리, 안락사 방법에 대한 산업 기준을 포함한다. 모피 농장주는 고품질의 모피를 생산하면 자신의 생활과 경제적으로 성공할 수 있기 때문에 이 지침을 잘 따른다. 캐나다 밍크 및 여우 교접사 연합회(Canada Mink

Breeders and Fox Breeders Association)도 비슷한 지침서를 출판하였다.

미국에서 생산되는 대부분의 동물는 미국 수의사 협회(American Veterinary Medical Association)와 모피 농장 동물 복지협회(Fur Farm Animal Welfare Coaliation)에서 추천하는 방법으로 안락사하고 있다. 밍크는 일산화탄소 가스나 치사 주사로 안락사하고 여우는 주로 주사로 안락사한다. 그러나 다른 나라에서는 각 나라마다 펠트를 거두어 들이는 기준이 있다.

🌀 모피 패션 산업

모피 의복은 모피 디자인을 스케치하여 광목으로 제작하는 것부터 시작한다. 모피 펠트를 자르기 전에 실물크기 모형을 인대에 꼭 맞도록 제작한다. 광목옷이 완성되면 그것은 평면 패턴으로 전환되며, 펠트를 자르는 안내척도로 사용된다.

최근 모피의 인기가 높아짐에 따라 전보다 더 많은 디자이너들이 자신의 작품에 모피를 사용하기 시작했다. 1985년에는 42명의 디자이너들이 모피를 사용하였고, 1990~2000년대에는 거의 200여 명의 디자이너들이 모피로 옷을 지음으로써 산업체에서는 디자이너가 이끌어가는 모피 르네상스라고 불렸다.

1) 모피 상품의 디자인

디자인 트렌드는 뚜렷한 로고, 스포츠웨어 룩, 캐주얼한 라이프스타일에 맞는 가벼운 코트, 다채롭게 염색된 모피이다(그림 5.3). 디자이너들은 아름다운 색과 가벼운 무게의 독특한 모피를 만들어낼 수 있도록 모피 생산 기술이 발달한 점에 대하여 감사한다. 그러나 몇몇 디자이너들은 자연의 색으로 모피 색을 한정시키고 풍성하고 자연스러운 모피를 오히려 더 좋아한다.

1999년에 모피 산업은 모피의 새로운 범주인 '인조 의류'를 홍보하기 시작했다. 인조 의류 디자이너들은 모피의 공식적 이미지를 최소화하고 좀 더 캐주얼함을 강조하려고 노력했다. 오스카 드 라 렌타(Oscar De La Renta)와 지방시(Givenchy) 같은 디자이너는 스포츠웨어와 액세서리에 선명하게 염색하거나 꽃무늬가 있는 모피를 소개했다. 이와 같은 제품에는 스키 조끼, 양면으로 입을 수 있는 모피 비옷, 모피로 안감을 댄 칼라, 커프스, 단 등이 있다. 깍은 밍크, 양가죽, 검은담비는 파일직과 비슷하기 때문에 이들 제품을 선택하면 최상의 선택이라 할 수 있을 것이다. 할머니의 모피코트 이미지를 연상시키는 무겁고 부피가 큰 밍크코트는 현재의 패션은 아니다.

2) 인조 모피

실제 모피 대신으로 **인조 모피**(faux fur)나 위조 모피를 사용한다. 이러한 원단은 거의 대부분 동물의 보호털과 짧고 부드러운 속털을 모방하여 아크릴과 모드아크릴 섬유 또는 폴리에스테르 섬유로 만든다. 많은 인조 모피는 천연 모피와 아주 흡사하다.

▶ **그림 5.3** 염색하고 깍은 양면 비버 털로 만든
주키(Zuki)의 스윙코트(자료원 : 페어차일드 출판사)

3) 모피 제품의 관리

소비자들에게 모피를 입도록 장려했지만, 그것을 입고 손질하는 과정을 알아야 한다. 얼마만큼의 털이 빠지는 것은 새로운 모피를 구입했을 때나 질이 나쁜 모피를 구입했을 때 일어나는 현상이고, 가끔씩 밖에서 털어주어야 입는 동안 털이 빠지는 것을 막을 수 있다. 또한 소비자는 다음과 같은 손질 요령을 지켜야 한다.

- 폭이 넓은 플라스틱 옷걸이나 옷을 덮어주는 옷걸이에 옷을 보관한다.
- 모피 섬유가 눌리는 것을 방지하기 위하여 충분한 수납공간을 마련한다.
- 시원하고 어두운 공간에 모피를 걸어둔다.
- 플라스틱 백이나 드라이클리너에서 제공하는 비닐에 모피코트를 넣어 보관해서는 안 된다.

미디어와 모피

2000년 6월 뉴욕에서 6번째 모피 패션위크(Fur Fashion Week)가 개최되기 직전까지 이 산업 종사자들은 이 행사가 성공적일지 의심스러워했다. 그러나 이 이벤트가 이루어지기 하루 전에 사라 제시카 파커(Sarah Jessica Parker)와 그밖에 Sex and the City 방송 멤버들은 계절의 첫 공연에 가장 중요한 깍은 밍크코트, 은여우 코트, 친칠라 코트 등 풍성한 모피코트를 입고 등장했다. 모피 산업체의 직원들은 유명한 HBO프로그램의 출연에 흥분을 감출 수 없었다. 모피 생산자인 앤 디 골딘(Anne Dee Goldin)은 "우리 산업에서 일어날 수 있는 가장 좋은 일이다. 이 쇼는 얼마나 최신 유행에 앞서 있는가, 얼마나 멋진가를 보여주는 것이다. 세계 사람들이 이것을 보고 뉴욕 사람들이 무엇을 입고 있는지 지켜 볼 것이다." 모피 디자이너들은 가볍고 스포티한 멋진 스타일의 모피 의류를 보여줌으로써 Sex and the City의 젊은 시청자들을 표적으로 삼고 싶어했다.

텔레비전과 더불어 패션잡지에서도 흥미로운 모피 사진을 보여주었다. 슈퍼모델과 저명인사들은 종종 모피코트를 입고 사진을 찍었다. 동물 권리 그룹에서 활동하고 값비싼 옷을 만들기 위하여 동물을 죽이는 것에 반대하는 말을 내던졌던 경험이 있는 슈퍼모델들은 후에 길거리와 광고에서 모피코트를 입고 모피코트의 사회적 기능에 대한 사진 모델을 했다. 패션월드에 경고하기 위해서 "모피를 입느니 나체로 다니겠다."라고 했던 나오미 캠벨(Naomi Campbell)은 펜디 광고에서 담비 모피를 입었다.

영화배우와 저명인사들은 항상 모피에 대해 경고했다. 많은 미국인들은 모피는 부, 지위, 돈을 상징한다고 말한다. 샤론 스톤(Sharon Stone), 마돈나(Madonna), 기네스 팰트로(Gwyneth Paltrow)는 모피를 입는 것을 후원

▲ 나오미 캠벨은 "나는 모피를 입느니 나체로 다니겠다."라고 누드 포즈를 취한 후 보그잡지에 친칠라 스톨을 걸치고 촬영한 모습이다.

함으로써 모피 판매의 증가에 공헌했다. 모피 산업에 대한 격려로 릴스 킴(Lil's Kim)과 시엔 콤(Sean Combs)과 같은 랩가수들도 공공연하게 모피를 입고 등장한다.

자료원
1. McCants, L. (2000년 6월 13일) "모피주간의 섹스어필" Women'd Wear Daily. 179(114), p. 8.
2. 북아메리카 모피와 패션 전시회(NAFFEM)(2000년 6월 6일). 언론홍보용, www.naffem.com

- 모피 펠트가 숨쉴 수 있도록 아무것도 덮지 않은 상태로 두거나, 광목 시트로 덮어 두어야 한다.

- 보슬비는 모피코트에 전혀 해가 되지 않지만, 넓고 환기가 잘되는 방에 걸어서 건조시켜주며 살짝 털어준다. 빗질이나 문질러서 털을 정리하지 말아야 한다.

- 심하게 비에 젖으면 전문적인 모피코트 서비스 센터에 맡긴다.

- 마찰하게 되면 오래 입은 옷처럼 되므로 차 탈 때 미끄러 들어가지 말아야 한다.

- 찢어지면 곧바로 수선해야 더 찢어지는 것을 막을 수 있다.

- 모피코트를 입기 전에 헤어스프레이나 향수를 뿌리면 모피가 변색할 수 있다.

- 모피 위에 보석이나 브로치를 사용하지 말아야 한다. 이런 액세서리는 모피와 잘 어울리지 않으며, 펠트에 작은 구멍을 만들 수 있다.

- 어깨에 매는 핸드백을 지속적으로 사용해서는 안 된다.

- 해마다 전문가에게 모피코트를 맡겨 세탁하고, 윤기 있게 만든다.

- 드라이클리너에게 맡기지 말고 모피코트 전문 서비스 센터를 이용한다.

- 모피는 방충제를 절대 사용해서는 안 된다.

- 날씨가 따뜻해지면, 집안 옷장에 보관하지 말고 좀 더 시원한 곳에 보관한다.

◀ **그림 5.4** 지아커(Giacca)는 모피의 인기에 힘입어 인조 모피 재킷을 출시했다.(자료원 : 페어차일드 출판사)

모피는 전문적 관리가 꼭 필요하며, 다음 세 단계를 따라야 한다.

- **세탁**(cleaning) : 거친 거죽을 정리하는 과정에서 펠트나 모피에 오일이 침투한다. 이 오일 처리는 펠트가 부석거리거나 건조하는 것을 막아준다. 모피 의류를 커다란 톱밥으로 가득 찬 통에 넣고 회전시켜서 과잉의 오일을 제거한다.
- **광택**(glazing) : 물을 뿌리거나 화학약품 때문에 모피 섬유에 광택이 난 경우에는 모피를 가볍게 다린다.
- **보관**(storage) : 날씨가 따뜻해지면 모피를 섭씨 10도, 습도 50%의 전문 창고에 시원하게 보관해야 한다.

◎ 세계의 모피 산업

모피는 세계적으로 중요한 상품이며, 가격은 세계적인 공급과 수요의 영향을 받는다. 미국은 세계 밍크 펠트 공급량의 10%를 생산하고, 캐나다는 4%를 생산한다. 약 2천 개의 북아메리카에 위치한 농장에서 생산되는 대부분은 다른 나라로 수출된다. 그림 5.5는 세계에서 펠트를 가장 많이 생산하는 나라 목록이다.

미국은 모피 의류에 다른 어떤 나라보다도 더 많은 돈을 쓴다. 다섯 명 중에 한 사람은 모피를 가지고 있고, 24세에서 44세까지의 집단에서 제일 많이 판매된다. 이들은 밍크를 가장 많이 구입하고, 두 번째는 뚝 떨어져서 여우이고, 세 번째는 비버(beaver)이다. 남자용 모피 의류의 판매는 미국 판매고의 5% 미만이다. 표 5.4는 미국의 1991~1999년의 판매고를 나타내고, 1998년에서 1999년 사이에 가장 많이 증가했다(15%).

추운 날씨는 모피 의류의 구입에 대한 의사결정 시 중요한 요인이 되지만, 몇몇 주요 도시에서는 따뜻한 날씨에도 불구하고 미국의 모피 판매 목록에서 높은 위치를 차지하고 있다. 표 5.5는 가장 많이 팔리는 미국 도시의 순위이다.

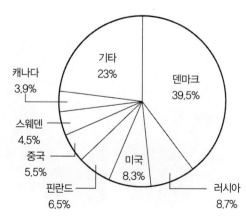

2002년 세계 밍크 사육 비율

캐나다 3.9%
기타 23%
덴마크 39.5%
스웨덴 4.5%
중국 5.5%
미국 8.3%
핀란드 6.5%
러시아 8.7%

▶ **그림 5.5** 모피 펠트 생산국
(자료원 : 모피 농장 동물 복지협회)

▶ 표 5.4 미국의 연간 모피 판매량

1999	1400억 달러
1998	1210억 달러
1997	1270억 달러
1996	1250억 달러
1995	1200억 달러
1994	1100억 달러
1993	1200억 달러
1992	1100억 달러
1991	1000억 달러

(자료원 : 미국 모피 정보위원회 2000년 2월25일)

▶ 표 5.5 미국 모피 판매량이 가장 많은 도시

1. 뉴욕 주, 뉴욕
2. 일리노이 주, 시카고
3. 펜실베이니아 주, 필라델피아
4. 캘리포니아 주, 로스앤젤레스
5. 워싱턴 디시/메릴랜드 주, 볼티모어
6. 매사추세츠 주, 보스턴
7. 미시간 주, 디트로이트
8. 오하이오 주, 클리블랜드
9. 텍사스 주, 댈러스
10. 캘리포니아 주, 샌프란시스코
11. 위스콘신 주, 밀워키
12. 워싱턴 주, 시애틀

(자료원 : 미국 모피 정보위원회 2000년 2월25일)

1) 모피 경매

모피 바이어는 생산자로부터 펠트를 산다. 바이어들은 세계적인 모피 경매 하우스를 방문하여 모피 펠트 묶음에 입찰한다. 중요한 모피 경매는 코펜하겐, 뉴욕, 시애틀, 토론토, 노스베이에서 행해진다. 이들 경매 하우스는 모피 사냥꾼과 농부들과 협력해서 등급을 매기거나 판매 서비스를 제공한다. 기술자는 색, 크기, 등급, 성 등을 기준으로 펠트를 분류하고, 등급을 매기고, 검사한다. 모피 바이어들은 자신이 구입하려고 하는 모피의 가격과 가치를 알아보기 위하여 비슷한 모피나 같은 묶음 속에서 견본을 검사할 기회를 갖는다. 모피 생산자는 모피 판매액에서 중개료를 빼서 경매 하우스에 지불한다. 세계 각지에서 온 바이어들은 이러한 모피 경매에 참석한다. 각 바이어는 펠트의 등급과 유형을 판별하기 위해 많은 경험과 예리한 눈을 가져야 한다.

2) 무역기구, 출판물, 전시회

모피 산업은 판촉과 로비 기구를 후원하고 있다. 이들 기구는 야생 동물을 관리하고, 모피 산업과 관련된 동물 복지를 위한 기준을 제정하고, 소비자의 모피 착용 여부를 결정할 수 있는 선택의 자유를 촉진시켜 준

▶ 표 5.6 모피 산업을 위한 무역기구

기구	위 치	목 적
영국 모피무역협회(Britsh Fur Trade Association) www.britschfur.co.uk	영국, 런던	모피의 이슈와 모피 생산 시 알려지지 않은 것을 일깨우고, 모피의 이해와 평가를 돕는다.
미국 모피위원회(Fur Commission USA) www.furcommission.com	캘리포니아 주, 콜로라도	교육 정보와 모피 산업 홍보 자료, 다운로드 가능한 비디오, 취업정보를 제공한다.
캐나다 모피위원회(Fur Council of Canada) www.furcouncil.com	퀘벡 주, 몬트리올	디자인 공모를 후원하고 캐나다 모피 무역에 대한 정보를 소비자, 교육자, 대중에게 제공한다.
미국 모피정보위원회 (Fur Information Council of America) www.fur.org	캘리포니아 주, 서부 할리우드	산업의 발전에 대한 정보 제공, 소비자 연구, 판매와 가격에 대한 보고, 언론, 대중, 무역분야, 정부에 모피 산업을 대표하고, 입법기관 모니터한다.
캐나다 모피협회(Fur Institute of Canada) www.fur.ca	온타리오 주, 오타와	캐나다 모피자원의 지속적 유지와 보호를 촉진하고, 교육과 의사소통을 강조한다.
국제 모피무역연합 (International Fur Trade Federation) www.iftf.com	영국, 런던	최근 모피 무역의 실상과 패션 이미지를 홍보하고 정부와 밀접한 관계를 유지한다.
미국 사냥꾼 연합(National Trappers Association) www.nationaltrappers.com	일리노이 주, 블루밍턴	웹 사이트와 연결할 수 있도록 관련단체의 목록을 제공한다,
미국 어류와 야생동물 서비스 (U.S. Fish & Wildlife Service) http://endangered.fws.gov/wildlife.html	워싱턴 디시	멸종위기 동물 목록을 제공한다.

▶ **표 5.7** 모피 산업을 위한 무역 출판물

출판물 명칭	목표
미국 사냥꾼(American Trapper)	미국 내 사냥꾼 연합에서 발간
모피시대(Fur Age)	패션의 강조. www.furs.com.에서 매달 정기구독할 수 있음.
모피 정보 연합 회보 (Fur Information Council Newsletter)	모피와 모피동물의 보호를 홍보
모피 소비자 잡지(Fur Taker Magazine)	인간적인 사냥 기법에 대해 사냥꾼 교육
캐나다의 친칠라 사육자 보고서 (National Chinchilla Breeders of Canada Bulletin)	친칠라 농장주를 위한 기술 교육 제공
샌디 파커의 모피 세계 (Sandy Parker' s Fur World)	경매값 목록, 모피전시회 소식, 패션, 보관, 세탁에 대한 정보제공
샌디 파커 보고서(Sandy Parker' Report)	세계 모피 무역 소식, 가격, 수요 공급, 정부의 방침
사냥꾼과 육식동물의 작은 집회 (Trapper & Predator Caller)	사냥에 중점
주간 국제모피 뉴스 (Weekly International Fur News)	전 세계의 모피시장을 대상으로 함
농장의 블루북(Blue Book of Farming)	모피 사육에 중점

다. 표 5.6은 모피 산업 종사자를 돕고, 소비자에게 정보를 제공하는 모피 기구 목록이다.

많은 무역기구에서 정기간행물을 출간하여 회원에게만 공급한다. 이러한 무역 관련 출판물의 일부는 그 기구의 웹 사이트에 다시 게재된다. 표 5.7은 중요한 무역 관련 출판물의 목록이다.

세계 여러나라에서 개최되는 모피와 외투 패션 전시회에서 모피 패션 마케팅이 이루어진다. 세계에서 가장 큰 무역 전시회 중 하나는 캐나다의 몬트리올에서 열리는 북아메리카 모피 및 패션 박람회(North American Fur & Fashion Exposition : NAFFEM)이며, 모피코트를 주로 전시한다. 무역 전시회에서 주요 제조 업체와 디자이너들은 '캐나다의 모피작품(FurWorks Canada)' 을 통하여 혁신적인 스포츠 의류 콘셉트와 재미있는 모피를 소개하였다. 모피작품 프로젝트는 캐나다 모피위원회(Fur Council of Canada)와 북아메리카 모피협회(North American Fur Association)의 합작품이다.

◎ 머천다이징 트렌드와 기술

소비자는 인조 모피나 진짜 모피 중에서 선택하지만, 모피 패션의 상인은 그들의 표적이 되는 소비자의 요구와 필요를 알아야 한다. 상인은 사회적, 경제적, 정치적 사건을 해석하기 위하여 노력해야 하며, 이와 같은 트렌드에 맞춰 제품을 생산해야 한다.

많은 모피 반대운동가들은 찬성하지 않겠지만, 모피를 입는 것은 패션 산업에서 하나의 특권이다. 모피 옷을 구입하는 많은 사람들은 사치스럽고 아름답고 따뜻함을 진짜 모피에서만 얻을 수 있다고 생각한다. 일부 소비자들은 경제적 이유, 도덕적 믿음, 혹은 개인적 선호도 때문에 인조 모피를 선택하기도 한다.

커다란 모피 액세서리는 대형 소매상의 외투가 있는 부서에 놓여 있고, 작은 모피 아이템은 액세서리 부서에 놓여 있다. 어떤 디자이너들은 자기 상품이 전통적인 외투 부서에서 다른 라인과 함께 전시되는 것을 회피하기도 한다. 그들은 사치스러운 스포츠 웨어 컬렉션을 제공하기도 하는데, 그런 경우 모피는 토털 컬렉션의 한 부분이 된다. 모피 외투, 관련 액세서리, 스포츠 웨어, 니트 등은 여러 품목을 함께 구입할 수 있도록 함께 그룹 지어진다.

1) 임대 매장

고급 전문점과 백화점의 모피 살롱에서 모피 제품을 판매한다. 그러나 점차 모피회사에서 이 살롱을 임대한다. 재고 정리의 어려움과 높은 가격, 관리 지식이 부족하기 때문에 모피 회사에서 판매공간을 임대하게 되었으며, 비르예르 크리스텐슨(Birger Christensen) 모피회사도 매장을 임대하였다. 이러한 대형 모피회사들은 요즘 들어 중서부와 북동부에 있는 백화점 살롱을 운영한다. 비르예르 크리스텐슨사는 메이시(Macy's), 삭스 피브스 애브뉴(Saks Fifth Avenue), 카슨 피리 스콧(Caeson Pirie Scott), 블루밍데일(Bloomingdale's), 데이턴(Dayton's), 허드슨의 마샬필드(Hudson's Marshall Field's), 리치(Rich's), 골드스미스의 라자루스(Goldsmith's Lazarus), 필른스의 베이스먼트(Filene's Basement) 등에서 모피 살롱을 운영한다. 같은 모피회사에서 임대하였지만 모피 패션은 각 점포마다 가격점이나 표적하는 소비자에 따라 다를 수 있다. 예를 들면, 메이시(Macy's)는 중간 가격대와 대중적인 가격의 의류를 제공하고, 모피는 낮은 가격대로 지불 가능한 가격의 상품이고 좀 더 보수적이다. 반대로 블루밍데일(Bloomingdale's)에서는 좀 더 높은 가격대의 디자이너 상품을 제공한다.

소매상에게 위탁 동의서와 함께 판매하는 상품의 목록을 제공하지만, 생산자는 그 상품에 대한 소유권을 가진다. 그 점포는 생산자에게 팔고 남은 재고를 되돌려 보낼 수 있다. 완벽하게 서비스되는 살롱으로 알려지려면 그 살롱은 보관, 세탁, 수선과 같은 특별 서비스를 제공하며, 그 서비스는 서비스 회사로 보내는 외부조달이다.

2) 홈패션 액세서리

모피와 같은 패션이 기성복에서 인기를 끌자, 그 패션을 가정용 가구로 옮겨가는 경우도 있다. 소비자들은 모피를 코트, 모자, 핸드백, 신발, 니트 스웨터, 홈패션의 재료로 이용하였다. 2000년 캐나다와 몬트리올의 NAFFEM에서는 모피로 덧베개, 베개, 쿠션, 평직물, 침대커버, 무릎 덮개, 양탄자를 만들어 모피의 다양성을 보여주었다. 그 액세서리는 때때로 가죽이나 리넨과 같은 다른 천연 재료와 함께 사용되었다.

모피는 그 자체로 가정에 '칩거하는(cocooning)' 현대적 감각을 준다. 모피위원회의 슬로건인 '모피를 입으면 편안함을 느낄 수 있을 것이다'는 모피가 홈패션으로 쉽게 바뀔 수 있음을 말해준다. 모피 상품의

인물소개 : 펜디 자매

"모피는 한번도 유행에서 벗어난 적이 없었다. 우리는 모피를 사용하지 않은 적이 없고, 항상 가장 사치스러운 직물로 다루었다. 여성들은 무엇이든지 자신이 원하는 것을 입을 수 있는 자유를 원하기 때문에 모피의 유행은 돌아온다." -칼라 펜디(Carla Fendi)-

펜디(Fendi)의 이탈리아 하우스는 세계에서 가장 아름다운 모피를 파는 곳으로 통하며 칼 라거펠드는 그곳의 명예로운 주임 디자이너이다. 30년 이상 5명의 펜디 자매들과 함께 지낸 후에 그는 '6번째 펜디 자식'이라고 불리게 되었다. 1962년 이래 칼 라거펠드는 펜디에서 디자인한 그의 전통적이지 않은 모피 디자인으로 명성을 얻었다. 라거펠드의 혁신적인 모피 디자인은 펜디 하우스를 패션의 중심에 올려놓았다. 펜디에서 그의 초기 디자인은 잘 알려진 이중의 FF 그리페(griffe)를 창조했다.

펜디의 사업은 모계 쪽 조부모에 의해 가죽과 모피의 작업장으로 시작했고, 1954년 아버지가 돌아가실 때까지 그들의 부모님에 의해 확장되었다. 법적으로 남자상속인이 없었기 때문에 그 사업의 소유권은 다섯 딸 파올라(Paola 1931년생), 애나(Anna 1933년생, 프란카(Franca 1935년생),칼라(Carla 1937년생), 알다(Alda 1940년생)에게 넘겨졌다.

그들의 어머니 아델(Adele)의 격려와 후원 아래 1955년 파올라가 사장으로 취임하여 첫 번째 펜디의 하이패션 컬렉션이 제작되었다. 펜디 자매들은 1960년대의 모피와 백을 판매하는 이탈리안 부티크를 몇 개 열어 성공적으로 운영했다. 1966년에 첫 번째 모피 컬렉션을 선보여 즉각적인 성공을 거두었고, 3년 후 첫 번째 기성복 컬렉션을 열었다. 칼 라거펠드의 지도 아래 펜디 하우스는 기발한 모피 디자인을 창조했으며, 그 중에는 인조모피나 직물을 꼭 닮은 진짜 모피도 있었다. 펜디 모피는 털을 깎고 프린트하여 다마스크와 비슷해 보이게 하거나, 가벼운 모피코트로 만들기 위하여 펠트에 수천 개의 조그마한 구멍을 냈고, 모피를 끈으로 잘라 니트로 짰으며, 데님코트의 안감으로 밍크를 사용하였다. "최근

▲ 펜디에서 라거펠드가 디자인한 모피

에 라거펠드는 무역에 많은 문제를 일으키는 모피 반대파의 움직임에 대항하여 모피코트 전체에 망사를 씌우고 뒤집어 입을 수 있는 양면 모피코트를 제작했다."

펜디가에서는 두더지나 털을 깎지 않은 비버와 같이 전통적으로 사용하지 않았던 모피로 패션의 관심을 끌었다. 역사적으로 펜디가는 많이 쓰이지 않는 혈통의 모피를 사용하여 패션 상품으로 만들었다. 오늘날 펜디가는 다람쥐, 오소리, 페르시아 양, 여우, 혹은 이것을 혼합하여 사용한다.

1987년에 펜디 자매들의 후예들은 액세서리와 스포츠웨어로 펜디시메(Fendissime) 컬렉션을 출범했는데, 모피를 캐시미어 같은 사치스러운 직물과 같이 사용하였다. 펜디시메는 사치스런 섬유의 가장자리를 모피로 장식하여 젊은이들에게 소구하였다.

1960년대 후반기부터 펜디 상품은 미국의 블루밍데일과 같은 백화점에서 주로 판매되었고, 1989년 들어 미국에 첫 번째 펜디 부티크를 열었다. 그 본사는 5가에 위치하고 22,000평방 피드의 면적에 펜디 제품을 전시하였다.

1990년대는 펜디가의 변화기였다. 1990년에 자매들은 남성용 라인 우오모(Uomo)를 열었고, 남성의 필요를 정확하게 대변하여 괄목할 만한 성공을 거두었다. 칼라(Carla) 펜디가 파올라(Paola)에 이어 재단의 대표가 되었다. 최근인 1999년에는 자매들과 라거펠드의 팀이 로마 주재 펜디 하우스 경영권의 51%를 소유하는 것으로 이탈리아 사업가 파트리지오 버텔리(Patrizio Bertelli)와 버날디 아놀트(Bernard Arnault) 사이에서 협정을 맺었다.

펜디사의 구조 변화에도 불구하고, 모피 산업의 미래를 만들어가기 위한 디자인은 계속되었다. 가장 최근의 펜디모피 컬렉션은 1970년대의 테마인 화려한 색채를 반영했다. 자연 그대로 쓰는 법이 없다. 펜디 모피는 염색하고, 구슬 달고, 깎고, 은색실로 수를 놓는다. 자르고 네모로 만들고, 모피는 다시 패치워크 스타일로 붙여서 스커트와 코트를 만든다. 펜디가의 혁신적인 모피처리법을 찾기 위한 계속적인 연구는 라거펠드에게 세계에서 가장 특이하고 우아한 모피를 만들게 도와준다.

▲ 칼 라거펠드와 실비아 펜디

자료원 : [1] Sherwood, James(1999년 10월 23일) "야생동물을 어떻게 쓸 것인가" The Financial Times Weekend. p.10.
[2] Woram, Catherine(1998), "펜디" 현대 패션. New York: St James Press.
[3] Young, Clara(2000, 7,8). "라거펠드는 펜디를 뛰게 한다."
http://www.worldmedia.fr/fashion/catwalk/

홍보에서 강조되는 주요 단어는 '세련됨'과 '자연스러움'이다. 또한 백화점 머천다이저는 고객에게 서로 관련된 모피 상품을 팔기 위해 액세서리와 관련지은 콘셉트를 보여야 한다.

3) 인터넷 소매

모피는 사치스러운 상품으로 취급되었고 전통적 모피코트는 인터넷 쇼핑에서 취급하지 않았다. 대부분의 웹 사이트에서는 쇼핑객에게 가까운 상점을 방문하여 정보가 많은 판매원과 함께 하기를 권장한다. 그러나 조랑말 가죽(ponyskin) 신발이나 핸드백, 모피로 만든 가정용 액세서리, 기타 저가의 모피 액세서리는 인터넷에서 판매된다.

4) 중고 모피 제품

소비자가 모피를 소유할 수 있는 또 다른 방법은 중고 모피를 구입하는 것이다. 이 소비자들은 새로운 모피 의복을 구입할 경제적 여유가 없거나 혹은 모피 동물을 죽이지 않기 위해서일 것이다.

어떤 모피 살롱에는 좀 더 비싼 모피와 교환하려고 맡겨두었거나 소유주 불명의 모피들을 보관하고 있는 구역 혹은 방이 있다. 모피를 보관소에 보관할 때는 보관 요금을 지불해야 한다. 살롱 주인은 요금을 받으려고 최선을 다하지만, 만약 실패할 경우 보관비를 공제하기 위해 코트를 판매할 수도 있다.

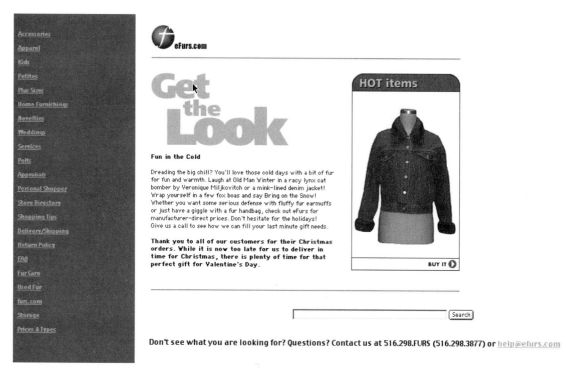

▲ **그림 5.6** efurs.com 홈 페이지(자료원 : efurs.com)

위탁판매(consignment selling)는 서비스 소매상에서 제공할 수 있는 또 다른 서비스의 하나이다. 위탁판매를 하면 의복이 팔릴 때까지 모피 의복의 소유주는 소비자이다. 소매상들은 중계료를 받기 위하여 판매 공간을 제공하고 관심 있는 소비자에게 제품을 소개한다.

웹 사이트에서는 소비자에게 모피를 소유하고 있는 거래처의 위치를 알려 주고 구매할 수 있도록 도와주지만, 웹 사이트 운영자가 평판이 좋은 곳만 그렇다. 오랫동안 평판이 좋은 전통적 제조업 소매상은 중고 모피를 사고 파는 데 더없이 좋은 곳이다. 웹 사이트 efurs.com는 액세서리와 담요와 같은 모피 제품을 전문적으로 판매하는 곳이다. 또한 작은 조각 모피, 모피 실, 그리고 중고 모피 의복을 판매하기 위해서도 사용할 수 있다. 인터넷에서 중고 모피를 사면 어떤 품질 보증도 받을 수 없기 때문에, efurs.com에서는 매입자의 위험 부담을 명백히 기억시키기 위하여 '구매자 주의사항'을 표기한다(그림 5.6).

◎ 모피 판매

모피 판매는 충분한 훈련과 제품에 대한 지식이 필요한 전문 분야이다. 판매원은 모피 매장, 부티크, 살롱에서 판매하는 여러 가지 모피를 비교 평가할 수 있어야 한다. 판매원은 소비자의 이해에 맞도록 제품의 정보를 소개하는 방법을 알아야 하며, 구매자에게 제품에 대한 기술 정보를 많이 제공해서 압도시켜서는 안 된다. 판매원은 다음과 같은 점을 고려하여 소비자에게 주의점을 알려 주어야 한다.

- 모피의 따뜻함은 속털에 의해 결정된다.
- 털이 짧은 모피는 털이 긴 모피만큼 따뜻할 수 있다.
- 모피를 잘 관리하면(해마다 전문가에게 보관하고 세탁한 경우) 몇 년 입은 후 스타일을 고쳐 입을 수 있다.
- 모피 선택은 착용자의 라이프스타일과 조화되어야 한다.

유능한 판매원은 소비자의 의견과 반대를 주의 깊게 듣고 비언어적 의사소통 내용을 해석할 수 있어야 하며, 또 소비자에게 가능한 한 최고 품질의 모피를 사도록 권해야 한다. 대다수의 경우 소비자는 저품질의 밍크 코트를 사는 것보다 최고 품질의 라쿤 코트를 샀을 때 더 기분 좋을 것이다. 몇 년 후에, 소비자가 더 비싼 코트를 살 수 있는 상황이 되면, 소비자는 전에 구매했던 점포에 들르고, 점포는 고객의 충성도 때문에 기분 좋아질 것이다.

1) 리스타일 모피

모피 의류는 모든 유행품과 마찬가지로 소모품이다. 모피 스타일의 유행은 몇 계절 지나야 바뀐다. 만약 매년 모피를 세탁해서 광택나게 잘 보관했다면 모피 펠트는 스타일이 유행하는 기간보다 더 오래 입을 수 있다. 모피 제조업자나 디자이너는 모피를 '가보'로 대물림해서 입기보다는 스타일을 고쳐서 지속적으로 입고 즐길 것을 권장한다.

소매상에서는 리스타일 서비스가 중요한 수입원이 될 수 있다. 소비자는 펠트 상태가 좋은 모피를 갖고 있다면 다른 모피를 구입할 때 주저할 것이다. 만약 소유하고 있는 모피를 리스타일할 수 있다면 두 번째 모피 의복을 구입할 정당한 구실을 갖게 될 것이다.

리스타일링은 라펠을 좁게 하거나, 어깨나 실루엣을 바꾸거나, 길이를 짧게 하는 것을 포함한다. 크기가 큰 모피 의류는 재킷의 안감, 칼라, 커프스, 베개로 개조할 수 있다. 리스타일링의 형태는 펠트의 상태에 달려있다. 가장 많이 적용되는 리스타일링은 원래 의류의 크기를 줄이는 것이고, 소비자에게 리스타일하기 전에 이 사실을 충분히 주지시켜야 한다.

2) 가격과 가치

모피코트나 액세서리의 가격에 영향을 주는 많은 요인이 있으며, 여기에는 모피 펠트의 품질(사치스러운 모습이나 촉감), 희귀성, 모피 원산지, 장인의 솜씨, 디자인 등이 포함된다. 그러나 내구성은 가격에 영향을 주는 요인은 아닐 수 있다. 예를 들면, 비싼 친칠라 모피와 저가의 토끼 모피를 보면 모두 망가지기 쉽고 손상되기 쉽다. 소비자는 비슷한 모피의 모양이나 촉감의 차이를 알게 될 때까지 쇼핑에 상당한 시간을 보내야 한다. 펠트의 외양은 광택이 나는 보호 털로 덮여 있어야 하며, 만약 표피가 있는 경우에는 잘 조화를 이루어야 한다. 모피의 촉감은 풍성하고 조밀하며 부드러운 속털이어야 한다. 약간 거칠고 무거운 수컷의 펠트보다 암컷의 펠트는 더 부드럽고 가볍다.

원가는 코트의 모양과 촉감뿐 아니라 모피의 희귀성, 모피 원산지, 장인의 솜씨에 의하여 영향을 받는다. 밍크 모피는 판매된 모피코트 시장 점유율을 지배한다. 밍크의 내구성, 부드러움, 아름다움, 털이 덜 빠지는 품질은 다른 모피보다 더 사랑받는 이유가 된다. 같은 모피 범주에서도 차이가 있다. 예를 들면, 미국 레전드(Legend) 밍크는 가장 좋은 밍크 중의 하나이다. 모피의 원산지가 품질과 가격을 결정하는 요소가 되는 경우도 있다. 러시아산 검은담비 모피는 오랫동안 사치와 높은 가격과 관련되어 있었다. 일반적으로 더 추운 북쪽에서 사육된 동물에게서 더 두꺼운(촘촘하고 질좋은) 모피가 나온다. 장인의 솜씨가 모피의 가격에 반영되는 경우도 많다. 장인의 솜씨를 평가하는 방법으로 모피를 입고 전신 거울에 비추어 검사하는 방법이 있다. 균형이 잡힌 모피코트는 착용자의 어깨에서 수직으로 떨어질 것이다. 밑단 둘레는 지면과 수평이어야 한다. 안감은 코트의 단까지 닿아야 하나, 완전히 꿰매서는 안 된다. 바이어들이 안감을 들어 올리고 펠트의 뒤쪽과 솔기를 검사할 수 있다. 품질 좋은 모피는 단단하게 바느질되어 있다. 모피코트가 판매될 때까지 주머니를 봉합해 두는 고가 모피코트도 있다. 이것은 소비자를 위하여 주머니가 정확한 제 위치에 있도록 하기 위해서이며, 같은 원칙을 앞 걸쇠에 적용할 수도 있다.

모피 의복의 질을 결정하는 마지막 요인은 디자이너이다. 수석 디자이너의 수준 높은 감각은 모피의 가격에 영향을 줄 수 있다. 칼 라거펠드(Karl Lagerfeld), 로이 할스톤(Roy Halston), 오스카 드 라 렌타(Oscar de la Renta)와 같은 디자이너의 이름은 독점적이고 비싼 모피와 관련이 있다.

남편 또는 아버지가 아내나 딸을 위해 품위 있는 모피를 구입하는 시대는 변화하였고, 대부분의 여성은 자신이 번 돈으로 모피를 구입한다. 바이어가 최종 결정을 하기 전에 많은 스타일과 형태의 모피를 시착해 본다. 모피를 적절하게 손질하면 그 소유자는 수년간 착용이 가능하다.

ᴄ 요약 ᴐ

- 모피는 선사시대부터 보온성과 안락감을 얻기 위해 이용해 왔다. 다른 패션 품목과 마찬가지로 모피는 사회의 구성원들의 취향을 반영하여 널리 사용되거나 감소되는 경향을 보여 왔으나, 역사적으로 모피는 사치스러운 의복과 가정용품으로 사용되었다.

- 모피는 야외에서 덫에 걸린 동물이나 모피 농장에서 사육된 동물에서 얻는다. 북아메리카의 모피 농장은 미 북부지역과 캐나다에 위치하고 있는데 추운 지역에서 털이 더 두꺼운 동물이 자라기 때문이다.

- 모피 의류의 생산은 노동집약적인 산업이다. 모피는 부패를 막기 위하여 드레싱 가공을 하고, 특별한 처리과정을 통하여 더 좋아진다. 모피는 자연적인 색으로 사용되거나 다른 동물과 비슷하게 보이거나 유행색으로 염색되기도 한다. 모피는 소비자에게 다양한 패션 룩을 제공하고, 제 2, 3의 모피 구매를 촉진하기 위해서 형태를 변화시키고 털을 뽑거나 깎는다.

- 모피의 범주와 가격에 따라 모피는 가죽을 덧대거나 렛아웃(let-out) 또는 스킨온스킨하여 바느질한다.

- 모피는 동물 과에 따라 분류된다. 주요한 범주에는 곰, 개, 고양이, 유대류, 설치류, 유제류, 족제비류가 있다.

- 모피 제품 라벨 표시법과 멸종위기 동물보호법은 모피 산업에 직접적으로 영향을 미치는 2개의 중요한 법률이다. 모피 산업은 엄격한 자체규제를 부과해 왔다.

- 동물 권리집단은 그들의 관점을 널리 알리기 위하여 모피의 착용을 반대하고, 저명인사 대변인에게 이목을 끄는 행동을 하거나 범죄시하는 등 다양한 전술을 이용한다.

- 모피의 인기가 증가하자 모피를 기피했던 몇몇 디자이너는 더 중대한 소비자의 요구 때문에 자신의 컬렉션에 모피를 포함시키고 있으며, 인조 모피는 진짜 모피의 대용품으로 인기 있다.

- 모피를 구매하는 소비자는 적절하고 전문적인 손질 절차를 따라야 한다. 구매능력이 허락하는 한 모피 종류 중에서 가장 좋은 품질의 모피를 구입하면 소비자는 모피를 입는 기쁨을 몇 년간 계속해서 누릴 수 있다.

- 미국은 가장 큰 모피 소비국이고, 모피 판매 사업은 사람들의 기분, 경제, 기후에 의해 영향을 받는다.

- 세계 모피의 75% 이상은 스칸디나비아와 러시아에서 생산된다.

- 세계시장에서 모피 펠트는 경매로 팔리고 있다.

- 대형 소매상점에 있는 모피 살롱과 부서에서는 시즌 오프 기간 동안의 사업을 지원하기 위해 많은 서비스를 제공한다. 모피 상인은 세탁, 저온 저장, 수리, 교환, 스타일을 새롭게 바꿔주며 위탁판매 서비스를 제공해서 꾸준한 수입을 올린다.

- 모피는 기성복과 마찬가지로 홈패션에서도 대중적인 인기를 얻고 있다. 모피의 사치스러운 느낌은 "당신은 모피를 입으면 안락함을 느낄 것입니다."라는 캠페인을 통해 촉진되고 있다.

- 인터넷 소매상에서는 액세서리와 장식과 같은 작은 모피 품목을 많이 판매하고 있다. 비록 넓게 보급되지는 않았지만, 웹 사이트에서도 모피가 판매되고 있는데, 이 중 대부분은 소비자를 전통적 제조업 소매상에게 연결해 주거나 중고 모피를 파는 데 이용한다.

- 모피 의복은 구매하는 데 비용이 많이 들기 때문에 개인적인 소비자 서비스가 기대된다. 소비자는 모피 구입 빈도가 낮기 때문에 지식이 많은 판매원을 신뢰할 수밖에 없다.
- 모피의 내구성은 의복을 입는 동안 털이 빠지는 정도를 말하며, 모피의 가격은 내구성에 기인하지 않는다. 예를 들면, 친칠라 모피는 아주 약하지만 아주 비싸다.

핵심용어

골덴 골(corduroy-grooved)	사육 모피(ranched fur)	자연상태의 펠트(natural pelts)
끝 염색(tip dyeing)	세미 렛아웃(semi let out)	제편(knitting)
내구성(durability)	속털(underfur)커터(cutter)	키커(kickers)
돌연변이(mutation)	스텐실링(stenciling)	털 깎기(shearing)
드레싱(dressed)	스킨온스킨	털 뽑기(plucking)
레더링(leathering)	(skin-on-skin construction)	트램핑 기계(tramping machine)
렛아웃(let out)	양면(double face/reversible)	펠트(pelt)
모피(fur)	염색(dyeing)	포인팅(pointing)
모피 위에 모피(fur on fur)	위탁판매(consignment selling)	표백(bleaching)
보호 털(guard hair)	인조 모피(faux fur)	

복습문제

1. 어떻게 그리고 왜 모피는 기능적인 아이템에서 패션 아이템으로 발전되어 왔는가?
2. 모피 펠트로 만드는 기본 단계를 설명하시오.
3. 렛아웃(letting-out)기법의 재단과 스킨온스킨(skin-on-skin)의 기법의 차이는 무엇인가?
4. 주요 모피의 범주는 어떠하며, 이들의 장점과 단점은 무엇인가?
5. 모피착용을 반대하는 사람은 어떤 법적인 행동을 하는가?
6. 모피 산업은 모피 반대 조직에 의해 만들어진 부정적인 여론에 대응하여 어떤 방법을 사용하는가?
7. 동물 복지와 동물 권리는 어떤 차이점이 있는가?
8. 모피 제품 라벨 표시법은 어떻게 생산자, 판매자, 소비자를 보호하는가?
9. 모피 판매원은 잠재적 구매자에게 모피의 어떠한 특성과 장점을 강조해서 설명할 수 있는가?
10. 모피 의류 취급 시 어떤 특별한 주의가 필요한가?

응용문제

1. 모피 살롱을 방문하여 지식이 많은 점원이나 매니저와 이야기해 보시오. 사용된 의복 구성 과정의 다양성을 주의 깊게 살펴보고 가격을 비교하고, 여러분이 알게 된 점을 요약하시오.

2. 디자이너의 모피 제품의 사진과 최고급 모피 판매자로부터 판촉 인쇄물을 얻은 후, 이 장에서 설명한 특색 있는 모피에 대하여 비교 설명하시오. 밍크, 담비, 친칠라와 같은 모피의 그림을 첨부하여 종합 도표를 만드시오.

3. 모피에 대한 논쟁거리와 모피 산업의 미래에 대한 여러분의 의견을 뒷받침하는 글을 쓰시오. 당신의 입장을 반영하는 신뢰할 수 있는 자료를 포함하고, 구두로 발표할 수 있도록 준비하시오.

4. 다양한 판매 방법을 인터넷에서 찾아 보시오. 제조업체의 웹 사이트와 모피 서비스를 제공하는 사이트를 확인하고, 여러분이 찾은 것에 대한 평가를 써보시오.

5. 모피 가공업자를 만나 세탁, 광택, 저온저장 설비를 견학을 할 수 있도록 조정하시오.

6. 가능하면 모피 농장이나 모피 손질 설비로 현장학습을 가고, 미리 대변인에게 질문할 목록을 준비하시오.

7. 미국의 피시 앤 와일드 라이프 서비스(Fish and Wildlife Service) 웹 사이트를 방문하고 멸종동물 보호법에 대해 알아보시오. 합법적으로 액세서리로 사용되고 있는 동물과 비슷한 털이 달린 멸종동물의 목록을 작성하시오.

제**6**장

금속과 보석

"전혀 쓸모없는 작고 빛나는 돌을 소유하기 위하여 인간은 바다와 사막을 횡단하고,
산을 오르고, 바다의 수면 아래로 뛰어들었다. 그들은 음모를 계획하고, 시도했고,
거짓말하고, 훔치고, 전쟁을 하고, 고문의 고뇌를 경험했다. 그들은 살인을 하고 살인을 당했다."

– 오닐, 폴. (1984), 지구 행성의 보석. 시카고 : 타임 라이프 서적. p.21~22.

🌀 금속과 보석의 역사

자연은 광채, 색, 빼어난 광택이 있는 보석의 원석과 귀금속을 선물해 주었다. 가공되지 않은 금속과 보석은 다른 천연 창조물보다 더 소중하게 취급된다. 초자연적이거나 단순히 아름다운 금속과 보석은 언제나 높게 평가되어 왔다.

패션 액세서리의 기본 재료인 금속과 보석에 대한 연구는 모든 재료 중에서 가장 소중한 다이아몬드부터 시작된다. 다이아몬드(diamond)는 그리스어 아다마스(adamas : '정복하기 어려운')에서 유래되었다. 태초부터 다이아몬드는 신화와 상상의 재료였다. 그리스 신화에서는 다이아몬드를 떨어지는 별에서 떨어져 나온 조각과 신의 눈물이라 하였다. 고대 전설에서는 중앙 아시아의 골짜기가 다이아몬드로 덮여 있고, 접근하지 못하도록 새와 뱀이 치명적으로 주시하면서 파수한 것으로 묘사하였다.

다이아몬드는 지위와 부의 상징에서 사랑의 상징으로 변천하였다. 큐피드의 화살 끝은 다이아몬드가 박혀 있다고 한다. 1477년에 오스트리아인 알크듀크 맥시밀리안(Archduke Maximilian)은 벌건디(Burgandy)가의 메리(Mary)에게 다이아몬드 반지를 선물했던 것이 다이아몬드 약혼 반지의 기원이었다. 왼손 가운뎃손가락에 반지를 끼는 전통은 **사랑의 혈관**(vena amoris)은 심장과 직선으로 연결된 손가락에서부터 흐른다는 이집트인의 믿음에서 유래되었다.

다이아몬드에 대한 과학적인 근거는 다이아몬드에 대한 신화와 전설보다 훨씬 신비롭지 못하다. 다이아몬드는 석탄 덩어리나 연필의 흑연과 같은 탄소이다. 다이아몬드 결정을 구성하려면 1,200℃ 이상의 화산열과 지구표면으로부터 93마일 이상 밑에서 얻는 굉장한 압력이 필요하다. 이 결정은 몇만 억 년 성장해야 가장 오래된 원석의 다이아몬드가 될 수 있다. 화산이 폭발하면 킴벌라이트(Kimberlite)라 불리는 암석을 지구표면으로 조금씩 밀어낸다. 이 암석 또는 광산광맥은 제일 단단한 것으로 알려진 물질인 다이아몬드의 결정체를 갖고 있다. 평균 250톤의 킴벌라이트를 깨고 가공해야 1캐럿의 다이아몬드를 얻을 수 있다.

인도는 본래 세계 다이아몬드의 주요 생산지이다. 1700년대 초반 다이아몬드 광이 브라질에서 발견되었고, 1800년대 중반에는 남아프리카에서 발견되었으며, 많은 사람들이 남아프리카에 있는 다이아몬드 광석을 사기 시작했다. 1888년까지 세실 로즈(Cecil Rhodes)라는 토지 소유주가 드비어스(DeBeers) 다이아몬드 회사를 만들기 위해 엄청난 양의 다이아몬드 광석을 개인적으로 사들였다. 남아프리카 광산에 이어 러시아와 호주에서도 다이아몬드가 발굴되었다.

다이아몬드만이 전설적인 보석의 원석은 아니다. 많은 고대 문화권에서 보석이 유래적으로 초자연적이고 많은 병들을 물리치는 힘이 있다고 믿었다. 고대 그리스인들은 자수정 술잔에 와인을 마시면 취하지 않는다고 믿었고, 남아시아 미얀마인들은 루비를 살 속에 박으면 용사들을 무적으로 만든다고 믿었다. 미얀마의 루비는 비둘기 피처럼 눈부시게 빛나는 적색이고 세계에서 가장 좋은 루비로 평판이 나 있다.

고대 페르시아인들은 지구가 거대한 사파이어 위에서 휴식하고 있고, 이것이 반사되어 하늘을 푸르게 만든다고 믿었다. 사파이어는 독사를 죽이거나 독을 해독할 수 있는 강력한 빛을 가지고 있다고 생각하였고, 별모양의 사파이어는 마법을 피할 수 있다고 믿었다. 또 에메랄드는 사랑의 여신 비너스에게 헌납되었고, 에메랄드나 황수정 가루를 섭취하면 몸과 생각을 개선시킬 수 있다고 믿었다. 후에 물리학자 로버트 보일(Robert Boyle)과 같은 과학자들은 보석을 진귀하고 고귀한 자연의 작품이라고 여겼다.

보석이 마법의 능력을 가지고 있다는 믿음은 결국 보석은 비싼 상품이고 소유자는 부유하다는 것을 알려준다는 자본주의적 의미로 바뀌었다. 그러나 사랑과 행운은 여전히 보석과 관련이 있다.

유사 이래 금은색의 금속은 장식용으로 사용되었다. 보석, 조각, 구슬, 그리고 실은 고대와 현대 문명에 아름다움을 더해 주었다. 고대 이집트인들은 마지막 왕조 때까지 화폐제도가 없었으나, 자신을 장식하기 위하여 금을 정교하게 사용했던 것을 박물관에서 지금도 그 진가를 인정받고 있다. 보석과 같은 금속은 신성함, 부, 귀족의 상징이었다. 비싼 금속을 살 수 없었던 사람들을 위해 비싸지 않은 대체품이 개발되었다. 고대 이집트인들은 합금을 만들었고, 18세기 초반에 화학자 크리스토퍼 핀치벡(Christopher Pinchbeck)은 핀치벡골드(Pinchbeck Gold)라는 아연과 구리의 합금으로 만든 가짜 금을 소개했다.

고대 로마나 미국과 같이 많은 강력한 문명국에서는 금과 은의 가치를 기반으로 통화를 제작했다. 미국에서는 캘리포니아에서 금이 발견되면서 1849년 골드러시(Gold Rush)가 시작되었고, 이것은 세계 역사상 가장 크고 빠른 대이동을 가속화했다.

금속과 보석은 패션 액세서리를 만드는 데 가장 매력적인 재료이다. 통화나 장식품으로 사용되는 귀금속과 보석 액세서리는 전 세계적으로 소구력이 크며, 이런 액세서리 중 대부분이 가보로 구입되어 대대로 상속되며 부의 상징으로 사용된다.

◎ 금속과 보석 개론

이 장에서 논의되는 금속, 보석, 기타 재료는 액세서리 산업에서 보석을 제작하는 데 주로 사용된다. 또한 벨트, 트리밍, 잡화와 같은 다른 액세서리도 이런 재료로 만든다. 이 장에서는 보석 제작에 주로 사용되는 귀금속, 보석, 준보석에 중점을 맞추었다. 보석 산업은 제2부에서 심도 있게 논의하였다. 그리고 제13장 파인 주얼리, 제14장 코스튬 주얼리, 제15장 시계로 나누어 소개한다.

1) 귀금속

보석 생산에 사용되는 주요 금속인 금, 은, 백금, 팔라듐을 **귀금속**(precious metal)으로 분류한다. 귀금속은 희귀하고 가치가 높지만 각 재료마다 가격 차이가 크다. 패션 액세서리 산업에서 기준 소매가격은 금속의 종류에 따라 결정된다. 대부분의 경우 희귀한 정도가 가격에 영향을 주는 중요한 요소이다. 표 6.1은 2003년 5월 금, 은, 백금, 팔라듐의 일 년 평균 가격을 비교한 목록이다.

(1) 금

수백 년 동안 **금**(gold) 1 온스의 가격은 품질이 좋은 남성용 양복 한 벌 값과 같았다. 셰익스피어, 베토벤, 제퍼슨의 시대, 불경기였던 1930년과 1980년대에 금 1 온스는 질 좋은 양복 한 벌과 교환할 수 있었지만,

▶ 표 6.1 온스당 귀금속 가격비교

귀금속	온스당 가격(달러)
금	366.00
은	4.74
백금	662.00
팔라듐	169.00

(자료원 : www.kitco.com 2003년 5월 20일)

1990년대에 들어서는 더 이상 교환할 수 없게 되었다. 좋은 양복 한 벌 사는 데 수백 또는 수천 달러가 들기 때문에—금 1 온스의 가격은 여전히 300 달러에 가깝다—더 이상 옷을 살 수 없게 되었다.

1934년부터 1972년까지 금의 가격이 조정되었고, 결국 1 온스당 35달러에 팔렸다.

미국을 비롯한 일곱 개 국가들은 금을 사고파는 가격으로 트로이(troy)[1] 온스당 35 달러를 유지하는 데 동의했으며, 이 가격은 1972년에 38달러로 인상되었고 1973년에는 44.22달러로 인상되었다. 1975년에 미국 재무성에서 공개적으로 비축해 두었던 금을 판매하면서 금값은 정치적 경제적 활동을 반영하면서 요동치기 시작했다. 1980년에 금값이 무려 1 온스당 850달러까지 치솟았다. 1970년대 후반기에는 중동 산유국들이 금시장에 투자를 많이 했다. 1980년 1월에 금값이 높아짐에 따라 이란의 미국 시민 인질을 포함한 중동 지역의 부정적인 정치적 사건과 세계적인 경기침체를 가져왔다.

1980년 이후 20세기 말까지 금값은 계속적으로 낮아져 2002년 3월에 금은 온스당 298달러에 팔렸다. 그림 6.1은 1968년부터 1998년까지 금 1 온스당 가격의 1년 평균을 보여준다.

오늘 날 미국(주로 알래스카에 많음)과 호주에 이어 서아프리카의 가나와 남아프리카에 많은 양의 금이 매장되어 있다.

보석을 생산할 때 **캐럿 골드**(karat gold)를 만들기 위해서 순금에 강도가 더 강한 금속과 합금한다. 순금은 24캐럿 또는 24/24부(部) 금이라 표시한다. 순금을 다른 베이스(base) 금속과 **합금**(alloy)하면 금의 비율은 낮아진다. 구리와 합금하면 적색을 띠는 금이 되고, 은과 합금하면 녹색을 띠는 금이 된다. 또한 팔라듐이나 니켈과 합금하면 화이트골드(white gold)가 된다.

24k(캐럿) 금은 부드럽고 유연하다. 캐럿 금의 숫자가 적어질수록 강도는 강해지지만, 가격은 낮아진다. 22부 캐럿 금은 22부의 순금과 2부의 베이스 금속으로 되어 있다. 10 캐럿 금까지 그 비율을 낮출 수 있고, 이 상태에서도 캐럿 금이라 부른다. 그러나 10 캐럿 금 이하인 경우에는 캐럿 금이라 부르지 않는다. 1962년 6월 이후 만들어진 캐럿 금 제품에는 캐럿 마크, 세공사의 이름 또는 상표명을 금에 새겨 넣어야 한다.

---

1) 트로이는 금, 은, 보석 등에 쓰이는 형량(衡量)으로 12온스가 1파운드임.

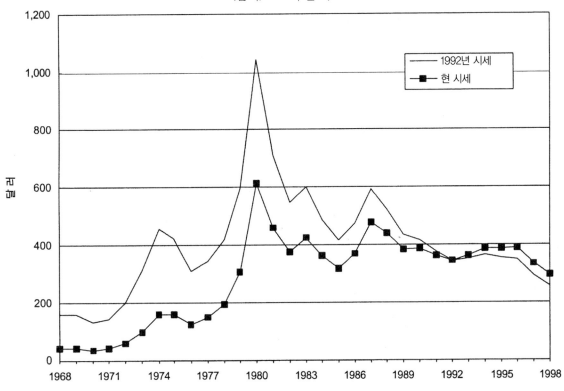

연평균 금 가격
(달러/트로이 온스)

▲ 그림 6.1 1968년부터 1998년 금의 연평균 가격

(2) 은

값싼 귀금속 중에 하나인 **정은**(pure silver)은 금속 중 가장 하얀색을 띠는 빛나는 금속이며, 이 정은은 1000/1000부(部) 은으로 되어 있다. **순은**(sterling silver)은 더 좋은 광택을 얻기 위해 925부의 은과 강도를 위해 75부의 구리를 합한 것으로 시간이 지나면 변색된다. 순은 제품에는 진품임을 증명하기 위해 표시가 되어 있다.

강력했던 로마제국에서 수천 년 동안 은은 주화의 주 재료로 사용되었다. 그러나 18세기와 19세기에 신대륙에서 많은 은광이 발견됨에 따라 여러 나라의 통화제도는 금본위제로 바뀌었다. 1968년에 미 재무부는 미국 통화로 은을 사용하는 것을 포기했다. 1998년에 은의 평균 가격은 온스당 5.10 달러였다. 그림 6.2는 1959년부터 1998년까지의 은의 가격을 보여준다. 1980년의 급격한 가격 변동은 중동의 정치적 분쟁과 전 세계적인 경기 침체 때문이었다.

은은 주로 멕시코, 미국, 페루 등 북아메리카와 남아메리카 지역에서 채굴된다. 대부분의 은은 구리, 금, 납, 아연과 같은 다른 광물에서 얻는 부산물이다.

연평균 은 가격
(달러/트로이 온스)

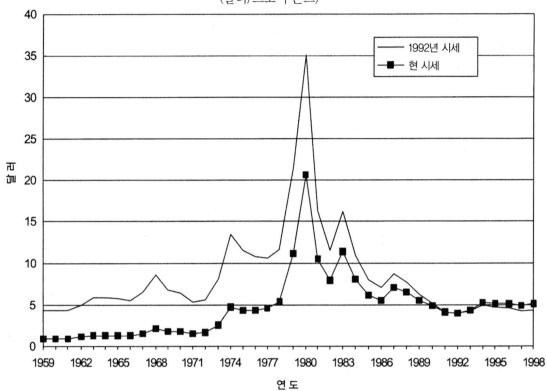

▲ **그림 6.2** 1959년부터 1998년 은의 연평균 가격

연평균 백금 가격
(달러/트로이 온스)

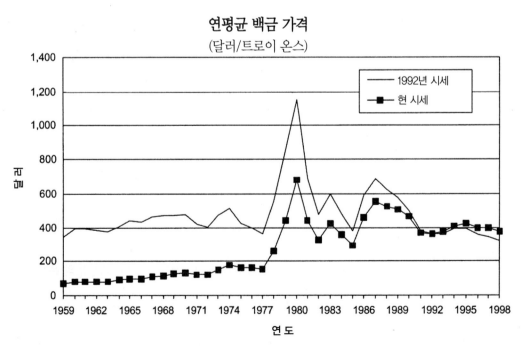

▲ **그림 6.3** 1959년부터 1998년 백금의 연평균 가격

(3) 백금

백금(platinum)은 은백색의 발광성을 지닌 금속이며, 화이트 골드보다 60% 더 무겁고 더 비싼 고밀도의 금속이다. 백금은 변색되지 않으며 화학약품에 저항력이 크다. 플래티나라는 이름은 '작은 은(little silver)'을 의미하는 스페인어 **플라티나**(platina)에서 유래되었다. 처음에 스페인 사람들은 백금을 은 채굴 때 얻어지는 불순물로 생각했다.

제 2차 세계대전 중 '전략적 금속(strategic metal)'으로 일시적으로 배급된 이후, 백금은 패션 제품이 아닌 보석이나 자동차 엔진 부품과 같은 용도로 널리 사용되기 시작했다.

2000년에 백금 1온스당 평균 가격은 544.45달러였다. 이는 1999년 이후 45%나 증가한 것이었다. 백금류의 금속이 높은 이유 중 하나는 희귀하기 때문이다. 남아프리카 공화국은 백금류 금속의 주 생산지이다. 그림 6.3은 1959년부터 1998년까지의 백금의 연평균 가격이다. 다른 귀금속과 마찬가지로, 1980년에 백금은 온스당 677달러에 판매되면서 최고 가격에 도달했다.

백금은 내구성을 높이기 위해 5~10% 정도의 백금류에 속하는 다른 금속과 섞는다. 백금류에 속하는 다른 금속에는 팔라듐, 이리듐, 로듐, 오스뮴, 루테늄 등이 있다. 백금은 결혼이나 약혼반지로 매우 인기가 있다.

은과 마찬가지로 백금의 단위는 천분율이다. 예를 들면, 95%의 백금 반지는 950부의 백금으로 되어 있다. 그리고 Pt 950, 950 Pt, 950 Plat, Plat 950, Pt, Plat, Platinum 등과 같이 날인되어 있다.

(4) 팔라듐

팔라듐은 백금류에 속하는 희귀한 금속이며 은백색이다. 남아프리카와 러시아는 팔라듐의 생산량에서 1, 2위를 차지한다.

그림 6.4는 1959년부터 1998년까지 팔라듐의 온스당 가격 변동을 보여준다. 1980년의 온스당 가격이 201달러로 대단히 높았지만, 1998년에는 온스당 290달러로 더 높은 가격을 기록하였다.

2) 도금과 피복(被覆) 금속

소비자들은 금을 선호하지만, 비싼 금을 살 여유가 없거나 그 가격에 구입하기를 꺼린다. 몇 가지 방법으로 그 가격을 낮출 수는 있지만, 이러한 상품은 캐럿 금에 비해 내구성이 결여된다.

(1) 피복용 금

피복용 금(filled gold)은 홈이 파여져 있는 니켈과 같은 바탕 금속 위에 얇은 판 형태의 금(10캐럿 이상)을 붙인 것이다. 캐럿 금을 녹이고, 굴려서, 바탕 금속에 눌러 붙인다. 피복한 금의 총량은 제품 무게의 1/20이다.

(2) 도금

전류를 사용하여 용해된 금을 구리와 같은 바탕 금속에 붙여서 **도금**(gold plate)을 한다. 이 과정을 **전기도금**

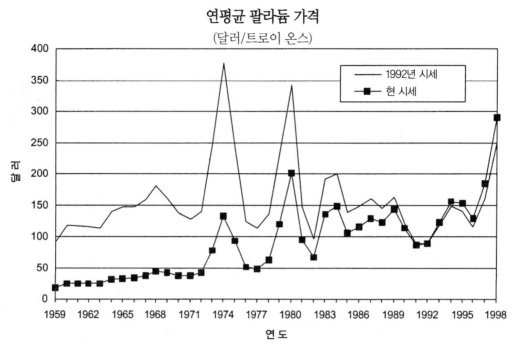

▲ 그림 6.4 1959년부터 1998년 팔라듐의 연평균 가격

(electroplating)이라고 하며 그 결과 바탕 금속 위에 아주 얇은 금층이 놓이며, 바탕 금속에 따라 적어도 10 캐럿 이상의 금이 사용된다. **광택 금**(gold flashed) 또는 **금 세광**(gold washed)은 아주 얇은 전기도금(0.175미크론 이하)을 의미하며, 이 경우 도금이 다른 방법보다 좀 더 빨리 마모된다. **금도금**(gold vermeil)은 순은 위에 최소 10캐럿 금 이상을 코팅 또는 도금한 것이다.

(3) 기타 금속

도금이나 피복한 금속을 **금 롤**(rolled gold)이나 **금 입힘**(gold overlay), **금박 롤**(rolled gold plate) 등으로 부르며, 금 함유량이 적다는 것을 제외하면 피복용 금과 비슷하다. 이것의 금 함량은 총중량의 1/40이 되어야 한다.

◎ 보석의 원석

보석의 원석(gemstones)은 광택을 내기 위하여 절단하고 연마하는 과정을 거친다. 보석에 광택을 내기 위하여 마모제를 넣은 통에 보석을 넣고 함께 회전시킨다. 이 효과는 강가의 돌이 계속해서 굴러다니면서 자연적으로 마모되는 것과 비슷하다. 보석의 원석이 갖고 있는 색은 그 보석에 함유된 원소에 따라 결정되며, 그 보석 속으로 통과하는 빛의 양은 반짝임에 영향을 미친다. 투명, 반투명, 불투명과 같은 용어는 그 속으로 통과하는 빛의 정도를 말한다.

▶ **표 6.2** 모스(Mohs) 척도

광석	등급 (가장 단단한것=10, 가장 부드러운것=1)
다이아몬드(Diamond)	10
강옥 : 루비와 사파이어 (Corundrum : Ruby and Sapphire)	9
토파즈(Topaz)	8
에메랄드(Emerald)	7.5
석영 Quartz(Amethyst)	7
정장석(Orthoclase)	6
오팔(Opal)	5.5~5.6
터키석(Turquoise)	5~6
인회석(Apatite)	5
형석(Fluorite)	4
방해석(Calcite)	3
석고(Gypsum)	2
활석(Talc)	1

(자료원 : Clark, D. H 경도 와 착용 가능성, 국제보석협회)

투명(transparent) – 맑고 빛을 완전히 통과시킨다.

반투명(translucent) – 성애 낀 유리처럼 빛을 통과시키지만, 시야에 보이지 않게 하는 우윳빛이다.

불투명(opaque) – 빛을 통과시키지 않는다.

1812년, 독일의 과학자 프레드릭 모스(Frederick Mohs)는 광석의 경도(긁히지 않는 정도)을 재서 수치로 보여 주는 저울을 고안했다. 1부터 10까지 광석의 등급을 결정한다. 가장 단단한 다이아몬드는 10이고, 가장 부드러운 광석인 활석(talc)은 1등급이다. 높은 등급의 물질은 낮은 등급의 물질을 흠집낼 수 있다. 7등급 이하의 원석은 내구성이 없어서 반지와 같이 자주 부딪히면 흠집이 나므로 보석으로 사용하는 것은 주의해야 한다. 표 6.2는 광석의 경도를 나타내는 **모스 척도**(Mohs scale)이다.

1) 보석

보석(precious stones)의 범주에는 다이아몬드, 루비, 사파이어, 에메랄드, 진주(돌은 아님)가 포함되어 있다. 이것들은 희귀하고 아릅답기 때문에 귀중하다(precious)고 분류한다. 어떤 보석 연구가는 보석의 원석을 '보석(precious)'과 '준보석(semi-precious)'으로 분류하였다. 알렉산드라이트(Alexanderite) 같은 준보석은 품질이 낮은 다이아몬드 같은 보석보다 가격이 훨씬 더 비싸다. 그러나 이 책에서는 보석과 준보석으로 분류하여 설명할 예정이다.

(1) 다이아몬드

가장 단단한 돌인 다이아몬드는 등급이 완벽한 것부터 품질이 낮은 것(산업에 사용되는)까지 범위가 넓다. 채광한 다이아몬드의 80%는 보석으로서 적합하지 않으며, 이것은 자르는 도구나 드릴 부속과 같은 산업용으로만 사용된다. 다이아몬드는 전 세계에서 채광되고 있지만, 세계적으로 다이아몬드 원석의 생산량이 가장 많은 지역은 오스트레일리아, 보츠와나, 러시아, 남아프리카 등이다.

보석 수준의 품질 좋은 다이아몬드는(다른 보석과 마찬가지로) 캐럿(carat), 컷(cut), 투명함(clarity), 색(color) 등 4 Cs로 평가된다. 이들 4Cs, 요인을 조합하여 다이아몬드의 가격을 결정한다.

① 캐럿

원래 캐럿은 캐럽(carob)씨앗의 무게인데 다이아몬드의 평가 기준으로 사용된다. **1캐럿**(carat)은 1/5g 또는 1/142온스와 같고, 포인트(point)라고 불리는 100부(part)로 세분한다. 캐럿을 포인트로 세분하는 목적은 가격에 상당한 영향을 미치는 무게를 정확하게 표시하기 위해서이다. 예를 들면, 50포인트의 다이아몬드는 1/2 캐럿과 같고, 25포인트의 다이아몬드는 1/4 캐럿이다. 전체 캐럿 무게(total carat weight)란 그 상품에 사용된 모든 보석의 포인트를 합한 것이다.

② 컷

가장 귀중한 보석은 58개의 대칭 **면**(facets) 혹은 납작한 면의 **컷**(cut)으로 되어 있다. **반사광**(light reflection)이라고 하는 번쩍이는 광채가 나는 보석으로 만들 때 특별한 컷을 원석에 적용한다. 1666년 이삭 뉴톤 경(Sir Issac Newton)이 이 공정을 발명하였다. 그는 특별한 컷의 프리즘에 하얀색의 좁은 빔을 통과시키면 그 빛은 굴절되고 무지개 빛깔로 분리되는 것을 알아냈다.

보석을 컷하는 기술을 갖고 있는 전문가를 **보석세공인**(lapidary)이라고 하며, 섬세한 기술을 배우기 위한 고된 훈련을 견디어야 한다. 보석은 종류에 따라 원석에 서로 다른 컷을 적용한다.

이상적인 컷(ideal cut)은 그 보석의 장점을 최대로 돋보이게 하는 것이며, 다이아몬드의 1% 미만에만 이 컷을 적용한다. 이상적인 컷으로 다이아몬드는 최대로 찬란함을 나타내기 위해 가장 적절한 비율로 다듬어지며, 거칠은 다이아몬드는 대부분 잘려나간다. 잘 컷된 보석은 그 보석의 불완전함을 최소화하는 경우도 있다.

둥글고 이상적인 컷(round ideal cut) 또는 **브릴리언트 컷**(brilliant cut)은 모든 컷 중에서 인기가 있다. 1919년에 수학자인 마르셀 톨코스키(Marcel Tolkowsky)는 박사학위 논문에서 둥글고 이상적인 컷을 발명했다(그림 6.5). 둥근 컷은 1996년에 58면체의 불의 심장(Heat on Fire), 1999년에 81면체의 불멸(Eternal), 2000년에 97면체의 에스까다(Escada), 2000년에 66면체의 리오(Leo)등이 연속적으로 나왔다. 그림 6.6은 다이아몬드나 다른 보석의 인기 있는 컷의 모양이다. 카보숑(cabochon) 컷은 터키석(turquoise)이나 라피스와 같이 광택 있는 불투명한 보석에 적용된다. 철봉형(barion), 타원형(oval), 하트형(heart), 끝이 뾰족한 계란형[(navette) 마퀴스와 비슷], 쿠션형(소파 쿠션형과

▶ **그림 6.5** 브릴리언트 컷   위에서 본 모양   옆 모양

  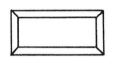

에메랄드 컷   타원형 컷   배모양 컷   장방향 컷   카보숑 컷

▲ **그림 6.6** 인기 있는 보석의 컷

비슷), 실드(shield), 장사방형(rhomboid), 평행사변형, 육각형, 10각형 등과 같은 컷이 있다. 표 6.3은 인기 있는 보석 컷이다.

③ 투명도

투명도(clarity)는 다이아몬드에 **내재된 하자**(inclusions) 또는 결함의 유무를 말하고, 하자가 적을수록 바람직한 다이아몬드이다. 이 결함은 육안으로 보이는 것부터 보석상의 **보석현미경**(loupe)과 같은 확대경을 사용해야 보이는 미세한 것도 있다. 소형 보석현미경은 다이아몬드의 10배로 확대해서 볼 수 있게 해 준다. 내재된 하자에는 깃털모양, 구름모양, 검정점, 또는 균열의 형태가 있다. 다

▶ **표 6.3** 유명한 보석 컷

둥글고 이상적인 컷/브릴리언트 컷 (Round ideal cut/Brilliant cut)	둥근 모양, 빛 반사를 최대로 하기 위해 58면을 특별한 각도로 깎음.
에메랄드 컷(Emerald cut)	모퉁이를 자른 직사각형 모양, 투명하고 색깔이 있는 보석에 많이 쓰이고 스텝 컷(step cut)이라고도 한다.
타원형 컷(Marquis cut)	타원형이고 58면체이다.
배모양 컷(Pear cut)	밑은 둥글고 위는 뾰족한 것.
장방향 컷(Baguette)	긴 직사각형 모양.
엔 카보숑 컷(En Cabochon)	컷팅 캡스(cutting cabs)라고도 하고 밑은 평평하고 위는 광택 있고 둥근 보석으로 면이 없음.
메이레이 컷(Melee cut)	무게로 1캐럿 이하인 작은 보석의 컷.
조각해 넣은 컷(Carved cut)	카메오(cameo)처럼 표면을 높이거나, 인태그리오(intaglio)처럼 음각하여 모양을 넣음.

▶ 표 6.4 투명도 등급

구 분	정 의
흠 없음	10배 확대경 밑에서 볼 때 아무런 흠이 없고, 속에서 어떤 내용물도 볼 수 없음.
1F	속에는 흠이 없지만 밖에는 흠이 있음.
VVS₁, VVS₂	아주 매우 작은 내재된 흠이 있음.
VS₁, VS₂	매우 작은 내재된 흠이 있음.
VS₁, VS₂	작은 내재된 흠이 있음.
I₁, I₂, I₃	불완전한 : 10배 확대경과 육안으로 내재된 음이 보임.

투명도 등급 척도

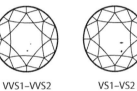

▶ 그림 6.7 다이아몬드 투명도 등급

F-1F   VVS1-VVS2   VS1-VS2   SI1-SI2   I1-I2-I3

이아몬드는 10배 확대경 밑에서 겉과 안쪽에 흠이 전혀 없는 완전한 것부터 등급을 매긴다.

다이아몬드는 **흠 없음**(flawless)에서 **불완전**(imperfect)까지 등급으로 표시된다. 그림 6.7은 다이아몬드의 투명도 등급을 보여주고, 표 6.4는 다이아몬드를 투명도를 기준으로 등급을 매기는 것을 나타낸다.

④ 색

다이아몬드의 **색**(color)은 D에서 Z.까지 등급이 매겨진다. 완전함이란 자연의 세계에서 존재할 수 없으므로 논리적으로 1급 다이아몬드는 존재할 수 없다. 흠이 발견되지 않는 다이아몬드에는 B 또는 C로 등급이 매겨질 것이다. 알파벳의 앞 글자가 써 있는 다이아몬드는 거의 무색에 가깝다. 순위가 뒤로 더 떨어질수록 다이아몬드는 황색을 띠며, 등급이 낮은 것은 갈색 빛을 띤다. 보석상에서는 낮은 등급의 보석을 속이기 위해 이상적인 컷을 적용하기도 한다.

보석상은 다이아몬드의 등급을 평가하는 마스터 세트(master grading set)를 갖고 있다. 이 세트는 똑같은 사이즈의 돌에 미리 결정된 색(무색에서 강한 황색까지)과 이에 해당하는 알파벳 글자로 등급 지어져 있다. 진짜 다이아몬드는 등급을 평가하는 마스터 세트와 색을 평가하려면 옆쪽에서 보아야 한다.

보석의 가격은 위에서 언급한 요인과 캐럿으로 표시하는 크기에 따라 결정된다. 귀금속과 마찬가지로 이것을 투자라 간주하고 오랜 시간 동안 그 가치를 즐길 것이다.

세계에서 가장 유명한 다이아몬드

호프 다이아몬드(Hope Diamond)

호프 다이아몬드만큼 다채롭고 전설적인 역사를 가진 보석의 원석은 없을 것이다. 호프 다이아몬드가 세계의 가장 유명한 보석 중 하나가 된 주된 이유는 3세기도 넘는 비밀과 왕, 혁명, 대담한 도둑질 그리고 심지어 저주까지 포함하는 음모 때문일 것이다. 정확히 언제, 어디서 그 호프 다이아몬드가 발견되었는지 알 수는 없으나 1668년 이전에 인도의 골콘다(Golconda) 지역에서 발견되었을 것이다. 1668년 프랑스 보석상인 장 뱀티스트 태버니르(Jean-Baptiste Tarernier)는 인도에서 얻은 112 3/16 캐럿의 푸른 다이아몬드를 프랑스의 루이 14세에게 팔았으며, 루이 14세는 약 67캐럿으로 재컷하였다. 1749년에 루이 14세는 현재 프랑스 블루(French Blue)로 알려진 의식용 다이아몬드로 세팅하였다. 1792년 9월에 왕실의 보석은 강탈당했고 프랑스 블루를 포함한 보석 박힌 왕관은 사라졌다. 1830년에 그 다이아몬드는 45.52캐럿으로 재컷되었고, 런던의 은행가이며 보석수집가로 알려진 헨리 필립 호프(Henry Philip Hope)가 그것을 구입하여, 오늘날 보석에 그의 이름이 붙어 있다. 1909년 피에르 카르티에(Pierre Cartier)는 그 보석을 구입하였으며, 그것을 16개의 흰 진주 형태와 쿠션형으로 컷된 다이아몬드로 가장자리를 둘러쌓고 백금 세팅에 박아서 45개의 다이아몬드가 달린 줄에 매달았다. 그리고 그것을 워싱턴 사교계의 명사 에발린 월시 맥크린(Evalyn Walsh McLean)에게 팔았다. 1947년 그녀가 죽던 해에 그 다이아몬드는 뉴욕의 보석상 해리 윈스턴(Harry Winston)에게 팔렸고, 1958년 그는 그것을 스미소니언 재단에 기증하여 국립 자연사박물관의 국립보석 소장품의 기초가 되었다.

코이누르 다이아몬드(Koh-i-noor Diamond)

세계에서 가장 유명한 다이아몬드 중 하나로 한때 아프카니스탄(Afaghan)의 왕자가 소유했었고, 2002년 영국 여왕이 죽기 전까지 소유했었다(브로치로 가끔 달았음). 호프 다이아몬드와 비슷하게 광폭한 역사로 인해 광채가 부족한 108.93 캐럿의 코이누르 다이아몬드는 수많은 소유자의 운명을 연상케 한다. 몇몇 작가들은 그 잔인한 다이아몬드의 역사를 고대 산스크리트(Sanskrit)의 서사시에서 언급된 말로 5000년을 추적할 수 있다. 그 이야기는 페르시아의 탐욕스러운 침략가인 나디르 샤(Nardir Shah)가 친구로부터 그 보석을 훔치기 위하여 음모를 꾸미고, 터번에 비밀스럽게 그 보석을 지니고 있는 무하마드 샤 랭길라(Muhammad Shah Rangila)를 위해 축하 연회를 열었다. 연회 동안 나디르 샤는 터번 교환을 포함한 "좋은 의도와 상호 경의를 표하는 몸짓을 할 것"을 제안했다. 무하마드 샤 랭길라는 잘 교육받았기 때문에 거절하지 못하고 상호 교환이 이루어졌다. 나디르 샤는 무하마드의 터번을 풀고 다이아몬드가 굴러 나왔을 때 '코이누르(빛의 산)'이라고 흥분하여 소리쳤다. 그리고 코이누르는 그 후 지금까지 다이아몬드의 이름으로 알려졌다.

자료원 : Information about the Hope Diamond from Jeffrey E. Post of the Smithsonian Institution.

O'Neil, P. (1983). Planet Earth Gemstones. Chicago: Time Life Books.

(2) 루비

루비(ruby)는 강옥이라고 불리는 광물 속에 있는 석회석에서 형성되는 몹시 희귀한 것이다. 제일 품질 좋은 루비는 버마(미얀마)에서 채굴된다. 이 보석의 빨간색은 미량의 크롬 원소에서 나온다. 빨간 강옥을 루비라 하고, 다른 색깔은 전부 사파이어라 부른다. 루비가 분홍색 또는 자두빛 사파이어로 변한다는 점에 동의하지 않는 보석전문가도 있다. 딜러들은 보석의 이름에 따라 그 가치가 결정되기 때문에 루비로 분류하여 판매할 수 있는 원석을 원한다.

(3) 사파이어

사파이어(sapphire)는 푸른색(blue)을 의미하는 그리스어 sappeiros에서 유래했다. 또한 강옥 광물 속에서 사파이어는 루비에서 볼 수 없는 미량의 원소를 포함하고 있다. 최고의 사파이어는 벨벳 같은 수레국화 색이며, 이 색은 미량의 원소 철과 티타늄에서 나온다. 벨벳 같은 외관은 보석 속에 있는 작은 바늘 같은 내용물로 인한 것으로, 내용물이 과다하면 반투명 혹은 불투명한 보석이 된다. 내용물이 잘 정렬되어 있으면 빛이 떠다니는 별처럼 반사되는데 이것을 스타 **사파이어**(star sapphire)라 한다(스타 루비와 외관이 유사하다). 사파이어는 녹색, 주황색, 황색도 있다.

(4) 에메랄드

에메랄드(emerald)의 색은 채굴한 광석인 녹주석(beryl)에 있는 미량의 크롬 때문이다. 가장 좋은 에메랄드는 남아메리카 콜롬비아에서 채굴된다. 맑은 초록색은 에메랄드의 가장 중요한 부분으로 에메랄드의 컷은 이 특성을 가장 잘 나타낸다. 풍부한 색은 광택을 내지 않고 컷하지 않은 상태에서도 뚜렷이 보인다. 이 보석에 내재된 흠이 뿌옇게 보이지 않는 한 가격을 낮추지 않는다. 어떤 에메랄드는 **자르뎅**(jardin : 불어로 정원)이라는 가지가 펼쳐진 우아한 내재된 흠을 갖고 있다.

(5) 진짜 진주

진짜 진주는 귀중한 보석의 범주에 들어가며 이것은 돌이 아니며, 진주 조개의 분비물로부터 자연적으로 만들어진다. 진짜 진주와 양식 진주는 '기타 보석' 부분에서 자세하게 설명할 예정이다.

2) 준보석

준보석(semiprecious stone)은 보석만큼 아름다운 경우도 있으며, 그것이 4Cs (캐럿, 컷, 투명도, 색)면에서 높게 평가가 된다면 보석보다 더 비쌀 수도 있다. 보통 준보석 원석은 보석 원석보다 더 풍부하기 때문에, 보석 원석의 값보다 싸다. 표 6.5은 대중적인 준보석에 대한 설명이다. 그림 6.8은 터키석으로 만든 보석이다.

▶ **표 6.5** 준보석

구 분	정 의
알렉산드라이트 (Alexandrite)	초록색 빛깔을 띤 투명한 돌. 인공 조명 밑에서 붉은색으로 변할 수 있다. 아주 큰 것 이외의 것은 중가.
자수정 (Amethlyst)	가치는 높지만 중가의 수정 결정이며, 자주색은 미량의 철 성분 때문이다. 애리조나, 브라질, 잠비아를 비롯한 세계 곳곳에서 채굴됨.
남옥 (Aquamarine)	에메랄드와는 자매지간이며, 남옥이 더 단단하다. 녹주석 광물에서 투명한 파란색부터 청푸른색이 나옴. 주로 남아메리카와 아프리카에서 주로 채굴됨.
묘안석 (Cat's Eye)	금록석이라고 하는 광물에서 얻고, 초록색부터 노란색의 이 보석의 직경을 가로질러 자르는 빛의 띠는 빛 반사를 높여주는 수많은 평행으로 배열된 불순물 또는 함유물 때문에 나온다. 이 보석의 이름은 프랑스어 chat(고양이)와 oeil(눈)에서 유래되었음.
석류석 (Garnet)	짙은 붉은색을 연상하기 쉽지만, 석류석의 색은 보라색 또는 루비처럼 붉은색부터 진한 초록색까지 다양하다. 역사적으로 큰 루비 원석은 석류석과 혼동되기 쉽고, 몇몇 석류석은 케이프 루비 또는 애리조나 루비를 지칭함.
옥 (Jade)	경옥(품질이 좋음)과 편옥(품질이 낮음)의 울퉁불퉁한 큰 덩어리에서 채굴됨. 여러가지 색이 있지만 가장 대표적인 색은 초록색. 중국에서 좋은 품질의 옥을 생산함.
청금석 (Lapis lazuli)	문자 그대로 번역하면 파란색 돌이다. 라피스는 반점이 있는 광물 혹은 단색의 불투명한 감청색 보석이다. 라피스 보석의 컷에는 절단면이 거의 없음.
공작석(Malachite)	표면에서 빛을 반사하여 반짝이는 불투명한 초록색의 보석 원석.
월장석(Moonstone)	장석과에 속하며 반투명한 유백색.
줄대리석 (Onyx)	반투명부터 불투명한 석영, 광택을 내기 위하여 연마하며 색의 범위는 밝은 오렌지와 빨강부터 흰색까지 다양하다. 카메오 세공에 사용되기도 한다. 검은 오닉스는 석영을 염색한 것임.
오팔 (Opal)	모광석에서 캐낸다. 오팔은 매우 깨지기 쉽고, 반투명한 것부터 불투명한 것까지 있다. 오팔은 수분과 빛을 머금고 있어 광학적 무지갯빛 효과를 만들고, 불규칙성과 작은 균열이 있다.
투명 감람석 (Peridot)	'페리도트'라 발음한다. 부드럽고 투명하며 밝은 잔디 빛을 띤 초록부터 짙은 올리브 그린 사이의 누르스름한 녹색 광물. 투명 감람석은 본래 이집트의 해안에서 채굴된 귀한 보석이었음.
첨정석 (Spinel)	종종 루비와 혼동하기 쉬운 비싸지 않은 보석이다. 영국의 왕관관리청에서는 에드워드 1세의 루비 왕관을 보유하고 있으며, 이것은 수 세기 동안 루비라 여겼던 2인치 길이의 첨정석으로 만들었음.
토파즈(Topaz)	진노랑이나 무색의 보석, 에메랄드 컷형으로 되어 있다. 투명한 핑크, 빨강, 갈색 토파즈도 있다.
터키옥 (Turquoise)	부드럽고 불투명한 보석, 밀랍 같은 광택을 내기 위하여 연마한다. 청록색은 구리의 영향임. 모광석에서 광맥으로 채굴(그림 6.8).
지르콘 (Zircon)	난색 또는 무색의 투명한 석영이다. 다이아몬드보다 덜 반짝이거나 반사량이 적은 것도 있지만(다이아몬드의 사촌 정도) 다이아몬드의 대용품으로 사용됨. 지르콘은 천연 준보석이고 인조석인 큐빅 지르코니아와 혼동해서는 안 됨.

◀ **그림 6.8** 터키석으로 만든 주얼리(자료원 : 몬타나 데님사)

3) 기타 보석

국제보석협회(International Gem Society) 웹 사이트에서 이 장의 표에 게재된 보석에 대한 정보보다 더 많은 정보를 얻을 수 있다. 어떤 보석은 진짜 돌이 아니고, 생명체(유기체)나 화학 원소에서 얻는다. 이와 같은 보석은 다음과 같다.

(1) 호박

호박(amber)은 화석화된 수지로, 소나무와 수지가 나오는 나무에서 얻을 수 있는 천연 물질이다. 대부분의 호박 덩어리는 수지가 나오는 나무 숲이 있었던 발트 해의 해변가에서 발굴된다. 영화 쥐라기 공원(Jurassic Park)의 소설 배경은 수백만 년 동안 호박에 갇혀 있던 유기체를 발견하는 것이다.

(2) 산호

산호(coral)는 대양의 연안 지역에서 자라는 아주 작은 바다 생물 수백만 개 골격에서 얻는다. 불투명한 색에서 반투명한 색은 흰색, 분홍색, 어두운 빨강색, 검은색 등이 있다. 적황색 산호가 가장 흔하다.

(3) 흑옥

흑옥(jet)은 밀도가 높고, 단단하고, 광택을 높이기 위하여 연마할 수 있는 흑탄(black coal)이다.

(4) 진짜 진주

진짜 진주(real pearl)는 보석이지만 이것은 돌이 아니고, 진주조개의 천연 분비물이다. 모래알과 같이 작은 이물질이 진주조개의 연한 조직에 들어 갔을 때 진주가 형성되기 시작한다. 자극을 완화시키기 위하여 진주조개는 탄산칼슘층 또는 **진주층**(nacre)으로 작은 조각을 둘러쌓기 시작하며, 이것이 진주가 된다. 보석은 캐럿으로 크기를 표시하지만, 진주는 직경을 mm로 표시한다. 진주의 색은 크림빛 흰색부터 어두운 회색과 검은색까지 다양하다(그림 6.9).

진주 표면은 깨끗한 것부터 몹시 손상된 것까지 그 정도에 따라 평가된다. 깨끗한 진주에는 점, 혹, 구멍, 균열, 원 또는 주름이 없고, 이러한 종류의 결함은 몹시 손상된 진주에서만 볼 수 있다. 그러나 불규칙한 모양은 일그러진 진주의 특색이다. **기괴한 진주**(baroque pearl)는 비정상적인 모양을 가진 다양한 진주를 말한다.

양식 진주(culture pearl)는 진짜 진주와 같은 방식으로 만들어진다. 양식 진주는 진주의 성장을 촉진하는 아주 작은 자극물을 인위적으로 연체동물 조직 안에 끼워넣는 것을 제외하면 진짜 진주와 똑같다. 양식 진주가 진주층을 충분히 덮는 데 약 3년이 걸린다.

양식 진주는 민물 또는 바닷물에서 만들어진다. 바닷물에서 양식된 희귀하고 값비싼 진주의 하나는 **남양진주**(South Sea Pearl)이다. 이것은 2~3년간 양식하면서 진주층을 두껍게 덮는데, 좋은 남양 진주는 자연산 진주와 같아 보인다. 그 차이는 X-ray 조사로 확인할 수 있다. 또 다른 값비싼 양식 진주는 프랑스령 폴리네

▶ **그림 6.9** 진짜 진주(자료원 : 페어차일드 출판사)

진짜 진주와 양식 진주

수 세기 동안, 일본은 진주조개에서 한 개씩 발견되는 값비싼 **아코야 해수 양식 진주**(Akoya saltwater cultured pearl)의 생산을 주도해 왔다. 중국은 홍합에서 보다 값싼 민물 양식 진주를 생산하는 것으로 알려져 있다. 서기 800년 초에 중국에서는 홍합에 아주 작은 납 불상을 넣고 신비한 힘으로 진주 핵을 덮어 운좋게 진주로 덮인 불상을 만들었다. 현재 중국은 크기, 둥근 형태 그리고 진짜 진주의 밝기와 맞먹는 양식 민물 진주를 만드는 기술을 개발하였다.

그 과정은 2살 된 홍합 안에 구슬을 주입하는 전통적인 과정보다 1살 된 삼각형 모양의 홍합 안에 연체동물 조직을 여러 조각 이식하는 것이다. 그 결과 한 개의 민물 조개 속에 불규칙하고 둥근 형태의 (10~30개) 양식 진주 덩어리가 생겼다.

2001년에 중국에서는 1500톤 이상의 민물에서 양식한 진주를 세계에 공급했다. 같은 해에 바다 진주는 60톤만 생산되었다. 그 결과 양식 진주는 진짜 진주에 비하여 극히 싸게 구입할 수 있게 되었다. 9mm 진짜 진주는 도매가 350 달러에 팔릴 수 있으나, 비슷한 크기와 외관의 양식 진주는 125달러이다. 심지어 파인 주얼리(fine jewerly) 소매상까지도 매우 돈이 잘 벌리는 양식 진주 시장에 대한 유혹을 느끼게 되었다. 티파니 & 회사에서는 전통적으로 값비싼 다이아몬드 보석을 실었던 카탈로그의 두 번째 페이지에 250달러의 양식 쌀 진주 팔찌를 선 보였다. 전문가들은 그 회사에서 재료(양식 진주와 은 걸쇠)에 투자한 비용은 35달러 이하일 것으로 평가했다.

불규칙한 모양의 쌀 진주(쌀 곡류를 튀긴 것과 비슷함)는 비용이 훨씬 적게 들고, 한 세트에 25달러 이하로 이제 막 파인 주얼리를 구입하기 시작한 캐쥬얼을 즐기는 소비자에게 인기가 있다. 그들은 캐쥬얼 의류를 즐겨 입고, **경제수준에 맞는 사치**(affordable luxury)의 상징으로 닳아 해진 청바지를 입고, 자신에게 지위와 명성을 제공하는 상품을 구입한다. 이 콘셉트는 소비자에게 심리적 상승감을 주고 어떤 기준 소매가격에서든 소매상을 위한 중요한 판매전략이 될 수 있다고 보석상인들은 생각한다.

시아에서 양식한 **타히티 진주**(Tahitian pearl)이다. 색의 범위는 밝은 회색부터 검정까지, 녹색에서 보라색이며, 타히티 진주는 더 크게 자랄 수 있다.

3) 인조석과 보석

인조(faux)석과 보석은 모두 만들어졌지만, 화학적 성분이 다르며, 합성 또는 모조된 것으로 분류된다.

합성 보석(synthetic stones)은 진짜 보석과 화학적으로나 원자 면에서 볼 때 동일한 인조 보석이다. 이것은 진짜 보석과 흡사하지만 가격은 진짜 보석의 몇 분의 1이며, 성분이 비슷하기 때문에 훈련되지 않은 안목으로는 합성 보석과 진짜 보석을 구별할 수 없다. 전문가는 외적인 차이로 감정을 할 수 있으나 필요에 따라 확대경을 사용할 수도 있다.

첫 번째로 합성된 보석은 루비였다. 1837년 프랑스의 화학자인 마크 고댕(Marc Gaudin)은 루비와 똑같은 원소를 녹여서 반점이 몇 개 있는 유색 보석을 만들었다. 1902년에 프랑스인 화학자 오거스트 베르뇌유(Auguste Verneuil)는 고댕의 업적을 발전시켜 수 시간 만에 수백 캐럿의 루비를 제조하여 첫 번째로 상업적으로 성공시켰다. 합성 루비의 성공은 사파이어로 빠르게 확장되었다. 베르뇌유의 과정은 오늘날 대량의 합성 보석 생산에 적용되었다.

큐빅 지르코니아(cubic zirconia)는 정교한 다이아몬드 대용품으로 100파운드 단위로 생산된다. 이것은 캐럿당 몇 달라 수준이다. 큐빅 지르코니아의 특성상 진짜 다이아몬드와 합성 다이아몬드를 구별하는 것은 거의 불가능하고, 함유물이나 흠까지도 진짜와 같이 제조되었다. 이것은 광택이 다이아몬드와 같고 대단히 견고하다.

가짜 보석(simulated stone), **모조 보석**(imitation stone), **라인석**(rhinestone), **브릴리언트**(brilliant) 등은 유리나 유사한 물질로 만들어진다. 이것들은 진짜 보석과 화학적으로 원자 구조가 동일하지 않다. 일반적으로 인조 보석 또는 모조 보석은 다이아몬드와 같아 보이도록 하기 위하여 납유리의 면을 깎거나 유리 밑에 포일을 붙여 만든다. **더블릿**(doublets)은 저가 보석이나 납유리에 진짜 보석 조각을 붙여서 만든 것이다. 라인석(rhinestone)이란 모조 다이아몬드 용어는 프랑스의 라인강 주변에 있는 공장에서 만들어졌다는 데서 유래되었다. 라인석 유리는 석영, 붉은 납, 탄산칼륨, 붕사, 백색 비소의 혼합물을 가열하여 만들었다. 일반적인 모조 보석은 YAG(yttrium aluminum garnet : 이트륨 알루미늄 석류석)와 GGG(gadolinium gallium garnet : 가돌리늄 갈륨 석류석)를 포함한다. 세라믹과 플라스틱과 같은 재료는 인조 터키옥, 진주, 상아(ivory)를 제조하기 위하여 사용된다. 모조 진주는 마요르카(Mallorca) 또는 마조르카(Majorca) 진주라고도 하며, 진짜 진주의 무지갯빛 색깔을 내기 위하여 래커와 생선 비늘 같은 것을 구슬에 입혀 만든다.

▶ **표 6.6** 현대와 고대의 탄생석

달	현 재	과 거
1월	석류석(Garnet)	석류석(Garnet)
2월	자수정(Amethyst)	자수정(Amethyst)
3월	남옥(Aquamarine)	혈석(Bloodstone)
4월	다이아몬드(Diamond)	다이아몬드(Diamond)
5월	에메랄드(Emerald)	에메랄드(Emerald)
6월	알렉산더라이트(Alexanderite)	진주/월장석(Pearl/Moonstone)
7월	루비(Ruby)	루비(Ruby)
8월	감람석(Peridot)	마노(Sardonyx)
9월	사파이어(Sapphire)	사파이어(Sapphire)
10월	로즈 지르콘(Rose zircon)	오팔/핑크 전기석(Opal/Pink Tourmaline)
11월	금빛 토파즈(Golden topaz)	토파즈(Topaz)
12월	푸른 지르콘(Blue Zircon)	터키석/청금석(Torquoise/Lapis lazuli)

(자료원 : 탄생석 목록. 국제보석협회.)

(1) 탄생석

탄생석으로 만든 반지, 목걸이, 기타 장식품은 가장 인기 있는 액세서리이다. 일부 문화권에서는 매달 탄생석에 자신의 설명을 붙이며, 그 내용은 출판물에 따라 차이가 있다. 20세기 초 보석상들은 투명한 보석만 선정하여 탄생석 목록을 만들어 어머니의 반지를 좀 더 일관성 있고 매력적으로 보이도록 했다. 보석상과 고객은 과거와 현재의 탄생석 목록을 알고 싶어 한다. 현재의 탄생석 목록은 과거의 목록을 대체하는 것이 아니라 내용을 보충해 준다.

◎ 금속과 보석의 관리

귀금속 액세서리를 특별하게 관리하려면 느슨한 세팅이나 테두리를 점검하고, 손을 씻을 때 반지를 빼고, 독한 화학약품과 접촉을 피해야 한다.

돌출된 금속 부분을 포크 끝으로 눌러서는 안 된다. 18 캐럿 금과 같은 유연한 금속에 압력을 가하면 구부리거나 부서지게 된다.

보석세공인은 금을 녹여서 다른 장식품으로 다시 만들지 말라고 권한다. 작은 흠집과 결함이 생겨 재주조한 금을 훼손시키기 때문이다.

보석용 원석은 최대한 빛을 반사하고 빛나게 하기 위하여 정기적으로 닦아줄 필요가 있다. 세척 전문업소가 있기는 하지만, 부드러운 털로 된 칫솔에 묽은 농도의 암모니아나 비눗물을 묻혀 닦으면 보석의 묵은 때를 손질할 수 있다. 모든 보석들은 파손되기 쉬운데, 특히 봉합되는 부위가 더욱 그러하다. 충격은 보석을 흠이나 균열, 또는 파손하게 하는 원인이 된다. **초음파 세척**(ultrasonic cleaner)은 다이아몬드나 루비와 사파이어 같은 내구성이 강한 보석에는 손상을 입히지 않지만, 오팔이나 터키석같이 불투명한 보석은 손상되기도 하므로 불투명한 보석은 광택 내는 마른 천으로 가볍게 문질러서 닦는다. 이처럼 기공이 많은 보석은 비누나 암모니아 등 화학약품을 흡수하여 손상되는 원인이 된다. 특히 오팔은 물을 함유한 섬세한 보석이므로 화학약품으로 세척, 극심한 온도변화, 강한 빛은 견디어 내지 못하므로 피해야 한다.

진주와 같은 유기물 보석은 높은 광택을 유지하기 위해서 정기적으로 사용해야 한다. 바디오일은 그 보석 속으로 흡수되어 광택이 생기며, 깨끗하고 촉촉한 천으로 닦아 낼 수 있다. 향수와 헤어스프레이를 진주에 뿌리면 시간이 지나면서 변색될 가능성이 있으므로 절대로 진주에 뿌려서는 안 된다.

보석을 보관할 때 모스 척도(Mohs scale : 광물의 경도를 측정하는 기기)를 사용할 필요가 있다. 어떤 보석들은 다른 보석보다 단단하기 때문에 부드러운 보석에 흠집을 낼 수 있다. 대부분의 보석은 귀금속보다 단단해서 이것을 모두 보석상자 안에 섞어 넣으면 세공된 보석에 흠집을 낼 것이다.

기타 액세서리용 재료

패션 액세서리 제작에 사용되는 재료에는 여러 가지가 있다. 광물, 유기물, 합성물질 등 다양하다. 다음의 목록은 많이 쓰이는 재료이다.

뿔(horn) 포유동물의 뿔에서 얻을 수 있는 반투명하고 단단하며 매끈한 재료이다. 색은 얼룩덜룩한 밤색에서 상아색까지 다양하다. 이 단어는 진짜 뿔은 물론 모조품에도 사용한다.

상아(ivory) 코끼리, 고래, 해마의 이로부터 얻을 수 있는 단단하고 크림빛을 띤 흰색의 재료로서 섬세한 디자인을 새겨 넣을 수 있다. **스크림쇼우(scrimshaw)** 는 섬세한 장식을 새겨 넣은 상아이다. 아시아 코끼리들은 멸종위기에 처한 종으로 미국에서는 이런 동물에게서 상아를 채취하는 것을 법으로 금하고 있다.

거북 등껍질(tortoiseshell) 반투명하고 진밤색의 얼룩덜룩한 바다 거북의 껍질이다. 또 천연 거북 껍질과 비슷한 대체 재료 또는 플라스틱도 있으며, 빗이나 보석류, 안경테를 만드는 데 사용한다.

진주층(mother-of-pearl) 진주모라고도 하는데 무지개 빛깔과 광택이 나고 연체동물의 껍데기 안쪽이다. 색채가 풍부한 귀모양을 한 바다의 갑각류에서 얻어지며 **전복(abalone)**과 유사하다. 둘 다 보석 상감, 단추, 기타 장식품에 사용된다.

유리(glass) 색이 있는 유리는 보석 대신에 자주 사용한다. 이것은 가정에서 사용하는 화학약품에는 잘 견디나, 단단한 표면에 닿으면 깨어지거나 흠집이 날 수가 있다.

알루미늄(aluminum), 강철(steel), 티타늄(titanium) 안경테나 시계 같은 액세서리에 사용된다.

플라스틱(plastic) 대중적이고 값이 싸며, 천연재료의 대체재료 : 진짜 진주, 목재, 거북 등껍질, 뿔, 일부 금속의 대체재료로 사용된다.

점토(clay) 유리구슬을 대신할 수 있고 값싸고 색이 다채롭다. 점토로 만든 구슬은 색칠을 하고 유약을 바를 수 있고 불에 구워 구슬 목걸이, 팔찌, 귀고리를 만드는 데 사용된다. 점토는 깨지기 쉽기 때문에 목걸이나 귀고리와 같이 안전한 곳에 사용한다.

목재(wood) 나무로 만든 액세서리는 무늬를 넣은 팔찌, 귀고리, 핀, 목걸이와 같은 모조보석류 : 지갑의 손잡이, 구두굽 등에 사용된다. 천연 또는 합성 코르코는 구두굽에 사용된다.

줄의 재료(stringing material) 천연재료 또는 합성재료. 천연재료인 자연산 대마는 목걸이, 팔찌, 발목장식품용 줄을 만드는 데 사용된다. 합성재료인 튼튼한 나일론의 필라멘트사로 만든 줄은 구슬과 펜던트 줄로 사용된다. 투명한 나일론 실에 보석을 매달거나 늘어뜨리면 장식물이 투명하게 떠다니는 것처럼 보이므로 착시 목걸이라 부른다. 가는 실을 여러 가닥 꼬아 만든(전통적으로 실크) 줄에 진주와 진주 사이에 매듭을 지으면서 진주를 연결한다. 이 방법은 이 줄이 끊어져 값비싼 진주알이 흩어지는 것을 막기 위해서이다.

◎ 보석의 원석 산업 규제

미국 연방거래위원회(Federal Trade Commission : FTC)에서는 합성 보석이나 모조 보석을 판매할 때는 반드시 그 재료를 소비자들에게 사실대로 알릴 것을 규정하고 있다. 원석의 가치에 영향을 주는 처리법에 대하여 전부 소비자에게 알려야 한다. FTC 규제의 목적은 부당한 상거래나 사기거래로부터 바이어를 보호하기 위해서이다. FTC에서는 원석의 색과 투명도를 높이기 위하여 사용된 처리법과 다이아몬드에 레이저로 구멍을 많이 뚫고 있다는 정보에 관한 자료를 출판하고 있다. **레이저로 구멍을 뚫는 일**(laser drilling)은 레이저로 작은 구멍을 뚫고, 이 구멍에 산을 넣어 검은 티나 함유물을 제거하는 것을 말한다. FTC는 소비자들에게 보석 구매를 위한 안내 지침서와 웹 사이트를 제공한다.

유엔안보이사회(United Nations Security Council)에서는 다이아몬드에 대해 '피' 아니면 '투쟁'을 요구하는 통상금지를 위한 규정을 통과시켰다. 라이베리아와 같은 몇몇 아프리카의 나라에서는 전쟁과 무기 구매 자금을 마련하기 위해 불법적으로 다이아몬드를 채굴하여 판매하였다. 미국은 라이베리아 정부와 대통령에게 제재를 가함으로써 이런 반역적인 투쟁이 멈추기를 기대하고 있다.

◎ 세계의 금속과 보석 산업

미국은 주얼리를 만들기 위한 보석과 귀금속의 주요 수입국으로 여러 해 동안 38% 이상을 차지하는 바이어 역할을 해 왔다. 2001년 미국 경제의 둔화는 수입에 영향을 미쳤으며, 특히 전 세계 보석류 수요의 50% 이상을 차지하던 다이아몬드 수요에 큰 영향을 미쳤다. 세계적인 다이아몬드 중심지는 인도의 뭄바이(붐바이), 이스라엘의 텔아비브, 벨기에의 앤트워프, 남아프리카의 요하네스버그, 일본의 도쿄, 그리고 뉴욕 시이다.

2001년 4월 뉴욕타임즈의 머리기사로 '다이아몬드 산업의 신비를 벗긴다.'가 게재되었다. 수백 년 동안 국가 간의 은밀한 다이아몬드 거래 후에 악수를 나누는 미미한 정도에 있었던 다이아몬드 회사들은 사업하는 방법을 바꾸고 있다. 많은 회사들은 다이아몬드를 파는 나라들의 정치적 이유 때문에 야기되는 다이아몬드의 불매(모피 불매와 비슷한)에 대한 위협을 없애기 위해 일반 국민에게 개방적으로 변하지 않으면 안 된다는 것을 느끼게 되었다. 아프리카 국가들은 시민전쟁을 재정적으로 지원하기 위해 '다이아몬드 전쟁'을 사용한 것에 대해 비난받아 왔다. 몇몇 다이아몬드 회사는 낮은 가격을 제시하는 경쟁자(고가 보석 라인을 확장한 월 마트와 같은 할인매장) 때문에 다이아몬드 시장이 변해야 함을 깨달았다.

'다이아몬드 공급경로'는 탄광에서 시장으로 이어진다. 뉴욕 시의 다이아몬드 시장은 주로 47번가를 따라서 5번가(Fifth Ave.)와 아메리카가(Ave. of the Americas) 사이에 있다. 다이아몬드는 다이아몬드 중매인 사이에서 한 부락에서도 몇 차례씩 오가며 흥정되고, 때때로 하루에도 몇 번씩 주인이 바뀌며 거래된다.

다이아몬드 사업 관행은 전 세계적으로 변화되고 있다. 이러한 변화는 영업 방법, 회사의 구조, 거래 정책을 변화시킨다. 가장 주목할 만한 일은 다른 필수품과 차별화하여 다이아몬드 브랜드화를 시도했다는 것이다. 드비어(De Beer)는 시장거래와 판매촉진에서 **원석 구매업자**(sightholder : 다이아몬드 세공업자와 중매인 그룹)에게 압력을 가했다. 원석 구매업자들에게 전통적으로 판매 수익의 1%를 할당하던 광고 예산을 판매액의 10%를 할당하도록 요구하였다. 드비어는 과거에는 구두협정으로 충분했던 계약을 문서로 만들어 서명할 것을 요구했다. 흡수, 합병, 수직적 통합. 기타 이익을 높일 수 있는 방법을 동원하여 산업체 소속한 회사가 주도하여 구조개혁이 이루어졌다.

금은 세상에서 가장 중요한 귀금속이며 세계적으로 광범위하게 거래된다. 금의 수요상승은 전 세계적으로 정치적, 경제적 불확실성을 증가시키는 경우도 있고, 위험에 대한 대비책으로도 여겼다. 이에 반해 귀금속으로 만든 보석의 수요는 불확실한 시절에는 감소한다. 2001년 세계 금의 수요는 2000년대 가격보다 약간 낮았다. 2001년에 강세로 출발했으나, 그 해 9월 11일에 미국에 대한 테러 공격의 여파로 경제 성장이 쇠퇴했다. 그러나 2001년 테러공격이 있던 다음 달 보관용으로 혹은 상징으로 상당량의 금붙이를 구입했기 때문에 2001년에 금 판매 수량은 기록을 세웠다.

◎ 무역기구, 출판물, 전시회

보석과 금속 산업은 세계적인 무역기구가 몇 개 있으며, 대다수의 무역기구는 이름과 목적이 비슷하다. 대부분의 기구는 교육 훈련 혹은 면허증 교부, 귀금속과 원석으로 만든 주얼리 착용을 홍보하여 보석의 판매를 촉진시킨다. 표 6.7은 귀금속과 보석의 원석 산업을 대표하는 중요한 무역기구, 표 6.8은 무역 관련 출판물, 표 6.9는 무역 전시회 목록이다.

◎ 머천다이징 트렌드

보석과 귀금속 산업은 필수품에 상표명으로 소구하기 위해 노력해 왔다. 특히 다이아몬드 무역의 경우 상표명 없이 판매되는 일반상품에 가치를 부여하면 마케팅, 광고, 판매촉진 등을 필요로 한다. 에스카다(Escada) 패션 하우스에서는 에스카다 다이아몬드를 생산하기 위해 플루제닉 그룹(Pluzenik Group)과 협력했다. 이 12 측면에 97 다면체를 갖은 다이아몬드는 4Cs에 따라 분류될 수도 있으나, 회사 임원들은 상표명의 존재가 경쟁력을 창출하기를 바란다. 대부분의 소비자들은 자신이 갖고 있는 다이아몬드 가치에 대한 지식에 대하여 자신감이 부족하다.

브랜드 이름은 소비자가 자신감을 가질 수 있도록 도와주는 하나의 방법이다.

드비어사에서는 다이아몬드를 일반화하여 마케팅하는 데 성공했다. 몇 년 전 드비어사는 '두 달분 봉급으로 약혼반지를 살 수 있다.' 라는 남자들을 격려하는 광고로 시작했다. '다이아몬드는 영원하다' 와 '여성

▶ 표 6.7 원석과 귀금속 산업을 위한 무역기구

기 구	위 치	목 적
미국보석협회 www.ags.org	네브래스카 주, 라스베이거스	보석을 구매하는 고객을 안전하게 보호, 지식 전달
미국보석무역협회 www.atga.com	텍사스 주, 댈러스	천연색 원석, 진주, 양식 진주 산업을 장려하고 전시회를 후원
양식진주정보센터 www.pearlinfo.com	Online	고객 교육, 다양한 거래 정보, 양식 진주, 패션, 구매 지침서
미국보석학연구소 www.gia.edu	캘리포니아 주, 로스앤젤레스	원석 정보를 제공, 현장 정보제공 또는 통신교육 제공, 관련 사이트와 연결된 웹 사이트 제공
일본진주수출업자협회 www.japan-pearl.com	일본	일본의 아고야 양식 진주를 촉진
국제 유색 원석 협회 www.gemstone.org	캘리포니아 주, 혼브룩	고객의 이해와 원석 판매를 증가
국제보석협회 www.gemsociety.org	캘리포니아 주, 레딩	교육 서비스 제공, 보증서
국제보석학 연구소 www.igiworldwide.com	뉴욕 주, 뉴욕	다이아몬드와 유색 원석 감정과 강좌, 원석감정
세계다이아몬드 협의회 www.worlddiamondcouncil.com	뉴욕 주, 뉴욕	다이아몬드가 불법목적(전쟁이나 비인간적인 행위)으로 사용 되는 것을 막기 위해 세공되지 않은 다이아몬드의 수출입을 모니터
세계금협의회 www.gold.org	뉴욕 주, 뉴욕	세계의 금광산을 대표하고 금의 사용을 촉진
국제 백금동업자조합 www.preciousplatinum.com	캘리포니아 주, 뉴포트 비치	화이트골드 대신 백금을 사용할 것을 촉진
미국 다이아몬드 무역과 귀금속 협회	뉴욕 주, 뉴욕	세계 다이아몬드 거래소연합에서 미국 회원국, 거래소와 좋은 관계에 있는 다이아몬드 취급업자에게 회원국 명단을 제공

▶ 표 6.8 보석, 귀금속 산업을 위한 무역 관련 출판물.

무역 관련 서적	설 명
보석과 보석학(Gems and Gemology)	새로운 논문, 실험 보고서, 과학적 연구 요약, 책의 소개
금(Gold)	세계금협의회에서 출판, 온라인 논평, 보도 자료, 보고서, 소책자를 제공
뉴욕 다이아몬드(New York Diamond)	뉴욕 시의 다이아몬드 시장을 가까운 곳에서 조명

▶ **표 6.9** 보석, 귀금속 산업을 위한 전시회

전시회	위 치	후원자
주간 금 기술	이탈리아, 비첸차	세계금협회, 비첸차 박람회
투손(Tucson) 보석전시	애리조나 주, 투손	보석과 보석상인협회
세계 다이아몬드 위원회	벨기에, 앤트워프	세계 다이아몬드 거래소연합회, 국제 다이아몬드 제조업자 협회
AGS 국제회의	브리티시컬럼비아, 밴쿠버	미국 보석협회

의 최고의 친구'는 드비어사의 성공적인 광고문구이다. 다이아몬드의 높은 가격을 유지하기 위해 드비어사는 다이아몬드를 비축해 놓고, 가짜로 다이아몬드가 희귀한 것처럼 가장했다. 다른 마케팅 전략을 취하는 회사들은 더 많은 수요를 발생시키려는 기대감으로 공격적으로 다이아몬드 마케팅을 하고 있다.

국제백금조합(The Platinum Guild International), 크위트(Kwiat) 다이아몬드, 유명한 신발 디자이너인 스트워트 위츠만(Stuart Weitzman)은 2002년 오스카 시상식에서 쓰인 백만 달러짜리 뾰족구두를 만들었다. 특히 발등에 5 캐럿의 배 모양 다이아몬드를 두 개 달고, 64 캐럿의 다이아몬드가 달린 백금줄을 짰다. 소구력을 높이기 위해서 신발을 해체하여 목걸이와 팔찌로 사용할 수 있게 만들었다.

세계금협의회(World Gold Council)에서는 금, 특히 보석에 있는 금 모양을 바꾸는 캠페인을 시작했다. 그 캠페인은 태양과 금 사이의 역사성을 연관시켰다. 따뜻한 속성을 가진 금은 패션과 긍정적인 생활방식에 대한 욕망의 틈을 연결해 주는 교량 역할을 한다. '금과 함께 행복하고'와 '따뜻함은 새로운 형태의 차가움이다.'라는 슬로건이 있다.

인물소개 : 드비어(De Beer) 사의 통합 광산

드비어(De Beer) 형제는 남아프리카에 소유하고 있는 작은 농장에서 이득을 얻을 수 있을 거라고 생각하지 못했다. 요하네스(Johannes)와 디드리치(Diedrich) 형제는 광산 채굴자조합에게 처음에 투자했던 금액에 약간의 이익을 붙여 11년 전 투자했던 광산을 넘겼는데, 이 광산에서 다이아몬드의 매장 가능성을 알고 흥분하고 화가 났다. 그들의 농장 구역은 그 유명한 킴벌리 다이아몬드 광산(Kimberly Diamond Mine)이 되었다. 작은 소송이 여러 번 있었지만 결국 세실 로즈(Cecil Rhodes)에게 인수되었다. 그는 그 소송을 "엄청나게 많은 숫자의 덕지덕지 않은 새카만 개미떼 같았는데 나중에는 사람으로 다시 나타났다." 라고 표현했다.

1888년 세실 로즈가 회사를 설립하였고, 드비어는 세계에서 가장 뛰어난 다이아몬드 상인이고 광산가였다. 그들은 다이아몬드 원석의 독점가로서 알려졌다. 사실, 미국에서는 드비어가 독점금지법 위반으로 고소당했기 때문에 드비어사의 최고 책임자가 미국에 들어오는 것을 규제했다.

2001년 1월 드비어는 루이뷔통(LVMH)사의 모엣 헤네시 루이뷔통(Moet Hennessy Louis Vutton)과 면허 협약을 맺으러 들어왔다. 이 두 회사는 드비어라는 보석 브랜드를 만들어서 런던, 뉴욕, 파리, 도쿄 같은 도시의 점포에서 팔려고 했다. 드비어사의 회장인 닉키 오펜하이머(Nicky Oppenheimer)는 보석 분야에서 잘 알려진 드비어라는 이름을 사용하여 다이아몬드 보석 브랜드의 수요를 증가시키기를 기대했다. 조심스러운 기업의 임원들은 브랜드 창업의 성공을 의문시했다. 사치품 분석가인 존 웨이크리(John Wakely)는 "다이아몬드의 브랜드화에 따르는 성공 여부는 확실하지 않다."고 말했다.

또 다른 사치품 분석가인 클레어 켄트(Claire Kent)는 "지금 드비어사는 독자성을 가지고 있지 않고 특별한 스타일로 알려진 것도 아니므로, 이 점이 문제가 될 것이다."라고 말했다. 그러나 LVMH의 루이뷔통은 사치품 전문업체이다. 사실 LVMH는 세계에서 가장 큰 사치품 회사의 하나이다. LVMH사의 마이론 울만(Myron Ulman)은 "다이아몬드는 궁극적으로 사치품이고, 세계의 사치품을 선도하는 집단인 LVMH는 소비자들에게 드비어라는 이름이 갖는 잠재력을 개발하는 이상적인 파트너이다."라고 말했다.

두 협력업체는 마케팅 경비를 늘렸다. 세계적 촉진예산은 1억 8,000만 달러였고, 이는 1998년에 6,800만 달러의 예산보다 3배나 컸다. 그러나 드비어사의 힘은 20년 동안에 감퇴되었고, 시장 점유율은 2000년에 80%에서 65%로 떨어졌다. 시장 점유율의 감소에도 불구하고 2000년에 드비어사의 순이익은 84% 증가해서 12.9억 달러였다. 이것은 드비어사가 촉진에 많은 금액을 사용했기 때문이다.

2000년 명절휴가에 드비어사는 1,500만 달러로 중점적으로 중요한 광고공간을 사고, 로맨틱한 텔레비전 광고에 이어 인터넷 컨테스트를 열고, "다이아몬드는 영원하다."라는 문구를 사용했다. 현명한 광고문구는 "그녀의 눈을 확 뜨게 할 필요가 있다."와 "물론 당신의 투자에는 보답이 있고, 그것을 여기에 쓸 수는 없다." 그리고 "당신에게 압력을 주는 것은 아니지만, 그녀의 사무실 밖에 이와 같은 포스터가 있다." 회사의 광고 경비는 1999년에 6,700만 달러를 썼고, 2001년에는 1억 8,000만 달러를 썼다.

드비어사에서 최근의 개발된 것은 회사의 판매에서 중심에 있다. 드비어사의 동업자이며 또 통제 역할을 하는 오펜하이머(Oppenheimer) 가족은 그 회사의 주식을 축소시켜 개인적인 것으로 만들려고 시도했다.

사랑과 감정에 호소하는 데 달관한 드비어사는 소비자들 사이에서 그 이미지를 강화하려고 노력했다. 강력한 광고 캠페인을 통해 다이아몬드 수요를 증가시켰고, 그 회사의 성공은 다이아몬드의 마케팅이 아니고 드비어 다이아몬드 마케팅에 있었다.

✎ 요 약 ✎

- 대부분의 보석이나 귀금속은 탄광에서 채취되는 광물이다. 그러나 일부 '보석'은 생명체로부터 얻는 유기물인 경우도 있다. 유기물 보석으로는 진주, 호박, 산호 등이 있다.

- 귀금속은 금, 은, 백금과 팔라듐을 포함하는 백금족이 있다. 금은 캐럿 단위로 계량되며, 순금은 24캐럿이다. 금은 그 강도를 향상시키거나 색을 바꾸기 위해 다른 금속과 합금된다.

- 은과 백금은 천분율로 계량된다. 백금은 무거운 은백색의 금속이며, 금보다 비싸고 희귀하다. 팔라듐은 백금보다 조금 싼 은백색의 금속이다.

- 가격을 낮추기 위하여, 금으로 된 보석류는 다른 바탕 금속 위에 금으로 얇게 코팅한다. 이러한 공정은 피복용 금, 도금, 금 롤, 금도금 등으로 불린다.

- 보석의 원석은 깎아 다듬어진다. 이것은 투명, 반투명, 불투명하다. 모스 척도는 광물의 경도를 10에서 1로 계량한다. 다이아몬드는 경도 10으로 가장 단단한 물질이다.

- 다이아몬드나 다른 보석은 4Cs로 등급이 매겨진다. 캐럿(carat), 컷(cut), 투명도(clarity), 색(color). 캐럿은 다이아몬드의 무게와 관련되며, 1캐럿은 100포인트에 해당한다. 컷은 보석을 깎거나 조각하는 공정과 관련되고, 투명도는 보석의 흠의 유형이나 함유물의 양에 관련된다. 투명도의 서열은 육안으로 보았을 때 흠이 없는 것부터 함유물이 있는 것 순으로 배열한다. 다이아몬드 원석의 색의 질은 D등급부터 Z등급, 투명한 것부터 누르스름한 것의 순으로 배열된다.

- 기타 보석으로는 루비, 사파이어, 에메랄드, 진주 등이 있다. 준보석으로는 알렉산드라이트, 자수정, 남옥, 묘안석, 석류석, 경옥, 청금석, 공작석, 월장석, 오닉스, 단백석(오팔), 감람석, 첨정석(스피넬), 황옥, 터키석, 지르콘, 호박, 산호, 양식 진주, 흑옥 등이 있다.

- 가짜 보석은 인조 또는 모조이다. 인조 보석은 진짜 보석과 화학적으로 일치하지만 진짜 보석의 몇 분의 일의 낮은 가격으로 사용할 수 있다. 모조 보석은 가짜 보석, 라인석, 브릴리언트 보석이라 하며, 이것은 보통 유리나 플라스틱으로 만든다.

- 패션 액세서리에 사용되는 다른 재료로는 뿔, 상아, 거북껍질, 진주모, 유리, 기타 금속, 플라스틱, 점토, 나무, 줄 재료 등이 있다.

- 보석의 원석은 단단한 곳에 부딪치면 흠집이 나거나 부서진다. 정기적으로 손질하면 반사력과 광택을 극대화시킨다. 화학약품이나 초음파 세척기를 사용할 때는 주의가 요구된다.

- 보석의 원석과 귀금속은 전 세계에서 채굴된다. 주요 다이아몬드 센터는 인도, 이스라엘, 벨기에, 남아프리카 공화국, 일본, 미국 등에 본사를 두고 있다. 뉴욕 시는 미국의 주요 마켓 센터다. 다이아몬드 회사는 다이아몬드 산업을 둘러싼 비밀을 약간씩 밝히기 시작했다.

- 드비어스사는 다이아몬드 원석 시장의 선두주자이며, 최근에는 다이아몬드 수요를 증대시키려고 노력하고 있다.

- 미 연방 거래 위원회에서는 보석과 귀금속 산업을 규제한다. 최근 관심사로는 레이저로 구멍을 뚫거나 불공평하고 잘못된 무역 관행과 같은, 눈에 띠지 않게 원석을 가공하는 것이다. 분쟁지역에서 채취되는

다이아몬드는 원석 시장의 관심거리이다.

핵심용어

가짜(faux)

강철(steel)

거북 등껍질(tortoiseshell)

경제수준에 맞는 사치
  (affordable luxury)

광택 금(gold flashed)

귀금속(precious metal)

금(gold)

금도금(gold vermeil)

금롤(rolled gold)

금박 롤(rolled gold plate)

금 세광(gold washed)

금 입힘(gold overlay)

기괴한 진주(baroque pearl)

끈 재료(stringing materials)

나무(wood)

남양 진주(South Sea pearls)

눈에 띄는(sightholders)

다이아몬드(diamond)

더블릿(doublet)

도금(gold plate)

드비어 통합광산
  (De Beers Consolidated Mines)

라인석(rhinestone)

레이저로 구멍뚫기
  (laser drilling)

루비(ruby)

루페(loupe)

면(facets)

모스 척도(Mohs scale)

모조 보석(imitation stone)

반투명(translucent)

백금(platinum)

불투명(opaque)

보석(pearls)

보석(precious stones)

보석세공인(lapidary)

보석의 원석(gemstones)

브릴리언트(brilliant)

빛 굴절(light refraction)

뿔(horn)

사파이어(sapphire)

산호(coral)

상아(ivory)

색(color)

순은(sterling silver)

스크림쇼우(scrimshaw)

스타 루비(star rub)

스타 사파이어(star sapphire)

아코야 해수양식
  (Akoya saltwater cultured)

알루미늄(aluminum)

양식 진주(cultured pearls)

에메랄드(emerald)

유리(glass)

은(silver)

이상적인 둥근 컷
  (round ideal(brilliant cut))

이상적인 컷(ideal cut)

인조 보석(simulated stone)

자개(nacre)

제트(jet)

전기도금(electroplating)

전복(abalone)

점토(clay)

준보석(semiprecious stones)

진주모(mother-of-pearl)

진짜 진주(real pearls)

초음파 세척(ultrasonic cleaner)

총캐럿 무게
  (total carat weight)

캐럿(carat)

캐럿 금(karat gold)

컷(cut)

코이누르 다이아몬드
 (Koh-i-noor diamond)

큐빅 지르코니아
 (cubic zirconia)

타히티 진주(Tahitian pearls)

투명(transparent)

투명도(clarity)

티타늄(titanium)

팔라듐(palladium)

포인트(points)

플라스틱(plastic)

피복용 금(gold filled)

함유물(inclusions)

합금(alloyed)

합성 보석(synthetic stones)

호박(amber)

호프 다이아몬드(Hope diamond)

화분대(jardin)

복습 문제

1. 캐럿 골드란 무엇이며 비슷해 보이는 대체품목으로 무엇이 있는가?

2. 다이아몬드의 4Cs는 무엇이며, 이것은 서로 어떤 관계가 있는가?

3. 합금은 무엇이며 왜 금속을 합금하는가?

4. 어떤 보석이 지질학적으로 볼 때 보석이 아닌가?

5. 모스 척도는 어떤 방법으로 광물을 분류하는가?

6. 인조 보석은 모조 보석과 어떤 차이점이 있는가?

7. 중요한 원석의 이름을 적고 설명하시오.

8. 인기 있는 보석 컷에는 무엇이 있고, 왜 그것을 사용하는가?

9. 투명, 반투명, 불투명을 비교하시오.

10. 다이아몬드 산업에서 어떤 변화가 일어나고 있으며, 이러한 변화를 일으키는 요인은 무엇인가?

응용 문제

1. Kitco.com과 같은 귀금속 웹 사이트에 접속하여 제공된 정보를 공부하시오. 용어와 개념을 조사하고 귀금속 시장에 대하여 완벽하게 이해할 수 있도록 연결된 링크에 접속하시오.

2. 패션 잡지에서 보석의 재료에 대한 유행을 조사하시오. 잡지 안에 모든 보석 광고를 보고 확인된 모든 재료를 기록하여 기록지를 만드시오. 팀원들의 자료를 취합해 중요 목록을 만들고, 중요한 트렌드를 평가하시오.

3. 보석상을 찾아가 매니저와 대화하시오. 루페와 마스터 다이아몬드 세트를 보고 큐빅 지르코니아와 진품 다이아몬드를 10배로 확대하여 비교하시오.

4. 보석, 준보석(예 : 탄생석), 귀금속에 대해 인터넷을 통하여 조사하시오. 광물이 어떻게 채취되고 얻어지며, 중요한 지질학적 위치나 가격, 법령에 대한 시사문제 보고서를 작성하시오.

5. '금속과 보석' 과 관련된 무역 관련 잡지에서 기사를 스크랩하시오. 기사에 대한 요약과 비평을 써서 첨

부하시오. 원거리에서 도서관 데이터에 접근하는 법을 익히시오.

6. 미국 연방거래위원회 웹 사이트를 접속하시오. 링크를 따라 귀금속이나 보석의 원석 시장에 영향을 주는 법령을 알아보시오. 그 입법사항을 간단히 요약하고, 수업 중에 파워포인트를 이용해 찾아낸 자료를 발표하시오.

제3부

패션 액세서리의 범주

제 **7** 장

신발류

두 명의 판매원이 각각 트럭 한 대분의 신발을 갖고 외딴 오지로 갔다.

일주일 후에 두 판매원은 회사 본부의 판매부장에게 보고했다.

첫 번째 판매원이 한탄했다.

"이곳 원주민들은 아무도 신발을 신지 않습니다.

결코 한 켤레도 팔 수 없을 겁니다!"

두 번째 판매원도 상황은 비슷했다.

"이곳 원주민들은 아무도 신발을 신지 않습니다."

그는 흥분한 어조로 보고했다.

"빨리 트럭 한 대분 더 보내 줄 수 있겠습니까?"

◎ 신발의 역사

신발은 자연의 물, 불, 흙, 바람으로부터 발을 보호하기 위해 발명되었다. 요즈음과 마찬가지로, 샌들은 더운 날씨에 뜨거운 지표면으로부터 발바닥을 보호하기 위해 착용되었는데, 공기를 순환시키기 위하여 샌들 윗부분이 있다. 끈으로 졸라 묶는 가죽 부츠나 발목까지 오는 슬리퍼는 추운 계절을 위해서, 사냥과 여행을 하기 위해서 만들어졌다.

경제적 측면은 오랫동안 신발 착용의 요인으로 작용해 왔다. 날씨가 따뜻할 때는 대부분의 고대 문명인들은 맨발로 지냈다. 신발이 대량 생산되기 전에는 노동자 계급 사람들은 자연으로부터 발을 보호하기 위해 동물 가죽이나 천으로 발을 감쌌다.

유사 이래 현대에도, 유행하는 신발의 모양은 같은 시대의 유행 의복을 반영한다. 14, 15세기의 패션은 중세풍의 좁고 가느다란 실루엣이 강조되어 끝이 뾰족한 헤닌(hennin)모자에서부터 발가락 부분이 길쭉한 신발인 포울린(poulaine)에 이르기까지 다양한 모습을 선보였다(그림 7.1). 15세기 말과 16세기에는 당시 유행하던 원통형의 스커트와 넓게 주름이 잡힌 칼라 또 부풀린 삼각형 소매에 어울리게 지나치게 넓다란 모양의 신발이 유행하였다(그림 7.2).

작고 우아하고 좁은 발에 대한 환상을 성취하기 위하여, 여성들은 높은 굽과 꼭 맞는 신발을 선택했다. 이러한 신발들은 좁은 신발 안에 수직으로 발이 놓이게 한다. 특히 굽이 높은 신발이나 발에 맞지 않는 신발은 발의 기형을 가져오거나 허리 통증을 유발하는 것으로 알려져 왔다.

◀ **그림 7.1** 프랑스에선 포울린(poulaine)이라 하고, 영국에선 크랙오우(crackowe)라고 하는 끝이 뾰족한 이 신발은, 발가락 부분이 지나치게 과장된 비율로 되어 있는데, 영국 국교회가 이것이 남근을 상징하며 '음탕하다'고 비난한 후 결국 금지되고 말았다.

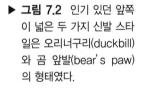

▶ **그림 7.2** 인기 있던 앞쪽이 넓은 두 가지 신발 스타일은 오리너구리(duckbill)와 곰 앞발(bear's paw)의 형태였다.

▶ **그림 7.3** 쇼핀(chopins)처럼 극도로 높은 신발은 여성은 의존적이고 연약하다는 관념을 더욱 강화시켰다.

▶ **그림 7.4** 카우보이 부츠의 뾰족한 앞부분은 말 안장 옆에 매달려 있는 등자에 발을 쉽게 밀어 넣어 끼울 수 있게 해주고, 넓고 높은 뒤축은 등자에서 발이 미끄러져 쑥 빠져버리지 않도록 해준다. 또한 뒤축은 걸을 때 미끄러지지 않도록 마찰력을 제공한다. 가죽으로 된 부츠의 긴 목은 찰과상이나 비바람으로부터 피부를 보호해 준다.

◀ **그림 7.5** 단추로 여미는 목이 긴 신발은 신기 어렵고 착용 중에도 고통스러웠다. 이러한 신발은 왼쪽 발과 오른쪽 발에 각각 맞춰 만들어지지 않아 신발을 신는 사람이 자신의 발에 맞도록 신발을 길들여야만 했다.

최초의 높은 굽은 15세기에 나막신처럼 생기고 나무로 된 두꺼운 신발창이 붙은 **패튼**(pattens)이라는 신발에 사용되었다. 패튼은 최초의 굽 높은 남성용 신발이었고, **쇼핀**(Chopins)은 최초의 굽 높은 여성용 신발이었다. 16세기 베니스에서는 굽 높이가 15~60cm에 이르기도 했다. 높은 신발창이 붙은 신발을 착용한 숙녀들은 걸을 때 다른 사람의 도움이 필요했다(그림 7.3).

17세기의 남성용 부츠와 여성용 신발의 굽은 낮아졌지만 장미꽃 장식이나 버클, 나비매듭으로 공들여 장식하였다. 18세기의 남성용 신발은 단순하고 신발 앞과 뒷굽이 사각형이며, 구두 위쪽의 혓바닥 모양 가죽도 커다란 사각형 형태인 것이 유행하였다. 여성용 신발도 뭉툭한 굽과 앞부리가 사각형이었다.

부츠는 19세기에 인기를 끌었다. 부츠는 군대 지휘관이나 군대 이름을 따서 명명되었는데 제퍼슨(Jeffersons), 헤시안(Hessians), 웰링턴(Wellingtons), 나폴레옹(Napoleons), 코작(Cossacks) 등이 있다. 동시에 미국의 카우보이 부츠가 유용성과 기능적 측면에서 디자인되었다(그림 7.4). 아메리카 인디언족들의 모

(a)

▶ **그림 7.6** 1940년대 남미의 무용수이자 가수였던 카르멘 미란다(Carmen Miranda)에 의해 대중화되었던 플랫폼(Platform shoes) 슈즈의 굽 높이는 1980년대 록그룹 케이아이에스에스(KISS)와 1990년대 팝가수 스파이스 걸즈(Spice Girls)에 의해 극도로 높아졌다. 케이아이에스에스의 멤버들은 종종 발 길이보다 더 높은 플랫폼 슈즈를 신고 무대에 나타나곤 하였다.(자료원 : (a) 코발 컬렉션, (b)와 (c) AP/월드와이드 포토)

(b)

(c)

카신(moccasins) 역시, 원주민과 이주민에게 또 다른 중요한 실용적 신발이었다.

높은 굽의 끈으로 매거나 단추로 잠그는 신발과 섬세한 공단이나 새끼 염소가죽으로 만든 슬리퍼는 19세기 상류사회의 모든 귀부인에게 없어서는 안 되는 필수품이었다. 그 당시 유행하던 버팀대 스커트(hoop skirt)는 치맛자락을 들어 올리거나 걸을 때 치마가 좌우로 흔들려 신발이 패션의 초점이 되었다(그림 7.5).

기술적인 혁신과 짧아진 치마 길이는 20세기 여성 신발 패션을 이전 시대보다 급격한 속도로 변화시켰다. 발이 드러나게 됨에 따라 생산업자들은 더욱 다양한 신발 디자인을 제공하였고, 신발과 스타킹은 중요한 패션 아이템이 되었다.

1950년대 말 미국 여성들은 전무후무한 높은 굽의 뾰족힐(stiletto) 신발을 신었다. 칼 모양의 무기 이름을 딴 이 굽은 강철 못을 안쪽에 보강재로 넣은 아주 가느다란 모양이다.

신발 스타일은 패션에서 주기적으로 재등장한다. 스펙테이터 슈즈처럼 어떤 특징이나 디테일은 해를 거듭하여 소비자의 마음을 끌기도 한다. 패션에 있어 진정으로 '새로운' 것은 패션을 착용하는 소비자 그 자체이다(그림 7.6 a-c).

같은 시대의 신발과 복식의 유사성은 역사상 수많은 사례를 찾아볼 수 있다. 신발 스타일은 넓은 것에서 좁은 것으로, 납작한 굽에서 높은 굽으로, 신발 끝이 사각형인 것에서 뾰족한 것으로 발전해 왔다. 신발 패션은 사람들의 정서를 반영하므로 신발 패션은 같은 시기의 유행 의복과 완벽하게 어울린다.

◎ 신발 개론

다른 액세서리와 마찬가지로, 신발 패션은 기성복과 더불어 발전해 왔다. 신발은 적은 부담으로 구입할 수 있는 신분 상징 품목이다. 대부분의 소비자들은 **오트 쿠튀르**(haute couture) 혹은 하이패션의 의복을 입거나 고급 승용차를 몰 수는 없지만 인기 브랜드의 스타일 좋은 신발은 살 수 있다.

신발 패션은 인간의 정서를 반영하는 것이고 신발 디자인은 의복 패션과 어울리게 디자인된다. 스포츠화, 캐주얼화, 정장화 그리고 부츠는 모두 패션에 영향을 받는다. 모든 패션 상품들이 그렇듯이, 신발 브랜드나 스타일도 도입에서 쇠퇴기에 이르는 소비자들의 수용 과정을 거친다. 최근 수십 년간 미국에서 광범위하게 소비자들의 호응을 받았던 스타일과 브랜드는 티-스트랩(T-strape), 스펙테이터(spectators), 플랫폼(platforms), 가죽끈으로 된 굽 낮은 샌들(huarache sandal), 고-고 부츠(go-go boots), 카우보이 부츠(cowboy boots) , 하이킹 부츠(hiking boots), 닥터마틴(Dr. Martens)과 같은 캐주얼화와 부츠, 그리고 케즈(Keds), 나이키(Nike), 아디다스(Adidas)와 같은 스포츠화이다.

미국 신발 소비의 상당한 부분을 차지하는 베이비 부머들이 나이가 점점 많아짐에 따라 신발 제조업자들은 편안한 신발로 개선하였다. 일생에 걸쳐 사람들은 발의 유전적인 문제, 잘 맞지 않는 신발, 2천억 보의 걸음, 발을 관리하지 않고 방치 혹은 혹사하는 등의 문제를 겪는다. 오늘날은 신발의 편안한 착용감을 강조하고 있기 때문에 패딩, 쿠션, 충격의 분산 등이 신발 생산에서 중요한 부분이다. 노화하는 발에 스트레스를 줄여주기 위해 발과 발목을 위한 보조기구인 교접기(Orthotics)가 빈번하게 사용되며, 충격을 흡수하고 몸무게로 인한 발바닥의 압력을 고르게 분산시키기는 충격 완화 삽입물을 보충하기도 한다. **뒤꿈치 패드**(heel pad), **쿠션감 있는 안창**(cushioned insoles), **발바닥 아치형 지지대**(arch support)는 발이 매일 받는 스트레스를 경감시킬 수 있는 비교적 값싼 방법이다.

1) 신발의 각 부분

신발을 구성하는 부분은 하단부분(lowers)과 상단부분(uppers)으로 분류한다. 하단부분은 뒷굽과 신의 밑창을 포함한다. 상단부분은 발의 윗부분을 덮어주고 지지해주는 부분으로 이루어져 있다. 그림 7.7은 남성과 여성의 기본적 신발의 세부 구조를 보여준다.

(1) 하단부분

하단부분에는 다음과 같은 부분이 있다.

> **뒷굽**(heel) 0.3cm 단위로 치수가 증가된다. 예를 들어 2.5cm 굽 높이는 8/8굽이며, 22/8 높이 굽은 7cm이다. 굽의 재료는 다양한데, 겹겹이 쌓아올린 가죽(나무처럼 보임), 플라스틱 또는 코르크가 주로 사용된다. 뒷굽은 밧줄, 스웨이드, 가죽, 직물, 접착제로 붙인 재료 등으로 감싸기도 한다. 그림 7.8은 일반적인 굽의 모양을 보여주고 있다.
>
> **뒤축**(heel lift) 뒷굽의 맨 아래쪽 바닥부분을 보호하며 교체할 수 있는 플라스틱 조각
>
> **기본 밑창**(base sole) 상단부분을 하단부분에 붙여준다. 용도에 따라 고무, 합성섬유, 가죽으로 만든다. 용도에 적합하도록 쿠션감, 편안함, 유연성, 가벼움, 충격흡수력, 마찰력, 물과 기름에 대한 저항력, 내구성을 고려한다.
>
> **안창**(insole) 신발 내부를 덮고 있으며, 발이 놓이는 부분으로 종종 패딩 처리한다.
>
> **바깥창**(outside) 땅과 직접 닿는 신발의 바깥쪽 밑창.
>
> **웰트**(welt) 신발창 바로 위의 좁고 긴 천으로 바느질하거나 접합제로 붙여진 부분.
>
> **생크**(shank) 발볼에서 뒷굽 사이에 이르는 부분. 구두창의 땅에 안 닿는 부분.

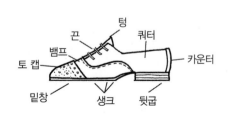

▲ **그림 7.7a** 남성용 신발 분해도

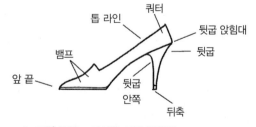

▲ **그림 7.7b** 여성용 신발 분해도

| 루이 힐 | 청키 힐 | 스택 힐 | 스틸레토 힐 | 웨지 힐 |

▲ **그림 7.8** 힐의 종류

(2) 상단부분

다양한 재료가 신발 상단부 제작에 사용된다. 고가 신발에는 가죽이 가장 보편적으로 쓰이며 저가 신발에는 가죽 대용으로 폴리우레탄 같은 합성 섬유가 사용된다. 드레시한 신발에는 직물이 사용되기도 하지만 가죽에 비해 내구성이 낮다.

상단부분에는 다음과 같은 부분이 있다.

속 라이닝(sock lining)　신발 상단부 안쪽에 테두리 부분을 매끄럽지 않게 덮어준다. 고가 신발은 가죽으로 되어 있고, 저가 신발에는 나일론이 사용된다.

카운터(counter)　신발 뒤쪽 중앙 솔기를 감추기 위해 장식적으로 마무리 해 놓은 것.

쿼터(quarter)　신발 상단부의 뒤쪽 부분.

새들(saddle)　신발 발등을 덮어주는 상단부에 별도로 붙여 놓은 천조각.

뱀프(vamp)　발등을 덮는 신발 상단부의 앞부분.

텅(tongue)　발등을 보호하는 뱀프와 연결되었거나 별도로 붙여 놓은 혀 모양의 천.

토 캡(toe cap)　뱀프의 발끝 부분을 한 번 더 덮어 주는 여분의 커버.

2) 신발의 생산

1850년대까지 신발 생산에 사용되는 도구는 고대 이집트 시대에 쓰이던 것과 기본적으로 차이가 없었다.

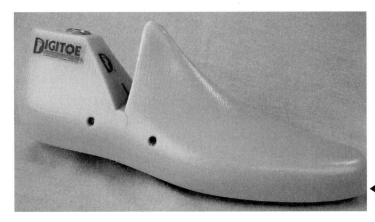

◀ **그림 7.9** 슈즈 신발틀
(자료원 : www.shoeschool.com)

미국의 신발 제조업자들이 신발의 대량 생산을 위한 기계를 성공적으로 발명하였다. 1845년에 발명된 압착기(rolling machine)는 신발용 가죽 섬유를 미세하게 분쇄, 압착시켜서 신발창의 착용성을 증가시켰다. 1846년 엘리아스 호우(Elias Howe)가 개발한 재봉틀은 신발 산업계에 혁명을 일으켜서 신발 제조를 단순화할 수 있는 기계 장치에 대한 길을 열었다. 신발의 제조 공정은 더 이상 손으로 이루어지지 않는 대신 기계를 사용하여 더욱 균등한 품질의 신발을 만들어내게 되었고, 따라서 생산은 엄청나게 증가하였다.

신발은 작업지시서에 따라 **신발틀**(last)의 형태로 제작된다. 신발틀은 신발을 만들고 모양을 잡는데 쓰는 플라스틱이나 나무로 된 발 모양의 틀이다(그림 7.9).

대부분의 신발은 7단계의 일반적인 공정을 연속적으로 거쳐 제작되는데, 많은 부분이 컴퓨터화된 장비에 의해서 이루어진다. 이 공정은 디자인하기, 패턴 만들기, 자르기, 맞추기, 신발틀에서의 작업, 신발 바닥 작업, 마무리 단계를 거친다.

① 디자인하기(designing)

신발 디자이너들은 그 계절의 신상품들을 만들어낸다. 신발 디자이너들은 다양한 곳에서 아이디어를 얻는데, 시장조사나 역사적으로 유행했던 상품, 현재의 패션 트렌드 등을 조사하고 또 직접 시장에 가 보기도 한다. 디자이너의 상상력은 필요한 소재나 제작상의 문제, 또 생산비용에 따라 제한을 받게 된다. '형태는 기능을 따른다.' 는 문구는 다른 액세서리 디자이너보다 신발 디자이너에게 더 적용된다고 할 수 있다. 신발 디자인에 있어 유용성과 편안함은 가장 중요한 특성이며, 특히 스포츠화의 경우 더 중요하다. 디자이너들은 패션 상품 판매자와 트렌드 예측자와 상의한 후에 여러 가지 신발 스타일을 스케치한 후 생산기술자와 함께 어떤 스타일을 견본으로 만들지를 결정한다.

② 패턴 만들기(pattern making)

신발 디자인은 비용을 절감할 수 있는 방식으로 자르고 조립해야 하는 여러 요소로 이루어져 있다. 상단부분, 안감, 신발안창, 신바닥, 뒤축, 다른 모든 신발 부분의 패턴을 만들어야 한다. 패턴 제작자는 3차원적인 신발틀을 부드럽게 잘 덮을 수 있는 부분을 만들어야 하며 견본 패턴은 컴퓨터화된 프로그램을 이용하여 더 작거나 큰 치수로 그레이딩 되기도 한다.

③ 자르기(cutting)

신발 상단부분은 합성 섬유나 천연 섬유로 재단한다. 합성 섬유의 경우에는 두꺼운 여러 겹의 천을 한꺼번에 자르지만 가죽과 같은 천연 섬유는 한 겹만을 자르게 되므로 재단사는 재단작업의 오차를 눈으로 확인할 수 있다. 가장자리가 날카로운 쿠키커터처럼, 금속으로 만든 찍는 틀(steel die)을 사용하여 재료를 패턴의 모양대로 자른다.

④ 맞추기(fitting)

이 단계에서는 신발 상단부의 부분들을 바느질이나 접착제, 열 용접을 통해 붙인다. 편안함과 내구

성을 위해 생산과정에 필요한 디테일한 면도 완성한다. 솔기를 마무리하고 신발끈을 꿰는 구멍도
만든다.

⑤ 신발틀에서 작업(lasting)

신발 상단부의 각 부분을 신발틀 위에 고정시켜 모양을 잡고 신발의 안창에 고정한다. 합성 섬유는
원하는 모양으로 고정시키기 위해 열처리한다. 가죽은 신발틀의 모양에 맞추기 위해 잡아 늘인다.
가죽은 원래의 형태로 되돌아가려는 경향을 없애기 위해 며칠 동안 신발틀에 그대로 고정시켜 둔다.

⑥ 신발 바닥 작업(bottoming)

신발의 밑창을 상단부분에 붙인다. 비교적 비싼 신발은 상단부분을 신발 밑창과 꿰매고, 다소 저렴
한 신발은 접착제를 사용하거나 상단부분과 신바닥을 일체형으로 만들기도 한다.

⑦ 마무리(finishing)

가죽으로 된 신발창과 뒤축을 가진 신발은 보통 몇몇 마무리 공정을 거친다. 굽은 못이나 접착제를
이용하여 부착하고, 신발은 무두질로 가죽을 부드럽게 하고 광택을 내는 공정을 거친다. 신발 안쪽
의 매끄럽지 못한 테두리부분을 덮어 주는 작업을 하며 장식을 붙이고 끈을 부착한다.

(1) 신발 표준사이즈

신발의 각 스타일마다 발 치수와 너비에 따른 조합별로 별개의 신발틀이 필요하다. 신발 제조업자들에게
기준이 되는 '신발틀의 표준사이즈'에 따르면, 사이즈 6 1/2 과 치수 7의 차이는 길이가 약 0.8cm 차이이
다. 너비에 있어서는 A와 AA 치수 사이에 0.6cm의 차이가 있다. 남성화의 표준너비는 D이고 여성화 표준
은 B 너비로 만들어진다. 어린이 신발은 보통 단순히 '좁음, 보통, 넓음'으로 표시된다. 표 7.1은 남성, 여
성, 어린이용 신발의 너비이다.

▶ **표 7.1** 신발 너비의 명칭과 종류

명칭	남성용 신발	여성용 신발	어린이용 신발
아주 좁음(Extra narrow))	AAAA(4A) AAA(3A) A(1A)	AAA(3A) AA(2A) AA(2A)	
좁음(Narrow)	B(또는 C)	A	A
표준(Standard, Regular, Average, Medium)	D	B	B
넓음(Wide)	E(W) EE(WW, XW, 또는 2E)	D 또는 C(D보다 C를 자주 사용함)	C 또는 D
아주 넓음(Extra wide, Doublewide)	EEE(3E) EEEE(4E) EEEEE(5E)	EE(2E, WW) EEE(3E)	

(2) 재료

가죽은 신발과 신발 안감의 이상적인 재료이다. 가죽은 발의 형태에 맞춰질 수 있고 또 '숨을 쉰다'(공기와 습도가 이동할 수 있도록 해준다). 숨을 쉬는 재료는 발에 난 땀이 증발할 수 있도록 계속 공기를 순환시킴으로써, 착용자가 편안함을 느끼게 해준다.

저렴한 가격의 패셔너블한 신발을 신고 싶어 하는 소비자들로 인하여 폴리우레탄이나 PVC 같은 합성 섬유가 염가 신발시장에서 가죽의 위세를 몰아내고 그 자리를 대신하게 되었다. 합성 섬유는 가죽과 매우 유사하게 보이지만 합성수지나 가죽이 아닌 재료의 특성을 그대로 살린 스타일 역시 인기를 누리고 있다.

신발의 상단부분에는 직물이 점점 더 많이 사용되고 있다. 수십 년 동안 결혼식의 신부들이 신는 신발이나 정장용 신발에만 공단이나 드레스용 패션 직물이 사용되었고, 드레스와 매치가 되도록 종종 염색을 하기도 했다. 오늘날에는 봄철과 여름철에 리넨과 같은 옷감이나 능직 소재로 우아하면서도 캐쥬얼한 느낌의 신발을 만들기도 한다. 신축성이 있는 극세 섬유 직물로 만든 신발은 매 계절마다 등장한다. 양모와 플란넬천은 겨울용 신발을 만드는 데 인기가 있다. 신발 상단부분을 신축성이 있는 직물로 처리하면 패션 감각을 높일 수 있고 발에 잘 맞을 뿐만 아니라 편안함을 증대시켜 준다. 스포츠화와 캐쥬얼화는 종종 캔버스천이나 나일론 천을 사용하거나 가죽과 직물을 결합해서 만든다.

눈 올 때나 스키를 탈 때 신는 신발 그리고 하이킹부츠는 방수처리가 된 직물로 만들어진다. 종종 나일론이 선택되는데 이는 나일론 특유의 방수력, 강도, 가벼움, 질긴 조직 때문이다. 고어(W. L. Gore)가 만들어 낸 고어텍스(Gore Tex)는 나일론과 폴리에스터 같은 바탕 원단 위에 테프론으로 얇은 막을 코팅 처리한 것이다. 이러한 코팅은 발에서 난 땀이 직물을 통과하여 밖으로 증발할 수 있도록 하지만 코팅막의 기공이 매우 작아서 작은 물방울이나 바람은 침투할 수 없도록 한다.

신발의 안감용으로 쓰이는 직물은 발의 습기를 없애주고 발을 따뜻하게 해 주기 위해 사용된다. 최근 개발된 섬유인 씬슐레이트(Thinsolate)는 신발을 신었을 때 발을 따뜻하게 해 준다. 이 가벼운 직물은 부츠안감으로 사용되는데 새의 깃털보다 더 따뜻하다.

◎ 신발의 분류

신발은 단화, 부츠, 실내용 슬리퍼로 분류할 수 있다. **단화**(shoes)란 발목 위로 올라가지 않는 것으로 거리에서 신을 수 있거나 기능을 목적으로 신는 신발이다. **부츠**(boots)란 발목 위로 올라가는 목이 긴 신발인데 장딴지 아래쪽과 허벅지 사이의 길이가 대부분이다. **실내용 슬리퍼**(house slippers)는 신바닥이 부드럽거나 혹은 딱딱한 창으로 되어 있는데 보통 옥외용으로 디자인되지는 않는다.

신발 스타일은 다양하지만 대부분 거의 남녀 구별 없이 분류한다. 신발의 일반적인 유형은 스포츠화, 부츠, 나막신, 로퍼, 모카신, 뮬(mule), 옥스퍼드화, 펌프스, 샌들이 있다. 그림 7.10은 여러가지 신발 스타일이다.

◎ 디자인

신발은 종종 유용성보다는 패션을 위해 디자인된다. 제조업자들은 발에 맞지 않는 신발을 착용하여 유발되는 발의 질병률을 낮추기 위해 매력적이면서도 편안한 신발을 디자인하기 위해 노력하고 있다. 또한 모든 종류의 신발에 있어 맞음새와 편안함의 중요성이 날로 커지고 있다. 역사적으로 편안한 정장용 신발은 패셔너블하거나 외관상 매력적이지 못한 것으로 간주되었고 일반적으로 노인용 신발로 다루어졌다.

스포츠화의 인기는 신발산업에 있어 120억 달러의 시장을 창출해 냈다. 2000년 미국 시장에서 큰 활약을

바스켓볼 슈즈

앵클/처커 부츠

플랫폼 크로그

페니 로퍼

모카신

뮬

윙팁 옥스퍼드

에스파드리유

오픈토우 슬링백 펌프스

스펙테이터 펌프스

T-스트랩 펌프스

도르세이 펌프스

통 샌들

▲ **그림 7.10** 신발 스타일

신발이 잘 맞는다면…

신발에 관한 한, '패션 희생자(fashion victim)'란 문구는 비유적으로 또 문자 그대로 풀이될 수 있다. 많은 사람들, 특히 여성들은 잘 맞지 않는 신발이나, 편안함보다는 유행을 좇는 신발을 착용함으로써 엄청난 고통을 겪어 왔으며, 만성적인 발과 허리의 문제점들을 유발시켰다. 하나의 극단적인 예를 들면, 중국 본토의 부유한 가정의 오래된 관습으로, 어린 소녀들의 발을 묶어놓는 고통스런 관습이 있었다. **전족**(Chinese lily foot)을 하기 위해선 사실상 발가락 부분이 들어갈 공간이 전혀 없는, 아주 작고, 심한 아치형 모양의 신발을 신어야 했다. 갓난아기 때부터, 여자아이들은 발가락이 발바닥 아래로 접혀진 채 발꿈치까지 단단히 묶여지게 되는데, 이렇게 해서 그들의 발은 심한 아치형을 이루게 되고 정상적인 발 크기의 거의 반밖에 되지 않게 된다 .이것은 대단히 고통스러운 것이었고, 다른 사람의 도움 없이는 보행을 어렵게 만들었다. 7.5cm의 '금 연꽃(golden lotus)' 발이 최고였고, 10cm의 '은 연꽃(Silver lotus)' 발은 가치가 약간 낮았다. 전족의 목적은 중국 왕족 여인들의 이동성을 제한하고, 그들이 육체적인 노동을 하지 못하도록 하기 위함이었으며, 남편의 부와 아내의 경제적 무능력에 대한 개념을 조성하고, 여성의 성감대를 강화시키기 위함이었다.

발을 묶어두는 중국의 전족 관습은 단지 몇 년 만에 발의 기형을 야기하지만, 여성들이 신는 높은 굽이나 꽉 죄는 신발은 수십 년에 걸쳐 발의 기형을 가져온다. 여성용 구두는 갈고리모양의 발가락(claw toes), 방망이모양 발가락(mallet toes), 망치모양 발가락(hammer toes), 건막류(bunions), 티눈, 신경종(neuromas) 등과 같은 모든 질병의 주범으로 비난받아 왔다. 이러한 신체적인 기형은 고통과 보행의 어려움, 염증을 유발시키고, 감염을 유발한다. 미국 정형외과의 발과 발목협회는, 특히 여성의 경우에 발에 생기는 많은 질병들이 유행을 좇는 신발을 신음으로써 생긴다는 연구조사를 발표하였다.

연구조사에 따르면, 하이힐을 신는 경우 발의 볼 부분에 받는 압력이 거의 두 배로 증가된다고 결론지었다. 굽 높이가 2.5cm 이하인 경우 발 볼이 받는 압력은 22% 증가되지만 굽 높이가 8cm인 경우 압력은 76%

▲ 전족으로 변형된 여성의 발
  (자료원 : 베트맨/코르비스)

증가하였다(Rossi 와 Tennant, 1993).

패션 비평가들은 여성들이 이러한 질병을 유발하는 신발을 채택할 수밖에 없는 상황을 이해해야만 하는데, 우스꽝스러운 유행을 선택하는 여성들을 단순히 비난만 하는 것은, 동조성에 대한 사회적 압력을 무시하는 처사이고, 다양한 신발 스타일의 제공을 제한하기 때문이다. 전족은 어린 소녀들이 유행에 어떻게 강압적으로 굴복당했는가를 보여주는 극단적이고 명백한 예라고 할 수 있다. 신발 패션은 더욱 미묘하면서도 여전히 강압적인 현대의 문화적인 기준에 의해 지배된다. 큰 키는 많은 사회에서 선호하는데, 이는 더 길고, 균형 잡힌 다리가 더 매력적으로 보이기 때문이다.

1999년 일본 도쿄에서는 정형외과상 위기에 봉착했는데, 그 이유는 두꺼운 신발창이 붙은 신발을 신고 다니다가 걸을 수 없게 되거나, 심각하고 치명적인 사고를 당하는 여성이 20%나 증가했기 때문이다. 일본 소비자 정보센터는 대중에게 통굽 신발을 신을 경우의 위험성에 대해 경고했다. 일본 여성들은 통굽 신발을 신으면 다리가 길고 예뻐 보이며 키가 커짐으로써 남자보다 우월하게 된다고 믿었다. 한 젊은 일본 여성은 설명했다. "통근 열차 안에서 내 눈 높이는 중년의 남자들보다 높은데, 그들은 사무실에서 아주 거만한 사람들이지요."

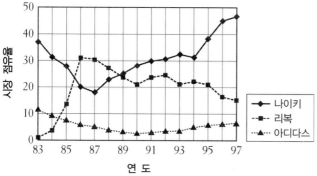

◀ **그림 7.11** 1983년부터 1998년 사이의 나이키, 리복, 아디다스의 시장 점유율

보인 브랜드는 나이키, 리복, 아디다스였다. 그림 7.11은 이 세 회사의 1983년과 1998년 사이의 시장 점유율을 나타낸 그래프이다.

1960년대의 소비자들은 스포츠화 중 단 한 가지만 선택할 수 있었는데 그것은 스니커였다. 21세기에 들어 소비자들은 대부분의 스포츠나 활동에 적합하도록 디자인된 패션 감각이 뛰어난 스포츠화를, 수백 개의 브랜드와 여러 다른 스타일로 접할 수 있게 되었다. 달리기, 걷기, 에어로빅, 테니스, 농구를 위한 신발 구입이 가능하게 되었고 이러한 신발들은 부상을 방지하고 편안함을 주도록 디자인되었다.

다양한 스포츠 활동을 즐기는 소비자들은 종종 많은 우수한 특징들이 결합된 모든 운동에 적합한 신발을 선택한다. 이 '**전천후 스포츠화**(cross trainer athletic shoes)'는 동작 제어에서부터 충격 흡수에 이르기까지 특정한 운동을 위해 디자인된 많은 기술적 요소를 제공한다. 전천후 스포츠화의 한 브랜드인 뉴 밸런스(new Balance)의 운동화는 11가지 독특한 구성요소를 포함하고 있다. 이 가벼운 신발은 공기순환, 쿠션감, 발의 안정감, 제어력, 발꿈치의 쿠션감, 압착에 대한 저항력, 충격흡수의 기능이 있다.

편안함을 증대시킬 수 있는 테크놀로지를 활용한 캐쥬얼한 운동화의 생산은 신발 산업에 있어 중요한

기술 이야기 : 스마트 신발

운동 수행 능력을 측정해 주는 컴퓨터 칩이 신발 속에 들어 있다면 어떨까? 6세에서 11세 사이 아이들을 위한 리복의 트렉스타(Traxtar)(소매가로 65달러에서 75달러 사이)는 패션과 동작 감지 마이크로 프로세서 칩을 결합시키고 있다. 칩이 들어 있는 타원형의 주머니는 텅(신발 앞쪽 발등 부분의 혓바닥처럼 생긴 부분)에 위치하고 있다. 아이들은 수행 능력을 금, 은, 동으로 평가받으면서 불빛을 볼 수 있고 음악도 들을 수 있다. 트렉스타는 높

이뛰기, 전력질주, 멀리뛰기에 있어 90% 이상의 정확도 측정이 가능하다. 리복은 컴퓨터 기술과, 영양과 수행능력에 대한 정보를 담은 CD-Rom을 곁들인 이 상호 교류적인 신발을 선보임으로써 스포츠화의 시장 점유량을 증가시키기를 기대하고 있다. 기술적 혁신이 가져온 가장 중요한 혜택은 운동선수가 자신이 신발을 신고 다닌 거리를 계속 점검할 수 있어서 언제 새 신발을 구입해야 하는지 알 수 있는 능력이 생긴다는 것이다.

추세를 이루고 있다. **캐쥬얼 피트니스**(Casual fitness)란 소비자가 실제로 운동이나 스포츠를 즐기지는 않지만 캐쥬얼하고 스포티한 신발의 모양과 편안함을 좋아한다는 것이다. **편안함을 위한 기술**(comfort technology)은 신발 안창에 쿠션대기, 발 모양의 윤곽대로 발바닥판을 본뜨고 제작하기, 패딩작업, 충격흡수, 상단부분 강화하기 그리고 공기 통풍을 위한 기술과 같은 것을 포함한다. 대부분의 편안한 신발은 가볍고, 서 있거나 걸어다닐 때 피로하지 않도록 충격흡수재를 쓰도록 디자인된다.

고급 브랜드인 콜한(Cole-Haan)사를 포함한 많은 신발 회사들이 편안함을 위한 기술을 활용할 것을 주장했다. 콜한사와 그 모회사인 나이키는 30대와 40대의 부유한 남녀 기업가들을 겨냥하여 라이프스타일에 맞는 신발 라인을 개발하였다. 이 신상품은 모양과 가격에 있어서 부유층을 위한 것이지만, 나이키의 워킹 슈즈처럼 신발 안창 속에 항상 정상압력을 유지하는 기체로 가득 차 있는 폴리우레탄 캡슐이 들어 있는 것을 자랑하고 있다.

▲ **그림 7.12** 무릎 높이의 부츠는 1960년대에 대단히 인기가 있었다.(자료원 : AP/월드 와이드 사진)

직장에서 캐주얼한 옷차림(corporate casual)이 대세를 이루고 전문직 사무실에서 **카키 캐주얼**(Khaki casual) 팬츠를 입을 수 있게 됨에 따라 신발 제조업자들은 또 다른 디자인을 개발하게 되었다. 카키 팬츠와 그 외의 캐주얼한 바지와 함께 신을 수 있도록 특별히 디자인된 신발류는 신발 산업을 성장케 하는 중요한 부분이다.

서부의 카우보이 부츠나 작업용 부츠, 하이킹 부츠는 전통적으로 기능적인 측면에서 착용하였는데 점차 장식적인 패션 액세서리로 발전했다. 비가 오거나 눈이 올 때 신는 부츠의 용도는 기본적으로 착용자의 발을 젖지 않도록 하는 것이지만 제조업자들은 패션 측면을 부각시킴으로써 판매량을 늘릴 수 있다.

무릎 높이나 발목 높이의 여성용 부츠는 패션의 관점에서 볼 때 인기를 끌던 시기가 있었다.

오늘날 제조업자들은 신축성 있는 마이크로 섬유를 부츠에 사용함으로써 발에 꼭 맞고 더 편안하게 해준다. 그러나 이전에는 꼭 맞도록 부츠 길이에 맞춰 지퍼를 달았다. 소비자들이 집에서 신을 수 있는 기성품 신발에 더욱더 관심을 갖게 됨에 따라 최대로 편안한 신발, 캐주얼한 실내용 슬리퍼의 인기가 상승하게 되었다. 인체의 발바닥 모양에 꼭 맞게 디자인되고 밑창이 붙은 쉽게 신고 벗을 수 있는 슬립 온(slip-on) 스타일의 성인용 레저화는 남녀 모두에게 인기를 끌고 있다. 야심찬 소매업자들은 매상을 올리는 멋진 기회로 이러한 보조적인 신발을 활용한다. 실내화나 레저용 신발 매장에서도 실내용 슬리퍼는 이윤을 높이는 역할을 하고 있다.

◎ 신발 손질법

소비자들은 자신들의 신발을 규칙적으로 깨끗이 관리하도록 고무되어야 한다. 신발 관리는 착용하기, 깨끗이 손질하기, 광택내기, 보관하기를 포함한다. 신발 전문가들은 몇 켤레의 신발을 보유하여 번갈아 가면서 신는 것을 권한다. 시장에서 구할 수 있는 많은 신발 관리 제품들은 신발 소매업자의 판매액을 부수적으로 올릴 수 있도록 해준다.

소비자들은 **구두주걱**(shoehorn : 휜 모양의 도구로서 원래는 진짜 동물의 뿔로 만들어졌으며 신발 뒷부분의 안쪽에 밀어 넣어 발뒤꿈치가 쉽게 신발 속으로 미끄러지듯 들어갈 수 있도록 해준다), 솔, 광택제를 구입하도록 권유받는다. 방향성이 있는 삼나무로 된 **슈 트리**(shoe trees)(모양을 보존하기 위해 넣어 두는 구두틀)나 삼나무로 채워진 **신발주머니**(shoe pouch)는 발에서 난 땀에서 생성되는 산성물과 소금기를 흡수하고, 신발 모양을 유지시켜 준다. 가죽 신발과 부츠를 깨끗이 하고 보존하기 위해서는 가죽전용비누와 가죽보호용 오일을 사용한다. 또 직물과 합성 섬유를 깨끗이 하기 위해서는 폼 클린저와 크림, 악취를 줄여주는 약제가 필요하다. 가게의 판매원들은 새 신발을 구입할 때 신발의 품격을 높여주거나 보존하는 데 필요한 상품들을 쉽게 산다는 것을 알아야 한다.

판매원은 고객에게 신발의 수명을 연장시키려면 다음 단계를 잘 따라야 한다고 권고한다.

- 신발을 계속 착용하지 말고 신발에도 '휴식하는 시간'을 준다. 하루에 발에서 난 3/4컵 분량의 땀이 신발로 흡수된다.
- 젖은 신발은 햇빛이나 방열기 혹은 드라이어기와 같은 직접적인 열이 아닌 실내온도에서 그냥 건조시켜야 한다.
- 지나친 습기를 흡수할 수 있도록 신발 속에 마른 신문지를 채워 준다. 정기적으로 젖은 신문지를 빼내고 마른 새 신문지를 교체해서 채워 준다.
- 희석한 식초물에 부드러운 천을 적셔서 소금기로 생긴 얼룩을 문질러 없애 준다.
- 진흙이나 젖은 부분은 솔로 털어내기 전에 완전히 말리도록 한다.
- 신발 크림이나 광택제를 바르기 전에 작은 흙먼지 등을 솔로 제거한다.
- 가죽보호용 오일을 발라서 가죽표면의 기름기를 보충해 주고, 가죽이 마르거나 갈라지는 것을 방지한다.
- 뻣뻣한 나일론 솔이나 축축한 천으로, 가죽이나 가죽처럼 보이는 합성섬유를 정기적으로 깨끗하게 해 준다.
- 마른 상태의 스웨이드 신발은 수건이나 딱딱한 플라스틱 솔이 달려 있는 브러시로 빗질한다. 손톱 손질용 끌(emery board)로 스웨이드의 결을 정리해 준다.
- 에나멜 가죽구두의 자국은 헌 나일론 스타킹으로 문질러서 없앤다.
- 신발 뒤축이 구겨지는 것을 방지하기 위해 구두주걱을 사용한다.
- 캔버스 슈즈에는 신발용 폼 클린저를 이용한다. 폼 클린저 거품의 화학적 성분은 캔버스의 먼지를 분리하며 축축한 헝겊으로 깨끗이 닦아낼 수 있도록 한다. 실내용 운동화, 스니커, 러닝화와 같은 캔버스 슈즈는 세제를 넣고 세탁기에 가볍게 돌려서 세탁할 수도 있다.
- 신발 내부에 서식하는 세균과 곰팡이, 신발의 악취를 줄이기 위해 정기적으로 세탁한다.
- 정기적으로 구두를 닦아준다. 이때 원치 않는 변색을 방지하기 위해서 신발과 구두약의 색깔을 신중하게 맞춰 준다.

◉ 세계의 신발 산업

1997년 미국의 신발류 소비는 세계 전체 소비의 14.7%였다. 중국은 세계 전체 소비의 21%를 기록하였으나 1인당 소비는 미국이 더 많았다. 1997년에 미국 소비자들이 평균 6.2 켤레의 신발을 구입(1996년의 5.9 켤레에서 증가함)한 반면, 중국의 소비자들은 일인당 1.8 켤레의 신발을 구입하였다. 전 세계 평균 신발 소비량은 일인당 1.91켤레였다.

전 세계적으로 소비된 신발류의 46%는 가죽 제품이었다. 가죽구두는 켤레당 대략 2140cm²의 가죽을 사용한다.

신발제조는 세계적인 산업이다. 1999년의 통계청 자료에 의하면, 미국의 신발 수출액 1달러 대비 신발

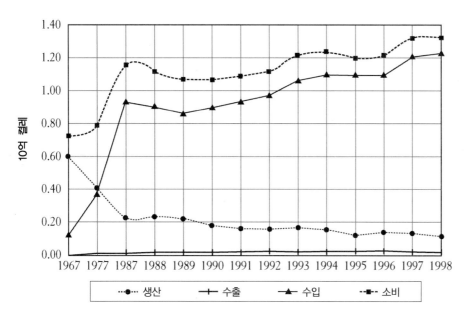

▲ 그림 7.13 1967년부터 1998년의 미국 내 비고무(nonrubber)류 신발 생산과 소비 통계
(자료원 : 1999년 미국 신발통계와 신발산업)

수입액은 20달러가 넘는 것으로 나타났다.

그림 7.13은 미국에서의 신발 생산, 수출, 수입과 소비와 관련한 1967년부터 1998년까지의 추이를 보여 준다. 1999년에 미국의 신발 업계가 수집한 자료에 따르면 생산은 감소되었고, 수출은 고정적이고 낮은 편에 머물고 있으며 수입과 소비는 모두 증가되었다.

1) 신발 생산

신발은 대부분 아시아에서 생산된다. 신발 제조공정은 대부분 컴퓨터화된 장비를 사용하는데 이러한 장비들은 인건비가 저렴하고 노동 생산성이 높은 극동의 나라로 쉽게 운반할 수 있다. 선진국의 높은 인건비는 자국 내의 신발 생산을 감소시켰다. 2000년도 미국의 켤레당 신발 생산비용은 평균 20.18달러인 반면 세계 평균은 8.66달러였다.

2001년의 신발생산 상위권 국가는 중국, 브라질, 인도네시아, 이탈리아, 타이였고, 비고무류 신발의 78%와 고무류 신발의 80%가 중국에서 생산되었다. 아시아 국가에서는 상대적으로 저렴한 인건비로 인해 신발한 켤레당 평균 가격이 가장 낮다. 이탈리아의 신발가격은 20달러 이상 가격대가 주를 이루는데 그 이유는 더 높은 가격대의 패션 슈즈에 집중하고 있는 점과 미국과 그 외 시장으로의 지속적인 수출을 위해 높은 품질 수준을 개발하여 왔기 때문이다. 표 7.2는 2001년도 세계 신발 생산의 상위권 국가와 켤레당 평균 가격을 보여 준다.

미국 내에서 소비되는 신발의 85%가 수입품이긴 하지만, 수입품은 생산 소요 시간이 길기 때문에 미국 내에서 생산하는 신발은 저가격대 수입 신발에 대해서 경쟁력을 갖는다.

▶ **표 7.2** 2001년도 신발 생산 상위권 국가

국 가	세계 생산량	신발 가격(달러)
중국	78.3%	7.06
브라질	6.58%	12.05
인도네시아	3.93%	9.40
이탈리아	3.28%	25.98
타이	1.26%	12.05

▶ **표 7.3** 미국 내의 10대 신발 유통 업체와 연 매출액

회 사	연간 판매고(달러)
미국 아디다스사(Adidas Amerca, Inc)	1,043,035,000
스페리 탑 – 사이더 사(Sperry Top-Sider, Inc)	5000,000,000
미국 스케처스사(Skechers USA, Inc.)	473,680,000
미국 닥터마틴 에어웨어(Dr. Martens Airwair USA LLC)	261,604,558
콜 한 홀딩스사(Cole Haan Holdings, Inc.)	250,000,000
콜 한사(Cole Haan, Inc.)	225,000,000
키니 서비스사(Kinney Servicd Corporation)	241,600,000
케즈사(Keds Corporation)	200,000,000
슈와르츠, 잭 슈즈사(Schwartz, Jack Shoes, Inc.)	190,000,000
슬라이드 라이트 어린이 구룹 I (Stride Rite Children's Group I)	189,000,000

　　미국 내의 제조업체들은 더 나은 품질, 훌륭한 서비스, 확충된 컴퓨터에 의한 디자인(CAD), 더 짧은 생산기간과 배송 스케줄, 재고 관리, 컴퓨터화된 기술로서 경쟁력을 가질 수 있다. 수많은 신발 생산업체들이 해외로 이전하였지만 미국 회사들은 여전히 가장 인기 있는 유명 브랜드를 많이 소유하고 있다. 표 7.3은 연매출액에 근거한 미국 내의 10대 신발 업체의 순위를 보여 준다.

2) 무역기구, 출판물, 전시회

신발 산업은 미국 내에서 수십억 달러에 이르는 시장을 가지고 있으며 전 세계의 신발 제조업체와 소매업체를 위한 여러 개의 관련 무역기구, 출판물, 전시회를 지원하고 있다.

　　관련 무역기구는 국내외 시장을 위해 존재한다. 표 7.4는 중요한 신발 관련 무역기구 목록이다.

　　어떤 관련협회는 통계자료와 스타일 유통 트렌드에 관한 정보, 수익 증가를 위한 방법, 판촉 전략과 같

▶ **표 7.4** 신발 업계 관련 무역기구

무역기구	위 치	목 적
뉴욕패션신발협회 www.ffany.org	뉴욕 주, 뉴욕	뉴욕 신발 엑스포를 매년 후원함.
미국신발 유통점과 소매상 협회 www.fdra.org	워싱턴 디시	소매상, 유통업체, 가입 회원들을 대표함.
미국의류 및 신발협회 www.thefashion.org	워싱턴 디시	가입업체의 경쟁력, 생산성과 이윤 가능성을 촉진, 증대 시키고, 억제요소는 최소화시키며 관련 데이터를 요약.
미국신발소매상협회 www.nsra.org	메릴랜드 주, 컬럼비아	독립적인 신발소매업자를 대표, 지원하며 소매업과 그에 대한 관련법규의 입안을 촉진함.
Pedorthic 신발협회 www.Pedorthics.org	메릴랜드 주, 컬럼비아	의료용 신발과 컴포트 슈즈 업계를 대표함.
신발 및 관련 무역연구협회 www.satra.co.kr	영국	회원에게 기술과 연구 서비스 제공.

▶ **표 7.5** 신발 산업 관련 출판물

출판물 명칭	설 명
신발제조기술과 과학 The Art and Science of Footwear Manufacturing	신발 제조공정을 그림과 함께 보여줌. 미국의류 및 신발협회(American Apparel & Footwear Association : AAFA) 제공
포커스 : 의류 및 신발 산업의 경제적 영향 프로파일 Focus : An Economic Impact Profile of the Apparel and Footwear Industries Footwear Market Monitor	각종 통계. AAFA에서 얻을 수 있음
신발류 시장 모니터 Footwear Market Monitor	미국 신발 판매고 분석(AAFA 제공, 1년에 4회)
신발뉴스 Footwear News	최근 사건, 통계자료, 패션 정보를 제공. 페어차일드에서 주마다 발행
신발통계 Shoe Stats	FOCUS 요약본. 미국신발산업(Footwear Industries of America : FIA)에서 출판.
shoeonthenet.com	인터넷 구독 자료
shoesworld.com	Shoe World의 넓은 세계와 연결된 웹사이트를 만들어 사업에 도움을 주는 인터넷으로 유럽 신발산업을 연결해 줌.
소울소스 Sole Source	무역협회, 신발자원, 소매상 관련 자료 제공. FIA에서 출판
일간여성복(월요일) Women's Wear Daily(Monday)	신발을 포함한 여러 액세서리에 대한 유행 정보와 최신 무역 정보제공. 페어차일드 출판사.
세계신발시장 World Footwear Markets	산업체 통계 자료 제공. SATRA에서 출판

▶ **표 7.6** 신발산업 관련 전시회

무역기구	위 치	후 원
보스턴 슈즈 트레블러즈 무역전시회 (Boston Shoe Travelers Trade Show)	매사추세츠 주, 말버러	보스톤 슈즈 트레블러즈
엠파이어 스테이트 신발전시회 (Empire State Footwear Show)	뉴욕 주, 시러큐스	엠파이어 스테이트 신발협회
EShoeShow.com Shoeinfonet.com	인터넷 사이트	신발무역 전시회 명단과 날짜
뉴욕 슈즈 엑스포 (New York Shoe Expo)	뉴욕 주, 뉴욕	뉴욕패션신발협회
북아메리카 신발 및 액세서리 마켓 (North American shoe and Accessory Market)	조지아 주, 애틀랜타	사우스웨스턴 슈즈 트레블러즈
사우스웨스턴 슈즈 트레블러즈 쇼 (Southwestern Shoe Travelers Show)	텍사스 주, 댈러스	사우스웨스턴 슈즈 트레블러즈
더 슈즈 쇼 (The Shoe Show)	네바다 주, 라스베이거스	세계슈즈협회

은 판매 및 서비스 정보 자료를 출간하며 회원업체 정보와 업계 소식지를 제공한다.

표 7.5는 신발 업계의 중요한 관련 출판물 목록이다.

국내 및 국제 신발산업협회들은 여러 다양한 수준의 신발 업체 사람들이 참가하는 박람회와 전시회를 주관한다. 브라질, 캐나다, 중국, 컬럼비아, 크로아티아, 체코, 독일, 헝가리, 인도, 인도네시아, 이탈리아, 멕시코, 러시아, 남아프리카, 스페인, 터키, 베트남을 포함하는 많은 해외국가들도 신발 전시회를 개최한다. 미국 내의 전시회는 지역별로 개최되는데 표 7.6은 미국에서 적어도 일 년에 한 번은 개최되는 중요한 몇몇 전시회 목록이다.

◎ 머천다이징 트렌드와 기술

신발의 머천다이징은 라이프 스타일 지향적으로 전개되고 있는데 이것은 교차 머천다이징 또는 판매를 위하여 관련 상품을 제공하는 것을 의미한다. 고객은 단지 신발이 아니라 전체적인 머리부터 발끝까지 의상의 한 구성요소로 디스플레이된 신발을 볼 수 있다.

관련 상품을 판매하면 매출을 몇 배로 증가시켜 궁극적으로 이윤을 높인다. 예를 들면, 스포츠화의 제조업체들은 탈착 가능한 쿠션 깔창, 발꿈치 쿠션, 장식적인 운동화 끈, 스포츠용 토트백을 함께 제공하기도 한다. 상품 판매 기획의 콘셉트는 혼합매치하여 토털룩을 완성할 수 있는 일련의 상품들을 제공하는 것이다.

고객들은 과거에는 고수했던 계절에 따른 패션 법칙을 무시한다. 제조업체들은 날짜와 상관없이 따뜻한 기후에서 차가운 기후로 전환이 용이한 소재를 사용하여 캐쥬얼하고 계절 구별이 없는 신발을 제작함으로써 신발의 계절적 구별을 모호하게 하고 있다.

1) 점포 소매상

첨단의 신발 패션은 가장 먼저 전문점에서 소개된다고 할 수 있다. 이러한 전문점은 유행의 수용에 있어 매우 중요한 역할을 담당한다. 소규모의 신발 소매점은 신발 브랜드에 대한 관심과 신뢰도뿐만 아니라 브랜드의 정체성도 조성한다. 새로운 스타일이 소개되는 단계에서는 일반적으로 가격이 더 높게 매겨진다. 백화점, 체인점, 또는 대형 **염가 신발점**(box locker : 예를 들면, Foot Locker 혹은 Athlete' s Foot)은 일단 유행 이미지가 확실해진 후에 최신 스타일의 신발을 제공한다.

신발은 일반적으로 브랜드, 품목, 기능, 사이즈, 색에 따라 상품계획이 이루어진다. 백화점, 전문점, 또는 할인점과 같은 상점의 종류에 따라 상품 판매 계획 방법이 영향을 받는다. 예를 들면, 스포츠화 상점의 경우는 야구, 달리기 또는 에어로빅과 같은 종목별로 모든 브랜드의 신발이 분류되어 있으며 할인점에서는 브랜드와는 상관없이 좀 더 낮은 가격대의 신발이 카테고리, 사이즈, 색에 따라 분류되어 있다.

신발 상점 계획자는 차분한 분위기의 편안한 매장 환경을 조성할 수 있도록 힘써야 한다. 모든 형태의 신발점에서 충분한 좌석 공간은 중요한 필수적 요소이다. 적절한 조명은 고객들이 뒷벽면을 포함한 상점의 구석구석을 둘러보도록 함과 동시에 진열된 상품의 어두운 음영부분도 잘 밝혀 줄 수 있어야 한다.

많은 소매점들이 고객과 고객 친구들의 사회적 모임 장소로서의 상점 이미지를 조성하는 쇼퍼테인먼트(쇼핑과 엔터테인먼트) 서비스를 실행하고 있다. 대형스크린 TV, 카페, 구두를 닦거나 발 맛사지를 받을 수 있는 부스, 당구대, 음악은 여유로운 분위기를 조성하기 위한 도구들이다.

판매원이 따로 없는 셀프 서비스 방식, 퀵-서비스 방식의 상점은 고객들이 보관 상품을 쉽게 꺼내 볼 수 있고 편리한 계산대를 이용할 수 있도록 서비스하고 있다.

(1) 임대 매장

신발 판매는 충분한 상품 보유를 위한 투자가 요구되기 때문에 백화점과 전문점은 **임대 신발 매장**(leased shoes departmets)이 흔하다. 다양한 발 크기/너비의 조합에 따른 각 스타일별 신발을 구비해 놓아야만 한다. 임대 계약에 따라 신발전문점에서는 여러 제조업체로부터 공급받은 신발을 한 임대 매장에서 판매한다. 이러한 신발전문점들은 매장 상품에 대한 소유권을 갖고 있긴 하지만 임대를 준 상점의 규칙을 따르면서 매장을 운영해야 한다. 많은 고객들은 이곳이 임대된 매장인지 눈치 채지 못한다.

(2) 재고 관리

소매점은 방대한 물량의 신발을 관리하는 데 필수 요소인 재고 관리용 소프트웨어에 크게 의존하고 있다. 전자 바코드, 스캐너, 마그네틱 감지기와 같은 정보교류 시스템은 신발 소매점에게 최상의 지속적인 판매와 이윤을 가능하게 하는 최적 물량의 스타일을 구비하도록 돕는다. 여러 개의 체인 상점을 지원하는 유통

기술 이야기 : POI(point of informaton) 시스템

"저기요, 이걸로 9사이즈가 있나요?"

"음, 잘 모르겠네요. 먼저 이 손님부터 도와드린 다음에 그 사이즈가 있는지 재고 창고로 가서 확인해 보도록 할게요."

"아니, 괜찮아요. 그냥 한번 둘러보는 중이에요."

판매 기회의 상실. 감동받지 못한 고객. 평생고객으로서의 가치 저하. 이익의 감소.

쇼핑객들은 시간에 쫓겨, 판매원들이 사이즈와 색을 확인하러 재고 창고에 가는 것을 기다릴 만한 시간이 없을지도 모른다. 소매 기술회사인 젬마 시스템 인터내셔널(GSI)은 상점 내에서 사용자 – 친화적인 컴퓨터 단말기와 스캐너를 이용하는 상호 교류적 소프트웨어를 제공

한다. 고객들은 원하는 사이즈와 색이 재고 창고에 있는지 또는 회사의 다른 지점에 있는지를 알아볼 수 있도록 샘플 상품의 바코드를 스캔하기 위해 컴퓨터 스크린의 지시에 따른다. 만일 상점 내에 신발이 구비되어 있다면, 주문은 재고 창고로 보내져 선반에서 꺼낸 다음 판매 매장으로 운반된다. 만일 상품이 구비되어 있지 않다면, 특별히 주문할 수도 있다.

고객 만족을 증대시키고 신속한 판매를 위한 목적 이외에도 GSI의 정보시점 소프트웨어는 온라인 고객 설문조사와 피드백, 신상품에 대한 고객 평가와 같은 시장조사를 가능하게 한다. GSI는 다점포 단위의 의복, 홈퍼니싱, 주얼리 상점에 유사한 정보시점 시스템을 제공한다.

센터들은 큰 회사들로 하여금 대량구입에 의한 경비 절감을 가능하게 하며, 저렴한 외국 공급업자들로부터 신발을 대량구입할 수 있다. 소매점은 유통센터를 통해서 잘 팔리는 스타일을 재빨리 확보할 수 있고 판매 시점을 놓칠 가능성을 낮출 수 있다.

신발 업계에서 전자정보 상호교환(EDI)과 유니버설 상품 코드(UPC)를 이용한 커뮤니케이션 시스템은 점점 더 중요해지고 있다. 소매점과 제조업체 사이의 컴퓨터 연결망은 제조업체로 하여금 소매점의 주문과 재고 보충을 신속하게 하도록 해주는데, 이러한 것을 **즉각반응생산**(Quick Response)이라고 한다. 어떤 제조업체들은 EDI 기술을 사용하는 상점에 대해 가격을 할인해 주기도 한다. 자국 내의 신발 제조업체들은 EDI 기술을 사용함으로써 시장 점유율을 높이고 수입품과 좀 더 성공적으로 경쟁할 수 있다.

슈앤스포츠토크(Shoe & Sport Talk : SST)는 소매점과 공급업체 간의 전자 커뮤니케이션 서비스의 하나로, 이 소프트웨어 프로그램은 UPC와 e메일을 이용한 전자정보 상호교환에 초점을 맞추고 있다.

(3) 수직 마케팅

신발 제조업체와 신발 소매점은, 궁극적인 소비자에 대한 접근 방식에 있어 가끔 다른 입장을 견지한다. 최근에 문을 연 수많은 제조업체 소유의 신발점은 백화점 내 소매상에게 불만족을 야기하였다. **수직 마케팅**(vertical marketing)이란 동일 회사에 의한 제조부터 소매까지의 과정을 의미한다. 수직 마케팅이 부상하게 된 배경에는 위험 부담을 낮추고 회사의 운영에 대한 더 많은 통제권을 이끌어내려는 시도에서 원인을 찾을 수 있다. 백화점의 상품 판매 기획자들은 동일한 브랜드를 취급하는 백화점 내 제조업체 소유의 매장에 대해서 위협을 느끼는데, 이와 마찬가지로, 제조업체들도 내셔널 브랜드와 경쟁하는 유통업자 상표(Private lebel)의 신발을 판매하는 백화점으로 인해 위축된다. 양측 모두 상대방이 자신들의 전문영역을 침범하고 있다고 느낀다.

2) 인터넷 소매

전자상거래 사이트에는 슈즈 몰, 온라인 상점, 특수 사이즈만을 전문적으로 취급하는 웹 사이트가 있다. 인터넷을 통한 신발 판매는 다른 패션업계에 비해 느리게 활성화되고 있는데 그 이유는 소비자가 어떤 브랜드에 대해 친숙하지 않는 한 꼭 맞는 신발을 고르기란 복잡하고 위험을 감수해야 하기 때문이다. 많은 인터넷 사이트들은 실제 신발을 팔기보다는 상품 정보, 판촉 광고, 상점 위치, 상점에서 이용할 수 있는 쿠폰을 제공하고 있다.

신발 소매점은 인터넷을 통한 세력권을 확대시키고 있는 반면 제조업체는 소매점과의 불화를 피하기 위해 인터넷 판매를 제한하고 있다. 그러나 많은 제조업체들은 인터넷을 이용하여 브랜드에 대한 인지도와 상품 수요를 창출하는 **사이버 브랜드 활동**(cyber branding)을 펼치고 있다. 특히 젊은 고객층을 주 대상으로 하는 이러한 웹 사이트는 교묘하게 제작된 진보적인 발상의 마케팅 도구이다.

3) 카탈로그 소매

오랫동안, 신발은 패션 카탈로그에서 의상을 보완하는 액세서리로서 판매되었다. 그러나 일부 한정판 라인의 전문상품 카탈로그는 신발과 그에 관련된 액세서리만을 특별히 취급한다. 일반적으로 카탈로그는 상점 내 판매를 보충해 주는 것으로 여겼다. 카탈로그 판매의 성공 배후에는 상점 안에서 판매하는 것과 유사한 상품을 편리하게 제공한다는 점이 주된 동기이다. 제이시페니(JC Penny)와 같은 카탈로그 소매점은 상점 안에서 판매되는 것과 직접적으로 경쟁할 수 있는 상품을 취급하기도 한다. 기업들은 카탈로그 판매를 기존의 고객과 새로운 고객에게 다가가는 보완적인 방식으로 여긴다.

4) 머천다이징 기법

많은 소매점들은 고객이 원하는 상품을 직접 선택하게 하는 방식의 판매 전략으로 옮겨가고 있다. 고객은 손쉽게 스타일과 사이즈를 골라내서 신발을 신어 볼 수 있지만 그것을 구입하지 않을 경우 상품을 다시 제자리에 갖다 두어야 할 책임은 없다. 이러한 자가 선택 방식은 다음 손님을 위하여 상품을 끊임없이 확인하고 다시 보충해 주어야 한다.

어떤 방식을 사용하든 적절한 상품 판매 계획에는 다음과 같은 것을 포함해야 한다.

- 매력적이고 쉽게 접근할 수 있는 방식으로 디스플레이하기
- 다양한 사이즈 구비하기
- 충분한 상품 정보와 구매 결정에 필요한 도움을 제공하기

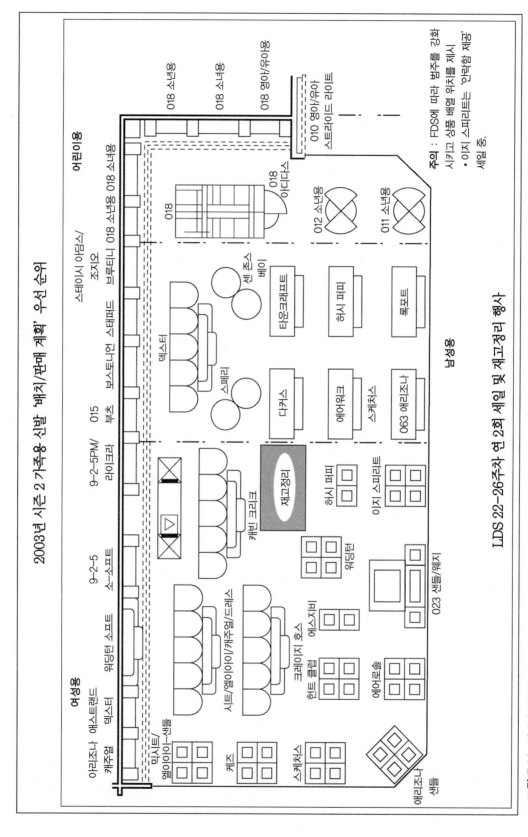

▲ **그림 7.14** 신발점 평면도

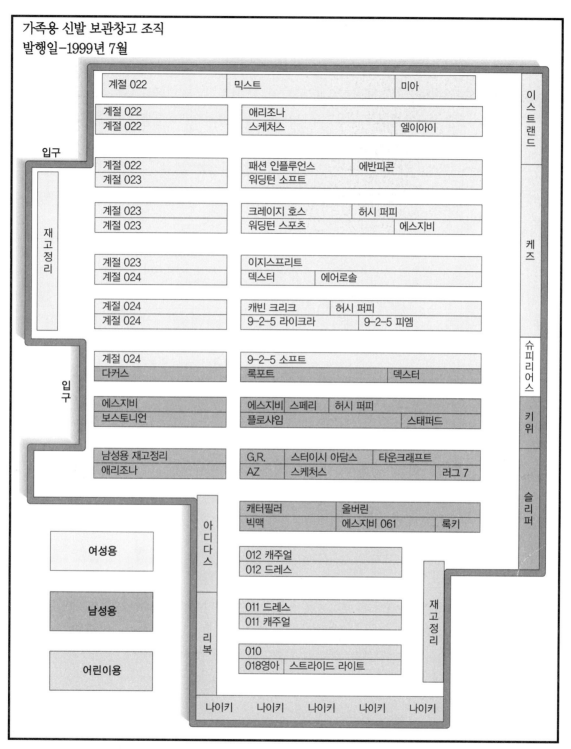

▲ **그림 7.15** 신발 보관창고 평면도

▪ 신발을 신어보고 구입하는 과정을 단순화하기

그림 7.14와 7.15는 중가형 대형 백화점의 매장과 재고 보관창고의 플라노그램이다. **플라노그램**(planogram)은 상품들을 합리적으로 진열하여 판매를 극대화할 수 있도록 고안한 상품진열 계획도이다. 소매업자와 제조업자들은 매장과 재고 보관 창고의 공간을 가장 효율적으로 이용할 수 있도록 함께 연구해야 한다.

◎ 신발 판매

풀 서비스의 구두점 판매원들은 특별한 훈련과 지식이 필요하다. 신발 사이즈와 적합한 피트에 관한 기술적인 정보는 다른 유행 의복이나 액세서리의 판매 시에 필요한 정보에 비해 훨씬 더 광범위하다. 신발 판매원들은 가격과 연계한 상품 가치를 강조해야만 하며, 고객은 자신이 지불하는 돈에 비하여 최상의 상품과 서비스를 받는다고 느낄 수 있어야 한다.

신발 제조업체는 바이어와 백화점 관리자들이 판매원에게 전달할 수 있는 상품 정보를 제공한다. 그러나 전문적으로 훈련받은 신발 판매원이 필요하다는 소매점의 인식에도 불구하고 정식으로 훈련받은 판매원은 겨우 5%에 불과하다. 전문성이 요구되지만 전문적으로 훈련을 받은 판매원은 부족하므로 소매점들은 판매원이 높은 이윤을 내도록 하기 위해 커미션을 제공하기도 한다.

모든 소매점들이 판매원의 훈련을 반드시 필요로 하는 것은 아니다. 셀프 서비스 방식의 신발 매장과 상점은 판매원보다는 머천다이저와 계산원을 고용한다. 이들은 고객의 요구가 있으면 조언을 해주기도 하지만, 일반적으로 상품을 정비하거나 계산을 담당하는 일을 맡는다.

1) 가격과 가치

어떤 소비자는 가치가 더 있는 신발이라 생각되면 기꺼이 값을 더 주고 신발을 구입한다. 가치에는 편안함, 구조, 재료, 유행성, 제조업체 또는 브랜드명, 점포 이미지와 같은 요소들이 포함된다. 소비자들은 합성소재보다는 가죽으로 만들어진 신발이 훨씬 더 가치가 있는 것으로 믿는 경향이 있다. 그러나 많은 소비자들은 사용된 소재에 대한 관심보다는 어떤 특정한 패션 '룩(look)'을 원한다.

패션 신발(fashion footwear)은 작업용 부츠와 같이 유행을 타지 않는 신발보다 판매 이윤을 더 많이 남길 수 있다. 신발 제조업자들은 추가적인 판매 이윤을 얻기 위하여 베이직 상품에도 유행성을 가미하기도 한다. 1980년대와 1990년대에 케즈(Keds)의 단순한 흰색 기본형 캔버스 스니커는 다양한 패션 컬러의 스니커로 진화하였다. 케즈는 여기에 격자무늬와 명절용 프린트 등의 패턴을 추가하여 기본형 스니커의 패션 주기를 연장하였고, 가죽 역시 베이직 신발에 도입되었다. 이러한 케즈의 패셔너블한 이미지는 소매점에서 추가적인 판매 이윤을 남길 수 있도록 하였다.

신발의 제조업체 또는 브랜드명은 가격과 가치에 대한 소비자 인식에 영향을 미친다. 스포츠화의 경우 소비자들은 더 나은 품질이 높은 가격을 형성시킨다고 인식한다. 많은 경우 유명인사들의 인정은 가치 있는 이미지를 형성한다. 만일 그 유명인사가 신뢰성이 있다면 소비자들은 그 신발에 대해 많은 돈을 지불할 용의가 있을 것이다. 1990년대에 나이키 스포츠화는 유명인사로 프로 농구 선수 마이클 조던을 기용하여 놀랄만한 성공을 거두었다. 젊은 남성 소비자들은 마이클 조던이 광고하는 스포츠화를 구입함으로써 그와 유사한 스포츠 능력을 얻을 수 있을 것으로 생각하였다. 스포츠계에서 인기를 얻기 시작한 브랜드는 이내 패션 시장으로 침투하였다. 여성과 남성, 운동선수와 비운동선수, 아이들, 노인, 모두가 나이키 스포츠와 나이키의 패션 상품을 구매하였다.

성공적인 판촉 캠페인은 표적 고객들의 마음속에 높은 가치의 이미지를 남기는 것이다. 그러나 높은 가치에는 반드시 높은 가격이 따르는 것은 아니다. 페이리스 슈 소스(Payless Shoe Source)는 염가의 패셔너블한 신발을 판매하는 성공적인 신발 소매 체인점이다. 가격과 품질 사이의 관계를 의미하는 지불한 대가에 대한 정당한 가치를 얻는다고 믿는 것이 표적 고객이 기대하는 것이다.

2) 사이즈와 맞음새

신발 제작과 착용은 수천 년이 되었지만, 다양한 사이즈 신발의 제작은 비교적 최근의 일이다. 14세기에 영국의 에드워드 2세는 보리 한 알 크기(대략 0.8cm)를 신발 사이즈의 증가분 단위로 책정하였다. 1880년까지 사이즈는 엉성하게 표준화되어 있어서 신발을 만드는 장인에 의존해야만 했다. 좀 더 나아진 신발은 두 가지의 너비—넓은, 좁은—로 제작되었고 그 외의 신발은 모두 한 가지의 너비—길들어야 하는—로 제작되었다.

1880년 뉴욕의 심슨(Edwin B. Simpson)은 신발 제작틀(Shoe last)의 사이즈 시스템을 고안하였다 신발틀은 길이와 너비 치수에 따라 비율이 정해졌으며 1/2사이즈도 제작되었다. 미국과 영국의 신발업계는 결국 이 시스템을 채택하였다. 이것은 한 스타일에 거의 300개나 되는 길이/너비의 조합이 가능해짐에 따라 엄청난 신발 물량의 증가를 가져왔다.

발에 잘 맞는 신발은 발에 생기는 문제들을 현저하게 감소시킨다. 맞음새의 가장 중요한 기준은 편안함이다. 착용자가 신발을 신었을 때 편안함을 느끼는가? 신발에 발을 길들여야 할 필요가 없어야 한다. 적합한 맞음새는 사이즈보다 더 중요하므로 소비자들은 늘 신던 사이즈에 너무 집착할 필요는 없다.

발에 문제가 있는 고객들을 전문으로 하는 신발점에서는 제조업체들이 다양한 너비의 신발을 제작하지 않기 때문에 곤란을 겪는다. 소매상 소매점이 갖출 수 있는 다양한 사이즈의 신발을 생산하지 않는 제조업체들 때문에 소매점들은 고객들이 다양한 사이즈의 너비를 선택하기를 원하고 또한 다양한 너비에 따른 세분화된 시장이 존재하기를 원한다는 것을 알고 있다.

신발 맞음새의 문제점은 동일한 사이즈의 신발이라 할지라도 브랜드에 따라서 그 치수가 다를 수도 있는 점이다. 스타일, 굽 높이, 소재, 패턴, 신발틀, 구조, 제조업체에 따라 치수 차이가 있을 수 있다. 카탈로그 상품 판매 회사인 서포트 플러스(Support Plus)는 고객들에게 맞음새에 관한 문제를 해결해 준다. 카탈로그상의 신발에는 제작 시 사용된 신발틀의 번호가 매겨져 있어 고객은 동일한 신발틀을 이용한 다른 스타일의 꼭 맞는 신발을 주문할 수 있다.

일반적으로 신발의 크기와 발의 볼을 측정할 때에는 선 채로 치수를 재어야 한다. 각각의 발 앞부분이 필요로 하는 공간은 굽높이와 발 앞부분의 각도에 의해 결정된다. 신발은 양발 중에서 더 긴쪽 발에 맞춰야 한다. 발 볼의 너비는 AA 또는 B와 같은 신발의 너비를 결정한다. 발꿈치 부분은 여유가 있으면서도 걸을 때 벗겨지지 않아야 한다.

발 치수의 측정은 수동식 또는 전자식 방식이 모두 이용될 수 있다. **브라녹 장치**(Brannock Device)는 발의 길이, 볼 너비, 발꿈치에서 볼까지의 길이를 재는 데 보편적으로 이용된다. 이 세 가지 차원은 적절한 신발 맞음새에서 중요한 요소이다. 이 장치는 서 있는 상태에서, 더 큰 쪽 발의 치수를 측정한다(그림 7.16).

또 다른 측정기구인 **리츠 스틱**(Ritz Stick)은 슬라이딩 장치가 달린 '자' 처럼 생긴 기구로, 측정자 위에 발이 어떻게 놓였는가에 따라 달라지는 길이나 너비를 측정한다. 이것은 브라녹 장치에 비해 덜 정확하며 측정의 정확성은 신발 착용자가 경험한 안락감에 의해 평가되어야 한다. 또 다른 측정 방식은 그라데이션된 발자국 모양이 그려진 바닥 매트 위에 서서 발 크기를 재는 방식으로, 정확성이 떨어지며 주로 할인점이나 셀프 서비스 소매점에서 사용한다.

컴퓨터 이미지 측정 방식은 가장 정확한 방법이라 할 수 있다. 소매점 차원에서 이 방법은 고객 자신이 알고 있는 신발 치수와 상관없이 가장 정확한 사이즈를 판매원들이 골라줄 수 있도록 돕는다. 고객들은 모든 신발에 대해 특별히 주문 제작을 의뢰할 수도 있다. 제조업체 차원에서 수요가 없는 사이즈를 생산하지 않게 함으로써 신발은 대량으로 맞춤화되기도 한다.

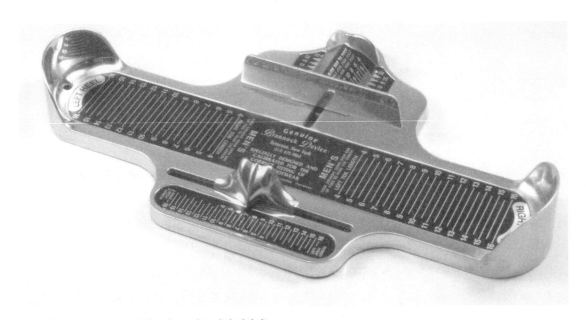

▲ **그림 7.16** 브라녹 장치(자료원 : 브라녹 장치 생산사)

3) 소비자 요구에 대응하기

판매원은 신발을 팔기 위해서 다섯 가지 부분—맞음새, 색, 스타일, 가격, 편안함(용도)—에 대한 고객의 필요를 파악해야 한다. 이들 중 어떤 한 요소는 판매과정에서 다른 요소들보다 더 중요하게 여겨지기도 한다. 예를 들면, 공적인 모임을 위한 신발을 고르는 젊은 여성에게 색과 가격은 가장 관심을 기울이는 요소일 것이다. 고위 관리직 여성은 주로 스타일에 관심을 가지는 반면 간호사나 의사는 맞음새와 편안함 위주로 신발을 선택할 것이다.

신발의 권위자인 윌리엄 로시(Drs. William Rossi)와 로스 테넌트(Ross Tennant, 1993)는 성인 구매객들이 가장 고려해야 할 신발의 요소는 맞음새와 편안함이라는 것에 동의하고 있다. 그들은 "발에 잘 맞지 않아 얼마 못가서 원래의 형태와 기능적 성능을 잃게 된다면 소비자는 패셔너블하고 값비싼 신발의 외관상 가치를 외면할 것이다."라고 설명한다.

어린이 신발의 맞음새

발에 맞는 적절한 어린이 신발은?

성장기 동안 발에 맞는 적당한 신발을 착용한다면 성인들의 발 문제도 줄어들 것이다. 유아의 발은 빠른 속도로 성장하고 변화하기 때문에 유아에게 적절히 맞는 신발을 신는 것은 중요하다. 유아용 신발은 생리학적으로 필요한 행동을 발가락이 꿈틀거릴 수 있도록 발가락 부분이 넓어야 한다. 아이가 걸을 때까지, 발가락을 꼼지락거리는 것은 발의 힘을 키워주는 데 필요한 운동이다.

많은 신발 소매업자들은 아장아장 걸어 다니는 유아에겐 많은 지지물이 필요하다는 견해를 표한다. "프로페셔널 슈 피팅(Professional Shoe Fitting)"의 저자인 로시(Rossi)와 테난트(Tennant)는 그들의 저술에서, "신발이 발에 미치는 영향이 적으면 적을수록 좋다."라고 한다. 발목과 발바닥 아치 부분에 지지물이 필요하다는 전통적인 견해는 근거가 없다고 제안하며, 신발은 외적 요소로부터 착용자를 보호하기 위해서만 필요한 것이라고 말한다. 아동의 모든 성장단계에서 신발의 유연성과 적절한 치수 선택은 신발로 인한 발의 문제점을 없애주는 중요한 열쇠이다.

어린이는 성장속도가 아주 빠르기 때문에 양쪽 발이 다른 속도로 자랄 수도 있다. 따라서 신발 크기는 항상 양쪽 발을 다 측정해서 더 큰 발의 치수에 맞춰 주어야 한다. 지나치게 여유가 있는 신발을 신으면 너무 꼭 끼는 신발을 신는 것만큼이나 해롭다. 또 공간이 부족한 신발을 신었을 때 발이 눌리는 것처럼 발이 신발 앞쪽으로 쏠리는 것 역시 압박을 받게 된다. 물려받은 신발은 아이들에게 적합하지 못하므로 저자들은 부모에게 물려받은 신발을 신기지 말고 저렴한 새 신발을 사 주도록 권하고 있다. 부모들이 아이들의 커진 발에 맞춰 새 신발을 사 주지 않고 작은 신발을 그냥 신도록 방치하면 그 아이는 자라서 성인이 되었을 때 불필요한 발의 질병을 초래한다. 따라서 발 전문가 또는 신발 치료사는 처방에 따른 신발을 권유한다.

인물 소개 : 마놀로 블라닉(Manolo Blahnik)

런던 출신의 마놀로 블라닉은 30년 동안 '그 순간을 위한' 극적인 신발을 디자인해 왔다. 그는 여성의 마음을 읽어내는 초인적인 재능을 타고 났다. 크리스티앙 디올과 마찬가지로 블라닉은 고객의 기분에 맞춰서, 고객의 마음가짐을 표현하는 패셔너블한 신발을 디자인했다. 마놀로 블라닉은 여성의 가장 내밀한 느낌까지 포착하므로 한 열성적인 고객은 로스앤젤레스의 트렁크 쇼에서 한꺼번에 50켤레를 주문하기도 했다.

소매가가 425달러에서 2,400달러에 이르는 것을 고려하면, 이 신발을 사는 고객은 신발광이라 볼 수 있다. 1999년 끈을 발꿈치 뒤로 묶는 7.5cm 높이의 검정 구두는 니먼 마커스 백화점의 웹 사이트에서 최고로 잘 팔리는 상품이었다. 한 켤레에 소매가가 15,000달러인 소량 생산 신발 제작 계획이 진행 중이다. 자랑스럽게 블라닉의 작품을 소장하고 있는 사람들 중에는 셰어(Cher), 사라 퍼거슨(Shrah Ferguson(Fergie)), 제리 홀(Jerry Hall), 비안카 제거(Bianca Jagger), 마돈나(Madonna), 케이트 모스(Kate Moss), 사라 제시카 파커(Sarah Jessica Parker), 존 리버스(Joan Rivers), 위노나 라이더(Winona Ryder), 도나텔라 베르사체(Donatella Versace), 그리고 엘 맥퍼슨(Elle Macpherson) 등이 있다.

마놀로 블라닉은 신발 디자이너일 뿐만 아니라 패션 디자이너이기도 하다. 블라닉의 신발을 묘사하는 데 쓰이는 표현들은 '영원한, 우아한, 여성적인, 환상적인'이다. "내 신발은 유행을 타지 않습니다. 난 계절이 바뀌면 갖다 버릴 그런 신발은 만들지 않습니다."라고 블라닉은 말한다. 그는 또 설명한다. " 난 유행을 시키기 위해 상품을 만들지 않습니다. 사실 내가 만든 신발은 유행과는 전혀 상관이 없고 유행과 아주 거리가 멉니다. 물론 그 신발을 사서 신는 사람들에게는 그 신발이 유행이라고 생각되겠지만, 난 유행을 시키기 위해서 상품을 만들지 않습니다. 내 생각에 나의 비법은 내가 시간에 구애받지 않는 영구적인 상품을 만들어 왔다는 것입니다." 뭉툭한 굽이 유행하던 시절에 블라닉은 여전히 우아하게 뾰족한

스틸레토 굽을 특징으로 했다. 신발의 앞쪽 부분은 섬세한 모양을 만들기 위해 보통 뾰족한 형태였다. 그는 유행을 따르는 사람이 아니다. 대신 그는 자기 자신만의 유행을 창조해 내고 각각에 이름까지 붙여 준다.

블라닉의 디자인은 우아하고 종종 변덕스런 예술적 형태를 취한다. 팔레트 위에 색을 섞은 화가처럼 색과 질감은 그의 디자인에 있어 중요한 요소이다. 팔레트 위에 색을 섞는 화가처럼 암회색, 포도주색 ,청록색, 검은색, 기타 이국적인 색깔들이 플란넬, 브로케이드, 자수, 라메, 새틴, 벨벳, 세무, 가죽, 생가죽, 뱀과 악어가죽, 모피의 질감 위에 적용된다. 이 이국적인 신발을 장식하는 데는 깃털, 구슬, 수정, 버클, 동그란 장식용 금속판, 모조 다이아몬드, 진주 등이 쓰이는데, 아주 부유한 고객층을 위해서는 다이아몬드, 에메랄드, 루비가 사용된다.

블라닉은 개인 고객들뿐만 아니라 최고급 패션 디자이너의 패션 쇼에 쓰일 신발도 디자인한다. 존 갈리아노, 마크 제이콥스, 마이클 코어스, 캐롤리나 헤레라, 베질리 미샤와 같은 디자이너들은 자신들의 쇼에 블라닉의 작품을 사용했다. 블라닉은 상업적인 제작보다는 독창적인 작품을 만들어내는 데 더 관심이 있고, 블라닉은 모든 신발을 직접 그려 디자인한다. 일단 디자인이 그려지면, 그는 나무를 깎고 다듬어서 신발틀을 만들고, 신발이 제 기능을 할 수 있는 구두 굽의 모양을 만든다. "가장 힘든 부분은 신발틀과 구두 굽을 만들어내는 일입니다. 만일 구두굽이 기술적으로 제 기능을 다하지 못한다면 넘어지기 쉽기 때문에 고객에게 신발을 팔 수 없겠지요."라고 블라닉은 말한다. 나무를 깎아 만든 이 신발틀은 조형틀로 다시 제작되고 마침내 견본 신발이 만들어진다. 블라닉은 색과 질감을 결정하며 그 견본을 이탈리아에 보내 신발을 생산한다. 그래서 한 켤레의 수제품 구두를 완성시키는 데 약 6개월이 걸린다.

새로운 신발을 만들어 내는 것은 더 이상 머릿속의 환상이 아니라 기술적인 작업이 필요한 문제이다. "이 일은 목공작업과 창조작업의 두 가지 일을 넘나드는 일이지요. 내가 만드는 작품은 제작하기가 상당히 어려운 것

입니다."라고 블라닉은 말한다. 이러한 디자인 중의 하나는 장미꽃 봉우리와 새틴으로 만든 나뭇잎으로 장식된, 다리 위쪽으로 가느다란 끈으로 묶는 신발이었다. 블라닉은 이 스타일이 인기를 끌 것이라 기대하지 않아도 이것은 최고 인기 상품이 되었다.

마놀로가 신발에서 성공을 거둔 것은 그의 천재적인 창의성 때문이기도 하지만 뛰어난 사업적 수완가인 여동생 에반글린(Evangline)의 공로 덕택이기도 하다.

에반글린은 가장 주력하고 있는 런던지점과 유럽지역의 사업 운영 그리고 특별주문을 처리하는 일을 담당하고 있다. 이 남매들이 성공할 수 있었던 독특한 이유는 그들의 어머니와 아버지 덕분이라 할 수 있다. 그들은 스페인계 어머니로부터 규율과 스타일을 배웠으며 체코계 아버지로부터는 사업 감각을 이어받았던 것이다. 그 회사의 회장이자 미국 사업가인 조지 말커머스(George Malkemus) 3세는 북아메리카와 남아메리카의 판권 허가를 갖고 있다.

마놀로 블라닉의 신발은 전 세계 어디서나 구입할 수 있는데, 워싱턴 DC나 파리, 런던, 로스앤젤레스뿐만 아니라 니먼 마커스(Neiman Marcus) 백화점이나 뉴욕의 웨스트 55번가에 위치한 블라닉의 숍에서도 구입할 수 있다. 대부분의 소비자들은 높은 가격 때문에 그의 신발을 구입하기 어려운 데도 불구하고 블라닉의 신발에 대해 들어본 적이 없는 미국 가정은 없을 정도이다. '블라닉'이라는 단어가 HBO 방송사의 TV 시리즈 '섹스 앤 더 시티(Sex and the City)'에 정기적으로 언급되면서, 이 말은 최근의 대중 문화 속에서 알려지게 되었다.

'아름답고, 섹시하고, 우아하지만 실용적이지는 않음.' 전부 수공예 작품의 구조이다. 이것이 바로 세계 최고의 상점에서 판매되는 마놀로 블라닉의 작품이다.

자료원 :

[1] Cowie, Denise. (March 14, 1996). Designer Manolo Blahnik is the-High Priest of Sexy Shoes. *Philadeophia Inquirer*, Knight-Ridder/ Tribune News Service, p. 314.

[2] Sole Trained: A Passion for Italy. (1997). Hearst Corp. Available: wysiwyg://11/http://homearts. comdepts/style/47manb3.htm

[3] Inspiration and Artistry. (Nov. 22, 1999). Sole Trained, World of Style, Hearst Corporation. Available: http://homearts.com/depts/style/ 47manbl.htm

[4] Ibid.

ꙮ 요 약 ꙮ

- 과거부터 오늘날까지도 기능과 유행성은 신발업계의 핵심적 요소이다.
- 베이비 붐세대 시장은 시장 점유를 위한 신발 디자인에 있어 편안함과 캐주얼의 트렌드를 널리 불러 일으켰다.
- 신발은 여러 부분으로 이루어지는데 상단부분과 하단부분으로 분류할 수 있다. 신발 제조에 사용되는 재료에는 가죽, 인조가죽 그리고 신발 상단부에 쓰이는 직물이 있고, 거의 모든 신발의 하단부분은 합성 소재로 만들어진다.
- 신발은 스타일이나 유형에 의해 분류된다. 남성과 여성을 위한 9개의 신발 유형에는 모카신, 부츠, 뮬, 옥스포드화, 로퍼, 펌프스, 샌들, 스포츠화, 나막신이 있다. 신발은 단화, 부츠, 실내용 슬리퍼로 분류된다.
- 다양한 직업에 따라 특수한 신발을 신어야 한다. 하루에 몇 시간이고 서 있어야 하는 사람은 쿠션감이 좋은 신발을 신어야 하고, 발레리나는 신발 앞쪽 끝 부분으로 설 수 있는 것이 필요하며, 소방수에게는 기능적인 부츠, 노동자에게는 작업용 부츠가 필요하다. 이러한 직업에 종사하는 사람들은 스포츠화를 선호하는데, 스포츠화에는 기술적으로 고도의 쿠션감이 더해지기 때문이다.
- 미국에서 소비되는 신발의 85%는 해외에서 주로 아시아 국가에서 생산되는데, 이것은 아시아 국가의 저렴한 인건비 때문이다. 대부분의 제조공정은 컴퓨터화로 처리되고 인건비가 저렴한 개발도상국에 설치된 장비를 사용하여 신발의 각 부분이 만들어진다.
- 미국 소비자들은 전 세계적으로 생산되는 신발의 약 25%를 구입한다.
- 신발은 최소한의 관리가 필요하지만, 수명을 연장시키기 위해서는 적절히 관리가 요구된다. '숨을 쉬는' 소재는 편안함을 주는 데 적합하다. 현재 생산되고 있는 모든 신발 제조에 있어 가장 중요한 몇 가지 기준은 신었을 때 편안함을 느낄 수 있는 기술적인 가공이다.
- 어떤 신발 제조업자들은 점점 소매업에도 주력하고 있다. 그러나 어떤 제조업자들은 실제로 소매에는 관여하지 않고 신발 생산에만 더 주력한다.
- 인터넷 소매업과 같은 기술적 혁신이 점점 더 인기를 끌고 있다. 신발 회사가 설계한 컴퓨터 프로그램을 사용하여 재고 목록이 관리되고 면밀하게 모니터된다.
- 소매의 과정은 실제적이든 가상적이든, 편리성 또는 오락성에 초점을 맞춘 소비자 친화적인 사이트로 발전해 왔다.
- 신발은 브랜드명, 카테고리, 색깔별로 진열된다. 셀프 서비스 방식의 소매점에서는 보관된 구비 상품을 쉽게 꺼내올 수 있도록 해야 하는 반면, 풀 서비스를 제공하는 소매업자들은 상품 지식이 풍부한 적절한 인원의 판매원을 매장에 배치해야 한다.
- 서비스의 수준에 상관없이 적절한 맞음새와 다양한 사이즈는 편안함과 가치를 느끼게 하여 판매량을 증가시킨다.

- 브랜드명, 유행성, 유명인들의 체험광고, 판촉 캠페인, 가격은 신발의 가치 인지도에 영향을 준다.
- 한 스타일 신발에는 길이와 너비가 다른 최대 300종류가 있다.
- 맞음새, 색상, 스타일, 가격, 편안함(용도에 따른)은 신발의 다섯 가지 판매 기준이다.

핵심용어

교접기(orthotics)
구두주걱(shoehorns)
기본 밑창(base sole)
뒤축(heel lift)
뒤꿈치 패드(heel pads)
뒷굽(heel)
디자인하기(designing)
리츠 스틱(Ritz Stick)
마무리(finishing)
맞추기(fitting)
바깥창(outsole)
발바닥 아치형 지지대
 (arch supports)
뱀프(vamp)
부츠(boots)
브라녹 장치(Brannock Device)
사이버 브랜드 활동
 (cyberbranding)
상단부분(upper)
새들(saddle)

생크(shank)
속 라이닝(sock lining)
쇼핀(Chopines)
수직 마케팅(vertical marketing)
슈 트리(shoe trees)
신발(shoes)
신발 바닥 작업(bottoming)
신발주머니(shoe pouch)
신발틀(last)
신발틀에서 작업(lasting)
실내용 슬리퍼(house slippers)
안창(insole)
염가 신발점(box stores)
오트 쿠튀르(haute couture)
웰트(welt)
임대 신발 매장
 (leased shoe department)
자르기(cutting)
재고관리(stock control)
전족(Chinese lily foot)

전천후 스포츠화(cross trainer
 athletic shoe)
즉각반응생산(quick response)
직장에서 캐주얼한 옷차림
 (corporate casual)
카운터(counter)
카키 캐주얼(khaki casual)
캐주얼 피트니스(casual fitness)
쿠션감 있는 안창
 (cushioned insoles)
쿼터(quarter)
텅(tongue)
토 캡(toe cap)
편안함을 위한 기술(comfort
 technologies)
패션 신발(fashion footwear)
패턴 만들기(pattern making)
패튼(patterns)
플라노그램(planogram)
하단부분(lower)

복습문제

1. 신발의 기본적인 부분은 무엇인가?
2. 기본적인 구두 굽의 모양에는 어떤 것이 있는가?
3. 품질과 비용에 관련하여 신발 제조의 7가지 일반적인 공정은 어떻게 진행되는가?

4. 여성 해방론자들은 관리하기 매우 어렵고 극단적인 유행의 신발을 신는 사람들에 대해 어떤 견해를 가질까?

5. 오늘날 사람들에게 신체적인 제약을 유발하는 또 다른 액세서리나 유행 아이템이 있는가? 이러한 것들은 왜 유행되는가?

6. 다양한 기후적 조건에서의 신발 관리를 위한 몇 가지 기본적인 요구사항에는 어떤 것이 있는가?

7. 신발 산업에 큰 영향을 주었던 세 가지 기술적인 혁신을 설명하시오.

8. 신발 생산의 해외 이전은 미국의 신발회사에 어떤 영향을 끼쳤는가?

9. 국내의 신발 제조업자들이 저렴한 비용의 해외 생산업자와 경쟁할 수 있는 몇 가지 방법은 무엇인가?

10. 적절한 맞음새가 신발의 구매와 판매에 있어 왜 중요한가를 설명하시오.

응용문제

1. 복식사 박물관을 방문하여 신발 소장품을 둘러보거나 아래 주소의 온라인 박물관 사이트 중 하나를 방문하시오. The Bata Shoe Museum at bata.com or Solemates : The Century in Shoes at http://www.centuryinshoes.com/intro.html

2. 거주지에 있는 신발 상점으로 견학을 가서 매장 관리자에게 상품 판매 계획의 경향에 대해 물어 보시오. 이미 이 장에서 언급한 것과 새로 알게 된 주요 판매 기법의 목록을 추가하여 종합하시오.

3. 신발 제조회사를 방문하거나 신발 디자이너와 원격 회의를 하시오. 디자인의 영감이나 생산 공정과 관련된 10가지 질문을 만들어 보고, 이 장에서 논의되었던 방법과 비교하시오.

4. 신발 부서가 있는 상점을 방문하여 몇 켤레의 신발을 아래의 기준─가격면, 제작방법, 머천다이징 기법(소재, 색, 카테고리 그리고/또는 브랜드),제조국명, 사이즈, 상품 공급─에 따라 임의적으로 평가해 보시오. 그리고 상점을 방문하기 전에 정보를 기록하기 위한 문서를 작성하시오.

5. 당신이 가장 최근에 구입한 신발에 대해 평가해 보시오. 구매 결정 시 어떤 특성에 근거하였는지를 설명해 보시오.

6. 색, 스타일, 브랜드, 굽높이, 구두 앞모양 등과 같은 신발의 특성들을 선택하시오. 적어도 50켤레의 신발에 대해서 기록을 작성하시오. 백분율을 계산하여 발견된 사실을 분석하시오.

7. 동일한 브랜드와 동일한 스타일의 신발을 취급하고 있는 두 개의 웹 사이트를 방문하여 이들 사이트의 판촉 접근 방식, 쇼핑의 용이성, 가격, 상품 구비성 그리고 서비스에 대해 비교하시오.

8. 신발 브랜드들의 인터넷 사이트를 찾아보시오. 온라인에서 신발을 판매하는 사이트와 점포에서 신발을 판매하는 사이트의 비율은 각각 얼마인가?

9. 몇 개의 우편 주문용 카탈로그나 패션 잡지에서 패셔너블한 여성용 신발의 사진을 오려내어 풀로 붙인 다음 각각의 신발의 굽과 뱀프 스타일을 알아보시오.

제**8**장

핸드백, 개인용 소품, 여행가방, 벨트

가방 속에 있는 것!!

1945년 여성의 핸드백 속에 보편적으로 있는 것

립스틱 한두 개

콤팩트 파우더(한번도 열지 않음)

깨끗한 손수건 한 장

구겨진 손수건 두세 장

편지묶음

세탁계산서

세탁소 티켓 세 장

수선해야 할 나일론 스타킹 한 장

주소록 하나

담배 한 갑

성냥 세 통

가죽 사진첩 한 개

배급 쿠폰집(만기된 것도 있음)

모피상인, 어린이용 코트 도매점, 미장원 등의
　　주소가 적힌 카드 몇 개

이름 없는 전화번호가 적힌 종이 몇 장

스크랩 두 장

헤어네트 한 개

비타민 한 병

슬립커버 세 개

만년필 한 자루

연필 두 자루

고무 밴드로 묶여 있는 여러 달 동안 뜯지 않은
　　V-우편 한 묶음

1998년 여성의 핸드백 속에 보편적으로 있는 것

은행카드   핸드크림

휴대용 무선 호출기   머리빗

박하 맛 구강 청정제   열쇠

휴대 전화   입술보호 크림(립밤)

동전지갑   가득 채워진 메이크업 케이스

수표장   펜

구겨진 휴지   현금과 신용카드로 채워진 지갑

전자수첩

가방 하나로 충분하지 않은 것: 토트백보다 큰 것 목록

메모장   신문

점심도시락   직장에서 갈아 신을 신발

책/잡지   우산

◎ 핸드백, 개인용 소품, 여행가방, 벨트의 역사

색(sacks), 팩(packs), 파우치(pouches), 지갑, 가방, 벨트는 사람들이 외출할 때 필수품과 귀중품을 휴대하기 위한 실용적인 방법이 되었다. 이 '운반도구'는 밀짚제품, 줄, 피혁, 직물과 같은 이용 가능한 재료로 만들어졌고, 손을 쓸 필요 없이 등에 매거나, 어깨에 걸치거나, 허리에 차거나 머리로 균형을 잡도록 되어 있다.

중세시대에 오늘날 알 수 있는 수많은 장식품의 아이템과 명칭이 생겨났다. 이 시대에 가죽가방 공예는 엘리트 집단과 노동자 집단 모두가 이용할 수 있는 갖가지 종류의 스타일로 더욱 전문화되었다. 유행을 선도하는 남녀들은 가죽 **거들**(girdle)이나 벨트에 달고 다니는 **포켓**(pockets)이라 불리는 작은 가방을 들고 다녔다.

가방과 여행용 상자는 특별한 기능을 위해 개발되고 이름 지어졌다. **버짓백**(Budget bags)은 부기 장부를 운반하는 데 사용된 반면, 여행자들은 편지를 운반하기 위해 **메일백**(male bags)을 사용했다. 비록 후자는 mail bags로 철자가 변화되기는 했지만, 지금도 그 명칭은 남아 있다. 튼튼한 **문서**(document), **증서 상자**(deed boxes)는 식민지 시대에 여행자들이 귀중품을 운반할 때 유용하게 사용하였다.

유럽인의 민간 전승에는 대개 철이나 청동, 가끔 보석용 원석이 박힌 값비싼 금속으로 만들어진 중세의 정조대에 대한 이야기가 많이 포함되어 있다. 이 잠겨진 벨트는 십자군 기사가 멀리 떠나 있는 동안 여성의 정숙을 안전하게 지키기 위해 개발되었다. 이와 유사한 종교적 대응물로 14세기 프랑스의 학자이자 역사가

◀ 그림 8.1 16세기 지갑

인 레진 페르노드(Regine Pernoud)는 수도사의 허리주위를 둘러싸는 단순한 줄을 청렴과 순결에 대한 종교적 서약의 상징으로 설명하였다.

16세기에는 남성과 여성의 부의 수준을 지갑의 장식 정도와 크기로 나타냈다. 끈과 술 장식은 손에 들거나 거들에 달거나 또는 옷 안에 다는 지갑의 전형적인 세부장식이다(그림 8.1).

17세기 들어 남성들은 주머니가 달린 옷을 입기 시작했으며, 이에 따라 남성의 지갑은 사라졌다. 남성들은 서류가방과 어태셰이 케이스(attache cases : 작은 서류가방)를 받아들였다. 19세기 초에는 여성들 또한 풍성한 스커트의 옆 솔기에 꿰매어 바느질된 큰 주머니 안에 소지품을 넣었다. 그러나 19세기 말의 드레스 패션은 너무 좁아서 옆 솔기에 주머니를 달 수가 없어서 옷과 분리된 핸드백이 다시 유행하게 되었다.

산업화 이전, 여행은 사회적 상류층 전유물이었다. 트렁크는 여행가방 중 가장 일반적인 형태이며 증기선이나 차 여행에 충분히 견딜 수 있게 만들어졌다. 직사각형의 윗면이 평평한 트렁크는 짐을 꾸리고 화물칸에 쌓아 올리기 쉬웠다. 창조적인 디자이너가 윗면이 부드럽게 둥글려진 비싼 트렁크를 만듦으로써 부유한 소비자들의 트렁크는 다른 가방보다 제일 위에 올려놓아야만 했다. 따라서 디자이너 고객의 **배럴-탑 트렁크**(barrel-top trunks)는 목적지에 도착했을 때 제일 먼저 내려놓았다.

비록 벨트가 수 세기 동안 옷의 보완물로서 존재해 왔지만, 20세기에는 바지에 벨트 고리가 도입되어 벨트의 대중성이 증가되었다. 이전 시대에는 사교계의 남성들은 실크 멜빵을 속옷으로 여겨 밖으로 보이지 않게 입었다. 조끼가 추가된 스리피스 슈트의 대중화는 남성의 허리에 옷감을 한 겹 더 두르게 함으로써 멜빵은 스타일에 어울리게 된 반면 벨트의 중요성은 보다 적어지게 되었다. 재킷을 오픈하여 입는 투피스 슈트는 속옷의 멜빵이 드러나게 되어 결례가 되는 차림새가 되었고 그 결과 벨트는 저속해 보이지 않으면서 바지를 지탱하는 기능을 하게 되었다.

20세기 초 핸드백의 크기는 작아졌고 주로 화장품이나 담배를 감추기 위해 사용되었다. 여성의 핸드백은 근본적으로는 잡동사니를 넣는 것이었으며, 자동차 열쇠, 담뱃집, 여성의 상승하는 권리의 상징물을 휴대하는 데 사용되었다.

제2차 세계대전의 수많은 군대들은 엄격한 복장 법규를 따랐고, 벨트로 묶는 군복을 입었다. 1950년대의 젊은 남성들은 바지에 벨트고리가 있을 때는 당연히 벨트를 해야 한다는 생각을 갖게 되었다.

지위를 상징하는 핸드백의 기원은 1950년대에 시작되었다. 유명 디자이너들은 오늘날까지 지속되고 있는 알맞은 가격대의 지위 상징물의 필요를 창출하였다. 쿠튀르 패션 디자이너인 코코샤넬(Coco Chanel)은 센세이션을 일으켰던 2.55 샤넬 백(Chanel Bag)을 디자인하였다. 금색의 어깨 스트랩 체인이 달린, 다이아몬드 모양으로 누빈 가방은 아마도 20세기 핸드백 중에서 가장 복제가 많이 된 가방일 것이다. 가방의 이름은 첫 출시 때인 1955년 2월의 달과 년을 따서 명명됐다.

매력 넘치는 유명 인사들은 20세기의 핸드백 패션에 많은 영향을 주었다. 1950년 라이프 매거진(Life Magazine)은 표지에 헐리우드 배우에서 모나코의 왕비가 된 그레이스 켈리(Grace Kelly)가 임신한 것을 큰 악어가죽 헤르메스(Hermes) 가방으로 감추는 사진을 실었다. 이 가방은 이 후 '켈리 백(Kelly Bag)'으로 불렸다.

영국의 다이애나(Diana) 전 황태자비는 전 세계적으로 매진을 기록한 페라가모(Ferragamo)의 클러치 지갑과 레이디 디올 가방(Lady Dior bag)이 유행하는 데 큰 영향을 미쳤으며, 오늘날에는 영화배우 카메론 디아즈(Cameron Diaz)와 기네스 펠트로(Gwyneth Paltrow)가 패션 트렌드를 만들어낸다.

1960년 중반부터 1970년 초는 남성의 화려한 옷차림 때문에 **공작시대**(Peacock Era)라 불렸고, 이는 멜빵이나 드레스 벨트의 필요를 감소시켰다. 남성의 슬랙스는 조절이 가능한 허리띠 끈이 쓰이게 되었다. 엉덩이에 걸쳐 입는 골반 바지(hip-hugger) 스타일에 벨트고리가 등장하여 장식적인 벨트나 느슨한 체인벨트가 시중에 유행되었다. 1970년대에 벨트는 좁아졌고, '스키니 벨트(skinny belt)'는 여성을 위한 패션 아이템이 되었다. 기능보다 패션을 위한 스키니 벨트는 벨트 고리 유무에 상관없이 앙상블의 겉에 매었다.

1980년대는 남성의 옷이 여유 있는 형태, 자연스런 허리라인의 바지로 돌아와 멜빵이 다시 나타나고, 벨트는 20세기 후반에 남성의 패션을 좌우했다.

🌀 핸드백

비록 패션이나 지위를 위한 요구가 핸드백의 선택에 영향을 주기도 하지만, 라이프스타일과의 적합성과 조화 또한 중요하다. 오늘날의 핸드백은 그것을 사용하는 사람들의 바쁘고 다양한 라이프스타일을 유지하기 위해 튼튼하고 실용적인 필수품 '장비'로 발전해 왔다. 윌슨레더(Wilsons Leather)사는 윌슨즈 포 위민 익제큐티브 컬렉션(Wilsons for Woman Executive Collection)이라는 핸드백 라인을 선보였다. 이 라인은 아래의 아이템을 포함하고 있는데, 이 모든 아이템은 핸드백에서 분리도 가능하다. 화장품 케이스, 명함 홀더, 안경/다목적용 케이스, 열쇠고리 홀더, 거울이나 립스틱 홀더, 휴대 전화 가방, 펜 걸이, 신용카드 홀더. 아래의 광고 문구는 본질적으로 핸드백은 시간이 부족하고 인터넷 쇼핑을 하는 현대의 비즈니스 우먼을 위한 것이라고 요약하고 있다.

> 능률, 능력, 융통성, 스타일. 이것이 바로 일하는 여성들이 원하는 것입니다. 우리는 이것을 윌슨즈 포 위민 익제큐티브 컬렉션(Wilsons for Women Executive Collection)에 반영했습니다. 여성에 의해, 여성을 위해 디자인된 이 고급 가죽 가방은 당신의 삶을 더욱 편리하게 만들어줄 것입니다. 가방 안쪽에는 노트북을 넣는 부분도 있으며, 체계적으로 정리할 수 있도록 되어 있습니다. 가방은 사무실에서 체육관에서까지 두루 쓰일 수 있으며, 당신의 삶을 간편하게 만들어 줄 것입니다. 그 가방은 리치(rich)하고 견고한 쇠가죽으로 되어 있습니다. 이 모든 것은 값어치를 할 것입니다. 당신에게 필요한 이 가방을 바로 선택하고 클릭하십시오. 간단합니다.

패션 그 이상으로서의 핸드백은 필수적인 기능을 가지고 있고, 때때로 하나 이상의 기능을 가지고 있다. 배낭(backpacks), 서류가방, 서류첩과 메모장, 토트백, 스포츠백, 핸드백은 일상적인 남녀 의상의 기본적인 부분을 차지하고 있다.

1) 핸드백의 부분

핸드백의 구조는 가방의 스타일에 따라 다양하며, 더 튼튼한 핸드백이 더 오랫동안 쓸 수 있다. 핸드백의 최소 구성은 외부커버와 그 외의 부품인 프레임, 안감, 손잡이, 잠금장치, 바대(gussets), 트리밍 등으로 이루어진다.

- **외부커버**(outer covering) 패션 직물, 밀짚제품, 가죽, 이외의 매력 있는 재료로 구성되어 있고, 이들은 내구성 있는 재료로 구성돼 있다. 프레임을 덮거나 지지 프레임 없이 사용된다.
- **프레임**(frame) 묵직한 철제나 놋쇠(brass) 구조는 핸드백 형태를 구성한다.
- **패딩**(padding) 발포체나 다른 물질로 되어 있으며 프레임으로부터 보호하는 데 쓰인다.
- **안감**(lining) 솔기나 프레임 같은 세부적인 구조를 덮는다. 직물 안감이 일반적이지만 가죽 안감은 가장 튼튼하며 더 비싸다.
- **속안감**(underlining) 지지력을 더 높이기 위해 외부커버와 안감 사이에 넣는 골판지나 두꺼운 종이를 말한다.
- **손잡이**(handle) 외부커버와 같은 것으로 되어 있거나 플라스틱이나 체인 같은 딱딱한 물질로 되어 있다. 손잡이는 가방의 윗부분이나 옆에 있으며, 가방 내용물의 무게를 충분히 견뎌낼 수 있어야 한다. 그림 8.2는 인기 있는 손잡이 스타일의 몇 가지를 보여준다.

브레이스릿

체인

▶ **그림 8.2** 핸드백 스타일   어깨끈

- **잠금장치**(fastener or closure)   장식적이거나 감추어져 잠겨지는 부분은 뚜껑, 똑딱단추, 졸라매는 끈, 열쇠 또는 지퍼와 같은 형태가 있다. 잠금장치는 지갑의 내용물을 보호할 수 있도록 튼튼해야 한다. 모방 디자인의 범람으로 인하여 지위를 의식하는(status-conscious) 소비자를 위하여 제조사만의 식별 가능한 독점적이고 고유한 로고 형태의 철제 잠금장치를 부착한다.
- **바대**(gusset)   핸드백을 더 크게 만들기 위하여 폭이나 구획을 확장해 준다.
- **트리밍**(trimming)   핸드백을 꾸미는 모든 장식적인 특징. 안주머니나 거울과 같이 감추어져 있거나, 브랜드나 솔기 장식(장식을 위해서나 마모로부터 보호하기 위한)과 같이 눈에 보이는 것이 있다. 트리밍은 옷에 걸리지 않도록 매끄러워야 한다.

2) 핸드백의 생산

핸드백은 개인의 전체적인 이미지 설계에 중요한 부분이다. 핸드백 디자인은 별개의 라인이나 토털룩 콘셉트(total-look concept)의 한 부분으로 만들어진다. 견본은 상품 가능성을 결정하기 위해 만들어지며, 만약 스타일이 확정되면 가죽이나 직물로부터 패턴 조각을 재단한다. 밀짚이나 편성물로 만든 핸드백의 경우 재료에서부터 스타일로 곧바로 만들어 낸다.

(1) 디자인

빈티지 스타일, 새로운 과학기술, 기성복 패션, 또는 자연에 의해 영감을 받았는지 여부와 관계없이 핸드백 디자이너는 모든 사람을 위해 무언가를 창조하는 사람이다. 핸드백 시장은 기성복 디자이너의 등장으로 현저하게 발전하였으며 기성복 디자이너는 관련된 핸드백 라인이 기성복 라인을 강화시킨다는 것을 인식하게 되었다. 기성복 디자이너가 핸드백 디자인에 관여하는 정도는 차이가 있어 어떤 디자이너는 제품의 전 과정을 관리하기도 하지만 어떤 디자이너는 제품의 외양이나 이미지를 모니터하는 정도만 참여한다.

유명한 쿠튀르 업체인 샤넬(Chanel)은 이미 시그너처 백(signature bag)으로 널리 알려져 있지만, 다른 디자이너들은 액세서리 부분에서 얻을 수 있는 이익을 찾고 있다. 이탈리아 디자이너인 미우치아 프라다(Miuccia Prada)는 1980년대에 샤넬가방 모조품을 만들었고, 1990년대 초에 생산한 350달러짜리 블랙 나일론 배낭은 프라다 그룹의 어패럴 사업을 성장하게 만들었다. 미국의 기성복 디자이너인 마이클 코어스(Michael Kors)는 2001년 봄 핸드백 컬렉션을 출시했다. 그는 컬렉션을 점진적으로 소개하기보다는 핸드백이 중요한 라인이 될 것이라는 희망으로 완전히 핸드백에 전념하였다.

다른 액세서리 제품과 같이 어패럴 디자이너는 핸드백에 자신의 이름으로 특허를 신청한다. 여러 제품 라인의 통합은 성공적인 브랜드 이미지를 만드는 중요한 부분이다. 많은 디자이너들은 서로 매치가 가능하도록 구성된 신발류, 핸드백, 가죽 소품의 토털룩으로 이루어진 라이센스 제품의 컬렉션을 제공한다.

미국에서는 원래의 라인을 복제하는 것을 의미하는 **모조품**(knockoff) 또는 **모방 디자이닝**(copycat designing)이 창조적이고 독창적인 디자이너들을 곤혹스럽게 한다. 아이디어를 훔치고 복제하기 위해 오리지널을 디자인하는 회사와 그 공급업체 주변을 어슬렁거리는 사람들은 계속되는 골칫거리이며, 심지어 이 복제품은 진품보다 먼저 시장에 나오기까지 한다. 이러한 어려움에도 불구하고, 미국에서 모조품은 합법적이고 하향전파(trickle-down) 패션 비즈니스의 자연스런 일부분이다. 그러나 공인된 트레이드마크를 모조품에 복제하는 것은 불법이다. 예를 들면, 두니 앤 버크(Dooney and Burke) 핸드백과 액세서리의 오리지널 엠블럼은 루이뷔통 가방의 LV 심볼과 마찬가지로 종종 불법적으로 표절되어 왔다. 위민즈 웨어 데일리(Women's Wear Daily)에서 패션 기업 사이의 등록상표 위반에 대한 법적 싸움과 소송에 대한 기사를 읽는 것은 흔한 일이다.

영국과 프랑스는 창조적인 디자인을 보호하기 위한 몇몇 엄격한 법률과 단체를 가지고 있다. 단체 중 하나인 안티-카핑 인 디자인(Anti-Copying in Design : ACID)은 2000년 영국에 본부를 두고 있는 벡스티드 제너레이션(Vexed Generation)을 대신한 소송에서 승소했다. 피고측인 배지 세일즈(Badge Sales)는 벡스티드

인물소개 : 케이트 스페이드(Kate Spade)

디자이너와 재치 있는 비즈니스우먼처럼, '핸드백에 광적이며 감각 있는 일하는 여성'[1]들을 표적으로 한다. 케이트 스페이드는 몇 년 만에 성공적인 왕국을 이루어 경영하고 있다. 연간 약 7000만 달러의 매출을 올리고 있는 니먼 마커스 그룹(Neiman-Marcus Group)인 케이트 스페이드 LCC는 도매와 소매매장을 운영하는 미국 최고의 핸드백 생산 회사이다.

케이트 스페이드는 1993년 현재에도 생산되고 있는 여섯 개의 클래식한 핸드백 컬렉션으로 핸드백 디자인을 시작했다. 그러나 그 라인은 문구류, 신발, 여행가방, 스카프, 에스티로더에 라이센스를 받은 화장품 같은 다른 액세서리를 포함하게 되어 더 많이 어필되고 있다.

케이트의 남편이자 회사 사장인 앤디 스페이드(Andy Spade)는 매장을 개점하는 것은 회사를 위해 가장 우선적으로 할 일이라고 말한다. '회사의 소매점을 확대할 때, 우리의 최고 고객들이 살고 있는 중심지역의 독특한 장소를 찾는 데 초점을 맞춘다.'[2] 베벌리 힐스, 보스턴, 샌프란시스코, 맨해튼은 독립적 매장이 있는 도시이다.

디자이너의 명성은 제품을 생산하는 제작자의 평판과 일치한다. 케이트 스페이드는 두 명의 핸드백 제조업자의 부정적 평판으로 인해 괴롭힘을 당했다. 1998년 가죽 제품 회사인 브이지 레더(VG Leather)사는 이른바 노동자 조합을 결성하려고 하는 몇 명의 공장 노동자를 해고시켰다. 케이트 스페이드가 제품생산을 위해 브이지 레더와 계약했기 때문에 노조위원들 또한 그녀의 회사를 표적으로 하였다. 지금은 브이지 레더사는 노동조합화되어 있으며 케이트 스페이드 라인의 제품생산을 계속하고 있다. 2000년에 이와 비슷한 상황이 있었고, 그것은 노조와의 갈등으로 제조업체 측이 일시적으로 조업을 중단했었는데 제조업체 측을 지지한 케이트 스페이드의 뉴욕 소호 지점에서 노동조합원들이 피켓을 들고 항의하는 사건이었다. 케이트 스페이드 핸드백을 거의 독점적으로 생산했던 케이시 액세서리(KC Accessories)는 '약 일주일간 문을 닫은 채로 있었고 그 후 노동조합에 가입되어 있지 않은 사람들을 동시에 재고용했다.'[3]

케이트 스페이드의 파트너이자 대표인 엘리스 콕스(Elyce Cox)는 KC의 상품생산은 케이트 스페이드의 전체 상품의 작은 퍼센트를 차지한다고 묘사하여 케이트 스페이드와 거래하는 케이시 액세서리를 비하했다. "우리는 다른 상점에서도 생산한다. KC는 소규모 개인 사업이고, 어려운 일은 무엇이든지 케이시 액세서리 사장과 직원이 함께 해야 한다. 우리는 어떤 것도 비밀리에 관여하고 있지 않다."[4]

가장 최근에는 앤디와 케이트 스페이드는 도나카란(Donna Karan)의 중역이었던 로빈 마리노(Robin Marino)를 사장으로 고용했다. 로빈 마리노는 "생산품과 수량−이 두 측면을 모두 이해한다."[5]고 앤디 스페이드에게 말했다. 스페이드 측은 마리노의 제품과 혁신적인 디자인에 감명을 받았다.

확고한 흑자 이익으로 스페이드 측은 몇 년 내에 2억 달러에 이르는 높은 매출을 기대하고 있다. 마리노의 주도로 여성 신발과 남성 가방의 모험적인 사업에 의해 이 목표가 쉽게 추진될 것이다.

자료원
[1] Curan, Catherine. (July 19, 1999). Shouldering Expansion. Crains New York Business, p.41.
[2] Moin, David. (2000). Spade's on a Roll, Expands Its Plan. Women's Wear Daily, 179(96), p.12.
[3] UNITE Protesters Picket at kate Spade SoHo Store. (Aug. 4, 2000). Women's wear Daily, 180(23), p.17.
[4] Ibid.
[5] Curan, p.41.

제너레이션사의 끈에 독특한 벨크로(Velcro) 마감이 되어 있는 커리어 스타일(courier style)의 가방을 복제하였다. ACID는 배상확정을 위해 노력하였고, 벡스티드 제너레이션은 "유사한 스타일의 제품을 시장에 출시하는 것은 상업적으로 기업에 손해를 입힌다."는 것을 증명했다(Vexed Generation Bags victory, 2000).

(2) 생산

일단 핸드백 디자인이 확정되면 모슬린이나 펠트로 견본을 만든다. 디자인과 걸맞게 특별한 조립이나 잠금장치를 붙인다. 생산에 들어가기 전에 핸드백 각 부분의 패턴을 만든다. 여러 겹의 직물을 칼날이나 레이저로 잘라 외부커버용 직물을 만든다. 외부커버용 가죽은 가죽의 긁힘이나 흠집을 피하기 위해 한 번에 한 장씩 금형으로 자른다.

조립은 십여 단계를 거치며 수작업과 기계작업을 한다. 핸드백의 각 부분을 함께 꿰매고, 채워지는 부분(빳빳하게 하기 위한 재료와 충전물), 안감은 프레임과 외부커버에 꿰매거나 아교로 붙인다.

(3) 재료

많은 소매업자들은 핸드백 판매에서 캔버스, 울 플란넬, 코듀로이, 산둥 실크, 니트, 동물무늬의 인조 모피 등의 가죽이 아닌 여러 다양한 재료의 붐이 일어날 것이라 믿는다. 가죽이 아닌 이러한 재료의 대부분은 주름을 잡거나 누빌 수 있다. 여름용 외부커버로 주로 사용되는 밀짚제품은 버드나무와 작은 버들가지와 같은 자연산 재료나 종이 밀짚을 크로셰로 떠서 만든 제품인 **폰토바**(Pontova), **토요**(Toyo)라고 불리는 인조재료로 만든다.

백화점 고객의 구매를 탐지하는 마케팅 에이전시인 앤피디 액세서리 와치(NPD Accessory Watch)는 일부 고객들이 최근의 핸드백 시장에서 성장하고 있는 나일론과 극세 섬유로 된 제품을 원하고 있다고 생각한다. 이 재료로 만들어진 핸드백은 1999년의 백화점 핸드백 총매출의 약 4분의 1을 차지했으며, 이는 1998년보다 50% 증가한 양이다. 가장 많이 팔린 핸드백 16개가 가죽이라면 9개는 나일론 극세 섬유로 된 제품이었다. 표 8.1은 여성핸드백에 사용된 재료별 매출 순위와 평균소매가격을 보여주고 있다.

3) 핸드백의 기본 스타일

핸드백은 다양한 스타일의 손잡이와 재료를 사용한다. 그림 8.3은 여러 가지 대중적인 핸드백 스타일을 보여 준다.

4) 핸드백 손질법

핸드백은 신발과 동일한 재료로 만들지만 닳거나 찢어지는 정도는 다르며 최소한의 노력으로 매력적인 외관을 유지하기가 신발보다 더 쉽다. 소매업자들은 판매를 부추기고 추가 판매를 증가시키기 위해 핸드백 선반과 상자 가까이에 깨끗이 손질된 제품을 전시한다. 몇몇 핸드백 회사는 상품 꼬리표에 언급되어 있는 회사 자체의 클리닝 제품을 제공하기도 한다. 패션성이 있어 여러 계절을 사용할 수 있는 비싼 핸드백인

▶ **표 8.1** 여성용 핸드백 재료와 평균가격

재 료	비 율	평균가격(달러)
나일론/ 극세 섬유	23.6%	40.72
가죽	33.2%	81.27
비닐	6.3%	27.91
밀짚	2.2%	24.90
실크/새틴/벨벳	1.0%	24.91
캔버스	1.0%	34.90
스웨이드/ 누박	1.3%	60.61
외국산	.3%	56.31
그 외	31.1%	37.69~41.49

(자료원 : Retail Sales Hit Highs. (Apr. 24, 2000). Advertising Supplement, Women's Wear Daily. p.12. Courtesy of Fairchild Publications, Inc.)

인베스트먼트 핸드백(Investment handbag)을 구매하는 소비자는 제품을 잘 이해한다.

(1) 소비자 주의사항

소매매장 연합은 소비자에게 다음과 같은 핸드백 사용 시 주의사항을 제공해야 한다.

- 깨끗한 천에 약간 물기를 묻혀 먼지를 제거하시오.
- 가죽 핸드백에는 안장용 비누를 사용하지 마시오.
- 새 스웨이드 가방의 과다한 염색을 제거하기 위해서는 마른 테리직물(보풀이 있는 수건감)로 문지르시오.

◎ 세계의 핸드백, 개인용 소품, 여행가방, 벨트 산업

핸드백, 개인용 소품, 여행가방, 벨트 산업은 상품의 생산과 마케팅, 무역기구, 출판물, 그리고 생산자와 이 산업을 지원해 주는 다른 관계자의 전시회와 밀접하게 관련되어 있다.

1) 생산

회사 본부는 미국에 위치하고 있지만, 신발류, 핸드백 생산과 같은 것은 노동집약적이어서 대부분 해외에서 생산되고 있다. 해외 생산으로 인한 낮은 인건비용은 이를 반대하는 미국 내 회사에게도 매우 매력적이다. 중국은 미국 내에서 소비되는 핸드백의 가장 큰 생산지이다. 1997년 미국 인구조사에 의하면 136명의

박스와 반달형 핸드백

휴대 전화용

샤넬 사인이 있는 핸드백

프레임 있는 클러치백

끈달린 피드백/버킷

호보/슬로치 핸드백

미노디에르 핸드백

사첼 핸드백

▶ **그림 8.3** 핸드백의 기본스타일

토트백

탑플랩 핸드백

국내 여성 핸드백과 지갑 생산업자가 약 3,520명을 고용하고 있다고 보고하였다. 다른 국내 생산업과 마찬가지로 생산업자의 수는 지난 몇 년 동안 점차 감소했다.

제조업종의 감소에도 불구하고, 많은 국내 디자인 업종이 존재하는 이유는 상대적으로 소자본 창업이 가능하기 때문이다. 새로운 디자이너 중 사라쇼(Sarah Shaw)는 겨우 5,000달러로 차고에서 핸드백 제조를 시작했지만, 2000년에는 연간 거의 백만 달러의 매출을 기록했다.

그러나 해외에서 모두 생산되는 것은 아니다. 액세서리는 보통 의복보다 짧은 유행 주기—단지 약 3달 정도—때문에 해외 생산은 시간에 쫓겨 가끔 문제가 발생한다. 국내 생산의 편리함과 더 신속한 선회시간은 짧은 유행 주기의 액세서리를 판매하는 회사의 흥미를 끈다.

핸드백 산업에는 크고 작은 제조업자가 있고, 이는 1999년에 10억 달러 이상 핸드백 매출을 가져왔다. 표 8.2는 연간 매출을 바탕으로 미국에서 가장 많은 핸드백을 생산하는 회사 중 상위 10개 목록이다.

개인용 소품, 휴대품, 가죽제품의 3분의 2가 인건비가 낮은 국가에서 미국으로 수입된다. 중국은 총수입량의 2분의 1 이상을 공급하며 인도와 이탈리아는 각각 10% 이하를 공급한다.

미국은 약간의 개인용 소품을 생산하는데 이는 주로 중국이나 일본으로 수출된다. 일본시장은 미국 회사에서 디자인된 비싼 핸드백과 개인용 가죽 소품의 좋은 시장으로 여겨지고 있다. 비록 미국의 인건비가 높지만 혁신적이고 적극적인 국내 생산자들은 수출을 확대할 수 있다.

벨트는 다른 가죽제품처럼 거의 해외에서 생산된다. 핸드백과 가죽으로 만든 개인용 소품을 생산하는 많은 회사에서 벨트도 생산한다. 벨트의 생산은 다른 회사의 라이센스로 이루어지지만, 디자이너는 종종 자신의 기성복 라인에 벨트를 매치하여 생산한다.

▶ 표 8.2 미국 내 핸드백 생산 상위 10개 회사

회 사	연간 매출(백만 달러)
케이트 스페이드사(Kate Spade LLC)	70.0
재클린사(Jaclyn, Inc)	58.77
두니 앤 버크 피알사(Dooney & Bourke PR, Inc)	35.29
사라리사(코치)(플로리다 주 마이애미)(Sara Lee Corp.(Coach)(Miami, FL))	32.2
사라리사(뉴욕 주 뉴욕)(Sara Lee Corp.(New York, NY))	16.3
엑셀핸드백사(Excel Handbags Co., Ind.)	15.0
모네그룹(The Monet Group, Inc.)	13.7
제이엘엔사(J.L.N., Inc.)	9.2
마이애미사의 터너(Terners of Miami Corp.)	8.0
타임 프로덕트(Time Products)	7.7

(자료원 : Duns Market Identifiers, SIC 3171, Dun and Bradstreet, 2000 08. 18)

2) 무역기구, 출판물, 전시회

핸드백, 개인용 소품, 여행가방, 벨트 산업은 핸드백과 같은 단품만을 보여주기보다는 액세서리를 총체적으로 보여주는 전시회를 지원한다. 그러나 소수의 독립적인 협회도 있다. 표 8.3은 핸드백, 개인용 소품, 여행가방, 벨트의 무역기구 목록이고, 표 8.4는 이 액세서리를 위한 무역 관련 출판물 목록이며, 표 8.5는 이 분야의 중요한 전시회 목록이다.

▶ **표 8.3** 핸드백, 개인용 소품, 벨트 산업들을 위한 무역

무역기구	위 치	목 적
미국 여행가방 취급업자협회 American Luggage Dealers Association(ALDA) www.luggafedealers.com	캘리포니아주, 산타바바라	여행가방 소매상을 대표하는 단체
영국 여행가방 및 가죽 제품협회 British Luggage and Lethergoods Association(BLLA) www.blla.org.uk	영국, 버밍햄	여행가방과 가죽제품 산업의 성장을 촉진하고 이미지를 상승시키기 위한 단체
패션 액세서리 운송인협회 Fashion Accessories Shippers Association(FASA) www.accssoryweb.com	뉴욕 주, 뉴욕	상품 할당량에 대한 보고서, 특별한 회보, 계약 정보, 정부와 링크되고, 핸드백이나 여행가방에 관한 배송 뉴스를 제공하는 단체
여행가방, 가죽제품, 핸드백, 액세서리협회 Luggage, Leathergoods, Handbags Accessories(LLHAA) www.lha.org	온타리오 주, 토론토	매각인과 소매상을 위하여 산업을 촉진하고, 해마다 무역 전시회를 후원하는 단체
미국 패션 액세서리협회 National Fashion Accessory Association(NFAA) www.accessoryweb.com	뉴욕 주, 뉴욕	상품 제조업자/수입업자 회원에게 정보를 제공하고, 노사관계를 관리하고, 회원의 이익을 촉진하고 보호하는 단체
미국 국립 여행가방 취급업자협회 National Luggage Dealers Association www.nlda.com	일리노이 주, 글렌뷰	총체적 매수 기구로 전국적인 독립 소매업자를 대표하는 단체
NPD 액세서리 와치 NPD Accessory Watch	뉴욕 주, 포트 워싱턴	브랜드, 기준소매가격, 모든 백화점 매장의 68%까지의 분류와 예측 데이터를 수집하여 소비자의 구매를 탐지하는 단체.
여행용품협회 Travel Goods Association(TGA) www.travel-goods.org	뉴저지 주, 프린스턴	여행용품 산업의 성장, 수익, 이미지를 촉진하는 단체

▶ **표 8.4** 핸드백, 개인용 소품, 여행가방, 벨트 산업을 위한 무역 관련 출판물

무역 관련 출판물 명칭	설 명
액세서리잡지(Accessories Magazine)	핸드백, 개인용 소품, 여행용가방, 벨트를 포함한 액세서리의 범주를 취급하는 월간 무역 잡지.
영국 여행가방 및 가죽제품 뉴스(BLLA News)	영국 여행가방 및 가죽제품협회에서 출판하는 월간 잡지.
홍콩가죽제품 및 가방 (Hong Kong Leather Goods and Bags)	홍콩무역개발협회에서 출판하며 가죽제품과 가방들의 상품정보를 제공해 주는 잡지.
주요 마켓 리포트 : 여행가방 및 가죽제품 (Key Note Market Report: Hand Luggage & Leather Goods)	영국에서 출판하는 무역 잡지로 CD-Rom과 온라인으로 볼 수 있음.
여행가방, 가죽제품, 액세서리 (Luggage, Leathergoods, and Accessories (LLA))	여행가방과 가죽제품 무역을 위해 Retail Trade Group에서 발간하는 잡지.
여행(Travelware)	여행가방과 가죽제품 산업의 정보를 포함하는 비즈니스 잡지.
월간 여성복(Women's Wear Daily-Monday)	페어차일드 출판사에서 출간되는 일간 무역 신문. 비즈니스와 핸드백, 개인용 소품, 가방, 벨트 액세서리의 패션 정보를 담고 있음.

▶ **표 8.5** 핸드백, 개인용 소품, 여행가방, 벨트 산업을 위한 무역 전시회

무역 전시회	위 치	후 원
액세서리더쇼(AccessoriesTheShow)	뉴욕 주, 뉴욕	미국 패션 액세서리협회
홍콩 국제핸드백 및 가죽제품박람회 (Hong Kong International Handbags and Leather Goods Fair)	중앙 홍콩	홍콩무역개발협회
세계여행용품 가죽 및 액세서리쇼 (International Travelgoods, Leather and Accessories Show)	루이지애나 주, 뉴올리언스	여행용품협회
여행가방, 가죽제품, 핸드백 및 액세서리쇼 (Luggage, Leathergoods, Handbags and Accessories Show(LLHA Show))	온타리오 주, 토론토	캐나다 여행가방, 가죽제품, 핸드백 및 액세서리협회
여행용품쇼(The Travel Goods Show)	네바다 주, 라스베이거스	여행용품협회

🌀 핸드백 머천다이징 트렌드와 기술

액세서리 시장에서의 핸드백 매출은 전체 액세서리 매출의 50%를 차지한다. 매출을 상승시키는 주요 브랜드로는 케이트 스페이드(Kate Spade), 게스(Guess), 랄프로렌/폴로스포츠(Ralph Lauren/ Polo Sport)가 있다. 최근 가장 인기 있는 스타일은 탑 플랩스(top flaps), 탑 짚스(top zips), 손가방(satchels) 등이 있다. 핸드백은 백화점에서 가장 잘 팔리는 경향이 있는데 이는 스타일, 브랜드, 색상, 가격의 선택 폭이 넓기 때문일 것이다. 표 8.6은 1999년 매장별 전체 핸드백 판매의 매출 분포를 보여주고 있다.

1) 백화점

미국 패션 액세서리협회(National Fashion Accessories Association)에 따르면 핸드백은 보통 충동적으로 구매하지 않고, 구매자들이 필요한 아이템을 미리 결정하여 **계획 구매**(planned purchases)를 한다. 여성 구매자들은 일반적으로 낡은 아이템을 대체하거나 특정 의상과 코디하기 위해 핸드백을 사며, 남성 구매자들은 대개 선물할 것을 찾거나 가지고 있던 핸드백의 대체물 또는 첫 구매품으로 기능성 있는 아이템을 찾는다. 그러나 대부분의 대형 백화점에서 핸드백은 **충동구매 아이템**(impulse item: 구매계획이 전혀 없었던 아이템)을 위한 1층 주 출입구 근처인 주요 장소에 위치해 있어 흥미롭다. 시즌 토트백같이 저렴한 신상품 핸드백 아이템은 통로의 설치물에 디스플레이 되는 반면에 계획 구매의 핸드백(주로 비싼 핸드백)은 브랜드의 코너(화장품 매장과 같은)에서 판매된다.

핸드백 매장은 큰 백화점에서는 항상 그렇지는 않지만, 작은 백화점과 전문매장에서는 **토털룩 콘셉트**(total-look concept)로 디자인된다. 이는 핸드백과 연관된 액세서리, 예를 들면, 신발과 함께 원스톱(one-stop) 쇼핑을 하도록 디스플레이된다는 것을 의미한다. 미국 패션 액세서리협회에 따르면, 소비자들의 시거리 이내에 상품을 디스플레이하는 매장은 두드러진 **추가판매**(add-on sales)나 연관된 상품의 판매로 이어진다. 예를 들면, 신발매장은 가죽 펌프스 근처에 가죽 핸드백과 소형서류가방을 디스플레이하며, 의류매장에서는 마네킹이 입은 슈트에 어울리는 핸드백을 걸어 둔다.

▶ **표 8.6** 1999년 매장별 핸드백 매출 비율

매 장	총판매율
백화점	36%
체인매장	13%
할인매장	13%
전문매장	11%
기타	27%

(자료원 : Retail Sales Hit New Highs. (Apr. 24, 2000). Advertising Supplement, Women's Wear Daily, p. 12. Courtesy of Fairchild)

매장의 테마는 계속적인 판매와 고객의 흥미를 끌기 위해 중요하며 테마는 계속적으로 바뀌어야 한다. **핸드백 테마**(handbag themes)는 색, 가장 인기 있는 디자인 요소, 매끈매끈하고 부드럽거나 우둘투둘한 느낌과 같은 질감, 격자무늬나 동물무늬 같은 무늬, 출세 지향적이거나 패션을 선도하는 것과 같은 라이프스타일을 포함한다. 언급한 테마의 모든 것을 포함하는 **트렌드 테마**(trend themes)는 핸드백 매장에 매우 유용하다. 예를 들면, 만약 대나무가 트렌드 테마라면, 핸드백은 대나무 손잡이와 대나무 섬유로 만들어지거나 대나무 패턴이 프린트된 직물 등을 특색으로 할 것이다. 트렌드 테마는 중간색의 직물과 가죽으로 만들어진 기본 핸드백의 인기 없는 재고품을 보충해 주는 인기 있고 항상 변화하는 패션 상품에서 찾을 수 있다.

2) 이동 소매점

많은 국내 핸드백과 개인용 소품 브랜드는 해외 시장으로 확대되어 가고 있는데, 이는 종종 공항의 면세점에서부터 시작된다. 최근 한국, 일본, 중국은 **이동 소매점**(travel retail market)에게 가장 인기 있는 시장이다. 개인용 소품과 여행가방을 취급하는 보편적인 아웃렛과 공항소매업자는 개인용 소품의 한정된 라인을 특색으로 하는 작은 전문점과 부티크를 포함한다.

비행기의 좌석 뒤에 배치되어 있는 카달로그(예: Sky Mall)는 이동 소매점에 포함된다. 이 카달로그에는 개인용 소품과 여행가방 세트를 포함한 모든 종류의 선물과 개인적인 아이템을 판매한다. 릴리언 버넌(Lillian Vernon)과 같은 유명한 카달로그 소매업자는 몇 페이지만으로 유행하는 상품을 판매한다. 비행기 여행자들은 편리하게 기내의 핸드세트로 전화걸고, 웹 사이트에 접속하고, 카달로그를 가져올 수도 있다.

"코치 오브 유나이티드 킹덤(the Coach of United Kingdom)"으로 알려진 멀버리 레더굿스(Mulberry Leathergoods)사는 기내 사업여행가를 표적으로 한 플라이트(Flight)라 불리는 가벼운 여행 액세서리 라인을 설립하고 있다. 국제적으로 인정받는 이 브랜드는 주요 국제공항에서 큰 성공을 거두었다. 저렴한 나일론 핸드백을 특색으로 한 미국의 레스포삭(LeSportsac)사는 여행소매경로를 이용하여 지난 5년 동안 매년 전년도 판매고의 두 배의 매출을 올리고 있다.

3) 인터넷 소매상

코치(Coach), 두니 앤 버크(Dooney and Burke), 런던 러기지 숍(London Luggage Shop), 윌슨즈 레더(Wilsons Leather)와 같은 대형 핸드백 생산회사는 남녀 핸드백과 여행 액세서리 상품의 시장을 위해 **브랜드 웹 사이트**(branded Web site)를 가지고 있다. 브랜드 웹 사이트에서 자주 볼 수 있는 특색은 점포 위치(store-locator)에 링크를 걸어두는 것인데, 이는 전통제조업체를 방문하여 직접 구매하는 것을 즐기는 소비자를 위한 것이다. 소비자는 웹 사이트에서 구매한 것을 소매매장으로 반품할 수 있는 것과 같은 편리한 옵션을 제공받는다. 웹 사이트의 시각적인 디자인은 회사의 이미지를 반영하고 소매매장의 지위를 강화시켜 준다.

또 다른 인터넷 회사는 자가 브랜드 상표명 없이 스타일에 의해서만 핸드백을 판매한다. 핸드백 디렉트(Handbag Direct)사는 소비자에게 배낭이나 토트백 등과 같이 스타일을 먼저 선택하게 한 다음 다양한 색과

기술 이야기 : 사이버 쇼퍼를 위한 개별 고객화

대부분의 사업주는 소비자가 쇼핑할 때 패션 선택권을 가져야 한다는 점에 찬성하고 있다. 소비자는 자주 일반 대중을 위하여 제작된 표준 제품(standard products)의 희생자가 된다. **개별 고객화**(mass customization) 또는 **대량 고객화**(mass personalization)은 수공예 정신이 대량 생산과 통합된 것을 말한다. 대중시장의 상품과 서비스는 적절한 가격으로 특정고객의 필요나 요구의 만족을 위해 개별로 취급된다. 개별고객화는 소비자가 상품개발과정의 어떤 양상을 조절할 수 있도록 한다. 조절의 정도는 작지만, 소비자는 e-sale을 결정하기 위해 충분히 선택을 한다. 청바지, 신발, 수영복, 모피코트, 핸드백은 개별로 취급되어 왔다. 예를 들면, 퍼스트 더 리바이 스트라우스 퍼스널 패어 오브 클래식 파이브 포켓 진즈(first the Levi Strauss Personal Pair of classic five-pocket jeans)와 레이터 더 오리지널 스핀 진즈(later the Original Spin jeans)는 소비자의 사이즈 사양서대로 만들어 보내면 2주 내에 배송되었다. 매장 판매원은 소비자의 치수를 이미 만들어진 사이즈가 표시되는 컴퓨터에 등록한다. 그 치수는 모뎀을 통해서 주문복 청바지를 만드는 봉제 관리자에게 전송된다. 랜젠드(Lands' End)사는 구매하기 전에 웹 사이트상에서 실제 모델을 통해 자기가 원하는 스타일을 직접 입어보는 것과 같은 효과를 보여준다. 개별 고객화된 옷은 랜젠드

사 수익의 중요한 부분이 되었다. 나이키(Nike)사는 소비자에게 신발의 몸체, 장식, 바닥의 색상을 선택하도록 다수의 스포츠용 신발을 제공한다. 소비자는 신발에 최대 여덟 개의 글자를 새겨서 자신의 특성을 나타낼 수 있다. 생산과 배송을 합하여 약 3주가 소요된다.

개별 고객화는 핸드백 산업에 직물, 색이나 무늬, 장식에 대한 옵션으로 확대되었다. 웹 사이트 bgbags.com은 고객이 핸드백, 토트백, 개인용 소품의 직물과 트리밍을 선택하는 서비스를 제공한다. 개별 고객화된 핸드백을 제공하는 또 다른 핸드백 웹 사이트는 소비자가 만족한 쇼핑을 하도록 즐거움과 편이성을 개발하였다.

이것은 의류와 액세서리의 경쟁적인 브랜드들이 판매 분류의 '동일성'을 피하게 하는 방법으로 직접 구매품이나 맞춤 제품 구매를 능가하게 한다. 개별 고객화는 경쟁력이 있어 주요 브랜드들이 개별 고객화를 실행하고 있다.

맞춤의류와 액세서리는 몇 년 동안 직접 상점에서 구매하는 다수 고객을 표적으로 하였으므로 개별 고객화는 장기간의 투자계획이 필요하다. 만약 개별 고객화를 위한 요구가 계속 커진다면, 공급소요 시간을 줄이기 위해 브랜드를 해외에서 생산하기보다 국내에서 생산하게 될 것이다.

재료로 만든 여러 개의 비슷한 스타일을 보여준다.

4) 카탈로그 소매상

핸드백과 관련 액세서리는 기성복과 함께 카탈로그에서 팔린다. 핸드백은 카탈로그의 개별적인 품목으로 다뤄지기도 하지만, 머천다이저들은 핸드백을 의류, 벨트, 신발, 주얼리와 토털룩을 이루는 일부분으로 다루는 경향이 있다. 이 카탈로그 판매계획의 형태는 복합적인 아이템의 성공적인 판매로 입증되고 있다.

◎ 핸드백 판매

풀 서비스 소매환경에서 소비자가 자신의 취향을 말하지 않으면, 판매원은 소비자에게 적당한 가격의 핸드백을 보여주기 시작한다. 판매원은 소비자의 외모에 알맞으며 소비자가 살 만한 금액의 브랜드와 스타일을 추정할 수 없다. 눈치 빠른 판매원은 소비자의 의견과 선호를 주의 깊게 듣고, 그 정보를 바탕으로 고객의 요구를 충족시킬 수 있는 스타일의 핸드백을 보여주는 데 주력할 것이다.

1) 가격과 가치

핸드백의 품질은 사용된 재료의 희소가치와 종류, 제조과정, 세공, 세부장식으로 평가된다. 기준소매가격은 이 기준뿐만 아니라 브랜드와 소매업자의 명성에도 영향을 받는다. 소매매장 바이어는 기준소매가격을 결정하기 전에 이 모든 조건을 고려해야 한다. 예를 들면, 품질 좋은 희귀한 가죽은 보통 그 희소가치 때문에 소가죽보다 더 비싸다. 그러나 브랜드의 명성이나 제조과정, 수작업과 같은 요소는 품질 좋은 희귀한 핸드백보다 소가죽 핸드백의 소매가격을 더 높게도 만든다. 수작업은 핸드백의 가격을 매기는 중요한 세부사항이다. 왜냐하면 비록 숨겨져 있지만 내부의 세부장식은 눈에 보이는 외부의 세부장식만큼이나 제조업자에 의해 주목을 받아야 하기 때문이다.

　미국과 유럽에서는 저가 핸드백과 고가 핸드백이 인기를 끌고 있다. 100달러 이상의 고가 핸드백이 판매 매출의 30%를 차지한 반면에, 25달러에서 49.99달러 사이의 저가 핸드백이 전체 핸드백 판매 매출의 36%를 차지하였다.

　백화점 핸드백 매장은 1999년 매출이 1998년보다 8% 증가하였다. 이 증가는 평균소매가격을 고려할 때 한층 더 의미가 있다. 1998년 백화점 핸드백의 평균소매가격은 48.25달러였던 반면, 1999년 평균소매가격은 45.25달러에서 47.16달러 사이로 떨어졌다. 4분의 3 이상의 핸드백이 50달러 이하의 가격이다. 그림 8.4는 2000년 백화점 핸드백의 평균소매가격의 분포에 대한 그래프이다.

2) 소비자 요구에 대응하기

핸드백 액세서리의 트렌드는 다목적 기능을 지향한다. 소비자는 옵션과 융통성을 가진 액세서리를 구입하는 경향이 있다. 대부분의 핸드백 생산업자들은 휴대 전화를 쉽게 찾을 수 있는 주머니나 칸을 만들어 널리 보급된 휴대 전화 문화를 수용하는 기능성 패션 핸드백을 개발하고 있다. 전형적으로 작은 사이즈인 이브닝 백은 요즈음에는 그 속에 립스틱, 열쇠, 돈뿐만 아니라 휴대 전화까지도 넣을 수 있도록 만들고 있다. 최근에는 배낭 형태에서 즉석 휴대용 걸상으로 부풀게 할 수 있는 독특한 다기능 가방이 소개되었다.

　다목적 기능의 핸드백이 최근에 새로이 나타난 것은 아니다. 핸드백 산업이 취업 여성의 수가 늘어나 그들의 요구에 부응하기 시작한 때인 1970년대 중반에 이와 비슷한 전략이 핸드백 산업에 유행했었다. 여성들 또한 안전성과 그들의 열쇠를 쉽게 찾을 수 있는 기능에 관심을 가졌다. "더이상 어두운 복도에서 가방을 뒤적거리지 않는다."라는 텔레비전 광고가 있었다. 열쇠고리를 위한 칸은 접근을 쉽게 하기 위해 만들

백화점 재고품의 가격

- □ 25달러 이하
- □ 25~49.99달러
- ▨ 50~74.99달러
- ■ 75~99.99달러
- ▨ 100달러 이상

46% 32% 7% 12% 3%

◀ **그림 8.4** 2000년도 백화점 재고품의 가격

어졌다. 다양한 기능의 주머니와 칸으로 이루어진 스타일은 다양한 가격대 핸드백에 거의 다 사용된다. 여러 칸으로 나뉜 스타일은 모든 패션에 적용되어 예전의 스타일은 진부하게 되었고 칸으로 나뉜 스타일의 가방에게 그 자리를 양보하게 되었다.

소비자가 핸드백을 선택한 후, 판매원은 추가 판매를 위해 관련된 아이템을 제공해야 한다. 이들 아이템에는 손질 유지에 필요한 상품, 핸드백에 필요한 작은 액세서리, 2차로 소비자가 구매할 수 있는 가방을 포함한다. 수입할당제로 일하는 직원은 추가 판매로 개인적 수입을 증가시키며, 추가 판매는 판매수익을 가져와 소비자 만족에도 중요한 부분이다.

때때로 판매촉진 방법은 자기 선택을 용이하게 하여 판매원이 필요 없게 된다. 그러나 자기 선택 서비스는 매장의 판매원 수가 모자라는 것을 의미하는 것은 아니다. 만약 판매원 수가 부족하다면 좀도둑 문제가 증가하게 될 것이다. 판매원은 판매가 종결된 이후에 핸드백 형태 유지용 종이뭉치를 치우고 좀도둑이 숨겨 놓았을 상품을 확인해야 한다.

◎ 개인용 소품

개인용 가죽제품(small personal goods) 또는 **개인용 가죽 소품**(personal leather goods), **휴대품**(flat goods)은 손에 들고 다니거나, 주머니나 핸드백에 휴대하는 작은 물건을 말한다. 이 물건은 접이지갑(billfolds), 지갑, 열쇠지갑, 다이어리, 신용카드 지갑, 안경 케이스, 휴대 전화 케이스, 담배 케이스, 서류첩을 포함한다. 핸드백 제조업으로 시작했던 많은 회사들은 개인 가죽 제품과 여행가방을 다양하게 가지고 있다. 바이어들 사이에 브랜드 인식이 증가되어, 브랜드의 구매의욕이 높은 충성스러운 소비자들은 관련된 제품이 확대된 것을 인식하고 있다. 회사는 **핵심 경쟁력**(core competency)를 강화해 주는 첫 번째 상품의 생산을 계속하는 전략적 계획을 한다. 예를 들면, 코치레더(Coach Leather)사는 핸드백의 품질유지에도 주력하지만, 핸드백의 성공을 이용하여 개인용 가죽제품을 포함한 관련된 다수의 상품을 주요 모험적 사업으로 소개하고 있다.

1) 개인용 소품의 기본 스타일

개인용 소품을 다음과 같이 몇 가지 아이템으로 분류하였다(그림 8.5).

접이지갑(billfold) 지폐, 신용카드, 작은 사진을 휴대하는 주머니나 지갑(purse) 크기의 납작한 휴대
용. 반으로 접는 것과 세 번 접는 것이 있다.

휴대 전화 케이스(cell phone case) 휴대 전화를 소지할 수 있는 직사각형. 케이스의 표면에 벨소리가
들릴 수 있도록 구멍이 나 있다.

담배 케이스(cigarette case) 보통 장식적이고, 표면이 단단하며, 담배를 지지하기 위해 케이스 위에 경
첩이 달려 있다.

동전지갑(change purse) 동전을 보관하기 위한 안전한 칸막이(구획)가 있는 작은 주머니.

신용카드 지갑(credit card case) 신용카드를 보관하기 위해 각각의 면에 여러 개의 긴 구멍이 나 있는
직사각형의 납작하고 겹겹으로 되어 있는 휴대용

서류 케이스(document case) 3면은 지퍼로 되어 있고 손잡이는 없으며 모서리가 둥근 직사각형 형태
를 하고 있다. 종이뭉치를 보관한다.

안경 케이스(eyeglass case) 안경이 미끄러져 들어가도록 납작하고 부드러운 면의 주머니. 안경의 파
손을 방지하는 단단한 면의 경첩이 달린 케이스.

폴리오(folio) 뚜껑이 있는 겹겹으로 된 납작한 휴대용 명함, 편지지, 펜을 보관한다.

접이지갑

휴대 전화 케이스

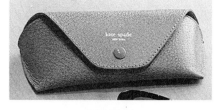

안경 케이스

담배 케이스

지갑

▶ **그림 8.5** 개인용 소품(자료원 : 페어
차일드 출판사)

열쇠지갑(key case) 겹겹으로 되어 있고 스냅단추로 안전하게 열쇠를 보관하는 작은 지갑. 사용하는 열쇠만 지갑 밖으로 꺼내 놓고 사용할 수 있게 디자인되어 있다.

열쇠고리(key ring) 열쇠를 걸기 위한 금속 링. 장식적인 물건이 달려 있거나, 열쇠지갑의 한 부분.

다이어리(planner/organizer) 매일의 약속을 메모할 수 있는 달력이 있으며 폴리오와 비슷하다.

서류철(portfolio) 3면이 지퍼로 되어 있고 겹으로 된 닫힘 뚜껑이 있는 납작한 직사각형의 케이스. 손잡이는 고정되어 있거나 당겨 뽑을 수 있게 되어 있다. 서류철은 미술작품 견본을 넣을 수 있을 만큼 크기가 크다.

지갑(wallet) 남성의 지갑이나 여성의 지갑, 동전지갑의 다른 용어.

(1) 재료

개인용 소품은 완전히 가죽으로만 만들거나 가죽을 직물이나 플라스틱과 조합하여 만들기도 한다. 일반적으로 쓰이는 개인 소품용 텍스타일은 보통 시즌 핸드백과 같은 패션 직물로 만든다. 플라스틱 재질은 가죽처럼 보이는 비닐이나 본을 떠 만든 플라스틱 형태를 사용한다. 이들 개인용 소품중 일부는 금속이나 플라스틱으로 만들어진 지퍼, 스냅, 훅이 함께 사용된다.

◎ 개인용 소품의 머천다이징 트렌드와 기술

가죽제품의 소비전망은 서비스 산업과 정보체계와 관련된 전문직과 사무직 관련 직업의 증가로 인해 강화되리라 예상된다. 이 산업의 종사자는 가죽으로 된 사무용품, 비즈니스 케이스, 컴퓨터 케이스, 여행가방을 더 많이 구매하게 될 것이다. 전문직 여성의 증가는 이 기능적인 상품의 패션성을 자극한다.

자가 선택은 대개 저가 개인용 소품을 위한 판매방법이다. 정보가 풍부한 판매원의 부족은 판매시점(POS)에서 제공되는 충분한 정보로 극복된다. 자가 선택 매장의 성공적인 판매계획을 위해 품질표시표, 포장, 깔끔하게 디스플레이 된 신호계(signage)는 절대적으로 중요한 것들이다.

◎ 개인용 소품 판매

소비자는 종종 특별한 스타일의 개인용 소품을 사기 위해 가죽 액세서리 매장을 방문한다. 선물을 살 때 소비자는 구매할 제품의 가격 범위를 마음속에 정해 놓고 있지만, 특정한 스타일을 정해 두고 있지는 않으므로 훌륭한 판매원은 소비자에게 원하는 가격, 재료, 용도를 알아낼 수 있는 질문을 한다. 소비자 자신이 사용하기 위한 아이템은 선물용과는 다른 조건으로 선택될 것이다. 만약 소비자가 가격 범위를 정해 놓지 않았다면 판매원은 중간 가격 범위의 물건을 보여주고, 소비자의 반응에 따라 가격의 범위를 올리거나 내린다.

고가의 개인용 가죽 소품은 대개 매장의 케이스 안에 넣어 잠가둔다. 판매원은 적절한 고객 서비스를 하기 위하여 개인용 가죽 소품 보관 케이스 부근에 대기하고 있어야 한다. 판매원은 소비자에게 한 번에 세 가지 아이템만을 보여준다.

개인용 소품의 가격은 핸드백과 마찬가지로 재료와 수작업에 따라 결정된다. 보통 진짜 가죽제품은 더 비싸지만, 판매원은 가죽제품 구매는 여러 해 동안 쓸 수 있는 제품에 대한 투자라고 소비자에게 강조한다. 몇몇 매장에서는 고가의 개인용 소품을 위해 특별한 보증서를 제공하는데, 이 보증서는 손잡이, 걸쇠, 경첩 부분의 결함을 보증해 준다.

◎ 여행가방

2001년 9월 11일 테러리스트의 공격 전까지 여행자가 많아짐에 따라 미국의 여행가방 판매는 매년 증가했다. 그러나 9.11 사건은 여행가방 산업에 부정적인 영향을 주었다. 9.11 사건의 여파 속에 소매 거래처들이 9월에는 16%, 10월에는 11%, 11월에는 8~9% 판매가 감소되었다고 보고했다. 샘소나이트사는 2000년 4.4분기에 690만 달러의 이익을 거둔 것과 비교하여 2001년 4.4분기에는 1,400만 달러의 손실이 있었다고 보고했다.

2001년 9월 말에 여행용품협회(Travel Goods Association)에서는 다시 여행을 시작하기 위한 소비자를 격려하고 안전하게 여행할 수 있게 하기 위해 '더 안전한 여행─더 안전한 세상(Safer Travels-Safer World)'이라는 세계적인 캠페인을 전개했다. 여행용품협회는 이 캠페인을 열어 여행물품 소매업자, 제조업자, 도매업자, 부품 제조업자, 미국 내 여행단체, 여행정책을 만드는 이들을 도왔다. 이 무역기구는 추가 테러 공격의 위협에도 불구하고 뉴욕을 방문한 여행객을 **후원여행객**(supportive tourists)이라는 신조어로 부르는 등 여행을 크게 촉진시켰다.

여행가방의 트렌드는 롤러 블레이드 바퀴가 달린 가볍고 충격이 방지되고 부드러운 외양을 가진 제품 방향으로 가고 있다. 인기 있는 핸드백 패션과 직물은 여행가방 산업의 색과 스타일에 영향을 끼친다.

1) 여행가방의 생산

여행가방의 외부커버는 핸드백과 마찬가지로 철제 프레임으로 만들어져 있거나, 내구성이 적은 두꺼운 판지나 섬유판지를 붙이기도 한다. 안감 재료는 일반적으로 실크 감촉을 가진 레이온이나 나일론으로 만들어진 새틴 직물이다. 얇은 가죽이나 스웨이드 또한 고가의 여행가방에 사용된다.

여행가방은 운반할 때 망가지기 쉽기 때문에 손잡이나 다른 하드웨어는 중요한 부분이라 할 수 있다. 내구성이 있는 가죽과 금속으로 된 손잡이와 외부장식이 직물이나 비닐로 만든 가방에 부품으로 사용된다. 가장 좋은 손잡이 하드웨어는 광택이 나는 놋쇠나 여행가방의 재료에 단단히 리벳으로 고정되는 스테인리스 강철이다. 지퍼는 양 방향용이나 터지지 않는 닫힘 기능을 해야 하며, 바퀴는 가방을 취급하는 동안 손

기술 이야기 : 엄격한 실험 : 아메리칸 투어리스터

1970년 덴버(Denver)에 본부를 둔 샘소나이트사는 그들의 아메리칸 투어리스터(American Tourister) 라인의 내구성을 보여 주기 위해 여행가방을 비현실적으로 취급하는 것을 묘사한 인상적 광고 캠페인을 시작했다. 텔레비전 광고는 고릴라가 슈트케이스를 거칠게 다루고, 다이너마이트가 여행가방 옆에서 폭발하고, 여행가방이 이륙한 비행기에서 던져지고, 스키 타는 사람이 여행가방 위에서 산비탈을 내려오는 것을 보여주었다. 비록 이것들은 단순히 마케팅 책략이라고도 할 수 있겠지만, 사실은 샘소나이트의 아메리칸 투어리스터 라인은 회사 자체에서 월드프루트(Worldproof)라 부르는 매우 까다로운 테스트를 한다는 것이다.

세계의 전문적인 실험실은 여행가방을 각 구성 요소별로 그리고 전체적인 시스템으로서 테스트한다. 예를 들면, 짐이 무거울 때의 손잡이의 내구성을 실험하기 위해 가방을 반복해서 올렸다 내렸다 한다. 짐을 가득 넣은 상태로 바퀴의 내구성과 충격 방지를 보증하기 위한 테스트를 한다. 여행가방 케이스는 세 가지 온도로 테스트한다. 결빙온도, 보통 대기온도, 150°(사막에서의 자동차 트렁크 온도를 설정한 것). 대기 중의 습한 대기 상태 하에서의 직물과 하드웨어의 내구성은 습한 방에서 테스트한다. 과학기술의 발전과 함께 테스트의 유형과 조건은 계속적으로 갱신되고 있다.

어쨌든 최고의 테스트 방법 중 몇 가지는 까다로운 과학기술에 도전한다. 싱가포르에서는 택시 지붕 위의 넓은 곳에 여행가방을 두어 앞뒤로 가방이 미끄러지는 비행기의 화물칸 내에서의 상태를 설정하여 가방을 운반하는 테스트를 하였다. 샘소나이트사 밥 언니스코(Bob Onysko)씨는 "가장 엄격한 테스트는 과학기술이 아니라 사람에 의해 행해지는 것이다."라고 했다. 그는 제조공장에서 앞뒤로 움직여졌던 가득 채워진 가방을 예로 언급하고, 고용자에게 출장이나 휴가 여행을 갈 때 아메리칸 투어리스터의 여행가방을 가지고 갈 것을 요청했다. 언니스크 씨는 부연 설명으로 다음과 같이 말했다. "소비자는 여행가방을 기계 테스트와 공항의 수하물 담당자보다 한층 더 혹사시킨다." 소비자는 진짜 사람들에 의해 스타일과 최종 용도가 테스트된 여행용 가방을 신뢰하게 된다.

자료원 : A Tough Case to Crack. (Jan 2000). Advertising Age International, p. 2.
Beirne, Mike. (Sep. 27, 1999). Samsonite's Strong Suit. Brandweek, 40(36), p. 20.
Onysko, Bob. (Sep. 20, 2000). Samsonite Corporation Telephone Interview.

상을 받지 않게 하기 위하여 약간 오목하고 견고하게 부착되어 있다.

2) 디자인

디자이너는 최신 유행의 핸드백 스타일을 기본으로 하여 아주 기능적, 인체공학적, 실용적인 여행가방을 만들고 있다. 오늘날의 소비자들이 요구하는 새로운 디자인 특징은 바퀴, 쑥 들어가게 할 수 있는 손잡이, 패딩 처리한 어깨 끈, 다수의 칸막이, 전자제품을 보호하기 위한 내부 패딩 등이다. 잠재 소비자의 대다수는 높은 임의처분소득을 가진 여행을 좋아하는 중장년층, 여성, 사업을 위한 여행자들이다.

성별과 연령에 따른 필요뿐 아니라 규모가 커지는 공항은 수직형의 바퀴 달린 포개 쌓을 수 있는 여행가방이 필요하게 되었다. 처음의 바퀴는 공 형태로 디자인되었는데, 더 새로운 스타일의 가방은 압력과 마찰에 내구성이 더 좋고 소음이 적은 볼베어링의 롤러 블레이드 바퀴를 특징으로 한다. "제로-웨이트"(zeroweight)로 불리는 네 개의 바퀴체계는 가방을 끌면서 공항 터미널을 지날 때 이동성과 동작의 안정성을 증가시킨다.

새철 백(satchel bag)은 종종 기내 휴대용 가방으로 사용되며, 가방 안의 물건으로 꽤 묵직하며 넓은 끈은 무게를 분산시켜준다. 어떤 새철 백은 스냅을 이용하거나 가방 손잡이에 슬라이딩 방식을 이용하여 바퀴 달린 가방 위나 큰 가방 위에 얹도록 디자인되기도 한다. 복합적인 칸막이(구획)는 내장된 서류철과 함께 사업가 여행객에게 제공된다.

칸막이는 파일을 빠르고 쉽게 찾을 수 있도록 해 주는데 가방 외부에 그물망 주머니가 달려 있다. 사업가용 여행가방은 노트북 컴퓨터와 프린터를 넣기 위해 분리하거나 쿠션성이 있는 내용물을 사용하기도 한다. 일단 여행자가 목적지에 도착하면 가방에서 쿠션성 내용물을 제거하여 서류가방이나 토트백으로 사용된다.

3) 생산

소비자의 저렴한 여행가방에 대한 욕구 때문에 조사와 개발은 미국에서 이루어지지만, 생산은 해외로 옮겨지게 되었다. 여행가방 회사의 바이어들은 표적 소비자의 욕구를 가장 만족시키는 해외에서 생산된 가방의 제품 디자인과 명세서를 함께 제공한다.

4) 소재

가방의 재료는 방수 방오성이 있거나 코팅 처리된 천연 섬유나 합성 섬유로 된 가벼운 직물이 추세이다. 면 캔버스는 내구성을 높이기 위해 비닐 코팅되어 있다. 또 다른 직물로는 능직물(twill), 문직(brocade), 태피스트리(tapestry) 등이 내구성이 있다. 탄도 나일론(Ballistic nylon : 방호복에 쓰이는)과 같은 높은 강도의 합성 직물은 여행가방의 재료로 널리 사용된다.

◎ 여행가방의 분류

여행가방은 **단단한 것**(hardside), **형을 뜬 것**(molded), **부드러운 것**(softside)의 세 가지 주요 범주로 나누어진다.

단단한(hardside)과 **약간 단단한**(semi-hardside)　**여행가방**의 부품은 사람들에 의해 거칠게 취급될 때 견딜 수 있도록 튼튼하게 만든다. 딱딱한 여행가방은 원래는 트렁크로, 인피나무 위에 가죽이나 직물로 만들어졌다. 오늘날, 고가의 딱딱한 여행가방은 가죽으로 만들어지고 비싸지 않은 것은 플라스틱으로 만들어진다.

형을 뜬(molded)　**여행가방**을 솔기가 없이 열처리를 해 영구적인 형태로 만들어 낸다. 형을 뜬 여행가방은 솔기가 없어 찢어지지 않기 때문에 충격에 강하다.

부드러운(softside)　**여행가방**은 가볍고 싸기 때문에 많은 소비자들의 마음에 든다. 부드러운 여행가방은 딱딱한 여행가방보다는 덜 튼튼하지만, 패션 직물로 만들어져 구매가 촉진된다. 알맞은 가격대의 새로운 색상, 새로운 직물, 새로운 스타일은 소비자들로 하여금 규칙적으로 구매하게 만든다. 부드러운 여행가방은 몇 시즌 사용하면 닳아 해지지만 여행자는 최신 유행에 대한 욕구 때문에 부드러운 여행가방을 거부하지 않는다.

1) 여행가방의 기본 스타일

여행가방 스타일은 지난 여러 해 동안 사이즈가 축소되어 왔다. 여행가방 산업은 여성이나 은퇴한 여행자를 위해 간결한 스타일로 개발되어 왔다. 비록 수십 년간 일반적으로 점점 작아지고 있지만, 기본 스타일은 디자인 측면보다 재료와 특별한 형태가 변하고 있다. 끼워 넣는 손잡이(Telescoping handles), 고리로 된 끈 손잡이(loop strap handles), 바퀴, 칸막이 구획은 현대의 여행가방의 중요한 특징이다. 그림 8.6은 여행가방의 몇몇 인기 있는 스타일이다.

배낭(backpack)　구획이 되어 있고, 등에 짊어지는 형태로 대개 나일론으로 되어 있다. 두 개의 넓은 어깨 끈에 의해 등 뒤에 안정하게 유지된다.

벨로스 케이스(bellows case)　짐이 늘었을 때 편리하게 부풀릴 수 있는 아코디언 주름(accordion-pleated)이 위쪽에 있다.

캐리-언(carry-on)　기내에서 승객의 좌석 아래나 머리 위의 칸에 넣을 수 있는 크기로 만들어진 작은 가방이다.

더플 백(duffle(duffel) bag)　윗면이 끈으로 졸라매거나 지퍼로 되어 있는 원통이나 직사각형 모양으로 된 가방. 바퀴가 달려 있거나 긴 어깨 끈이 있다.

가먼트 백(garment bag)　부드러운 가방으로 옷을 달아매어 운반하거나 가방 윗부분의 고리로 옷장에 걸 수 있도록 디자인되어 있다. 손잡이나 분리할 수 있는 끈에 의해 용이하게 반으로 접힌다. 바퀴가 달린 것도 있다.

여행가방 카트(luggage cart)　가방을 옮기기 위해 바퀴가 달려 있고 접을 수 있는 가벼운 금속의 짐수레이다.

오버나이트 케이스(overnight case)　원래는 작은 직사각형이었으나 오늘날에는 다양한 형태이며 짧은 기간의 여행을 위한 가방.

풀먼, 업라이트, 슈터, 보딩 케이스(pullman, upright, suiter, boarding case)　큰 오버나이트 케이스이며 길이 61~76cm 정도로 안쪽에 칸막이가 있고, 바퀴가 달린 것도 있다. 보통 풀먼은 길이보다는 너비가 더 넓은 것을 말하는 반면, 업라이트는 너비보다는 길이가 더 긴 것을 말한다.

스티머 트렁크(steamer trunk)　원래는 증기선 여행가방으로 한 면은 거는 봉으로 세우고 반대 면에는

배낭　　　　　　　　더플백

가먼트백　　　　　　풀먼　　　　　　토트

▶ **그림 8.6** 널리 사용되는 여행가방

서랍이 있다. 귀중품을 위해 보조 바닥이나 뒷면과 같은 은밀히 숨기는 장소가 있는 것도 있다.

슈터(suiter) 　직립으로 세울 수 있다. 슈트케이스처럼 반으로 접을 수 있다. 옷을 접거나 걸 수 있도록 되어 있어 슈트 네 벌 정도를 넣을 수 있다.

토트(tote) 　어깨에 매는 부드러운 케이스로 겉모양은 토트백과 비슷하지만 토트백보다 더 크다.

배너티, 액세서리즈, 코스메틱 케이스(vanity, accessories, or cosmetic case) 　작고 세울 수 있는 칸막이 구획이 있는 케이스로 거울이 달린 것도 있다.

◎ 여행가방의 머천다이징 트렌드와 기술

소비자는 평균적으로 특별한 여행 계획 없이 7년마다 여행가방을 구매한다. 조지 워싱턴(George Washington) 대학에서 실시한 소비자 동기부여에 관한 연구에 의하면 여행가방 소비자의 70%가 아직 어디에 갈지를 선택하지 않았다고 밝혔다. 이는 여행 예약을 끝낸 후에 여행가방을 구매한다는 이전의 가설과 모순된다.

여행가방 회사는 매장 내에 여행과 레저 환경을 조성하기 위하여 여행지의 마케터와 협력한다. 단순히 여행가방을 파는 매장이 아니라 매장에 휴가지 분위기가 나는 모험여행(adventure-travel) 구역을 만든다. 열대 나무, 요트, 자연의 소리를 녹음한 사운드 트랙, 이국적인 기념품으로 실내를 장식한다.

> ## 비행기 내 휴대 수하물 규정
>
> 각각의 항공사에서는 기내에 휴대 가능한 여행가방에 대한 항공사 자체의 크기 규정을 두고 있다. 일반적으로 가방의 외부치수가 36cm×23cm×56cm(바퀴, 손잡이, 모서리 보호장치, 모든 주머니 포함)보다 크지 않으면 대부분의 비정기 항공기, 국내선 항공기에 가방을 휴대할 수 있다. 몇몇 항공사는 가방을 크기 형판에 통과시켜 보안 컨베이어(엑스레이 기계) 벨트에서 가방의 크기를 잰다. 치수측정기(Sizer boxes)는 터미널 게이트나 수하물 검사대에 비치되어 있다. 승객이 탑승하기 전에 항공사 직원은 가방을 눈으로 검열해 큰 가방은 규정에 맞는지를 측정한다. 가방이 너무 크면 기내 휴대를 금한다.

여행가방용품은 비록 개별적으로 구입되더라도 다각적 판매를 촉진하기 위해 디자인된다. 만약 소비자가 필요로 하는 용품 전부를 구매하지 않으면, 다음 시즌에는 매치되는 용품이 없을 것이라는 위험부담을 갖게 된다. 전형적인 한 세트의 나일론이나 부드러운 여행가방은 기내 휴대용 새철이나 토트, 더플, 가먼트 백, 바퀴가 달린 작은 업라이트 슈터, 바퀴가 달린 큰 업라이트 슈터를 포함한다. 여행가방 세트의 특징은 가방을 사용하지 않을 때 작은 용품을 큰 용품에 넣어 보관할 수 있는 기능이다.

대부분의 광고에서 바퀴가 달린 여행가방은 주요한 상품으로 여행가방 판매의 60%를 차지한다. 그러나 월스트리트 저널의 기사에 따르면, 기내용 크기의 여행가방의 중요성이 증가하게 됨에 따라 바퀴로 끄는 여행가방의 수요는 감소하고 있다. "바퀴 달린 여행가방은 미국 최고의 기내 휴대용으로 밝은 색과 캐주얼한 직물로 된 더플, 토트, 배낭에 양보하였다"('Wheeled bags,' 2000). 그 기사는 여행가방을 판매하는 투미(Tumi)사에서 바퀴가 없는 부드러운 가방의 판매는 전년도보다 30% 증가한 반면에, 바퀴 달린 가방은 19% 판매 증가를 보였다는 것이다. 바퀴 달린 가방은 공항 터미널에서 큰 가방을 관리해야 하는 여행자의 어려움뿐 아니라 공항의 규정에 걸리지 않는 크기에 대한 것도 주요 관심사이다.

1) 점포 소매상

중간 가격대 여행가방용품은 대부분 부드러우며 나일론이나 태피스트리 같은 직물로 만든 것이다. 가죽으로 된 작은 크기의 가죽 가방은 중간 가격대로 가능하나, 크기가 큰 가죽용품은 가격이 비싸다. 비싼 여행용 가죽 가방 세트는 전문매장이나 공항의 매장에서 취급한다.

여행가방은 보통 다각적인 구매를 촉진하기 위해 브랜드별로 분류된다. 가먼트 백이나 배낭과 같은 전문 아이템은 브랜드에 상관없이 함께 배치해 놓아 소비자가 비교할 수 있도록 한다.

여행가방은 충동구매 아이템이 아니기 때문에 높은 층이나 주 출입구로부터 떨어진 곳에 배치한다. 예를 들면, 맨해튼 34번가에 위치한 메이시(Macy) 백화점의 핸드백, 개인용 소품, 토트백은 1층(main floor)에 자리하고 있는 반면, 여행가방과 배낭은 9층에 자리하고 있다.

2) 인터넷 소매상

여행가방 산업에서 인터넷 마케팅은 실속이 있으며 실제 제품이 있는 현실 매장에서 여행가방을 구매하는 것 이상의 많은 이점을 제공한다. 인터넷 여행가방 바이어들은 주문에 따른 배송에 충분한 시간이 필요하기 때문에 미리 여행 스케줄을 알 필요가 있다. 인터넷 소매업의 성공은 인터넷 구매자가 대체로 풍족하고 인터넷을 하지 않는 사람보다 여행을 더 많이 하는가에 달렸다.

풍족하다는 것은 가끔씩 사용하는 여행가방을 사기 위해 소비자가 높은 가격을 기꺼이 지불하는 것을 의미하지는 않는다. 많은 인터넷 사이트는 온라인 구매를 촉진하기 위한 방법으로 할인된 가격이나 무료 배송을 자랑으로 내건다. 이러한 보상은 만약 인터넷 회사가 소비자가 거주하는 주에 아웃렛 소매점(retail outlet)을 가지고 있지 않다면 주에 판매세를 내지 않아도 되기 때문이다.

가격만이 온라인 구매를 하는 이유는 아니다. 크기, 독특한 특징, 확대된 영상 등의 자세한 묘사는 구매 가능성이 있는 소비자가 여행가방 구매를 결정하도록 해 준다. 때때로 웹 사이트에서 제공되는 광고문안(카피)은 소매매장의 파트타임으로 일하는 여행가방 판매원의 설명보다 더 자세하다. 게다가 소매매장에서는 판매 공간의 제약 때문에 갖춰지지 않은 색의 제품도 보여준다.

3) 여행가방의 판매

여행가방 구매 동기는 다양하다. 어떤 이들은 내구성보다는 패션에 대한 욕구로 구매하지만, 여전히 여행 기간 동안 일반적인 마모와 찢어짐을 견디는 여행가방을 원한다. 여행가방을 위한 구매방법은 핸드백과 개인용 소품을 위한 구매방법만큼이나 많다.

여행가방의 등급에는 상당한 가격의 차이가 존재한다. **최고 품질 여행가방**(the best-quality luggage)은 **우수한 품질 여행가방**(better quality luggage)보다 가격 면에서 세 배에서 다섯 배까지 높다. 패션도 중요하지만 내구성은 여행가방 등급의 첫째 요소이다. 최고 품질의 여행가방 브랜드로는 하트만(Hartmann), 투미(Tumi), 안디아모(Andiamo)가 있다.

여행가방 바이어는 우수한 품질 여행가방과 최고 품질 여행가방을 비교하여 이익을 얻을 수 있다. 보이거나 숨겨진 세부장식이 함께 평가되어야 한다. 내구성 있는 여행가방의 중요한 품질 구성요소는 다음과 같다.

- 내구성 있는 외부커버와 방오성
- 나일론실로 된 스티치
- 이중 리벳 처리된 올리는 장치
- 신장을 많이 받는 부위에 바택 바느질로 강도를 강화
- 노출된 끈 손잡이 대신 속으로 들어가게 할 수 있는 손잡이

소비자는 단순히 보이기 위한 것보다는 문제를 일으키지 않고 여행을 할 수 있는 여행가방을 산다. 만약 공항의 터미널에서 여행가방을 끌 때 가방 바퀴가 질질 끌린다면 패셔너블한 여행가방이 악몽이 될 것이다.

⊚ 벨트

'거들은 벨트이다.' ('girdles are belts') 그리고 '브레이스(버팀대)는 멜빵이다.' ('braces are suspenders')라고 했을 때, 오늘날 패션을 공부하는 학생들은 단어들의 진화에 대해 궁금해할 것이다. 벨트와 브레이스(버팀대) 모두 허리선에 옷을 유지하기 위하여 사용한다는 본래의 목적은 비슷하다. 그 아이템은 각 시즌에 상호 배타적이지 않으나, 한 아이템의 인기가 상승하면 또 다른 아이템의 인기는 하락하였다. 벨트는 착용자 사이에서 멜빵보다 더 많이 사용되는 경향이 있다.

벨트 패션은 기성복 패션에 부수적인 것이다. 가는 허리가 유행했을 때는 허리가 초점이 되어 벨트가 인기를 얻게 되었으나, 허리선이 낮거나 높은 것이 패션일 때는 벨트 판매가 현저히 감소하였다. 아동복 산업에서 벨트의 인기도는 여성복 패션 트렌드를 따르는 반면에, 남성복 시장에서 벨트는 상당히 지속성 있는 액세서리 아이템으로 남아 있다.

1) 벨트 생산

여성복 산업은 벨트만을 생산하지만, 남성복 산업은 벨트와 브레이스(버팀대) 중 선택하여 생산한다. 브레이스(버팀대)나 멜빵은 본래의 허리선에 벨트를 하는데 어려움이 있거나 자신만의 스타일을 꾸미는 데 관심이 있는 남성들이 주로 착용한다. 때때로 여성복 산업에서는 시즌의 패션 아이템으로 멜빵을 소개하기도 한다. 아동복 산업에서는 벨트와 멜빵 두 가지를 다 생산한다.

벨트 생산업자는 벨트를 의류의 일부분으로 취급하고 벨트를 생산하는 경우 **전문가 거래**(cut-up trade)라 하며(예: 의복과 동일한 직물로 벨트를 생산), 벨트를 별개의 액세서리로 생산하는 것을 **랙 거래**(rack trade)라 한다.

(1) 디자인

벨트 스타일은 가죽이나 체인을 엮은(chain-link) 좁은 것부터 코르셋 스타일의 넓은 것까지 다양하다. 벨트는 패셔너블(fashionable)한 의류를 보완하거나 의류 특징의 초점으로 디자인된다. 벨트는 기능이나 장식의 욕구를 만족시키기 위해 만들어지거나, 때때로 기능과 장식 모두를 만족시키기 위해 만들어진다.

벨트 디자인은 종이나 CAD(computer-aided design) 시스템에서 스케치되고, 색, 직물, 버클의 재료가 선택된다. 제작 가능성을 확실하게 하기 위해 견본품을 만들고, 견본 중에 가장 시장성이 높은 것을 선택한다.

(2) 생산

선택된 벨트 견본품을 시장으로 보내서 액세서리 바이어에게 제시한 후 주문이 들어오면 생산을 시작한다. 기본 스타일 벨트는 자동 공급 사이클로 재주문할 수 있지만, 패션 벨트는 시즌마다 변화하기 때문에 재주문은 가능하지 않다.

(3) 재료

벨트는 신발류 재료로 만들어지지만 금속, 플라스틱, 나무, 리본(ribbon), 패션직물로도 만들어진다. 모든 종류의 가죽을 재료로 쓰는데 일반적으로 소가죽을 쓴다. 더 비싼 벨트는 파충류나 색다른 가죽이 재료로 쓰인다. 폴리우레탄이나 극세 섬유와 같은 인조 가죽은 중저가 벨트 생산에 사용된다.

2) 벨트의 기본 스타일

벨트는 패션과 기능을 위한 요구를 충족시키기 위해 다양한 스타일이 있다(그림 8.7).

어저스터블(adjustable)　미끄러지는 버클이나 여러 개의 버클 구멍으로 허리 사이즈에 맞게 조절한다.

탄띠(bandolier)　한쪽 어깨에 사선으로 걸치고 몸통에 빙 돌려서 맨다.

벨트 백, 패니 팩, 웨이스트 벨트(belt bag, fanny pack, waist belt)　벨트와 파우치의 결합이며 지퍼나 스냅단추로 닫을 수 있게 되어 있다. 다양한 허리 사이즈에 맞추기 위해 조절할 수 있는 벨트 끈이 있다.

보이스카우트(Boy Scout) **벨트**　능직물과 같이 내구성 있는 천에 미끄러지는 버클이 부착되어 있다.

브레이드(braid) **벨트**　다양한 스타일과 재료를 사용하여 여러 개의 끈으로 꼬아 짠 긴 끈이다.

버클(buckle) **벨트**　대부분 가죽을 사용하며, 버클 벨트는 땋거나, 못을 박거나, 세공을 하거나 또는 장식을 한 형태로 되어 있다. 폭은 보통 2.5~7.6cm이다. 남성용은 폭 3.8~4.4cm가 일반적이다. 버클의 잠금쇠는 보통 골드나 실버톤, 플라스틱, 가죽으로 싼 것으로 되어 있다. 벨트의 끝을 벨트 고리에 통과시켜 잠근다.

카트리지(cartridge)　원래는 총탄과 같은 무기를 담기 위해 만들어졌으며, 벨트에 길이로 탄창 형태의 고리를 단 장식적인 벨트를 말한다.

체인 링크(chain link) **벨트**　기능적이기보다 장식적인 것으로, 다른 재료가 사용되기도 하지만, 일반적으로 금속이나 플라스틱이 서로 맞물려 연결된 형태이다.

신치(cinch) **벨트**　날씬한 허리선으로 보이도록 허리를 꽉 죄어 활동에 제약을 주는 벨트이며, 편안함을 위해 신축성이 있는 것도 있다.

컨투어(contour) **벨트**　약간 위쪽으로 굴곡져 있으며 엉덩이 윗부분과 허리라인에 꼭 맞게 착용하는 벨트이다.

코르셋(corset, corselet) **벨트**　레이스나 버클이 달려 있으며 본래의 허리라인을 꽉 조여 모래시계 형태의 착시효과를 주는 코르셋이 좁게 변형된 벨트이다. '메리 위도우(Merry Widow)' 코르셋으로 불린다.

커머번드(cummerbund) 남성복의 턱시도와 같은 정장 의상에 착용하는 가로로 주름이 잡혀졌거나 앞이 평평한 직물 벨트로 슈트와 대비되는 색상으로 되어 있다. 일반적으로 비단으로 되어 있지만 가죽이 사용되기도 한다.

피시스케일(fishscale) 작은 금, 은, 무지개 빛깔의 비늘형태로 되어 있는 금속성 벨트(종종 신축성이 있다)이다.

오비(Obi) 일본에서 유래된 넓은 직물로 된 띠로 원래는 기모노 위에 착용했으나 서양복에 적용되었다. 긴 장식 띠(종종 10피트가 넘는 길이)는 허리를 여러 번 감고 등에서 나비넥타이 형태로 묶는다.

폴로(polo) 옆면과 뒷면보다 앞면이 더 넓고 한두 개의 끈을 작은 버클에 끼워 넣어 앞에서 잠근다.

로프(rope) 밧줄을 만들기 위해 코드가 들어 있는 실을 꼰 형태이다. 끝은 정사각형의 매듭, 고리, 고정시키는 걸쇠(clasp)로 묶여 있다.

새시(sash) 벨트 동일한 직물로 만들거나 혹은 어울리는 색상의 리본으로 만들며, 정사각형의 매듭으로 느슨하게 묶는다.

셀프(self) 벨트 의복과 동일한 직물로 만들며, 보통 의복 제조업자들이 저렴한 액세서리로 공급한다. 허리라인에 주의를 집중시키지 않아 허리에 시선이 가지 않기를 원하는 이들에게 적당하다. 패션 전문가들은 가죽 벨트보다 셀프 벨트를 추천한다.

스키니(skinny) 벨트 가죽이나 인조 가죽 또는 신축성을 가진 금속으로 되어 있으며 폭이 1/2인치보다 좁다.

스트레치(stretch) 벨트 본래 허리라인에 착용하는 스판덱스가 포함되어 신축성이 있는 벨트이다. 금속성의 생선 비늘이나 단순한 니트 형태로 만들어진다.

서스펜더 또는 브레이스(suspender or braces) 버튼(또는 클립)으로 연결된 끈을 바지의 앞 허리라인 안쪽에 고정하고 Y자 모양으로 어깨 너머로 넘겨 끝 부분을 뒤 허리라인 중심에 고정하여 착용한다. 고급 남성복 업자는 클립고정이나 신축성 있는 멜빵을 경멸하고, 레이온과 실크 직물에 가죽 맞춤과 조절 가능한 놋쇠레버(황동레버, brass levers)로 된 것을 더 선호한다.

웨스턴 또는 카우보이(Western or cowboy) 벨트 로데오 경기모습이 골드나 실버 톤으로 특색 있게 새겨진 장식 버클이 달린 세공되어 있는 가죽 벨트이다. 착용자의 이름이 벨트의 뒷면 중간에 새겨져 있다.

3) 기본 사이즈

남성용 벨트는 대개 허리 치수에 따라 사이즈가 정해지며, 여성용 벨트는 허리 치수에 의해 사이즈가 정해지거나, 소, 중, 대, 특대로 분류된다. 신축성이 있거나 조절할 수 있는 벨트는 한 가지 사이즈로 만들어지

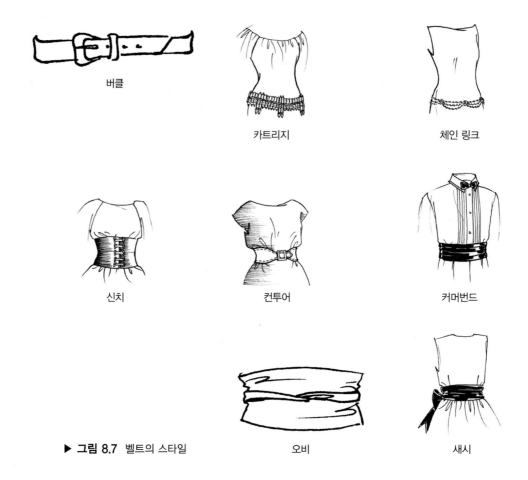

버클

카트리지

체인 링크

신치

컨투어

커머번드

▶ **그림 8.7** 벨트의 스타일

오비

새시

기도 한다.

　남성의 '소' 사이즈는 36~81cm, '중' 사이즈는 86~91cm, '대' 사이즈는 96~101cm이고 '특대' 사이즈는 106~111cm이다. 여성용 벨트 길이는 56~81cm까지이나, 만약 제조업자가 의복에 어울리는 벨트를 제조하는 경우에는 의복 사이즈에 맞추게 된다. 고객은 중간 구멍에 채울 수 있는 벨트를 선택하거나, 벨트의 첫 번째 고리 밑에 벨트의 끝이 놓이도록 선택해야 한다.

4) 벨트 손질법

벨트는 둥글게 말거나, 서랍 안에 평평하게 보관하거나, 행거에 걸어서 보관해야지, 접어서 보관해서는 안 된다. 만약 벨트가 부드러운 가죽이나 스웨이드로 되어 있다면 광내거나 닦는 것과 같은 적합한 가죽 보호 절차를 따라야 한다.

　에나멜 가죽을 손질할 때는 습기가 있는 축축한 천을 사용해야 한다. 직물로 만든 벨트는 손으로 세탁하거나 드라이클리닝을 해야 한다. 직물 벨트에 때가 묻으면 소비자는 그것을 대신할 수 있는 질 좋은 가죽 벨트를 구매하고 저렴한 셀프 벨트를 버리는 것이 낫다.

◎ 벨트의 머천다이징 트렌드와 기술

백화점은 핸드백 시장의 판매를 좌우하지만, 벨트 판매 비율은 전문매장이 높다. 표 8.7은 1999년도 매장 종류별 여성복 벨트 판매율을 나타내고 있다. 총벨트 판매의 42%를 전문매장에서 차지해 가장 높은 판매율을 보였다.

　백화점은 보통 1층 액세서리 매장에서 여성복 벨트를 판매한다. 이 판매 기법의 이점은 소비자들이 쉽게 벨트를 선택할 수 있게 해주는 것이다. 왜냐하면 벨트의 구매는 색상이 주요한 기준이기 때문에 시간에 쫓기고 스스로 선택하여 구매하는 소비자에게 매우 유용하다.

　전문매장은 토털룩을 위해 관련된 의류와 함께 그룹으로 벨트를 판매한다. 벨트를 매장 전체에 펼쳐 놓으면 구매자는 벨트 위치를 파악하기 위해 판매원의 도움을 받아야만 한다. 이 매장의 이점은 소비자가 한 가지 아이템을 구매하기보다는 관련된 제품을 일괄구매하게 되는 것이다.

　이 두 유형의 판매는 유익하고 바람직하다. 매장 지배인은 판매 방법을 결정하기 전에 먼저 표적 소비자의 선호를 이해해야 한다.

　벨트 디스플레이 설치물 주위에는 알맞은 조명이 매우 중요하다. 남색과 검은색은 유사하여 구별에 어려움이 있으므로 소매업자는 구별이 어려운 색상의 벨트에는 색상명 라벨을 첨부하여야 한다. 의류 디스플레이에 벨트를 사용할 때, 매장에서는 드레스 형태나 마네킹의 허리에 세 가지 벨트를 전시해야 한다. 이 전시 기법은 더 큰 시각적 효과를 주어 더 많은 소비자를 만족시킨다.

1) 벨트의 판매

여성복 벨트는 일반적으로 자기 선택(self-selection) 아이템으로 판매된다. 남성복 벨트의 경우 판매원이 소비자가 선택할 두 가지나 세 가지 색상의 벨트를 고르며, 소비자에게 골드나 실버 톤의 버클을 좋아하는지를 묻는다. 소비자는 착용할 주얼리의 색과 메탈 버클 색의 어울림도 고려하고, 벨트 고리의 너비보다 넓지 않은 벨트를 선택한다.

▶ 표 8.7 1999년 매장 분류에 따른 여성벨트 판매율

매장 분류	총판매율
전문매장	42%
백화점	17%
주요 체인점	11%
할인점	11%
기타 매장	19%

(자료원 : Retail Sales Hit New Highs. (Apr. 24, 2000). Advertising Supplement, Women's Wear Daily, p.12. 페어차일드 출판사 제공)

2) 가격과 가치

벨트 가격 책정의 중요한 요소는 벨트에 사용된 재료이다. 가죽 테두리가 있는 가죽 벨트는 사용 가능 기간이 가장 길다. 색다른 가죽은 내구성이 적지만 희귀성 때문에 더 비싸다. 판지 종류의 안감으로 테두리를 한 가죽 벨트의 경우 가죽 표면은 여전히 사용할 만하여도 균열이 생겨 보기 흉하게 된다.

의복과 동일한 재료로 된 셀프 벨트는 저렴하고 가죽 벨트로 대체된다. 소비자는 셀프 벨트가 허리라인을 강조하지 않기 때문에 선호하지만 이 벨트의 사용 가능 기간은 의복 수명보다 훨씬 짧기 때문에, 소비자는 의상의 색과 어울리는 질 좋은 가죽 벨트를 다시 구매해야 한다.

버클의 가격 또한 벨트의 가격에 큰 영향을 미친다. 금도금 버클은 마찰과 반복되는 착용 때문에 골드 톤의 색을 잃는다. 놋쇠버클은 금도금 벨트보다 금속 톤이 덜 바랜다. 이와는 대조적으로, 실버 톤의 메탈 버클은 반복 착용해도 색이 변하지 않는다.

⸱요약⸱

- 핸드백은 전체 액세서리 판매의 50%를 차지한다. 패션 시장은 거의 수요에 적절한 가방을 생산한다. 핸드백, 배낭, 벨트 팩, 여행가방, 개인용 소품은 다양한 용도를 위해 여러 가지 스타일이 제공된다.

- 핸드백은 주로 여성이 사용하지만, 남성은 배낭, 여행가방, 개인용 소품, 벨트의 주요 사용자이다.

- 기능과 패션은 이 액세서리 종류에서 중요한 요소이다. '필요장비의 일부(pieces of equipment)'로 고려되는 이러한 액세서리는 사용자의 라이프스타일에 적합해야 한다.

- 전문 사업가들은 개인용 소품을 구매하는 큰 그룹이다. 전문사업가와 퇴직자는 여행가방을 구매하고 모든 연령대의 여성은 핸드백을 구매한다.

- 핸드백, 여행가방, 개인용 소품은 프레임이 있는 것과 없는 것 두 가지로 생산된다. 프레임, 안감, 손잡이, 잠금장치, 바대(gussets), 장식품은 액세서리의 수명을 위해 내구성이 있어야 한다.

- 벨트 같은 작은 아이템은 외부커버와 안감으로 가죽을 사용하지만 큰 아이템은 플라스틱이나 직물이 대용품으로 적당하며 대부분이 가죽보다 가볍다.

- 대부분의 기성복 디자이너는 그들 컬렉션의 일부로 핸드백을 제시한다. 기성복 디자이너는 핸드백 등 관련된 액세서리를 결정함으로써 시장규모를 확장시켜 왔다.

- 값이 비싼 핸드백 디자이너와 제조업자는 낮은 가격의 핸드백 때문에 어려움을 겪는다. 미국에서는 등록된 상표는 복제할 수 없고, 스타일은 합법적으로 복제가 가능하다.

- 핸드백 생산은 모슬린이나 펠트로 된 견본부터 시작한다. 외부커버는 한 겹은 손으로 직접 자르고, 여러 겹은 찍는 본이나 레이저로 자른다. 어떤 액세서리는 플라스틱으로 형을 만들기도 하고 자르지 않고 엮거나 짜 맞춘다.

- 핸드백, 여행가방, 가죽 제품, 벨트의 사용상의 주의는 같은 재료로 된 신발과 유사하다.

- 다른 액세서리와 마찬가지로 핸드백, 여행가방, 개인용 소품, 벨트는 대부분 미국 밖에서 생산하는데, 특히 중국에서 생산한다. 생산업자는 편리함과 더 빠른 생산 스케줄 때문에 미국 내에서 생산하기도 한다.

- 핸드백은 다양한 소매점에서 팔린다. 백화점은 핸드백 판매의 3분의 1 이상을 차지하는 반면, 체인점이나 할인매장은 26%를 차지한다. 공항 내의 면세점과 전문매장은 국제적인 소비자에게 유명핸드백 브랜드를 제공해 준다.

- 조사에 의하면 핸드백은 충동구매 아이템이 아니다. 소비자는 마음속에 구매할 제품을 결정하고 매장을 방문한다. 주의를 끌기 위해 소매업자는 색, 프린트, 라이프스타일, 트렌드와 같은 테마에 따라 판매를 해야 한다.

- 대부분의 카탈로그 소매업자는 토털 쇼핑 콘셉트의 부분으로 핸드백, 개인용 소품, 벨트를 제공한다.

- 인터넷 쇼핑 사이트를 소유하고 있는 전통적 제조업체 소매업자 웹 사이트는 매장 이미지와 제품 상태를 반영해야 한다.

- 핸드백의 가장 일반적인 판매 가격은 25달러에서 50달러이다. 사용된 재료는 소매가격을 거의 결정지으며, 세공 또한 가격 책정에 중요 요소이다.
- 여행가방은 단단한 것, 형을 뜬 것, 부드러운 것으로 나뉜다. 여행가방의 스타일은 증가하고 있으나, 여행가방의 부피는 감소하고 있는 추세이다.
- 정부에서는 여행가방을 기내에 휴대하지 않도록 하지만 대부분의 국내 항공사들은 기내 휴대 가방을 위한 최대 허용 사이즈를 규정하고 있다.
- 소비자는 여행의 최종 목적지를 결정하기 전에 여행가방을 구매한다. 소매업자들과 여행 에이전시는 매장 내에 모험적 여행 분위기 조성을 위해 협력한다.
- 소비자는 일반적으로 전통적 제조업자 소매점에서 여행가방을 구입하지만, 인터넷 웹 사이트가 인기를 얻고 있다. 바퀴가 달린 여행가방은 요사이 대중적이다.
- 여행가방 브랜드 사이에서 품질과 가격이 두드러지게 다양화된다. 가격, 품질, 패션, 기능은 소비자의 주요 구매 동기이다.
- 벨트와 멜빵은 기능적인 목적으로 착용되지만 장식적인 목적도 있다. 예전부터 벨트는 멜빵보다 더 대중적이었다. 벨트 폭은 좁은 '스키니' 벨트부터 넓은 '코르셋' 벨트까지 있다.
- 벨트는 다른 가죽 액세서리와 매우 흡사하게 생산되고 신발, 핸드백과 같은 재료로 대부분 만들어진다. 가죽은 가장 좋은 재료이다.
- 벨트는 사람의 허리 크기에 따라 사이즈가 결정된다. 벨트는 둥글게 말아서 보관하거나 행거에 걸어서 보관해야 한다.
- 벨트의 사용 주의사항은 신발이나 핸드백과 유사하다.
- 대다수의 핸드백은 백화점에서 주로 판매되고, 벨트는 대부분 전문점에서 판매된다.
- 소매점에서 벨트는 '토털룩'의 일부로 판매될 때 가장 성공적이다.
- 조명은 소비자가 어두운 색상의 벨트를 구별할 수 있을 만큼 충분히 밝아야 한다.

핵심용어

가먼트 백(garment bag)

개별 고객화/대량고객화
　(mass customization/ mass
　personalization)

개인용 가죽제품
　(personal leather goods)

개인용 소품
　(small personal goods)

거들(girdle)

계획구매(planned purchases)

공작시대(Peacock Era)

다이어리(planner/organizer)

단단한 여행가방
　(hardside luggage)

담배 케이스(cigarette case)

더플백(duffle bag/duffel bag)

동전지갑(change purse)

랙 거래(rack trade)

로프 벨트(rope belt)

루프 스트랩 손잡이
　(loop strap handles)

메일백(male bag)

모조품
　(knockoff/copycat designing)

문서/증서상자
 (document and deed boxes)

바대(gusset)

배낭(backpack)

배너티/액세서리/코스메틱 케이스(vanity /accessories /cosmetics case)

배럴탑 트렁크(barrel-top trunk)

벨로스 케이스(bellows case)

벨트 백/패니 팩/웨이스트 벨트
 (belt bag/fanny pack/waist belt)

버짓백(budget bag)

버클 벨트(buckle belt)

보이스카우트 벨트
 (boy scout belt)

부드러운 여행가방
 (softsided luggage)

브랜드 웹 사이트
 (branded Web sites)

브레이드 벨트(braid belt)

새시 벨트(sash belt)

서류철(portfolio)

서류 케이스(document case)

서스펜더/브레이스
 (suspenders/braces)

셀프 벨트(self belt)

속안감(underlining)

손잡이(handle)

슈터(suiter)

스키니 벨트(skinny belt)

스트레치 벨트(stretch belt)

스티머 트렁크(streamer trunk)

신용카드 지갑(credit card case)

신치 벨트(cinch belt)

안경 케이스(eyeglass case)

안감(lining)

약간 단단한 여행가방
 (semi-hardside luggage)

어저스터블(adjustable)

여행가방 카트(luggage cart)

여행가방 손잡이
 (telescoping handles)

열쇠고리(key ring)

열쇠지갑(key case)

오버나이트 케이스
 (overnight case)

오비 벨트(Obi belt)

외부커버(outer covering)

우수한 품질 여행가방
 (better-quality luggage)

웨스턴(Western)

이동 소매상(travel retailers)

인베스트먼트 핸드백
 (investment handbags)

잠금장치(fastener/closure)

전문가 거래(cut-up trade)

접이지갑(billfold)

지갑(wallet)

체인 링크 벨트(chain link belt)

최고 품질 여행가방
 (best-quality luggage)

추가 판매(add-on sales)

충동구매 아이템(impluse items)

카트리지 벨트(cartridge belt)

캐리-언(carry-on)

커머번드(cummerbund)

컨투어 벨트(contour belt)

코르셋 벨트(corset belt/corselet)

탄띠(bandolier)

토요(Toyo)

토털룩 콘셉트
 (total-look concept)

토트(tote)

트렌드 테마(trend themes)

트리밍(trimmings)

패딩(padding)

포켓츠(pockets)

폰토바(Pontova)

폴로 벨트(polo belt)

폴리오(folio)

풀먼/업라이트/슈터/보딩 케이스
 (Pullman/upright/suiter/ boarding case)

프레임(frame)

피시스케일 벨트(fishscale belt)

핵심경쟁력(core competency)

핸드백 테마(handbag themes)

형을 뜬 여행가방
 (molded luggage)

후원여행객(supportive tourists)

휴대 전화 케이스(cell phone case)

휴대품(flat goods)

복습문제

1. 핸드백은 지위의 상징으로 어떻게 발달되어 왔는가?

2. 핸드백은 소유자의 라이프스타일을 어떤 방법으로 반영하는가?

3. 대중적인 핸드백 재료는 무엇인가?

4. 핸드백의 구성요소는 무엇인가?

5. 핸드백을 구매할 때 고려하여야 할 내구성은 무엇인가?

6. 왜 기성복 디자이너는 핸드백과 개인용품 산업에 진출하는가?

7. '토털룩' 콘셉트 판매는 무엇을 의미하는가?

8. 소매업자들이 핸드백과 개인용 소품 판매를 위해 사용하는 테마는 무엇인가?

9. 핸드백과 여행가방을 판매하는 인터넷 웹 사이트는 전통적 제조업 소매상과 어떻게 다른가?

10. 핸드백, 여행가방, 개인용 소품, 벨트의 소매가격을 결정하는 기준은 무엇인가?

11. 제조업자들은 여행가방을 어떤 방법으로 더 기능적으로 만들어 왔는가?

12. 여행가방의 트렌드는 무엇인가?

13. 벨트 스타일은 기성복 패션에 어떻게 좌우되는가?

14. 벨트 판매 시 중요한 판매 방법은 무엇이고 각 판매 방법은 언제 적절한가?

응용문제

1. 대학생(또는 다른 표적 소비자)에게 적당한 기능적인 핸드백 디자인을 스케치하시오. 핸드백의 내부와 외부를 디자인하고, 사용할 재료와 하드웨어를 묘사하시오.

2. 당신이 곧 개점할 핸드백, 여행가방, 개인용 소품, 또는 벨트 매장의 지배인이라고 가정하시오. 소매가격, 계절, 스타일, 패션 이미지를 선택하고, 시각적인 보조물로 판매품의 잡지 사진을 배치하시오. 당신은 물품을 판매하기 위한 최선의 방법을 찾길 원한다면, 파트너와 판매계획을 개발하시오. 당신의 판매계획 테마는 무엇이며, 매장을 어떻게 세분화할 것인가? 벽들과 설치물이 어떻게 보일지 묘사하시오.

3. 지역백화점이나 전문매장 견학에 참가하여 매장 지배인과 이 장에서 언급한 액세서리 1~2가지에 대해 토론하시오.

4. 핸드백이나 여행가방 제조 회사를 방문하거나 디자이너와 원격지간 회의(teleconference)를 하시오.

5. 핸드백, 개인 가죽 제품, 여행가방 또는 벨트 매장을 방문하여 가격 범위, 판매기법(재료, 색, 프린트, 브랜드), 제품의 원산지 등의 기준을 이용하여 평가하시오.

6. 통신판매 카탈로그나 패션 잡지에서 특색있는 핸드백을 오려내고, 스타일에 따라 라벨을 붙이고 그룹 지으시오. 가장 인기 있는 것과 가장 인기 없는 스타일, 재료, 색, 손잡이를 기준으로 분석하시오. 비율을 계산해 보고 컴퓨터에서 비율을 그린 파이 도표를 만들고, 이번 시즌의 패션 주기 강조점을 예측하시오.

제 **9** 장

양말

프랑스의 왕 루이 16세는 혁명 법정으로부터 사형을 선고받았다.
춥고 습한 1793년 1월 21일 루이 16세는 사형집행을 위해 오전 5시에 일어났다.
그는 단두대로 수송되는 두 시간을 위해 공들여 옷을 입으며 하인에게 말했다.
"다른 스타킹 한 쌍을 다오. 이것은 적당하지 않아."
"이것은 정식 리셉션에 신는 것이다. 더 수수한 것을 다오.
오늘 아침에 그들이 매우 엄숙한 의식으로 나에게 경의를 표할 것이다."

– 양말(Hosiery)의 역사 : 비밀과 관능적인 액세서리. 2002년 6월 7일 검색
http:// www.fast-italy.com

🌀 양말의 역사

다리 싸개는 아마도 처음에는 장식적인 액세서리라기보다는 추운 날씨에 대하여 보온 또는 주변 요소로부터 보호하기 위해서 입었을 것이다. 다리 싸개의 최초 형태는 모피, 가죽, 천(면, 양모, 리넨 같은)으로 만든 가늘고 긴 조각이었고, 이것을 하퇴부에 나선모양으로 감아 무릎 아래에서 묶었다. 그리스와 로마 병사들은 이것을 **티비알**(tibiales)이라고 불렀고, 이것을 가죽끈과 레이스로 묶어 고정시켰다. 따뜻한 기후에서는 드물지만, (약 기원전 1470년에서 기원전 705년 사이에 부조된 이집트인과 두 아시리아인의 조각물에는 누비거나 편물로 된 스타킹을 신고 있는 것이 묘사되어 있다.) 1세기에서 3세기로 추정되는 발부분이 달린 직조된 바지가 독일의 습지에서 발견되었다. 벨트 고리를 제외하면, 그 바지는 조잡하지만 현대의 타이츠와 비슷한 모습을 하고 있다. 몇몇 사례에서 긴 양말은 가죽으로 구두창을 댐으로써, 다리 싸개와 신발의 두 가지 목적을 만족시켰다.

이후, 신발류(footwear)는 양말과 더 비슷하게 되었지만, 현대의 양말과 같은 신축성 있는 맞음새는 부족했다. 직조기술이 발달함에 따라 양말류의 맞음새도 개선되었다. 4세기의 편물의 도입은 꼭 맞는 양말류 개발에 열쇠가 되었다.

11세기의 대님으로 묶은 양말은 장식적이고 화려한 문양으로 묘사되어 있다. 기사들은 갑옷을 착용할 때 금속의 날카로운 가장자리로부터 자신을 보호하기 위해 몸에 꼭 맞는 속옷이 필요했다. 양말을 잘라 넓적다리 앞 중심점까지 펼쳤으며, **푸르푸엥**(pourpoints)이라 불리는 길고 꽉 끼는 튜닉에 부착하였다. 양말을 고정하기 위해 레이스 또는 양말 끝이 푸르푸엥의 안감 아래쪽 앞 가장자리에 붙여졌고, 긴 양말을 더욱 안전하게 지탱하기 위해 무릎 아래쪽에 가터(garter)를 매었다.

여성들은 긴 스커트를 착용했기 때문에 발을 묘사한 삽화가 드물어 여성의 양말 패션에 대한 기록을 찾기가 더 어렵다. 그러나 고증자료는 추운 기후에 사는 여성은 남성이 신었던 양말과 유사하게 수 세기 동안 대님으로 묶은 스타킹을 신었던 것을 보여준다.

14세기에는 문장(紋章)의 도안과 색상을 통한 귀족 계급 구별의 강조가 다리 싸개에 영향을 주었다. 귀족은 왕위 표시를 나타내는 로고가 있는 독특한 문장을 가지고 있었다. 귀족의 부인이나 딸은 그들의 아버지와 남편의 심벌(symbol)을 채택하여서 무늬와 색상을 특색으로 하는 의복을 입었다. 양말류는 이 두 가지의 심벌에 영향을 받아 남성과 여성은 왼쪽 다리와 오른쪽 다리의 색이 서로 다른 **파티컬러드 양말**(parti-colored hose)을 신었다.

르네상스 시대의 양말류는 아름다운 색상으로 염색되고 정교하게 수가 놓였기 때문에 양말류 패션 역사가에게는 중요하다. 실크, 토끼털, 앙고라, 알파카, 캐시미어를 포함한 많은 특수한 섬유가 양말류를 짜는 데 사용되었다.

18세기 후반에서 20세기 초까지, 여성 스타킹은 발의 상부와 발목 부분에 수를 놓아 장식하였다. 고급 양말류는 실크 편물로, 저가 양말류는 면으로 만들었다. 귀족 여성들은 가터벨트로 지탱하는 자수 장식과 레이스가 있는 우아한 스타킹을 신었다. 프랑스의 조세핀(Josephine) 황후는 빨강, 흰색, 푸른색 색조의 실크 스타킹을 신는 패션을 보여주었다. 그러나 보통 스타킹의 색은 검정, 회색, 베이지가 기본이었다. 그물 스

A free-ten model of Marie Wilton's leg is unveiled by a Los Angeles hosiery shop. The screen is hoisted skyward for comparison. The modern films was the custom triumphs. *Better Living, 1950.*

Hagley Museum and Library, Wilmington, Delaware

◀ **그림 9.1** 듀퐁 나일론 양말 전시(자료원 : 듀퐁사)

타킹은 1830년경에 나타났다.

1939년 뉴욕 세계 박람회는 '놀라운 합성 섬유(synthetic wonder fiber)'인 나일론으로 만든 양말을 신은 매혹적인 여러 명의 모델이 있는 듀퐁(Du Pont) 전시관을 특색으로 삼았다(그림 9.1). 여성들은 처음 소개되는 이 나일론 스타킹을 구매하기 위해 길게 줄을 섰고, 1.15~1.35달러로 판매된 스타킹은 한 시간 만에 매진되었다.

나일론 스타킹의 인기는 감소하지 않았으나 그 공급은 일시적이었다. 제2차 세계대전 동안 나일론 섬유의 수요가 공급을 소진시켜 나일론 스타킹은 값비싼 상품이 되었다. 나일론은 전쟁을 위한 낙하산, 텐트, 타이어, 밧줄 생산에 대부분 사용되었다. 스타킹을 신고 싶어 못 견디는 몇몇 여성들은 다리에 메이크업을 하고 아이라이너 펜슬로 다리 뒤에 세로선을 그렸다. 여성을 대상으로 한 전쟁 동안의 한 조사연구는 전시 후에 여성들이 얻고자 하는 가장 중요한 아이템은 나일론 스타킹이며, 그 다음이 남성이라고 하였다.

짧은 양말은 양말류가 부족했을 때 중요한 대용품이었다. 1940년대와 1950년대는 발목까지 접어내린 **바비삭스**(bobby socks)가 연상된다. 특히 십대들은 드레스, 스커트, 팬츠에 바비삭스를 신었다.

가터벨트로 고정시키는 **심드 스타킹**(Seamed stocking) (다리 뒤 중앙에 솔기선이 있음)은 1960년대에 팬티스타킹(pantyhose)이 발명될 때까지 1950년대에 계속 사용되었다. 스커트 길이가 점점 짧아져 스커트를 입었을 때 가터가 눈에 보이는 문제가 야기되었다. 이것의 대체 상품으로 스타킹과 팬티의 조합인 **팬티스타킹**(pantyhose)을 모든 여성이 기본적으로 갖추어야 했다. 1961년에 팬티스타킹은 시어스로벅사(Sears & Roebuck)의 통신판매 카탈로그에 크게 다루어졌다.

1970년대의 여성운동은 여성들이 직장, 여가 심지어는 교회에서 바지를 입는 것을 받아들이게 만들었다. 양말류 디자이너들은 여성들의 변화되는 요구를 위해 오늘날 바지용 양말(trouser socks)로 발전된 **무릎길이 양말류**(knee-high hosiery)를 만들었다. 여성운동도 여성이 거들을 포함한 인체를 구속하는 속옷을 포기하도록 하였다. 그러나 불룩해진 뱃살에 대한 걱정은 사라지지 않았고, 이미 양말과 양말류의 윗부분에 사용된 **스판덱스**(spandex)는 **양말류의 윗부분을 조절**(control top hosiery)할 수 있는 가장 중요한 구성요소가 되었다.

오늘날에도 계속 문제가 되고 있지만 소비자들이 브랜드 간의 미묘한 차이점을 거의 인지하지 못하는 것은 1970년대 마케팅의 문제점이었다. 이로 인해 가격이 브랜드의 성공에 결정적인 요소가 되었다. 레그스(L'eggs)사는 달걀모양으로 포장된 저렴한 양말과 같은 독특한 판매계획을 세웠다. 레그스사의 창조적이고 독자적인 포장은 오늘날의 양말 제조업자도 따라잡지 못하는 것이다.

◎ 양말 개론

양말과 양말류는 팬티스타일, 질감, 섬유, 성능 특징과 같은 독특한 특색뿐만 아니라 다리를 감싸는 범위에 의해서도 분류된다. 기본적인 스타일의 범위는 단순히 발을 덮는 것에서 다리 전체를 덮는 스타일까지다. 양말과 양말류 사업은 너무 경쟁적이기 때문에 많은 제조업자들이 전국적인 광고와 판매시점관리(point-of-sales) 마케팅을 통하여 브랜드 충성도를 높이도록 시도한다. 1999년에 우먼즈 웨어 데일리(Women's Wear Daily)지는 가장 인지도 있는 100개 여성 브랜드를 조사하기 위해 시장조사 그룹인 엔피디 그룹(NPD Group)에 의뢰했다. 대표적인 미국 여성 1,458명에게 어떤 브랜드가 가장 인지도가 높은지를 조사했다. 100개의 인지도 있는 브랜드 중 상위 4개 중 3개는 양말류 브랜드였다. 1위는 타이멕스(Timex), 다음으로 레그스(L'eggs), 하네스 호지어리(Hanes Hosiery), 그리고 하네스허웨이 (Hanes Her Way)로 나타났다.

1) 양말류의 생산

양말과 양말류의 제조자는 패션만큼이나 기능도 고려한다. 디자인은 그물망 스타킹과 같이 패션에 초점을 두거나 골반에 걸치는(hip hugger) 스타일을 위한 낮은 허리밴드처럼 양말류는 의복의 부수적인 부분이다. 일반 양말류나 박테리아 억제 운동용 양말과 같은 양말류는 착용자의 쾌적함을 향상시켜야 한다.

양말과 양말류의 생산은 자동화되어 노동자들의 손이 거의 필요 없다. 노동집약적인 산업이 아니기 때문에 제조는 미국 내에서 이루어진다. 그러나 인건비가 낮은 개발도상국의 80%가 면을 생산하기 때문에 개발도상국가는 면양말을 생산한다.

양말과 양말류에 사용되는 재료는 최종 사용용도에 따라 다르다. 면 이외에도 양말은 아크릴, 폴리에스테르, 양모, 레이온과 같은 합성 섬유를 사용하여 제조된다. 2001년 합성 섬유 양말의 수입은 22% 증가하였는데, 주로 타이에서 수입되었다. 양말류는 거의 나일론이나 스판덱스로 만들어지지만 면, 레이온 또는 실크와 같은 섬유도 가끔 사용한다.

(1) 디자인

최근 몇 년 동안 양말류 디자이너들은 레트로(retro) 패션 트렌드에서 영감을 받아왔다. 디자이너와 제조업자들은 패션의 초점이 여성의 다리로 돌아왔다는 데 동의한다(그림 9.2). 디자이너들은 다리의 패션을 위해 불투명한 무늬, 비쳐 보이는 것(sheers), 그물 형태의 양말류를 제공해 왔다.

그러나 양말류 판매는 다른 액세서리 생산품의 판매와 보조를 맞추지 않았다. 많은 여성들은 팬티스타킹을 착용하겠다는 생각은 바지도 선택하게 만든다고 한다. 소비자의 속마음을 고려하여 양말 제조업자는 화장품과 스킨케어 산업의 아이디어로 생각을 돌려 양말류 산업에 **연령 무시**(age defying), **회춘**(rejuvenating), **반셀룰라이트**(anticellulite), **신체향상**(body enhancing), **활성화**(energizing)와 같은 단어를 응용하기 시작했고, 이 콘셉트는 **새로운 만족**(novelty wellness)이라 하며 새로운 용어가 되었다. 디자이너는 식물 추출물로 스트레스를 저하시키는 팬티스타킹을 만들고 있다. 알로에, 은행나무, 인삼, 녹차와 같은 국소 치료제나 소화성 치료제는 다리의 피로를 경감시키는 데 사용된다. 꽃이나 과일무늬와 향기나는 양말은 젊은 사람에게 소개되고 있고, 제조업자는 수요 증가에 따라 무릎길이 양말(knee-socks)의 공급을 늘리고 있다. 다리를 유연하게 하는 알로에 베라 추출물이나 로즈마리와 살구 보습제는 향기 있는 소량의 수증기 방울로 양말류에 불어 넣는다. 이 보습제는 걷는 동안 다리와 타이츠가 마찰을 일으킬 때 방출된다. 보습력을 보강하기 위해 양말류 포장에는 보습 튜브를 함께 넣는다.

포화된 양말류 시장의 판매를 부양하기 위해 디자이너는 혁신적인 디자인을 제공했다. 발끝에 가죽끈을

◀ **그림 9.2** 듀퐁사의 택텔 나일론 양말 광고
(자료원 : 듀퐁사)

▶ **그림 9.3** 영국의 달리기 선수 폴라 래드크립은 점진적
압박력이 있는 아디다스 파워 양말을 신고 달리고 있다.
(자료원 : 페어차일드 출판사)

댄 스타킹, 발 앞부리가 없는 스타킹, 미끄럼방지 팬티스타킹은 스타킹 시장의 혁신적인 디자인 제품이다.
미끄럼방지 스타킹은 샌들과 슬리퍼식 구두에 마찰력을 제공한다. 스타킹의 바닥은 마찰력을 증대시키기
위해 투명한 실리콘 점이 프린트되어 있다.

남성용 양말 제조업자는 전통적인 캐주얼 양말보다는 극세 섬유로 만든 얇은 드레스 양말과는 다른 광
택이 없는 캐주얼 드레스 양말 라인을 증가시키고 있다. 이 양말은 점점 드레시해지는 남성용 스포츠웨어
라인을 보완하기 위해 디자인되었다.

양말류에 대한 또 다른 기술혁신으로 아디다스(Adidas)에서는 종아리 길이로 다리 근육을 압축하여 꽉
끼는 파워 양말(power socks)을 도입하였다. 이 양말은 **점진적 압박**(graduated compression)으로 달리는 동
안 근육 진동을 줄이고 혈액 순환을 원활하게 한다. 브리트니 스피어스(Britney Spears)가 뮤직 비디오에서
신은 무릎길이 양말(knee socks)과 유사한 이 파워 양말은 뛰는 사람의 원기를 증가시키기 위해 디자인되었
다(그림 9.3).

이 양말은 성능을 향상시키는 하나의 장비로 칭해졌으며 트랙과 필드 종목에서의 움직임을 연구하는 아
디다스사의 에너지 유지 콘셉트의 일부분이다. 그러나 아디다스사는 압박 양말류를 만들지는 않았다. 점진
적으로 압박하는 양말류는 몇 년 동안 나이든 여성을 위한 서포트 양말(support socks)로 판매되었다. 레그
스사의 시어 에너지(sheer energy) 양말류는 사실상 서포트 양말류이지만, 폭넓은 여성 고객이 구매한다.

기본적인 양말 시장은 이미 포화되었기 때문에, 소매업자는 새롭고 혁신적인 양말을 개발한다. 언젠가

는 양말류 제조업자들이 화학적으로 변화시키는 기술로 탈모 효능이 있는 양말류를 개발함으로써 여성들이 매끄럽게 면도된 다리 느낌을 유지할 수 있게 되기를 기대한다.

(2) 생산

대부분의 양말류는 솔기선이 없는 환 편물로 짠다. **발에 꼭 맞게 짠 양말류**(Full-fashioned hosiery)는 코를 더하거나 **빼** 발과 다리 형태를 만든다. 이 양말류는 **보드처리**(boarded)되어—금속으로 된 다리 모양에 넣어 열처리를 거쳐 다리 모양을 갖도록 한다.

　편물 게이지(Knitting gauge)와 **데니어**(denier), 이 두 용어는 양말류의 특징을 기술하는 용어이다. 편물 게이지는 45나 60 게이지 니트로 표시하여 , 편물 기계에서 바늘 사이의 거리를 말한다. 60—게이지 기계에는 45—게이지 기계보다 더 촘촘하게 3.8cm당 60개의 바늘이 있다. 데니어는 실의 길이당 무게 비율을 말한다. 일반적으로 낮은 데니어 양말류는 더 가볍고 가는 실로 되어 있고 더 비친다. 높은 데니어의 실은 대개 내구성이 높고 더 불투명하다.

2) 소재

양말류 산업에서 널리 보급된 **극세 섬유**(Microfibers)(매우 가는 필라멘트사)를 사용하여 양말류의 매끄러운 감촉을 크게 향상시켰다. 극세 섬유는 비치는 양말이 점차 대중적이 되게 하였다. 나일론 극세 섬유는 가볍고 편하고 튼튼한 양말류를 만드는 데 널리 사용한다.

　양말류 제조업자들은 편안함을 증진시키기 위해 면이나 레이온 같은 흡수성 섬유를 사용한다. 면은 종종 양말류의 팬티 부분에 사용되며 레이온은 피부가 숨 쉴 수 있는 타이츠에 사용된다.

　짧은 양말을 위한 섬유의 선택 범위는 보통 양말류에 사용되는 섬유들보다 훨씬 넓다. 면, 실크, 양모, 레이온, 폴리아미드, 아크릴, 폴리에스테르, 나일론, 스판덱스를 포함한 섬유는 양말에 단독으로 쓰이거나 혼방되어 사용된다. 제조업자들은 특수 섬유와 기능성 섬유에 의해 증가하는 가치를 소비자가 인식해 주기를 기대한다. **특수 섬유**(specialty fiber)는 유기농법의 면, 양모, 실크를 포함하는 반면, **기능성 섬유**(performance fiber)는 (양말의 박테리아와 냄새를 줄여주는) **항균성**(antibacterial) 섬유와 투습가공 섬유를 포함한다. **투습성**(wicking)은 땀이 섬유로 흡수되기보다는 땀이 발로부터 증발이 일어나는 양말 표면 쪽으로 이동하는 과정이다. 이것은 특히 스포츠 양말에 매우 유용하며 아크릴과 몇몇 폴리에스테르 섬유의 특징이다. 몇몇 제품화된 섬유는 속이 비어 있어 발한된 습기를 섬유 내부에 흡수한다. 이러한 섬유구조는 발에서 습기를 제거한다.

　제조업자들은 기능성 양말의 구매를 부추기기 위해 포장을 매력적이고 유익하게 한다. 이 양말의 가격은 일반적인 스포츠 양말보다 50% 이상 높다.

　많은 소비 제품에 아크릴 섬유를 사용할 것을 장려하는 아크릴 협의회(the Acrylic Council)(www.fabriclink.com/acryliccouncil/SOCK/Home.html)는 특정한 스포츠 활동을 위한 양말 구매 비법을 알려준다. 에어로빅, 농구, 사이클, 골프, 하이킹, 러닝, 스키, 테니스, 걷기전용 양말은 그 활동을 하는 동안 필요로 하는 두께와 완충제(쿠션)에 관해 설명되어 있다. 양말 연합회(The Hosiery Association)(www.nahm.com)에 의해 유지되는 유사한 웹 사이트는 스타일, 섬유 성분물, 특수 가공, 최종용도를 기본으로 하는 적절한 양말 선택에 대하여 설명한다.

양모와 면 같은 천연섬유는 신축성은 나일론보다 부족하지만 강력한 패션을 제시하여 소비자가 선택하도록 한다. 신상품 개발자는 잘 맞고 세탁기로 빨 수 있는 천연 고급 섬유로 된 룩(look)을 만들려고 노력해 왔다. 일럭스(Ilux)사는 세탁기로 빨 수 있는 특수 가공된 캐시미어(cashmere), 모헤어(mohair), 메리노 양모(merino wool) 양말을 제공했다.

루렉스(Lurex)와 같은 금속성의 실은 이브닝용 양말류와 십대들의 시장에서 인기가 있다. 또한, 장식사와 아플리케는 십대의 양말류의 제조에 사용되는 장식적인 재료이다

3) 양말류의 분류

양말과 양말류의 일반적인 스타일은 아래와 같다(그림 9.4).

푸티스(footies)　발목 아래까지 오는 양말이나 양말류로 신발의 윗부분에 조금 보인다. 골프 양말이나 테니스 양말과 같이 특수 스포츠용이다

앵클릿(anklets or socklets)　작고 딱 발목만 덮으며 접는 커프스로 된 양말.

바비 삭스(bobby socks)　1940년대와 1950년대에 소녀들에게 인기 있었던 두꺼운 접는 단이 붙여진 양말, 주기적으로 재유행한다.

크루(crew)　종아리 중간까지 오는 양말이다. 보통 신축성을 위해 고무편으로 되어 있다.

하이킹(hiking)　다리 아래 부분이 쓸려서 아픈 것을 방지하기 위해 목이 올라온 하이킹 부츠 아래에 신는 굵은 고무편으로 된 크루 스타일의 양말이다.

오버 카프(over-the-calf)　보통 남성용, 남성이 앉았을 때 다리가 보이지 않도록 거의 무릎까지 올라온다.

튜브 삭스(tube socks)　뒤꿈치 형태를 만들지 않고 튜브 형태로 짠 양말류. 주로 남성이나 소년의 관람객용 스포츠 양말

무릎길이 양말(knee-highs or trouser socks)　보통 여성이 양말이나 바지를 입고 신는 무릎길이의 양말류. 색의 범위는 거의 맨살에 가까운 색부터 짙은 색까지 있으며, 장식적인 무늬가 있다.

오버 니 삭스(over-the-knee socks)　무릎을 덮는 여성용 양말이나 양말류

레그 워머(leg warmers)　원래는 댄서들이 다리가 꽉 끼는 것을 막기 위해 신었으며, 발목에서 종아리까지 오며 부피 있는 편물로 된 튜브는 1980년대에 패션 아이템이 되었다. 최근에는 더 얇은 직물로 다시 착용되었다.

사이 하이(thigh-highs)　허벅지 중간까지만 오는 팬티스타킹 대용품, 윗부분의 레이스로 된 신축성 있는 밴드가 흘러내리지 않게 해 준다.

푸티스

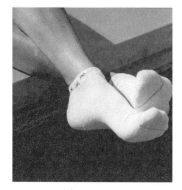

앵클릿 또는 삭릿

크루 양말

오버 카프 양말

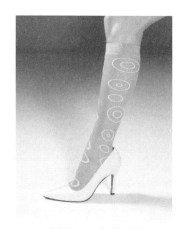

니하이 또는 바지용 양말

오버 니 삭스

사이 하이

타이츠

◀ **그림 9.4** 기본 양말류의 형태
(자료원 : 페어차일드 출판사)

레그하이(leg-highs)   허벅지 높이보다 5~7.5cm 더 길고, 레이스보다는 극세 섬유 밴드로 되어 있다.

스타킹(stockings)   대부분의 양말류에서 볼 수 있는 오리지널 스타일이다. 허벅지 높이 양말과 비슷하지만 윗부분에 고무줄이 없다. 대신에 스타킹이 다리 위쪽까지 올라와 있도록 걸쇠인 고무밴드나 가터로 고정하도록 되어 있다.

팬티스타킹(pantyhose)   스타킹과 팬티가 하나로 된 것이다. 스커트 길이가 짧아진 1960년대에 대중화되었다.

타이츠(tights)   추운 날씨에 댄스, 운동용으로 입는 불투명한 편물로 짜여진 팬티스타킹

보디 스타킹(body stocking)   가슴에서 발가락까지 덮고 보통 레이스와 투명하게 비치는 얇은 직물로 되어 있다.

4) 양말류의 기본 용어

다음 용어는 양말과 양말류의 실용적이고 장식적인 특징이다.

데미 토(demi-toe)   발끝은 덧대어져 있고 발꿈치는 얇아서 비치도록 되어 있다. 슬링백 펌프스(slingback pumps)와 같은 뒤가 없는 신발과 함께 신는다.

피시넷(fishnet)   라셀니트(raschel knit)로 된 다양한 크기의 다이아몬드형 그물 패턴이 특징이다.

보이 컷(boy cut)   팬티 부분이 허벅지까지 와 짧은 팬츠처럼 보인다.

프렌치 컷(French cut)   팬티 부분이 허벅지 옆쪽이 높게 되어 있어 다리가 길어 보이는 착시를 일으킨다.

매터니티(maternity)   임산부용으로 팽창력 있는 헝겊을 앞부분에 쓰고 압축 지지대로 다리의 혈액순환을 돕도록 되었다.

오페이크(opaque)   비치는 양말류보다는 두껍지만 타이츠보다는 얇다. 보통 시원한 계절에 입는다.

리인포스드 토(reinforced toes or heels)   발끝과 발꿈치에 구멍이 나는 것을 막기 위해 두꺼운 실을 사용한 것이다.

런레지스턴트(run-resistant or no-run)   전선이 올라가지 않도록 두껍고 튼튼한 실로 만든다.

샌들풋(sandalfoot)   발가락과 발꿈치가 덧대어 있지 않아 얇다. 발을 네 발가락과 엄지발가락으로 나누어 발가락 샌들에 착용할 수 있다.

시어(sheer)   가볍고 매우 가늘고 미세한 실.

시어 투 웨이스트(sheer-to-waist)   발가락부터 허리 밴드까지 얇은 원단으로 되어 있고, 덧댄 부분이 없다.

서포트(support)   움직이는 동안 누진되는 압박으로 다리를 부드럽게 마사지 해주어 다리의 피로를 막아 주며 보통 스판덱스가 포함되어 있다.

발가락 양말(toe socks)   발가락이 각각으로 구분된 장식적인(종종 수평의 줄무늬가 있는) 양말이며, 장갑 모양과 비슷하다(그림 9.5).

◀ **그림 9.5** 발가락 양말(자료원 : 페어차일드 출판사)

5) 양말류 손질법

대부분의 양말은 섬유 재료가 따뜻한 물에 의한 기계 세탁에 견딜 수 있어야 한다. 양모 양말은 축융(felting : 재생 불가능의 수축) 성질 때문에 뜨거운 물에 빨아서는 안 된다. 물세탁 가능 모직물은 취급주의 표시 라벨을 철저히 따라야 한다. 면, 아크릴, 나일론, 폴리에스테르 양말은 세탁의 전 과정에서 높은 온도에 견딜 수 있다. 염소 표백제는 양말의 윗부분과 양말류에 사용된 신축성 있는 섬유인 스판덱스에 손상을 주므로 비염소 표백제가 양말용으로 적절하다. 모직을 제외한 대부분의 양말은 자동세탁 드라이어에서 말릴 수 있다.

대부분의 양말류 제품은 양말보다 더 다루기가 어려워 따뜻한 물에서 손빨래를 하거나 세탁기의 섬세한 의류 손질용 사이클로 돌려야 한다. 그물망 주머니는 세탁 시 섬유들이 걸려서 찢어지는 것을 막아 준다. 양말류는 빨랫줄에서 건조시켜야 한다.

🌀 세계의 양말류 산업

미국의 양말과 양말류 산업은 24억 달러 규모이다. 남성용 양말은 전체의 약 47%를 차지하며, 여성과 아동용이 나머지를 차지한다. 전반적으로, 양말과 양말류 시장은 표 9.1과 같이 1998년 이후 소매상과 판매대리점에 출하되는 양이 계속적으로 줄어들고 있다.

전체 양말류의 수입은 2000년에는 26% 성장했다. 양말이 이 수입의 3분의 2를 차지하는데 7% 성장률의 팬티스타킹보다 더 빠른 34% 성장률을 보였다. 양말과 여성 양말류의 수출은 2000년과 2001년에 각각 13.92%와 1.00% 증가했다. 양말도 딴 나라로 수출되는데 이는 외국에서 소비되거나 미국 내 판매를 위해 해외에서 가공공정을 끝내기 위한 것이다. 수출이 증가함에도 불구하고 수입은 수출을 2대 1로 초과하였다.

▶ 표 9.1 1998년~2001년 소매상과 판매대리점에 출하되는 전체 양말과 양말류의 양

연 도	켤레(1,000 다스)	퍼센트 변화
1998	335,202	−8.8%
1999	299,562	−10.7%
2000	295,941	−1.3%
2001	285,583	−3.5%

(자료원 : Quarterly Statistics. The Hosiery Association. Retrieved June 5, 2002 from http://www.nahm.com)

미국인은 매년 대략 12켤레의 양말류 제품을 구매하고, 70%를 가을과 겨울에 구매한다. 2001년에 얇은 양말류는 1인당 6.6켤레가 판매되었고, 양말은 1인당 9.1켤레가 판매되었다. 1995년 이래로 캐주얼 양말류 시장이 가장 큰 증가를 보이고 있는 반면, 얇은 양말류 시장은 감소하고 있다. 전체적으로 2001년의 양말류 판매는 30억 달러로 추정된다.

2000년 말에는 277개의 미국 회사에서 양말류를 생산하였다. 이 회사의 94%가 양말을 생산한 반면, 나머지 회사는 얇은 양말류를 생산했다.

그러나 얇은 양말류 사업은 규모 면에서 더 커서 양말 회사의 평균 고용인 수 133명에 비해 평균 고용인 수가 900명이었다. 표 9.2와 표 9.3은 2001년 미국 내 상위 10개 양말과 양말류 제조업자의 연간 판매를 보여준다.

2000년도 이후 유럽의 패션 양말류 생산자들은 미국시장에서 양말류 인기가 현저히 상승했기 때문에 공급을 늘리고 있다. 그들은 포화 상태인 기본적인 양말류보다 신제품 라인을 제공하여 성공을 거두고 있다.

▶ 표 9.2 2001년 미국 내 10대 양말 판매대리점과 연간 판매량

회 사	연간 판매량
케이저 로스사(Kayser-Roth Corporation	387,100,000
사라리 삭스사(Sara Lee Sock Company)	296,000,000
렌프로사(Renfro Corporation)	267,156,000
켄터키 더비 호지어리사(Kentucky Derby Hosiery Co., Inc.)	170,994,038
브이 아이 프리위트 앤 손사(V I Preweet & Son Inc.)	150,000,000
데소토밀사(Desoto Mills, Inc.)	98,000,008
찰스턴 호지어리(Charleston Hosiery)	9,080,000
클레이선 니트사(Clayson Knitting Co., Inc.)	56,975,474
노이빌사(Neuville Industries, Inc.)	56,544,168

(자료원 : Duns Market Identifiers. (2002, August). SIC 2252)

▶ **표 9.3** 2002년 미국 내 10대 양말류 판매대리점과 연간 판매량

회 사	연간 판매량
아메리카사(Americal Corporation)	93,200,000
노스캐롤라이나 주 럼버턴, 케이저 로스사(Kayser-Roth Corporation, Lumberton, NC)	41,100,000
미국 텍스타일사(U.S. Textile Corporation)	38,300,000
하이랜드밀사(Highland Mills, Inc.)	30,234,973
팬텀 유에이에이사(Phantom USA Inc.)	27,600,000
노스캐롤라이나 주 윈스턴-세이럼, 사라리사(Sara Lee Corporation, Winston-Salem, NC)	27,500,000
쇼그렌 호지어리 매뉴팩튜링사(Shogren Hosiery Manufacturing)	26,000,000
댄스킨사(Danskin, Inc.)	24,000,000
노스캐롤라이나 주 야드킨빌, 사라리사(Sara Lee Corporation, Yadkinville, NC)	21,300,000
웰 호지어리밀사(Wells Hosiery Mills, Inc.)	20,938,509

(자료원 : Duns Market Identifiers.(2003, August). SIC 2251)

게다가 유럽의 생산자들은 소매업자를 부추기기 위한 판매시점에 맞는 재료와 시각적인 것을 제공한다. 이 생산업자들은 최소한의 주문, 편리한 시간 선택, 중심에 위치한 유통센터로 미국 소매업자의 흥미를 끈다.

북캐롤라이나(North Carolina) 주의 샬럿(Charlotte) 시는 미국 내 양말류 산업의 중심이고, 이탈리아의 몬티키아리(Montichiari) 시는 유럽 양말류 생산의 중심이다. 미국과 이탈리아는 양말류 산업을 위한 세계적인 무역 전시회를 제공하고, 전시회의 일정을 서로 엇갈리게 하여 중요한 두 전시회에 다 참석할 수 있게 한다. 무역 전시회는 양말류를 포함한 액세서리 종류를 보여주고, 실에서 편물기계류까지의 모든 양말류 형태를 전문적으로 다룬다. 표 9.4, 표 9.5, 표 9.6은 가장 일반적인 양말과 양말류 무역기구, 출판물, 전시회이다.

▶ **표 9.4** 양말과 양말류 무역기구

무역 단체	위 치	목 적
양말류 협회 The Hosiery Association(THA) www.nahm.com	노스캐롤라이나 주, 샬럿	400개 이상의 편성물업자, 제조업자, 공급자를 대표한다. 잡지와 통계 자료집을 발간하고, 양말과 양말류)아이템의 용어집을 온라인으로(스페인어와 영어로) 제공한다.
아크릴 협의회 The Acrylic Council http://www.fabriclink.com/acryliccouncil/SOCK/Home.html	뉴욕 주, 뉴욕	소비자와 소매업자 사이에 아크릴의 특성에 관한 의식을 확립하고, 아크릴 제품의 시장성을 강화한다.

▶ 표 9.5 양말과 양말류 산업 무역 관련 출판물

출판물명	설 명
액세서리 잡지(Accessories Magazine)	양말과 양말류를 포함한 대부분의 액세서리류를 포괄하는 월간 무역 잡지.
양말류 제조업자, 유공업자, 공급업자 목록 (Directory of Hosiery Manufactures, Distributors, and Suppliers)	알파벳순으로 산업의 구분을 함. CD-ROM으로도 볼 수 있음.
양말류 뉴스	법률 관련 기사, 정치적 이슈, 세계적인 무역, 소매데이터, 개인의 이슈를 포함하는 양말류 협회에서 발행하는 월간 잡지.
시어팩트 호지어리(The Sheer Facts About Hosiery)	양말류 협회에서 발행하는 소책자
위민스 웨어 데일리-월요일판 (Women's Wear Daily-Monday)	페어차일드사에서 발행하는 주간 무역 신문: 양말과 양말류의 사업과 패션정보.

◎ 머천다이징 트렌드와 기술

일반적으로 양말과 양말류는 충동구매품이고, 이 때문에 거의 모든 형태의 소매점에서 판매하기가 용이하다. 약국, 슈퍼마켓, 편의점, 할인매장, 대형잡화매장, 스포츠용품 매장, 고급 백화점, 전문매장, 인터넷, 통신판매, 카탈로그, 심지어는 자동판매기도 가능하다. 다른 액세서리도 갖가지 소매 경로를 통해서 팔리지만 보통 몇 종류의 스타일만 쌓아 놓고 판매하는 신발과 같은 액세서리보다 양말류는 가시성이 훨씬 높다.

▶ 표 9.6 양말과 양말류의 무역 전시회

무역 전시회	위 치	후 원
액세서리 서킷(Accessories Circuit)	뉴욕 주, 뉴욕	ENK International
비즈니스 저널사(Business Journals, Inc)	뉴욕 주, 뉴욕	비즈니스저널사
섬유 실, 액세서리, 서비스, 기술전시회 (Fiber Yarns, Accessories, Services an Technology(FAST) Trade Show)	이탈리아, 베로나	이탈리아 의류용 텍스타일 및 관련업 협회
국제 양말류 박람회 (International Hosiery Exposition)	노스캐롤라이나 주, 샬럿	양말류 협회
위민스 웨어 데일리 매직쇼 (WWD Magic Show)	네바다 주, 라스베이거스	위민스 웨어 데일리, 캘리포니아 남성복조합

1) 점포 소매상

매장에서는 전통적으로 두 가지 방법으로 판매를 하는데, 양말과 양말류를 함께 양말류 매장에서 판매하는 방법과, 관련 있는 아이템과 함께 양말을 판매하는 방법이다. 이 교차 판매(cross-merchandising) 콘셉트는 소비자 눈에 잘 띄게 하기 위해 양말과 양말류를 계산대 근처와 주요 통로의 **끝 진열대**(end caps)에 배치한다. 예를 들면, 소매업자가 테니스 양말을 판매할 때, 추가 판매(add-on sales)를 촉진하기 위해 테니스 라켓, 테니스 신발, 자외선 차단제와 함께 진열한다.

판매가 줄어든 양말류 시장은 많은 재고품과 가격인하로 어렵다. 규모가 큰 여러 소매업자는 양말류를 주요 층에서 인기가 적은 곳으로 옮겼다. 소매업의 이러한 문제점을 줄이기 위해 양말류 제조업자는 시즌 매출을 늘리고 재주문의 기회를 제공하기 위해 더 빨리 제품을 수송하고, 또한 판매촉진을 위해 대량의 광고 캠페인과 최신의 포장으로 디자인한다.

몇몇 양말류 제조업자들과 소매업자들은 이탈리아 명칭과 유사한 장식적 라벨로 양말의 앞선 패션 이미지를 시도했다. 에치앤엠사(H&M)와 같은 소매업자의 목적은 양말류 쇼핑을 더 쉽게 만드는 것이다. 양말류 매장은 서비스 프리(Service-free)환경이 손님을 끄는 일반적 콘셉트이다. 잘 진열된 선반, 차례대로 정렬된 사이즈, 포장의 자세한 정보는 본인 선택구매(self-selection)를 위해 꼭 필요한 것이다. 양말류의 색과 재료 샘플을 다리 모양 형태로 전시한다(그림 9.6).

세븐일레븐(7-Eleven)과 같은 편의점 회사는 매장으로 여성 소비자를 불러들이고자 양말류를 이용한다. 2000년도에는 여성이 이 회사 소비자의 약 30%를 차지하였다. 고객을 형성하기 위한 노력으로 세븐일레븐은 헤븐센트(Heaven Sent)라는 중간상 상표 제품을 제공하기 시작했다. 2000년 5월에 조용히 소개된 헤븐센트 양말류를 판매하여 세븐 일레븐의 내셔널 브랜드인 레그스사와 경쟁하였다. 트렌드에 민감한 중간상 상표 제품은 자동차의 장갑함이나, 지갑, 서류 가방에 잘 맞도록 디자인된 작고 날씬한 튜브 형태의 독특한

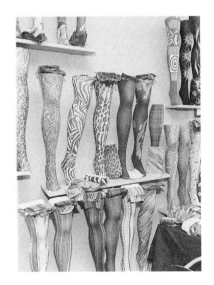

▲ **그림 9.6** 세븐일레븐의 '헤븐센트 양말류'(자료원 : 페어차일드출판사)

포장으로 되어 있다.

그 회사의 비전은 의외구매를 의도구매로 바꾸는 것이었다. 인쇄된 판촉 캠페인은 '뉴욕, 파리, 밀라노, 세븐일레븐'('New York. Paris. Milan. 7-Eleven')이라고 꼬리표에 적혀 있다. 회사의 웹 사이트에서는 다운받을 수 있는 1달러짜리 쿠폰을 제공했다.

스포츠 양말 전문 판매자들은 한 브랜드 양말의 다양한 스타일을 함께 배열하는 키오스크 배치(kiosk arrangements)를 사용하기 시작했다. 소비자는 한 키오스크로부터 다음 키오스크로 이동하면서 브랜드와 가격을 비교할 수 있다.

2) 인터넷 소매상

규모가 큰 양말류 제조업자들은 온라인 매장과 홍보용 직판점에 이르는 웹 사이트를 가지고 있다. 블루밍데일(Bloomingdale's), 제이시 페니(JC Penney), 노드스트롬(Nordstrom)과 같은 거대한 소매기업들은 국내 브랜드 외에도 유통업자 상표의 양말류를 제공한다. 소매업자와 제조업자들의 웹 사이트는 주문을 받기 위한 것이지만 제품 정보, 대화방, 재활용 기법 등을 제공하고 자선단체와 링크되어 있으며 제품 테스트에 패널로 참석할 수 있는 기회를 제공한다.

가상공간의 웹 사이트는 실질적으로 양말류와 관련 제품 판매뿐 아니라 다리관리 정보도 제공한다. 다리관리 정보는 지방제거술, 정맥류, 제모법과 같은 주제를 포함한다. 어떤 사이트는 심지어 건강관리에 대한 온라인상 질문에 내과의사가 대답해 준다. 인터넷 마케터는 '끊임없는 재공급 프로그램'을 제공함으로써 온라인 주문을 용이하게 한다. 이것은 소비자가 미리 조정한 스케줄에 맞추어 상품을 주문할 수 있게 한다. 다른 독창적인 마케팅 기술로는 최소 주문의 무료배송, 양말류용 그물 백 등 구매 사은품, 12개를 사면 하나를 더 주는 양말류 모음카드, 체형이 비슷한 가상 모델이 착용하여 제품의 모양과 색을 고객에게 보여주는 것 등을 포함한다.

3) 카탈로그 소매상

양말류와 양말은 통신판매 카탈로그에서 항상 인기 있는 품목이다. 편안한 맞음새와 기본 색은 구매 결정을 간단하게 한다. 하네스 호지어리(Hanes Hosiery)사는 양말류가 60%를 차지하는 원 하네스 플레이스(One Hanes Place)라는 인쇄물과 전자 카탈로그를 제공한다. 하네스의 웹 사이트 역시 기성복 업체와 링크되어 있다.

몇몇 소매 직판점은 판매시점(point-of-sale) 카탈로그를 소비자에게 제공하며, 제조업자는 우편우송방법 대신에 가게에서 매력적인 판촉 인쇄물을 제공한다.

◎ 양말류의 판매

대부분의 고객은 양말과 양말류를 구매할 때 크게 주의를 기울이지 않는다. 성공적인 양말과 양말류 판매는 양말을 깔끔하게 정리하고 적절히 배치할 수 있는 매장계획을 세워야 한다. 제조업자는 대부분의 양말류 매장이 '무료 서비스(service-free)' 이기 때문에 상품에 대한 정보 제공 책임이 소매업자보다는 자신에게 있다고 인식하고 있다. 꼼꼼하게 라벨을 붙이고, 명확한 설명서, 함께 넣은 직물 샘플 등은 소비자가 구매 결정을 하도록 만드는 중요한 제품정보이다.

1) 가격과 가치

양말 가격의 변동은 양말의 질이나 내구성을 반영하지만, 종종 양말의 본질과는 차이가 나며, 가격보다는 양말 두께가 더 나은 내구성 척도이다. 예를 들면, 데니어가 더 높은 양말은 내구성이 크지만, 내구성이 낮은 얇은 양말류의 가격이 더 비싸기도 하다. 적절하게 라벨을 붙이면 좋은 품질을 기대하는 소비자를—단 몇 분 안에—설득할 수 있다.

많은 소비자들이 양말을 **일용품 구매**(commodity purchase)로 인식하여 브랜드에 따른 차이가 거의 없는 것으로 생각한다. 일용품 구입에서는 가격이 결정 요소일 경우가 종종 있다. 그 결과, 제조업자는 다른 양말과 양말류에 없는 특별한 특성을 제공하여 보통의 브랜드와 제품 차별화를 시도하고 있다. 이 **고부가가치 부여 특성**(value-adding feature)에는 투습성(wicking), 누진적인 압축, 항균성 가공, 보습, 미끄럽지 않은 바닥, 최신 유행색이 포함된다. 고부가가치 부여 특성을 가진 양말류는 특히 비싼 가격에 팔린다. 고성능 섬유와 특수가공 처리된 양말은 일반 양말보다 원가가 50% 더 든다.

양말류의 브랜드 이미지가 판매가격에 영향을 준다. 인식된 브랜드 이름은 소비자의 선택과정을 간단하게 한다. 예를 들면, 대부분의 남성은 골드 토 삭스(Gold Toe socks)의 충성 구매자인 반면, 여성은 하네스 호지어리를 구매한다. 이 소비자들은 내셔널 브랜드가 좋다고 인지하고 선택하는 데 시간을 소비하지 않는 것이 낫다고 생각하여 단순한 색과 사이즈만을 선택하여 구매한다. 소비자는 이미 이 양말이 만족할 만한 아이템이라는 것을 알고 있다.

가치 이미지는 같은 브랜드로 제공되는 기성복과 액세서리에 의해 좌우된다. 유명상표의 고성능 직물과 가공법을 제공함으로써 소매업자는 양말과 양말류를 더 높은 가격으로 팔 수 있다.

2) 사이즈와 맞음새

여성용 양말류 산업에서 대부분의 제조업자들이 여성용 양말 사이즈를 거의 같게 생산하기는 하지만 사이즈가 규정화되어 있지는 않다. 남성과 여성용 양말은 남성 신발 사이즈인 10에서 13과 여성 신발 사이즈인 6에서 9까지 신을 수 있는 **한 사이즈**(one-size-fits-all)로 팔린다. 양말 사이즈의 문제점은 신발 사이즈와는 다른 방법으로 양말이 팔린다는 것이다. 이것은 소비자를 혼동시키는 경향이 있다. 양말은 늘어나기 때문에 양말 사이즈보다 신발 사이즈가 더 많다.

원래 양말류는 양말과 거의 같게 규격화되어 있으나, 지금 양말류는 키와 몸무게를 기준으로 규격화된다. 제조업자에 따라 사이즈는 소(small), 중(medium), 대(large), 특대(queen 이나 king), 알파벳 글자(A, B, A/B, C, D, C/D, E, F, E/F, Q)로 분류된다. 비록 제조업자의 사이즈가 정확히 같지는 않지만 사이즈 도표는 키와 몸무게의 조합이다. 작은 사이즈의 상위 범위가 잘 맞는 소비자는 편안함을 위해 더 큰 다음 사이즈를 고르는 경향이 있다.

잘 알려진 브랜드 중 하나인 케이저 로스사(Kayser-Roth Corporation)의 노우 넌센스(No Nonsense) 팬티 스타킹은 작은 사이즈를 'Size A'로 표시한다. 이 양말류를 신는 사람은 키 150cm에서 170cm, 몸무게 43kg에서 67.5kg의 범위이다. 키가 크면 몸무게는 사이즈 차트에서 작아야만 한다. 예를 들면, 키 150cm 여성은 몸무게가 67.5kg이어도 사이즈 A를 입을 수 있다. 그러나 키 170cm 여성은 몸무게가 49.5kg보다 적어야 사이즈 A가 가능하다. 또 다른 브랜드인 네스의 실크 리플렉션(Silk Reflections) 상품은 사이즈 1과 사이즈 2 차트를 사용한다. 실크 리플렉션에는 프티(Petite)와 플러스(Plus) 사이즈도 생산된다. 사이즈 1은 키 150cm에서 170cm, 몸무게 43kg에서 63kg 범위이다. 사이즈 2는 키 162.5cm에서 183cm, 몸무게 54kg에서 74.3kg 범위이다. 다행히도 소비자는 양말류 구매 경험이 충분하기 때문에 제조업자에 의해 각각 다르게 만들어진 사이즈 차트를 활용할 수 있다.

3) 소비자 욕구에 대응하기

대부분의 제조업자와 소매업자는 양말류를 '어디에나 항상 있는 것'으로 이해한다. 여성들은 판매시즌 전이나 후에 양말류를 사지 않고, 시즌에 양말을 사기 때문에 소매업자는 판매시즌 직전에 양말류를 진열한다. 제조업자들은 이런 현상에 항상 정확하게 맞춰온 것은 아니다. 최근에 하네스 호지어리사는 각 시즌마다 공급하기보다 매 13주마다 양말류를 공급하기 시작했다. 이와 유사하게 핫삭스사(Hot Sox Company)는 30일에서 60일마다 양말류를 바뀌길 원하는 상점이 많다는 것을 깨달았다. 소매업자의 요구에 의해 이 회사는 각 시즌마다 여러 가지 트렌드를 제공했다.

소매업자와 제조업자의 친밀한 협력은 적기에 양말류 목록을 만들 수 있도록 한다. 제조업자와 소매업자가 더 밀접하게 되면 주요 판매 기간을 정할 수 있고 스포트라이트를 받을 수 있는 트렌드를 집어낼 수 있다.

소매업자가 판매시즌 직전에 사서 팔면 소비자는 즉시 신을 양말과 양말류를 구매할 수 있다.

(1) 통합된 캐주얼웨어

직장에서 캐주얼 의복을 착용함에 따라 얇은 양말류(sheer hosiery)의 판매는 감소하였으나, 캐주얼 양말류(casual-legwear) 판매의 잠재적 기회가 증가되었다. 소매업자는 캐주얼 양말류의 과감한 그래픽과 눈길을 끄는 디스플레이에 집중했다. 1999년에 메이시백화점 본점은 얇은 양말류 매장을 주요 층(main floor)에서 중2층(mezzanine level)과 5층으로 재배치했다. 이것은 얇은 양말 감소 가능성을 나타내는 것이어서 얇은 양말류 제조업자가 위기감을 느끼게 됐다. 얇은 양말류 판매 하락을 보완하기 위해 레그사와 같은 제조회사는 여성의 바지, 운동복, 캐주얼 양말의 부가적인 스타일을 소개했다. 얇은 양말류 제조회사인 하네스사는 젊은 사람과 가격에 민감한 여성의 주의를 끌기 위하여 조금 낮은 가격의 얇은 양말류 라인을 제공했다. 한 인터넷 양말류 사이트는 네트워크상의 소비자에게 캐주얼 프라이데이(Casual Friday) 범주로 그룹을 지은 양말류를 검색할 수 있도록 하였다.

남성복에서의 비즈니스 캐주얼 트렌드는 드레시한 캐주얼 양말인 **브리지삭스**(the bridge sock)나 **프라이데이 웨어삭스**(Friday-wear sock)로 불리는 양말류가 등장하게 되었다. 캐주얼 트렌드의 영향하에 일부 남성들은 양말을 포함한 알맞은 복장 선택에 어려움을 겪었다. 그들은 카키색의 드레시하고 어두운 종아리 길이의 양말류나 흰색의 운동양말을 신어야 하는가? 캐주얼 슬랙스에 멋지게 어울리는 작은 기하학적인 패턴으로 된 브리지삭스의 판매 증가가 그 대답이다.

(2) 색

색은 양말과 양말류 산업의 주된 판매 수단이다. 판매자는 종종 양말과 양말류를 첫 번째 색, 두 번째 브랜드 네임별로 그룹 짓는다. 양말류 산업에서 색이 다양화되었지만 기본 색조—흰색, 옅은 살구색, 클래식한 검정, 감색—는 모든 컬렉션에서 필수적이다.

패션 액세서리 산업의 트렌드는 머리에서 발끝까지의 **토털패션**(head-to-toe dressing)이다. 소비자는 각각의 특정한 의상에 어울리거나 보완하는 액세서리 아이템을 선택한다. 이러한 트렌드 아래 양말과 양말류 제조업자는 최신 패션의 무늬와 색의 의복 패션을 따랐다. 예를 들어, 레그스사는 최신 유행의 기성복 색과

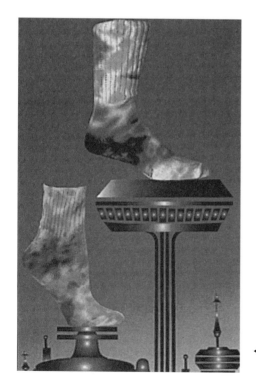

◀ **그림 9.7** 스미스에서 제공하는 홀치기염색한 양말류
(자료원 : 페어차일드 출판사)

인물소개 : 법은 지키지 않기 위하여 제정된 것이다.
(만약 당신이 방법을 안다면…)

양말류가 중요해짐에 따라 패션 소비자의 관심도 증가하였다. 판매원은 전통적이고, 미적으로 균형이 잡히고, 의류와 액세서리와의 기분 좋은 조합에 대한 기본 지식을 가지고 있어야 한다. 패션의 기본 지식은 시각적 흥미를 일으키는 색과 질감을 조화시킬 수 있게 한다.

다른 액세서리와 같이 해야만 할 패션과 하지 말아야 할 패션은 양말류를 선택할 때도 도움이 된다. 다음의 정보는 양말과 양말류 패션 질문에 대한 일반적인 조언이다.

양말류 패션의 질문과 대답

▪ 양말류를 의상이나 신발과 매치해야 하나요?

소비자는 양말류를 일반적으로 스커트와 같은 양말 바로 옆 큰 부분의 색과 매치(의도적으로 대비시키거나)해야 한다. 만약 여성이 바지를 입거나 대비되는 색의 신발을 신으면 예외가 된다. 예를 들면, 그녀가 초록색의 바지와 검은색 신발을 신는 경우이다. 그녀는 초록색 바지용 양말이나 검은색 바지용 양말을 선택할 수 있지만, 반드시 색을 매치해야 하는 것은 아니다. 양말류 디자이너와 제조업자는 양말류에 대비색으로 매치할 것을 권장한다.

남성복에서 양말/양말류는 바지와 같은 색이나 더 어두운 색조로 선택해야 하며 절대로 더 밝은 색을 선택해서는 안 된다.

▪ 밝은 색 의상에 어두운 색 긴 양말을 신어도 되나요?

항상 그런 것은 아니지만 가끔 패션에서는 밝은 색 스커트에 검은색이나 어두운 색의 긴 양말을 신기도 한다.

그러나 보통은 피부 톤과 매치하는 것이 안전하다.

▪ 어두운 색 의상에 밝은 색 긴 양말을 신어도 되나요?

대답은 '안 된다.'이다. 왜냐하면 이렇게 하면 시각적으로 착용자를 수평선으로 잘라 키가 작아 보이는 착시를 일으키기 때문이다. 보통 키와 몸무게에 대해 걱정이 없는 키 크고 날씬한 여성은 이 패션 법칙을 깰 수 있을 것이다. 남성은 운동복이 아닌 한 흰색 스포츠 양말을 신어서는 안 된다. 절대로 사무복에 흰 양말을 신어서는 안 된다.

▪ 어떻게 하면 잘 갖춰진 옷을 위한 적절한 양말류를 사용할 수 있을까?

선택이 잘못될까 염려하여 단순히 옅은 살구색의 양말류를 신는 것은 피하시오. 디자이너가 제시하는 양말류 특징을 알아보기 위해 패션 잡지를 면밀히 정독하시오.

▪ 저는 보수적인 직장에서 일합니다. 옅은 살구색의 얇은 스타킹 이외에 어떤 양말류를 신을 수 있을까요?

가장 전통적인 사무실에서도 여성은 불투명한 것이나 타이츠와 같이 내구성 있는 스타일을 선택할 수 있다. 더 커 보이고 더 보수적인 외양을 위해 스커트 색과 맞는 색을 선택하시오.

위의 대답은 '안전함'을 위한 패션 조언이다. 소비자가 일단 자신의 스타일을 찾기만 한다면, 그녀는 독특한 조합을 시도할 용기가 생길 것이다. 성공적인 앙상블의 열쇠는 단색이나 한쪽에 치우친 색이 아니라 양극에 있는 어떤 색으로 '머리부터 발끝까지' 하나의 룩을 만드는 것이다.

완벽히 어울리는 색을 제공하는 '인 시즌 실켄 미스트(In Season Silken Mist)' 라 불리는 양말류 라인의 제공을 시작했다. 양말은 더 화려해졌고, 아이콘 프린트가 인기를 얻었다. 양말의 색과 디자인 모두 기성복의 색과 무늬와 관련이 있다. 예를 들면, 스미스(E.G. Smith)는 컬렉션에서 홀치기염색된 양말을 제공했다(그림 9.7).

2002년에는 실버 메탈릭보다는 골드가 선택되어 액세서리 시장에서 양말류는 많은 이익을 얻었다. 여러 시즌 동안 지속됐던 실버 톤 이후에 나타난 골드 트렌드는 주얼리 액세서리뿐만 아니라 양말류에서도 나타났다.

다문화적 시장을 위해 트렌드는 더 다양한 색을 제공한다. 스킨 컬러 팔레트(skin-color palatte)는 존재하지만 색조에 한계가 있다. 레그스사 팬티스타킹은 최근에 브라운(brown), 마호가니(mahogany), 커피(coffee)와 같은 살색을 대체하는 더 어두운 톤을 포함한 다양한 색을 제공했다. 레그스사는 무료 샘플과 에센스 잡지(Essence magazine) 같은 인쇄매체 광고를 잠재적 소비자에게 제공했다.

(3) 포장

양말류는 다루기 어렵기 때문에 재사용이나 재활용에서 제한이 크다. 내구성 있는 양말류, 스포츠 양말, 바지용 양말 산업은 재활용이 더 효과적이며, 보통 작은 고리와 접착 라벨을 제공했다. 패키지 양말은 경량의 플라스틱 필름으로 포장된다.

포장은 어느 제조업자에게든 가장 중요한 판매수단 중 하나이다. 예를 들면, 포장에는 윗부분 조절, 편물로 짠 웨이스트 밴드, 길이 등 양말의 여러 세부사항을 표시한다. 물론, 제조업자는 포장에 모든 것을 인쇄하지는 않는다. 포장은 소비자가 질리지 않도록 간단하고 큰 글씨체로 되어 있어야 한다. 대부분의 제조업자는 안에 있는 것에 대한 중요한 시각적 단서를 소비자에게 제공하는 사진이나 그림을 넣는다. 이러한 이미지 중 어떤 것은 라이프스타일을 나타내는 반면 단지 제품의 사진만을 보여주는 것도 있다.

일반적으로, 대형잡화매장, 할인매장, 슈퍼마켓 매장에는 끝없이 정렬된 다양한 가격과 차이가 거의 없이 포장된 비슷한 양말과 양말류 스타일이 소비자를 맞이하며, 대부분의 소비자는 브랜드보다 가격을 고려한다. 그러나 브랜드마다 비슷한 포장 스타일에도 불구하고 내셔널 브랜드의 회사는 브랜드를 차별화한다. 헤븐센트사의 가느다란 관이나 레그스사의 달걀 모양 등의 독특한 포장은 특히 우수한 제품을 찾는 소비자에게 흥미를 끄는 회사 이미지를 만든다. 또 리지뷰(Ridgeview)사는 레브아브와(Reve Avoix) 상표로 긴 양말과 팬티를 함께 포장하여 내 놓았다. 이 두 제품의 조합은 리지뷰사 브랜드를 눈에 띄게 했다.

⌐ 요약 ⌐

- 원래는 양말과 양말류는 자연환경으로부터 착용자를 보호하기 위한 수단이었으며 그 후 패션 액세서리로 발전되었다. 20세기 초반에는 스커트 헴라인이 발목 위로 올라왔기 때문에 양말류가 장식적인 것이 되었다. 환 편물인 나일론 스타킹은 결국 실크 스타킹을 대신하였다. 1960년에 팬티스타킹과 무릎 위로 올라오는 양말류는 스타킹을 대체하였다.

- 양말은 특히 젊은 사람에게 캐쥬얼 의상이 액세서리로 계속 인기를 얻고 있다. 건강을 중요시하는 트렌드는 기능성 섬유로 만든 특수 스포츠 양말을 생산하게 하였다.

- 양말과 양말류는 최소한의 수작업으로 싸게 생산할 수 있어 미국 내에서도 생산한다. 주요 양말류 생산지는 북캐롤라이나(North Carolina) 주이며, 이탈리아는 중요한 생산국이다.

- 양말류 시장을 자극하기 위하여, 양말류 제조업자는 기성복의 디자인, 무늬, 색상 트렌드에 의해 영감을 받은 무늬가 있는 양말류를 만들어 내고 있다.

- 건강에 대한 새로운 콘셉트는 오래 걸을 때 발의 스트레스를 경감시키거나 보습이나 향기를 통하여 피부를 강화시키는 양말류 제품 생산을 가져왔다.

- 양말류는 다양한 데니어(denier)와 게이지(gauge)로 생산된다. 극세 섬유는 양말류 산업의 열쇠가 되며 나일론 등에 실키한 느낌을 제공한다.

- 양말용 섬유는 제품의 최종 용도에 좌우된다. 아크릴과 몇몇 폴리에스테르 섬유는 투습성(wicking) 때문에 양말에 유용하다. 면은 양말용으로 여전히 인기 있는 천연섬유이지만 합성 섬유 사용이 늘어나고 있다.

- 스판덱스는 스트레칭성과 유지력을 가진 중요한 섬유이다. 앙고라와 같은 고급 섬유는 촉각적으로 미적인 매력을 가지고 있다.

- 양말류에는 많은 스타일이 있다. 그물망 스타킹(fishnet hoisery)이나 발가락 양말(toe socks)과 같은 패션을 앞서가는 것이 있는가 하면, 타이츠와 같이 내구성 있는 것들도 있다.

- 양말과 양말류 사이즈는 규격화가 다소 부족하지만 비교적 간단하다. 대부분의 소비자는 양말과 양말류 구매 경험이 풍부하여 제조업자가 제공하는 도표를 바탕으로 사이즈를 쉽게 선택할 수 있다.

- 양말과 양말류는 손빨래하거나 세탁기에서 약회전으로 세탁하는 것이 제일 좋다. 모직물 양말이나 퇴색되는 양말을 제외하고 양말은 적당하게 따뜻한 물에서 기계 세탁할 수 있다.

- 외국 제조회사들은 미국 내 시장으로 진출하기 시작하여 소매업자를 유인할 수 있는 매력 있고 이익되는 것을 제공해 왔다. 제품의 차별화는 미국과 해외 제조업자 사이에 마케팅 관심사가 되었다.

- 산업 침체 이후 지난 몇 시즌 동안 양말류의 인기는 상승했다. 캐주얼 의상 트렌드는 판매에 어려움을 가져왔지만 제조업자들은 양말류 판매량 증가를 위해 캐주얼 룩 양말을 제공하기 시작했다.

- 포장은 양말류와 양말 산업에서 중요하다. 몇십 년 전의 레그스사의 달걀 모양 포장은 양말류 포장에 혁명을 일으켰다. 최근에 세븐일레븐 편의점은 여성 소비자를 상점 안으로 유인하기 위해 독창적으로 양말류를 포장했다.

- 소비자는 대체로 양말과 양말류를 충동구매한다. 소매업자는 추가판매와 구매를 자극하기 위해 양말류를 관련된 상품과 함께 판매한다.
- 양말류는 인터넷과 우편 카탈로그를 통해서도 판매된다. 큰 제조회사의 웹 사이트와 카탈로그는 양말류 외에도 다른 제품과 서비스를 제공한다.
- 일반적으로 소비자는 가격을 상승하게 하는 제품의 특징을 잘 인식하지 못한다. 제조업자는 제품과 가격에 대한 소비자의 이해를 돕기 위해 판매시점에 충분한 제품 정보를 제공한다.
- 제조업자는 적절한 시간에, 적절한 제품을 제공하기 위해 소매업자와 밀접하게 일한다.
- 남성용 브리지 삭스(Bridge socks)와 여성용 양말의 다양한 스타일은 캐주얼 트렌드 영향으로 생겨났다.
- 양말의 색은 주요 판매수단이기 때문에 소매업자는 디스플레이에서 색을 강조해야 한다. 양말 판매는 머리끝에서 발끝까지 토털패션을 고려해야 한다.
- 포장에 있는 정보는 명확, 간결, 시각적이어야 한다. 독특한 포장은 제조업자가 자사 브랜드를 다른 브랜드와 차별화할 수 있는 방법이다.

핵심용어

가터(garters)

고부가가치 부여 특성
  (value-adding features)

극세 섬유(microfiber)

기능성 섬유(performance fibers)

데니어(denier)

데미 토(demi-toe)

런레지스턴트
  (run-resistance/no-run)

레그 워머(leg warmers)

레그하이(leg-high)

리인포스드 토/힐
  (reinforced toes/ heels)

매터니티(maternity)

무릎길이 양말
  (knee-high/trouser socks)

무릎길이 양말류
  (knee-high hosiery)

바비 삭스(bobby socks)

바지용 양말(trouser socks)

발가락 양말(toe socks)

발에 꼭 맞게 짠 양말류
  (full-fashioned hosiery)

보이 컷(boy cut)

보드처리(boarded)

보디 스타킹(body stocking)

브리지 삭스/프라이데이 웨어삭
  스(bridge socks/Friday-wear
  socks)

비쳐보이는(sheer)

사이 하이(thigh highs)

새로운 만족(novelty wellness)

샌들풋(sandalfoot)

서포트(support)

스판덱스(spandex)

스타킹(stockings)

시어 투 웨이스트(sheer-to-waist)

심드 스타킹(seamed stocking)

양말류의 윗부분을 조절
  (control top hosiery)

앵클릿(anklets/socks)

오버 니 삭스
  (over-the-knee socks)

오버 카프 삭스
  (over-the-calf socks)

오페이크(opaque)

일용품 구매
  (commodity purchase)

점진적 압박
  (graduated compression)

진열대 끝(end caps)

크루 삭스(crew socks)

타이츠(tights)

토털패션(head-to-tow dressing)

투습성(wicking)	(parti-colored hose)	프렌치 컷(French cut)
튜브 삭스(tube socks)	팬티스타킹(pantyhose)	피시넷(fishnet)
특수 섬유(specialty fibers)	편물 게이지(knitting gauge)	하이킹 삭스(hiking socks)
티비알(tibiales)	푸르푸엥(pourpoints)	한 사이즈(one-size-fits-all)
파티컬러드 양말	푸티스(footies)	항균성 섬유(antibacterial fibers)

복습문제

1. 기성복 패션 트렌드가 양말과 양말류 산업에 어떤 영향을 주는가?
2. 새로운 건강관리(novelty wellness)와 누진적 압축(the graduated compression)은 무슨 의미인가?
3. 게이지(gauge)는 데니어(Denier)와 어떻게 다른가?
4. 양말제조에는 어떤 섬유가 사용되며, 소비자는 왜 최종 용도에 따라 다른 섬유를 선택하는가?
5. 양말류 산업에서 가장 인지도 있는 브랜드는 무엇인가?
6. 제조업자와 소매업자가 일용품 양말 구매나 비상용 양말류 구매를 패션 구매로 돌릴 수 있는 몇 가지 방법에는 무엇이 있는가?
7. 유럽의 제조업자는 양말류 라인을 소개하기 위해 왜 미국 시장을 표적으로 하는가?
8. 전통적 제조업 소매상 이외에 다른 형태 소매상에 무엇이 있는가?
9. 양말과 양말류의 가격과 내구성의 관계를 설명하시오.
10. 최적화 판매를 위해 양말과 양말류는 매장에서 어떻게 판매계획이 되어야 하는가?

응용문제

1. 양말과 양말류에 대한 삽화와 추가 정보를 찾기 위해서 복식사 책의 컬렉션을 조사하시오. 수업시간에 여러분이 조사한 것을 토론하고 발표 준비를 하시오.
2. 복식 박물관을 방문하고 당대의 복식과 함께 신었던 양말류와 양말에 대한 기록을 하시오.
3. 현대 패션잡지에서 양말류나 양말 광고에서 패션의 수를 세어 보시오. 길이, 색, 질감, 독특한 판매계획, 브랜드와 같은 변수 하나를 선택하고 평가하시오. 도표에 여러분이 조사한 자료를 기입하고 분석하시오.
4. 현재의 패션잡지에서 양말류 광고를 찾으시오. 각각의 광고에 사용된 마케팅 용어(예: 다리를 부드럽게 또는 활력 있게 하는 것) 목록을 만들고 그룹 지으시오. 여러분이 발견한 주요 주제와 트렌드를 평가하시오.
5. 할인매장, 백화점, 전문점의 양말과 양말류 매장을 방문하시오. 판매계획 방법과 방법에 의한 효과에 대한 평가를 비교 분석하시오. 소비자 친절, 청결, 디스플레이, 재고수준, 두 유사한 브랜드의 포장, 스

타일, 색, 디스플레이, 가격의 비교에 대한 여러분의 평가를 바탕으로 하시오. 당신이 발견한 것을 수업 시간에 발표하시오.

6. 직업과 연관된 기회나 도전을 이해하기 위해 양말류나 양말용 편물공장을 방문하거나 양말류 바이어를 인터뷰하시오.

제 **10** 장

스카프, 타이, 손수건

현대 남성은 겉보기에는 쓸모없는 가늘고 긴 옷감 조각을 염두에 두고 산다.

그는 토스터에서 그것을 빼내고, 엘리베이터 문에서 그것을 잡아당기고,

오찬 모임 전에 그것을 졸라매고, 해산물 비스크에서 그것을 건져내고,

상사가 떠나면 그것을 느슨하게 매고, 자신의 과오로 흥분되었을 때 목에서 그것을 벗겨낸다.

– Kaylin, L. (1987). 타이의 기호학. Gentleman's 계간지. (57) 112, 115, 117쪽.

◎ 스카프, 타이, 손수건의 역사

로마의 연설가들이 성대를 보온하기 위해 목 주위에 스카프를 둘렀던 것이 네크웨어에 대한 최초의 기록이라 생각된다. 또한 중국의 진 왕조 (기원전 3세기) 때 시황제의 친위병과 군인들이 정예군임을 확실하게 구별하기 위해 목 주위에 화려한 끈을 착용했던 것을 네크웨어의 기원으로 보기도 한다.

남녀 모두에게 네크웨어의 중요한 혁신은 **러프**(ruff)인데, 이것은 몇 야드가 되는 좁은 옷감을 촘촘하게 물결치는 형태로 만들어 빳빳하게 풀을 먹인 칼라이다. 러프는 유럽에서 수십 년 동안 변화 발전되어 1540년대에는 단순한 깃으로 시작하여 1620년대에는(wire framework 기술 덕분에)극단적인 크기로 변천된 것으로 보인다(그림 10.1).

30년 전쟁 당시 크로아티아의 기수들이 파리에 도착하였을 때, 프랑스의 루이 14세는 그들이 특이한 방식으로 매고 있는 현란하고 화려한 목도리에 깊은 인상을 받았다. 프랑스인들은 이 패션을 채택하여 "알라 크로아트(a la Croate)"라 불렀고 이를 세련됨과 우아함의 상징이라 믿었다. 이 목도리는 남자들이 셔츠 목 부위 안쪽에 착용하는 실크 스카프인 **그라바트**(cravat)(Croate라는 단어에서 파생된 것이라 생각됨)가 되었다.

영국 사람들도 곧 이 패션을 채택하였고 1800년대까지 영국 멋쟁이들은 풀먹인 그라바트 패션을 남성 의상의 표준으로 삼았다.

느슨하게 둘러매는 스카프인 18세기의 **스타인커크**(steinkirk)는 남성의상의 패션으로 시작하여 나중에는 여성들에게도 채택되어 변화되었다. 스타인커크의 인기는 곧 시들고 스토크가 등장했는데, **스토크**(stock)는 프랑스와 독일군이 착용하던 매우 빳빳한 칼라였다. 판지나 뼈 혹은 다른 빳빳한 재료들로 만들어진 스토크는 필요에 따라 실크나 리넨, 면포로 덮기도 하였다.

19세기에서 20세기 초에는 최신 유행의 네크웨어가 영국과 프랑스로부터 미국 남성용으로 수입되었다. **보우 타이**(bow tie)와 **포 인 핸드 타이**(four-in-hand tie)는 옷 잘 입는 미국 남성에게는 중요한 아이템이었다. 이들의 작아진 모양은 강한 직업윤리관과 중요성을 뒷받침하는 것이었다. 영국에서 유래한 연회색 무늬의 실크로 된 애스콧(ascot)은 왕립 애스콧 경마대회의 이름을 따서 붙인 것으로, 19세기 말에서 20세기 초 미국에서 흔히 볼 수 있다.

그렇지만 아직도 카우보이들은 다양한 용도로 쓰이는 **밴대너**(bandana) 목도리를 선호하였다. 카우보이들이 밴대너로 햇빛과 먼지를 차단하고 수건으로도 사용하는 것은 밴대너의 실제적인 용도의 일부에 불과하다. 또한 밴대너는 여성과 십대들의 패션에 자주 나타나기도 하였다. 기타 서양 네크웨어 액세서리로 **볼로**(bolo) 혹은 **스트링 타이**(string tie)가 있는데 이는 금속이나 돌로 된 장식으로 가죽끈을 조였다 풀었다 하는 것이 특징이다.

여성들은 목선이 깊게 파인 **데콜테**(décolleté : 네크라인)를 입을 때, 드러난 어깨 부위를 덮기 위해 **펠러린**(pelerine)이라 불리는 어깨 스카프를 착용하거나, 또는 1840년대까지 볼 수 있었던 러프를 약간 변형시킨 **벳시**(Betsy)를 착용하기도 하였다. 20세기에는 여성 고유의 스카프 패션을 창출하였을 뿐만 아니라 역설적으로 남성들의 네크웨어 패션을 채택하기도 하였다. 1920년대에 등장한 장방형 스카프는 목 부위에 느슨하게 매었다. 20세기 전반에 걸쳐 소녀와 젊은 여성들은 작은 정사각형 모양의 목도리를 목에 둘러매었다. 계절마다 유행하는 색상과 무늬로 만들어진 목도리가 꾸준히 소매점에 공급되었다.

화려한 남성 패션의 시기였던 1960년대의 **공작 혁명**(Peacock Revolution)으로 남성들의 네크웨어 패션은 극에 달했다. 많은 남성들이 타이를 '기성세대'의 상징이라고 벗어던졌다. 직장에서 타이의 착용이 필수적이던 남성들에게 패션은 아주 큰 영향을 미쳤다. 타이는 넓은 라펠과 길어진 셔츠 칼라에 걸맞게 그 너비가 5인치나 될 정도로 매우 넓어졌다.

1970년대 초에는 동명의 영화에서 영감을 얻은 **애니 홀 룩**(Annie Hall look)이라는 여성 네크웨어 패션이 탄생하였다. 여성들은 아주 큰 블라우스, 긴 스커트와 함께 남성용 니트 또는 직물 타이를 착용하였다. 2002년, 팝 가수 에이브릴 라빈(Avril Lavigne)은 자신의 뮤직 비디오에서 여성용 넥타이를 착용한 이후 이것이 패션 트렌드로 부상되었다(그림 10.2).

1970년대 중·후반은 야심에 찬 커리어 우먼들이 남성들의 성공지향적 옷차림(dress-for-success)에 착용하는 타이와 같은 의미로 실크 나비 넥타이를 착용했던 시기이다. 남성과 여성 모두 검은색 슈트(여성의 경우 스커트, 남성의 경우 바지), 옥스퍼드 셔츠를 착용하고, 남성의 경우 적절한 타이와 포켓 스퀘어(양복 주머니에 장식용으로 꽂는 손수건), 여성의 경우 실크 스카프를 착용하였다.

현대 멋쟁이로 알려진 이미지 컨설턴트인 존 몰리(John Molloy)는 1975년 남성들을 위한 Dress for Success라는 저명한 책을 저술하였고 나중에는 여성용 책도 썼다. 수년간 몰리의 의상 코드는 직장인들이 입는 의상의 표준이 되었고 네크웨어와 기타 비즈니스 액세서리에 대해 해야 할 것과 하지 말아야 할 것들을 아주 자세하게 기술하였다.

1970년대 후반에서 1980년대 초반에는 남성과 여성 모두 투피스, 스리피스 정장과 함께 포켓 스퀘어를 착용하였다. 1980년대 또한 실크 스카프가 유행했던 시기이다. 액세서리 매장에서는 독창적으로 스카프를 매는 방법을 담은 비디오 시리즈를 계속해서 제공하였는데 이는 많은 여성들이 스카프의 심미성에 대해 높

▲ **그림 10.1** 패셔너블한 러프

▶ **그림 10.2** 넥타이를 맨 팝
스타 에이브릴 라빈
(자료원 : 페어차일드 출판사)

이 평가하면서도 스카프를 매는 방법에 대해서는 모르고 있었기 때문이다.

파시미나 스카프(pashmina scarf), 혹은 **파시미나 숄**(pashmina shawl)은 캐시미어(혹은 실크와 캐시미어의 혼방)로 만들어진 파시미나 직물에서 유래한 이름인데, 1990년대 후반에 상당한 인기를 끌게 되었다. 파시미나 직물은 자연에서 찾아볼 수 있는 가장 가늘고 부드러우며 따뜻한 모섬유로, 히말라야의 오지에 서식하는 케이프러스(Capras) 염소의 하복부에서 얻어진다. 이 염소들은 혹독한 겨울 날씨에 섬세하고 절연이 잘되는 털로 자신을 보호하며 지낸다. 파시미나 숄 하나를 만드는 데 충분한 섬유를 얻기 위해서는 다 자란 염소 세 마리의 털이 필요하기 때문에 파시미나 숄은 아주 비싼 액세서리에 속한다. 그러나 파시미나 숄은 새로운 액세서리는 아니고, 18세기에 이미 프랑스의 나폴레옹 황제가 조세핀(Josephine)에게 파시미나 숄을 선물하였다.

20세기 후반과 21세기로 들어오면서 온갖 종류의 직물로 만들어진 숄이 여전히 복식품의 중요한 품목으로서 확실한 인기를 이어 나갔다. 숄이 이렇게 인기가 있었던 이유는 그 당시 의복의 유행이 추운 계절에도 어깨를 드러내고 스파게티-스트랩(spaghetti-strapped)차림으로 다녔기 때문이다. 숄을 대신하여 달리 부를 수 있는 패션 용어들로는 스톨(stole), 슈러그(shrug), 랩(wrap) 등이 있다. 그러나 숄이라는 용어는 보통 가장자리에 장식이 달린 것을 말하는 경향이 있다.

역사적으로 유명한 그림 중에는 종종 가장자리에 레이스가 달린 리넨 손수건을 들고 앉아 있는 상류층 여성의 모습을 그린 초상화가 있다. 생활하는 데 항상 필수적이고 실용적이면서 때로는 장식용으로도 쓰이는 손수건은 세기에 걸쳐 거의 변화가 없고, 큰 차이점은 손수건의 크기와 비치는 정도였다. 남성 의류 시장에서는 아직 꾸준히 판매되고 있지만, 1회용 고급 티슈의 발달로 인해 여성들에게 손수건의 인기는 대폭 감소하였다.

🌀 스카프, 타이, 손수건 개론

스카프와 타이는 전통적으로 신뢰, 부, 그리고 소유의 상징이었다. 이것들은 아직도 엘리트의 상징이며, 네크피스(neckpiece)를 착용한 사람들은 중요 인물이며 부자라는 것을 나타내준다. 이런 관념이 지속되는 한 네크웨어 디자이너들과 제조업자들은 작은 직물 조각에 대해 비싼 값을 요구할 수 있는 것이다.

네크웨어의 기본 스타일은 가격에 상관없이 동일하다. 따라서 디자이너와 제조업자들은 직물의 종류, 기술, 그리고 브랜드의 이미지를 통해 제품을 차별화해야만 한다. 우아한 섬유, 독특한 무늬, 그리고 실크 스크리닝 날염으로 만들거나 손으로 짠 아름다운 직물들이 남성과 여성의 네크웨어로 제품화된다. 손 기술의 정도와 질이 네크웨어 제품의 가격에 영향을 준다. 남성용 넥타이는 기본적인 직사각형 모양의 스카프나 손수건 또는 포켓 스퀘어 같은 제품보다 더 많은 수작업을 필요로 하는 제품이다.

scarfs라는 용어는 scarves 로 쓰이기도 한다. 산업체에서는 흔히 scarfs라는 용어를 사용하는 반면 소비자들은 주로 scarves 라는 용어를 사용하는데, 둘 다 옳은 표현이다.

1) 스카프, 타이, 손수건의 생산

양말이나 속이 비치는 스타킹과 마찬가지로 많은 소비자들이 스카프, 타이 그리고 특히 손수건의 가격에 민감하다. 소비자들에게 더 가치 있는 상품으로 인식되기 위해 제조업자들은 소재기획과 수공기술을 통해 상품을 차별화한다. 자카드 같은 장식적인 직물, 수공예 기술, 얼룩방지용 코팅, 슬림한 실루엣, 그리고 특별한 디테일 등은 소비자들이 가격대를 구분하는 데 도움을 준다.

(1) 디자인

스카프, 타이, 포켓 스퀘어의 무늬는 대부분 기성복 직물과 동일한 자료에서 영감을 받는다. 빈티지 의복에서 홈패션까지, 향수어린 품목들, 꽃이나 동물 무늬와 색 등이 모두 스카프, 타이, 포켓 스퀘어 직물의 자료가 될 수 있다. 디자이너들은 특정 무늬를 스캔하거나 그리기 위해 컴퓨터를 사용며, 여기에 색을 입혀 직물 인쇄기에 샘플용 직물을 인쇄한다. 스카프 디자인은 계절에 따라 유행하는 색이나 기성복 색상과 조화를 이루는 색으로 맞춘다. 타이와 포켓 스퀘어 색상의 선택도 비슷하나, 유행하는 셔츠나 정장 색상과도 맞추어야 한다. 샘플용 스카프와 타이가 만들어지면 영업 사원이 이를 시장에 내놓고 대량생산에 들어가기 전에 주문을 받는다. 포켓 스퀘어는 단색으로 하거나 타이의 무늬에 맞추게 된다.

디자이너들은 네크웨어를 통해 남성복의 색을 소개하는 것이 간단한 방법이라는 사실에 동의한다. 남성들은 자신의 옷에 너무 많은 색이 들어가는 것을 꺼리지만 작은 면적을 차지하는 타이나 포켓 스퀘어의 색상과 무늬가 밝은 것은 쉽게 받아들인다.

미국에서 가장 유명한 디자이너 중 하나인 랄프 로렌(Ralph Lauren)의 말이 있기 전까지는 네크웨어 디자인에 대해서 논란이 끊이질 않았다. 성공 신화의 주인공으로서 로렌은 판매직부터 자신의 경력을 쌓기 시작하여 후에는 디자인 일을 하게 되었는데, 좁은 타이에 패션 트렌드가 맞춰져 있던 때에 남성용의 넓은 타이를 디자인하였다. 그는 시류를 정확하게 파악하는 재능을 타이 제조에 반영함으로써 자신이 디자인한 타이 너비를 줄이거나 폴로 선수 로고를 없애라는 말을 거부한 이후에 결과적으로 사업에서 성공을 거두었다.

(2) 라이선싱

스카프와 네크웨어 업계에는 많은 라이선싱이 있다. 여성복과 같은 어느 한 분야에서 디자이너의 인기는 액세서리의 성공적인 판매에 열쇠가 된다. 일단 어느 한 디자이너의 의상을 구입한 여성이라면 동일한 디자이너의 남성 타이를 구입하기 쉽다.

메리 맥파덴(Mary McFadden)과 니콜 밀러(Nicole Miller)를 비롯한 많은 의상 디자이너들이 스카프 및 네크웨어 제조업자들과 라이선싱 계약을 맺고 자신의 서명이 담긴 액세서리들을 내놓고 있다. 대개 패션 기업이나 디자이너는 실크 제조업체에서 패션 상표나 디자이너 상표를 단 네크웨어를 생산하고 유통하는 계약을 맺으며, 이 둘 사이의 밀접한 업무 관계는 라이선싱 계약이 효력을 발휘하기 위해 필수적이다. 상품의 질, 가격, 그리고 외관은 패션 기업이나 디자이너의 이미지를 반영한다.

(3) 생산

일단 대량생산이 결정되면 직물을 선정하게 된다. **직조 실크**(woven-silk)는 조직으로 무늬를 나타내는 반면 **날염 실크**(printed silk)는 직물 위에 프린트 혹은 **실크 스크리닝**(silk screening) 방식으로 무늬를 만든다. 실크 스크리닝은 한 번에 한 색상으로 직물에 무늬를 만드는 방법이다. 대개 스카프나 타이에 쓰인 색마다 각각의 개별적인 스크리닝이 필요하므로, 무늬에 들어간 색의 수는 상품 가격에 영향을 미친다.

넥타이의 패턴은 직물 위에 **바이어스**(bias)로 배치한다. 손수건과 스카프는 **식서**(straight grain)에 평행하게 곧은 세로결로 재단하여 가장자리를 봉제하거나 하나하나 수술 장식을 달아 직조한다. 타이는 대개 두 조각이나 세 조각으로 재단하여 봉제하며, 니트 타이의 경우는 메리야스뜨기를 하여 뒤 중심 솔기를 박는다. 남성 넥타이의 표준 길이는 132~147cm이다.

남성용 넥타이 제조업체에서는 패션 직물을 소량만 사용하지만 품질의 차이는 상당하다. 더 품질 좋은 타이는 손으로 재단하고 손으로 바느질하는 수작업을 거친다. 타이는 2~3조각의 패션 직물의 솔기를 봉합하여 만든다. 스리피스 타이는 일반적으로 투피스 타이보다 품질이 더 좋은 것으로 간주된다. 타이는 딱딱한 **아마포**(buckram)로 심을 넣을 수도 있고 넣지 않을 수도 있으며 혹은 다른 경화제를 넣어 견고한 느낌이 들게 한다. 안감 직물로 심을 덮어 별도의 보디를 만들어 주기도 한다.

넥타이의 **외부**(shell)는 **앞면**(front blade) 또는 **에이프런**(apron), **밑면**(under blade) 또는 **테일**(tail), 그리고 이들을 연결해주는 **넥 거싯**(neck gusset)으로 이루어져 있다. 심이나 안감은 넥타이의 보디와 모양을 바르게 유지해준다. **티핑**(tipping) 혹은 **페이싱**(facing)이라는 말은 수작업으로 블레이드(blade) 끝을 단단하게 마무리하는 방법을 말한다. **커스텀 티핑**(custom tipping)에는 디자이너의 서명이 담겨 있다. 이 외에도 넥타이는 **고리형 라벨**(loop label), **바택 스티치**(bar tack stitch), 보이지 않게 바느질한 **공그르기 하기**(slip stitching) 등으로 이루어져 있다(그림 10.3).

스카프, 손수건, 포켓 스퀘어는 기계로 감침질을 할 수도 있고 손으로 할 수도 있으며, 스카프 가장자리

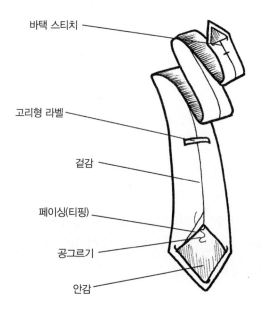

바택 스티치

고리형 라벨

겉감

페이싱(티핑)

공그르기

안감

◀ **그림 10.3** 넥타이 각 부위 명칭

에 장식을 달 수도 있다. **기계 감침질**(machine ham)은 보통 눈에 띄지 않는(투명한) 실로 바느질하며 **손 감침질**(hand-rolled hem)과 비슷해 보이지만 손바느질 한 경우 더 많은 노동력이 필요하며 값이 더 비싸다. 스카프 가장자리에 장식을 달면 감침질은 필요 없지만 풀림 방지를 위해 눈에 띄지 않게 지그재그로 바늘땀을 넣기도 한다.

4) 소재

사계절용 스카프는 면, 면/폴리에스테르 혼방, 울과 같이 가벼운 직물로 만든다. 스카프는 보온보다는 장식용으로 착용하는 경향이 있다. 겨울용 스카프 직물에는 양털, 울과 혼방한 앙고라, 고가의 안감을 댄 캐시미어, 혹은 저가의 안감을 댄 아크릴 혼방 캐시미어 등이 있다. 폴라텍 같은 합성 양털은 중저가 안감용으로 인기 있는 직물이다. 액세서리 재료로서 모피의 인기는 겨울용 스카프 안감에 쓰인다는 것에서 알 수 있다. 모피 목도리, 칼라, 숄 등이 전통적인 펠트 스타일로 공급되거나 가벼운 모피 패션으로 크로셰 처리되어 공급되고 있다.

넥타이 재료는 대개 실크나 폴리에스테르 극세 섬유로 이루어진다. 뛰어난 솜씨로 만든 폴리에스테르 극세 섬유는 순수 실크와 구별하기 어려울 정도이다. 그 외 섬유들로는 나일론, 울이 있고, 니트 타이에는 면도 사용된다.

손수건용 직물은 대개 면을 사용하는데 이는 면섬유의 뛰어난 흡수성 때문이다. 포켓 스퀘어는 실용적인 손수건이라기보다는 장식용인데, 리넨이나 면처럼 주름이 잘 가는 보송보송한 직물, 혹은 실크나 폴리에스테르 극세 섬유처럼 드레이프성이 좋은 직물을 사용한다.

스카프, 타이, 손수건은 단색으로 만들거나 매우 다양한 색상과 무늬를 넣기도 한다. 남성용 타이와 포켓 스퀘어는 여성용 스카프에 비해 무늬를 분류하기가 다소 쉬운 편이다. 전통적인 타이 무늬에 대해 열거한 아래의 목록은 결코 모든 것을 다 포함하고 있는 것은 아니며 이러한 무늬의 변형이 타이와 포켓 스퀘어 패션에 재사용되는 경향이 있다.

5) 전통적인 타이 무늬

특별하고 비형식적인 것에서부터 보수적이고 형식적인 것까지 다양한 종류의 타이 무늬는 드레스 셔츠를 장식해 준다. 전통적인 무늬들에는 아래와 같은 것들이 있다(그림 10.4).

- **추상무늬**(abstract) 비현실적이거나 정의할 수 없는 형태로 분명한 형태가 없다.
- **클럽**(club) 협회나 스포츠, 단체 등을 나타내는 무늬나 그림
- **컨버세이셔널**(conversational) 착용자의 취미나 기호를 반영하는 재미있고 특별한 무늬
- **플로랄**(floral) 꽃무늬
- **폴라드**(foulard) 단색 바탕에 다이아몬드와 같은 작은 도형이 그려져 있는 무늬

추상무늬

꽃무늬

컨버세이셔널

핀 도트

솔리드

▶ **그림 10.4** 전통적인 타이무늬

- **노벨티**(novelty) 만화나 그 외 라이선스 받은 상품들이 그려져 있는 것
- **페이즐리**(pasley) 크고 작은 아메바 모양의 디자인
- **플래드**(plaid) 수직으로 교차하는 줄무늬
- **폴카 도트/핀 도트**(polka dot/pin dot) 바탕색 위에 크거나(polka dot) 작은(pin dot) 원들이 그려져 있다
- **렙/반복 줄무늬**(repeating stripe/rep) 일정 간격을 두고 대각선 줄무늬가 반복되는 것
- **솔리드**(solid) 단색으로 무늬가 없지만 자카드처럼 직조된 무늬를 가지는 경우도 있다

6) 타이 매기

타이를 직접 매는 대신 미리 클립으로 고정되어 있는 타이를 선택할 수도 있는데 이것은 남아복 매장에서 많이 볼 수 있다. 고정식 타이는 길이를 조절할 수는 없지만 간편하기 때문에 남자 아이들이나 타이를 매야 할 일이 많지 않은 사람들이 자주 찾는다. 타이를 직접 매기를 좋아하는 남성들은 가장 일반적인 세 가지 방식인 포 인 핸드, 윈저, 하프 윈저 방식 중 한 가지 방법으로 타이를 맨다. 이 중 **포 인 핸드 매듭**(four-in-

포 인 핸드 매듭과 보 타이 매듭

포 인 핸드 매듭(four-in-hand knot)

1. 타이를 목에 걸쳐 넓은 쪽 끝 부분을 왼쪽으로 하여 벨트 중앙에 닿게 한다. 좁은 쪽의 길이가 더 짧아야 한다.
2. 좁은 쪽 위로 넓은 쪽을 교차시켜 고리 부분을 통과시킨다.
3. 좁은 쪽을 아래로 고정시키고 넓은 쪽을 좁은 쪽 밑

을 지나 오른쪽으로 넘겨 넓은 쪽으로 좁은 쪽을 감는다.

4. 넓은 쪽을 좁은 쪽과 교차시켜 감는다. 넓은 쪽이 좁은 쪽 밑으로 오게 하여 고리를 통과시켜 위로 올린다.
5. 넓은 쪽을 매듭을 지나 앞쪽으로 내려뜨린다. 매듭을 칼라 부위까지 조인다.

| 1단계 | 2단계 | 3단계 | 4단계 | 5단계 |

보 타이(bow tie) 매듭

1. 타이를 목에 걸친다. 오른쪽 끝이 왼쪽 끝보다 2.5~5cm 정도 길어야 한다. 긴 쪽 끝을 짧은 쪽 위로 교차시켜 고리 위로 통과시킨다.
2. 짧은 쪽 끝을 반으로 접어 나비 매듭의 앞쪽 고리를 만든다.

3. 앞쪽 고리는 그대로 두고 긴 쪽 끝을 앞쪽 고리 위로 내린다.
4. 긴 쪽 끝을 접어 올려 뒤쪽 고리를 만든다.
5. 뒤쪽 고리를 중앙의 매듭 안으로 넣고 양쪽의 길이를 맞춘 후 조인다.

| 1단계 | 2단계 | 3단계 | 4단계 | 5단계 |

hand knot)이 가장 많이 쓰인다. 이것은 말 네 마리가 끄는 마차를 몰던 마부들에서 유래한 것으로 본다. 마부들은 마차를 모는 동안 타이가 바람에 날려 얼굴을 치지 않도록 단단하게 매듭을 묶었다.

윈저(windsor)와 **하프 윈저 매듭**(half-windsor knot)은 윈저(Windsor) 공으로 알려진 영국의 에드워드 8세의 이름을 따온 것인데 그는 깃의 각이 빳빳하게 벌어진 스프레드 칼라에 타이를 매어 유행시켰다. 포 인 핸드 매듭에 비해 윈저 매듭은 모양이 더 크다. 매듭 크기와 상관없이, 주름이나 홈이 매듭 바로 아래쪽에

작게 만들어져야 한다. 이렇게 하면 타이가 부풀어 보이고 충만감을 주어 주름이 적당해 보인다. 넥타이의 두 블레이드의 길이가 같거나 뒤 블레이드 길이가 앞보다 약간 짧게 묶어야 한다.

7) 스카프, 타이, 손수건 손질법

스카프, 타이, 손수건을 세탁할 때 주의 깊게 다루어야 하며, 사용된 직물에 따라 적합한 세탁법을 택해야 한다. 대부분의 실크 스카프와 타이는 드라이클리닝 해서는 안 되는데 실크는 화학물질에 반복 노출되면 광택이 감소하기 때문이다. 또한 타이를 드라이클리닝 하면 안감이 납작해져 제 모습을 잃게 된다. 실크 직물은 타이의 작은 블레이드로 문지르기만 하여도 얼룩이 없어지는 경우가 있다. 사염화탄소 같은 얼룩 제거제는 여러 종류의 얼룩들을 없애준다. 실크 손수건은 실용적인 목적이 아니라 장식을 목적으로 사용하며, 이것들은 필요한 경우에만 드라이클리닝을 한다. 순수한 실크 스카프를 세탁해야 하는 경우에는 손세탁보다 드라이클리닝이 좋다. 면이나 모, 그리고 일부의 레이온 스카프는 손세탁 후 펼쳐서 건조시킬 수 있다. 장식용 면 손수건은 물살을 약하게 세탁할 수 있지만 반복 세탁하면 원래의 색을 잃을 수도 있다. 실용적인 흰 면 손수건은 규칙적으로 세탁기에서 온수에 세탁해야 한다.

타이는 다림질을 해서는 안 된다. 선염 타이를 풀어 매달아 두면 착용 시 주름이 생길 수 있다. 수 시간 동안 타이를 꼭꼭 말아두면 심한 주름을 없앨 수 있다. 니트 타이나 크로셰 타이는 펼쳐 놓아야 하며 늘어나는 것을 방지하기 위해 걸어두기보다는 말아두어야 한다.

◎ 세계의 스카프, 타이, 손수건 산업

미국의 네크웨어 산업은 1998년에는 15억 달러, 1999년에는 11억 달러, 2000년에는 약 12억 달러의 소매 판매고를 올렸다. 표 10.1은 2000년 남아용과 성인 남성용 네크웨어 부문에서 가장 많은 판매고를 올린 미국 기업들을 보여주고 있다.

세계적으로 볼 때, 이탈리아가 실크 네크웨어 디자인과 생산 면에서 가장 영향력 있는 나라이다. 실크 네크웨어 부분에서 중국이 22.31%를 생산하고 있는 데 비해 이탈리아는 세계의 53% 이상을 생산하고 있다. 그러나 중국이 실크 직물 생산의 선두 국가인 것은 분명하다. 이탈리아의 실크 직물 공장은 100년 이상 타이와 스카프를 만들기 위한 많은 염료와 고급 직물을 생산해 왔으며, 가업으로 시작한 것이 세계적인 톱 디자이너를 위해 수백만 달러 가치의 텍스타일 공장으로 발전하였다.

중국과 한국은 최근 이탈리아가 유지하고 있던 강한 주도권을 잠식해 나가고 있다. 실크 복식품의 주요 시장, 특히 미국, 독일, 이탈리아, 일본 등에서는 캐주얼뿐만 아니라 타이, 포켓 스퀘어, 여성용 스카프 등이 아시아 저가 상품 때문에 특히 큰 타격을 입고 있다. 고가의 실크 제품 부문에서 이탈리아의 강점은 아시아의 중저가 실크 제품의 위세에 직면하여 향후 수년 내에 잠식당할 것이다. 특히, 한국은 실크 산업 시장을 공유하기 위해 1990년대 초반 이후 유럽과 북아메리카의 디자이너 및 직물 제조업체와 협력하고 있

▶ **표 10.1** 상위 10대 미국 남성 및 남아용 네크웨어 유통업체와 2000년 매출액

기 업	연간 매출액(백만 달러)
버마 비바사(Burma Bibas, Inc.)	74.49
멜로리 앤 처치사(Mallory & Church Corp)	50.00
슈퍼바(Superba)	36.80
로버트 탈봇사(Robert Talbott, Inc.)	30.00
엠엠지사(MMG Corp.)	24.14
멀베리 타이 실크사(Mulberry Thai Silks, Inc.)	23.37
스톤헨지사(Stonehenge Ltd.)	22.55
마운틴 하이 니팅사(Mountain High Knitting, Inc.)	16.70
란다사(Randa Corporation)	15.10
툭사코사(Tuxacco, Inc.)	15.00

(자료원 : Dun's Market Identifiers. (Online). Parsippany, NJ: Dun & Bradstret

다. 그러나 이탈리아는 경쟁력을 개선시키기 위한 전략적인 수단으로 장인의 기술과 전통을 강조하고 기술 및 혁신적인 직물 생산에 대한 투자에 힘쓰고 있다.

중국은 2001년 면 손수건 부문에서 전 세계 공급량의 절반 이상을 담당하였고 여기에 파키스탄, 한국, 체코, 인도가 뒤따르고 있다. 2001년 면 손수건의 수요는 2000년에 비해 거의 2배로 증가하였고, 이것은 아마 밴대너나 다른 네커치프처럼 더 캐주얼해 보이는 스카프가 유행하기 때문일 것이다.

미국에는 네크웨어 부문에서 단 하나의 특화된 무역기구가 있다. **미국 네크웨어협회**(NAA)는 회보를 발행하고 국제 교역을 증진시키고 있다. "How To Tie a Tie" 같은 소비자용 소책자들이 개별적인 타이 제조업체뿐만 아니라 NAA에서도 제작되고 있다. 일부 인터넷 사이트에서도 타이 매는 순서를 그림으로 설명해 주고 있다. 무역관련 출판물은 대개 이런 복식품을 더 큰 복식품 시장의 한 부분으로 다루고 있다. 스카프, 타이, 손수건은 일반 복식품 중에서도 두드러지며 남성용 의류 전시회에서 인기를 끄는 품목이다. 표 10.2, 표 10.3, 표 10.4에 스카프, 타이, 손수건 산업과 관련된 영향력 있는 무역기구, 출판물, 전시회를 제시하였다.

▶ **표 10.2** 스카프, 타이, 손수건 산업과 관련된 무역기구

무역 기구	위 치	목 적
미국 네크웨어협회(NAA)	뉴욕 주, 뉴욕	인명부, 소비자용 소책자, 상품 아이디어, 회보를 포함한 회원 서비스 제공
미국 패션 액세서리협회(NFAA) 패션 액세서리 운송인협회(FASA)	뉴욕 주, 뉴욕	회원으로 가입되어 있는 제조업자/수입상/선적상들에게 광범위한 정보를 제공하고 고도의 윤리 규범을 증진시키며 국제 무역 공동체에서 근로 관계를 촉진시키고 업계 최선의 이익을 보호

▶ 표 10.3 스카프, 타이, 손수건 산업과 관련된 무역 출판물

출판물명	설 명
액세서리 잡지(Accessories Magazine)	스카프를 포함한 대부분의 액세서리 종류를 다루는 월간 무역 출판물
데일리 뉴스 레코드(Daily News Record)	패션 상업 정보, 경향, 뉴스 등을 제공: 페어차일드사에서 발행
네크웨어 산업사전 (Neckwear Industry Directory)	지리적인 위치와 브랜드 이름에 따른 타이류 목록 제공: NAA에서 발행
네크웨어 뉴스(Neckwear Industry News)	네크웨어 산업 부문에서 패션 경향과 수출 기회에 대한 정보 제공: NAA에서 발행
타이 바이어즈 핸드북 (Tie Buyer's Handbook)	소매상 바이어들을 위한 상품 진열법과 타이 판촉법에 대한 팁 제공: NAA에서 발행
타이 스코어즈(Tie Scores)	소비자들에게 타이 매는 법과 캐주얼 옷차림에 타이를 같이 넣는 방법에 대한 팁 제공: NAA에서 발행
워싱턴 업데이트(Washington Updates)	네크웨어 산업에 영향을 미치는 입법 조치에 대한 정보 제공: NAA에서 발행
위민즈 웨어-월요판 (Women's Wear Daily-Monday)	매주 무역 신문의 화제를 제공: 페어차일드사에서 발행 스카프뿐만 아니라 다른 액세서리에 대한 사업과 패션 정보를 두드러지게 다룸

▶ 표 10.4 스카프, 타이, 손수건 산업과 관련된 전시회

전시회	위 치	후원 기관
액세서리 서킷(Accessorie Circuit)	뉴욕 주, 뉴욕	ENK International
액세서리 더 쇼(Accessories The Show)	뉴욕 주, 뉴욕	Business Journals, Inc.
더 컬렉티브(The Collective)	일리노이 주, 시카고	The Chicago Men's Apparel Group
마이애미 남성복, 아동복 마켓 (Miami Men's and Boy's Apparel market)	플로리다 주, 마이애미	Miami Merchandise Market
국립 남성 스포츠웨어 바이어 협회 (National Association of Men's Sportswear Buyers(NAMSB))	뉴욕주, 쥬욕	National Association of Men's Sportswear Buyers
위민즈 웨어 데일리/매직쇼 (WWD Magic Show)	네브래스카 주, 라스베이거스	Women's Wear Daily and Men's Apparel Guid in California

◎ 머천다이징 트렌드와 기술

스카프, 타이, 손수건, 포켓 스퀘어는 몸에 꼭 맞는지 안 맞는지가 중요한 문제가 아니기 때문에 모든 소매 경로를 통해서 쉽게 판매된다. 더욱이 색을 정확히 맞출 필요가 없다 – 타이나 스카프의 무늬는 대개 크기가 작고, 비슷한 색의 의복과 잘 조화를 이룰 수 있다.

어떤 경로를 통해 배급되든 외관이 매력적으로 보이는 상품이 중요하다. 이 액세서리가 패션의 중요한 표현이며 옷장에서 중요한 위치를 차지한다는 것을 여러 가지 선택사양이 완비된 진열 상품을 통해 소비자에게 보여주고 있다.

1) 점포 소매상

스카프 소매상은 기온이 떨어지기 전인 이른 가을에 모자 및 장갑과 함께 겨울용 스카프를 진열하기 시작한다. 실제로 소매상들은 첫추위가 찾아올 때까지 크리스마스 이전의 몇 주 동안 판매할 많은 양의 액세서리를 갖추게 된다. 가격은 소비자들이 구매를 결정하는 데 주된 요인이기 때문에 제조업체의 **내셔널 브랜드**(national brand : NB)보다는 **유통업자 브랜드**(private-label brand : PB)가 매출을 좌우하게 된다. PB 브랜드란 상점 고유의 독점적인 브랜드를 말하며, 오직 특정 소매점에서만 이용할 수 있다. NB 브랜드는 많은 경쟁 상점에서 이용할 수 있다.

NB 제조업체들은 겨울용 액세서리 상품을 다양화해서 시장 점유율을 높이려 한다. 나인 웨스트(Nine West), 에코(Echo), 앤클라인(Anne Klein) II 같은 회사는 이미 유행하는 상품들을 활성화시키기 위해 혁신적인 실과 직물로 만든 제품에 자사 이름을 사용하도록 허가한다. 겨울용 액세서리는 기성복 제품 라인의 자연스러운 연장이기 때문에 라이센스 계약을 맺을 기회가 된다.

역사적으로, 가격은 사계절용 스카프 판매의 성공을 결정하는 중요한 요인으로 작용해 왔다. 그러나 200달러에서 600달러 사이에 판매되는 파시미나 스카프와 숄의 인기는 중요한 예외이다. 셀프 서비스 환경에서 이러한 고가 제품의 성공은 주요매장의 액세서리 중에서 더 비싼 스카프도 판매될 수 있다는 증거가 된다. 예를 들면, 상류층 전문 매장인 니먼마커스(Neiman-Marcus)에서는 주름잡힌 헤르메스(Hermes) 스카프처럼 프리미어(perimeter) 부티크 안에 진열하지 않고 얇고 광택 있는 파시미나, 실크, 실크 혼방, 특제 섬유 등 다양한 스카프를 저가 액세서리와 함께 옷걸이에 걸어 주요매장에 내놓았다.

할인 매장에서는 핸드백과 같은 다른 액세서리 근처에 스카프를 진열해 두기도 한다. 셀프 서비스를 촉진하기 위해, 목도리와 스카프는 제조업체에서 제공하는 종이 옷걸이에 매어 못에 걸어 두기도 한다. 판매원은 소비자를 도와줄 수 없기 때문에 꼬리표에 적혀 있는 섬유 조성, 관리법, 착용 실례가 그려진 삽화, 기타 제품 정보를 제공해 주는 것이 중요하다.

남성용 타이는 색상과 무늬, 브랜드 이름에 의해 판매가 촉진되지만, 저가 제품은 코디네이션할 옷을 선택하기에 편한 색과 무늬가 잘 팔린다. 이러한 타이들은 흔히 테이블이나 카운터에 진열되거나 테이블 상판의 타이 걸이에 걸려 있다. 타이는 무늬가 작고 색상 코디네이션이 중요하기 때문에 소비자의 눈에 잘 보

1999년 백화점

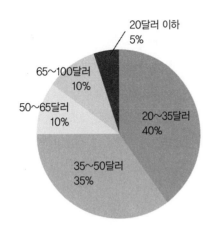

1999년 전문점

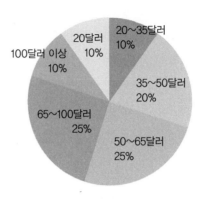

▲ **그림 10.5** 1999년 백화점에서의 타이 평균 소매가 　　　　▲ **그림 10.6** 1999년 전문점에서의 타이 평균 소매가

이는 조명이 좋은 위치에 진열하면, 디자이너 타이처럼 고가 제품은 브랜드 이름에 따라 분류하여 진열한다. 그것은 판매원의 도움이 필요한 유리 진열장 안에 진열할 수도 있는데, 타이 색을 정확하게 알아보게 하기 위해서는 유리 진열장 안의 조명을 적절하게 하는 것이 중요하다.

　대부분의 남성들은 정장을 구입할 때 타이와 셔츠도 구매하게 된다. 따라서 타이를 추가로 구입할 수 있도록 하기 위해 드레스 셔츠와 정장 근처에 진열해 두어야 한다. 남성들이 상점 밖에서 한 타이와 정장의 적절한 조화를 유지하는 데 도움이 되는 옷장 정리용품도 타이 근처에 진열해 둘 수 있다. 여기에 면 손수건과 포켓 스퀘어를 계산대 근처에 진열해 두면 충동구매를 유발시킬 수도 있다.

　맨스웨어 리테일링(*Menswear Retailing* 2000년 7월)지에 따르면, 1999년 백화점과 전문점에서 판매가 잘 되는 타이의 가격은 다양하다. 일반적으로 전문점은 백화점보다 더 비싼 가격에 타이를 판매한다. 그림 10.5와 그림 10.6은 1999년 백화점과 전문점에서 판매되는 남성용 타이의 평균 가격을 백분율로 나타내고 있다.

　달러 점유율은 최근 몇 년 동안 백화점 위주의 타이 판매를 벗어나 변화하고 있다. 1998년 백화점의 타이

▶ **표 10.5** 2000년 미국 아웃렛 소매상에 의한 스카프, 네크웨어, 랩

	판매비율	금액(백만 달러)
백화점	39%	252.3
전문점	10%	70.5
전문 체인점	19%	131.7
대량 판매점	22%	154.8
기타	10%	80.25
계	100%	689.5

판매 점유율은 34%였고, 2000년에 백화점의 판매 점유율은 감소하여 30%가 조금 넘는 정도였다. 남성 전문점의 타이 판매 점유율은 1998년 거의 15%였으나 2000년에는 9.6%로 감소하였다. 그러나 할인 매장과 할인 소매상의 판매 점유율은 증가하였다. 소비자들이 백화점 및 전문점에 비해 할인 매장 및 할인 소매상의 타이 품질이 비슷하다는 것을 인식하게 되어, 가격 경쟁력이 고가 매장에서의 판매 감소의 주된 원인으로 작용하였다. 그 결과, 2001년에는 타이의 평균 가격이 16% 정도 감소하였다.

2000년 여성용 스카프, 네크웨어, 랩 시장에서 백화점의 판매 점유율은 39%였고, 여기에 대량 판매점과 전문 체인점이 뒤따르고 있다. 표 10.5는 2000년 미국 아웃렛 소매상의 시장 점유율을 전부 보여주고 있다.

2) 인터넷 소매상

스카프, 타이, 손수건은 온라인 소매상에게 인기 있는 상품이다. 이들이 인기 있는 이유는 선물로서 바람직하다는 점과 크기가 보편적이라는 점 때문이다. 인기의 또 다른 이유로 웹 사이트에서는 판매하는 상품 이외에 더 많은 것을 보여줄 수 있다는 점이 있다. 웹 사이트는 커프스 단추(cufflink), 넥타이핀, 나비넥타이, 의류 등과 같은 관련 액세서리 품목, 포켓 스퀘어와 스카프를 접는 방법과 타이 매는 방법, 액세서리를 손질하고 세탁하는 방법과 관련된 정보, 그리고 이런 액세서리들의 역사에 관한 내용 등을 보여준다. 온라인으로 주문하길 원하지 않는 소비자들은 무료 통화를 이용하여 전화로 주문할 수도 있다.

수년간 소매업에서 오프라인으로 거래해 오던 회사들이 인터넷을 통해 서비스를 제공하고 있다. 50년 넘게 4백만 장의 타이 판매를('Over 50 Years and 4 Million Ties Later') 자랑하는 뉴욕의 타이크래프트(Tiecrafters)사는 세탁 및 리폼 서비스를 제공하며 법인 단체나 특별한 행사를 위한 주문 제작 타이를 제공한다. 2001년, 뉴욕 타임스 스퀘어(New York's Time Square)의 나스닥(NASDAQ) 상점은 패션 디자이너인 니콜 밀러와 협력하여 주식 시장과 관련된 온라인 기념품과 법인 단체의 선물을 제공하였다. 컬렉션에는 나스닥에 영감을 받은 디자인의 스카프와 타이도 포함되어 있었다.

인터넷은 단순히 '클릭하고 구입하는' 판매도구 이상의 존재이다. 고유의 판매 기법을 창조할 수 있는 잠재적 가능성은 놀랄 만하다. 웹 사이트는 고객들이 타이와 맞추어 볼 수 있도록 드레스 셔츠가 걸려 있는 현재 옷장의 사진을 스캔할 수 있도록 하거나, 시각적인 패션 보조물이 인터넷 쇼핑객들의 색상 선택폭을 좁힐 수 있도록 도와주기도 한다. 고객들이 타이의 메시지와 무늬를 개성에 따라 선택할 수 있도록 함으로써 대량 주문 생산을 촉진시킨다. 사치스러운 고객에게 어필할 수 있는 주문 생산 타이, 스카프, 숄을 웹 사이트를 통해 판촉할 수도 있다. 대량 구매 시 할인 혜택과 무료 배송 혜택, 그리고 선물용 패키지 등을 제공함으로써 고객이 인터넷을 통해 구입하도록 유도한다.

인터넷 마케팅은 B2B 네트웨어 산업에서 유용성이 높아지고 있다. **B2B**(business to business, 기업 간에 이루어지는 전자 상거래)란 기업이 최종적인 고객보다는 다른 기업에 판매하는 것을 의미한다. 타이 제조회사는 소매상 바이어에게 네크웨어 종류를 보여주고 인터넷을 통해 주문을 받을 수 있다. B2B 회사들은 인터넷이 편리한 상품 주문뿐만 아니라 회사의 진보적인 이미지 소개를 위한 일차적인 판매 수단이라고 믿고 있다.

3) 카탈로그 소매상

네크웨어와 스카프는 인기 있는 카탈로그 품목들이다. 한 사이즈로 모든 사람들에게 맞출 수 있으며 우편 배송 시 무게가 가볍고 유행 주기가 길어서 카탈로그 방식의 판매로 많은 이익을 볼 수 있기 때문이다. 전통적인 카탈로그는 특히 웹 사이트와 함께 사용될 경우 타이 판매에 있어 훌륭한 판촉 수단이 된다. 고객들은 온라인상에서 색과 무늬를 갖춘 작은 타이 샘플을 볼 수 있고, 관심이 있다면 타이 무늬 카탈로그를 온라인으로 요청할 수 있다.

◎ 스카프, 타이, 손수건 판매

다른 패션 액세서리와 마찬가지로 스카프, 타이, 손수건의 가격은 몇 달러 안 되는 것부터 수백 달러에 이르기까지 다양하다. 이 액세서리의 가치는 고객의 인식에 따라 달라진다. 제품이 고급스러운가? 고객의 인격을 반영하는가? 옷장에 있는 다른 제품과 잘 어울리는가? 고객에게 꼭 필요한 것인가? 특별한 이미지를 형성하는가? 이런 질문 중 어느 하나에라도 긍정적으로 답하는 고객이라면 쉽게 그 제품이 가치 있고 기꺼이 판매가격을 지불할 만한 것이라고 인식하게 된다.

1) 가격과 가치

타이와 스카프의 가격은 여러 가지 요인에 따라 달라진다. 여기에는 수작업의 양, 작업 기술 수준, 사용된 재료, 그리고 브랜드 이름 등이 포함된다. 매듭을 묶을 때 블레이드 부분이 구불구불해지는 것을 방지하기 위해 사선으로 자른 3부 타이가 더 질 좋은 타이이다. 질 좋은 타이는 패션 직물에 적합한 무게의 안감을 가지고 있어야 한다. 무게가 가벼운 실크 직물에는 더 무거운 울로 된 안감을 사용하는 반면, 무거운 실크 직물에는 무게가 가벼운 안감이 필요하다. 백플랩(back flap)을 합쳐 고정시켜주는 **바택**(bar tack)이 있는 것이 품질이 더 좋은 타이이다. 바택은 타이가 뒤틀리고 모양이 보기 흉해지는 것을 막아준다.

손바느질한 타이는 타이 뒷면에 보이는, **공그르기**(slipstitch)라 부르는 단일 고리의 실이 있는 것으로 식별할 수 있다. 헤르메스는 수백 달러에 팔리는 값비싼 수공품 브랜드의 대표적인 예이다. 공그르기 실은 타이에 탄력성을 더해준다. 고급 수제 타이의 공그르기가 뜯어진다면 타이는 쭈그러들 것이다.

2) 소비자 욕구에 대응하기

판매원은 타이 매듭과 셔츠 칼라와의 관계에 대해 설명해 주어야 한다. 매듭이 너무 클 경우 칼라가 벌어질 수 있고 칼라 끝 부분 사이의 공간에 비해 매듭이 너무 작아도 안 된다. 나비넥타이는 얼굴 형태와 칼라가 잘 펴지도록 보완해 주어야 한다. 일반적으로 나비넥타이의 양 끝은 목 너비보다 넓거나 칼라의 양 끝부분보다 넓어서는 안 된다.

인물소개 : 헤르메스 타이

164년 동안 가죽 패션 산업에서 강한 영향력을 지닌 이름인 헤르메스는 남성용 고급 실크 넥타이계에서 훨씬 더 영향력이 강하다. 최초의 컬렉션은 1949년에 시작되었는데 그림, 기하학적인 무늬, 고전적인 무늬와 신고전적인 무늬, 그리고 착시(trompe l'oeil)를 특징으로 하였다. 현재에는 나뭇잎 무늬, 코끼리 그림처럼 색상 테마가 헤르메스 타이의 중요한 분류이다.

헤르메스 타이는 수집가들의 중요 품목이다. 서명이 들어간 타이마다 평균 7개의 실크 스크리닝이 사용되었다. 매 시즌마다 헤르메스는 실크 능직 혹은 더 무거운 실크 직물로 약 30개의 디자인을 선보인다. 여기에는 각기 다른 색상 배합의 25종의 새로운 디자인과 5종의 수정품이 포함된다.

다른 경쟁사의 3피스 타이와는 달리 헤르메스 타이는 둘 다 손으로 자른 2피스가 회사의 트레이드 마크이다. 타이의 주된 색과 잘 어울리는 안감을 넣는다. 헤르메스 타이에는 타이를 손으로 작업한 장인 이름의 이니셜이 새겨져 있다.

뉴욕 시에서 헤르메스 타이를 구입할 수 있는 유일한 장소는 매디슨 애브뉴 62번가에 최근에 문을 연 4층짜리, 1877m²의 헤르메스 본점 매장뿐이다. 1928년 건물은 맨해튼에 있는 역사적인 기념비적 건물이며 이스트 57번가에 있던 이전 매장보다 4배나 크다. 개장을 기념하기 위해 회사에서는 맨해튼 지역의 동식물상, 초기의 맨해튼 시 지도, 그리고 헤르메스사의 마스코트인 기마 군인의 그림이 들어간 무늬의 스카프를 내놓고 있다.

매디슨 애브뉴 매장 안에 일단 들어가면, 쇼핑객들은 유명한 타이들을 아래쪽에서 쉽게 찾을 수 있는데, 셔츠 및 이와 관련된 남성 의류 사이에 진열되어 있다. 매장 인테리어는 가죽으로 장식되어 있고 타이 걸이는 사실 하나의 양식화된 등자쇠 (stirrup) 이다.

여성 스카프는 보석, 작은 가죽 소품, 가방, 향수, 기타 액세서리들과 함께 1층에서 찾아볼 수 있다. 헤르메스의 회장이자 최고 경영자인 로렌 모메자-헤르메스(Laurent Mommeja-Hermes)에게 새로 지은 매디슨 애브뉴의 매장에 있는 상품은 예술품과 같은 존재이다. "상품은 그림과도 같다. 그러나 그것이 프레임 안에 들어 있지 않거나 걸려 있지 않다면 완전한 것이 아니다. 아마 이곳에서 그들은 각각에 맞는 프레임을 찾을 수 있을 것이다."

뉴욕 시외 단골 고객들은 니먼마커스(Neiman-Marcus), 마샬필드(Marshall Fields), 몇 군데의 최고급 전문점에서 독점적으로 공급되는 헤르메스 타이를 만나볼 수 있다. 니먼마커스에서 고객들은 타이 및 스카프에서 침대 리넨에 이르기까지 많은 헤르메스 제품의 부티크를 찾아볼 수 있다. 그리스 아테네 근처의 스파타 공항이나 프랑스의 샤를 드골 공항 같은 일부 공항 면세점에서는 다소 낮은 가격에 파리풍 우아한 타이를 내놓고 있다.

자료원 :
Palmieri, J. E. (2000년, 9월 20일). 헤르메스Opens Majestic Madison Avenue Store. Daily News Record, 30(111), p. 1. Courtesy of Fairchild Publications, Inc.

▶ 뉴욕의 헤르메스 상점
(자료원 : 페어차일드 출판사)

포켓 스퀘어 접는 법

포켓 스퀘어와 타이가 소매점에서 종종 세트로 판매되고 있긴 하지만 포켓 스퀘어 직물과 타이 직물을 꼭 조화시킬 필요는 없다. 무늬가 있는 타이를 골랐다면 포켓 스퀘어는 단색으로 하는 것이 가장 조화를 잘 이루고 보기에도 좋다. 빳빳한 흰색 리넨 손수건이 가장 무난한 선택이며 유행이 없다.

포켓 스퀘어나 손수건을 접는 여러 방법들은 독창적인 선택권과 시각적 흥미를 제공한다. 여기에는 스트레이트 에지(straight-edge) 접기, 싱글 포인트(single-point) 접기, 더블 포인트(double-point) 접기, 쿼드러플 포인트(quadruple-point) 접기, 퍼프(puff) 방식 등이 있다.

스트레이트 에지 접기

1. 손수건을 평평한 곳에 올려놓는다.
2. 아래쪽 절반을 위쪽으로 접어 올려 삼각형 모양이 되게 한다.
3. 바깥쪽 모퉁이를 접어 겹치게 한다.
4. 뾰족한 쪽을 아래로 하여 포켓 스퀘어를 재킷의 포켓 안에 밀어 넣고 곧은 날 부분이 포켓 위로 1.2~2.2cm 정도 보이게 한다.

1단계　　　2단계　　　3단계　　　4단계

싱글 포인트 접기

1. 포켓 스퀘어를 11.5cm 정사각형 모양이 되게 접는다.
2. 뾰족한 끝 부분을 겹쳐 위로 향하도록 아래쪽 절반을 위로 접어 올려 삼각형 모양이 되게 한다.
3. 포켓 너비보다 약간 작게 되도록 양쪽 모퉁이 부분을 접는다.
4. 뾰족한 쪽을 위로 하여 포켓 스퀘어를 재킷의 포켓 안에 밀어 넣는다.

1단계　　　2단계　　　3단계　　　4단계

더블 포인트 접기

1. 손수건을 평평한 곳에 올려놓는다.
2. 11.5cm 정사각형 모양이 되게 접는다.
3. 포켓 너비보다 약간 작게 되도록 양쪽 가장자리와 아래쪽 가장자리를 접는다.
4. 뾰족한 쪽을 위로 하여 포켓 스퀘어를 재킷의 포켓 안에 밀어 넣는다.

1단계　　　2단계　　　3단계　　　4단계

쿼드러플 포인트 접기

1. 손수건을 평평한 곳에 올려놓는다.
2. 아래쪽 절반을 위로 접어 올리되 끝 부분을 약간 어긋나게 하여 삼각형의 꼭지 부분이 두 개가 되게 한다.
3. 나머지 양쪽 모퉁이를 접어 올려 모퉁이의 끝 부분이 중앙선을 가로질러 세 번째, 네 번째 꼭지 부분을 이루도록 한다.
4. 아래쪽부터 약간 말아 포켓 스퀘어가 포켓 안으로 미끄러져 들어가게 한다.

1단계　　　2단계　　　3단계　　　4단계

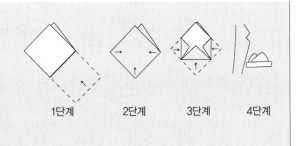

퍼프(puff)

1. 손수건을 평평한 곳에 올려놓는다.
2. 손수건의 중앙 부분을 두 손가락으로 집어들어 올린다.
3. 다른 손으로 포켓 스퀘어를 부드럽게 쓸어내린다.
4. 낮은 쪽 모퉁이를 뒤로 접어 접힌 날 부분을 재킷의 포켓 안에 밀어 넣는다.

1단계   2단계   3단계   4단계

남성용 네크웨어 산업은 컨버세이셔널 무늬, 노벨티 무늬, 혹은 대형 무늬가 있는 캐주얼 타이의 생산을 증가시킴으로써 기업체의 캐주얼화 경향에 부응해 왔다. 간혹 여성 기성복 무늬를 표현한 자유로운 디자인도 있다. 대부분의 고객은 자신의 개성을 표현해 주는 타이를 선호한다. 타이 업계는 기업체의 의상 코드가 변함에 따라 시련을 겪게 되었는데 이는 대부분의 기업체에서 더 이상 타이 매기를 요구하지 않기 때문이다.

남성용 넥타이 산업에서 이윤을 얻기 위해 일부 업계 사람들은, 중요한 도전은 타이가 필요하지 않은 남성에게 타이를 판매하는 것이라 믿는다. 한 가지 해답은 '토털룩'을 상품화하는 것이다. 이것은 고객의 시간이 많이 필요하지 않은데 반해 색상 선택의 폭은 훨씬 넓다. 고객에게 특정 셔츠와 정장에 잘 어울리는 서너 가지 옵션을 보여줌으로써 판매를 성공적으로 이끌 수 있다.

기업의 캐주얼화 경향 때문에 우아하고 무거운 여성용 실크 스카프도 넥타이 산업과 비슷한 운명을 겪어 왔다. 반면 면과 레이온 스카프, 목도리는 그 자체가 캐주얼화를 촉진하게 되었다.

스카프와 타이류는 비교적 저렴한 비용으로 풍부한 의생활을 할 수 있도록 도와 준다. 스카프는 '칼라 주위에 오염 띠'가 생기는 것을 막아 주는 실용적인 기능도 있다. 숄과 큰 스카프는 어깨가 드러나는 최신 유행의 야회복을 입을 때 실용적인 액세서리이다. 스카프를 추가하거나 새로운 타이나 포켓 스퀘어를 구입함으로써 새로운 패션을 창조하고 개성을 표현할 수 있다. 고객에게 이처럼 쉽게 바꿀 수 있는 옵션임을 상기시키기 위해 매장에서는 이런 제품을 아주 눈에 잘 띄는 곳에 진열하고 다른 상품과 함께 구입하도록 제안한다. 제조업자와 소매상은 기성복 패션을 보완해주는 다양한 범주의 대중적이고 클래식한 패션을 제시해 주어야 한다.

✑ 요 약 ✑

- 남성 넥타이의 기원은 고대 로마와 중국으로 거슬러 올라간다. 크라바트는 프랑스와 영국에서 최초로 착용되었다.

- 다양한 형태의 여성 스카프가 수십 년 동안 착용되어 왔고 옷장을 채우는 용도로 여전히 인기를 끌고 있다.

- 넥타이용 직물은 대개 실크나 실크 같은 감촉의 극세 섬유를 사용한다. 직조된 견직물은 직조로 무늬를 형성한 디자인을 의미하는 반면 프린트 실크는 무늬가 들어가거나 실크 스크리닝 방식으로 디자인한 것을 의미한다.

- 포켓 스퀘어는 대개 넥타이와 동일한 직물로 되어 있거나 흰색 리넨으로 되어 있다.

- 손수건은 대개 면이나 아마로 되어 있다.

- 여성 스카프나 목도리에 사용되는 직물은 계절이나 용도, 가격에 따라 다양하다.

- 넥타이는 수작업이나 기계로 제작하는데 가격에는 상당한 차이가 있다. 남성 넥타이 무늬는 추상무늬, 클럽, 컨버세이셔널, 꽃무늬, 폴라드, 노벨티, 페이즐리, 플래드, 폴카 도트/핀 도트, 랩, 솔리드로 분류한다.

- 넥타이 매듭에는 포 인 핸드, 윈저, 하프 윈저, 보 타이가 있다.

- 세탁법은 섬유 성분과 제품에 따라 다르다. 남성 넥타이는 꼭 필요한 경우를 제외하면 세탁하지 않는 것이 가장 좋다. 스카프, 목도리, 손수건은 섬유 성분에 따라 적합하게 세탁해야 하며, 세탁기로 약하게 세탁하거나 손세탁하는 것이 좋다. 실크 제품은 드라이클리닝 해야 한다.

- 미국 네크웨어 산업은 소매업 부문에서 13억 달러를 창출하고 있다. 전문점은 백화점보다 소매가와 총이윤이 더 높다.

- 스카프 및 네크웨어 디자이너들은 제조업자와 라이선스 계약을 맺고 자신의 서명을 넣는다. 디자이너는 자신이 기획하고 싶어 하는 품질과 이미지를 가진 제조회사를 찾게 된다.

- 겨울용 액세서리는 소매상에게 있어 액세서리류가 성장하고 있음을 시사한다. 패션 액세서리 제조업자들은 시장 점유율을 늘리기 위한 수단으로 겨울용 액세서리 부문까지 분야를 넓히고 있다.

- 판촉 기법은 매장의 유형, 브랜드 이름, 가격대에 따라 다르다.

- 네크웨어는 한 사이즈로 모든 사람의 사이즈를 충족시킬 수 있기 때문에 선물용이나 온라인, 카탈로그 판매에서 인기를 끌고 있다. 고유 디자인, 주문 제작 방식, 가상 이미지, 무료 배송 등은 현재 사용되고 있는 판촉 기법의 일부이다.

- 네크웨어 구입 시 고객은 작업 기술과 직물의 품질, 브랜드와 디자인의 고유성, 판촉 기법에 따라 소매가가 달라질 수 있다는 것을 알아야 한다.

- 포켓 스퀘어를 접는 법에는 스트레이트 에지 접기, 싱글 포인트 접기, 더블 포인트 접기, 쿼드러플 포인트 접기, 퍼프 방식이 있다.

핵심용어

감침질 단(hand-roll hem)

고리형 라벨(loop label)

공그르기(slipstitch)

공그르기 하기(slip stitching)

공작 혁명(peacock revolution)

그라바트(cravat)

기계로 하는 감침질
  (machine hem)

나비넥타이(bow tie)

날염 실크(printed silk)

내셔날 브랜드(national brand)

넥 거싯(neck gusset)

노벨티(novelty)

데콜테(decollete)

랩(wrap)

렙/반복 줄무늬
  (rep/repeating stripe)

러프(ruff)

미국 네크웨어 협회 (NAA)

밑면(under blade tail)

바이어스(bias)

바택(bar tack)

바택 스티치(bar tack stitch)

밴대너(bandana)

버크럼(buckram)

벳시(Betsy)

볼로/스트링 타이(bolo/string tie)

앞면(front blade apron)

애니 홀 룩(annie Hall look)

애스콧(ascot)

윈저 매듭(Windsor knot)

유통업체 브랜드
  (private-label brand)

셸(shell)

솔리드(solid)

슈러그(shrug)

스타인커크(steinkirk)

스톨(stole)

식서(straight grain)

실크 스크리닝(silk screening)

심(interlining)

재고(stocks)

직조 실크(woven silk)

착시(trompe l' oeil)

추상무늬(abstract)

커스텀 티핑(custom tipping)

컨버세이셔널(conversational)

클럽(club)

티핑(tipping; 패이싱 facing)

파시미나 스카프(pashmina scarf)

페이즐리(pasley)

펠러린(pelerine)

포 인 핸드 매듭
  (four-in-hand knot)

포 인 핸드 타이(four-in-hand tie)

폴라드(foulard)

폴카 도트/핀 도트
  (polka dot/pin dot)

플로랄(floral)

플래드 무늬(plaid pattern)

하프 윈저 매듭
  (half-Windsor knot)

B2B(business to business)

복습문제

1. 역사적으로 중요한 네크웨어 패션에는 무엇이 있는가?

2. 파시미나 목도리란 무엇이며, 왜 최근 중요한 패션 액세서리가 되었는가?

3. 남성용 넥타이 산업은 기업체의 캐주얼 의상 코드에 의해 어떤 영향을 받았으며 업계는 고객의 요구에 어떻게 부응하였는가?

4. 타이 생산의 주요 단계는 무엇이며 스리 피스 넥타이란 무엇인가?

5. 타이를 매는 세 가지 방법에는 어떤 것이 있는가?

6. 라이선스 계약이란 무엇인가?

7. 네크웨어 액세서리의 품질을 알 수 있는 지표에는 어떤 것이 있는가?

8. 네크웨어 부문에서 웹을 기반으로 한 독창적인 마케팅 기법에는 어떤 것이 있는가?

9. 인터넷과 카탈로그를 통해 네크웨어 제품을 판매하려는 디자이너와 제조업자의 수가 증가하고 있는 이유는 무엇인가?

10. 네크웨어 액세서리가 다른 제품에 추가로 판매할 수 있는 중요한 원천인 이유는 무엇인가?

응용문제

1. 20세기에서 10년 단위로 한 시기를 선택하여 그 시기의 네크웨어 패션에 대해 조사하고 가능하면 시각적 보조 자료를 첨부하시오. 간략한 역사를 적고 강의 시간에 발표하시오.

2. 동료와 함께 뚜렷하게 다른 매장 두 곳을 골라 방문한 뒤 여성 스카프나 남성 타이 중 하나를 선택하여 브랜드, 가격, 스타일, 색, 무늬, 진열 방식 등에 대해 조사 기록하고 그 결과를 비교 분석하시오.

3. 네크웨어 액세서리를 다룬 카탈로그를 수집하여 직물의 무늬나 직조 디자인에 따라 분류해 보시오. 어떤 것이 가장 흔하고 어떤 것이 가장 드문가? 이유는 무엇인가?

4. 강의 시간에 스카프, 목도리, 타이, 포켓 스퀘어를 가지고 와서 넥타이 매는 법을 연습해 보시오. 다른 학생과 함께 스카프나 목도리 매는 방법에 대해 의견을 나누어 보시오. 포켓 스퀘어 접는 법을 연습해 보시오.

5. 인터넷에서 네크웨어 액세서리를 주제로 검색해 보시오. 인터넷을 통해 네크웨어를 판매하기 위해 사용되는 독창적인 마케팅 기법에는 어떤 것이 있는가?

6. 남성이나 여성 액세서리 부문의 바이어나 매니저에게 스카프나 타이 판촉에 대해 토론해 보시오. 네크웨어 구성에 대해 'show and tell'(주제를 정하고 그것에 대해 토론하는 학습 활동) 설명을 부탁해 보시오.

7. 기업체의 캐주얼 의상 코드에 관한 최근의 인터넷 기사를 검색하여 기업 내에서 남성 넥타이의 역할에 대해 알아보고, 강의 시간에 결과를 서로 발표하시오.

제 11 장

모자, 헤어 액세서리, 가발, 헤어피스

미친 모자 만드는 사람

원더랜드(Wonderland)에 있는

레위스 캐롤의 앨리스의 모험(Lewis Carroll's Alice's Adventure)에 있는 모자가게를 기억하는가?

1800년대 펠트 모자를 만드는 사람들은 수은질산염 중독에 걸려서 정말로 미쳤었다.

펠트 모자를 만드는 과정에서 수은 증기를 들이마셨기 때문에 심각한 뇌 착란과 정신 이상증을 일으켰다.

그래서 모자 만드는 사람이 잘 알아듣지 못하고, 말하는 게 분명치 못하고,

손발을 떨면서 비틀거리며 걷고, 기억을 잘 못하고 술에 취한 것처럼 보여 사람들은 그들은 조롱하곤 하였다.

수은 중독은 한때 미친 모자 만드는 사람 증후군, 모자 만드는 몸을 흔드는 사람, 코네티컷 주 댄버리는

미국 모자제조의 중심지였기 때문에 댄버리 셰이크라고도 불렀다.

모자와 헤어 액세서리의 역사

여성용 모자 **밀리너리**(Millnery)라는 용어는 1529년 이후 밀짚모자가 유행을 하였던 밀란(Milan)지방을 중심으로 이탈리아에서부터 생겨났다. 밀리너(milliners)란 말은 남성 잡화상점 주인들이 물건을 수입하였기 때문에 **남성 잡화상점**(haberdasher shop)을 뜻하는 말로도 사용된다. 나중에는 밀리너리는 남성용 모자가 아니라 여성용 모자를 뜻하는 말이 되었다.

역사적으로 남성과 여성의 모자 예절은 현저하게 다르다. 남성들은 실내나 모든 여성, 연장자 또는 상사인 남성 앞에서는 모자를 벗어야 한다. 여성용 모자는 착탈이 복잡하고 어려운 절차가 필요하며 탈착 모자 핀이 있기 때문에 여성들은 모자를 벗지 않아도 된다. **모자 핀**(hatpin)은 그 길이가 몇 인치나 되고 끝 부분에 장식이 달린 금속 핀으로 되어 있어 베일을 고정시키거나 모자를 위로 구부러지게 하는 데 사용된다.

수 세기 동안 소녀들은 헤어 액세서리로 리본과 나비매듭을 사용하였다. 모자를 쓰면 너무 어른스럽다고 여겼으므로, 소녀들에게는 리본과 나비매듭이 적당한 머리장식품이라고 보고 리본과 나비매듭을 자주 선물하였다.

나비매듭, 꽃, 깃털, 러플로 장식된 보닛이 19세기 전반에 대유행이었다. 그 이후 보닛의 인기는 약화된 반면 모자의 인기가 높아지고 크기가 점점 커졌다.

여성용 모자는 파리의 초기 오트 쿠튀르 상점에서 가장 중요한 부분을 차지하였다. 수백 개의 파리 모자 상들이 19세기 후반과 20세기 초반 사교계 행사를 위한 패셔너블한 모자를 공급하였다.

20세기는 무절제한 사치와 논쟁과 함께 시작했다. 여성들의 모자는 크라운(높이)과 브림(챙)이 모두 거대해져 퐁파두르(높이 빗어 올린 머리) 머리 스타일로 변했고 깃털과 꽃으로 중량도 무거워졌다. 새 깃털과 작은 새와 동물을 통째로 박제하여 장식한 호화로운 모자가 등장하였다. 패션의 동물학대에 분노한 동물보호단체가 이러한 패션을 금지하거나 깃털 착용을 반대하는 법을 만들었다.

20세기 전반에는 남성모자로 뱃놀이용 **맥고모자**(boater), 위가 납작하고 브림이 있는 파나마 밀짚모자, 상단부가 실크로 된 모자가 상류사회 신사들에 의해 사용되었다. 자동차의 발명으로 남성들은 꼭 맞는 베레모를 필요로 하였다. 그러나 여성들은 버스(motor coach)를 탈 때 부피가 큰 모자 위에 베일을 타이트하게 묶기만 하였다.

1920년대에 여성용 모자를 위한 패션 샹들리에(흔들이)가 종모양의 **클로시**(clochehat)에서 흔들렸는데, 이 모자는 짧게 자른 머리 위를 꼭 맞게 덮는 비대칭형이었다. 또 하나의 유행한 머리장신구로, 머리부분을 리본으로 둘러싸고 깃털 등으로 장식한 **두통밴드**(headache band)가 있다.

1930년대부터 1950년대까지 여성들은 장식이 많은 모자, 망, 베일을 착용하였으며, 남성들은 챙이 달린 캡이나 펠트 중절모를 착용하였다. 뉴욕 시내 상점은 세계적으로 유행하는 모자의 생산을 주도하였다. 많은 상점들이 유럽에서 수입한 여성용 모자를 담당하는 직원을 두었다. 버그도프 굿맨(Bergdorf Goodman), 헨리 벤델(Henri Bendel), 메이시(Macy's), 삭스 피프스 애브뉴(Sakes Fifth Avenue) 등의 유명 백화점에 작업실을 둔 모자전문점이 생겨났다. 글래머스타 그레타 가르보(Greta Garbo)와 조앤 크로퍼드(Joan Crawford)는 브림이 없거나 브림의 한쪽이 살짝 내려간 모자를 유행시켰다.

▲ **그림 11.1** 모자착용의 대중적 관심을 새롭게 한 다이애나 황태자비(자료원 : AP/연합 사진)

1950년대 말과 1960년대와 1970년대는 볼륨 있는 헤어스타일이 다시 증가하고 더 자유로운 사회분위기, 모자에 대한 부정적 시각 때문에 모자의 인기가 하락하였다. 모자는 '기성사회의 제도'로서 구속성을 가진 것이라 생각하였고 남녀 모두 자유의 표상으로 길고 헐렁한 머리를 하였다. 모자는 특별한 경우를 제외하고는 번잡하고 불필요한 것으로 간주되어 결혼식, 승마, 폴로경기와 종교의식 때 착용하는 것으로 격하되었다.

1980년대 고 다이애나(Diana)황태자비는 패션과 모자에 열광하여 모자의 구세주로 극찬을 받았다(그림 11.1). 그러나 그녀의 전 세계적인 인기도 모자착용이 쇠퇴되는 일반적인 유행을 뒤집기에는 역부족이었다. 쿠튀르 디자이너들이 중요 모델을 통해 모자를 특집 기사화하였으나 대중에 의해 수용되지는 못하였다.

모자가 다시 유행이 되지는 못했지만, 많은 여성에게 어필되기는 충분한 헤어 액세서리이다. 1990년대는 모든 연령의 여성 사이에서 헤드밴드와 머리띠가 유행하였다. 미국의 퍼스트레이디 힐러리 로담 클린턴(Hillary Rodham Clinton)은 1992년 대통령 선거 기간 헤드밴드의 유행에 영향을 미쳤다. 모피 의류가 나오는 패션 산업을 다룬 'Sex and the City' 라는 TV 프로그램도 실크 꽃을 모자와 헤어 장식물로 사용하는 액세서리 산업에 영향을 주었다. 여배우 드루 배리모어(Drew Barrymore)도 비즈와 금속으로 만든 꽃무늬 헤어 장신구를 착용하고 나와 꽃무늬의 유행을 창출하였다.

◎ 모자와 헤어 액세서리 개론

2000년대, 운동모자와 일반모자류는 젊은 층에서 가장 잘 팔리는 두 가지 액세서리였는데 이는 젊은이들이 상대적으로 저렴한 의상을 착용하기 때문이었다. 1990년대는 모자의 대중화가 부활되기 시작하였는데, 이 것은 어떤 실제의 로고를 특징화한 운동모자를 쓰고 다닌 젊은 남성 소비자 덕택이다. 곧 여성 소비자도 모자패션을 받아들였고 '헤어스타일이 좋지 않은 날' 모자를 쓰면 대중적인 용서를 구하는 것이 되었다. 여성복과 조화되는 패턴과 색으로 된 스타일의 운동모자가 시장에 많이 출시되었다. 운동모자부터 **낚시모자** (fisherman) 또는 **승마모자**(bucket)(크라운과 브림이 부드러운 간편한 모자)에 이르기까지 이러한 유행은 21세기까지 지속되었다.

기타 캐주얼 헤어용품으로 여성용 머리핀과 클립, 헤어보우, 헤드밴드, 머리를 뒤로 묶어 드리우는 포니테일 홀더 등이 있다. 일반적인 기성제품의 프린트와 패턴이 헤어 액세서리용 패션 직물로 유행하였다. 일반 직물로 된 헤어 액세서리가 시장에 대량 유통되었지만 유행 주기는 짧았다.

지난 10년에 비해 수요는 적지만 특별 의식용 모자류는 아직도 중요한 콘셉트이다. 주로 패션 모자류는 종교의식을 위해 선택되고, 전통적으로 결혼식, 부활절 시즌에 가장 많이 팔린다. 최근의 여성스러운 슈트와 숙녀다운 패션 트렌드가 멋진 모자에 대한 수요를 뒷받침해주고 있다. 모자시장에서 고령자와 미국 내 성서지대에 거주하는 아프리카계 미국 여성들을 위한 특히 크고 장식이 많은 모자 수요가 큰 것으로 알려졌다(성서지대는 미국의 남부 중심지역이다).

소비자들의 자외선 차단에 대한 욕구가 증가함에 따라 모자와 바이저의 판매가 증가하였다. 패션성과 마찬가지로 햇빛을 차단하기 위해 생산자들은 넓은 챙이 달리고 별도의 긴 바이저가 있는 모자를 선보였다. 미국피부과학회는 자외선 차단을 위해서는 모자의 챙이 최소 4인치는 되어야 한다고 권하고 있다. 햇빛 차단이 필요할 때 사용하도록 작은 가방에 접어 넣어서 다닐 수 있는 모자들이 리조트, 해변가, 햇빛이 많은 지역을 여행하는 소비자들에게 제공되는 중요한 품목이다.

니트로 만든 모자와 헤드밴드는 체온을 유지해 주는 작고 꼭 맞는 방한용 액세서리이다. 이것은 순수 구매자들에게는 방한용 모자일 뿐 아니라 특히 장갑과 목도리와 함께 포장되는 선물용품으로도 중요한 역할을 한다. 남성용 모자의 전반적인 유행을 살펴볼 때 자연현상은 여전히 어떤 패션 트렌드보다도 커다란 영향을 미치고 있다. 만일 겨울 날씨가 따뜻하다면 전 세계적으로 모자 판매량은 대체로 적어질 것이다.

1) 모자의 각 부분

모자는 소수의 기본적인 부분과 옵션으로 되어 있다. 기본적인 부분은 크라운, 챙, 헤드밴드, 장식이다. 크라운이 있고 챙이 없는 모자도 있고, 크라운이 없고 챙이 있는 모자도 있다. 대부분의 모자에는 크라운과 챙이 모두 있으며 이것을 조합하면 무수히 많다.

- **크라운**(crown) 모자의 윗부분
- **브림**(brim) 모자의 가장자리 돌출부분, 위, 아래 또는 수평으로
- **헤드밴드**(headband) 모자 내부와 크라운 하부(보통 눈썹 윗부분)의 천연 혹은 인조 가죽이나 직물로 된 띠
- **장식**(decorative trim) 리본, 깃털, 꽃, 망, 기타 적합한 재료의 장식물

2) 모자와 헤어 액세서리 생산

모자와 헤어 액세서리는 수공으로 만들기도 하고 대량생산하기도 한다. 대부분 소규모 회사들은 값이 비싸고 세상에 하나밖에 없는 모자류를 만든다. 대기업에서는 모든 가격대의 모자를 생산하는 것이 중요하다. 대다수의 소비자를 위해 대기업에서는 몇 가지 가격대의 모자를 생산하고 있으며, 유명상표 브랜드와 유통업자브랜드를 모두 생산한다. 예를 들면, 50년 된 알도 모자제조사(Aldo Hat Co.)에서는 존 클래식(John Classic), 잭 맥코넬(Jack McConnel), 할스톤 밀리너리(Halston Millinery) 등을 포함한 몇 가지의 디자이너 브랜드와 카탈로그 또는 유통업자 브랜드 상품을 생산하고 있다.

(1) 디자인

20세기의 모자 디자이너는 모자전문가로부터 쿠튀르 디자이너까지 범위가 넓지만 모두 사회적인 힘과 대중 무드를 반영한 디자이너의 스타일에 영향을 받았다. 쿠튀르 디자이너로 유명한 코코 샤넬(Coco Chanel)은 1920년대 모자제조자로서 직업을 시작하였다. 캐롤린 리복스(Caroline Reboux)와 제자들, 릴리 대시(Lilly Dache)도 1920년대 클로시와 터번으로 유명해졌다. 대시는 헐리우드 스타 마를레네 디트리히(Marlene Dietrich)가 쓴 스웨거(허풍스러운) 모자를 디자인함으로써 신망을 얻었다. 디자이너 샐리 빅터(Sally Victor)는 메이시(Macy's) 모자백화점에서 일을 시작하였고 모자 도매업자와 결혼하였다. 그녀는 일반 대중을 위한 모자를 디자인하여 유명해졌다. 해티 카네기(Hattie Carnegie)도 15세에 메이시 백화점에서 모자제조자로서의 직업을 시작하였다. 불과 몇 년 되지 않아서, 그녀는 1000명을 고용하는 모자와 관련된 액세서리 업체를 설립하는데 성공하였다. 또 다른 쿠튀르 디자이너로, 로이 프로윅 할스턴(Roy Frowick Halston)은 1960년대 재키 케네디(Jackie Kennedy)의 취임식 때 쓴 납작한 테 없는 모자(pillbox)를 디자인함으로써 신망을 얻었다(그림 11.2).

이탈리아 밀란과 프랑스 파리는 세계의 모자 패션에 지속적으로 영향을 미치고 있다. 주요 디자이너들은 미국 모자상에 의해 중개되는 **모자 전문 쿠튀르**(millinery couture: 고가 모자 창작품)를 선보이고 있다. 크리스티앙 디오르(Christian Dior)과 필립 트레이시(Philip Treacy), 유럽 디자이너들, 프레드릭 폭스 피터 베틀리(Fredrick Fox Peter Bettley), 크리스티아니니(Cristianini), 자크 르 꼬레(Jacques Le Corre)는 직물, 장식, 색 모두에 영향을 주었다. 헤어 액세서리 디자이너들은 그들의 라인에 영감을 얻기 위하여 보석 세공 전시회와 같은 쇼를 개최하고자 한다.

디자이너들은 완성된 하나의 견본을 통해 상세한 그림을 그리고 장식을 완성함으로써 모자와 헤어 액세

▲ **그림 11.2** 트레이드 마크인 필박스를 쓴 퍼스트 레이디 재클린 케네디(자료원 : AP/연합 사진)

서리를 창작한다. 또 다른 디자인 기술은 여러 번 변형될지 모르는 **예비 생산 견본**(preproduction sample: 견본 의복과 유사)을 만드는 것이다. 디자이너들은 모자와 헤어 액세서리를 디자인할 때 외관, 착용성, 비례, 가격 면을 고려한다. 보조적인 장식은 흥미로운 초점을 더해 주어야 하지만 모자의 스타일이나 착용자를 압도해서는 안 된다.

모자 디자인은 모든 모자 전문점(modell millinery라고도 부름)에서 하는 방법으로 단순히 캐주얼한 모자용으로 새로운 소재와 장식을 창작해 내는 것을 포함한다. 캐주얼 문화 측면에서 모자를 사용하는 애호가들의 수요가 패션 보고서에 모자가 지금까지 존재하도록 해주었다. 기꺼이 손으로 수를 놓고 조각하는 몇몇 모자 디자이너들은 유리한 틈새시장을 찾게 되는데, 그러한 사람 중 하나가 LA에 있는 얀 스탠턴(Jan Stanton)이다. 그녀의 수공예 모자는 300달러 이상에 팔린다. 그녀가 소유하고 있는 허트펠트(Heartfelt) 모자는 미국 내 전문점과 백화점에서 팔리고 있으며, 특별한 소비자가 되고 싶어 하는 특수한 고객의 수요에 부응하고 있다.

판매 가능한 모자 디자인을 성공시키는 데 있어 가장 중요한 열쇠 중 하나는 **시장세분화**(market segmentation)이다. 이것은 시장을 인구통계학적, 사회심리학적으로 구분하는 것을 의미한다. 디자인 회사는 동질의 소비자 집단을 위한 특별한 색, 장식, 꾸밈, 직물, 형태를 만들어낸다. **인구통계학적 세분화** (demographic segmentation)는 연령, 교육수준, 지역, 연 수입과 같은 객관적인 자료에 의해 소비자 집단을 분류하는 것을 말한다. **심리학적 세분화**(psychographic segmentation)는 라이프스타일, 패션 관심도, 가치, 의견과 같은 주관적인 자료에 의해 소비자 집단을 분류하는 것을 말한다. 예를 들면, 모자의 기본 형태는 변하지 않아도 디자이너는 고객들의 인구통계학적·사회심리학적 변수에 따라 색이나 소재를 맞추어야 한다. 어떤 색은 젊은이, 아프리카계 미국인, 라틴계 사람 또는 고소득 여성과 같은 **색 지향적 소비자**(color-forwarded shoppers)에게는 수용될지 모르지만, 보수적이거나 나이 많은 남성, **색 신중 고려자**(color-prudents)에게는 일시적으로 유행하는 특별한 색상에 대해 거부적일 수 있다.

(2) 생산

모자는 직조, 펠트, 편성 또는 코바늘뜨기로 만들어진다. 풀을 빳빳이 먹인 **아마포**(buckram)를 모자의 기초로 사용하고 그 위에 패션 직물로 덮는다.

모자의 안감 유무는 선택적이지만 좀 비싼 모자에는 일반적으로 안감이 있다. 안감 직물은 보통 새틴이나 새틴과 유사한 직물로 사용하지만 여름용 모자는 가벼운 면을 사용하기도 한다.

밀짚이나 펠트 모자는 둘 다 비슷한 기술로 만들어진다. 둘 다 **목제 모자 틀**(wooden block forms)이나 **알루미늄 판형**(aluminum pan forms)으로 모자 형태를 잡아주는 **블로킹**(blocking)을 필요로 하며, 이 블로킹 과정은 손이나 기계로 한다. 모자를 대량생산하기 전에는 대부분 특수 도구나 장비를 써서 손으로 블로킹하였다. 또 다른 방법으로 전통적인 수공이나 기계식 블로킹을 한 후에 하는 수압식 블로킹(hydraulic blocking)이 있다. 이 방법은 펠트나 밀짚모자를 팬 형태에 가깝게 고정시키기 위해 높은 압력을 가한다. 수압식 블로킹의 단점은 압력으로 천연 짚이 납작해지기 때문에 밀짚의 재질적 외관을 떨어뜨린다는 것이다.

30년대에 트레이시는 아일랜드에서 태어나 더블린에 있는 국립 예술디자인대학에서 공부하였다. 그는 영국에 있는 왕립 예술대학에 유학하여 1990년에 졸업하였다. 졸업 후 트레이시는 엘리자베스 69번가에 영국 매장을 열었다. 지속적으로 성공하여 그는 샤넬사의 마크 보안과 칼 라거펠드와 같은 유명 디자이너와 함께 일하기 시작하였다.

트레이시는 샤넬, 베르사체, 발렌티노, 지방시와 같은 다른 브랜드를 위해서도 쿠튀르 모자를 디자인하였다. 그가 수년간 참여한 뉴욕과 런던에서 보여준 전시회는 더 이상 낯설지 않았다. 그의 열성 고객들은 제리 홀(Jerry Hall), 사라 퍼거슨(Sarah Ferguson(Fergie), 아레사 프랭클린(Aretha Franklin), 트레이시 울만(Tracey Ullman), 다이아나 로스(Diana Ross), 안젤리카 휴스턴(Anjelica Huston) 등이다.

(3) 밀짚모자 생산

중국과 남미는 밀짚모자의 중요 생산국이다. 밀짚은 직조할 가공용 끈을 만들기 위해 풀을 먹여야 한다. 밀짚모자는 거의 대부분 손으로 짜거나 **땋거나**(plaited) **엮어서**(braided) 만들고, 직조단계를 위해 25시간 동안 방치한다. 밀짚은 거칠은 정도에 따라 짜는 시간이 달라진다. 가는 밀짚은 더 많은 시간을 요하며 크고 거친 짚은 짜는 시간이 더 짧다.

밀짚은 철모형, 방추형, 납작한 끈 모양의 세 가지 방법 중 하나로 짜인다. **철모형 조직**(capeline weaving)은 보통 브림이 넓은 모자용으로 크라운과 브림이 한통으로 되어 있다. **방추형 조직**(cone weaving)은 브림이 작거나 없는 형태로 깔때기 모양으로 만든다. 브레이드형 조직은 크라운 중심부에서 엮기 시작할 때 그리고 크라운과 브림을 나선형으로 만들 때 좁은 띠를 약간씩 겹쳐주어야 한다.

인물소개 : 필립 트레이시(Philip Treacy)

"훌륭한 모자는 값싼 성형물과 같다." - 필립 트레이시

"베레모? 바보 같은 필박스? 낡은 모자" - 주간지 피플

60년대 초, 파리에서 열린 오트 쿠튀르 전시회는 모자에만 집중하였다. 1920년대까지 모자는 그 쇼를 보증하는데 그리 중요하지 않았다. 쿠튀르 연합회의 초청으로 쿠튀르 쇼에 젊은 층을 끌어들이기 위한 시도가 논란이 되었다. 젊은 고객들은 모자를 보고 즐길 수 있지만 그 모자를 사거나 착용할 수 없다고 생각하였다.

필립 트레이시도 초청을 받았다. 그는 말미잘에서부터 대형 미모사 꽃에 이르기까지 환상적인 모자를 디자인한 영국 출신의 재능 있는 젊은 디자이너였다. 그의 쇼는 알렉산더 맥퀸, 샤넬, 라크로아, 겐조, 장 폴 고티에, 루이뷔통, 발렌티노 등의 쿠튀르 의상을 입은 모델을 통해 여러 가지 형태의 쿠튀르 모자를 선보였다. 트레이시의 쿠튀르 모자는 정말로 케익 위의 얼음과 같았다.

▲ 필립 트레이시
(자료원 : 페어차일드 출판사)

▲ 필립 트레이시
(자료원 : 페어차일드 출판사)

1993년 그의 최초 패션쇼에 크리스티 튜링턴(Christy Turlington), 케이트 모스(Kate Moss)와 같은 슈퍼모델과 나오미 캠벨(Naomi Campbell)과 같은 정상급 모델을 기용하였다. 더 최근에는 주요 패션쇼의 개막식과 폐막식에 그레이스 존스(Grace Jones)를 기용하였다.

패션기자 피터 데이비스(Peter Davis)는 트레이시 패션쇼의 청중 반응을 생생하게 기술하였다.

대형 사발모양의 모자에 박수갈채가 쏟아졌고, 헬레나, 케이트, 나오미 등이 주요 쇼에 쓰고 나온 각각의 기발한 모자에는 더 많은 환성이 터져 나왔다. 트레이시

쇼의 마지막에 롤스로이스(Rolls Royce)와 뉴욕시장이 격려사를 하였고 열광적인 패션 무리들은 열렬한 기립박수를 치며 발을 굴렀다(PAPERMAG : 필립 트레이시).

트레이시는 자신을 피카소에 영향을 받은 수공예가, 민속예술과 선진 테크놀로지에 영향받은 조각가로 알고 있다. 이 젊은 디자이너는 "나는 미친 디자이너가 아니다. 다만 모자에 대한 사람들의 안목을 일깨우고 싶을 뿐이다."라고 말하고 있다. 그는 모자와 연계하여 헤어 장신구, 스카프, 장갑, 핸드백에 이르기까지 새로운 액세서리 상품의 문을 열었다.

최근 그의 모자는 오스트레일리아, 프랑스, 독일, 아일랜드, 이탈리아, 일본, 스페인, 영국, 미국 등 9개국에서 판매하고 있다. 미국 내 판매장은 뉴욕이 제일이고 Bergdorf Goodman, Henri Bendei, Saks Fifth Avenue 등의 유명 백화점에도 있다. 텍사스 댈러스에 있는 니먼 마커스와 루이지애나의 뉴올리언스 모자상점도 트레이시의 모자를 공급하고 있다.

트레이시는 영국 액세서리 디자이너상을 5번이나 수상한 것으로 유명하다. 그의 모자를 사랑하는 영국 사람들은 그의 창작품에 100달러에서 1000달러의 돈을 기꺼이 지불한다. 여름철 영국의 애스컷 경마장에서는 트레이시 모자를 쓴 사람들을 많이 볼 수 있다.

참고문헌

Luscombe, B(1999.3.1) : 진짜 머리를 돌게 하는 환상적인 모자를 창작하는 트레이시의 모자에 미친 사람들. 타임지, 153(8). p.73.

크라운 형태 위에 축축하고 신축성 있는 재료를 크라운의 바닥에 끈이나 핀으로 고정시켜 **후드**(hood: 나중에 크라운이 될 부분)를 만든다. 모자의 형태를 유지하기 위해서 짚은 잘 건조되어야 하고 광택제로 얇게 코팅해야 한다. 크라운이 완성되면 브림을 만든다. 브림의 가장자리는 아래로 접어 박음질하거나 **바이어스 테이프**(biastape) 또는 **골무늬 명주리본(피터샵)으로 가장자리를 둘러 박는다**(Petersham binding). 이 재료들은 약간의 신축성이 있는 좁은 직물로 둘레를 접어 박아주는 것이다. 좀 비싼 짚은 가장자리가 촘촘하고 정교하게 가공되어 있다.

(4) 펠트 모자 생산

펠트 모자는 합성 섬유, 양모, 모피로 만든다. 섬유를 **나란히 정렬하여**(carding) 만든 콘을 크기가 맞는 나무 콘에 둘러 감으면 부피가 느슨해진다. 그 콘을 프레임 위에 놓고 잡아 늘려주면 크라운과 브림이 형성된다. 원하는 사이즈의 모자 틀에 모자를 올려놓은 후 압력과 충분한 열을 가해 사이즈에 맞게 모자를 수축시킨다. 그 다음에 축융 광택제로 빳빳하게 만들고 모자 틀에서 떼어내기 전에 냉각시켜 준다. 먼저 크라운을 만들고 다음에 브림을 만든다. 원하는 넓이로 모자의 가장자리를 만들고 가열된 방사기나 플랜지 제작기 위에 잘 배치하고 테두리를 말아준다. 마지막으로 광택제를 바르기 전에 건조시킨다.

펠트 브림의 가장자리는 밀짚모자와 유사한 방법으로 마무리한다. 펠트 브림은 모자선을 따라 손으로 감침질하여 마무리하기도 하고, 피터샵 리본을 둘러 가장자리를 재봉틀이나 손으로 박기도 한다.

3) 소재

모자와 헤어 액세서리는 다양한 재료로 만드는데, 대개 일반적인 기성 재료에서 단서를 얻는다. 예를 들면, 가죽, 모피, 모든 패션 영역에서 사용되는 일반적인 재료들이 모자 또는 헤드밴드나 머리핀과 같은 헤어 액세서리를 장식하는 데 사용된다. 그 밖의 모자 재료로 모피 섬유, 펠트, 패션 직물, 깃털, 밀짚 등이 사용된다. 일반적으로 춘하용 모자는 밀짚과 가벼운 직물로 만들고, 추동용 모자는 가죽, 스웨이드, 펠트, 파일지, 무거운 직물로 만든다.

헤어 액세서리 재료로 뿔, 자개, 거북, 가죽, 스웨이드, 모피, 깃털, 직물, 금속, 보석 등도 쓰인다. 의상과 액세서리가 패셔너블하면 모자는 방해가 되는 헤어 액세서리가 된다. 예를 들면, 벨트, 핸드백 또는 이브닝 웨어에 금속 체인이나 비즈가 달려 있으면 헤어 액세서리와 조화를 이룰 수 있는 재료로 바꿔야 한다.

동물무늬나 꽃무늬 같은 프린트 디자인이 많으면 옷을 입을 때와 마찬가지로 액세서리 형태도 그에 맞게 결정해야 한다. 예를 들면, 의상에 꽃무늬가 많으면 액세서리 제조자들은 직물 프린트와 조화될 수 있도록 실크 꽃 모양 헤어 액세서리를 제안한다.

모자를 만드는 데 사용되는 밀짚은 여러 가지가 있다. 가장 널리 사용되는 것은 황마, 팜, 파나마, 파라사이잘, 골풀, 거머리말, 밀, 사이잘, 토요(toyo)종이 등이다. 밀짚의 종류는 제3장에 자세히 설명되어 있다.

기술 이야기 : Turning Head

헤드웨어 디자인의 마지막 과정을 보면 모든 야구모자가 기본적으로는 동일하다는 생각이다. 벽장에 한 다스의 운동모자를 가지고 있는 어떤 고객에게 '당신이 또 다른 모자를 사려고 하는 이유는 무엇인가?'라고 묻는 것은 바보 같은 일이다. 이 질문은 시장 조사자들이 질문하는 바로 그 질문이다. 그 대답은 항상 동일하지 않으나 일반적으로 많이 나오는 대답은 모자가 값싸게 패션을 살릴 수 있기 때문이라는 것이다.

모자 제작자들은 고객이 거부하기 어려운 독특한 스타일의 모자를 지속적으로 생산하기 위해 어떻게 해야 하는가? 한 가지 대답은 **텍스타일** 테크놀로지이다. 즉 모든 실을 적절히 활용하여 선진 테크놀로지 소재로 직조하는 기술이다.

혁신적인 모자를 제작하려면 다음 사항을 고려해야 한다.

소비자의 **병적 다변증**(logomania)은 로빈슨-안톤(Robinson-Anton) 텍스타일 회사가 디자인한 변광사로 보상될 수 있다. 이 실은 자외선에 따라 색이 변화하므로 장식적으로 스티치한 모자의 앞부분이 실내에서는 희게 보이고 실외에서는 밝은 색으로 변한다.

차양막 설치의 필요성을 전형적인 야구모자로는 충족시킬 수 없다. 나일론으로 만들어 세라믹을 코팅한 독특한 모자가 자외선을 반사해 줄 수 있다. 녹색 언더 바이저와 별도의 긴 바이저가 달린 스포츠용 차양모자가 애덤스 패션 헤드웨어(Adams Fashion Headwear)에 의해 고안되었다.

'Outlast'라고 불리는 최신 기술로 제작된 헤드웨어 직물은 추운 날씨에 장기간 노출되어 있는 착용자를 보호해 준다. 모자 섬유 내에 캡슐화된 섬유가 장시간 흡열, 축적된 열을 방출해 준다. 텍사스의 발명가 멘탈 헤드기어(Mental Headgear)는 달리기나 스키와 같은 겨울철 옥외 운동을 하는 소비자를 위해 온도조절이 가능한 모자를 고안하였다.

착용기술에 관한 소비자의 요구를 파악하는 것은 소재 개발보다 더 어려울 것이다. 소비자가 의복이나 액세서리에 대해 원하는 것을 어떻게 기술적으로 해결할 수 있을까? 그 기술에 대해 얼마만큼의 대가를 기꺼이 지불하려고 할까? 디자이너와 제작자들은 이 중요한 마케팅 문제, 즉 '이것은 또 다른 현명한 발명품인가? 또는 이것은 실제로 소비자에게 부여할 수 있는 상품인가'를 스스로에게 자문해 보아야 한다.

4) 모자의 기본 스타일

소비자는 모자를 고를 때 얼굴형, 머리 크기, 헤어스타일에 따라 모자 형태를 선택한다. 판매자는 얼굴형을 돋보이게 할 수 있도록 모자를 쓰는 여러 가지 방법에 대해 알고 있어야 한다. 머리 위에 똑바로 쓰기도 하고 앞이나 뒤로 경사지게 또는 한쪽으로 치우치게 쓰기도 한다. 모자 착용에 있어 중요한 두 가지 법칙이 있는데, 하나는 모자 형태가 얼굴형에 조화되어야 한다는 것이고, 또 하나는 머리 형태가 모자 형태에 따라야 한다는 것이다. 모자가 강조점이 될 때는 머리를 뒤로 당기거나 모자를 머리에 꼭 맞게 써야 한다. 예를 들면, 길고 좁은 얼굴은 마차바퀴형의 모자처럼 크라운이 낮고 브림이 넓은 모자가 가장 보기 좋다. 넓은 얼굴은 펠트 중절모나 필박스와 같은 크라운이 높고 브림이 작거나 없는 모자가 잘 어울린다. 머리가 작은 사람은 브림이 넓은 것이 좋지만, 머리가 큰 사람은 브림이 좁은 것이 잘 어울린다.

모자의 기본 형태는 다음과 같다(그림 11.3).

베레모(beret)　크라운이 납작하고 브림이 없는 작은 모자, 머리 상부에 한쪽으로 치우쳐 비스듬하게 착용한다.

맥고모자(boater)　크라운이 낮고 타원형이며 브림이 편평하고 넓은 리본이 달린 짚으로 된 남성모자, 원래는 뱃놀이할 때 착용하였다. 여성용 세일러 모자와 동일한 남성용 모자.

중산모자/더비(bowler/derby)　크라운이 둥글고 브림이 말려 있는 모자, 보통 빳빳한 펠트로 되어 있고 처음에는 남자들이 사용하였으나 나중에는 여성도 착용함. 19세기 영국의 Derby 백작 이름을 따옴.

브르통(breton)　크라운은 짚이나 펠트로 편평하게 만들고 브림이 모자를 빙 둘러 고르게 말려 올라간 모자. 머리의 꼭대기 쪽으로 향하여 착용한다.

범퍼(bumper)　펠트나 직물로 된 모자로 브림이 튜브모양으로 꼭 말려 있다.

카트휠(cartwheel)　크라운이 꼭 맞고 브림이 넓은(비치 브림) 햇빛 차단용 모자. 레이스 또는 비치는 옷감으로 된 카트휠은 1970년대 신부 들러리용으로 유행하였다.

클로시(cloche)　크라운이 꼭 맞고 귀를 덮을 정도로 브림이 아래로 내려오며, 1920년에 유행하였다.

쿨리(coolie)　뾰족한 크라운이 낮은 원뿔 모양으로 아래로 경사진 양산처럼 생긴 모자. 짚이나 대나무 또는 나뭇잎으로 만들고 크라운과 브림의 경계가 없다. 쿨리로 알려진 중국의 농부들이 착용하였다.

카우보이/웨스턴(cowboy/Western)　크라운이 높고 브림이 넓으며, 옆은 약간 경사지게 올라가고 앞과 뒤 중심은 내려온 형태다. 처음에는 멕시칸 카우보이들이 착용하였으나 후에는 미국 카우보이들이 착용하였다. gallon이라는 말은 스페인어로 브레이드를 뜻하는 galon(브림 주변에 브레이드가 달려 있어)에서 연유되어 **10갤런 해트**(ten-gallon hat)라고도 부른다. 물 10갤런을 담을 만큼 크라운이 크다는 것을 과장해서 붙여진 이름이라고도 한다. 1980년대 'urban cowboy' 룩과 함께 유행하였다.

펠트 중절모(fedora)　크라운의 중앙에 세로로 주름이 지고 브림의 옆면이 위로 말려 올라간 형태. 간혹 홈버그(homberg)라고도 부르며 20세기 남성들 사이에서 대유행하였다. 때로는 여성들이 간편한 패션용으로 사용한다.

터키모(fez)　크라운이 끝이 점점 좁아지고 브림이 없는 형태. 슈라이너(Shriner: 우애결사단원)들이 쓰는 것처럼 수술이 달린 것도 있다. 터키 민속모자.

헤일로(halo)　머리 꼭대기에 후광이 비치는 것처럼 얼굴을 에워싸는 커다란 브림이 달려 있다.

홈버그(homberg)　크라운이 움푹 들어가고 상부로 향한 작은 브림이 있는 펠트 모자. 중절모라고도 함.

후드(hood)　머리 전체를 덮어쓰는 형태, 코드에 연결되어 부착되기도 한다.

니트/스타킹 캡(knit/stocking cap)　크라운이 길고 끝이 점점 좁아지며 수술이 달리고 꼭 맞고 브림이 없는 털실로 만든 모자.

밀리터리(military)　크라운이 작고 브림이 접힌 모자. 브림은 중앙에 주름을 주기 위해 앞뒤로 접혀

베레모   맥고 모자   중산 모자   브르통

범퍼   카트휠   클로시   카우보이

펠트 중절모   밀리터리   필박스   포크 파이

슬라우치   탬   톱 해트   터번

▲ **그림 11.3** 모자의 기본 형태

있다.

머시룸(mushroom) 쿨리 해트와 유사하나, 버섯처럼 위가 둥글다. 밀짚보다는 펠트나 직물로 만든다.

필박스(pillbox) 작고 둥글며, 크라운이 편평하고 브림이 없는 모자. 1960년대 재클린 케네디가 유행시킴.

포크 파이(porkpie) 1930년대에 등장했으며 크라운이 짧고 납작한 형태. 밀짚, 펠트, 직물로 만듦.

프로필(profile) 착용자의 프로필을 볼 수 있도록 브림의 한쪽은 위로, 다른 한쪽은 아래로 향한 모자.

세일러(sailor) 작으며 납작하고 빳빳한 크라운에 직선 브림이 달린 모자. 보통은 짚으로 만들고 크라운 둘레에 리본이 달림. 보터와 유사한 여성용 모자.

스키머(skimmer) 세일러 해트와 유사하나 크라운이 아주 넓다.

스쿨캡/칼로트/줄리엣 캡(skullcap/callotte/Juliet cap) 머리 꼭대기를 덮는 작고 둥근 모자로 르네상스 시대에서 유래되었다.

슬라우치(slouch) 브림이 유연하고 넓어 축 늘어진 것이 특징.

솜브레로(sombrero) 멕시코어의 모자라는 뜻. 크라운이 높고 편평하며 넓은 브림 둘레에 리본이 장식되어 있음. 펠트나 밀짚으로 만들고 햇빛 차단용으로 착용.

태머샌터/탬(Tam O' shanter/Tam) 부드럽고 편평한 크라운에 헤드밴드 모양의 브림이 달려 있음. 단단한 격자무늬의 모직물로 되어 있으며 스코틀랜드에서 유래함.

톱 해트/스토브파이프 해트(top hat/stovepipe hat) 검은색 실크로 된 높고 원통형의 크라운에 브림이 좁은 모자. 링컨 대통령이 유행시켰으며, 요즘은 마술사들이 애용.

터번(turban) 크라운이 높고 브림이 없으며, 머리둘레를 긴 천으로 감은 모양. 직물의 끝이 보이지 않도록 밀어 넣거나 장식적으로 묶어 작게 매듭을 만든다. 중동에서 유행.

바이저/피크(visor/peak) 햇빛을 차단하기 위해 눈 윗부분으로 브림을 연장한 형태.

5) 헤어 액세서리의 기본 스타일

대부분의 헤어 액세서리 디자인은 일반적인 의복이나 장신구의 트렌드에 따라 변화한다. 예를 들면, 기성복에 가죽과 모피가 유행하면 헤어 액세서리도 가죽과 모피로 만들어진다. 특정 계절에 유행하는 클립과 머리핀은 패션 주얼리 디자인과 비슷하다.

헤드밴드와 같은 헤어 액세서리 범주 하나만 살펴봐도 크기와 가격이 다양하고, 표적시장에 맞춰 여러 재료로 만든다. 헤어 액세서리의 기본적인 형태는 다음과 같다(그림 11.4).

머리핀(barrette) 머리를 잡아 일정한 곳에 고정하는 집게가 달린 장식적인 금속이나 플라스틱 막대

나비와 바나나 모양 집게(butterfly & banana clips) 장식적인 플라스틱이나 금속으로 된 머리를 안전하게 묶어 주는 스프링이 달린 집게. 크기는 아동용 작은 나비형 집게부터 숱이 많은 머리용으로 큰 바나나형 집게까지 다양하다.

(a) 헤어 주얼리

(b) 헤어핀

(c) 예장용 보석관

▶ 그림 11.4 헤어 액세서리의 예

콤(comb) 머릿속으로 빗살처럼 생긴 톱니를 밀어 넣을 수 있는 머리장식으로 꽃이나 리본과 같은 장식이 빗살에 연결되거나 접착되어 있다.

피복 고무밴드(covered rubber band) 머리를 묶을 수 있는 탄성고무와 브레이드로 머리를 보호하고 엉키지 않도록 실로 피복되어 있다.

귀마개(earmuffs) 보온을 위해 귀를 덮는 모피나 보풀 있는 직물이 달린 헤드밴드.

헤어 익스텐션(hair extention) 길고 풍성한 머리를 만들기 위해 클립이나 다른 부속을 부착시킨 인조모발.

헤어 주얼리(hair jewelry) 패션 주얼리처럼 장식하는 헤어 액세서리.

헤어핀(hairpin) 집게가 없는 머리 장신구로 U자형 금속부분이 있거나 머리를 잡아 줄 핀 부분이 있다.

헤드밴드(headband) 전체 또는 부분적으로 둥근 형태의 밴드로 플라스틱, 금속 또는 신축성 있는 직물로 만든다. 보통은 이마 쪽을 위로 하고 목덜미 쪽이 아래로 높이도록 착용하는데, 고대 이집트인이나 인디언처럼 이마를 가로질러 눈썹과 평행하게 쓰기도 한다.

포니 커프(pony cuff) 장식적으로 사용되며, 반원형으로 조랑말 꼬리형이고, 밑에 집게가 달려 있다.

고무고리/포니(scrunchies/ponies) 넓은 탄성밴드로 보통 가죽, 모피, 가발, 직물과 같이 부드럽고 패셔너블한 재료로 피복한다.

스위치(switch) 헤어스타일을 부풀리기 위해 사용하는 긴 머리

예장용 보석관(tiara) 다이아몬드나 모조 다이아몬드와 같은 보석이 박힌 왕관 모양의 우아한 헤드밴드.

6) 모자의 사이즈와 맞음새

가격이 저렴한 모자는 머리둘레가 56~57cm짜리 한 가지 사이즈이다. 모자 사이즈의 범위는 53~62cm이다. 카우보이 모자는 가격에 관계없이 보통 머리둘레에 따라 치수화되어 있다. 니트 모자는 늘어나기 때문에 크기가 없으며 누구에게나 잘 맞기 때문에 선물용으로 애용된다.

모자 사이즈는 보통 모자가 편안하게 놓이는 이마의 중심부에서 머리의 밑바닥부터 꼭대기까지를 잰다. 치수는 0.3cm까지 정확하게 표시해야 한다. 약간 큰 모자는 땀받이 안쪽을 신축성 있게 하거나 발포 테이프를 넣어 편안하게 맞출 수 있고, 모자가 너무 작으면 가열된 모자 틀 위에 올려놓고 건조기로 늘릴 수 있다.

표 11.1은 미국인의 머리둘레 측정치와 그에 맞는 모자 사이즈를 나타낸 것이다. 기성품의 경우, 제조업체에 따라 머리둘레에 따른 모자 사이즈가 약간씩 다르다. 영국에서는 미국의 사이즈보다 보통 0.3cm 정도 더 작다(예를 들면, 미국 모자 사이즈 $7\frac{1}{4}$은 영국 모자 사이즈 $7\frac{1}{8}$에 해당한다).

▶ **표 11.1** 머리둘레와 모자 사이즈

머리둘레	모자 사이즈
52cm	$6\frac{1}{2}$
53.6cm	$6\frac{3}{4}$
54.5cm	$6\frac{7}{8}$
55.5cm	7
56.5cm	$7\frac{1}{8}$
57.4cm	$7\frac{1}{4}$
58.4cm	$7\frac{3}{8}$
59.7cm	$7\frac{1}{2}$
60.6cm	$7\frac{5}{8}$
61.6cm	$7\frac{3}{4}$
62.5cm	$7\frac{7}{8}$
63.5cm	8

(자료원 : Black, B(2000.11.30)모자 사이즈 결정하기, http//www.brentblack.com/styles_size.htm)

◎ 세계의 모자와 헤어 액세서리 산업

미국의 모자업체는 약 389개소인데 그 중 절반가량이 종업원 수가 20명 이하이다. 뉴욕 주에 모자업체가 가장 많지만 종업원 수와 관련해서는 규모가 작은 업체들이 많다. 미주리 주는 다른 주보다 20명 이상을 고용하는 업체가 많다. 표 11.2는 1997년 규모가 큰 모자업체의 주별 순위를 보여주고 있다.

미국 조사국은 직물모자와 운동모자업체, 모자와 모자 틀 업체, 모자 전문점의 세 가지로 모자업체를 분류하였다. 직물모자와 운동모자업체는 모자업체 중 가장 규모가 크다. 1992년에서 1997년 사이에 직물모자와 운동모자 생산량은 8.4% 증가하였다. 모자와 모자틀 업체는 짚모자, 모피, 양모 펠트와 같은 대부분 남자 성인과 남자 청소년 모자를 생산한다. 이 업체의 생산량은 같은 기간에 2.3% 정도 감소하였다. 세 번째로 모자전문점은 대부분 여성과 아동용 모자를 생산한다. 미국 내 모자전문점의 1992년부터 1997년까지 모자 생산량은 4.6% 정도 감소하였다.

모자 제조업체는 계속적으로 아시아, 중국, 방글라데시, 한국, 홍콩, 대만 등 해외로 이주하고 있다. 이러한 국가들은 노동자가 충분하고 임금이 저렴하여 모자와 모자 재료의 생산에 유리하다. 통계자료를 보면 중국, 홍콩, 한국, 대만의 모자 생산량을 합하면 전 세계의 42%를 차지하고 있다.

무역기구는 방대하거나 또는 그 범위가 매우 좁다. 어떤 무역기구는 국내 모자관련 부품과 기술산업을 통합하고, 또 다른 조직은 모자, 헤어 액세서리, 가발, 헤어피스(심는 가발) 관련 산업체의 모든 액세서리 디자이너, 도매업자, 제조업자, 소매업자들에게 원재료와 부품을 공급해 주고 있다. 표 11.3, 표 11.4, 표 11.5는 무역기구와 무역 관련 출판물에서 모자류 산업의 통합을 제시하고 있음을 나타내고 있다. 특히 야외용, 액티브 스포츠웨어용, 웨스턴 해트, 신부용 머리 장신구, 가죽과 모피모자와 같은 특수모자는 생산라인과 관련하여 특별한 전시회를 개최하고 있다. 이들 산업은 각각 자체적 출판물과 전시회를 갖고 있다.

▶ **표 11.2** 1997년 모자업체 수에 따른 주별 순위

뉴욕	86
캘리포니아	53
미주리	37
텍사스	27
펜실베이니아	17

(자료원 : 미국통계청(1999.6.19) 1997년 경제인구, 생산통계: 1997년과 1992년, 제조업 시리즈,
NAICS 315991, 2001.1.16증보판, http//www.census.gov/products/ec97/97m3159a.pdf)

▶ **표 11.3** 모자 헤어 액세서리, 가발, 헤어피스의 무역기구

무역기구	위치	목적
영국 모자 동업자조합(British Hat Guild)	영국, 베드퍼드셔 주, 루턴	영국 내 모자 제조업체에 대한 정보제공
미국 모피정보위원회 (Fur Information Council of America) http//www.fur.org	뉴욕 주, 뉴욕	모피 패션의 발전과 증진을 위한 연구자료와 관련법의 모니터링
모자 정보사무국(Headwear Information Bureau) http//www.hatsny.com/HIB/	뉴욕 주, 뉴욕	남녀 모자류 디자이너, 제조업자를 대표하여 전국적인 단체 조직과 증진활동을 통하여 원료와 부품 공급
모자 예술협회(Millinery Art Alliance) http//www.millinery art alliance.com	일리노이 주, 시카고	모자 전문점의 기술 발전과 특별 행사 주최
미국 패션 액세서리협회/패션 액세서리 운송인협회 National Fashion Accessory Association/ the Fashion Accessory Shippers Association(NAFF/FASA) http//www.accessoryweb.com	뉴욕 주, 뉴욕	남성용 모자와 여성용 모자를 포함한 모든 액세서리 원재료와 부품을 공급

▶ **표 11.4** 모자, 헤어액세서리, 가발, 헤어피스 산업의 무역 관련 출판물

출판물 명칭	내용
액세서리 잡지(Accessories Magazine)	모자류를 포함하여 액세서리류를 망라한 월간 무역잡지
데일리 뉴스 레코드(Daily News Record)	페어차일드사가 출판하는 남성복 패션에 대한 유통자료, 트렌드, 뉴스 제공지
해트 라이프 사전(Hat Life Directory)	해트 라이프사에서 출판하며 원자재 공급처, 제조자, 도매업체에 대한 조언
해트 라이프 온라인(Hat Life Online)	해트 라이프사에서 출판하며 모자 패션 트렌드, 판매와 유통에 관한 정보를 제공하는 전자소식지
더 해트 매거진(The Hat Magazine)	영국 런던의 Carole과 Nigel Denford에서 출판되며 모자의 제조기술과 착용에 관한 계간지
위민즈 웨어 데일리-월요판 (Women's Wear Daily-Monday)	페어차일드사가 출판하는 액세서리를 포함하여 모자류에 관련된 산업과 패션정보를 제공하는 주간신문
위민즈 웨어 데일리 액세서리 보충판 (WWD Accessory Supplement)	페어차일드사 특집으로 모자류를 포함하는 모든 액세서리에 대한 패션정보 제공

▶ **표 11.5** 모자, 헤어액세서리, 가발, 헤어피스산업 관련 전시회

전시회	위치	후원
액세서리 서킷(Accessorie Circuit)	뉴욕 주, 뉴욕	ENK 사
액세서리더쇼(Accessories The Show)	뉴욕 주, 뉴욕	비즈니스 잡지사
팜(Femme)	뉴욕 주, 뉴욕	캘리포니아 남성복 조합(MAGIC)
국제 패션 액세서리 무역쇼 (The International Fashion Accessory Trade Show)	프랑스, 파리	프랑스 여성복협회
쁘레따뽀르떼; Atmosphere and Premiere Classe	프랑스, 파리	SODES, 프랑스 여성복협회의 관련부처

◎ 머천다이징 트렌드와 기술

액세서리 유행 트렌드는 빠르게 변화하고 있으므로 이를 일찍 판단하여야 한다. 소매업자들은 유행하는 모자, 헤어 액세서리와 같은 액세서리의 유행 트렌드가 신속한 행동을 필요로 한다는 것을 경험을 통해 배우게 된다. 사업체에서는 유행 트렌드를 열심히 파악하고, 최신 품목이 있으면 소매업자들은 아주 빠르게 반응해야 한다. 그렇지 않으면 돈을 벌 수 있는 유리한 기회를 놓칠 위험이 있다. 헤어 액세서리 바이어는 매달 새로운 액세서리 품목을 꾸준하게 들여오는 소매업자를 확보함과 동시에 빠르게 변화하는 소비자의 기호에도 뒤떨어지지 않아야 한다.

모자와 헤어용품 산업에서 한 가지 스타일의 인기가 상승한다는 것은 또 다른 스타일의 인기가 하락한다는 신호이다. 말총머리와 같은 한 가지 판매영역 내에서도 재료는 금속섬유부터 모피, 가죽까지 범위가 넓다. 유행의 정점은 지속적이고 성공적인 시즌의 열쇠가 된다.

1) 점포 소매상

남녀 패션 모자와 헤어용품은 일반적으로 액세서리 백화점의 주요층에서 판매한다. 백화점에서 판매를 잘하기 위해서 헤어용품과 액세서리들은 다른 상품을 보충해야 하고, 상품은 교차 머천다이즈(cross-merchandise)로 진열해야 한다. 아동용 모자는 보통 아동복 코너에 아동복과 조합하여 진열한다. 규모가 작은 전문점에서는 고객들이 더 충동적으로 구매하기 쉽도록 모자와 그 밖의 액세서리를 주 계산대 가까이에 모아 두어 주목을 끌게 한다. 할인점에서는 여성용 패션 모자를 액세서리 영역에 진열한다. 헤어 액세서리는 주로 건강과 미용 보조용품 코너에서 빗과 가까운 곳에 진열하여 판매한다.

야구모자와 같은 유니섹스 캐주얼 모자는 특수한 곳에 진열한다. 때로는 캐주얼 모자를 다양한 손님들이 접할 수 있게 점포 내에 한 곳 이상의 장소에 배치하거나, 남성복과 소년복 코너의 경계선 부분에 진열하기도 한다. 여성들은 야구모자 단골 고객이고, 남성복과 소년복 코너에서도 야구모자를 편안하게 구입하고 있다.

대부분의 상점에서 모자의 선택은 한정적이고 판매 장소도 규모가 작다. 모자 백화점에서는 여러 가지

종류와 재료의 모자를 판매한다. 예를 들면, 큰 모자 백화점은 한곳에 예모에서부터 성당 미사포, 캐주얼 모자, 직물모자나 야구모자까지 모여 있고 햇빛을 차단하는 밀짚모자도 함께 진열되어 있다. 부활절 전야와 같은 판매 적기에 모자를 백화점의 앞쪽에 진열하거나 충동구매를 부추기기 위해 연관된 의류 가까이에 재배치할 수도 있다. 크리스마스 주간에는 선물용으로 니트와 같은 방한모가 구매 잠재력이 있기 때문에 백화점 전면에 배치한다.

모자와 헤드용품 백화점에서는 몇 가지 맵시 있는 스타일의 모자를 비축해 두어야 한다. 대부분의 소비자들은 구매를 결정하기 전에 여러 가지 스타일의 물건을 써 보고 싶어한다. 진열은 즉시 정리하고 쉽게 접근할 수 있게 한다. 모자가 많으면 선반이 부족하므로 모자걸이가 유용하며, 앞면을 볼 수 있는 대형 거울과 뒷모습을 볼 수 있도록 보조 거울이 있어야 한다.

2) 인터넷 소매상

최근의 캐주얼 시장 분위기는 전문점과 패션 모자에 대한 수요가 감소하고 있다. 디자이너와 소매업자들은 헤드용품 판매에 있어 카탈로그 소매보다 인터넷이 가격 효율성이 높은 경로라는 것을 알게 되었다. 많은 디자이너들이 부유층이나 유행을 앞서가는 소비자들을 위한 독특하고 세상에 하나밖에 없는 헤드용품을 판매하고 있다. 핸드페인트, 아로마테라피, 빈티지 레크리에이션과 같은 옵션이 온라인상에서 유용하다. 온라인 채널을 통해 전문적인 헤드용품 디자이너들이 도매나 소매업자를 통하지 않고 직접 잠재적인 고객과 접촉할 수 있다.

다른 인터넷 소매업자들은 다양한 스타일과 색깔의 저렴한 모자가 포함된 관련된 판매 컬렉션을 제공하고자 한다. 사이버 구매자들은 스포츠 팬이나 캐주얼 운동선수와 같은 특별한 라이프스타일용 모자를 선택할 수 있다.

3) 카탈로그 소매상

모자는 헤드용품만 취급하는 전문적인 카탈로그를 통해 판매하거나 의상 카탈로그 조합의 일부로 취급하기도 한다. 대부분 의상 카탈로그에서는 의복을 보충하기 위하여 모자를 소량 연출한다(그림 11.5).

▶ **그림 11.5** 모자는 앙상블의 끝 마무리용으로 사용된다.
(자료원 : Land's End 사)

🌀 모자와 헤어 액세서리 판매

가격과 패션은 모자 판매에 중요한 두 가지 요소이다. 제작기능과 재료의 품질은 웨스턴 모자, 쿠튀르 여성 모자, 모피모자, 일부 남성용 밀짚모자를 제외하고는 덜 중요하다. 이 액세서리들은 비싼 가격표가 붙어 있어 판매자는 고가품에 대해 비싼 가격이 합당하다는 사실을 증명할 지식을 알아둘 필요가 있다. 고품질 수공예품, 브랜드명, 재료의 희귀성 등이 판매가격이 높아지는 이유가 된다.

1) 가격과 가치

모자 가격은 수작업의 정도, 재료와 장식, 생산량, 브랜드에 따라 달라진다. 손바느질 정도는 모자의 가격에 영향을 준다. 손바느질한 모자는 작업시간이 많이 걸리기 때문에 판매가가 높아진다. 저렴한 모자는 일반적으로 재봉틀로 박거나 풀로 붙인 것들이다.

밀짚모자는 섬세하고 매끄럽게 짜여진 것일수록 좋은 것이다. **섬세하게 짜여진 모자**(finely woven hat)란 모자를 짜는데 사용된 밀짚이 **섬세하다**(fine)는 것을 의미한다. 폭이 넓은 밀짚을 반으로 나누어야 하기 때문에 작업시간이 4배가 더 걸리므로 모자의 가격을 상승시키는 원인이 된다. **매끄럽게 짜여진 모자**(smoothly/well-woven hat)의 경우도 밀짚모자의 품질을 판단하는 데 중요하다. 이상적으로 사용된 모든 밀짚의 넓이와 굵기가 동일하고 가닥이 곧고 편평해야 하고 갈라진 틈이나 돌기 또는 매듭이 없이 잘 합쳐져야 한다.

재료가 모자 가격에 영향을 준다. 밀짚모자의 경우 여러 가지 질의 짚이 사용되는데 밀짚의 품질은 섬세한 것에서부터 거친 것까지 평가하여 등급을 매긴다. 편성물 모자는 생산가와 판매가를 줄이기 위해 횡편기로 제조한다. 펠트 모자는 양모나 비버와 같은 모피로 만들기도 하고, 아크릴이나 모드아크릴과 같은 유사 양모인 인조 섬유로 만들기도 한다. 비싼 모자는 천연 섬유로 만드는 반면, 저렴한 모자는 인조 섬유로 만드는 것이 보통이다.

웨스턴 또는 카우보이 모자는 X자로 등급을 매긴다. X자는 등급과 가격을 나타내는데, 가령 2X 모자(양모)는 50달러 정도에 판매되며, 100X 모자(캐시미어)는 1,200달러 정도에 판매된다.

신부용 헤드피스는 단단히 고정시키는 빗이 달려 있으며, 안정성을 확보하기 위해 별도의 헤어핀 고리를 공급해야 한다. 가격이 저렴한 헤드피스는 먼저 그물망을 쌓고 그 다음에 한 줄씩 재봉틀로 박아 합친다. 질이 좋은(비싼) 헤드피스는 망의 각 층을 손으로 분리해서 모은 다음에 헤드피스에 붙인다.

기성품 모자(factory hat)는 대량생산된 모자이고 중저가로 판매된다. 이것들은 모자점, 백화점, 대량 판매점, 할인점에서 팔린다. 소비자들은 모자가 필요한 특별한 경우에 기성품 모자를 선택하는데, 이러한 소비자는 가격을 의식하여 필요한 수만큼 가격이 저렴할 때만 선택 구매를 한다.

쿠튀르/모델 밀리너리(couture/model millinery)는 단 하나밖에 없는 모자이며 보통 손으로 만들고 값이 비싸다. 모델 밀리너리를 구매하는 소비자는 모자를 자주 착용하고 고가의 모자를 선택하는 사람들이다.

가격과 품질의 관계에서 마지막 요소는 브랜드이다. 항상 그렇지는 않으나 흔히 모자의 경우 브랜드 이름은 품질을 나타내는 지표가 된다. 브랜드 이름은 소비자들에게 판단의 단서를 제공해 주지만 결코 그것만이 유일한 품질의 지표가 되는 것은 아니다.

헤어 액세서리의 가격은 모자와 비슷한 요소에 의해 좌우되지만 특히 재료와 장식에 달려 있다. 예를 들면, 진짜 뿔, 자개, 거북껍질 등의 재료로 만든 모자는 플라스틱 모조품보다 값이 비싸고, 헤드용품의 가격도 재료의 희소성에 영향을 받는다.

2) 모자의 손질법

어떤 모자는 값이 싸서 버리는 편이 더 낫기 때문에 세탁을 하지 않는 것도 있다. 값이 비싼 모자는 전문적인 스팀 세탁과 재제조가 필요하며, 직물로 만든 모자는 기계세탁 또는 손세탁을 할 수 있다. 소비자는 취급표시 라벨을 주의 깊게 살펴 취급해야 한다. 모든 모자는 세탁하여 보관해야 하며, 특히 양모로 된 모자는 따뜻한 계절에 좀벌레와 같은 해충을 방지해야 한다.

구부러지거나 형태가 일그러진 모자는 전용 스팀처리를 하여 형태를 바로 잡아주어야 한다. 손상된 부분이 적을 때는 의복용 스티머가 펠트나 밀짚 섬유를 부드럽게 할 수 있어 모양을 바로 잡는데 충분하다.

물에 젖은 모자는 서서히 건조시켜야 한다. 헤어드라이와 같은 빠른 건조는 주름과 수축의 원인이 된다. 구겨지거나 움푹 들어간 곳은 크라운 외곽으로 가볍게 밀어낸다. 일단 모자가 건조되고 나면 구김이 자연히 펴진다.

밀짚모자를 세탁하려면 따뜻한 비눗물을 적신 헝겊으로 오염된 부분을 살짝 문지른 다음에 깨끗한 젖은 헝겊으로 비눗물을 닦아내야 한다. 물이 너무 많으면 짚이 물을 많이 흡수하여 수축되므로 문지르기 전에 헝겊을 비틀어 짜내야 한다.

펠트 모자를 세탁하려면 해터스 브러시(hatter's brush)부드러운 모자용 솔로 매일 솔질해야 한다. 짙은 색 모자에는 짙은 색 솔을, 밝은 색 모자에는 밝은 색 솔을 사용한다. 먼지를 제거하는 데 세면용 타올을 사용할 수도 있다. 오염 신속하게 제거하기 위해서는 표면을 헝겊으로 시계 반대 방향으로 원을 그리며 가볍게 문질러 준다. 녹지 않는 단단한 오염물질은 공업용 고무지우개를 사용하여 옷감의 결과 반대 방향으로 문지른다. 얼룩이 심하면, 고운 사포로 시계 반대 방향으로 문지르되 펠트를 최소로 벗겨내야 한다. 땀과 같은 지용성 얼룩은 모자 전용 세제가 필요하며 약국이나 모자 소매점에서 모자 전용 강력세제를 구입한다.

3) 소비자 욕구에 대응하기

의상을 구입하는 데 자신 있는 많은 소비자도 모자 선택에는 자신을 갖지 못한다. 소비자들이 자신의 상황에 가장 적합한 모자를 찾기 위하여 마음 편히 모든 모자를 써 보도록 해 주어야 한다. 그들은 여러 개의 모자를 써 보려고 하거나 며칠 후에 친구에게 모자를 주기도 한다. 판매원은 말솜씨가 있어야 하고 소비자가 물건을 살 수 있게 촉진하고 소비자를 위해 기꺼이 모자의 모델이 되어주어야 한다.

훌륭한 조명과 커다란 삼면경도 소비자의 요구를 파악하는 데 중요하다. 소비자는 모자를 써서 자신의 외모가 어떻게 보일지를 명확하게 평가하고자 한다. 모든 모자를 선반 위에 올려놓고 소비자에게 소구하지는 않는다. 특히 직물이나 부드러운 형태의 모자를 선반 위에 놓지 않는다. 머리에 모자를 얹어 놓으면 생동감 있게 보여 소비자를 달리 보이게 한다.

신부용 헤드피스와 같은 전문용품을 판매할 때는 웨딩드레스의 색과 라인에 잘 어울리는 네크라인을 착용하도록 권해야 한다. 눈치 빠른 판매원은 소비자들이 여러 가지 네크라인을 쉽게 시연해 볼 수 있도록 드레이프나 몸체가 백색인 조명등을 켜주어야 한다.

⊚ 가발과 헤어피스의 역사

가발과 헤어피스는 직업이나 권위를 나타내거나 머리가 빠진 곳을 덮거나 단순히 장식을 하고자 할 때 착용한다. 때로는 가발이 직업을 연상시키기도 한다. 예를 들면, 영국 변호사는 회색 가발로 동일시되고, 일본 기생은 정교하게 옻칠한 흑색 가발을 쓰는 것으로 알려져 있다. 유럽에서는 육군, 해군 또는 경찰과 같은 법집행관들이 고유한 특별한 스타일의 가발을 착용한다.

가발이라는 용어는 프랑스어의 페리위그(periwig, 법률가 등이 쓰는 가발)에서 유래되었다. 고대 이집트인들은 인조가발로 유명하다. 그들의 청결성과 괴팍스러움 때문에 머릿니가 생기는 것을 방지하기 위해 머리를 면도질하는 결과를 초래하였다. 고대 이집트인들은 집에서는 대머리로 있다가 공개적인 장소에서는 가발을 썼다. 클레오파트라 이미지는 고대 이집트 가발의 좋은 예를 보여주는 것이다. 땋거나 꾸불꾸불한 가발은 팜과 목재 섬유, 동물이나 사람의 머리로 만들어 밀납으로 붙인다. 이집트인들은 굵은 머리를 최상으로 생각하였기 때문에 머리를 확장하고 가발을 사용하였다. 그들은 청색, 녹색, 블론드(금발), 황금색 가발을 사용하였다. 금과 은으로 만든 헤어 액세서리는 착용자의 지위와 신분을 나타내 주었다. 향료가 든 밀납 깔때기를 머리 꼭대기에 올려놓아 데워지면 가발 위에서 녹도록 하여 착용자가 향유를 바르도록 하였다.

고대 이집트시대부터 1600년대까지 가발은 성별에 관계없이 착용하였으나 여성이 일반적으로 더 착용하였다. 16세기에서 17세기에는 여성들에게 정교한 두건과 가발이 유행하였고 심지어 남성들까지도 이러한 유행을 받아들였다. 프랑스의 루이 8세는 자신의 대머리를 커버하기 위해 착용한 희고, 곱슬거리는 가발을 유행시켰고 전 국민이 이 유행을 수용하였다. 10여 년 후까지 이 가발은 유럽과 미국에서도 유행하였다. 세기말에는 과다하게 분칠하고 남성의 허리까지 닿을 정도로 길고 곱슬한 가발이 유행하였다. 가발의 비중이 증가됨에 따라 모자는 부득이하게 머리에 쓰기보다는 손으로 들고 다니게 되었다. 여성 가발도 지나치게 사치스럽게 되어 18세기에는 밀가루 칠을 하게 되었다. 남성과 여성의 거대한 가발은 그러한 야단스러운 사회적 신분의 상징이 유행에 뒤떨어지고 생활의 위협이 된 미국과 프랑스 혁명으로 사라지게 되었다.

남자들은 혁명 후에도 계속 분칠한 가발을 착용하였지만 가발은 좀 더 작고 가벼워졌다. 가발의 일부를 뒤로 묶어 검은 비단 주머니에 넣고 나머지는 땋아 **변발**(queue)을 하였다.

18세기까지 헤어드레서와 가발 제조업자는 직업적으로 남자들이 우세하였다. 유명한 헤어드레서 레그로 드 루미니(Legros de Rumigny)는 궁정에서 일했고, 후에 *Art de la Coiffure Des Dame*(1765)라는 책을 출판하였고, 1769년에는 헤어드레스 학교를 세웠다.

19세기 후반, 부유한 유럽 여성들은 청색이나 녹색을 비롯한 유행색으로 된 정교한 두건 가발을 착용하였다. 남성들은 자연머리가 유행하였고, 윤활유, 오일, 헤어토닉(양모제), 인조모 등을 이용하여 머리를 길고 부풀게 만들었다. 헤어토닉으로 실내장식물이 더러워지는 것을 방지하는 기능적인 목적과 장식적인 목적으로 코바늘뜨기나 자수를 놓은 장식덮개를 거실 가구의 뒤에 깔게 되었다.

1960년대는 전체 가발, 부분 가발, 드리워진 긴 머리, 다리꼭지 등 자연스러운 모양의 헤어피스의 유용성으로 인해 가발과 헤어피스가 작아졌다. 드리워진 **긴 머리**(fall)와 다리꼭지(switch)는 여성들이 머리의 부피감을 주기 위해 별도로 사용하였던 인조모 다발이다. 하나 이상의 헤어피스를 필요로 하는 여성들을 위해 적당한 가격의 가발을 사용할 수 있도록 가발의 가격대는 다양해졌다. 모든 연령층에서 젊음의 유행이 지속됨에 따라 남성용 **부분 가발**(toupee)이 더 많이 수용되었다.

1990년 후반부터 2000년대 초까지 아프리카계 미국 여성 사이에서 정교하고 아름답게 기른 자연스러운 머리가 유행하였다. 인공모발로 만든 머리 꼬리를 묶어주는 포니커프스가 10대들에게 인기 있는 품목이었다.

⌾ 가발, 헤어피스, 남성용 부분 가발

가발과 부분 가발의 소비자 층은 일반적으로 머리가 빠지는 경험을 가진 남녀로 소비층의 규모가 작다. 인조모발은 쾌적성이 부족하여 폭넓게 대중화되지 못하고 있다. 가발과 부분 가발은 실크나 레이스 바탕으로 인모나 합성 섬유(나일론 또는 아크릴)를 심어 만든다. 여성용 가발의 브랜드명으로 에바 가보르(Eva Gabor), 돌리 패톤(Dolly Paeton), 라크엘 웰치(Raquel Welch), 체릴 티그즈(Cheryl Tiegs), 아돌프(Adolfo), 주리(Zury) 등이 있다. 헤어 익스텐션(hair dntensions), $\frac{3}{4}$긴 머리, 머리를 땋아 만든 액세서리 등은 여성들이 자신의 모발을 더 길게 만들때 사용한다(그림 11.6).

부분 가발을 사용하는 대부분의 남성들은 낮에는 쓰고 밤에는 벗는다. 이러한 부분 가발은 접착제로 붙이거나 머리에 헤어피스를 두르거나 또는 남아 있는 머리에 부분 가발의 가장자리를 섬세하게 엮어주거나 또는 영구적인 용제를 사용하여 접착시킨다.

1) 머천다이징 트렌드

대부분의 주요도시에는 가발 전문 상점이 있다. 미용실이 있는 대형 백화점은 장식 액세서리로 부분 가발을 선보이고 있다. 그곳은 가발과 부분 가발을 독점적으로 판매하거나 모자 구매 고객을 위하여 서비스 품목으로 내놓고 있다. 암 환자는 화학요법으로 머리가 빠지기 때문에 암 클리닉이나 병원 근처에서도 많이 판매하고 있다. 이런 곳의 소매상은 특별 주문 사업을 많이 하고 있다. 정통파 유대교도인 중에는 기혼 여성이 남편 이외의 남성 앞에서 정숙성의 상징으로 그들의 머리를 덮기 때문에 유대교인이 많은 도시에도

◀ **그림 11.6** 헤어 익스텐션(hair extensions)은 헤어 스타일을 자연스럽게 보이게 하지만 확실히 인위적으로 보이게 하기도 한다.(자료원 : 페어차일드 출판사)

가발 상점이 많다.

어떤 가발 상점은 온라인 서비스를 하기도 한다. 가장 규모가 큰 오프라인 소매점 중 하나이고 남녀 가발 인터넷 전문 상점으로 LA, 캘리포니아에서 30년간 대규모 소매업을 해 온 윌셔위그 앤 액세서리(Wilshire Wigs & Accessory)가 있다. 이 회사의 웹 사이트는 고객들이 브랜드명, 머리의 길이와 형태, 재료(인모 또는 합성모)를 검색할 수 있다. 이 사이트는 부분 가발 외에도 가발 걸이, 세제와 샴푸, 보관상자 등과 같은 액세서리도 다양하게 내놓고 있다. 가발 구매는 비교적 시장규모가 작고 정교하게 맞춤 서비스가 필요하기 때문에, 대형 백화점의 웹 사이트에서는 가발을 판매하지 못하고 있다.

2) 가격과 가치

여성용 합성모 가발의 보통 가격대는 35~75달러이고, 평균 45~55달러이다. 여성용 인모가발의 가격대는 45~250달러이고, 평균 100~150달러이다. 여성용 고가 가발 시장이 있기는 하지만 대부분의 가발은 중간 가격대로 판매하고 있다. 남성용 부분 가발의 소매가는 재료와 용도에 따라 100~4,000달러까지 있다. 가장 비싼 남성용 부분 가발은 나일론 망 바탕에 20,000개의 인모를 삽입해서 살아 있는 헤어라인 주변에 짜 넣은 것이다. 이 가발을 부착한 후 본인의 머리가 자라나면 정기적으로 관리해야 한다.

3) 가발과 헤어피스 손질법

가발의 관리는 우선 인모로 만들었느냐 합성모로 만들었느냐에 달려 있다. 합성모 가발은 내구성이 있지만 열을 피해야 한다. 다리미로 컬을 만들거나 드라이 바람을 쐬거나 스팀이나 전기 고대기를 사용하면 열에 민감한 합성 섬유가 손상된다. 특별한 샴푸, 컨디셔너, 헤어스프레이 등은 가발 판매점에서 구입할 수 있다. 섬세한 캐시미어 스웨터나 스카프를 다룰 때와 마찬가지 방법으로 가발을 취급하도록 권장하고, 꼭 필요할 때만 세탁하며 세탁 시 주의해야 한다. 합성모 가발의 세탁은 다음과 같은 단계로 세탁해야 한다.

1. 한 대야의 따뜻한 물에 중성 샴푸를 약간 넣는다. 담배나 다른 냄새를 없애기 위해 1ts의 베이킹소다를 첨가한다.
2. 30~60초간 부드럽게 가발을 흔들어준다.
3. 냉수로 가발을 충분히 헹구어준다.
4. 가발을 가볍게 흔들어 물기를 건조시킨다.
5. 세팅할 필요가 없다. 가발을 완전히 건조시키면 원래의 상태로 컬이 회복된다.

4) 소비자 욕구에 대응하기

대부분의 소비자는 가발을 선택하는 데 있어 전문적인 지식이 없다. 부분 가발이 잘 맞지 않으면 오랫동안 우롱거리가 된다. 어떤 경우에는 기성품 부분 가발을 취급하지 않는다. 그런 경우에는 이발사나 스타일리스트에 의해 착용자의 자연 머리에 적합하도록 잘라 형태를 만들어야 한다.

판매원은 소비자를 빈틈없이 열성적으로 도와야 한다. 미용 목적이든 의학적인 목적이든 간에 고객들이 몇 가지 평가기준에 의해 가발을 선택하도록 권해야 한다. 즉, 부분 가발은

- 가볍고 굵기가 적당할 것
- 자연스럽고 형태를 만들기 쉽도록 레질리언스가 우수한 섬유일 것
- 얼굴형에 적합할 것
- 머리 모양에 잘 맞을 것
- 헤어라인을 구별할 수 없을 것

사람의 머리는 미를 상징하고 자아 평가에 많은 영향을 준다. 대부분의 사람들은 엄밀히 말해서 유행 때문에 부분 가발을 선택하지는 않고, 일반적으로 머리가 빠지는 것을 보완하고 문제를 역전시키기 위해 부분 가발을 선택한다. 따라서 신뢰할 수 있는 차별화된 서비스와 품질 좋은 상품이 가발을 찾는 소비자에게 가치 있는 것이다.

⸰요 약⸰

- 여성이 모자를 착용한 역사는 훨씬 뒤로 기록되어 있지만 여성용 모자는 16세기부터 생겨났다. 모자를 저녁의 정장차림을 제외하고는 기능적인 목적으로 쓰기 시작한 19세기 이전까지 남성과 여성의 모자는 모두 화려하게 장식하였다.

- 전 세계적으로 여성 모자는 챙이 넓은 것으로부터 크라운이 높은 것으로, 그리고 작은 것으로부터 큰 모자로 서서히 변화하였다. 20세기에 여성의 모자는 복잡하고 큰 모자가 자랑거리였다. 모자 제작기술을 가진 유럽 이민자들의 영향으로 20세기 전반기에 모자가 뉴욕 시 백화점을 지배하게 되었다.

- 20세기 중에 모자의 유행은 약화되었지만 10년 후에는 특히 야구모자와 같은 스타일의 모자를 착용하는 사람이 현저하게 증가하였다. 모자는 부활절이나 결혼식과 같은 특별한 상황에서, 어떤 민속 집단에서는 소비자의 주머니로, 종교의식에서 지속적으로 착용하였다.

- 프랑스 파리, 이탈리아 밀란이 모자류 패션에 지대한 영향을 미쳤다. 미국 회사는 외국에서 디자인을 수입하여 미국 내 소비자들의 기호를 반영한 모자를 만들었다.

- 모자 디자이너는 심미성, 착용성, 쾌적성, 가격 상승률, 판매가격 등을 고려하여야 한다. 쿠튀르 모자 디자이너들은 '모델 밀리너리'를 만들었지만 다른 디자이너들은 현존하는 스타일에 새로운 소재와 장식만 선택하였다.

- 여러 작고 큰 모자 제조회사들이 미국의 특히 뉴욕, 캘리포니아, 미주리, 텍사스, 펜실베이니아에 위치해 있다.

- 모자의 4가지 중요한 부위는 크라운, 브림, 헤드밴드, 장식이다. 이 4가지 요소로 무수히 많은 형태의 모자를 조합해 낼 수 있다.

- 모자의 재료에는 엮어진 밀짚, 펠트 양모, 천연 모피나 인조 모피 섬유, 니트나 코바늘뜨기 실, 직물, 피복 아마포 등 여러 종류가 있다. 헤드밴드, 빗, 머리핀, 나비와 바나나 모양의 집게, 포니테일 홀더와 같은 헤드용품의 재료도 가죽, 모피, 뿔, 자개, 거북껍질, 깃털, 직물, 금속, 보석 등 다양한 재료가 사용된다.

- 펠트와 밀짚모자 생산기술은 방추형 깔대기를 만들고 재료를 원하는 모양으로 둘러싸는 것이다. 가끔 모자 형태가 더 오랫동안 확고하게 유지될 수 있도록 경화제를 사용하기도 한다.

- 고가품이라 할지라도 대부분의 모자는 눈썹 바로 위의 머리둘레를 기준으로 한 가지 치수만 생산하고 있다.

- 세탁할 필요가 있을 때 일부 직물로 만든 모자는 기계세탁을 할 수도 있다. 펠트 모자는 전문적인 방법으로 증기세탁을 해야 한다. 특히 밀짚모자처럼 세탁을 하지 않는 것도 있다. 밀짚은 부스러지기 쉬운 성질이 있어서 오로지 한 계절밖에 착용할 수 없다.

- 헤드용품 산업은 빠르게 변화하므로, 바이어는 최신 트렌드를 파악하여 상품계획을 신속하게 수정해야 한다.

- 인터넷 판매가 헤드용품 산업에 중요한 경로이다. 모자 전문점 디자이너들이 웹 사이트에 그들의 제품을 올려 상점을 개설하고 있다. 전문점과 백화점은 카탈로그와 인터넷 외에도 오프라인점을 개설하고 있다.
- 캐주얼 의상의 유행으로 정장차림이 감소하여 특수 의식용으로 모자가 판매되고 있지만, 캐주얼화 경향은 캐주얼한 직물모자와 운동모자의 판매량을 증가시켰다. 햇빛 차단을 위하여 밀짚모자의 판매가 보강되었다.
- 소매점에서 모자를 효과적으로 판매하려면, 여러 가지 다양한 형태의 모자를 잘 볼 수 있도록 보기 좋게 진열해야 하며, 고객들의 모자 선택에 대한 자신감 부족을 전문적인 서비스로 도와주어야 한다.
- 모자의 가격은 손작업의 정도, 재료, 장식, 생산량, 브랜드명에 좌우된다.
- 가발이라는 용어는 프랑스어의 페리위그에서 따온 말이지만 고대 이집트인들로 인해 가발이 발전되었다. 과거의 가발은 오늘날과 달리 인공적이고 기발한 디자인이었지만 요즘의 가발은 자연모와 흡사하다.
- 남성용 가발은 100달러 이하부터 수천 달러까지의 가격대에서 판매되고 있다. 가격의 다양성은 외관의 자연스러운 정도에 따라 좌우된다. 일부 남성 가발은 착탈할 수 있지만 어떤 것은 인모를 붙여 공들여 땋아 만든 것도 있다.
- 전체 가발과 남녀용 부분 가발은 합성모나 인모로 만든다. 합성모 가발은 가정에서 세탁할 수 있지만 열에 주의해야 한다. 인모 가발은 수명이 짧으며 자연모와 같은 방법으로 관리해야 한다.
- 판매원은 탈모 경험자의 관심에 민감해야 한다. 유익한 정보를 알려주는 친절한 판매원을 강하게 원하고 있다.

핵심용어

가발(periwig)

가장자리 장식(decorative trim)

갤런(galon)

귀마개(earmuff)

기성품 모자(factory hat)

긴 머리(falls)

나비/바나나 모양 집게
 (butterfly/banana clips)

낚시모자/승마모자
 (fishermen/bucket hats)

남성용 부분 가발(toupees)

남성 잡화상점

(haberdasher shop)

니트 캡/스타킹 캡
 (knit/stocking cap)

땋거나/엮은 밀짚
 (plaited/braided straw)

두통밴드(headache band)

매끄럽게 짜여진 모자(smoothly-
 woven hat /well-woven hat)

머리핀(barrette)

머시룸(mushroom)

모자상점(milliners)

모자챙이 축 늘어진(slouch)

모자 핀(hatpins)

목제 모자틀
 (wooden block forms)

밀리너리 쿠튀르
 (millinery couture)

밀리터리(military)

바이어스 테이프(bias tape)

바이저(visor/peak)

방추형 조직(cone weaving)

범퍼(bumper)

베레모(beret)

변발(queue)

병적 다변증(logomania)

보우터(boater)

브르통(Breton)

브림(챙)(brim)

블로킹(blocking)

빗(comb)

색 신중 고려자(color-prudent)

색 지향적 소비자
(color-forwarded shoppers)

섬세하다(fine)

섬세하게 짜여진 모자
(finely woven hat)

세일러(sailor)

솜브레로(sombrero)

수경식 블로킹
(hydraulic blocking)

스위치(switch)

스컬캡
(skullcap/Calotte/Juliet cap)

스키머(skimmer)

시장세분화
(market segmentation)

심리학적 세분화
(psychographic segmentation)

아마포(buckram)

알루미늄 판형
(aluminum pan form)

여성용 모자(millinery)

예비 생산 견본
(preproduction sample)

예장용 보석관(tiara)

인구통계학적 세분화
(demographic segmentation)

작은 고무고리
(scrunchies/ponies)

중산모자(bowler/derby)

철모형 조직(capeline weaving)

카딩(섬유 정렬)(carding)

카우보이/웨스턴
(cowboy/Western)

카트휠(cartwheel)

쿠튀르/모델 밀리너리
(couture/model millinery)

쿨리(coolie)

크라운(crown)

클로시(cloche)

클로시 해트(cloche hat)

태머샌터/탬(Tam O'
Shanter/Tam)

터번(turban)

터키모(fez)

텍스타일기술(textile technology)

톱 해트/스토브파이프 해트
(top hat/stovepipe hat)

펠트로 만든 중절모(pork pie)

펠트 중절모(fedora)

포니커프스(pony cuffs)

피복 고무밴드
(covered rubber band)

피터샴 바인딩
(petersham binding)

필박스(pillbox)

프로파일(profile)

헤드밴드(headband)

헤어 익스텐션
(hair extensions)

헤어 주얼리(hair jewelry)

헤어핀(hairpin)

헤일로(halo)

해터스 브러시(hatter's brush)

홈베르그(homberg)

후드(hood)

10갤런 해트(ten-gallon hat)

복습문제

1. 모자의 유행이 쇠퇴하는 것은 캐주얼 문화와 캐주얼 라이프스타일과 어떤 관계가 있는가?
2. 모자의 크라운과 브림은 무엇인가?
3. 블로킹이라는 용어는 무엇을 의미하는가?
4. 모델 밀리너리란 무엇을 의미하는가?
5. 방서용 모자 재료에는 무엇이 있는가?

6. 방한용 모자 재료는 무엇이 있는가?

7. 모자 사이즈는 어떠한가?

8. 모자 산업에서 중요한 유통 경향은 어떠한가?

9. 헤어 액세서리에는 어떤 스타일이 있는가?

10. 소비자가 가발이나 부분 가발을 구매할 때 고려해야 할 중요한 점은 무엇인가?

응용문제

1. 대형거울에서 몇 cm 멀리 서서 거울 속에 비친 자신의 얼굴 모양을 흑색 크레용으로 그려보시오. 얼굴 이미지를 복사하기 위해 백색 종이 한 장을 놓고 눌러보시오. 파트너와 함께 당신의 얼굴형을(타원형, 둥근형, 하트형, 사각형 등) 확인하고 (a) 얼굴형을 보완할 수 있는, (b) 얼굴형을 강조할 수 있는 모자 스타일을 선택하시오. 당신의 결과를 토대로 다른 사람들과 함께 의견을 나누시오.

2. 우편주문 카탈로그에 있는 모자의 스타일, 색, 재료 가장자리 장식을 비교 검토해 보시오. 학과에서 얻은 결과를 종합하여 중요한 경향을 확인하고 분석하시오.

3. 모자와 헤어용품을 폭넓게 선택할 수 있는 상점을 방문하여 유통방법을 확인하시오. 모자가 어느 곳에서 어떻게 유통되고 있는가? 독특한 유통기술은 무엇인가? 그 결과를 분석하여 기술하시오.

4. 헤어용품 액세서리 상점을 방문하여 특정 집단이 선택하는 가격 범위를 확인하시오. 최저가와 최고가, 평균가는 얼마인가? 한 가지 헤드용품류에 대해서 가격대는 얼마나 다양한가? 그 결과를 분석하여 기술하시오.

5. 모자, 헤드용품 또는 가발 중 유사한 상품을 취급하는 웹 사이트 두 곳을 방문하여 이들 사이트의 가격, 재료, 수공도, 서비스, 구색, 웹 사이트의 접근 용이성을 비교하시오.

6. 모자 전문점이나 헤드용품 액세서리 바이어를 위한 면접용 설문지를 개발하시오. 패션 트렌드의 변화에 대해 바이어들이 어떻게 대응하는지 파악하시오.

7. 모자 전문 디자이너를 선정하여 연구하시오. 그 디자이너의 철학을 한 페이지로 요약하여 서술하시오.

8. 최근 모자 여성 패션에 영향을 미친 유명 인사를 확인해 보시오.

9. 모자 판매협회 웹 사이트 중 한 곳을 방문하시오. 어떤 형태의 정보를 얻을 수 있는가?

제 12 장

장갑, 우산, 안경

사랑하는 앵셔스에게

공식적인 행사 시에는 당신의 파트너를 완전하게 성장시켜 맞이하고 떠날 준비를 하시오. 실내에서는 장갑을 손에 들어야 하고, 야회복을 입을 때는 꼭 착용해야 한다. 이 관례는 덜 형식적인 애프터눈 티 파티에서는 적용치 않는다. 공식적인 경우에는 긴 장갑을 연상하듯이 짧은 장갑은 무례한 사교행동을 허용하지 않기 때문에 애프터눈 장갑은 짧지만 때로는 당신의 파트너가 있을 때 착용할 수도 있다.

– Mrs. Hale, in Lady's Magazine, 1880년경

자료원 : Collins, C.C.(1945).장갑 사랑.뉴욕; 페어차일드

제12장에서는 장갑, 우산, 안경 세 가지의 패션 액세서리류를 취급한다. 세 영역의 특성 때문에 이 장에서는 세 가지를 각각 논하고자 한다. 일반적인 초점을 패션 장갑, 우산, 안경에 맞추었다. 그러나 패션에 영향을 준 작업용 장갑, 테라스용 우산, 처방 안경에 대해서도 간단하게 언급하였다.

◎ 장갑의 역사

초기 문명인들은 아마도 추위로부터 그들의 손을 보호하기 위하여 가죽으로 덮었을 것으로 생각된다. 원래는 동물 가죽으로 손을 감쌌던 것이 벙어리장갑으로 유행되었을 것이다. 고대 이집트시대의 장갑 제조공법이 발견되었다. 이집트에서 발견된 가죽 장갑 조각은 B.C. 1300년으로 추정하고 있으며, 투탕카멘왕을 비롯한 파라오의 이집트 무덤에서 형태가 온전한 장갑이 발견되었다. 구약성서에는 레베카가 그의 아들 야곱에게 새끼염소 가죽으로 장갑을 만들어 주었다는 기록이 있다. 오늘날 장갑은 10조각 이하의 적은 수인데 비하여 고대 장갑은 어떤 경우 150개나 되는 무수히 많은 조각으로 만들어졌다.

장갑과 연상되는 상징은 문명세계에서 중요하다. 여성들은 11세기부터 장갑을 착용하기 시작하였다. 초상화에 그려진 남녀는 한쪽 장갑은 끼고 한쪽은 손에 잡고 있는 것을 볼 수 있다. 가장 부드러운 가죽으로 장갑을 만들었고 의상의 중요한 부분으로 영구적인 향기를 발산하고 있다. 철로 만든 목이 긴 검도용 장갑을 낀 기사들은 전쟁터에서 그들의 애인이 행운을 빌며 팔에 걸어준 여성장갑을 착용하였다. 계약 이행을 확고하게 하기 위해 사업 협상 시에 장갑을 믿음의 맹세로 주기도 했다. 목이 긴 남성용 장갑으로 얼굴을 살짝 치는 것은 결투의 신청을 의미하였다. 교회와 주의 어떤 종교의식에서는 직위의 의무를 수행하는 데 필요한 손의 순결을 표현하기 위해 장갑 착용을 요구하고 있다.

장갑 제작의 중요성이 더해지면서 면양과 산양 가죽까지 범위가 확대되었다. 12세기 초반 스코틀랜드의 퍼스(Perth)에서는 장갑 제조업자들이 장인에 편입되었다. 퍼스는 장갑 제작의 중요한 허브가 되었고, 마침내 다음 세기에는 영국이 장갑 제조 센터—런던, 우스터, 요크, 옥스포드, 체스터, 뉴캐슬, 예오빌, 헐—가 되는 길을 열어주었다.

과다한 패션이 나타난 13세기에는 장갑을 착용한 사람의 작업을 방해할 만큼 장갑이 극도로 넓고 길어졌다. 단추도 과다하게 달아서 소매가 긴 장갑의 경우 단추를 24개나 달고 길게 봉제하기도 하였다. 보석을 아로새긴 것처럼 금과 진주로 만든 단추는 착용한 사람의 부를 상징하였다.

14세기에는 그림이 그려진 장갑이 나타났다. 부자들의 패션 품목이었던 장갑은 상류계층에서 손가락장갑을 착용하는 것을 엄격히 제한하는 **복식금제령**(sumptuary law : 도덕과 종교적 근거에 바탕을 둔 복식규제)으로 통제되었다. 이러한 법이 강제성을 띠기는 불가능하였지만 그 시대의 예술작품을 보면 대부분의 노동자 계층은 맨손이거나 손가락이 없는 장갑을 착용한 것으로 표현되고 있다.

16세기에는 멋쟁이 남녀들이 가죽이나 실크 장갑을 착용하였다. 짧은 커프스가 더 길어지고, 커프스는 금속과 실크 자수로 장식되었다. 의상의 패션 장식이었던 슬래시가 장갑에 나타나 무수히 많은 링을 드러내었다. 이것은 속옷이 보이도록 겉 옷감에 평행한 슬래시를 넣어 장식하는 커팅 기술이었다.

◀ **그림 12.1** 다니엘 미텐스, 1629년경의 그림 속에 나타난 긴 장갑을 낀 영국의 찰스 1세(자료원 : 국립 초상화 박물관)

　17세기에는 벙어리장갑과 장갑을 사슴, 새끼염소, 산양, 새끼양, 면양의 가죽으로 만들었다. 프랑스에서 만든 새끼염소 가죽 장갑은 자연스러운 신축성과 밀착된 맞음새로 인해 격찬을 받았다. 그 외에도 바이어스 재단된 직물 장갑과 니트 장갑도 유행하였다. 레이스, 프린지, 보석, 수술, 리본 등으로 가장자리를 넓게 장식한 커프스가 달린 장갑을 고안하였다. 의상과 어울리는 넓은 플레어가 달린 목이 긴 장갑이 멋쟁이 남성들에 의해 착용되었다(그림 12. 1). 17세기 말에는 팔꿈치 길이의 매끈하게 꼭 맞는 장갑이 나타났다.

　1760년, 윌리엄 존슨 경은 현재의 뉴욕 주인 북아메리카에 영국 왕 조지 3세로부터 토지를 받았다. 퍼스 장갑 제조자들은 그곳에 처음 정착한 사람들이었고 글러버즈빌(Groversville)과 존스턴(Johnston)의 인접도시를 일으켜 세웠고 이 두 도시는 그 주에서 장갑 산업의 중심지가 되었다.

　18세기와 19세기 여성들의 장갑은 신발에 맞추어 꼭 맞게 착용하였다. 19세기에는 장갑이 부유하게 성장한 여성들에게 중요한 품목이었다. 그들은 실내에서 장갑을 착용하고 음식을 먹을 때만 벗었다. 부유한 여성들은 한 계절에 12켤레의 장갑을 사기도 하였다. 그 시기에 여성들은 옷소매가 짧으면 공식적인 행사 시에 팔꿈치에서 어깨까지 오는 긴 장갑을 착용했으며, 긴소매 옷에는 짧은 장갑을 착용하였다.

　18세기와 19세기에 부유하게 자란 남성들은 실외와 공식적인 행사 시에 장갑을 착용하는 것이 사회적 예절을 표하는 것이었다. 평범하게 긴 장갑은 승마 시에 착용하고, 우아하지만 사교적인 장갑은 좀 더 공식적인 경우에 착용하였다.

　비형식적인 20세기의 트렌드는 장갑의 감소를 가져다주었다. 1920년대 초, 엘드리드 엘리스(B. Eldrid Ellis)는 그의 저서 '장갑과 장갑 산업'에서 정장용 장갑은 디너와 무도회에서 더 이상 남성들에게 사회적 요구사항이 아니다. 장갑은 법정이나 의회에서만 필요하다. 20세기 남성들은 강한 노동관의 관념에 가치를 두며 장갑은(보호의 필요성을 제외하고는) 그러한 생각을 뒷받침해 주지 못한다고 하였다.

　실내 기후를 조절하는 기술의 발달로 인해 쾌적성을 위한 장갑의 착용은 감소하였으나, 겨울철에 실내 온도가 비교적 쾌적함에도 불구하고 20세기 여성들은 계속해서 장갑을 착용하고 있다. 여성들에게 장갑은 의상 패션을 강화하는 목적으로 착용되고 있다. 멋쟁이 여성들에게 가장 일반적인 장갑은 20세기 초반 10년 동안 유행했던 목이 긴 **오페라 장갑**(opera gloves)이었다.

　제2차 세계대전의 배급제도에 장갑재료도 포함되어 있었고, 여성들만 그들의 옷장 속에 이미 들어 있었던 전쟁 전의 장갑으로 변통해 나갔다. 전쟁 중에 유용했던 장갑은 단순하고 기능적인 것이었다. 전쟁이 끝난 후에는 공공연히 맨손으로 다니는 것이 사회적으로 수용되었고 여성들은 불편한 패션을 지속하지 않았다. 1950년대와 1960년대에 교회에서 그리고 특별한 행사 때, **팔찌 길이 장갑**(bracelet length gloves : 손목 위 길이)과 **짧은 장갑**(shortie gloves : 손목 아래 길이)이 유행하였다. 1970년대부터 2000년까지 장갑은 주로 스포츠 의상이나 겨울철 외의로 사용하게 되었다. 1990년대에는 손가락 끝에 초점을 둔 손톱 예술이 등장했고 장갑은 패션의 관심 밖으로 밀려났다.

⌘ 장갑 개론

오늘날 패션 장갑을 착용하는 것은 사회적 엘리트층이 장갑을 유행시키기 때문이 아니라 날씨 때문이다. 장갑 제조업자들은 춥고 건조한 겨울이 장갑 액세서리 시즌으로 적당하고도 중요한 계절로 생각한다. 따뜻하고 습한 겨울과 더 따뜻한 봄, 여름에는 장갑이 실제로 인기 있는 품목이 아니다. 장갑 수요는 스포츠와 특별한 경우에 국한되는 경향이 있다.

　패션 장갑 메이커들은 여성들이 의복의 심미성을 향상시키기 위해 장갑을 착용할 것을 권장하고 있다. 가장 간단한 방법으로 최고급 성장을 하는 방법이 아름다운 장갑으로 장식하는 것이다. 만일 어떤 여성이 사교를 잘하고 그녀의 인성을 나타내는 데 손을 활용하려 한다면, 장갑은 복식의 중요한 초점이 될 수 있다.

1) 장갑의 부분

대부분의 장갑은 10부분 이하로 이루어졌으며, 비교적 구분하기가 쉽다. 일반적으로 장갑은 조각이 많을수록 손에 더 잘 맞는다. 그러나 스판덱스 같은 신축성 섬유 외에 편성사는 조각이 적어도 꼭 맞게 만들 수 있다. 다음 용어는 장갑의 중요 구성성분을 설명한 것이다.

　　트랭크(trank)　직사각형 직물을 정확한 치수에 맞추어 재단된 장갑(앞/뒤)부분
　　재차(fourchettes)　장갑 모양을 만들어 주며 여유 공간을 주는 손가락 길이를 따라 삽입되는 좁고 긴
　　　　사각형 띠. **무**(gussets) 또는 **옆벽**(sidewall)이라고도 한다. 재차(fouchette)는 손가락을 의미하는 프

◀ **그림 12.2** 1960년대 팔찌 길이 장갑 룩을 보여주는
한센(Hansen's)의 광고

랑스어 장갑 용어임.

삼각형 홈(quirks) 손가락과 엄지의 기저 부분이 유연하고 신장될 수 있도록 재차부에 붙이는 삼각형
또는 불규칙한 다이아몬드 모양의 재차

엄지(thumb) 장갑 앞뒤 바닥부분의 구멍에 붙이는 분리된 조각

　영국식/추가된 엄지(English/bolton thumb) 엄지의 홈이 엄지손가락을 잘 움직일 수 있도록 한 조각
　　으로 재단된 것

　셋인 엄지(set-in thumb) 전체 엄지손가락 조각이 바닥의 타원형 구멍에 봉합된다.

　프랑스식/깊게 파인 엄지(French/quirk) 엄지손가락과 엄지의 홈이 함께 봉합된 다음 바닥의 구멍에
　　삽입된다.

　노벨티 엄지(noverty thumb) 엄지손가락 조각이 커프스까지 연장된다.

커프스(cuff) 손목이나 팔을 보호하도록 손바닥을 넘어 연장된 직물. 밀착되게 맞추기 위해서 니트로
만들기도 하고, 벗기 편하도록 트임을 주거나, 팔을 보호하기 위해 별도로 길게 하기도 한다.

안감(linings) 보온성을 증가시키거나 착용하기 쉽도록 장갑 내면에 봉제된 직물. 장갑을 벗을 때 뒤
집어지지 않도록 안쪽을 단단하게 해야 한다.

돔(domes) 장갑의 손목 부분을 개폐하는 스냅

보강부분(heart/stays) 장갑 손바닥을 강화한 부분

바인딩(binding) 장식과 기능적인 목적으로 손목 가장자리를 테이프로 두르는 것(가장자리 마무리와 보강 스티치)

고어(gore) 삼각형 모양을 커프스에 삽입하여 플레어가 되게 함.

포인팅(pointing) 실킹(silking)이라고도 부르며, 장갑의 등 부분에 세 줄로 장식적인 스티치를 하는 것.

버튼(button) 측정단위, 1버튼은 대략 손목 위부터 팔길이 1인치와 동일함.

2) 장갑의 생산

장갑은 구조적인 부분이 작고 최고도의 숙련기술이 필요하기 때문에 기본적인 과정이 해마다 거의 변화되지 않고 있다. 대다수의 작업용 장갑과 정장용 장갑회사들은 전통적인 제조과정을 자랑하며 노동집약적으로 생산하고 있다. 액티브 스포츠웨어 장갑 제조자들은 고기능성 직물과 가공법을 이용하여 부피는 작지만 보온성이 향상된 장갑을 생산함으로써 더 기술적으로 진보된 방법을 활용하고 있다. 새로운 니트 장갑 제조자들은 합리적인 가격으로 패션성을 강화하고 있다.

(1) 디자인

미국에서는 작업용 장갑 90%, 패션 장갑 10%를 생산하고 있다. 일용품 시장(가격이 중요한 구매조건이 되는)의 생산량을 증가시키기 위해서 미국 내 회사들은 작업용 장갑 영역에 패션성을 부각시키고 있다. 새로운 스타일과 철저한 라벨 정보가 작업용 장갑의 판매량을 증가시킬 수 있다. 판매량을 증가시킬 수 있는 다른 방법은 밝은 색상의 장갑, 꽃무늬와 현대적 무늬의 디자인, 부모와 아동용 세트의 조화, 장미를 가꿀 때 사용하는 목 긴 장갑 또는 습한 정원에서 작업할 때 착용하는 특별 손잡이가 달린 장갑과 같이 아주 특별한 용도의 장갑을 만들어 내는 것이다.

패션 장갑 시장이 좁음에도 불구하고 샤닌 헉스엄(Shaneen Huxham)과 캐토리나 아마토(Catolina Amato)와 같은 디자이너는 그들의 기성복 라인을 보완하기 위해 패션 장갑을 계속해서 생산하고 있다. 고객 맞춤과 개성화가 대량생산 사회에서 이들 장갑 디자이너들이 살아남을 수 있도록 도와주고 있다. 신부용 장갑이 이 장갑 시장에서 중요한 부분을 차지하고 있으며, 아마토는 완벽한 조화를 이루어 내기 위해 신부 들러리 장갑을 맞추어 염색한 제품을 내놓고 있다. 설리반(Sullivan) 장갑회사와 같은 또 다른 디자이너는 고객들의 특별한 요구와 수요에 부응한 맞춤 장갑을 그들의 고객과 함께 만들어내고 있다. 판매량을 더 증가시키기 위해 설리반사에서는 개별화 전략으로 자수 제품과 엠보싱 가죽 제품을 생산하고 있다.

(2) 제작

치수가 맞는 가죽 장갑은 엄밀한 과정으로 제작된다. 정확성을 확보하기 위해 여러 단계를 거쳐 주의 깊게 다루도록 지도한다. 모든 사람에게 맞는 한 치수 장갑은 수작업을 거치지 않고 전자동으로 제작된다. 장갑의 재단과 봉제를 나타내는 일반적인 단계를 아래에 기술하였다.

장갑 제작에 사용되는 패턴은 **클루트 컷 패턴**(clute-cut pattern)이나 **건 컷 패턴**(gunn-cut pattern)이 있다. 클루트 컷은 손가락을 손바닥에 붙여 전체가 한 장의 손바닥 모양으로 재단하며, 착용하기 편리하도록 손

기술 이야기 : 고어텍스 : 건조하게 유지한다

발수 투습(WP/B) 장갑은 손가락이 습하고 차지 않고 손바닥에 땀이 나지 않는 것을 의미한다. 고어텍스 기능성 직물은 외부에서 침투하는 물방울은 막아주고 수증기는 미세 기공을 통하여 착용자의 손에서 밖으로 나가도록 해준다. 고어(W.L. Gore)와 동료들은 물, 곰팡이 홀씨, 박테리아, 연기를 막아주며 눌어 붙지 않는(폴리테트라플루오로에틸렌) 테프론 막을 발명하였다. 고어텍스는 '옥외에서 건조함을 유지함'과 같은 뜻을 가진 익숙한 용어가 되었다.

최근에, 이 회사는 가볍고 얇아서 거의 안 보이는 소프트(SOFT)라는 충전재를 개발하였다. 소프트의 용도는 고도의 기민성과 유연성이 요구되는 꼭 맞는 운동경기용 장갑에 사용되고 있다. 운동선수들은 빛을 차단하고 유연한 장갑을 벗지 않고도 부츠나 닫힌 지퍼를 조절할 수 있다.

고어텍스 장갑 한 켤레의 기여도는 사용되는 구조와 기술만큼 훌륭하다. 봉제 솔기는 바늘구멍으로 물이 침투하지 못하도록 봉해야 한다. 외부 직물에 구멍이 나거나 찢어지면 습기가 스며드는 원인이 된다. 고어는 액체 세제의 잔여 표면물질이 있기 때문에 액체세제보다는 고형입자 세제를 사용하여 냉수에서 장갑을 세탁하도록 권장하고 있다.

▲ 고어텍스 막을 만드는 방법
(사진 자료원 : 고어와 그의 동료들)

바닥을 가로지르는 솔기가 없다. 건 컷은 두꺼운 가죽 장갑에 유용하며 손가락과 손바닥이 별개로 재단되는 것이다.

가죽 장갑은 4개의 손가락 모양의 쿠키 커터와 유사한 강철 금형으로 재단한다. **클리킹**(clicking)이라 부르는 이 과정에는 가죽이나 직물 층을 관통하여 재단할 수 있도록 아주 날카로운 금속 금형이 필요하다. 수압식 압력에 의해 금형이 가죽 층을 관통하게 된다.

니트 장갑은 한 장으로만 이루어지기 때문에 생산공정이 빠르고 일반적으로 저가에 판매된다. **풀 패션**(full fashioning)은 장갑을 생산하는 과정에서 무와 손가락 사이를 만들기 위해 스티치를 늘리거나 줄이는 것을 말하는 니트 용어로, 이것은 무를 삽입하기 위해 봉제 단계를 거친 장갑보다 덜 비싸다.

본봉을 할 수 있는 특수재봉기가 장갑 제작에 사용된다. 최저가에서 최고가까지 솔기의 구성형태에는 안에서 박기, 밖에서 박기, 오버심, 피케, 하프피케 솔기가 있다. **안에서 박기**(inseaming)는 겉면에 뒤와 앞부분을 합쳐 봉제하는 것을 의미한다. **밖에서 박기**(outseaming)는 앞판과 뒤판의 뒷면을 마주 놓고 박아서 장갑 겉에 솔기가 드러나 보이게 한다. **대비 팁**(Davey tip)은 노출된 봉제선을 보호하기 위해 솔기 위에 가죽을 덧대고 봉재한다. **오버심**(overseaming)은 노출된 솔기를 오버로크 스티치로 커버하는 것을 제외하고는 밖에서 박기와 유사하며 겉모양이 약간 캐주얼하다. **피케심**(pique seam)은 장갑의 한 가장자리를 맞추어 박는 다른 장의 가장자리 위로 박아 원래의 가장자리만을 보이도록 하는 것이다. **하프피케**(half pique)는 장갑의 앞면에는 덜 비싼 봉제방법으로 박는 반면 장갑 뒤의 솔기만 피케기술로 봉제하는 것을 의미한다.

(3) 재료

부드러운 소가죽, 새끼 양가죽, 돼지가죽이 드레스용 장갑으로 선호되는 재료이다. 그 밖에 내구성 있고 유연한 가죽 원피에는 양가죽과 남아프리카산 양가죽(둘 다 양으로부터 얻어짐), 사슴가죽, 녹비색 가죽, 암사슴가죽, 새끼염소가죽, 산양가죽 등이 포함된다. 작업용 장갑은 말가죽이나 스웨이드를 단독 또는 내구성 있는 면 능직물과 조합하여 사용할 수도 있다. 겨울용에는 나일론, 폴리에스테르 플리스, 아크릴, 양모, 면 그리고 비닐이 있다. 고어텍스(Gore-Tex)와 같이 테프론을 코팅하거나 피막 처리한 것은 바람, 추위, 수분을 막기 위한 기본 직물로 사용될 수 있다. 3M사의 씬슐레이트(Thinsulate)와 폴라텍(Polartec) 가공 직물은 장갑의 보온성을 증가시키기 위해 사용된다.

◎ 장갑의 기본 스타일

소매길이는 의상을 보완해주는 장갑의 적절한 형태를 결정해 준다(그림 12.3). 등이 노출된 의복을 입을 때는 팔꿈치 위로 오는 길이의 장갑을 끼는 것이 가장 좋아 보인다. 긴소매 의복에는 짧은 장갑이 필요하고, 일반적으로 장갑이 소매단이나 커프스를 넘어와서는 안 된다.

비아리츠(biarritz) 짧고, 쉽게 끼고 벗을 수 있는 트임이 없는 장갑

운전 장갑(driving) 짧고 유연한 장갑, 손바닥의 핸들 잡는 부분이 가죽이나 니트 직물로 되어 있음. 손등에 트임을 두기도 함.

손가락이 없는/웨이프(fingerless/waif) 손가락부분의 중앙 마디 아래를 잘라 내어 손가락 끝이 노출됨. 스포츠 활동을 할 때 사용하고, 거리의 개구쟁이 룩에서 채택한 액세서리 패드이다. 원래는 농민용 장갑이었음.

검도용 목 긴 장갑(gauntlet) 손목까지 연장된 장갑, 플레어 커프스가 달려 있어 팔을 보호해 줌.

속 장갑(glove liners) 땀을 흡수하고 자극성 재료에 의한 피부발진을 방지하기 위해 나일론이나 실크로 만든 속장갑. 추울때 보온을 위해 라텍스나 고무장갑 안에 끼기도 함.

키드 가죽 장갑(kid) 원래 모든 가죽 장갑에 사용되었던 부드럽고 유연한 장갑. 키드 가죽 장갑과 같이 다루라는 말은 매우 조심하라는 의미이다.

레이스 장갑(lace) 오픈워크 직물로 되어 있음, 보통은 흰색, 봄과 여름의 특별 행사 시 사용.

벙어리장갑(mitt/mitten) 엄지손가락 하나를 제외하고 네 손가락은 한곳에 함께 넣을 수 있는 장갑.

팔꿈치 장갑/오페라(mousquetaire/opera) 긴 커프스 장갑, 위팔까지 몇 인치씩 길게 연장되었거나, 때

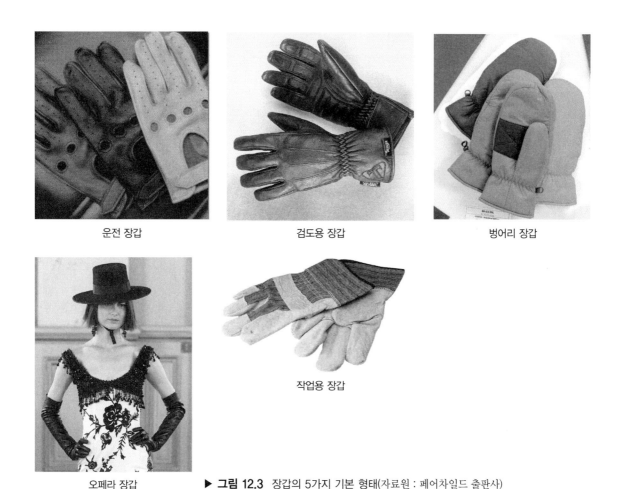

운전 장갑　　　　　　검도용 장갑　　　　　　벙어리 장갑

작업용 장갑

오페라 장갑　　　▶ **그림 12.3** 장갑의 5가지 기본 형태(자료원 : 페어차일드 출판사)

로는 어깨까지 길게 연장된 장갑. 길이는 8버튼(팔의 중간까지)에서부터 16버튼(어깨까지)까지. 꼭 맞는 것은 벗을 때 벌어질 수 있도록 수직 트임이 필요하다.

노벨티(novelty)　꾸밈이나 둘레장식과 같은 특별한 장식의 장갑

작업(work)　산업과 건강/안전을 요하는 직장에서 사용하는 보호장갑. 라텍스, 가죽, 고성능 직물로 됨.

1) 장갑 맞음새와 사이즈

장갑은 대부분 소, 중, 대의 사이즈가 있으며, 여성이나 아동용 니트 장갑은 누구에게나 맞는 한 가지 크기로 나와 있다. 가죽은 신축성이 덜하기 때문에 직물로 된 장갑보다 가죽 장갑은 더 정확하게 맞출 필요가 있다. 작업용과 같은 일부 남성용 장갑은 가장 작은 사이즈로 M 사이즈를 내놓고 있다. 정확하게 사이즈를 맞추기 위한 일반적인 과정은 손을 벌려 손바닥의 주 관절부위에 테이프를 두르고 주먹을 쥔 다음 그 둘레를 재는데, 그 둘레가 장갑의 사이즈이다(그림 12.4). 가끔 손바닥 밑에서 가장 긴 손가락 끝 부분까지를 측정한 결과를 장갑 사이즈로 하는 경우도 있다.

1단계	2단계
손을 편평하게 펼치고 둥근 줄자를 관절부위에 두른다	주먹을 쥐고 관절부위의 테이프를 쥔다. 측정한 둘레를 인치로 기록하고 치수표와 비교한다.

▲ **그림 12.4** 장갑 사이즈 정하는 법

▶ **표 12.1** 남성과 여성용 장갑의 표준 사이즈

사이즈	남성용	여성용
극소	7	$5\frac{1}{2}$
소	$7\frac{1}{2} \sim 8$	6
중	$8\frac{1}{2} \sim 9$	$6\frac{1}{2}$
대	$9\frac{1}{2} \sim 10$	7
X대	$10\frac{1}{2} \sim 11$	$7\frac{1}{2}$
XX대	$11\frac{1}{2} \sim 12$	8

▶ **표 12.2** 나이에 따른 아동용 장갑의 표준 사이즈

사이즈	나이
0	1
1	2
2	4
3	6
4	8
5	10
6	12
7	14

성인용 장갑은 직물 장갑인 경우 한 사이즈를 $\frac{1}{2}$씩 변화시키고, 부드럽게 맞게 하기 위해 가죽 장갑인 경우 0.6cm씩 변화시킨다. 장갑의 사이즈 종류가 더 적어지는 방향으로 변하고 있다. 시장에 가장 많이 나와 있는 사이즈는 소, 중, 대, 또는 한 가지 사이즈이다.

아동용 장갑은 사이즈 범위가 0~7까지 있고 일반적으로 아동 연령의 $\frac{1}{2}$과 사이즈가 같다. 예를 들면, 6세 아동은 3호 장갑을 낀다. 표 12.1과 표 12.2는 남성과 여성, 아동용 장갑의 표준 사이즈와 그에 대응하는 측정치를 나타낸 표이다. 사이즈는 제조업체에 따라 다르다.

2) 장갑 손질법

장갑은 착용, 탈의, 세탁, 보관하는 동안 관리가 필요하다. 장갑 착용의 가장 큰 문제 중 하나는 장갑의 손바닥 면에 붙은 오염을 제거하는 것이다. 오염이 쉽게 보이는 장갑은 매일 착용하기보다는 가끔씩 사용하는 것이 좋다, 장갑을 벗을 때는 손가락 끝 부분을 하나씩 가볍게 잡아당기고 나서 점차적으로 손에서 장갑을 밀어낸다.

다른 액세서리들처럼 소비자들은 손질할 필요가 별로 없는 장갑을 선호한다. 장갑에 사용되는 부드러운 가죽들은 물세탁을 할 수 없거나 무두질하는 과정대로 세탁할 수 있다. 습기에 닿으면 회복할 수 없도록 가죽이 딱딱해진다. 세탁 가능한 가죽 장갑이라 하더라도 일단 젖으면 가죽은 뻣뻣해질 것이다. 발삼유로 습윤시킨 가죽은 손을 (가죽 느낌으로)부드럽게 해줄 것이다. 직물과 가죽을 모두 사용한 장갑은 가죽전용 세탁법으로 관리해야 한다.

편물 또는 직물, 안감이 있거나 없거나, 충진한 것 또는 누빈 것인가와 관계없이 모든 직물로 된 장갑은 보통 기계세탁이나 손세탁이 가능하다. 소비자들은 장갑을 세탁하기 전에 취급표시 라벨에 있는 지시사항에 따라 주의해야 한다. 장갑을 손세탁하려면 미지근한 세제가 담긴 대야에 넣고 장갑을 담가 물이 소재에 스며들게 한다. 잘 헹구고 열원에서 멀리 떨어진 곳에 편평하게 놓고 자연 건조시킨다. 내구성이 있는 일부 장갑은 손에 장갑을 끼고 세탁할 수도 있다.

일부 제조업자들은 기계세탁과 드라이클리닝을 교대로 하지 말라고 경고한다. 가정에서 물세탁한 다음 전문적인 드라이클리닝 업소에 맡긴 장갑은 줄무늬가 나타나기도 한다. 한번 드라이클리닝을 한 것은 계속해서 드라이클리닝을 하도록 권하고 있다.

◎ 세계의 장갑 산업

미국에서는 역사적으로 가죽을 무두질하는 공장이 있는 지역에서 장갑이 생산되었다. 그러한 지역으로는 뉴욕의 풀턴 카운티(Fulton County)에 있는 글러버즈빌(Gloversville)이 있다. 19세기 연대표에 '이 도시의 일부는 가죽 제조업에 종사하여, 사람들은 건조시키기 위해 시렁에 걸어 둔 다량의 새끼양, 면양, 송아지, 돼지, 염소, 사슴, 캥거루, 개의 가죽을 볼 수 있다. 끝손질 과정에 있는 가죽 짐수레를 거리마다에서 만날 수 있고, 도로마다 장갑 상점으로 꽉 찼다.'고 적혀 있다(Gloversville history(2000, 11,25), Masonic Lodge 429.)

오늘날은 많은 가죽 제품 제조가 생산량의 73%를 차지하는 중국이나 생산량의 5%를 차지하는 필리핀을 포함한 해외 공장에서 이루어지고 있다. 패션 장갑을 생산하는 국내회사로 토트 >> 이소토너(totes >> Isotoner)가 있다. 가죽 장갑과 운전 장갑을 생산하는 업체는 스키장갑, 야외용 장갑, 자전거 경주용 장갑, 남·여용 캐주얼과 정장용 장갑 등 고성능 장갑류를 생산하는 뉴욕의 글러버즈빌, 그랜도우(Grandoe)를 포함하여, 뉴욕의 패션 장갑 제조업체로 라 크라시아(La Crasia)가 있다. 라 크라시아는 매년 전 세계 소비자를 위해 60,000컬레의 장갑을 생산하고 있다. 뉴욕의 샤리마르(Shalimar) 액세서리사에서는 장갑, 모자, 스카프를 포함한 유통업자 상표의 액세서리를 생산하고 있다.

미국은 캐나다에 조립하지 않은 장갑을, 중국, 멕시코, 홍콩에는 장갑 부품을 수출한다. 장갑 부품을 이들 나라에서 조립하고 미국은 판매와 소비를 담당한다. 북미자유무역협정(NAFTA)은 멕시코가 미국에 관

▶ **표 12.3** 장갑과 우산 산업의 무역기구

기 구	위 치	목 적
영국장갑협회 British Glove Association(BGA) www.gloveassociation.org	영국, 켄트	정부, 기타 국가기구, 무역계에 대한 영국의 장갑 산업을 대표
미국 장갑유통업자협회 National Industrial Glove Distributors Association(NIGDA) www.nigda.org	펜실베이니아 주, 필라델피아	산업용 장갑의 배달방법 개선, 법률제정 유도, 무역관계 촉진
미국 스포츠용품협회 National Sporting Good Association(NSGA) www.nsga.org	일리노이 주, 마운트 프로스펙트	스포츠 상품업계의 소매상, 판매인, 도매상, 생산업체, 판매중개상을 대표
미국 패션 액세서리협회/패션 액세서리 운송인협회 National Fashion Accesory association/Fashion Accesory Shippers Association(NFAA/FASA) www.accesoryweb.com	뉴욕 주, 뉴욕	장갑과 우산을 포함한 모든 액세서리류를 대표
스포츠용품 생산업자협회 Sporting Goods Manufacturers Association(SGMA) www.sgma.com	플로리다 주, 마이애미	스포츠 상품업계를 대표, 스포츠와 휘트니스 사업의 성장에 기여한다

▶ **표 12.4** 장갑과 우산 산업의 무역 관련 출판물

출판물 명칭	내 용
액세서리 매거진(Accessories Magazine)	장갑과 우산을 포함한 대부분의 액세서리류를 포괄하는 월간 잡지
브라이드 어패럴뉴스(Bridal Apparel News)	장갑을 포함한 신부용 액세서리에 관한 판매자와 생산자에게 복식정보 제공
위민즈 웨어 데일리-월요판 (Women's Wear Daily-Monday)	페어차일드사에 발행하는 주간 경제신문, 장갑, 우산, 기타 액세서리에 대한 사업과 패션 정보 수록
위민즈 웨어 데일리-액세서리 증보판 (WWD Accesory Supplement)	지갑을 포함한 모든 액세서리에 관한 패션 정보를 수록한 페어차일드사 특별 보급판

▶ **표 12.5** 장갑과 우산 산업의 무역 전시회

전시회	지 역	후원기관
액세서리 서킷 Accesorie Circuit	뉴욕 주, 뉴욕	ENK인터내셔날
액세서리더쇼 AccesoriesTheShow	뉴욕 주, 뉴욕	Business Journals 사
중국 텍스타일과 의류전시회 China Textile and Apparel Trade Show	뉴욕 주, 뉴욕	Special Trade Shows사와 China Council for the Promotion of International Trade
슈퍼쇼 The Super Show	네브래스카 주, 라스베이거스	Sporting Goods Manufaturers Association

세 없이 장갑을 수출하도록 허용하고 있다. 미국 산업과 무역 전망 2000(Industry and Trade Outlook 2000)에 의하면 2000년 미국의 가죽 장갑과 벙어리장갑의 수출액은 860만 달러로 20% 정도 증가하였다.

미국, 유럽연합, 일본은 고성능과 고가의 가죽을 필요로 하는 스포츠용 장갑의 주요 생산국이다. 야구와 골프장갑이 이러한 영역에 속한다. 골프장갑은 골프운동을 위한 패션의상에 어울려야 한다.

1) 무역기구, 출판물, 전시회

안전, 건강, 스포츠, 작업, 취미를 위한 여러 장갑전문 무역기구가 있지만 패션 산업에 국한된 조직은 현재까지 없다. 마찬가지로 우산 산업도 일반 액세서리 무역기구가 대표하고 있다. 장갑과 우산은 일반적인 액세서리 출판물과 무역 전시회와 유사하다. 표 12.3, 표 12.4, 표 12.5는 이 산업을 대표하는 중요한 무역기구, 출판물, 전시회의 목록이다.

◎ 머천다이징 트렌드와 기술

패션 장갑은 충동구매품이고 선물용품이다. 판매를 극대화하기 위해서 상품은 가시성이 높고 수용이 용이해야 한다. 최소한 뚜렷이 구별되는 두 구역에 유사한 장갑을 진열하면 확실히 더 잘 볼 수 있어 판매량을 늘려준다.

가장 성공적인 판매 철학 중 하나는 대상이 되는 고객의 라이프스타일에 맞추는 것이다. **라이프스타일 층**(lifestyle story)을 만드는 것은 고객의 의상 모드를 반영하기에 적합한 상품, 시각적인 진열, 실내장식과 환경을 조성하는 것을 의미한다. 예를 들면, 소매상인은 장갑과 관련 액세서리를 판매하기 위해서 멋쟁이 층, 성공적 직업 층, 재미있고 활동적인 층을 만들 수 있다.

인물소개 : 토트 ≫ 이소토너

이소토너(Isotoner)는 손에 꼭 끼며, 신축성이 크고, 물건을 꽉 잡을 수 있도록 손바닥을 고안한 운전자용 장갑의 대명사로 사용되는 단어이다. 이 장갑은 1969년부터 생산되기 시작했다. 그러나 토트≫이소토너사에서는 이 기본 장갑 이외에도 패션 장갑을 생산한다. 손목이 긴 장갑, 슬리퍼, 비옷류, 추운 날씨에 필요한 액세서리, 우산 등을 생산한다.

1923년에 소로 막스사(Solo Marx Co)에서는 구두 위에 간편하게 신어서 구두가 비에 젖는 것을 막아주는 고무 덧신을 생산했다. 이와 같이 고무로 만든 덧신을 토트(totes)라 불렀으며(신고 벗기 쉽기 때문에), 이것이 날씨로부터 착용자를 보호해 줄 수 있는 최초의 액세서리 품목이었다.

1910년에 이소토너사에서는 아더, 로버트, 어윈 스탠톤 형제들이 자신 이름의 머리 글자를 따서 여성용 패션 장갑인 ARIS 장갑을 생산하기 시작했다. 1960년에 판매고가 줄어들자 이들 형제들은 장갑의 유행 전략을 재고하고 고객의 욕구에 부응한 기능성 장갑을 제공하기 시작했다. 1960년대의 클래식 장갑인 ARIS 이소토너는 휴가철 선물로 제일 잘 팔렸다. 토트사와 ARIS 이소토너사는 마침내 합병하고 토트≫이소토너사로 이름을 바꾸었다.

현재 토트≫이소토너사는 캐시미어 안감과 스판덱스를 끼어 넣은 이소플렉스(IsoFlex) 부드러운 가죽 또는 스웨이드 장갑부터 라이크라 스판덱스, 가죽이나 비닐로 손바닥을 만들고 씬슐레이트 안감을 댄 클래식 나일론 장갑에 이르는 다양한 장갑을 생산하고 있다.

토트사에서는 장갑 이외에도 대량판매 소매상에서 취급하는 크로매틱(Chromatic)과 워터컬러(Watercolor)라 부르는 저가격대 상품과 토트 라인의 우산을 생산한다. 2000년 가을에 토트사에서는 휴대폰 크기로 접혀지는 우산인 포켓 원더(pocket wonder)를 생산했다.

이소토너사에서는 공격적으로 특수 원단과 스타일을 생산하고 있다. 이 회사에서는 절연성이 큰 안감으로 이소로프트(IsoLoft)를 개발했는데, 이 원단은 털이 기모되어 있어 부드럽고 체온을 잘 보존한다. 이소스포츠(IsoSport) 장갑은 운동경기용 장갑과 여가용 장갑을 합한 것으로 **운동 및 여가 스타일**(athleisure style)이다. 꼭 끼는 스타일은 방수성이 있으나 피부가 숨쉴 수 있도록 해주는 기능성 원단으로 만들었다.

2001년 봄에 토트≫이소토너사와 워너브라더스 소비자 상품(Warner Brothers Consumer Products)사에서는 롤링이 쓴 베스트 셀러인 해리포터를 연상케 하는 어린이와 어른용 우산과 비옷을 특허받아 소개했다. 특허받은 상품들은 처음에 백화점과 전문점에 출시되었다. 이전에 토트사와 피셔-프라이스(Fisher-Price)사에서는 6세 미만 어린이용 우산과 비옷 생산을 특허받았었다. 7~12세 어린이에게는 스플래시 플래시(Splash Flash)라 하는 플래시 손잡이가 달린 우산을 제공하려고 했었다.

현재 토트≫이소토너사는 오하이오 주 신시내티 시에 본부를 둔 5억 달러 규모이며, 보스턴의 베인 캐피탈(Bain Capital)에서 소유하고 있다. 이 회사는 충성도가 높은 고객을 상대로 가치지향적인 상품을 생산하기 위하여 노력하고 있다. 토트란 이름은 잘 알려져서 페어차일드에서 작성한 100대 브랜드에서 43번째이다.

1) 점포 소매상

패션 장갑과 벙어리장갑은 여러 가지 형태의 소매상점에서 판매되고 있지만, 가장 판매비율이 높은 백화점과 할인점에서 각각 24% 정도씩 팔리고 있다. 전문점은 판매량의 16%를 차지하고 있으며, 제이시 페니(J.C. Penny), 콜스(Kohl's), 시어스(Sears)와 같은 대형연쇄점은 판매량의 15% 정도를 차지한다.

모든 형태의 상점에서 장갑은 일반적으로 모자, 스카프, 핸드백 근처의 액세서리부에 진열한다. 겨울용 니트 장갑은 머플러 스카프, 니트 겨울모자와 함께 세트로 판매하기도 한다. 이 상품들은 선물로 판매될 잠 재력이 있기 때문에 성탄과 연말연시에는 정면 통로 끝으로 이동한다.

부티크와 고가품 상점에서는 상품을 판매원의 도움을 요하는 진열장 안에 넣어두기도 한다. 이런 장갑 은 가격대가 상당히 높아져서 유명브랜드는 한 켤레에 50달러부터 시작된다. 디자이너 장갑은 가격이 더 높고 잠겨진 진열장 속에 진열되어 있다.

할인점과 양판점에는 패션 장갑에 제조업체의 브랜드명을 붙이지 않고 판매점포의 가격표를 붙인다. 이 상점에서는 다양한 스타일의 상품을 저가에 팔고 있음을 강조하면서 동일한 가격대에 다양한 스타일의 상 품을 가져다 놓는다. 작업 장갑과 스포츠 장갑은 장갑의 사용을 필요로 하는 장비와 도구 가까이에 놓는다.

2) 인터넷 소매상

인터넷 판매는 스포츠용 장갑, 작업용 장갑과 일부 특별한 상호에 필요한 장갑에 특히 국한되어 있다. 가장 큰 인터넷 시장은 스키와 기타 스노우 스포츠, 등산, 자전거, 사격, 운전과 같은 스포츠 장비이다. 액티브 스포츠에 더해 인터넷 상품에는 속 장갑, 기능성 작업 장갑, 안전 장갑, 헬스산업용 라텍스 장갑, 전통적인 퍼레이드와 장례용 흰장갑, 정장과 웨딩용 새틴 장갑도 포함되어 있다.

3) 카탈로그 소매상

장갑은 보통 의복과 액세서리 카탈로그 소매상에 의해 관련 외의상품과 함께 판매되고 있다. 카벨라스 (Cabela's), 엘엘 빈(L.L.Bean), 랜젠(Lands' End), 제이시 페니(JC Penny)를 비롯한 기타 카탈로그 소매상은 패션과 보호용 장갑을 제공한다.

◉ 장갑 판매

소매상들은 선물을 하려는 사람과 구매를 하려는 사람들이 그들의 필요에 따라 적합한 스타일의 장갑을 고 를 수 있도록 충분한 장갑을 준비해야 한다. 충분한 장갑 선택이란 여러 가격대와 다양한 재료, 색, 스타일 의 장갑을 내포하는 것이다. 일부 장갑은 일용품으로 구매할 것으로 생각되어 소비자들은 가격을 많이 의 식하게 된다. 기능성 장갑을 판매할 때는 브랜드 명성이 판매를 결정하는 상품의 강조점이 되기도 한다.

1) 가격과 가치

장갑의 가격은 사용된 재료(안감을 포함하여), 브랜드 명성, 수공도, 장식적인 디테일에 많이 좌우된다. 층 을 나누어 만든 가죽보다 최상부 가죽이, 부드러운 가죽이, 새끼염소 가죽처럼 희귀한 가죽 등이 더 비싸 다. 폴리에스테르 플리스보다 캐시미어와 같은 안감재료가 가격에 많은 영향을 준다. 일부 장갑의 브랜드

인지도는 소매상들이 값을 비싸게 부르게 한다. 브랜드 명성은 품질의 지표가 될 수 있지만 일부 유통업자 상표 장갑은 값싼 상품과 품질이 동일할 수도 있다. 세공도와 디테일, 특별한 무두질 방법, 손바느질의 양, 특별한 가장자리 장식 등이 장갑의 판매가에 영향을 미친다.

예를 들면, 동일한 스타일의 가죽 장갑도 가격대의 범위가 넓다. 시장에 나와 있는 가죽 장갑 중에서 헤르메스 새끼양가죽 장갑은 한 켤레에 355달러에 판매되고 있으며, 셀린느 금 사슬 장갑은 325달러, 말로 캐시미어 안감 장갑은 290달러, 케이트 스페이드(Kate Spade)의 꽃 자수 장식 장갑은 165달러, 리본 장식은 155달러, 포우니스(Fownes) 가죽 장갑은 제이시 페니에서 34달러, 글로브 인터내셔널(Gloves International) 사의 운전용 가죽 장갑은 19.99달러에 판매되고 있다. 소매상점에서는 표적 고객들이 수용할 수 있는 가격대의 장갑을 가져다 판매량을 극대화하기 위해서 다양한 재료와 색상의 장갑을 내놓고 있다.

2) 소비자 욕구에 대응하기

장갑 제조 산업은 액티브 스포츠웨어 산업에서의 소비자 요구를 빈틈없이 반영해야 한다. 캐주얼 육상경기에 의한 스포츠 참여의 증대는 골프에서 스노우보드까지 여러 가지 다른 스포츠 활동을 하기 위해 비싼 가격으로 고기능성 옥외용 장갑의 수요를 창출하였다.

운전용 장갑 판매량의 급등은 백화점에서 디자이너 브랜드 장갑, 내셔널 브랜드 장갑의 출시를 증가시켰고, 전통적으로 장갑 제조와 관련이 없는 액세서리 회사들이 유통업자 상표의 운전 장갑을 출시함으로써 소비자들의 수요에 부응하고 있다. 소비자들은 가끔 모든 사람에게 맞는 프리 사이즈 장갑을 명절 선물로 주기도 한다.

할인점과 양판점 바이어는 고객들이 기성복에서 유행하는 직물과 장식으로 된 장갑을 원한다는 것을 알고 있어야 한다. 가격 저하와 최신 패션이 고객의 구매동기를 유발하는 가장 큰 두 가지 요인이 될 수 있다.

◎ 우산의 역사

현대 우산은 기후와 자연으로부터의 보호, 지위와 신분을 위해, 종교의식의 상징과 같은 여러 목적으로 사용된다. 우산이라는 말은 그늘을 의미하는 라틴어의 움브루(umbru)에서 파생되었다. **파라솔**(parasols)이나 **양산**(sunshades)은 햇빛 방지용으로 사용된다.

우산은 아마도 약 4000년 전 중국에서 유래된 것으로 보인다. 이집트, 아시리아와 중국을 포함한 여러 나라에 고대 우산과 양산의 유물을 가지고 있다. 커튼을 드리우고 장식된 직물 양산으로 자연을 방어하면서 의식용 전차에 탄 메소포타미아 아슈르바니팔(Ashurbanipal) 왕의 모습이 기원전 625년 부조물에 나타나 있다(그림 12.5).

고대 그리이스와 로마는 종교적 의식이나 햇빛을 막기 위해 우산을 사용한 동남아로부터 대대적인 파라솔 유행을 모방하였다. 고대 중국은 대나무 프레임의 실크 우산을 만들었고, 종이 우산에 왁스와 래커 칠을

▲ **그림 12.5** 전차에 탄
아슈르바니팔 왕의 모습
(자료원 : 대영박물관)

하여 최초의 방수기술을 인정받았다.

16세기 유럽에서는 습한 날씨 때문에 여성들이 우산을 사용하였고 나중에는 남성들도 사용하게 되었다. 파라솔과 장갑은 17세기 후반부터 18세기까지 복식 액세서리로 유행하였다.

19세기 여성의 복식은 접었을 때 지팡이와 비슷하고 가벼운 양산이 유행하였다. 이 유행은 여성들이 햇빛에 그을린 피부를 좋아하여 햇빛을 가리는 파라솔을 폐기했던 20세기 초반까지 계속되었다.

영국 철강회사 창시자인 사무엘 폭스(Samuel Fox)는 1852년 강철 살로 만든 우산을 발명한 것으로 유명하다. 그의 발명은 4.5kg가 나가는 고래 뼈 프레임에서 0.68kg파운드의 강철 살로 바꾸어 우산살의 무게를 감소시키려는 그 시대의 많은 사람 중 한사람이다. 아프리카계 미국인 발명가 윌리엄 카터(William C. Carter)는 1985년 우산대를 특허 등록하였다.

파라솔이나 양산을 가지고 다니는 햇빛에 민감한 몇 사람을 제외하고는, 현대 미국인들은 우산을 비를 피하기 위해서만 가지고 다닌다. 일본인들은 종이우산을 햇빛 차단과 전통의식용으로 사용한다.

◎ 우산 생산

유행 경향을 살펴보면 더 치밀하고, 접을 수 있고, 가볍고 장식적인 우산을 선호하고 있다. 햇빛을 가리는 파라솔이나 비를 막는 우산은 내구성이 있어야 한다. 미국은 지역에 따라 우산의 색상과 차양 선호도가 다르다. 뉴욕과 같은 대도시는 차양이 작고 검은색이나 어두운 색상의 우산을 선호하는 반면, 중부지역에서는 다채롭고 차양이 큰 우산을 선호한다.

1) 디자인

디자이너들은 판매고를 갱신하기 위해 계속적으로 심미성과 기능성을 가진 우산을 선보이고 있다. 이 새로운 시도는 차양 소재 디자인과 내구성을 향상시키기 위한 기술적 문제를 포함한다.

1990년대까지 디자이너들은 반 고흐와 라파엘과 같은 대가의 작품을 재현하여 스크린이 인쇄된 우산을 선보였다. 많은 박물관들이 그들의 소장품에 대한 인쇄 허가를 내주거나 우편주문을 통해 박물관 매점에서 자신들이 제작한 우산을 판매하였다. 피에르 가르뎅과 같은 유명 디자이너는 우산류에 대한 라이센스 계약으로 많은 돈을 벌었고 다른 디자이너들이 새롭게 합류하였다.

우산 덮개의 유행 직물은 동일해 보이지만 우산의 내구성은 매우 달라졌다. 고가 우산의 디자인은 저가 우산보다 수명이 더 긴 것이 보통이다. 우산이 비바람에 견디는 성능은 중요한 요인 중 하나로, 창의적인 디자이너와 생산 기술자들은 우산이 뒤집혀 상하지 않도록 특별한 디자인을 개발하고 있다. 시속 50마일의 풍동 내에서 엄격한 디자인 시험과정을 거치기도 한다.

2) 우산 각 부분

우산은 실용적인 기능, 장식적인 기능 또는 실용과 장식의 두 가지 기능을 모두 가지는 경우도 있다.

> **프레임**(frame) 우산의 모양을 잡아주는 금속물. 프레임은 알루미늄이나 강철로 만들어지기도 하고 황동이나 크롬으로 코팅하기도 한다.
> **우산살**(rib) 덮개를 부착하기 위한 금속 지지대로, 보통 7~17개의 살로 이루어진다.
> **캐노피/덮개**(canopy/cover) 금속 살과 프레임을 덮어주는 직물. 삼각형 천을 모아 원형으로 박아

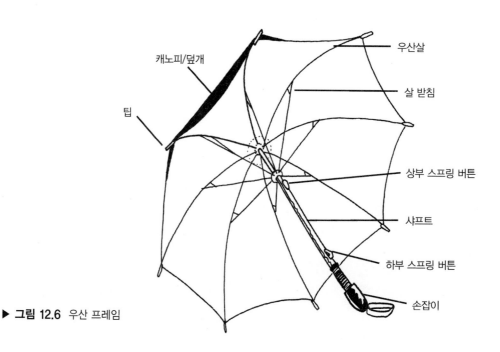

▶ **그림 12.6** 우산 프레임

준다. 캐노피 크기는 소, 중, 대, 그리고 스포츠용으로 특대가 있다.

팁(tip) 캐노피를 봉합하기 위하여 개개의 우산살에 부착하는 끝 부분.

샤프트(shaft) 중심축으로 대부분의 성인용 우산은 샤프트 길이가 약 2피트 정도이다.

손잡이(handle) 우산을 접었을 때 우산살의 팁을 잡아주는 부분으로 갈고리처럼 구부러지거나 오목 들어가 있다. 재료는 목재, 플라스틱, 가죽, 나무줄기, 금속, 뼈 등으로 되어 있다.

우산 물미/끝(ferrule/finial) 장식적인 끝 부분

스트레처/살 받침(stretcher/spreader) 샤프트 위로 미끄러져 움직이도록 우산살에 연결된 금속 가지. 살 받침은 손잡이에서 우산 끝에서 손잡이를 거스르는 샤프트 속의 스프링에 의해 위아래로 움직인다.

밴드/테이프(band/tape) 우산을 접었을 때 손잡이와 프레임에 덮개가 밀착되도록 하는 스냅이나 벨크로 테이프가 달린 고리끈

슬리브/우산 집(sleeve) 접은 우산을 담을 수 있는 직물로 된 튜브. 일부 우산 집은 우산이 필요 없을 때 이동 시 손이 자유로울 수 있도록 어깨끈을 달기도 한다.

3) 생산

우산은 전형적인 두 가지 방법으로 구성된다. 첫 번째 방법은 손잡이와 샤프트가 하나로 연결된 **견고한 조립방법**(solid construction)이고, **두 조각 조립방법**(two-piece construction)은 손잡이와 샤프트가 분리되어 조립되는 것이다.

캐노피의 사이즈는 다양하지만 평균 사이즈는 152~157cm이다. 성인용 소형 우산은 지름이 107~109cm이고, 골프우산은 더 커서 173cm 이상인 것도 있다.

4) 소재

우산 덮개로 가장 많이 쓰이는 것은 나일론이다. 직물조직이 치밀하고 고유한 내수성이 있는 나일론이 우산 소재로 이상적이다. 일부 업체는 폴리에스테르나 발수가공한 면소재를 사용하기도 한다. 비닐 덮개는 방수성이 있어 우산으로 사용하기에 적합하다.

우산 프레임은 비바람에 견딜 수 있는 강도가 필요하기 때문에 유리섬유 또는 단단한 강철로 만드는 것이 일반적이다. 가벼운 우산을 만들기 위해 프레임을 알루미늄으로 하기도 한다. 골프 코스에 사용하는 것처럼 번개를 막아야 하는 우산은 비금속 재료에 고무 손잡이를 사용한다. 캐노피를 잡아주는 팁 재료는 래커를 칠한 금속으로 만들어 우산살에 손바느질로 꿰맨다. 더 저렴한 팁은 플라스틱 또는 클립 고정식 금속으로 만들기도 한다.

5) 우산의 기본 스타일

우산의 기본 형태는 다음과 같다(그림 12.7)

자동우산(automatic) 손잡이에 달린 버튼을 누르면 샤프트 길이가 전장으로 늘어나면서 덮개가 열린다.

발레리나 우산(ballerina) 종 모양의 캐노피 둘레에 짧은 러플이 달렸다.

버블 우산(bubble) 들고 다니는 사람의 어깨까지 닿는 돔 모양의 캐노피. 투명한 비닐로 만들어졌으며, 1960년대 일부 지역에서 유행했다.

버블 우산

접는 우산

장대 우산

방풍 우산

◀ **그림 12.7** 우산의 기본 형태

칵테일 우산(cocktail) 캐노피가 작고 매우 장식적인 외관을 가진다.

접는 우산(folding/collapsible) 접이살이 접혀지는 덮개의 반경을 반으로 줄여준다. 샤프트가 접었을 때 길이가 짧아진다.

골프우산(golf) 캐노피가 크고 흰색 또는 단색이 일반적이다. 골퍼의 머리 위로 캐디가 들고 다닌다. 일반 우산으로 대중화되었다.

초대형 우산(oversize) 캐노피의 지름이 평균 이상으로 크다.

파라솔(parasol) 가벼운 직물로 된 캐노피로 과다한 일광노출을 방지하기 위해 들고 다닌다.

장대 우산(stick) 좁은 튜브 속으로 접어 넣는 것.

짧은 우산(telescoping) 샤프트에 접히는 기능을 부여한 것.

방풍 우산(windproofing) 덮개가 뒤집히지 않도록 고안되어 강한 비바람에 견디는 것.

◎ 세계의 우산 산업

대부분의 우산 관련 산업은 미국보다 인건비가 싼 아시아 특히 중국에서 대량생산하고 있다. 표 12.6과 표 12.7은 2002년 미국의 수입과 수출을 비교하여 나타낸 것이다.

뉴욕 시에 기반을 둔 우산 제조와 수리를 하는 엉클 샘(Uncle Sam) 우산회사는 판매수익의 감소로 인해 사업장을 폐쇄하였다. 그 회사는 우산업계에서 마지막 회사로 우산 제조와 수리로 명성이 높았다.

미국 내에 본부를 두고 있는 회사들은 저임금의 장점을 취하기 위하여 해외에서 생산을 하고 있다. 제조 전 공정을 미국에서 하고 있는 피어리스(Peerless)우산은 해리슨(Harrison)과 뉴저지(New Jersey)에 유니언 숍을 두고 있지만, 이 회사의 특징은 미국에서 우산 수입을 가장 많이 하는 회사 중 하나라는 것이다. 만일 상점에서 우산의 선적이 급히 필요하다면, 피어리스사는 미국 내에서 특별 주문생산을 할 수도 있고, 그렇지 않으면 임금을 절약할 수 있는 해외에서 상품을 생산한다.

▶ **표 12.6** 2002년 미국의 우산과 프레임 수입액

국 가	우산 수입가(달러)	프레임 수입가(달러)
중국	50,037,000	420,000
홍콩	2,857,000	83,000
대만	1,174,000	41,000
타이	2,926,000	—
영국	399,000	15,000

미국 무역 속보표; 2002.12 수입 660191, 6603.20.3000(2002.12), 2003.6.27

(자료원 : http//www.ita.doc.gov/td/industry/otea/rade-Detail/Latest-December/Imports/66/ 660191.html)

▶ **표 12.7** 2002년 미국의 우산과 프레임 수출액

국 가	우산 수출가(달러)	프레임 수출가(달러)
버뮤다	—	37,000
캐나다	23,000	68,000
코스타리카	—	37,000
일본	20,000	95,000
멕시코	262,000	240,000
네델란드령 안틸 제도	10,000	—
스위스	—	45,000

미국 무역 속보표; 2002.12 수입 660191, 6603.20.3000(2002.12), 2003.6.27(자료원 : http//www.ita.doc.gov/td/industry/otea/)

머천다이징 트렌드와 기술

우산 생산자와 판매자들은 다양한 품질과 가격대의 우산을 내놓고 있다. 일부 고객들은 저가 우산을 선호하여, 폭우가 내릴 때만 하는 수 없이 우산을 구매하는 반면 또 일부는 고가의 내구성 있는 우산을 계획하여 구매하기도 한다.

　뉴욕 시에서 폭우가 내리면 세상물정에 밝은 행상인들이 쏟아지는 빗속의 고객들에게 값싼 검은색 우산을 5달러(3~4달러에 협상할 수도 있음)에 판매한다. 편의점에는 갑자기 우산을 사고자 하는 고객을 위해 계산대 근처에 몇 가지 값싼 우산을 준비해 두고, 상점에서는 비오는 날 우산을 출입구 앞 부근에 진열해 놓는다. 이것은 많은 사람들이 비에 젖을 때까지 우산 살 생각을 하지 않음을 의미하는 것이다.

1) 점포 소매상

시즌 절정기에 앞서 판매원들은 점포의 콘셉트, 점포의 목표점을 정하고 우비와 기타 방수 액세서리와 같은 관련 판매품목을 준비한다. 이러한 판매방법은 더 가시적인 효과를 가져다주고, 고객들에게 쇼핑의 즐거움을 더해주며, 충동 구매자에게 추가 판매할 기회를 제공한다.

　판매자는 시즌 절정기에 완벽하게 상품구색을 갖추어야 한다. 일단 판매시기가 돌아오면 생산자들이 미리 포장해 놓은 상품을 강제로 재주문하기보다는 점포 바이어들이 잘 팔릴 것으로 알고 있는 상품을 재주문하라고 생산자들이 충고한다.

　고객들은 우산의 기능성에 대해서는 잘 교육받지 못했지만, 특별한 브랜드를 선택하기 전에 우산의 특색과 장점에 대해서는 알고 싶어 한다. 생산자와 판매자는 바람에 꺾이지 않음, 바람을 막아줌, 풍동시험을 거쳤음, 공기역학적으로 디자인한 구조, 뒤집히지 않음과 같은 마케팅 용어를 광고에 포함시킨다.

2) 인터넷 소매상

대부분의 우산 웹 사이트는 전통적인 판매 제도를 거치지 않고 소비자에게 직접 판매를 한다. 이 상점들은 우아한 프린트 우산, 골프우산, 테라스용 우산 등 다양한 상품을 제공한다. 이 판매방식은 상품의 유명도는 강조하지 않는다.

유명 상표의 우산은 제조후원 웹 사이트에서 실제로 판매하기보다는 판매촉진 활동을 많이 하는 것 같다. 이러한 판매를 유도하는 기법을 통해 구매자들이 좋아하는 매장을 방문하고 상품을 찾을 수 있도록 촉진한다.

3) 카탈로그 소매상

대부분의 카탈로그 판매자들이 장갑과 마찬가지로 전문적인 우산을 다른 액세서리 상품과 함께 제공하고 있다. 예를 들면, 카탈로그의 동일한 페이지에 고객이 새 레인코트에 낡은 우산이 잘 어울리지 않을 것을 상기할 수 있도록 전천후용 코트와 장식적인 캐노피 우산을 함께 제시할 수도 있다. 만일 우산의 가격이 적절하고 모양이 독특하다면 고객은 관련된 액세서리를 더 많이 주문할 것이다.

◎ 우산의 판매

판매자들은 우산을 충동적인 구매상품과 계획적인 구매상품의 두 가지 측면을 다 보아야 한다. 비가 많이 오는 계절에는 저가 우산이 충동구매상품이 되고 일반 상점에서 많이 볼 수 있다. 건조한 계절과 선물 시즌(6월과 12월)에는 고가 우산을 패션성이 강한 관련 상품과 밀착 판매하여야 한다.

1) 가격과 가치

명품 우산 제조자들은 고객 인지도를 높이기 위한 광고비를 많이 소비한다. 가장 인지도가 높은 브랜드는 우세한 시장점유율을 확보하기 위해 인쇄매체와 TV광고 둘 다를 활용한다. 다른 대상의 고객을 영합하기 위해 브리그(Brigg) 우산은 비밀 담배 라이터와 같은 특별 사은품과 함께 우산을 더 비싼 가격(350달러에 판매)으로 책정하고 있다.

명품을 선호하는 고객을 위해 상품가치는 물건에 붙어 있는 높은 가격표가 합당하게 표현되어야 한다. 그러나 기능적인 모양을 거의 갖추지 않은 저가 상품을 선호하는 고객들에게는 그럴 필요가 없다.

테라스용 우산과 지지대의 가격 범위는 150~1,000달러까지 있다. 이 우산의 상품가치는 바람이 불 때 지탱할 수 있는 정도와 유해 자외선의 차단성, 습한 날씨에 견디는 정도에 따라 결정된다. 폭풍우로부터 덮개 팁을 보호하기 위해 철 받침이 가장 중요하게 고려되며, 녹스는 것을 방지하기 위해서 에나멜을 입힌다. 아쉽게도 이 받침의 무게는 거의 23kg이나 된다. 캐노피의 크기나 지름으로 측정할 수 있는 일광차단성이 또 다른 가치 평가기준이다. 캐노피 지름은 보통 240~300cm 정도이며, 캐노피 재료는 방오성과 방습성이 있는 아크릴, 폴리에스테르 캔버스 직물, 테프론을 코팅한 면 캔버스 등이 있다. 모든 야외용 덮개는 자연 요소에 의한 노화를 방지하기 위한 가공을 해야 한다.

단단한 나무 프레임은 알루미늄보다 내구성이 더 좋은 것으로 생각되며, 이 프레임은 고객들이 더 선호하는 캐노피 막이다. 폴은 조립하기 쉬운 부분이지만, 조립할 때 부품들이 편안하게 맞춰져야 한다. 폴의 지름은 3~5cm 정도이다.

2) 소비자 욕구에 대응하기

우산 제조업체는 고객들에게 새롭고 매혹적인 상품을 내놓기 위해서 노력해야 한다. 접는 미니우산, 아담한 사이즈로 접는 골프용 사이즈의 우산, 햇빛이 있는 날을 위해 특별히 UV코팅한 방수 우산, 어깨 끈이 달린 우산 등이 고객들에게 우산을 바꿔 사도록 동기를 부여하는 현재 진행되고 있는 혁신적인 상품의 예이다.

3) 우산 손질법

소매상 연합회는 구매품에 대한 관리에 대해 고객들에게 조언해 주어야 한다. 우산은 접기 전에 완전히 자연 건조시켜야 한다. 방수가공한 것이 벗겨질 염려가 있으므로 캐노피를 타올로 닦지 말아야 한다. 계절마다 직물 캐노피를 펼쳐 놓고 위에 스카치가드와 같은 방수 코팅제를 충분히 뿌리고 건조해 둔다.

◎ 안경의 역사

안경은 약 2,000년 전에 고대 중국에서 악귀로부터 눈을 보호하기 위해서 처음으로 착용하였다. 약 기원전 4세기에 로마의 비극작가 세네카(Seneca)는 물을 채운 유리 장갑을 통해 보면 많은 책을 읽을 수 있다고 하였다. 이탈리아인들은 **독서용 구슬**(reading stone)을 개발하였는데 그것은 글자를 확대하기 위해 문서 위에 올려놓는 유리구슬이었다. 독서용 구슬은 나중에 눈앞에 끼우는 것으로 발전하였다.

독서용 안경은 발명자는 알려지지 않았지만 13세기에 만들어졌다. 기록된 문헌과 프레스코 벽화에 의하면 안경의 발명에 대한 기록은 1268년부터 1289년 사이로 추정된다. 근시안을 위해 만들어진 오목렌즈는 16세기에 발명되었다. 교황 레오 10세(Pope Leo X)는 오목렌즈를 썼을 때 그의 사냥하는 동료들보다 더 잘 볼 수 있었다고 주장하였다. 뼈, 금속 또는 가죽 테 안에 석영렌즈를 끼운 안경은 거꾸로 된 V자 모양 리벳으로 고정시키고 코걸이를 살짝 걸쳐 놓았다.

1629년에 영국에서 '노인에게 축복을'이라는 표어와 함께 안경 제조회사가 생겼다. 1730년까지 영국 사람들은 가장 효율적으로 얼굴에 안경을 걸치는 데는 견고한 측면부가 최적이라고 생각하였다. 1752년에 안경 디자이너 제임스 아이스코프(James Ayscough)는 이중 경첩의 측면부와 2세트의 렌즈—맑고 엷은 푸른색과 녹색—가 달린 안경을 발명하였다.

▲ **그림 12.8** 철사 테에 초점이 두 개인
렌즈를 착용한 벤자민 프랭클린

▲ **그림 12.9** 외알 안경

안경의 값은 비싸서(1700년대 초에는 200달러나 되었다), 부자들이 안경을 착용하는 것을 금지하였다. 미국의 정치가이며 이중초점렌즈를 발명한 벤자민 프랭클린(Benjamin Franklin)은 근시안경과 원시안경을 바꾸어 쓰는 것이 피곤하다고 말하였다. 프랭클린은 후에 '유리를 잘라 동일한 원주 내에 오목렌즈와 볼록렌즈를 각각 반반씩 결합시켰다'고 적었다(Drewry, 2001)(그림 12.8). 안경은 다음 2세기에 걸쳐 계속 개량되어, 20세기에 와서는 은이나 철, 그리고 단단한 고무 테(J.J. Bausch가 만듦) 안에 초점이 두 개인 렌즈를 넣어 만든 안경이 널리 사용하게 되었다.

18~19세기 안경은 외알 안경, 손에 쥐는 테가 달린 안경, 유리를 잘라낸 안경, 코안경이 있었다. **외알 안경**(monocle) 또는 아이링은 1700년대 독일에서 개발되었으며, 1800년에 런던에 소개되었다. 사회적 엘리트와 소수의 독일 군인들이 착용하였던 외알 안경은 제1차 세계대전 이후 유행이 사라졌다(그림 12.9).

손잡이 테가 달린 안경(lorgnettes)은 렌즈 프레임에 하나의 긴 손잡이가 달려 있다. 이것은 코 밑에 연결 손잡이가 달린 마치 절단된 것처럼 보이는 **유리를 잘라낸 안경**(scissor glass)으로 대치되었다. 손잡이나 귀걸이가 없고 리본이나 사슬로 편리하게 고정시키는 **코안경**(pince-nez glasses)은 목에 두르거나 옷깃에 핀으로 꽂았다.

1930년대에 엷은 색의 선글라스에 대한 광고가 나오기 시작하면서 **선글라스**(sunglasses)가 향후 안경류의 유행품목에 추가되었다. 샘 포스터(Sam Foster)는 애틀랜틱(Atlantic) 시에 있는 울워스(Woolworth) 스토어에서 유행색상의 포스터 그랜트(Forster Grant)라는 브랜드의 선글라스 판매를 시작하였다.

선글라스는 액세서리 장비로 그리 비싼 것이 아니어서 선글라스의 수요는 계속해서 꾸준히 증가하였다. 패션 선글라스의 최신 분류에 대한 내용을 담은 30년 된 패션교재에서 발췌한 재미있는 내용을 보아라. "노션스(Notions) 백화점은 햇빛 속에서 착용하는 값싸고 패셔너블한 안경이 가장 중요한 패션 액세서리 품목 중 하나라는 것을 알고 있다. 한 선글라스 제조회사에서는 고객들이 선글라스를 의상에 조화시켜 착용할 수 있도록 렌즈의 색이 다른 5세트의 유행색 선글라스를 만들어낼 필요가 있다. 이것이 유행에 정통한 여성에게 완벽한 패션 선글라스 의상이다"(Tolman, 1978).

안경 개론

안경 산업은 구두와 같은 다른 액세서리 영역에 비해 상대적으로 제조회사가 적다. 큰 안경제조회사는 더 작은 회사를 소유하고 흔히 합작기업과 함께 작업을 한다. 안경 생산의 대가는 2000년에 판매량 20억 달러를 상회한 룩소티카(Luxottica)사이다. 조지오 아르마니(Giogio Armani), 비블로스(Byblos), 샤넬(Chanel), 불가리(Bulgari), 페라가모(Ferragamo), 모스키노(Moschino), 제니(Genny) 등의 디자이너가 룩소티카사에 소속되었고, 후에 사피로(Safilo), 드리고(De Rigo), 말코린(Marcolin), 이탈로크레모나(Italocremona)도 합류하였다. 소수의 최강팀이 거대한 판매를 통제하고 있지만, 기술적 통찰력을 가진 장인과 같은 수천의 소규모 제작자들이 패션 안경을 만들어내고 있다.

소비자들은 잘 모르고 있지만, 대부분의 안경 디자인과 생산은 이탈리아 공단에서 이루어지고 있다. 라이센스 브랜드가 무수히 많지만 거슬러 올라가면 대부분 몇 개의 대규모 이탈리아 공단제이다. 이탈리아 공단 이외의 대규모 브랜드는 일본의 가네코(Kaneko)광학사와 독일의 브렌델(Brendel)이다.

대부분의 대규모 이탈리아 회사는 매우 잘 알려진 브랜드의 안경을 고안하였다. 선글라스 헛(Sunglass Hut)과 렌즈 크라프터(LensCrafter), 바슈롬(Bausch & Lomb)의 자회사인 레이반(Rayban)은 지안프랑코 페레(Gianfranco Ferre), 버버리(Buberry), 이브생로랑(Yves st. Laurent), 나인 웨스트(Nine West), 디젤(Diesel), 케이트 스페이드(Kate Spade), 구치(Gucci), 발렌티노(Valentino), 폴로 랄프 로렌(Polo Ralph Lauren)을 만드는 룩소티카와 사피로 그룹을 소유하고 있다. 드리고는 스팅(Sting), 필라(Fila), 폴리스(Police), 셀리느(Celine : Michael Kors의 지도아래), 펜디(Fendi), 에트로(Etro), 라펠라(La Perla), 로에베(Loewe), 프라다(Prada) 제품을 만들고 있다. 2000년 프라다와 드리고는 질 샌더(Jill Sander), 프라다 안경(Prada Optical), 헬무트 랭(Helmut Lang), 미우 미우(Miu Miu)를 포함한 몇 개의 스타일을 생산하는 아이웨어 인터내셔널 디스트리뷰션(Eyewear International Distribution)이라 불리는 벤처기업 연합에 들어갔다. 클로에(Chloe) 안경은 말코린에서 만들고 베르사체(Versace) 안경은 이탈로크레모나에서 만들어진다.

1) 안경의 각 부분

안경과 선글라스는 다음의 부분으로 이루어져 있다(그림 12.10).

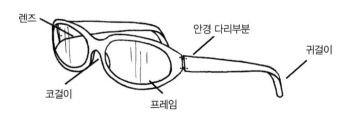

▲ **그림 12.10** 안경의 부분

비행사 안경

고글

무테 안경

랩 안경

▲ **그림 12.11** 안경의 기본적인 형태

렌즈(lens) 이곳을 통해 착용자가 볼 수 있는 맑거나 엷은 부분

프레임(frame) 렌즈를 잡아주는 부분

안경 다리부분(templepiece) 얼굴의 관자놀이에 위치하여, 프레임과 귀걸이를 연결하는 부분

귀걸이(earpiece) 귀 뒤의 아래로 구부러져 귀 위에 꼭 맞게 하는 프레임의 일부

코걸이(bridgepiece) 프레임을 지탱하는 역할로 코날개를 가로지르는 프레임의 일부

2) 안경의 스타일

유행 호소력이 높은 안경 스타일은 다음과 같다(그림 12.11).

비행사 안경(aviator glasses) 제2차 세계대전 시 공군들에 의해 유행된 스타일

고양이 안경(cat eyes/kitty cat glasses) 좁고, 안경다리가 위로 향한 스타일

점층 렌즈안경(gradated lens) 아래부터 점점 더 밝아지거나, 위부터 점점 더 어두워지는 렌즈의 안경

복합 점층렌즈(bi-gradient lens) 서로 다른 렌즈에 두 가지 색상을 넣은 렌즈의 안경

고글(goggles)　스포츠나 작업 시 바람이나 물로부터 눈을 보호하기 위해 착용하는 눈에 밀착된 안경

무테 안경(rimless)　프레임의 보이는 부분이 최소화되어 프레임에 고정되어 있지 않은 것처럼 보이는 안경

리더(readers)　+1, +1$\frac{1}{2}$, +2와 같은 확대 수준을 변화시킬 수 있으며, 의사처방전 없이 살 수 있다

랩 안경(wrap glasses)　두 개의 다리가 달려 앞에 곧게 쓰지 않고 얼굴과 측면을 덮거나 둘러싸는 스포츠용 안경

3) 안경의 생산

안경의 디자인과 제조에 있어서 가장 중요한 요소는 기술이다. 티타늄이나 마그네슘과 같은 가벼운 프레임 소재와 눈부심을 줄이고 자외선의 피해를 막는 렌즈가 중요한 혁신이다. 일반적으로 은, 금, 거북 등껍질, 대리석 무늬의 나무와 같은 전통적인 소재가 자외선을 방어하는 편광렌즈와 결합하여 제작된다.

(1) 디자인

디자이너들은 프레임 형태에 대한 과거 역사를 돌아보고 이것을 현대적인 모양으로 융합하기도 한다. 예를 들면, 디자이너들은 사이즈를 확대하고 고전적인 비행사 안경의 코걸이와 다리부분을 현대적으로 변형하였다(그림 12.12).

디자이너들은 반복구매를 장려하기 위해서 혁신적인 프레임과 렌즈 색상에 의존한다. 기성복에 선정된 색상에 따라 안경 디자이너는 그와 조화되는 안경을 만들어낸다. 이미 몇 개의 프레임을 소유하고 있는 소비자들은 더 최신 유행색의 프레임과 렌즈를 요구한다.

선글라스 중에는 형태가 남녀 공용인 것들이 많다. 이런 디자인은 렌즈와 프레임의 조합을 더 다양하게 만들 수 있다.

(2) 라이선스

라이선스 안경은 안경 산업의 큰 부분을 차지하고 있다. 라이선스 계약은 안경 제조업자들에게 유명상표나 표적 시장에서 인지도가 높은 브랜드와 연계할 기회를 제공한다. 의류회사와의 친밀한 유대관계는 안경 패

▲ 그림 12.12 구치 안경(자료원 : 페어차일드출판사)

▲ 그림 12.13 에스프리 안경
(자료원 : 페어차일드출판사)

션이 의상 패션에 동조할 기회를 제공해 준다. 예를 들어, 잘 알려진 랭글러(Wrangler)와 나스카(Nascar)사는 안경 제조자인 가가일스(Gargyles)와 라이선스를 맺고 있다. 컬러풀한 스포츠웨어로 잘 알려진 에스프리(Esprit)는 컬러풀하고 트렌디한 선글라스까지 파생시키고 있다(그림 12.13).

의상 브랜드 모시모(Mossimo)와 파리 블루(Paris Blues : 데님과 니트웨어)도 안경제조자들과 의상 브랜드명의 안경 생산에 관한 라이선스 계약을 맺고 있다.

(3) 생산

프레임은 CAD 시스템을 사용해서 디자인한다. 일단 디자인이 선정되면 프레임의 출력본을 수정하여 개선하고, CAD 시스템은 여러 크기의 프레임을 만들어낸다. 더 나은 디자인을 하기 위해서 프레임의 평면 샘플을 잘라낸다.

안경 프레임을 생산하기 위해서는 수압식 프레스, 디지털 절단기, 테 성형기, 열처리기 등을 포함하여 여러 대의 특수 기계가 필요하며, 프레임 접합과 렌즈 표면 가공에도 노련하고 숙련된 기술이 필요하다.

소비자의 시력에 맞춰 주는 안경사와 제조업자에게 도움을 주기 위하여 프레임 처방에는 세 가지 표준화된 사이즈 값이 제시되어야 한다. 예를 들면, 프레임은 48-19-140이라는 숫자로 표시된다. 48은 렌즈의 크기를 나타내며, 19는 프레임을 코에 맞게 하는 코걸이 크기를 표시하고, 140은 다리길이(다리는 귀에 연결하는 부분)를 나타낸다. 프레임은 모양과 크기가 다양하므로, 한 사람에게 프레임의 모든 요소를 맞춘 안경은 없고, 개별적으로 맞추어야 한다.

(4) 재료

안경 프레임의 재료는 천연소재로부터 플라스틱 또는 금속과 이들 재료의 혼합에 이르기까지 다양하다. 패션이 천연소재 또는 내추럴 룩이 유행하는 시즌에는 안경도 이에 영향을 받아 거북 등껍질, 자개, 목재 등의 내추럴한 재료들이 많이 사용된다. 패션이 하이테크 룩을 강조하는 시즌에는 아세테이트, 나일론, 카본, 플라스틱, 알루미늄, 니켈, 스테인리스스틸, 티타늄, 마그네슘과 같은 경금속 제품의 안경이 주류를 이룬다.

렌즈 재료로는 유리, 아크릴, 아크릴보다 더 강하고 안전한 폴리카보네이트 등이 사용된다. 흠집이 나지 않고 반사되지 않는 코팅가공은 소비자 가격을 상승시킨다.

의상이나 패션 액세서리에 유행하는 장식물이 안경에도 사용된다. 예를 들면, 반짝이, 크리스털, 모조 다이아몬드가 액세서리 제품에 사용되면 안경 제조자들도 유사한 재료로 안경테와 렌즈를 장식한다.

◎ 세계의 안경 산업

이탈리아의 베눌로 밸리(Benullo Vally)는 전통적으로 안경의 메카로 알려졌다. 이탈리아는 세계 안경 생산량의 1/4을 차지하고 있으며 최고급 안경의 시장 점유율이 71%이다. 프랑스(25%)와 미국(14%)도 최고급 안경을 생산하고 있다. 1990년 이후 이탈리아의 안경 수출은 400% 증가하였고, 미국이 이탈리아 안경 수출의 40% 이상을 소화하고 있다.

선글라스는 패션 상점에 가장 중요한 안경유형이다. 2003년 미국에서 9,600만 개 이상의 선글라스가 판매되었다. 표 12.8과 표 12.9는 미국의 선글라스 수입과 수출액을 나타낸 것이다. 중국과 이탈리아가 미국에 수입되는 안경을 가장 많이 생산하고 있고, 미국은 프랑스, 캐나다, 영국, 오스트레일리아, 멕시코에 안경을 수출하는 주요 국가이다.

안경 산업의 고민은 최고급 브랜드를 모방한 저가품의 무분별한 수입이다. 2001년 블랙마켓은 6,900만 달러로 추산되고 있다. 불법 제품의 판매를 근절시키기는 어렵지만 정부당국은 엄격한 기준을 부과하고 아시아의 수출을 밀착 감시하고 있다.

미국 안경회사의 또 다른 고민은 미국과 유럽연합 간의 무역마찰이다. 2002년 미국 정부의 철강 수입에 대한 관세 부과 결정에 대한 보복으로 유럽연합은 미국산 선글라스 외 300개의 미국산 제품에 대한 관세를 100% 인상하는 강력한 세금을 부과하여 위협하고 있다. 이 관세는 유럽에서 판매되는 미국산 선글라스 총 판매비용의 두 배에 해당하는 것이다.

▶ 표 12.8 2002년 미국 선글라스 수입액

국 가	선글라스 수입 (달러)
중국	258,026,000
이탈리아	213,077,000
대만	46,659,000
일본	36,971,000
프랑스	25,330,000
홍콩	21,948,000

미국 무역 단기 대조표 ; 2002년 12월 수입 9004.10.000(2002.12) 2003.6.27
(자료원 : tttp//www.ita.doc.gov/td/industry/otea/Trade-Detail/)

▶ 표 12.9 2002년 미국 선글라스 수출액

국 가	선글라스 수출 (달러)
프랑스	26,687,000
캐나다	18,005,000
영국	14,352,000
오스트레일리아	12,775,000
멕시코	7,418,000

미국 무역 단기 대조표 ; 2002년 12월 수입 9004.10.000(2002.12) 2003.6.27
(자료원 : tttp//www.ita.doc.gov/td/industry/otea/Trade-Detail/)

▶ 표 12.10 안경 산업의 무역기구

무역 기구	위 치	목 적
이탈리아광학기구제조업자협회 Optical Goods Manufacturers' National Association(ANFAO)	이탈리아	안경 제조업자들의 대표
유럽선글라스협회 European Sunglass Association	프랑스	회원들을 위한 시장조사, 불필요한 규제에 대해 산업 보호,소비자를 위한 선글라스 산업의 활성화
미국선글라스협회 Sunglass Association of America(SAA) www.sunglassassociation.com	코네티컷 주, 노워크	무역과 판매 데이터에 대한 시장조사 보고서 배부, 산업 규제 모니터, 소비자를 위한 선글라스 산업 활성화
미국시력위원회 Vision Council of America(VCA) www.visionsite.org	버지니아 주, 알렉산드리아	안경 품질에 관한 소비자 교육 – 비영리적 안경 조합

▶ 표 12.11 안경 산업의 무역 출판물

무역 관련 출판물 명칭	내 용
액세서리 매거진(Accessories Magazine)	안경류를 포함하여 액세서리류를 망라한 월간 무역잡지
아이 매거진(EyeMagine)	액세서리협회(www.accessorycoumcil.org)가 안경에 관한 정보를 제공하는 온라인
무역안내 2002(Training Guide 2002)	선글라스에 대한 전문적인 지식을 제공하고, 디자인 보호기구로서의 역할을 하는 유럽 선글라스 조합
위민즈 웨어 데일리-월요판 (Wonen 's Wear Daily-Monday)	페어차일드사가 출판하는 액세서리를 포함하여 안경류에 관련된 산업과 패션 정보를 제공하는 주간신문
위민즈 웨어 데일리-액세서리 증보판 (WWD Accessory Supplement)	페어차일드사 특집으로 안경류를 포함하는 모든 액세서리에 대한 패션 정보 제공

▶ 표 12.12 안경 산업에 관련 전시회

전시회	지 역	후원기관
액세서리 서킷(Accesorie Circuit)	뉴욕 주, 뉴욕	ENK인터내셔날
액세서리더쇼(Accesories The Show)	뉴욕 주, 뉴욕	비즈니스 잡지사
아이퀘스트액(Eyequest)	일리노이 주, 로즈몬트	미국 시력 위원회/리드 전시회
국제 시력 엑스포/동부 (International Vision Expo East)	뉴욕 주, 뉴욕	미국 시력 위원회/리드 전시회
국제 시력 엑스포/서부 International Vision Expo West	네브래스카 주, 라스베이거스	미국 시력 위원회/리드 전시회
매직 인터내셔널(MAGIC International)	네브래스카 주, 라스베이거스	캘리포니아 남성복 조합
MIDO	이탈리아, 밀란	안경과 시력관리 시장 에이전시(EFOP)

이 고민은 매우 심각하지만 미국 밖에서 만들어지는 미국산 제품들은 관세에 의존하지 않고 유럽연합 국가에 선적하는 방법이 있기 때문에 경제 분석자들은 관세충격은 완화될 것으로 전망한다. 더구나 대부분의 선글라스는 미국 밖에서 만들어지고 있다.

세계 안경 산업은 무역기구와 출판이 점점 더 전문화되고 있다. 여러 액세서리 영역을 보여주는 다른 액세서리 무역 전시회와 달리 안경은 독자적인 무역 전시회를 개최한다.

표 12.10, 표 12.11, 표 12.12는 중요한 안경 무역기구, 출판, 전시회를 나타낸 것이다.

◉ 머천다이징 트렌드와 기술

소매업자들은 안경의 진열 위치와 배치 계획을 수립함에 있어 안경 유통에 관한 몇 가지 중요한 요소를 알아야 한다. 의사 처방 없이 살 수 있는 안경의 2/3가 패션 선글라스이고, 약 1/3이 스포츠 선글라스이다. 선글라스는 소매업자들에게는 상점 면적당 판매량이 큰 잠재력을 가지고 있다. 50~150달러에 팔리고 있는 안경은 부피에 비해 좁은 공간에서 많은 상품이 판매된다는 것을 알 수 있다. 소비자들은 구매결정을 하기 전에 상점에서 평균 7개의 안경을 써 본다. 소비자들이 충분한 선택을 할 수 있도록 여러 스타일을 제안하고, 가장 인기리에 판매되는 스타일의 적정한 재고량을 확보하기 위해서는 가격과 스타일의 균형적인 배치가 필요하다.

진열과 판매방법은 안경의 소매형태, 브랜드 유명도, 가격대에 따라 다르다. 안경 진열장, 테이블 상판, 벽 선반, 회전 설비대 또는 계단 층, 쇼핑 광고탑(키오스크) 등이 일반적인 안경 설치 비품이고, 거울은 모든 안경 설치물에 위치해야 한다. 고급 안경 제조업체들은 상품에 주문 제작된 진열장을 제공해 주는 것이 일반적이다.

호주머니에 집어넣기 쉽기 때문에 안경 소매업자들은 항상 도둑을 주의 깊게 살펴야 한다. 모든 액세서리나 안경이 쉽게 감추거나 상점 밖으로 가지고 나갈 수 있기 때문에 가게 좀도둑이 아주 큰 문제이다.

1) 점포 소매상

충동구매품으로 간주되는 의사 처방 없이 살 수 있는 안경은 상점 내에 주목을 끌게 진열해야 한다. 판매원들은 안경을 기성복이나 관련된 상품이 있는 근처에 전략적으로 배치해야 한다.

백화점은 일반적으로 다양한 선글라스를 진열하고 처방 없이 살 수 있는 패션 돋보기를 작은 선반에 진열하고 있다. 선글라스는 간혹 제조업체에서 제공하는 주문 제작된 진열대 위에 브랜드명에 따라 분류하기도 한다.

안경판매 전문점은 다른 어떤 상점보다도 더 높은 수준의 개인적인 서비스를 제공하고 있다. 판매방법은 안경사들을 활용할 수 있기 때문에 소비자 스스로 안경을 선택하도록 할 필요가 없다. 중저가의 안경테는 잘 알려지지 않은 브랜드와 함께 분류한다. 고가의 안경테들은 제조업체가 제공하는 진열대 위의 브랜드들과 같이 분류한다(그림 12.15). 의상과 액세서리를 판매하는 패션전문점은 보통 안경 진열대를 금전등록기 근처에 두고 상점 내에 진열한다.

전문 틈새상점 중 하나인 선글라스 헛(Sunglass Hut)은 유명브랜드의 안경을 매우 복잡하고 쇼핑객이 많은 장소에 진열한다. 2002년 가을, 이 회사는 판매시점(point of purchase)판촉으로 선물 구매 소비자를 유인하였다. 여기에는 컬럼비아 트리스타사의 영화 Men in Black Ⅱ에 나오는 레이반(Ray Ban) 선글라스 두 가지 스타일이 포함되어 있다.

대형 할인매장에서는 상점 내의 요지에 안경을 배치해야 한다. 전형적인 할인점에서는 대형 선글라스 광고탑은 상점 입구 전면에 두고, 작은 선글라스 회전 진열대는 주얼리, 지갑, 시계 근처의 액세서리부에 둔다. 아동용 선글라스 진열대는 아동복부 둥근 상판 위에 둔다. 건강 미용 보조품부에는 돋보기 진열대가 있고, 스포츠용품부에는 사냥이나 낚시꾼들을 위한 비행사 스타일의 선글라스 진열대가 있다. 안경의 발전 가능성은 매우 크며, 창의적인 판매가 판매량을 증가시키는 데 중요한 핵심이다.

대형 할인점과 슈퍼와 같은 저가품 상점에서는 안경 판매의 책임이 제조업체에 있는 경우도 있다. 이 재고유지의 개념은 **카테고리 경영**(category management)이라고 부른다. 상점은 상품의 진열유지, 비축, 보충,

▲ **그림 12.15** 소매점의 안경 진열(자료원 : 페어차일드 출판사)

재고유지단위(SKU : stock-keeping unit 또는 개별 스타일)선택, 판촉의 의무가 상점에 있고, 그 밖의 판매책임은 정기적으로 상점을 방문하는 제조업체의 대리인이 수행한다. 패션 안경류의 판매가 꾸준히 증가하기 때문에 상점 주인들은 스타일 선택과 상점 내 판촉에 점점 더 많이 참여하고 있다.

2) 인터넷 소매상

전통적인 판매 경로를 통한 안경테는 가격이 비싸기 때문에 인터넷 상점의 시장이 점차적으로 활성화되고 있다. 고객은 가격이 싸기 때문에 온라인 구매를 권유받고 있다. 혁신적인 웹 사이트는 고객의 사진을 올려 어떤 프레임의 안경을 그 위에 써 볼 수 있도록 한다.

어떤 인터넷 상점은 웹 사이트의 성공이 전통적 제조업 소매상(brick & mortar store)의 성공과 관련이 있다고 믿는다. 웹 사이트를 후원하는 상점을 **점포 소매상 및 인터넷 상점**(click-mortar store)이라고 부른다. 소비자들은 수선, 교환, 정보와 같은 서비스를 제공해 주는 상점을 통해 웹 사이트를 후원하는 신뢰성 있는 상점에서 물건을 사고 싶어 한다. 선글라스 헛(Sunglass Hut)과 같은 점포 소매상 및 인터넷(click & mortar) 상점은 상점의 저명도가 웹 사이트의 성공가치를 높일 것으로 믿고 있다.

인터넷 가게 안에서 고객들은 구매하기 전에 여러 개의 안경을 써 보고 싶어 하지만 상점에서는 고객들이 사기 전에 매장에서 반드시 써 보려고 하지 않는다는 것에 놀랐다. 온라인 판매자는 웹 사이트를 통해 100달러 이상의 선글라스를 판매하는 데 성공했다. 다른 고객들은 인터넷을 스타일과 브랜드에 대한 완벽한 정보를 얻는 데 활용한다. 그들은 온라인에서 구매를 하기보다 가장 잘 어울리는 스타일을 찾기 위해서 실제로 안경을 써 보고 싶어 하는 것이다.

3) 카탈로그 소매상

패션을 표현하기 위한 선글라스의 유행은 카탈로그 상점에 유리한 판매 기회를 제공한다. 매 시즌 고객들이 여러 개의 선글라스를 구매함에 따라 선글라스의 대중성이 증가할 때 카탈로그를 제시하여 보조를 맞추어야 한다. 많은 소비자들이 구매하기 전에 안경테를 써 보고 싶어 하기 때문에 카탈로그 판매원은 반품을 최소화하기 위해 가장 잘 팔리는 프레임을 내놓아야 한다.

◎ 안경 판매

고객들은 단순히 유행하는 안경을 구매하기보다 그들의 얼굴을 보완해 주는 패션 안경을 구매하려고 한다. 판매원은 고객들이 한두 개의 안경을 선택하기 전에 여러 개의 프레임을 써 보게 한다. 판매에 중요한 점 세 가지는 다음과 같다. 즉 프레임 형태는 얼굴 형태와 어울려야 하며, 프레임 사이즈는 얼굴 크기에 따라 적당한 사이즈여야 하고, 안경은 고객 개인의 최상의 외모를 재공급해 주어야 한다는(파란색 프레임은 푸른 눈에 어울린다) 것이다.

1) 가격과 가치

가격은 종종 품질의 지표가 된다. 안경의 가격은 디자인, 수공도, 재료, 브랜드 이미지에 달려 있다. 좋은 품질의 안경은 코걸이 부분의 경첩이 튼튼하고, 접합점이 견고하며, 코받침과 다리부분을 포함하여 기계 적으로 견고해야 한다. 재료는 퇴색되지 않아야 하고 부식되어 녹슬지 않고 내열성이 있어야 한다. 실리콘 코받침과 스프링 코일이 미끄러짐을 방지하고 꼭 죄는 것을 방지해 주며, 스프링 경첩은 특별한 경우에는 조절해주고 보통은 조절할 필요가 없게 해준다. 프레임은 유연하며 잘 구부러지고 비틀어지며 원래의 모양 으로 되돌아갈 수 있다.

라이센스 안경의 브랜드 이미지는 가격 상승의 요인이 되는데, 일부 제조업체는 일정한 가격에 판매하 지 않는 매장에는 안경의 판매를 거절하고 있다. 이러한 인위적인 가격요인에도 불구하고 장식의 정도와 제품의 품질은 여전히 안경의 테와 렌즈의 재료에 영향을 받고 있다.

2) 소비자 욕구에 대응하기

안경의 수요가 높아지는 데 영향을 미치는 몇 가지 이유가 있다. 베이비붐 세대의 노령화에 따른 시력 저 하, 주름과 백내장을 초래하는 햇빛의 유해성에 대한 인식 증가, 캐주얼한 운동의 유행, 안경이 패셔너블할 수 있다는 지배적인 생각 등이 그 이유이다.

미국의 노인층은 안경 착용의 중요한 호기로 인식되고 있다. 돋보기와 **확대경이 달린 선글라스**(sun-reader glasses)의 판매가 앞으로 10년 동안 중요한 품목이 될 것이다. 더욱이, 쾌적성(가벼운)과 캐주얼함이 노령 의 안경 소비자에게 중요한 개념이다. 시력 개선을 위해 안경을 필요로 하는 소비자에게는 가벼운 프레임 이 특히 중요하다.

햇빛 차단용으로 모자의 판매량이 증가하는 것과 마찬가지로 안경도 햇빛 방지용으로 중요해졌다. 과거 에는 눈부심을 방지하기 위해서만 안경을 착용하였으나 현재는 흔히 유해한 자외선으로부터 백내장의 원 인을 약화시키기 위해 안경을 착용하고 있다.

항상 여성들이 패션 안경의 중요한 고객이기는 하지만 남성용도 꾸준히 판매량이 증가하고 있다. 스트 리트 패션 룩, 주말복, 스포츠웨어 그리고 스포츠가 캐주얼 안경의 보급에 영향을 미치고 있다. 복수의 선 글라스를 갖는 것이 남성용 스포츠웨어 의상에 중요한 부분이 될 것이고, 작업할 때와 주말 외출 시 선글라 스는 맨 마지막에 착용하는 최외층 의상으로 중요해질 것이다.

3) 기본 얼굴형에 맞는 안경

소매상 조합은 착용자의 얼굴 형태를 고려하여 가장 잘 어울리는 안경 스타일을 선택하도록 도와준다.

- **둥근형**(round face) 둥글어 보이지 않기 위해 좁고 각이 진 안경을 선택한다. 블랙과 같이 짙은 색이 나 거북등으로 만든 테가 축소시켜 주는 데 효과적이다.

- **사각형**(square face) 프레임은 각진 것보다 약간 곡선적인 것이 좋다. 다리부분은 얼굴의 직선을 부드럽게 보이도록 얼굴을 가로질러 길게 하는 것이 좋다.
- **역삼각형**(inverted triangular face) 얼굴 하부가 좁은 것을 보완하기 위해 얇고 수직선이 있는 테가 좋다. 프레임은 얼굴의 약간 아래쪽에 있는 것이 좋다. 큰 테, 무거운 코걸이, 대담한 색상과 각진 모양을 피한다.
- **긴 타원형**(oblong face) 넓고 짙은 색 프레임이 가능한 한 얼굴 중심부를 많이 덮어줄 때 길고 좁은 얼굴의 길이를 축소시켜준다. 프레임이 약간 위로 올라가지 않는다면 프레임은 얼굴의 길이를 줄여줄 것이다.
- **타원형**(oval face) 프레임 사이즈가 얼굴 크기에 비례하는 한 타원형 얼굴에는 여러 가지 프레임의 안경을 착용할 수 있다.

4) 안경 선택 시 지켜야 할 점

- 자연스러운 눈썹의 곡선보다 약간 아래쪽에 오는 프레임을 선택하여 광대뼈를 강화하고 착용자의 진면모를 볼 수 있게 한다.
- 프레임을 패션에 따라 바꾼다.
- 성형외과적인 기술처럼 눈 모양이 위로 올라가게 하기 위해서 다리부분이 약간 올라간 프레임을 선택한다.
- 머리와 눈 색깔에 맞추거나 보완할 수 있는 렌즈와 프레임 색상을 선택한다.
- 눈이 렌즈의 중앙에 오도록 맞춘다.
- 모든 안경이 동일하게 만들어지는 것이 아니라는 점을 알아야 한다. 질이 나쁜 유리창이나 거울이 비뚤게 보이는 것과 똑같이 질이 나쁜 렌즈도 그렇다.
- 눈부심을 방지하기 위해서 반사되지 않는 코팅렌즈를 선택한다.
- 안경으로 지위를 나타내려고 하지 않는다. 특별한 상황을 제외하고는 안경은 사람의 주의를 끄는 유일한 것이 아니다.
- 보이지 않는 무테 안경을 선택하지 않는다. 무테 안경은 얼굴을 강조해 주지 못하고 개성 없게 만든다.
- 자외선 차단성을 비교함으로써 지나치게 혼란스러워 하지 마라. 대부분의 선글라스는 적당한 자외선 차단성능을 가지고 있다.
- 선이 그어진 이중초점렌즈를 선택하지 않고, 선이 없는 다중초점렌즈를 선택한다.

↩ 요 약 ↪

- 장갑은 기능적인 액세서리에서 유래되어 패션 액세서리에 포함되었다. 장갑은 상징성, 부, 사랑과 헌신, 율법주의, 종교, 전쟁을 연상시킨다. 장갑은 패션이 기능성보다 뒤져 있던 20세기까지 모든 멋쟁이 의상의 필수적인 것으로 지속되었다.

- 재료, 숙련도, 브랜드 명성이 장갑 가격에 영향을 미친다. 장갑 제조는 10개 공정 이하로 쉽게 자동 제작되므로 값이 싸다. 그러나 비교적 봉제선이 적음에도 불구하고 수공예품처럼 완전히 수작업으로 만든 것은 한 켤레에 수백 달러에 팔리고 있다.

- 부드럽고 유연한 가죽 외에도 장갑은 니트나 방수가 되는 고기능성 가공 직물로 만들기도 한다.

- 미국에서 만드는 대부분의 장갑은 작업용 장갑이다. 특별한 하위범주를 개발하여 작업용 장갑의 판매를 촉진시키고 있다.

- 장갑의 형태와 길이는 의상 패션에 맞게 조합해야 한다. 긴소매에는 짧은 장갑, 짧은 소매에는 긴 장갑이 필요하다.

- 꼭 끼는 장갑의 유행은 신축성이 더 큰 소재로 사이즈를 작게 만들었다. 대부분의 니트 장갑은 대, 중, 소, 또는 모든 사람에게 맞는 한 가지 크기로 되어 있다. 가죽 장갑은 더 정확하게 맞아야 하고 여러 가지의 사이즈가 필요하다.

- 만일 장갑을 손세탁할 수 있다면, 장갑이 늘어나지 않도록 주의해야 한다. 가죽 장갑은 가죽 전문가에게 전문적으로 드라이클리닝 해야 한다.

- 중국은 비록 국내 생산 공장은 별로 많지 않아도 패션 장갑 생산의 리더이다.

- 백화점과 할인점에서 미국 내 패션 장갑의 약 1/2이 판매되고 있다. 패션 장갑은 핸드백, 모자, 스카프와 함께 판매되며, 작업용 장갑은 관련된 작업공구와 함께 판매한다. 스포츠 장갑과 특별행사용 장갑은 특별 활동과 관련된 의상과 함께 판매한다.

- 우산 또는 파라솔은 아시아에서 유래된 것으로 보인다. 처음에는 햇빛을 가리기 위해 사용되었고 나중에는 습한 날씨에 방수 덮개로 사용되었다. 20세기 들어 햇빛에 그을린 탠드룩이 유행하자 파라솔은 중요성을 잃었고 우산만 남게 되었다.

- 우산은 치밀하고, 접을 수 있고, 가볍고, 장식적인 액세서리로 진화되었다. 저가 우산은 편리성이 가장 중요한 구매동기가 된다. 바람을 막아주는 내구성은 고가 우산의 중요 구매동기이다.

- 차양의 사이즈 범위는 직름 102~173cm이다. 대부분의 차양은 본질적으로 방수가 되는 치밀한 조직의 나일론이나 폴리에스테르 직물로 되어 있다. 그러나 대부분의 우산 차양은 섬유조성에 관계없이 방수가공 처리를 한다. 곰팡이 발생을 방지하기 위해 차양을 펼쳐서 건조하게 한다.

- 중국은 인건비가 싸기 때문에 우산의 주요 생산국이다. 일부 미국내 회사는 주문에 신속히 반응하기 위해 미국 내에서 우산을 생산하기도 한다.

- 우산은 응급 시 필요한 액세서리이기 때문에 판매원들은 비가 오는 날 충동구매자를 위해 상점 입구와 같

이 손이 쉽게 닿는 곳에 배치한다. 우산은 비옷, 장화, 잘 조화되는 휴대품 등 관련 품목과 함께 판매하는 것이 가장 좋다.

- 우산은 인터넷과 다이렉트 메일 카탈로그에서 판매하는 것이 유용하다. 웹 사이트에 고가의 골프우산이 많이 나와 있고, 고상한 무늬의 테라스용 우산도 나와 있다. 대부분의 우편판매 카탈로그 판매자들은 특별히 우산을 기타 액세서리 제품과 같은 페이지에 넣고 있다.

- 우산 판매 시 판매자나 제조업체는 소비자들이 그 가치를 알 수 있도록 보증해야 한다. 식견이 있는 판매원이나 꼬리표를 통해 상품의 특징을 설명한다.

- 안경은 패션 액세서리로서 비교적 새롭기는 하지만 지난 수십 년 동안 매우 대중적이 되었다.

- 고객들은 그들의 패션 의상을 위해 여러 개의 안경테를 구매한다.

- 안경 판매자들은 비전통적인 할인점뿐 아니라 모든 점포의 여러 액세서리부에 안경을 내놓는다.

- 유해한 자외선과 눈부심으로부터 착용자를 보호하는 재료 등 특히 경금속과 플라스틱과 같은 혁신적인 재료들이 안경의 보급을 지속시키고 있다.

- 이탈리아는 최신유행 안경의 디자인과 생산으로 잘 알려진 나라이다.

- 대부분의 안경은 성공한 명품의 라이선스 계약하에 소수의 회사에서 생산하고 있다.

- 안경의 주요 부분은 렌즈, 프레임, 다리, 귀걸이, 코걸이로 되어 있다.

- 안경 디자인은 패션성과 기능성을 모두 포함하고 있다.

- 많은 소비자들이 안경을 선택하기 전에 여러 개의 프레임을 써 보고 싶어 하지만, 인터넷이나 카탈로그를 통해 패션 안경을 써 보지 않고 적당한 가격으로 구매하기도 한다.

- 선글라스는 점포면적당 판매가격이 높다. 대부분의 선글라스는 50~150달러에 판매된다.

- 안경의 가격에 영향을 주는 요인은 디자인, 수공도, 재료, 브랜드 명성 등이다.

- 유해한 광선으로부터 눈을 보호하고, 캐주얼하게 옷을 입는 트렌드에 대한 욕구를 가진 미국 내 노인 소비자들이 안경의 대중화에 기여하고 있다.

- 옷이 소비자 개개인의 모습을 다르게 보이게 하는 것처럼 안경도 마찬가지이다. 안경은 소비자들이 직접 써 보고 평가하게 해야 한다.

핵심용어

건-컷 패턴(gunn-cut pattern)

견고한 조립방법
  (solid comstruction)

고글(goggles)

고양이 모양 안경
  (cat eye/kitty cat glasses)

고어(gore)

골프우산(golf umbrella)

귀걸이(earpiece)

노벨티 장갑(novelty gloves)

다리부분(templepiece)

대비 팁(davey tip)

독서기(readers)

독서용 구슬(reading stone)

돔(domes)

두 조각 조립방법
  (two-piece construction)

라이프스타일 층(lifestyle story)

랩 안경(wrap glasses)

렌즈(lens)

리브/고무뜨기 조직(ribs)

목이 긴 장갑(gauntlet gloves)

무(gusset)

무테 안경(rimless)

바인딩(binding)

박쥐우산(mousquetaire gloves)

밖에서 박기(outseaming)

반골덴(half-pique)

발레리나 우산
(ballerina umbrella)

방풍 우산(windproof umbrella)

밴드/테이프(band/tape)

버블 우산(bubble umbrella)

버튼(buttons)

벙어리장갑(mitt/mitten)

변덕(quirks)

보강부분(hearts/stays)

복합 점층렌즈(bi-gradient lens)

비아리츠 장갑(biarritz gloves)

비행사 안경(aviator glasses)

사치규제법(sumptuary law)

샤프트(shaft)

선글라스(sunglasses)

속 장갑(glove liners)

손가락 없는 장갑

(fingerless/waif gloves)

손잡이(handle)

손잡이 테가 달린 안경
(lorgnettes)

스트레처(stretchers/spreaders)

아동 장갑(kid gloves)

안감(linings)

안에서 박기(inseaming)

엄지손가락(thumb)

옆벽(sidewall)

오버심(overseaming)

오페라 장갑(opera gloves)

외알 안경(monocles)

우산(umbrella)

우산 물미/끝(ferrule/finial)

우산집(sleeve)

운동–여가 스타일
(athleisure style)

운전용 장갑(driving gloves)

유리를 잘라낸 안경
(scissor glasses)

자동우산(automatic umbrella)

작업용 장갑(work gloves)

장대 우산(stick umbrella)

짧은 우산(telescoping glasses)

재고유지단위(SKU)

재차(fourchettes)

점층렌즈(gradated lens)

접는 우산
(folding/collapsible umbrella)

점포 소매상 및 인터넷 상점
(click-and mortar store)

초대형 우산(oversized umbrella)

카테고리 경영
(category management)

칵테일 우산(cocktail umbrella)

캐노피/덮개(canopy/cover)

캐노피 크기(canopy size)

코걸이(bridgepiece)

코안경(pince-nez glasses)

클르트 컷 패턴(clute-cut pattern)

클리킹(clicking)

트랭크(trank)

팁/뾰족한 끝(tip)

파라솔 우산(parasol umbrella)

팔찌 길이 장갑
(bracelet-length gloves)

피케심(pique seam)

포인팅(pointing)

풀 패션(full fashioning)

프레임(안경)(frame: eyewear)

프레임(우산)(frame: umbrella)

햇빛 가리개(sunshades)

확대경이 달린 선글라스
(sun-reader glasses)

복습문제

1. 20세기에 패션 장갑과 양산이 기능적인 장갑과 양산으로 바뀐 이유는 무엇인가?

2. 장갑, 우산, 안경의 기본적인 부분은 무엇인가?

3. 최근의 장갑과 우산용 직물과 제조의 혁신적인 기술을 확인하시오. 안경 제조 산업은 최근 몇 년간 어떻게 변화하고 있는가?

4. 미국에서 장갑과 우산 제조업체는 어떤 상황을 원하는가? 중국은 어떠한가?

5. 장갑의 기본 제조 단계는 무엇인가?

6. 장갑, 우산, 안경의 고가와 저가의 중요한 차이는 무엇인가? 당신은 가격의 차이를 어떻게 계산하는가? 가격과 상품의 가치 간에는 어떤 관계가 있는가?

7. 장갑 제조자들이 작업용 장갑에서 어떻게 패션을 창출하였는가? 우산과 안경은 각각 어떠한가?

8. 우산 판매자들은 어떤 판매방법을 사용하고 있는가?

9. 안경의 대중화에 기여한 요인은 무엇인가?

10. 안경 프레임을 선택할 때 소비자가 고려해야 할 점은 무엇인가?

응용문제

1. 초상화 미술관을 방문하여 그 작품 속에 있는 장갑과 파라솔을 관찰하시오. 초상화를 그린 날짜, 재료 스타일, 색을 나타내는 도표를 만들고 그 결과를 분석하시오.

2. 상점을 하나 선택해서 장갑 스타일, 재료 안감, 가격대, 판매방법에 관한 자료를 개발하시오.

3. 장갑, 우산, 안경을 판매하는 웹 사이트를 방문하여 확실하게 보이는 트렌드를 기술하시오.

4. 미국 우산 평가 기준을 찾아보시오. 제조업체는 그 기준에 순응하는지에 관해 소비자에게 어떻게 정보를 제공하는가?

5. 우산을 가져다 여러 부분으로 분류하시오.

6. 가격이 현저하게 다른 두 개의 우산이나 안경의 품질을 비교하시오. 두 개 중 어떤 것이 가치가 있는지 평가하시오.

7. 비오는 날, 우산 덮개의 색과 무늬의 심미성을 확인하고 그 결과를 분석하시오. 거주지 부근에서 판매되는 우산에 대한 결과는 무엇을 의미하는가?

8. 백화점, 양판점, 할인점을 방문하시오. 우산의 배치와 판매전략을 평가하시오. 우산을 판매 범주와 관련된 곳에 배치함으로써 전문상점이나 용도개념을 사용한 상점이었는가?

9. 소매점에서 선글라스 영역을 주의 깊게 살펴보시오. 몇 명의 고객을 선정해 선글라스를 써 보는 데 걸리는 시간이 얼마인지 관찰해 보시오. 고객 1인당 써 보는 선글라스의 수를 기록하시오. 남성과 여성이 써 보는 평균 안경수를 세어 보고, 두 집단에서 얻은 자료를 비교하시오. 세어 보기 전에 매장 관리인에게 허락을 얻으시오.

제 **13** 장

파인 주얼리

"여성은 수많은 진주 꿰미를 필요로 한다."

– 코코 샤넬

파인 주얼리의 역사

파인 주얼리는 대체로 무기물질로 만들어졌는데, 그 중에는 수십억 년 된 것도 있다. 성분의 내구성 때문에 어떤 주얼리는 매장지와 무덤, 매몰된 도시와 그 밖의 문명된 주거지에서 잔존하였다. 많은 고대 주얼리는 운명적으로 유행이 바뀐 후에 녹여서 다시 만들어졌다.

고대 이집트인들은 파인 주얼리를 애호한 것으로 잘 알려졌다. 많은 그림과 조각상들은 그 유명한 넓은 황금 칼라와 거들(벨트), 에이프런을 착용한 남자와 여자를 묘사하고 있다. 칼라 목걸이는 흔히 너무 무거워서 목걸이가 앞으로 떨어지지 않도록, 뒤중심 아래로 착용하여 **균형**(counterpoise)을 유지하는 것이 필요했다. 1922년 투탕카멘의 무덤이 발견된 것은 엄청난 고고학적 발견이었다. 무덤이 도둑에게 약탈당하지 않았다는 사실이 박물관 방문자들에게 이집트 파라오의 부의 규모를 짐작하게 하였다.

메소포타미아(티그리스강과 유프라테스의 사이에 있는 비옥한 초생달 지역)의 고대 수메르인의 주얼리는 우르 왕가의 무덤에서의 발견과 밀접하게 연관된다. 현대적이고 매력적인 팔찌와 유사한 미니어처 황금 동물 목걸이가 발견된 것처럼 앨러배스터의 구슬, 록 크리스털, 카넬리안 등이 왕가 묘지에서 발견되었다. 황금 세팅에 박아 넣은 라피스 라줄리와 같은, 황금과 준보석의 목걸이들은 부유한 수메르인들에 의해 착용된 장식의 형태였다. 그들의 주얼리는 12궁도(zodiac sign)의 기본이 되는 색다른 상징으로 만들어졌다.

주얼리는 여성의 착용으로만 국한되지는 않았다. 남성들은 보다 근육이 늠름하고, 남성적인 형태에 조화되는 무거운 완장과 팔찌 또는 귀걸이를 선택하였다. 초기 문명된 고대사회의 많은 흔적에서 남성들이 여성과 같이 많은 장식을 한 것을 보여준다. 장식된 무기들을 포함한다면 남성들은 더욱 많이 장식한 것으로 간주할 수 있다.

역사를 통해, **왕관**(diadem/crown)은 대단히 흥미로운 주제였다. 대체로 금으로 만들어진, 이 정교한 주얼리 작품은 많은 진기한 아름다운 보석을 내포하였다.

고대 그리스인들은 에나멜링 기술을 사용하여 채색을 한 황금 주얼리의 애호가였다. 그리스 여성들은 귀걸이, 왕관, 팔찌와 완장을 착용하였다. 신과 여신 그리고 동물들이 주얼리 장식의 공통적인 주제였으며, 보석 원석은 **양각**(cameo)과 **음각**(intaglio)기법으로 조각되었다. 고대 그리스 남성들은 자연주의적인 황금 화환을 머리밴드로 장식하고, 목걸이, 완장, 팔찌로 장식하였다. 특히 고대 로마에서는 중요한 사람들이 자신의 이름이나 상징을 새긴 도장이 새겨진 반지를 착용하였다.

그들과 닮은꼴인 그리스의 남성과 같이, 로마의 남성들은 전통적으로 피블라와 도장이 새겨진 반지와 같은 기능적인 주얼리를 착용하였다. **도장이 새겨진 반지**(signet ring)는 따뜻한 왁스에 눌러 인쇄를 할 수 있도록 서명이 새겨져 있다. 그것은 정해진 당사자가 아닌 누군가가 서류를 개봉하지 않고 읽지 않았다는 것을 보증하기 위해 서류를 봉인하는 데 사용되었다. 일반적으로 여성들은 나선형 팔찌를 착용했고 때때로 남자 귀족도 착용했다. 로마인들은 황금 동전을 펜던트 주얼리로 사용하기 시작하였는데, 그것은 주기적으로 반복되는 인기 있는 유행으로 계속되었다.

약 5세기에서 15세기까지 극동지역에서 주얼리에 큰 영향을 주었다. **칠보**(cloisonné)예술이 발달하였는데, 섬세한 황금 와이어가 만곡된 디자인에 에나멜 물질이 채워진 것을 말한다. 주얼리는 더욱 장식적이고

◀ **그림 13.1** 판화, 엘리자베스 여왕, 1603년.
(자료원 : 베트맨/코르비스)

화려하게 되었는데, 보석으로 장식한 여러 줄의 구슬과 보석으로 덮고 화려하게 장식한 의복과 같은 것이다. 중국 옥으로 만들어진 정교하게 공들인 주얼리도 파인 주얼리에 속한다.

중세는 종교적이고 신비로운 주얼리의 시대였다. 부유한 여성에게는 넓은 보석으로 장식한 거들, 브로치, 귀한 금속 단추는 중요한 패션이었다. 보석 원석은 가상의 초자연적인 힘을 기초로 하여 선택되었을 것이다.

르네상스는 15세기에 시작되어 16세기로 이어졌다. 값비싼 브로치들이 모자, 벨트, 케이프와 바디스에 꽂혀졌다. 계급과 신분이 있는 남성과 여성은 굵은 체인에 달린 둥근 펜던트(중앙의 돌이 더 작고 둥근 돌들에 둘러싸인)를 착용하였다. 펜던트 목걸이와 머리밴드(두통밴드)를 조화시킨 것은 당시 유한계급의 여성의 그림에서 볼 수 있다. 또한 진주 구슬 초커 스타일의 목걸이는 후기 르네상스 시대의 여성들 사이에서 유행하게 되었다. 16세기까지 남성과 여성의 굵은 줄 스타일 또는 큰 구슬로 된 목걸이는 확대된 러프에 자리를 내주면서 길어졌다. 그림 13. 1은 문자 그대로 머리에서부터 발끝까지 보석으로 장식된 영국의 엘리자베스 여왕을 보여준다.

17세기에는 칼라와 에스컷(스카프 모양의 넥타이)이 주로 남성의 주얼리를 대체하였다. 진주는 여성들에게 강력한 유행으로 지속되었고 대체로 보석을 거는 목둘레에 또는 초커로 착용되었다. 펜던트(특히 십자가)는 이 세기에 인기를 유지하였는데, 칼자루와 같은 주얼리가 아닌 품목을 장식하면서 에나멜링과 보석 가공이 향상되었다.

18세기 패션은 시계와 함께 거울과 시계, 도장을 부착시키기에 유용한 **샤틀렌**(chatelaine : 허리띠 장식용 사슬)을 포함하였다. 18세기 후반의 낮은 데꼴따쥬는 여러 줄의 진주 또는 다른 구슬을 크림색의 가슴 위에 디스플레이하거나, 모습을 감추게 되었다. 귀걸이는 늘어뜨리는 형태이거나 커다란 고리 형태로 그 당시의 패션 문헌에 언급되어 있다.

19세기까지 남성의 주얼리는 시계나 인장과 같은 기능적인 품목으로 축소되었다. 때때로 전통적인 러펠 핀이 흰 리넨 손수건 위에 사용되었다. 이 세기 여성의 주얼리는 늘어뜨리는 귀걸이, 쌍으로 된 섬세한 팔찌와 때로는 여러 줄로 된 단순한 구슬 목걸이를 포함하여 비교적 두드러지지 않았다.

19세기와 20세기 초기의 숙련공들은 아름다운 주얼리 디자인을 창조하였다. 이들 유명한 디자이너들 중에 러시아 황제를 위한 황실 디자이너인 칼 파베르제(Carl Fabergé)가 있었다. 파베르제는 황제가 왕비에게 부활절 선물로 준, 보석과 귀금속으로 싸인 **파베르제 달걀**(Fabergé egg)로 가장 잘 알려져 있는데, 그것은 1884년에 시작되었다. 프랑스의 르네 랄리끄(René Lalique, 1860~1945)는 매끈한 아르 누보와 아르데코 크리스털 디자인으로 알려졌는데, 유리와 보석 원석으로 아름다운 주얼리를 창조하였다.

뉴욕 시에 본사가 있는 티파니(Tiffany & Company)는 1837년에 티파니 앤드 영(Tiffany and Young)으로 문을 열었다. 문구와 장신구를 판매하면서, 티파니는 마침내 파인 주얼리를 사는 곳으로 명성을 얻었다. **티파니 세팅**(Tiffany setting)은 오늘날까지 유명한 여섯 갈래로 된 반지 디자인이다. 20세기 디자이너 세 명이 티파니 주얼리를 창조하면서 유명하게 되었다 — 장 슐럼버거(Jean Schlumberger), 엘사 페레티(Elsa Peretti), 팔로마 피카소(Paloma Picasso).

19세기와 20세기 파인 주얼리의 검토는 영국 여왕들의 왕실 보석과 관련짓지 않고는 완벽하지 않다. 레슬리 필드(Leslie Field)는 왕실가족의 대단히 귀중한 보석들에 관한 완벽하고 색채가 풍부한 **엘리자베스 2세 여왕의 보석** — 그녀의 개인적인 컬렉션이라는 책을 편찬하였다. 그런 엄청난 부에 대한 욕구를 옹호하면서, 필드는 "보석은 왕실 이미지의 중요한 부분이며 국가 행사에서 여왕은 국왕다워야 할 의무가 있으며, 이러한 경우는 국가적인 유산의 일부분이고 그들의 의식에는 화려함과 명예가 있다. 화려한 구경거리는 왕권의 필수적인 부분이다. — 왕실의 보석은 패션 이상이며 가격을 헤아릴 수 없다." 고 설명했다.

1960년대 후반에 파인 주얼리의 크기와 영역이 증가되었다. 노예 팔찌(팔찌에 체인으로 연결된 고리), 큰 브로치와 디스크 형태의 펜던트, 복잡한 뱅글 팔찌, 그리고 거대한 늘어지는 귀걸이가 유행하였다.

1970년대에서 1980년대 초기로 접어들면서, 남성의 주얼리는 처음에는 기능적이었다. '성공을 위한 의상' 스타일이 주얼리는 단순하고 멋있는 것('비싸 보이는 것'을 나타냄)을 요구하였다. 롤렉스 시계 같은 비싼 주얼리 품목은 좋은 취향의 전형으로 간주되었고 비싸지만 기능적이지 않은 남성용 황금 반지와 체인 목걸이가 업무시간 이후에 유행이었다.

◎ 파인 주얼리 개론

주얼리는 사회적인 역사가 시작된 이래로 자기표현과 장식의 형태이었다. 비록 사람이 거의 의복을 착용하지 않았던 문화에서도 그들은 조개, 동물 치아, 콩, 또는 구슬과 같은 형태를 착용하였다. 블랑슈 페인은 그녀의 저서인 복식사에서 장식을 적절하게 설명하였다. "아름다운 대상을 소유하고 보이는 곳에 두려는 욕망은 강한 흥미를 유발하며, 우리가 착용하는 것의 많은 부분을 설명할 수 있다." 그러나 주얼리를 착용하는 것은 정확한 장식 이상을 나타낸다. 화폐의 주조 이전에는 주얼리가 경제적인 기능을 하였으므로 그것은 소유자의 자본이거나 화폐로 사용되었다. 주얼리를 착용하는 부가적인 이유는 아래에 나와 있다.

- 장식   귀걸이와 브로치
- 기능   시계, 버클, 도장 반지
- 은닉 장소   금합 목걸이와 독 반지
- 상징   결혼과 약혼반지
- 종교적 의미   십자가 목걸이 또는 데이비드 별 부적
- 마술   신비적인 의식에 사용하는 펜던트 목걸이와 반지
- 회원자격   대학의 동아리와 경기 팀의 선후배 관계와 학교 반지
- 모성   어린이의 탄생석으로 만든 어머니의 반지
- 신분   비싼 시계 브랜드 또는 귀금속 세팅에 있는 큰 보석

주얼리는 파인 주얼리, 중가 주얼리, 코스튬(또는 패션) 주얼리로 분류된다. **파인 주얼리**(fine jewelry)는 귀금속, 황금 그리고 백금군, 보석 또는 준보석으로 만들어지며, 중가 주얼리나 코스튬 주얼리보다 훨씬 고가이다. **중가 주얼리**(bridge jewelry)는 파인 주얼리보다 더 낮은 가격의 주얼리를 말한다. 순은, 금도금한 순은, 10캐럿 금 등이 중가 주얼리에 사용된다. 어떤 경우에는 14캐럿 금 또는 18캐럿 금이 사용되지만, 일반적으로 많은 양의 순은과 적은 양의 금이 혼합된다. 표면 변색을 막기 위해 순은에 로듐을 전기도금하는 경우도 있다. 중가 주얼리의 보석은 일반적으로 준보석이지만, 크리스털이나 세공 유리일 수도 있다. 자수정, 오팔, 담수 진주와 양식 진주, 홍옥수, 터키석, 산호가 흔히 중가 주얼리에 사용된다. **코스튬 주얼리**(costume jewelry) 또는 **패션 주얼리**(fashion jewlry)는 가장 낮은 가격대에 팔리며 나무, 플라스틱, 유리, 조개, 저가의 금속과 같은 다른 재료로 만들어진다.

「위민스 웨어 데일리」에서 실시한 상위 100가지 유행 럭셔리 브랜드 조사에서 리스트된 브랜드의 25%가 2001년의 파인 주얼리와 시계였다. 표 13.1은 가장 알려진 파인 주얼리 회사 목록이다.

1) 빈티지와 에스테이트 주얼리

빈티지(vintage), **에스테이트**(estate), **앤티크**(antique), **피리어드**(period), **에얼룸**(heirloom)은 모두 수 세기 그리고 수십 년 전의 수집대상이었던 파인 주얼리를 나타낸다. 유행이 몇 년 지난 주얼리 작품은 추하거나 시대에 뒤떨어져 보일 수 있다. 그러나 수십 년이 지난 후에는 같은 것이 옛스러운 멋이 있거나 아름답게 보인다. 빈티지 주얼리 수집가들에 의해 작품의 연대를 결정하고 가치 평가에 대한 정보를 담고 있는 책들이 많이 출판되었다. 빈티지 작품의 가치에 영향을 주는 요인에는 상태, 재료, 디자인의 희귀성, 디자이너, 서명의 유무 등이 있다. 경매 회사, 에스테이트 세일즈, 주얼리 수집가, 인터넷 사이트가 빈티지 파인 주얼리

▶ 표 13.1 2001년 WWD 럭셔리 톱 100에 랭크된 파인 주얼리 회사들

회사명	톱 100의 순위
티파니 앤 컴퍼니(Tiffany & Company)	2
카르티에(Cartier)	3
밴 클리프 앤드 애펄즈(Van Cleef & Arpels)	15
해리 윈스턴(Harry Winston)	26
피아제(Piaget)	35
불가리(Bulgari)	43
미키모토(Mikimoto)	49
부슈롱(Bouchron)	52
데이비드 율만(David Yurman)	67
쇼파드(Chopard)	70
프레드 조아이리어(Fred Joaillier)	76
프레드 레이톤(Fred Leiton)	87
아스프레이 게라르(Asprey & Garrard)	96

WWD Luxury: Top 100. (2001, February). *Woman's Wear Daily*.
(자료원 : 페어차일드 출판사)

작품의 거대한 목록을 제공한다.

특정 시기에 유행했던 주얼리 스타일에 대한 설명

- **조지왕조**(1714~1837) 정교하나 대칭적인 세팅으로 된 크고 반짝반짝 빛나는 보석
- **빅토리아시대**(1837~1901) 실제적인 형태, 풍부한 색, 로맨틱하고 호화롭고 미적인 스타일, 식물 및 동물의 모티브, 고대 그리스와 이집트 주얼리로부터 영감을 받음.
- **아르 누보시대**(1895년경~1910) 자연적 물결형태, 채찍 끝으로 알려진 기발하고 소용돌이치는 선들, 진귀한 재료와 미묘한 색상, 자연과 환상의 꿈 같은 조화, 여성적인 얼굴과 형상, 자연 모티브
- **에드워드왕조**(1901년경~1915) 빛나는 다이아몬드와 흰색 진주에 선조(線條) 세공 및 레이스 모양의 창안, 백금과 황금, 정교하면서 로맨틱한 깃털, 술, 리본, 꽃 장식, 화환 및 월계관
- **아르데코시대**(1910~1935) 선이 굵은 기하학적 모양, 양식화된 형태, 인상적이고 강렬한 색상이 들어간 검정과 흰색, 긴 펜던트, 흔들거리는 이어링, 팔찌 및 칵테일용 반지, 진귀한 컷의 다이아몬드 —갸름한 네모꼴로 깎은 보석, 서양배나무, 후작.
- **아르 레트로시대**(1940년경~1950대) 물결모양 혹은 육각형 격자 선, 덩어리지고 조각되고 3차원적, 발레리나, 리본, 큰 고리 체인 모티브, 장미색과 녹색으로 채색된 황금, 다이아몬드와 감람석과 같은 대형 보석.

◀ **그림 13.2** 매 웨스트가 착용한 목걸이.
(자료원 : 페어차일드 출판사)

　빈티지 주얼리는 20대의 소비자, 특히 헐리우드 사회의 저명한 사람들에게 인기가 있었다. 다양한 시상식에 참석하는 많은 유명인들은 자신이 공들인 의상을 보완하기 위해 빈티지 주얼리의 진품 혹은 모조품을 선택한다(그림 13.2 참조).

　현대의 디자이너들은 옛 주얼리 작품을 재작업하거나, 현대 주얼리를 카메오, 부채, 나비 및 검정 벨벳과 다이아몬드의 콤비네이션과 같은 몇십 년 전에 유행했던 빈티지 작품과 비슷하게 형태를 디자인한다.

◎ 파인 주얼리의 생산

파인 주얼리를 제작하는 것은 예술이지만, 기술의 발전과 무관하지 않다. 캐드(CAD)와 캠(CAM)은 전통적인 주얼리 제조법을 획기적으로 변경시키고 있다. **CAD**(computer-aided design)는 대량생산을 위하여 주얼리 작품의 모델을 그리고 초안을 잡는 데 컴퓨터를 사용하는 것이다. 일단 작업 다이어그램이 기본 요소를 위해 확정된다면, 그러한 다이어그램은 반복적으로 사용될 수 있다. **CAM**(computer-aided manufacturing)은 궁극적으로 대량생산으로 될 주얼리의 **시제품**(prototype) 혹은 **모델**(model : 최초 견본)을 실제적으로 만들기 위해 컴퓨터를 사용하는 것을 말한다. 컴퓨터는 **모델 메이커**(model maker)가 일단 수작업으로 창작하면 그 모델 디자인에 효율성과 정확성을 제공한다. 3차원 원형은 CAM을 사용하여 만들 수 있다. 레이저는 플라스틱 혹은 왁스로, 전통적인 주얼리 제작법보다 훨씬 정교하게 파인 주얼리 주조물을 만들 수 있다. 일단 모델이 만들어지면, 녹은 상태의 금속을 주형에 붓고 세련된 주얼리 작품이 될 때까지 생성될 작품의 가치를 높이기 위해서 훈련된 금속세공사가 필요하다. **금세공인**(goldsmith)은 은과 백금을 포함하여 다양한 금속을 다루기 위해 대개 교육을 받는다. 그러나 **은세공인**(silversmith)과 **백금세공인**(platinumsmith)은 별도로 있다.

대다수 금세공인과 주얼리 제조업자는 금주얼리에 있어서 캐럿(금의 순도단위) 품질을 각인한다. 미연방무역위원회에 의하면 각인하는 것은 법에 의해 강요되지는 않지만 권장된다. 캐럿을 각인하는 것뿐 아니라 제조업자의 등록상표도 각인할 것을 법에서 요구한다.

1) 디자인

다른 액세서리 디자이너와 같이 파인 주얼리 디자이너는 역사, 세계의 다른 문화, 의상 주얼리, 자연, 예술, 기술 및 많은 다른 사람, 장소 그리고 물체로부터 영감을 얻는다. 보다 진귀한 주얼리 작품 중의 하나가 1997년 *Women's Wear Daily*의 겉표지에 크게 다루어졌다. 그 황금작품은 지방시(Givenchy)의 1997 런어웨이 목걸이였는데, 버마(지금의 미얀마)에 있는 파덩(Padaung) 종족 여성의 사진표제기사로 1979년 내셔널지오그래픽 잡지에서 크게 다루어졌던 것과 거의 동일한 것이었다. 그들은 목둘레에 꼭 맞는 청동 링을 하고 있었는데, 시간이 지남에 따라, 링이 쇄골을 아래로 밀고 내려와 목걸이가 기린과 같은 환상을 느끼게 해주었다.

최근 들어 파인 주얼리 디자이너들은 기술로부터 영감을 얻는데, 그 결과는 백금이나 팔라듐 같은 은색 금속으로 작고 매끄러운 것이다. 위성, 소행성, 운석을 닮은 스톤과 세팅은 우리 사회의 우주에 대한 매력을 반영한다(그림 13.3).

대다수 파인 주얼리의 트렌드는 유럽, 뉴욕 및 캘리포니아에서부터 시작한다. 유럽의 트렌드가 미국으로 조금씩 건너가는 데 1년 이상 시간이 걸릴 것이므로, 미국의 바이어들은 미국 국내시장에서 히트를 칠 트렌드에 대한 정보를 모으기 위해 결국 이탈리아와 같은 외국시장을 방문한다. 예를 들면, 황금에 박힌 색상이 있는 보석은 유럽에서 트렌드가 시작된 지 2~3년 후에 미국에서 최신식이 되었다.

▶ **그림 13.3** 파브로 이어링
(자료원 : 페어차일드 출판사)

은색 톤의 금속에서 노란색 톤의 금속으로 가는 패션 트렌드의 변화는 서서히 진행되고 있다. 값비싼 파인 주얼리는 많은 사람들이 쉽게 교체하지 않는데, 사람들이 그들의 파인 주얼리 워드로브를 새로운 스타일에 적응시켜야 하므로 근본적인 변화에는 시간이 걸린다. 이렇게 변화하는 색조의 트렌드에 적응하기 위해, 디자이너는 양면 모두 쓸 수 있는 주얼리 혹은 콤비네이션 금속 디자인과 같이 양쪽 색상을 혼합하였다. 파일 주얼리 전문가 사이의 일반적인 의견에 의하면 다이아몬드는 흰색 금속에서 최고로 보이고, 반면에 황금은 유색의 보석 원석과 보다 잘 조화를 이룬다.

2) 소재

파인 주얼리는 귀금속과 보석용 혹은 준보석용 원석으로 구성된다. 귀금속은 황금, 화이트 골드, 그리고 팔라듐을 포함하는 백금계 금속을 포함한다. 때때로 은(silver)은 파인 주얼리 범주에 속하지만, 특히 터키석과 같은 준보석과 결합될 때 중가 혹은 패션 주얼리로 분류된다. 보석은 다이아몬드, 사파이어, 루비, 에메랄드, 진주를 포함한다. 준보석은 때때로 파인 주얼리로 사용되기도 하지만 귀금속에 세팅된다. 파인 주얼리의 원가는 상대적으로 비싸다.

3) 생산

대량생산된 주얼리보다 낱개로 작품을 만들 때, 각 작품의 원 디자인은 소비자가 승인을 한 스케치에서부터 시작한다. 시제품은 왁스로 조각하고 최종적으로 석고 혹은 세라믹과 같은 단단한 물질에 넣는다. **탈랍주조**(lost wax casting)법은 왁스가 증발되도록 몇 시간 동안 화로 속에서 용기에 넣은 왁스를 굽는다. 타버린 왁스로 인하여 생긴 빈 공간(주물의 구멍)은 용융된(뜨거운 액체) 금속으로 채우고, 식힌 후에 금속 모델은 손으로 조각한 왁스 모델을 완벽히 재생산한다. 하나의 작품 혹은 복수의 복사품을 만들기 위해 고무 혹은 플라스틱 주형을 금속 모델로 만든다.

4) 보석 세팅 준비

파인 주얼리를 생산하는 동안, **보석 세팅 기술자**(stonesetter)는 디자이너의 스케치에서 보이는 특별한 시각적인 효과를 내기 위해 다양한 기법을 사용한다. 보석 및 준보석은 아래의 방법 중 하나로 파인 주얼리로 세트된다(그림 13.4). 세팅은 보석의 형태나 섬세함, 보석 아이템이 수용할 착용량, 작품을 주문하는 착용자의 기호 및 패션을 근거로 선택한다.

> **버터컵 세팅**(buttercup setting) 꽃잎 모양을 한 스캘럽 형태의 금속 프롱(prong : 갈래) 속에 보석을 넣는다.
> **채널 세팅**(channel setting) 작은 구슬모양의 귀금속이 적절한 자리에서 작은 보석을 받치고 있도록 압박을 가한다.

버터컵

채널

티파니

▲ **그림 13.4** 스톤 세팅(자료원 : 페어차일드 출판사)

클러스터 세팅(cluster setting)　몇 개의 작은 보석이 시각적 영향을 만들기 위해 모여 있거나 혹은 하나의 큰 보석을 둘러싼다.

플러시 혹은 베젤 세팅(flush or bezel setting)　좁은 밴드의 귀금속이 제자리에 보석을 지탱하도록 둘러싼다.

일루전 세팅(illusion setting)　베젤 세팅과 비슷하지만, 보석을 둘러싼 귀금속이 대체로 장식적이고 보석이 실제 크기보다 더 크게 보이도록 의도된다.

상감세공(inlay)　보석이 귀금속의 오목한 곳에 놓여져서 표면이 위로 올라오지 않도록 한다.

페이스트 세팅(paste setting)　저렴한 세팅으로, 접착제를 이용하여 보석이 제자리에 놓이도록 한다.

파베(pave)　보석이 서로 근접하여 있어서 금속이 거의 안 보이거나 보이지 않는다.

프롱 혹은 티파니 세팅(prong/tiffany setting)　4개 혹은 6개의 끝이 올라간 금속 프롱은 보석을 제자리에 놓아두고 시각적으로 두드러지게 보이도록 지탱하고 있다.

텐션-마운트 세팅(tension-mount setting)　이 세팅에는 프롱이 없지만, 보석의 상당부분이 보이도록 한다.

5) 파인 주얼리로 사용되는 금속

제6장 '금속과 보석'에서 언급한 바와 같이, 순은과 백금 주얼리는 보통 금 주얼리보다 더 순수하다. 즉, 실제 금속의 농도가 더 높다. 90~95%의 순수 백금을 함유한 백금 주얼리는 보통 거울과 같은 마무리로 윤이 난다.

실제 금은 겨우 10/24 부(41.67%)로 구성되어도 여전히 캐럿 금이라고 불린다. 대체로 구리, 니켈 혹은 은 합금이 내구성과 독특한 색상을 주기 위해 캐럿 금에 더해진다. 구리는 금이 붉은색을 띠도록 하고, 니켈은 흰색, 그리고 은은 녹색이 나도록 한다. 금속이 식혀진 후 주얼리의 표면은 금이 아닌 합성금속을 제거하기 위하여 감모법으로 처리한다. **금의 착색**(coloring the gold)이란 그 목적이 금속이 실제 캐럿보다 더 높은 캐럿 금이라는 인상을 주기 위한 것이다. 다음에 언급한 표면기법의 하나를 사용하여 파인 주얼리를 갈고 닦기 위해서는 숙련된 금세공인을 필요로 한다.

앤티킹(antiquing)　상속재산 혹은 옛날 것이라는 느낌을 주기 위해 금속에 녹청 혹은 어두운 색상의 마무리를 하는 것.

주조(캐스팅, casting)　금속이 식고 견고해지는 석고, 모래, 로스트 왁스, 혹은 다른 주형에 용융된 금속을 붓는 것.

양각(체이싱, chasing)　귀금속에 디자인을 넣기 위해 해머나 펀치로 톡톡치는 것, 조각하는 것과 유사함.

새김(engraving)　디자인을 만들기 위해 금속 내에 작은 홈을 파내는 것.

에칭(etching)　금속의 표면의 어떤 부분을 부식시키고, 그렇게 함으로써 금속 표면에 오목한 부분을 만들기 위해 산을 붓는 것.

플로렌티닝(florentining)　금속의 표면을 덮고 있는 미세한 스크래치를 잘라내는 것

돋을새김(hammering)　표면에 두드린 자국을 내기 위해 작은 망치 머리부분으로 금속을 두드리는 것.

돋을 무늬 세공(repousse)　얇은 금속판을 삼차원적인 형태로 돋을새김하는 것.

납땜(soldering)　주얼리의 두 조각 사이에(은과 같은) 금속을 녹이는 것. 은 땜납은 두 부분의 귀금속을 함께 융합시키거나 뒷면에 장식품이 붙어 있도록 한다.

밀랍 틀(wax mold)　반지용과 같은, 세라믹 주형의 형태가 될 오목하고, 삼차원적인 디자인.

◎ 주얼리 스타일

지금까지 만들어진 모든 주얼리 스타일을 설명하는 것은 불가능하지는 않더라도 어려운 일이다. 하지만, 많은 작품을 모으고 분류하는 것은 가능하다. 선택된 용어는 현재 패션에 적용되고 있는 것과 역사적 중요성을 근거로 선택된다.

1) 목걸이

목걸이를 크게 변형시킬 수 있는 것은 길이이며, 목둘레에 꼭 끼게 고정된 것부터 허리선 아래로 매달려 있는 것까지 다양하다.

2) 목걸이 길이

다음은 목걸이의 길이를 설명하는 용어이다.

- 초커(choker)　35.5~38cm, 목둘레에 편하게 맞는다.
- 주얼(jewel)　쇄골에 있는 목 밑선에 늘어뜨린다.
- 체인(chains)　40.5~61cm로 5cm씩 증가하여 측정

- **마티네**(matinee) 76~89cm
- **오페라**(opera) 122~305cm

3) 목걸이 스타일

다음은 대중적인 목걸이 스타일이다(그림 13.5).

빕 목걸이(bib necklace) 혹은 **칼라렛**(collarette) 앞부분에 매달리거나 늘어진 장식이 있는 짧은 목걸이

여러 개 늘어서 배열한 다이아몬드 목걸이(diamonds by the yard) 뉴욕의 티파니에서 1974년에 소개된 것. 목걸이, 팔찌 혹은 벨트용으로 구입된 다이아몬드(혹은 다른 보석) 가닥

개목걸이 초커(dog-collar choker) 개목걸이와 닮은 꼭 맞는 장식단추가 있는 목걸이로 19세기 영국의 알렉산드리아 왕비에 의해 대중화됨.

그레듀에이티드 펄 목걸이(graduated pearl necklace) 다양한 길이에서, 조임쇠의 양면에 있는 진주는 보다 작으며 그 크기는 점차 커져 목걸이 앞부분 정면에 가장 큰 진주가 달린다.

래리엇 목걸이(lariat necklace) 목둘레로 여러 번 둥글게 감은, 노끈과 닮은 원통형 체인

펜던트, 라바리어(pendant, lavalier), **드롭 목걸이**(drop necklace) 보석 혹은 로켓(locket : 사진 등을 넣어 목걸이에 매다는 것)과 같은 드롭(drop) 장식이 매달려 있는 모든 목걸이로 드롭 목걸이에는 섬세한 체인에 달려 있는 작은 장식이 있다.

로프 목걸이(rope necklace) 목, 목의 잘록한 부분, 가슴에 서로 다른 길이로 여러 번 감은, 진주 같은 아주 긴 구슬가닥이다. 1920년대에 로프 목걸이는 한 번 매듭을 짓고 한 가닥으로 자유로이 매달려 착용되었다.

체인 목걸이(chain necklace) 1970년대 말에서 1980년대 초반까지 여러 겹으로 된 것이 특히 인기가 있었다(*A-Team*의 미스터 T를 생각해 보라). 체인은 다양한 고리형태—박스, 비잔틴, 헤링본, 속이 빈 로프, 로프 그리고 뱀모양—에 따라서 분류된다.

슬라이드, 지퍼(slide, zipper) 혹은 **와이 목걸이**(y-necklace) 1990년 말에 유행하였으며, 펜던트 아래 매달린 체인이 특징을 이루어 글자 Y의 착시를 만들었다.

4) 귀걸이

귀걸이는 원래 여성에 의해 착용되었지만, 고대부터 지금까지 남성의 귀걸이는 주기적으로 자주 눈에 띄는 패션 액세서리가 되어왔다. 오늘날, 남성이 귀걸이를 하는 것은 별로 이상하지 않지만, 귀걸이는 보수적인 남성의 주얼리 컬렉션은 아니며, 정장의 복장 규범을 가진 전통적인 조직체에서 업무 복장으로 적절하지 않은 것으로 간주된다. 귀걸이는 보통 조화된 한 쌍으로 착용하지만, 서로 짝이 아닌 부조화된 쌍, 한 짝, 혹은 한쪽 귀에 여러 개의 귀걸이를 하는 것이 힙합 혹은 아방가르드한 모습으로 장식하기를 원하는 사람들에 의해 선호되는 옵션이다.

빕 목걸이

개목걸이 초커

펜던트 목걸이

로프 목걸이

Y-목걸이

▲ **그림 13.5** 목걸이 스타일(자료원 : 페어차일드 출판사)

5) 귀걸이 조임쇠

귀걸이 조임쇠는 귀를 뚫는 것과 뚫지 않는 것으로 디자인하며, 다음의 조임쇠가 사용된다.

- 피얼스드(pierced) 귀걸이의 기둥 혹은 와이어가 삽입되도록 귀에 구멍을 내야 한다. 귓불에서 빠져 나오지 않도록 기둥에 이동 가능한 뒷면이 부착된다. 뚫는 귀걸이 기둥은 감염을 방지하기 위해 도 금된 금속이 아닌, 금이나 외과용 스테인리스 스틸로 만들어져 한다.
- 프렌치 클립(french clip) 피어싱을 통해 삽입되는 기둥은 제자리에 고정시키기 위해 스프링 경첩이 있다.
- 클립 온(clip-on) 혹은 클립 백(clip-back) 귀에 구멍을 뚫지 않아도 된다. 귓불을 꽉 죄는 스프링 경 첩으로 고정된다.
- 스크루 백(screw-back) 귀에 구멍을 뚫지 않아도 된다. 제자리에 귀걸이가 고정될 만큼 뒤편이 충분 히 견고하게 나사를 죄면서 귓불 위에 놓이게 된다.
- 마그네틱(magnetic) 뒷면의 자력 때문에 귀걸이 앞면이 제자리에 있게 해 준다. 스프링 경첩이 필요 없으며 귀에 구멍을 뚫지 않아도 된다.

6) 귀걸이 스타일

다음은 몇 가지 일반적 스타일의 귀걸이이다(그림 13.6).

버튼 귀걸이(button) 작고, 둥글고 평평하거나 둥근 형태이며 버튼을 닮았다. 보통 귀금속 혹은 진주 로 되어있다.

샹들리에 귀걸이(chandelier) 매달려 늘어져 있는 샹드리에 크리스털처럼 보이도록 만들어진다. 다양 한 형태가 있다.

체인저블 귀걸이(changeable) 혹은 **이어링 재킷 귀걸이**(Earring Jacket) 버튼 스타일 귀걸이 주위를 둘러 싸는 외부 디스크, 다이아몬드 장식 둘레에 입혀진 귀금속 고리장식.

드롭 귀걸이(drop) 보통 버튼 스타일의 기둥과 매달려 늘어져 있는 구슬, 공모양, 참(charm: 팔찌 쇠 사슬 등에 달아 몸에 지니는 장식품), 보석 혹은 펜던트.

이어 커프 귀걸이(ear cuff) 작은 결혼반지와 비슷한, 꼬아서 이은 금속의 둥근 밴드, 귀의 뒤쪽 상부 가장자리에 죈다. 동일한 형태로 된 피어싱 귀걸이가 있을 수 있다.

후프 귀걸이(hoop) 혹은 **집시 귀걸이**(Gypsy) 피어싱 구멍을 통하거나 혹은 버튼 스타일 기둥에 달려 있는 다양한 직경의 둥근 와이어, 고리에는 와이어에서 자유로이 흔들리는 구슬 혹은 매달린 참 (charm)이 있을 수도 있다.

스터드 귀걸이(stud) 보통 피어싱 건(gun)으로 끼워진 구멍이 뚫린 귀걸이의 첫 번째 쌍. 매달려 늘어 지지 않고, 귓불에 놓여 있는 귀금속 볼(ball) 혹은 보석이 특징이다. 버튼 귀걸이와 비슷하다.

버튼

샹들리에

드롭

이어 커프

▶ **그림 13.6** 귀걸이 스타일
(자료원 : 페어차일드 출판사)

후프

7) 팔찌

이 분류는 손목, 팔 혹은 발목에 둥글게 두르는 장식용 밴드를 포함한다. **팔찌**(bracelet)는 팔을 의미하는 라틴어, *bracchium*에서 나왔다. **암릿**(armlet) 혹은 **암밴드**(armband)는 팔뚝에 두르는 밴드를 말한다. **앵클 브레이슬릿**(ankle bracelet)은 발목에 두르며 때로는 **앵클릿**(anklet)이라고도 한다.

일반적인 팔찌 스타일은 다음과 같다(그림 13.7) .

뱅글 팔찌(bangle) 혹은 **후프 팔찌**(hoop)　여러 개를 착용하는 좁고 단단한 팔찌인데, 때로는 손목에서 팔뚝까지 이르는 많은 수를 착용한다. 고대 이집트에서 기원한다.

참 팔찌(charm)　작은 기념적, 센티멘털한 혹은 상징적인 아이템이 달린 견고한 체인 고리 팔찌. 보통 참(charm)은 팔찌 고리와 비슷한 재질(금 혹은 은)로 되어 있지만 보석 혹은 준보석일 수도 있다.

커프 팔찌(cuff)　타원형으로 된 넓고 단단한 팔찌. 뒤쪽 오프닝으로 손목을 끼울 수 있다. 대부분 편편하지만 팔찌의 넓은 면은 보석 혹은 시계를 마주 끼우도록 되어 있다.

테니스 팔찌(tennis) 혹은 **다이아몬드 팔찌**(diamond)　깍은 면이 있는 작은 다이아몬드(혹은 다른 보석)를 끼어 넣는 귀금속 세팅의 좁은 줄. 이 팔찌는 1987년 미국 오픈 테니스 토너먼트에서 상위 랭

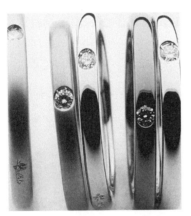

뱅글(bangle)

참(charm)

커프(cuff)

슬레이브(slave)

▲ **그림 13.7** 팔찌 스타일(자료원 : 페어차일드출판사)

킹의 선수인 크리스 에버트(Chirs Evert)가 우연히 그녀의 다이아몬드 팔찌를 테니스 코트에 떨어뜨렸기 때문에 그렇게 이름 붙여졌다. 국영 텔레비전 방송 카메라는 코트 위에 있는 그녀의 다이아몬드 팔찌를 근접 촬영하여 시청자에게 보여 주었다. 미국 전역의 보석세공인들은 그 사건을 이용했고 아직도 인기 있는 '테니스 팔찌'를 엄청나게 판매했다.

슬레이브 링 팔찌(slave ring) 혹은 **브레이슬릿 링 팔찌**(bracelet ring)   이것은 체인 혹은 메달로 손등에서 연결된 반지와 팔찌의 콤비네이션이다. 또한 발가락―발목 브레이슬릿을 포함하며, 이것은 발등을 거쳐 발목 브레이슬릿으로 연결된 발가락 반지이다.

8) 브로치, 핀, 클립

이 파인 주얼리 아이템은 보통 제자리에 고정하기 위해 핀 뒷받침대가 있다. 보통 모자나 스카프, 또는 의상의 네크라인, 숄더 혹은 웨이스트라인에 부착한다. 제자리에 고정하기 위해 경첩 클립이 있는 경우도 있지만, 핀이 대체로 훨씬 더 안전하다. 브로치, 핀, 클립의 스타일은 다음과 같다(그림 13.8).

바핀(bar Pin)   직사각형 브로치.

브로치(brooch 혹은 broach)   보통 네크라인의 중앙에 부착하는, 핀 뒷받침이 있는 장식용의 주얼리 작품.

모자핀(hatpin)   장식용의 머리와 작은 끝 부분으로 되어 있는 23~30cm 핀. 핀은 모자의 측면 크라운에 끼우며, 머리카락을 통해 엮어서, 크라운의 뒤로 몇 인치 보인다. 끝 부분은 모자핀과 모자가 제자리에 있도록 뾰족한 끝으로 고정한다. 모자핀은 모자가 중요한 패션 액세서리였던 지난 수십 년간 인기 있는 기능적인 장식 아이템이었다.

러펠 핀(lapel pin)   재킷의 옷깃에 부착하는 작은 브로치. 직물을 관통하여 꼽는 안전핀 스타일 클로저 혹은 한 개의 날카로운 뾰족한 프롱이 있으며, 피어싱 귀걸이의 뒷받침과 비슷한 움직이는 뒷

브로치

러펠 핀

▲ **그림 13.8** 브로치와 핀 스타일(자료원 : 페어차일드출판사)

받침이 있다.

스카프 클립(scarf Clip) 스카프의 양끝이 꿰어서 단단하도록 하는 이중 링으로 지지되는 기능적인 브로치

스틱핀(stickpin) 7.5cm 길이의 수직 핀의 상부에 고정된 작은 장식품(세트 다이아몬드 같은). 핀은 러펠의 천을 통해 엮어져서 끝 부분에 마개를 한다. 모자핀과 비슷하지만 훨씬 작다.

9) 반지

반지에 대한 다음의 설명은 반지와 연관된 의미일 뿐만 아니라 특별한 형태를 포함한다(그림 13.9).

탄생석 반지(birthstone) 착용자의 탄생월을 상징하는 귀금속에 박아놓은 보석 혹은 준보석

신부 세트 반지(bridal set) 약혼 및 결혼반지 세트

졸업기념 반지(클래스, class) 고등학교 혹은 대학교 졸업을 알리는 것. 보통 학교명과 졸업 일자가 새겨져 있고 학교의 색을 나타내는 다이아몬드 혹은 유색 보석이 들어 있다.

우승 반지(챔피언십, championship) 토너먼트 혹은 플레이오프 운동경기의 우승팀을 알리는 것. 특히 축구에서 흔하다. 클래스 링의 외양과 비슷하다.

칵테일 반지(cocktail) 혹은 **디너 반지**(dinner) 화려한 디자인에 쌓아올린 혹은 소용돌이치는 보석 덩어리

약혼반지(engagement) 일반적으로 다이아몬드로, 미래의 신랑에 의해 결혼에 대한 서약으로 미래의 신부에게 주는 것. 보통 왼손 엄지에서 세 번째 손가락에 낀다.

이터너티 반지(eternity) 사랑의 표식으로 주는 보석으로 둘러싸인 밴드

필리그리 반지(filigree) 매력적인 디자인으로 된 가느다란 와이어 모양 혹은 꼬인 모양, 에나멜로 채워짐. 디자인은 칠보로 불림.

프러터널 반지(fraternal) 이스턴 스타 혹은 그리스 대학교 단체와 같은 조직을 상징하는 것. 조직체의 엠블럼을 새기고 흑오닉스 혹은 상징적인 다른 보석을 넣는다.

졸업기념 반지

칵테일 반지/이터너티 반지

약혼반지/결혼반지

▲ **그림 13.9** 반지 스타일(자료원 : 페어차일드 출판사)

마더즈 반지(mother's) 모성애를 상징하는 것으로 1900년대 초 만들어짐. 각 자녀의 탄생석을 넣어서 세팅.

너깃 반지(nugget) 소유자의 주얼리 함에 있는 감상적인 잡동사니 보석을 넣는 것으로 금을 녹여서 만듦. 부정형(금광석 덩어리처럼)이며, 소유자의 컬렉션에서 다이아몬드를 끼워 넣을 수 있다.

포이즌 반지(poison) 열 수 있는 뚜껑 달린 크고 정교한 경첩이 붙은 표면이 있다. 적에게 체포될 경우를 대비하여, 내부는 자살용 독약을 놓아둘 비밀장소이다. 또한 살인의 수단으로 사용될 수 있다.

시그닛 반지(signet) 착용자의 이니셜 혹은 문장을 새긴 큰 링. 적절한 시기까지 편지가 개봉되지 않도록 보장하기 위해 편지를 봉할 때 뜨거운 왁스를 찍기 위해 사용.

스피닝 반지(spinning) 착용자가 자신의 손을 움직일 때, 움직이는 와이어 반지가 있는 1990년대 유행했던 패션 링.

스푼 반지(spoon) 원형으로 굽은 순은 아동 스푼 핸들. 이 반지의 상대적인 크기로 젊은 남자의 보다 큰 손가락에 인기가 있었다. 젊은 여성의 보다 작은 손가락에는 반지를 엄지에 끼었다. 1970년대 유행.

토우 반지(toe) 어떤 때는 가장 큰 발가락에 끼는 것이 유행할 때도 있었지만, 보통 두 번째 발가락에 끼는 조정 가능한 밴드

웨딩 밴드 반지(wedding band) 결혼식날 결합의 상징으로 주는 것. 보통 단순한 디자인, 부부의 반지가 서로 매치됨. 많은 신부는 마모를 방지하기 위해 결혼반지와 약혼반지를 함께 하나로 묶는다.

10) 헤드피스

서클릿(circlet), 코로닛(coronet), 크라운(crown), 다이어뎀(diadem) 및 티아라(tiara)는 모두 보석으로 장식한 헤드피스의 변형을 지칭한다. 서클릿과 코로닛은 보통 크라운보다는 작다. 정교한 티아라 디자인은 보통 귀금속보다는 보석에 더 초점을 맞춘다.

◎ 세계의 파인 주얼리 산업

파인 주얼리는 여러 국가에서 사치 패션 카테고리를 강력한 경제적 공헌자로 만들어 주는 '필요한 즐거움' 중의 하나이다. 이탈리아는 제작한 파인 주얼리의 1/3을 미국으로 수출하므로, 미국의 입장에서 이탈리아는 주 공급자이다. 표 13.2는 2002년 귀금속 주얼리를 미국에 공급한 상위 5개국으로부터 수입액을 나타낸다.

미국은 전 세계 25여 개국 이상에 귀금속 주얼리의 상당한 양을 수출한다. 2002년 미국은 총 18억 달러 이상을 수출했다. 표 13.3은 2002년 상위 5개국에 대한 미국의 귀금속 주얼리 수출액을 보여준다.

▶ 표 13.2 국가별 2002년 귀금속 주얼리의 상위 미국 수입 원천

국 가	수입액(단위 : 천 달러)
이탈리아	1,508,744
인도	875,938
타이	684,921
중국	560,218
홍콩	515,123

미국 무역 신속 참고표 : 2002 수출 : 3911 : 국제무역협회, 2003년 06월 24일
(자료원 : www.ita.doc.gov/td/ocg/imp39II.htm)

▶ 표 13.3 국가별 2002년 귀금속 주얼리의 상위 미국 수출액 및 도착지

국 가	수출액(단위 : 천 달러)
일본	253,777
스위스	212,321
네덜란드	191,019
멕시코	184,410
홍콩	138,746

미국 무역 신속 참고표 : 2002 수출 : 3911 : 국제무역협회, 2002년 07월 17일
(자료원 : www.ita.doc.gov/td/ocg/imp39II.htm)

1) 무역기구, 출판물, 전시회

여러 무역기구가 파인 주얼리 산업을 위해 일하고 있다. 표 13.4는 가장 대중적인 무역기구 목록이다. 이들 중 몇몇은 제6장 '금속 및 보석'에도 게재되었다. 중요한 파인 주얼리 무역 출판물과 전시회는 표 13.5와 13.6과 같다.

◎ 머천다이징 트렌드와 기술

미국 보석 협회에 따르면, 그들 회원 점포의 반 정도가 1999년 동안 최소 20%의 매출증가를 보였다. 세기말 매출은 10여 년 이상 이내에 최대의 파인 주얼리 매출이었다. 매출은 금세기 첫 10년 동안 197%의 누적 증가율로 2010년까지 지속적으로 성장할 것으로 예상된다.

매출증가에는 여러 요인이 기여하고 있다. 여기에는 노령층, 국민경제성장, 집에서 사람으로 지출 이동,

▶ **표 13.4** 파인 주얼리 산업 무역기구

기 구	위 치	목 적
미국 주얼리 사학자 협회 www.jewelryhistorians.com	뉴욕 주, 뉴로셸	홍보지 간행 및 스폰서 강연. 영국 주얼리 사학자 협회의 분파
미국 에스테이트 주얼러 협회 www.ejaa.net	뉴욕 주, 뉴욕	무역전시회 후원
국제 시계와 주얼리 길드(IWJG) www.iwjg.com	텍사스 주, 휴스턴	무역전시회 주관
미국 주얼러(JA) www.jewelers.org	뉴욕 주, 뉴욕	연구수행, 교육지원 및 출판 매뉴얼 발간으로 주얼리 소매상과 시계 산업을 위하여 일함
주얼리 정보 센터(JIC) www.jewelryinfo.org	뉴욕 주, 뉴욕	파인 주얼리 산업을 위한 홍보 및 소비자 지원 제공
미국의 제조 주얼러와 공급자(MJSA) http://mjsa.polygon.net/	로드아일랜드 주, 프로비던스	무역전시회, 산업연구 후원, AJM 잡지발간, 정부업무 감시 및 시장 회원의 장려
미국 커프링크 협회 www.cufflink.com	일리노이 주, 프로스펙트 하이트	분기별 간행물 출판, 임대서비스, 연례 컨벤션 주최
미국 패션 액세서리협회(NFAA)와 패션 액세서리 운송인 협회(FASA) www.accessoryweb.com	뉴욕 주, 뉴욕	파인 주얼리를 포함하여 전체 액세서리 카테고리의 대표
전문 주얼러 www.professionaljeweler.com	펜실베이니아 주, 필라델피아	무역전시회 및 잡지 후원
세계 황금 위원회 www.gold.org	영국, 런던	황금 주얼리의 사용 촉진 및 황금 산업의 자료 제공

고소득층 근로여성, 여성적 패션화 트렌드 및 패션 디자이너에 의한 주얼리 액세서리의 엄청난 판매촉진이 있다.

베이비붐 인구는 현 10년 동안 최대의 소득을 올리는 시기에 도달할 것으로 예상되는데 7,700만 명으로 추정된다. 자녀가 없는 세대의 조짐과 더불어, 이러한 인구층은 파인 주얼리를 구매할 기회가 더 많을 것이다. 기념일 및 생일과 같은 중요한 사건은 사치스러운 선물로 축하받을 것이다. 덧붙여 베이붐의 대다수 자녀들이 2003년에 결혼할 것으로 예상되며, 중대한 웨딩 세트 주얼리 시장을 만들 것이다.

1990년대 말 경제적 부의 증대, 특히 주식시장 투자는 부유한 투자자를 만들어냈다. 2000년대 초 주식시장의 침체는 예상된 파인 주얼리의 매출에 재조정을 요구할 수 있다. 세계 황금 위원회에 의하면, 경제성장의 감속은 소비자들이 사치 보석 이외의 귀금속 주얼리를 구매하는 결과를 가져왔다.

20세기 마지막 10년은 가정용 장식품을 구매하는 시기였다. 몸치장을 위해 장식품을 구매하는 것으로의 이동은 파인 주얼리를 포함하여 패션과 액세서리에 좋은 조짐이다. 소매상들은 라이프스타일 디스플레이에 있어서 집의 패션과 파인 주얼리를 함께 묶기를 원할 수 있다. 예를 들면, 선물 매장에서는 우아한 테이

▶ 표 13.5 파인 주얼리 산업관련 무역 출판물

무역 출판물 명칭	내 역
액세서리 잡지	월간 무역간행물 : 파인 주얼리 포함하여 대다수 액세서리 분류
미국 주얼리 제조업자 잡지(AJM)	주얼리 제조업자에 대한 온-오프 잡지: MJSA 출판
정보원천	주얼리 제조업자와 디자이너 간 성장을 촉구
국제 주얼러	주얼리 영향, 영감 및 추세에 대해 집중 : VNU 비즈니스 출판사 발간
미국 주얼러	온-오프라인 주얼리 산업에 대한 격월 간행물 : VNU 비즈니스 출판사 발간
전문 주얼러 잡지	최근 판매기법, 핵심제품, 점포관리기법, 종업원 교육에 대한 정보 제공 : 프로페셔널 주얼러 발간
WWW 데일리-월요일	주간 무역뉴스, 페어차일드 발간 : 다른 액세서리와 더불어 파인 주얼리에 대한 특징 사업 및 패션 정보
WWD 액세서리 공급	파인 주얼리를 포함한 모든 액세서리에 대한 패션 정보를 담은 페어차일드 특별판

▶ 표 13.6 파인 주얼리 산업 무역전시회

무역 전시회	위 치	후원 업체
액세서리 서킷	뉴욕 주, 뉴욕	ENK 인터내셔널
액세서리더쇼	뉴욕 주, 뉴욕	비즈니스 저널(주)
앤틱 주얼리 쇼	플로리다 주, 마이애미	
바젤 세계 시계와 주얼리 쇼	스위스, 바젤	MCH 바젤 세계 전람회(유)
쿠튀르 주얼리 컬렉션 및 협회(CCC))	애리조나 주, 스코츠데일	VNU 박람회
댈러스 파인 주얼리 쇼	텍사스 주, 댈러스	M.I.D.A.S.
보석 박람회	애리조나 주, 투손	미국 보석 무역협회
국제 시계 및 주얼리 조합 전시회	미국 전역의 도시(뉴올리언스, 뉴욕, 디트로이트, 댈러스, 마이애미, 올랜도, 라스베이거스)	국제 시계 및 주얼리 조합
JA 국제 주얼리 쇼	뉴욕 주, 뉴욕	미국 주얼러 및 VNU 박람회
보석상의 순회 키스톤 쇼(JCK)	네바다 주, 라스베이거스	JCK
라스베이거스 에스테이트 주얼리 쇼	네바다 주, 라스베이거스	미국 에스테이트 주얼러 협회
MJSA 엑스포	뉴욕 주, 뉴욕	미국 주얼리 제조자와 공급자
전문 보석상 쇼	네바다 주, 라스베이거스	통신연맹
비첸차오로 무역 박람회	이탈리아, 비첸차	피에라 디 비첸자

블 세팅 내에 있는 크리스털 술잔 아래에 여러 가지 파인 주얼리 혹은 크리스털 수집가의 작품을 진열할 수 있다.

여성들의 기업체 근로가 증가함에 따라 사치품 구매에 대한 지출이 지속적으로 증가하고 있다. 전통적으로 남성은 여성을 위한 파인 주얼리의 가장 큰 구매자였지만, 이러한 추세는 역전되고 있다(여성의 소득과는 관계없이). 여성 자체 구매시장의 중요성은 계속 확장되고 있다. 재일(Zale) 코퍼레이션에서 여성 구매자는 1999년도에 매출액의 60%를 차지했다. 증가하는 풍부한 여성 시장에 대한 반응으로, 에스카다(Escada), 디오르(Dior), 샤넬(Chanel)과 같은 패션 하우스는 자신들의 파인 주얼리 라인을 제공하고 있는데, 이는 그것이 이익이 되는 수익원이라는 것을 알았기 때문이다(그림 13.10). 심지어 홈패션 컴퍼니 워터포드 웨지우드(Waterford Wdegwood)도 유복한 여성에게 만족을 주는 전국 라이프스타일 액세서리 확장의 일부로서 파인 주얼리를 제공하기 시작했다.

여성 소비자들은 소매상이 환경측면 강화와 개량된 머천다이징 기법을 제공한다면 파인 주얼리를 더욱 구매할 것 같다. 파인 주얼리 소매상은 다음을 고려해야 한다.

- 구경하는 여성들이 허리를 굽히지 않도록, 소비자 눈높이에 맞춰 주얼리 전시를 이동한다.
- 카운터에 휠체어가 들어올 수 있도록 한다.
- 선글라스 매점과 같은 개념으로 주얼리 케이스를 보다 사용하기 쉽게 만들고 판매원과 소비자 간에 물리적 장벽을 최소화한다.
- 주얼리 작품에 대해 소유하여 특별한 행사에 착용하는 것을 상상하도록 함으로써, 여성에게 '환상'을 심어 준다.
- 점포 내에 전통적으로 파인 주얼리가 있을 것으로 기대되는 매장이 아니라, 유사한 표적 소비자와 함께 할 별도의 파인 주얼리 매장을 만든다.
- 도시 혹은 몰과 같은, 장소의 뉘앙스를 반영하는 소매 디자인을 채택한다.
- 소비자가 의상을 입고 주얼리를 매치할 수 있도록 드레싱 룸을 만든다.
- 낮 조명, 사무실, 나이트클럽 및 레스토랑용의 조명옵션을 제공한다.

▶ **그림 13.10** 에스카다 주얼리(자료원 : 페어차일드 출판사)

- 소비자가 주얼리에 대해 고려하고 착용해 보는 동안 소비자가 의복 위에 덮을 수있는 천을 제공한다.
- 동반한 친구를 위한 적절한 자리를 제공한다.
- 아동들이 놀 수 있는 공간을 준비한다.
- 여성 단체와 관련한 다양한 특별한 이벤트를 위해 점포를 사용하고, 그러한 단체와 관계를 구축한다.

남성의 파인 주얼리 부문에 있어서 최근 판매기록과 성장 잠재력은 몇몇 디자이너들이 그들의 관심을 여성의 주얼리에서 남성 주얼리로 옮기게 하였다. 남성의 주얼리 구매의 현저한 증가에 대한 이유는 남성에 의해서 주얼리 착용에 대한 수용이 커지고, 부가 확대되었으며, 입수 가능한 순은 주얼리에 대한 대중성을 포함한다. 그러나 남성의 주얼리 착용이 증가하는 데도 불구하고, 여성은 여전히 남성의 주얼리 구매의 약 90%로 산정된다. 남성의 자체 구매자 비중은 앞으로 몇 년 동안 증가되리라 기대한다.

1) 점포 소매상

파인 주얼리 판매는 대중 시장에서 상당한 잠식을 하고 있다. 세계 황금 위원회에 의하면, 소비자들은 에임스(Ames), 케이마트(Kmart), 시어스(Sears), 숍코(ShopKo), 벤처(Venture), 월마트(Wal-Mart)와 같은 평판이 좋은 대중 상인과 할인점으로부터 10k와 14k 금과 보석을 보다 신뢰적으로 구매하게 되었다. 파인 주얼리 제품은 그것을 취급하는 할인점에 대한 인센티브로 60%까지 값이 올라갈 수 있다. 매출은 1995년부터 1996년까지 인상적으로 23% 증가했으며, 그 전년도에 비교할 만큼 증가했다. 이러한 점포들은 여세를 몰아 파인 주얼리 매장을 확장, 업데이트, 재배치함으로써 대응했다.

시어스 점포에서의 파인 주얼리 매장은 매장 환경을 개선하기 위해 쇄신했다. 덧붙여 그들은 판매층을 주 통로에 인접한 공간으로 재배치했고, 이러한 노출은 궁극적으로 쇼핑객들이 파인 주얼리를 쇼핑할 때 구매 목적지로서 시어스를 기억하는 데 도움이 되었다. 시어스의 상품화 계획 철학은, 여성들은 이미 신뢰하고 있는 소매상에서 주얼리의 크기와 광채를 찾는다는 이론에 근거하고 있다.

또 다른 대형 판매자인 벤처는 중간층 백화점 소매상으로서 체인을 재배치하도록 도와 그들의 파인 주얼리 매장을 확장했다. 벤처가 갖춘 제품에는 고소득층 매장과 전문점에 의해 수행된 것과 유사한 파인 주얼리 제품을 포함한다. 라인은 소비자의 표적 소비자 선호와 일치하여 가격 포인트를 유지하도록 10k 금과 준보석을 대체했다. 시어스처럼, 벤처의 목적은 소비자에게 그들의 돈을 위하여 더 많은 공간을 제공하는 것이다.

바이어와 세일즈맨에 대한 전문화된 교육은 이들 매장의 성공을 창조하였다. 점포 인턴십과 벤더 후원 워크숍은 분실방지와 같은 목표된 문제영역을 포함하여, 판매직과 지원인력의 지식을 증가시킨다.

고소득층 파인 주얼리 소매상들은 1990년 후반에 **매입한도**(open-to-buy : 바이어가 시장에서 할당된 자금의 양)를 상당히 증가시켰다. 25%만큼이나 증가된 예산으로, 이들 소매상은 이탈리아 디자인뿐 아니라, 특히 백금에 있어서 같은 종류의 몇 가지 디자인(some one-of-a-kind)을 채택했다.

표 13.7은 황금 주얼리가 판매되는 다양한 유통경로 목록이다. 2000년에 체인 보석상이 총매출액에서 수

▶ **표 13.7** 2000년도 미국 금-주얼리 판매에서의 유통경로 순위(천 달러)

유통경로	매출액(천 달러)
주얼리 점포	7,508,647
할인점/카탈로그	3,402,599
백화점	3,070,475
비점포 소매	1,319,316
총계	15,301,037

세계적 검사 및 조사.(2000). 황금 주얼리 기본 가격의 미국 매출. 세계 황금 위원회, 뉴욕.

위이며, 이어서 할인점/카탈로그 쇼룸이었다. 백화점과 무점포 소매의 경우는 3, 4위였다.

2) 인터넷 소매상

수많은 인터넷 소매상들은 인터넷상으로 중저가 파인 주얼리를 판매하는데, 온라인 제품은 보통 저가에서 1,000달러까지 대중에게 인기 있는 파인 주얼리로 제한되어 있다. 어떤 최고급 회사는 구매자의 명세서대로 디자인된 소비자 주문형 주얼리를 제공한다. 다른 경우에는 증명서가 있는 다이아몬드를 포함하는 파인 주얼리를 판매하기 위해 전자상을 이용하기도 한다. 티파니와 같은 전통적 제조업 소매상은 보석 보증서를 보강하고 다이아몬드 주얼리를 제공한다. 점포의 명성은 소비자들이 인터넷 구매를 신뢰하도록 해 준다. 전통적 제조업 소매상이 그 점포를 광고하기 위해 웹 사이트를 유지하는 것처럼, 인터넷 소매상은 그들의 웹 사이트를 촉진하기 위해 전통적인 광고 미디어를 사용할 수 있다.

어떤 독립 보석상은 자신의 점포명을 온라인 카탈로그로 접속하도록 인터넷 회사에 금액을 지불한다. 인터넷 쇼핑객들은 각 소매업자의 독립된 웹 사이트와 제품을 방문할 수 있다. 개별 점포들이 실제적으로 물품명세서를 보유하고 있음에도 불구하고, 한 사이트는 세계 최대의 온라인 카탈로그라고 주장하면서, 40,000점의 주얼리를 온라인과 재고로 보유하고 있다고 자랑한다.

3) 카탈로그 소매상

어떤 파인 주얼리 소매상은, 특히 발렌타인 데이나 어머니날과 같은 파인 주얼리 최고 판매 휴일을 전후하여, 증보를 광고하면서 점포 광고전단을 발간한다. 추수감사절과 크리스마스 사이에 매출액의 40%가 집중하는 4분기 휴일 시즌에는 특히 이익이 높다. 대다수 이러한 소매상들은 전통적 제조업 점포를 소유하고 있다. 보석 원석 조각의 '실물을 보여 주지 않고' 판매하는 것은 귀금속 액세서리의 함량만 보여 주면서 판매하는 것보다 어렵다. 인터넷 소매상처럼 카탈로그 소매상들도 보증서가 있는 다이아몬드 주얼리를 제공할 수 있다.

◎ 파인 주얼리 판매

파인 주얼리의 판매원은 소비자에게 최상의 서비스를 제공하기 위하여 전문적인 훈련을 받아야 한다. 어떤 주얼리 벤더(vendor)는 판매 교육을 위하여 점포로 제조업체 대표자를 보낸다. 어떤 무역협회 및 파인 주얼리 연구소는 원격 교육과정을 제공한다. 가장 배타적인 소매상에서 할인점에 이르기까지, 소비자는 파인 주얼리 매장에서 어느 정도의 개인적인 서비스를 요구하며, 판매원이 파인 주얼리에 대해 합리적인 지식을 가지고 있을 것이라고 기대한다. 많은 사람들이 행하는 공통적인 잘못은 두 글자의 전치로서 "jewelry"를 "jewlery"로 발음한다는 것이다. 판매원은 진기한 보석 이름과 같은 관련 단어의 정확한 발음을 연습해야 한다. 파인 주얼리에 대해 모든 것을 다 안다는 것은 불가능한 일이므로 판매원은 공부하거나 필요할 경우 참고하기 위해 매장에서 유용한 방편 자료(책자, 팸플릿 및 비디오)를 갖고 있어야 한다.

파인 주얼리의 구매자는 자신이 사는 상품을 신뢰하고 진짜 가치가 있는 것이라는 믿음을 가져야만 한다. 성공적인 소매상은 흔히 구전되는 광고를 통해, 정직이라는 확립된 명성을 가진 사람이다. 연방 무역위원회는 판매가 이루어지기 전 설명되어야 할 몇 가지 이슈를 권고한다. 소매상들은 '반짝이는 모든 것… 주얼리 구매법' 이라는 연방 무역위원회 출판물에서 제공한 다음과 같은 소비자 관계 제안으로 이익을 얻는다.

- 합리적이고 문서화된 반품 방침을 준비한다.
- 모든 주얼리가 적절한 캐럿 품질과 등록된 상표 표시를 가지고 있는지 확인한다.
- 자연산, 인공산, 혹은 모조 진주, 또는 자연산, 합성품 혹은 모조 보석 간 제품품질에서의 기본적인 차이를 설명한다.
- 보석 취급법을 신뢰성 있게 이야기 한다—눈에 보이든 보이지 않든, 일시적이든 영구적이든, 소비자들에게 이러한 것이 어떻게 가격에 영향을 미치는지 이해시킨다.
- 보석의 중량, 크기 혹은 오리지널 판매 수령중에 있는 다른 결정요인의 서면 입증 문서를 제공한다.
- 보석감정 연구소의 보석등급 보고서를 제공한다.

만일 소비자들이 자신들이 구매한 것에 만족하지 못한다면, 소매상은 그 문제를 명백히 해결하기 위하여 모든 시도를 해야 한다. 만일 소비자가 수정된 문제를 여전히 신뢰하지 않는다면, 보석상은 뉴욕에 있는 보석상 경계위원회(www.jvclegal.org)와 연락한다. 이것은 주얼리 산업에서 윤리적 관행을 보장하는 데 목적을 둔 비영리단체이다. 소매상 법 핸드북(Retailor Legal Handbook)을 주얼리 점포를 위해 발간한다.

1) 가격과 가치

주얼리의 소매가격은 여러 가지 요소에 달려 있지만, 가장 중요한 것은 사용된 재료이다. 귀금속 및 보석 원석은 상품이며, 가격은 시장이 부담하는 것(보통 높다)에 달려 있다. 소매가에 영향을 주는 다른 요인은 표적 소비자, 소매 점포 방침, 원하는 마크업(원가에 대한 가산액) 및 브랜드 혹은 상호이다. 할인점과 전문

기술 이야기 : 보석원석의 가치향상

커팅을 하든 광택을 내든 혹은 보다 복잡하고 논쟁의 여지가 있든 없든 간에 보다 아름다운 보석을 만드는 데 사용된 모든 방법은 **보석원석 가치향상**(gemstone enchancement)으로 간주한다. 대부분의 명성 있는 보석상들은 가치향상은 원석의 아름다움(색과 투명도)과 내구성이 허용 가능한 정도로 개선되는 것을 의미한다는 데 동의한다. 가치향상은 원석에서 흠이 있는 부분을 수선하거나 캐럿 중량을 증가시키는 것을 의미한다는 것은 대다수 보석상에게 허용되지 않는다. 이러한 처리는 원석의 가치를 저하시킬 수 있다. 전문가들은 변형된 다이아몬드는, 가치향상의 정도에 따라 유사하면서도 변형되지 않는 다이아몬드에 비해 10~30%의 가치가 저하하는 것으로 평가한다. 보석 원석의 가치를 향상시키는 방법은 4천 년 전 고대 이집트로 거슬러 올라간다. 보다 화려하고 아름다운 보석을 만들기 위해 무색 오일 안에 에메랄드를 담근 것으로 알려져 있다. 최근 공식 설명회에서 주얼리 부스 소유자들은 '29.95달러의 낮은 가격'으로 6온스의 특별한 '클리닝 솔루션: 청결제'를 판매하였다. 이 제품은 다이아몬드에 진주빛 푸른 색조를 주는 단순한 무색 오일이었는데, 그 효과는 아름답지만 일시적이었다.

티파니의 웹 사이트에 따르면, 마르코 폴로는 실론에서 루비를 가열하는 것을 보고 유럽으로 그 방법을 가져온 것으로 알려졌다. **가열법**(heating)은 여전히 광산가 및 보석세공인 가운데서 일반적인 방법이다. 이것은 보석 원석의 색을 옅게, 짙게 또는 완전히 변화시키거나 투명도를 변화시키기 위하여 가열하는 것을 의미한다. 제네럴 일렉트릭(General Electric)은 다이아몬드를 화이트닝하기 위한 고열과 압력처리를 개발했다.

기타 일반적으로 사용되는 가치향상 방법은 다음과 같다.

▪ **표백**(bleaching) 단일한 표면색 혹은 보석, 옥 혹은 진주를 빛나거나 희게 하기 위하여 화학약품을 사용하는 것.
▪ **염색**(dyeing) 보석의 색을 변경 혹은 색의 균일성을 개선하기 위한 것

▪ **혼합물**(Infusion) 보석 원석의 외양을 좋게 하기 위해 청결하게 하거나 색상을 주도록 왁스, 수지 혹은 유리를 사용하여 채우는 과정
▪ **코팅**(coating) 혹은 **광염**(Impregnating) 내구성, 표면 단일성, 투명도, 외양을 개선하기 위해 다공성 원석의 표면에 왁스, 수지, 무색 오일을 적용하는 것.
▪ **산포**(diffusion) 보석의 표면에 색을 추가하는 것
▪ **방사**(irradiation) 다이아몬드, 보석 원석, 진주의 색을 개선하기 위하여 자외선 처리, 가열법과 결합할 수 있다.

기타 가치향상 방법은 상대적으로 덜 허용되지만(비윤리적이기 때문에), 가장 정교한 장비로도 탐지하기가 힘들다. 티파니에 따르면 이것은 보석 원석계에서 무엇이 허용될 수 있는지에 관해 복잡한 논쟁을 이끌었다. 두 가지의 가장 큰 논쟁은 갈라진 틈 채우기(filling)와 레이저 법(lasering)이다.

연방무역위원회에 따르면, **흠집 메우기**(fracture filling)는 무색 플라스틱 혹은 유리 물질을 투명도를 개선시키기 위해 갈라진 틈(깃털모양의 흠집 함유물) 안으로 주입하는 것이다. 갈라진 틈을 채운 보석은 또한 **투명도 개선 원석**(clarity-enhanced stones)이라고 불린다. 보통 갈라진 틈을 채운 보석은 맨눈으로도 볼 수 있는 함유물이 있는데, 갈라진 틈을 채움으로써 함유물은 보이지 않는다. 채우는 법은 보석을 보는 관측기 아래 놓으면 네온색상으로 인식될 수 있다.

연방무역위원회는 **레이저 법**(lasering)을 흑연점 혹은 함유물을 가진 다이아몬드를 투명하게 하는 방법으로 설명한다. 작은 레이저 빔은 함유물을 목표로 하여 함유물에 구멍을 만든다. 그 함유물을 무색으로 만들기 위해 뚫린 관을 통해 산을 주입한다. 뚫은 관은 남아 있지만 대강 훑어보면, 잘 보이지 않는다. 이러한 다이아몬드는 특별한 주의를 요하지 않는다.

갈라진 틈 채우기법과 레이저법은 불법인가? 아니다. 비윤리적인가? 바이어에게 발견되지 않는다면 구매자의 위험부담이다(구매자가 알도록 한다).

점은 아주 다른 소비자 기준으로 조달한다. 각 점포는 소비자가 기꺼이 지불하고자 하는 가격점에서 주얼리를 제공한다. 점포의 각 유형은 달성하고자 하는 점포 방침에 근거하여 마크업 비율을 정한다. 구매력이 큰 점포('bigger pencil')는 대량구매로 보다 낮은 가격으로 협상하여 절약된 금액은 소비자에게로 넘어간다. 주얼리의 브랜드와 주얼리를 구매하는 점포명은 소비자에게 점차 그 중요성이 더해져, 인식할 수 있는 브랜드와 상호는 소비자에게 긍정적인 이미지를 만든다. 많은 소비자들은 그들의 지식에 대해 자신을 갖지 못하므로 파인 주얼리 제품의 구매에 있어서 친근한 브랜드나 점포로 가려는 경향이 있다.

2) 파인 주얼리 손질법

파인 주얼리는 오랫동안 지속되도록 충분히 내구성을 갖도록 만들어진다. 소비자들은 파인 주얼리의 '마무리'가 닳아 없어질 것을 염려할 필요가 없다. 주얼리는 재료의 민감도에 따라 깨끗이 손질해야 한다. 제6장에서 언급한 바와 같이, 초음파 세척기는 보다 민감한 보석에 사용해서는 안 된다. 염소표백제와 같은 거칠은 화학약품은 귀금속에 흠집을 낼 수 있으며 광채를 유지하는 데 불필요하다. 가정용 암모니아 묽은 희석액과 물은 다이아몬드를 청결히 하는 데 사용될 수 있다. 주얼리는 주얼리 상자에 '쌓아서' 보관하기보다 다른 물품과 접촉하지 않도록 하여 보관해야 한다. 어떤 보석과 금속은 다른 것보다 더 견고하고 보다 민감한 재료에 긁은 자국을 낼 수 있다. 진주 주얼리는 탈색을 유발할 수 있는 헤어 스프레이, 향수, 기타 화장품으로부터 멀리 보관하고 사용 후 젖은 천으로 닦아줄 수 있다. 자주 착용한다면, 진주는 매년 줄을 바꾸어 주어야 한다.

보석 원석은 탁해질 수 있고 혹은 귀금속은 서서히 흐릿해질 수 있다. 시간이 지남에 따라 프롱(prong)은 약해지거나 마모될 수 있어, 보석을 잃어버리는 결과가 될 수 있다. 걸쇠가 고장날 수도 있고 주얼리를 분실할 수도 있다. 주얼리 전문가에 의한 정기적인 점검과 세척은 파인 주얼리 투자를 보존하고 보호할 수 있다.

3) 소비자 욕구에 대응하기

소득 수준과는 관계없이, 많은 소비자들은 오래 사용할 수 있는 주얼리를 선호한다. 파인 주얼리를 구매하는 데 자주 인용되는 한 가지 이유는 급속한 패션 변화를 오래 견디고 몇 년 후에도 여전히 아름다울 수 있는 성능이다. 파인 주얼리 시장에는 트렌드가 존재하는데, 귀금속 트렌드는 보석 원석 트렌드보다 더 오래 지속한다. 소비자들은 전통적으로 파인 주얼리를 계획된 구매 및 투자로 보아왔다.

과거에, 소매상들은 소비자들이 점포 이름(예: 티파니), 크기, 주얼리 브랜드, 가격과 같은 기타 요소보다 주얼리에 박힌 보석의 이름 브랜드에 관심이 적다는 것을 알게 되었다. 할인점, 대량 판매자, 독점적 전문점을 포함한 모든 소매상은 그들의 표적 소비자에게 한 가지 이상의 구매기준을 유리하게 제공할 수 있다.

다이아몬드 공급자들은, 보석 원석의 브랜드 이름 인식이 부족한 것을 알게 되어, 브랜드를 붙인 다이아몬드를 구매기준으로 하나 더 추가하기를 원하고 있다. 전략적이고 협력적인 광고를 통해, 결국 소비자들은 파인 주얼리를 구입할 때 보석의 브랜드를 고려하게 되었다.

제품에 상표를 붙이는 것은 라이프스타일 콘셉트를 만드는 것을 의미한다. 성공적인 주얼리—홍보 캠페인은 소비자들이 그 회사가 어떤 회사인지를 이해하는 것을 확실히 하는 것이다. 광고는 그래픽 이미지가 있고 역사감, 무드, 라이프스타일을 만드는 시각적 세팅으로 감정을 유발한다. 과거에 많은 파인 주얼리광고는 어두운 배경 속의 주얼리의 클로즈업 이미지에 중점을 두었으나, 잡지 속의 사진과 같은 이러한 것들로는 주얼리가 기억되지도 않고 광고된 다른 상품과 차별적이지도 않았다. 더욱 최근에, 파인 주얼리 광고는 주얼리의 스틸 촬영이나 주얼리를 착용하고 있는 매력적인 모델의 밀착 이미지가 아닌 표적 소비자의라이프스타일에 대한 강조로 더 현실적인 세팅을 하는 것을 특징으로 한다.

인물소개 : 티파니 앤 컴퍼니

티파니 씨와 영 씨는 그들의 점포 개점일 판매액을 서로 축하했다. 엄청난 4.98달러! 1837년 9월 18일, 찰스 루이스 티파니와 존 B. 영은 문구 및 팬시 백화점인 티파니와 영을 뉴욕 시 브로드웨이 259번지에 개점했다. 나머지는 블루박스, 티파니 블루에 있는 역사이다.

1853년, 찰스 티파니는 점포를 "Tiffany &

Company(티파니 앤 컴퍼니)"로 개명했다. 몇 가지 보다 중요한 역사적 사건 중에 1886년 소개되어 아직도 유명한, 6갈래로 된 티파니 링 세트가 포함된다. 1940년 점포는 5번가 727번지로 옮겼다. 트루만 카포트의 "티파니에서의 아침을(Breakfast at Tiffany's)"은 1950년에 출판되었고, 여주인공 오드리 헵번이 나오는 영화는 1961년에 상영되었다. 그리고 1967년에 제1회 전국 풋볼 리그 슈퍼볼 트로피를 만들었다. 티파니는 1999년에 자신의 고유한 정사각형 컷 루시다 다이아몬드를 소개했다.

티파니는 세 명의 유명한 디자이너와 관련이 있다. 장 슐럼버거(1956), 엘사 페레티(1974), 팔로마 피카소(1980). 슐럼버거는 절충적 디자인과 황금에 착색 보석을 혼합하는 것으로 유명하고, 자연으로부터 영감을 얻는 페레티는 심미적이고 조각적인 순은 형태로 유명하다. 또한 피카소의 디자인은 묘하며 독특한 색상배합을 사용한다.

티파니는 160년 이상을 벌어왔다는 우아한(값비싼) 명성에도 불구하고, 웹 사이트상에서 970달러 반지부터 광고한다. 티파니는 사치품을 구입할 능력을 이미 가지고 있는 사람뿐만 아니라 풍족하기를 갈망하는 소비자를 얻으려고 노력해야 한다는 것을 알았다. 시장 지배력 성장 기회를 믿고 티파니는 스스로 구매하는 쇼핑객(대다수 여성)을 위한 상품뿐 아니라 젊은 층에게 중점을 둔 상품을 제공하는 방향으로 일하고 있다.

티파니는 2000년 다른 인터넷 회사인 웨딩채널과 결합하여 온라인 결혼선물 등록을 제공하기 시작하였다. 웨딩채널의 영업구역이 넓기 때문에 티파니는 이 조인트 벤처로부터 이익을 본다. 웨딩채널의 추정 방문객 수는 미국 내 매년 결혼할 신부의 20%이다.

약혼 커플은 온라인 서비스 등록을 위해 어떤 티파니 점포를 방문해도 된다. 커플은 도자기와 식기류 견본을 짝을 지어주는 웹 사이트의 '테이블 세팅을 창조하라.'에 접속할 수 있다. 사이버 쇼핑 선물 제공자는 신랑 혹은 신부의 이름으로 커플의 선택에 접속하거나, 점포가 약혼, 샤워, 결혼에 적합한 선물을 제시하도록 한다. 티파니 웹 사이트에 의해 제공된 다른 서비스는 '다이아몬드 구입법'과 같은 교육 링크와 '여러분의 티파니 보석 원석 및 진주 주얼리에 대해'라는 정보용 책자를 포함한다.

티파니는 유럽 내 5개국, 아시아 태평양지역 내 수많은 나라, 북아메리카의 모든 3개국에 지점을 두고 있다. 세계적으로 수십 개의 점포에도 불구하고, 맨해튼 본점은 전체 회사의 연간 매출의 13%를 차지한다. 2001년 회사의 매출액은 16억 달러 이상이며, 이는 전년도 대비 4% 감소한 수치이다.

2001년 9월 11일 비극적 사건은 불행하게도 티파니의 소매 활동 특히 맨해튼 본점에 영향을 미쳤다. 2001년 제한된 소비자 지출은 미국에서의 테러 공격에 따른 점포 거래에 대한 영향과 더불어 경제 및 금융 시장에서의 어려운 상황과 연결되었다. 하지만, 티파니의 무점포(인터넷/카탈로그) 미국 매출액은 2001년에 강한 성장을 보였다.

2001년 2월 Women's Wear Daily의 지명도 높은 사치 브랜드 조사에서 티파니는 롤렉스에 이어 두 번째를 차지했다. 독특한 블루 티파니 박스는 '스타일과 세련됨의 미국 아이콘'으로 묘사되고 있다.

자료원

About your Tiffany gemstone & pearl jewelry.(1998). *Tiffany & Company*. Retrieved June 1, 2001, from www.tiffany.com

Braunstein, P.(2000, August 9). Tiffany wedding registry online. *Women's Wear Daily, 180*(26), p.2.

Curan, C.(1999, October 18-24). Multifaceted success. *Crain's New York Business, XV*(42), 1, 89.

Hessen, W.(2000, November 21). Tiffany to renovate Fifth Avenue store. *Women's Wear Daily, 180*(97), p. 14.

How to buy a diamond.(2000). *Tiffany & Company*. Retrieved June 1, 2001, from www.tiffany.com

Robertson, R.(2001, February 5). De Beers homes in on diamond retail market. *Northern Miner, 86*(50), 1.

The 100.(2001, February). *Women's Wear Daily* Special Report: WWD Luxury,

Tiffany annual report.(2001). *Tiffany & Company*. Retrieved July 18, 2002, from www.tiffany.com

ᴄ 요 약 ᴐ

- 파인 주얼리의 착용은 언제나 자기 표현과 장식의 형태이다. 주얼리를 착용하는 보다 특별한 이유로는 기능, 은닉처, 상징, 종교적 의미, 주술, 조직회원자격, 졸업, 모성애 및 지위를 포함한다.

- 주얼리는 파인 주얼리, 코스튬 주얼리와 파인 및 코스튬 주얼리의 중간 정도의 가격 범위에 있는 중가 주얼리로 분류된다. 보다 고가인 파인 주얼리는 보통 보석 혹은 준보석과 결합된 귀금속으로 만들어진다.

- 많은 고대 문명은 당시의 독특한 파인 주얼리 재료와 스타일을 제공하였다. 이집트인은 보석과 준보석을 아로새긴 풍부한 금 문화유물을 남겼다. 메소포타미아 문화는 오리지널 12궁도 상징을 우리에게 남겼다.

- 칠보 기법은 극동 문명에 의해 섬세하게 조절되었다. 비취(옥)는 여전히 중국의 중요한 보석이다. 유럽 문화는 정교한 브로치, 거들(벨트)과 펜던트를 만들었다.

- 파인 주얼리 디자이너의 영감의 원천은 역사적인 문화유물, 다른 문화, 코스튬 주얼리, 자연, 예술, 기술을 포함한다. 디자인 트렌드는 흔히 유럽, 뉴욕, 캘리포니아에서 유래한다. 이것이 대중에 유행되는 데는 여러 시즌이 걸릴 수 있다. 주얼리를 디자인하는 두 가지 현대의 트렌드는 용도의 다양성과 금속 배색 혼합이다.

- 파인 주얼리는 다양한 기법을 사용하여 제작한다. 많은 작품들은 수작업이며 또 그와 같은 종류의 것이므로 보다 높게 가격을 책정한다.

- 세팅은 보석이 최고의 장점을 보여주도록 디자인된다. 세팅은 상감, 파베, 버터컵, 채널, 클러스터, 플러시 혹은 베젤, 일루전, 페이스트, 프롱, 티파니 및 텐션 마운트를 포함한다.

- 귀금속은 앤티킹, 새김, 에칭, 플로렌티닝, 돋을새김과 같은 특별한 처리를 받을 수 있다.

- 대부분 파인 주얼리는 목걸이, 귀걸이, 팔찌, 브로치, 핀, 클립, 반지, 왕관으로 분류된다. 각 분류 내 수많은 스타일이 있으며 지속적으로 개발되고 있다.

- 관리절차는 귀금속 및 보석에 따라 다르다. 연마 표면, 거친 화학제품, 향수 및 극단적인 온도 변화는 모든 파인 주얼리를 착용할 때 피해야 한다. 주얼리는 물건들이 서로 스칠 때 긁힐 수 있다. 적절한 보관은 이러한 리스크를 최소화할 수 있다. 모든 '투자용' 액세서리와 같이, 청소와 수리는 전문가에 의해 정기적으로 수행되어야 한다.

- 미국 소비자들은 연간 황금 주얼리를 150억 달러어치 이상 구매한다.

- 파인 주얼리는 유통 채널을 선도하는 명성 있는 보석상에게 일차적으로 팔린다. 최근에, 주얼리 점포는 대량 시장 파인 주얼리의 추세로 인하여 시장지분을 잃고 있으며, 이것은 더 광범위한 소비자에게 구매 가능한 아이템을 제공한다.

- 할인점과 대량판매점은 판매 기회를 활용하기 위해 파인 주얼리 매장의 규모와 판매할 물건을 증가시켰다. 성공은 소비자들이 신뢰할 수 있는 소매상이라는 인식 위에 쌓이게 된다.

- 1990년대 말과 2000년대 초는 파인 주얼리의 판매에 공헌할 정도로 호경기였다. 기업분석가들은 21세기의 첫 10년 동안 이러한 추세가 지속할 것으로 예상하였다. 판매촉진에 기여하는 요소는 마일스톤 이벤트

를 축하하는 베이비붐 세대들, 국내 경기 성장, 가구에서 사람으로의 지출의 이전, 고소득층의 여성, 여성 중심 추세와 생산 채널의 촉진 증대를 포함한다.

■ 인터넷 소매는 모든 가격의 품목에 대해 유용하지만, 중저가가 보다 일반적이다. 품질인증서가 보다 가치가 높은 다이아몬드 주얼리에 첨부될 수 있다.

■ 카탈로그 소매상도 또한 구매증명서를 제공할 수 있다. 카탈로그는 파인 주얼리 매출 피크 −발렌타인 데이, 어머니 날 그리고 4/4분기 휴가시즌 동안에 소비자들에게 배포된다.

■ 빈티지와 에스테이트 주얼리는 파인 주얼리의 인기 있는 카테고리가 되었다. 이것은 수십 년 전으로 거슬러가는 재생과 재광택 주얼리를 포함한다.

■ 연방 무역위원회는 소매상이 구매자에게 점포 방침, 주얼리 등급화 및 모든 보석 가치향상에 관한 증거서류를 제공할 것을 권고했다. 소매상은 잠재 소비자와 강력하고 지속적인 관계를 가지기 위한 서비스 제공을 고려한다.

■ 파인 주얼리는 투자로 간주된다. 소비자들은 주얼리의 구매동기가 서로 다르지만, 공통적으로는 지속적인 힘, 활용의 다양성, 품질 그리고 강력한 시각적 영향을 가진 주얼리를 포함한다.

■ 광고는 소비자들에 대한 정서적인 반응을 만드는 데 초점을 두기 시작하였다. 성공적인 광고는 소비자들이 그 회사가 누구인지를 아는 것을 확신하는 것이다. 그것은 기업이 소비자들의 라이프스타일에 적합한 브랜드로 기꺼이 그들의 욕구를 총족시킬 것이라는 것을 보여준다.

핵심용어

가열법(heating)

갈래(티파니) 세팅
(prong(Tiffany) setting)

개목걸이 초커(dog-collar choker)

균형(counterpoise)

그레듀에이티드 펄 목걸이
(graduated pearl necklace)

금세공인(goldsmiths)

금의 착색(coloring the gold)

너깃 링(nugget ring)

도장이 새겨진 반지(signet ring)

돋을 무늬 세공(repousse)

돋을새김(hammering)

드롭 귀걸이(drop earring)

마더즈 링(mother's ring)

모델 메이커(model makers)

모자핀(hatpin)

래리엇 목걸이(lariat necklace)

러펠 핀(lapel pin)

레이저 처리(lasering)

로프 목걸이(rope necklace)

밀랍 틀(wax mold)

바핀(bar pin)

발가락 반지(toe ring)

발찌(ankle bracelet(anklet))

방사(irradiation)

백금세공사(paltinumsmiths)

뱅글(후프) 팔찌

(bangle(hoop) bracelet)

버터컵 세팅(buttercup setting)

버튼형 귀걸이(button earing)

보석원석 가치향상
(gemstone enhancement)

보석 세팅 기술자(stonesetters)

브로치(brooch(broach))

비브(콜라렛) 목걸이
(bib necklace(collarette))

빈티지(에스테이트, 앤티크, 피리어드 또는 에일룸) 주얼리
(vintage(estate, antique, period or heirloom) jewelry)

산포(diffusion)

상감 세공(inlay)

샤틀렌(chatelaine)

샹들리에 이어링
　(chandelier earring)

새김(engraving)

스카프 클립(scarf clip)

스터드 이어링(stud earring)

스틱핀(stickpin)

스푼 링(spoon ring)

스피닝 링(spinning ring)

슬라이드(지퍼 또는 와이-)목걸
　이 (slide(zipper or Y-) necklace)

슬레이브 링(브레이슬릿 링) 팔찌
　(slave-ring(bracelet-ring) bracelet)

시제품/모델(prototypes(models))

신부 세트 반지(bridal set ring)

암릿(armlet(armband))

약혼반지(engagement ring)

양각(cameo)

양각(체이싱, chasing)

앤티킹(antiquing)

에칭(etching)

여러 개 늘어서 배열한 다이아몬
　드(diamonds by the yard)

염색(dyeing)

왕관(diadem)

우승 반지(championship ring)

웨딩 밴드 반지
　(wedding band ring)

은세공인(silversmiths)

음각(intaglio)

이어 커프 이어링
　(ear cuff earring)

이터니티 링(eternity ring)

일루전 세팅(illusion setting)

자유 재량 구입 예산
　(open-to-buy)

졸업기념 반지(class ring)

주입(infusion)

주조(캐스팅, casting)

중가 주얼리(bridge jewelry)

참 팔찌(charm bracelet)

채널 세팅(channel setting)

체인 목걸이(chain necklace)

체인저블(이어링 재킷) 귀걸이
　(changeable(earring jacket)
　earring)

칠보 세공(cloisonne)

칵테일(디너) 링
　(cocktail(dinner) ring)

캐드(computer-aided design
　: CAD)

캠(computer-aided manufacturing
　: CAM)

커프 팔찌(cuff bracelet)

코스튬 주얼리
(costume(fashion) jewelry)

코팅(광염)
　(coating(impregnating))

클러스터 세팅(cluster setting)

탄생석 반지(birthstone ring)

탈랍주조(lost wax casting)

투명도 개선 원석
　(clarity-enhanced stones)

테니스(다이아몬드) 팔찌
　(tennis(diamond) bracelet)

티파니 세팅(Tiffany setting)

파베(pave)

파베르제의 달걀(Faberge eggs)

파인 주얼리(fine jewelry)

팔찌(bracelet)

페이스트 세팅(paste setting)

펜던트 목걸이/라바리어/드롭
　(pendant(lavaliere or drop)
　necklace)

포이즌 반지(poison ring)

표백(bleaching)

프러터널 반지(fraternal ring)

플러시 세팅(flush(bezel) setting)

플로렌티닝(florentining)

필리그리 반지(filigree ring)

후프 귀걸이
　(hoop(gypsy) earring)

흠집 메우기(fracture filling)

복습문제

1. 사람들이 주얼리를 착용하는 이유는 무엇이며, 그들이 가장 중요하게 생각하는 것을 무엇이라고 생각하
　는가?

2. 파인 주얼리를 제작하는 데 사용하는 재료는 무엇인가?

3. 파인 주얼리 제작에 사용되는 보다 일반적인 보석 세팅은 무엇인가?

4. 파인 주얼리 제작에 사용되는 귀금속 광내기는 무엇인가?

5. 파인 주얼리의 범주에는 무엇이 있는가?

6. 전 세계 파인 주얼리 시장에서 미국의 역할의 중요성은 무엇인가?

7. 특히 할인점과 대량시장에서, 어떤 요소가 미국의 파인 주얼리 판매고를 증진시키고 있는가?

8. 파인 주얼리의 소매가격과 의미 있는 관계가 있는 요소는 무엇인가?

9. 파인 주얼리는 어떻게 관리되어야 하는가?

10. 파인 주얼리 사업이 소비자의 욕구를 어떻게 효과적으로 충족시킬 수 있는가?

응용문제

1. 5~10명의 학생을 면접하고 그들에게 그들이 선호하는 파인 주얼리를 착용하는 이유를 생각하도록 요구하시오. 도입편에서 설명한 이유를 사용하여, 각 답변을 분류하시오. 학급에서 발견한 것을 종합하고 그 결과를 분석하시오.

2. 소장품에 파인 주얼리 전시를 포함하는 박물관을 방문하시오. 개인 소장품 사진을 찍거나 역사책에서 삽화를 찾아 시대를 연구하고, 서면으로 그 아이템이 어떻게 착용된 시대를 반영하는지를 설명하시오.

3. 패션 잡지로부터 파인 주얼리 광고의 위치를 점검하고 잘라낸 후, 스타일별로 주얼리를 분류하고, 광고의 유형을 분석하시오. 그것은 제품 광고인가 라이프스타일 광고인가?

4. "대부분 파인 주얼리 트렌드는 유럽, 뉴욕, 캘리포니아에서 유래한다."라고 하는 이 장에서의 진술의 타당성에 대한 보고서를 작성하시오. 이러한 진술을 입증하거나 반박할 증거를 찾고 귀하의 논문 및 인용 목록에 넣으시오.

5. 파인 주얼리에 관한 5가지 질문 리스트를 만드시오. 파인 주얼리 점포를 방문하고 매니저 혹은 정보통의 판매원과 면접 예약을 하시오. 당신의 발견에 대해 논문을 작성하시오.

6. 파인 주얼리를 판매하는 웹 사이트 두 군데를 방문하시오. 사이트와 서비스를 비교 대조하시오.

7. 월요일자 발간되는 Women's Wear Daily(도서관 탐색엔진을 통해 볼 수 있음)을 사용하여, 파인 주얼리에 대한 기사를 찾고 요약하시오. 인용문 혹은 그 기사의 프린트된 복사물을 반드시 첨부하시오.

8. 발행부수가 많은 일요일에 발간되는 신문을 구하시오. 광고 크기, 특징적 제품, 위치, 표적 소비자, 점포 이미지 및 서비스, 소매가격, 기타 관련 기준을 근거로 하여 파인 주얼리 광고에 대한 모든 것을 분석하시오. 다양한 광고를 기록하고 비교 가능한 여러분이 찾아낸 것에 대해 한 페이지 분량의 도표를 작성하시오.

제 **14** 장

코스튬 주얼리

고대 이집트에서 있었던 패션의 민주화 : 엄청난 위조품!

고대 이집트인들은 파인 주얼리와 코스튬 주얼리 사이의 차이에 대하여 오늘날 우리와 유사하게 가치 구분을 하였을까? 그들은 새롭게 발명한 모조 보석용 원석을 창의적인 창작품뿐 아니라 때로는 값비싼 주얼리로 간주했다는 증거가 제시되었다. 역사학자들은 유리 모조 보석의 일차적인 목적은 무덤 도굴을 못하게 하는 것이라고 제시하였다. 귀중한 주얼리에 대하여 가치 없는 모조품을 만들어냄으로써, 사망한 파라오들은 방해받지 않고 휴식할 수 있었을 것이다. 하지만, 반대 의견은 고대 이집트인들은 유리를 보석 및 귀금속과 동일한 가치로 여겼을 것이라고 주장한다. 그들은 유리와 파양스(faience : 광택이 나는 고급 채색 도자기)를 만드는 과정이 특별하고 돈으로 살 수 없는 마법으로 일어난 듯한 독창력을 자극하였다고 믿었을까? 이것이, 무덤에 있는 수많은 주얼리 작품에서 파양스 도자기와 유리를 보석과 귀금속과 결합한 진정한 이유일까? 유명한 왕 Tut의 무덤에는 진짜 금 세팅에 붉고 파란 유리구슬로 된 복잡하게 정밀한 목걸이가 있었다. 우리에게, "위대한 모조는 결국 모조품 또는 위조품으로 남는다. 이집트인들은 이러한 개념을 공유했을까? 혹은 그들은 각각의 재료를 그것의 독특한 특성에 대한 뚜렷하고, 가치 있는 권리로 인식했을까?"라고 말한다.

– Illes, J. (2001년 8월 1일). 고대 이집트의 아름다운 비밀 : 유리구슬, '엄청난 위조품' 및 코스튬 주얼리의 탄생. 월간 투어 이집트 : 온라인 잡지, II(8). http://www.egyptmonth.com/mag4.htm에서 2002년12월18일 검색

코스튬 주얼리의 역사

고대 이집트인은 현대 화학의 선구자인 연금술(alchemy)로 코스튬 주얼리를 발견했을 것이다. 죽은 자를 그들의 소지품과 함께 매장하는 이집트인의 관습은 도굴자의 흥미를 끌 수 있기 때문에 이집트인들은 죽은 자의 옆에 두기 위해 비싸지 않은 금속과 합금, 가짜 보석으로 된 모조 주얼리를 만들었다. 이집트의 근로층은 일상 패션용으로 이러한 코스튬 주얼리를 채택했다. 장식 재료는 **파양스**(faience)라고 하는 유약을 바른 도기 구슬과 유리 구슬 또는 **상감**(inlay)이 있다.

서구 문명은 장식하기 위해 인간을 선택했으나, 고대 중국인들은 긴소매와 높다란 칼라의 복식을 장식하기 위해 주얼리를 선택하였다. 서구의 화려한 목걸이, 팔찌 및 귀걸이는 동양에서는 상대적으로 보기 드물다. 그 대신, 동양에서는 화려한 후크와 버클 및 구슬끈으로 정교하게 자수를 놓은 복식을 장식했다. 의복 자체는 신분과 부유함을 나타내는 것이고, 주얼리는 없어도 무방했다.

아르 누보와 아르데코와 같은 예술 운동은 코스튬 주얼리에 영향을 미쳤다. 고도로 양식화된 디자인은 **아방가르드 주얼리**(avant-garde jewelry : 이국풍의 혹은 하이 패션)로 특징지어진다. 보석은 색보다 중요도가 낮게 선택되면서, 처음에는 색상의 악센트를 위해 보석을 사용하였다. 베이클라이트(Bakelite: 1909년경에 발명가 L.H. Baekeland의 이름을 본딴)와 같은 셀룰로이드와 경질고무를 대체한 합성물질이, 제2차 세계대전 이전 수십 년 동안 패션 주얼리로 널리 사용되었다.

쿠튀르 디자이너 코코 샤넬(Coco Chanel)은 1920년대 패션 혁명기 동안 모든 종류의 코스튬 주얼리의 현대적 대중화를 위한 공로자이다. 샤넬은 매듭을 매거나 여러 줄로 착용한 진주 로프를 좋아했고, 모든 사회

▲ **그림 14.1** 코코 샤넬은 1920년대 코스튬 주얼리와 모조 진주를 유행시켰다.
(자료원 : 페어차일드 출판사)

◀ **그림 14.2** 염주식 목걸이는 1960년대 후반의 젊은이 사이에서 인기 있었던 '히피족' 스타일의 일부이다.

경제계층의 여성들이 반드시 가져야 하는 패션이 되었다(그림 14.1). 진짜 진주 로프를 살 수 없는 사람들은 모조 진주를 구입하여 화려하게 착용하도록 권했고, 가슴 부분에 묶은 진주 로프를 적당히 늘어뜨리는 것이 유행하였다.

코스튬 주얼리는 20세기 후반 수십 년 동안 지속적으로 패션의 주 요소가 되었다. 1930년대 세계 대공황 때는 저렴하게 옷장을 폭넓게 활용할 수 있는 것이 필요하였고, 1940년대 들어 제2차 세계대전으로 인해 고취된 애국심과 더불어, 주얼리 제조업자들은 몇 가지 금속, 특히 귀금속의 부족을 경험하였다. 새롭게 형성된 근로여성층은 값싼 대체 재료로 만든 적당한 가격의 코스튬 주얼리를 사용하였다. 페인트된 금속, 에나멜과 라인스톤으로 만든 코스튬 주얼리 핀과 브로치는 1950년대의 중요한 산업이었다.

1960년대 패션에는 코스튬 주얼리가 폭발적으로 소개되어, 1970년대까지 지속되었다. 베트남전의 죄수의 이름, 계급, 군번이 새겨진 스테인리스 스틸 POW(전쟁죄수) 팔찌는 이 시기에 애국심을 나타내는 코스튬 주얼리였다. 루사이트(Lucite)와 플렉시글라스(Plexiglas)와 같은 하이테크 플라스틱이 작고 두터운 팔찌, 크고 다채로운 귀걸이와 반지, 그리고 가죽 레이스 위의 펜던트를 만드는 데 사용되었다.

1960년대 들어 사회변혁이 일어나는 동안 남성용 주얼리는 최근 들어 최고에 달하였다. 사회적 대변동이 복장에 나타난 증후는 공작혁명(Peacock Revolution)으로 간주되었다—피에르 카르댕의 다채로운 유럽 스타일로 인하여 공작혁명이 시작되었다. 초커 스타일의 염주식 목걸이(작고, 다채로운 유리 구슬)와 평화를 상징하는 주얼리(그림 14.2)와 같은 일부의 유니섹스 주얼리는 반체제(전쟁반대)를 나타내었다. 1960년대와 1970년대에 인기 있었던 기타 남성용 주얼리에는 신분증명 팔찌, 넥타이 바, 핀, 못과 같은 넓은 넥타이 홀더, (넓은 러펠용) 러펠 장식품이 있다.

1970년대에서 1980년 초로 진행되면서, 성공을 위한 복장 시대(dress-for-success era)는 값비싸게 보이는 코스튬 주얼리를 필요로 하였다. 성공을 위한 복장 스타일에는 근무시간 동안 단순하면서도 기호적인 주얼리를 필요로 했고, 시간이 지남에 따라 금반지와 체인 목걸이가 남녀에게 인기 있었다. 금색의 고전적 주얼리 작품은 대중적 가격으로 살 수 있었다.

20세기에 마지막으로 미국 남성의 주얼리가 여성 주얼리와 교차한 예는 귓불을 뚫은 귀걸이의 착용이었다. 사회적 저항이 심했음에도 불구하고, 젊은 남성들은 귓불을 뚫은 스터드(stud)를 귀걸이로 선택하였는데, 처음에는 한쪽 귀에, 후에는 양쪽 귀에 착용하였다. 보다 강력한 패션을 표현하기 위해 어떤 젊은이는 신체 피어싱을 선택했고, 다른 젊은이들은 영구적인 보디 장식인 문신을 선택하였다.

1990년대에 준보석과 중가의 주얼리는 중요한 범주가 되었다(중가 주얼리에 대한 자세한 설명은 제13장 참고). 많은 소비자들은 한 계절의 패션룩에 대해 만족하기보다는 지속적으로 착용 가능한 주얼리를 선택하기 시작하였다. 또 장기간 지속하는 캐주얼 트렌드는 순은과 준보석으로 된 캐주얼 중가 주얼리의 위치를 상승시켰다. 20세기 말, 수요가 증가하고 매장 수익을 현저히 높일 수 있는 잠재적 가능성 때문에 대부분의 소매상들은 중가 주얼리 매장를 만들었다.

귀걸이와 목걸이 앙상블과 같은, 매치된 세트는 모든 가격대의 주얼리에서 중요하게 되었다. 일시적 패드가 1990년대 주얼리 시장에 많이 등장했고, 그중에는 파워구슬, 타이타닉의 '대양의 심장' 목걸이 디자인, 스피너 반지, Y자 목걸이, 문신 주얼리, 실크 플라워 핀 등이 있다.

◉ 코스튬 주얼리와 중가 주얼리 개론

제13장에서 논의한 바와 같이 하나의 패션룩은 파인, 중가 혹은 코스튬 주얼리(패션 주얼리라고도 함)로 사용될 수 있다. 패션 주얼리(fashion jewelry)는 중가와 코스튬 주얼리를 포함하고, 파인 주얼리가 아닌 모든 주얼리를 총괄한다. 구분을 위해 이 장 전체에 걸쳐 중가 주얼리와 코스튬 주얼리를 별도로 논의할 예정이다. 파인, 중가, 코스튬 주얼리의 중요한 차이는 재료비와 인건비에 있다. **중가 주얼리**(bridge jewelry)는 저가의 코스튬 주얼리와 고가의 파인 주얼리의 중간이다. **빈티지 주얼리**(vintage jewelry)는 가격이 아닌, 시대에 대해서만 적용된다. **정크**(junk) 혹은 **펀 주얼리**(fun jewelry)는 마르디 그라(Mardi Gras) 구슬 및 어린이의 장난감 주얼리와 같이 저가의 코스튬 주얼리이다. 이것은 플라스틱, 도금하지 않은 금속 및 나무 재료를 포함한다. 보통 정크 주얼리는 빈약한 구조로 되었기 때문에 구성 요소의 파손으로 인하여 수명 주기가 짧다.

1) 코스튬 주얼리의 생산

몇몇 대형 제조회사에서 대부분의 코스튬 주얼리를 만들어낸다. 2000년 7월 존스 어패럴 그룹(Jones Apparel

Group)에 합병된, 빅토리아 앤 컴퍼니(Victoria & Company)와 같은 회사는 대량 상인 및 중가 백화점에서 볼 수 있는 모든 코스튬 주얼리 브랜드의 20~45%를 생산하는 것으로 추정된다. 빅토리아 앤 컴퍼니가 소유한 라이선스에는 나인 웨스트 주얼리(Nine West Jewelry), 지방시(Givenchy), 토미 힐피거(Tommy Hilfiger)가 있다. 니피어(Nipier)와 리슐리외(Richelieu)는 빅토리아 앤 컴퍼니에서 생산한 유통업자 상표이다.

빅토리아 앤 컴퍼니는 또한 많은 다른 회사를 위한 유통업자 상표의 코스튬 주얼리도 제작한다. 케이마트(Kmart)에서 판매하는 재클린 스미스(Jaclyn Smith)와 제이시 페니(JC Penney)에서 판매하는 워딩턴(Worthington)과 같은 유통업자 상표가 있다. 유통업자가 생산한 코스튬 주얼리는 경쟁사와 차별화할 뿐 아니라 수익 마진을 높일 수 있는 기회를 소매상에게 제공한다.

제조업자들은 남성용 중가 주얼리 시장이 작지만 점차 그 중요성이 증가하는 액세서리 범주라는 것을 알고 있다. 남성용 순은 주얼리는 지난 몇 년간 성장기였는데 이러한 성장은 커프스 링크, 장식단추, 팔찌, 주머니 시계를 포함하는 정장 혹은 샤프한 옷차림이 재유행한 덕분으로 여겨진다. 이 범주의 성장 잠재력 때문에 몇몇 제조업자들은 여성용 주얼리에서 남성용 주얼리로 관심을 돌렸다. 남성용 주얼리 구매가 상승하는 원인에는 주얼리 착용에 대한 남성의 보다 많은 허용, 부의 확산, 적절한 가격의 순은 주얼리의 유행 등이 있다.

남성이 주얼리를 착용하고자 하는 데도 불구하고, 여성은 여전히 남성 주얼리 구매의 90%를 차지한다. 남성 자체적인 구매 비율은 앞으로 몇 년 동안 더욱 증가할 것으로 예상된다.

(1) 디자인

중가 또는 코스튬 주얼리 디자이너들은 CAD와 같은 기술적인 도안 기술을 가져야 하고, 패션과 제품의 트렌드를 주얼리로 바꾸는 능력을 가지고 있어야 한다. 주얼리 제품 개발자들은 디자인을 한 걸음 더 진보시킨다. 그들은 디자이너의 모델을 생산하는 데 있어서 가장 효율적인 방법을 결정한다. 그들은 가격과 데드라인을 협상하고, 주얼리 부속품을 세계 전역의 공급원으로부터 구하는데 그 상당수가 극동지역에 있다.

코스튬 주얼리 디자이너는 앞으로 유행할 트렌드에 대한 의식을 가지고 있어야 하며 이러한 트렌드를 자신의 디자인에 반영해야 한다. 고객은 그들의 의상 스타일을 보완하는 주얼리를 선택한다. 국제적으로 노출의 잠재성이 크기 때문에, 코스튬 주얼리와 중가 주얼리 디자이너들은 런어웨이 쇼의 의상 디자이너와 긴밀하게 작업한다. 상위에 속한 패션 디자이너의 런어웨이 의류는 액세서리를 포함하여 모든 세부적인 면에서 자세히 검토된다. 코스튬 주얼리 디자이너는 자신의 제품명을 패션 디자이너 이름의 신뢰성과 연결하기를 원한다.

런어웨이를 위해 디자인된 작품은 먼 거리에서도 잘 보이기 위해서 보통 상업용 작품보다 더 크다. 디자이너들은 만일 소비자가 보다 큰 주얼리에서 돋보이는 더 큰 가시성을 선호한다고 예상한다면, 런어웨이를 위해 사용된 보다 큰 사이즈를 대량생산할 수 있다.

코스튬-주얼리 디자인으로 사업을 확장하는 일부 기성복 디자이너는 청소년 시장을 표적으로 한다. 마이클 코어스(Michael Kors)와 미우치아 프라다(Miuccia Prada)는 최근, 뉴욕 시의 실업계 거물과 사교계 명사의 딸, 파크 애브뉴 프린세스라 칭하는 세련된 주니어 패션그룹을 연구했다. 색깔이 있는 모조 진주 끈과 같이 귀부인 같아 보이는 주얼리와 밝은 색의 라인스톤 팔찌, 목걸이, 핀을 미디어에 의해 많은 영향을 받는 어린 여성을 위해, 이러한 최신 유행 세트로 만들어졌다.

　주니어 시장에서의 중요한 주얼리 트렌드는 다음과 같다.

- 프레피(preppy), 영국의 영향
- 모든 타입의 목걸이
- 80년대 초의 독특한 스타일
- 착색 보석
- 큰 고리(link)
- 겹쳐 낄 수 있는 반지
- 다중 팔찌와 커프스 팔찌
- 곤충 모티프(나비, 무당벌레, 잠자리)
- 착색된 진주와 다채색의 크리스털
- 흑백
- 애국심

　코스튬 주얼리 중 일부는 구매과정을 단순화시키고 구매를 장려하기 위하여 매력적으로 꾸러미 포장되어 있다. 특히 경쟁사가 비슷한 제품을 출시할 때 꾸러미 포장은 소비자에게 제품만큼 중요하다고 믿는 디자이너도 있다. 단순히 저가로 판매하기보다 꾸러미 포장을 하면 여러 브랜드보다 하나의 브랜드를 구매하도록 소비자를 유혹하는 독특한 판매 제안(Unique Selling Proposition, USP)으로 사용할 수 있다. 꾸러미 포장은 선물로 줄 때 보다 중요하게 된다. 예를 들면, 나인 웨스트 컴퍼니(Nine West Company)는 특수 투명 플라스틱으로 만든 튜브로 평범한 핑크색 라인스톤 테니스 팔찌를 꾸러미 포장했다.

(2) 민속적 주얼리

민속적 주얼리를 디자인하기 위한 영감은 흔히 역사에서 나온다. 자연, 예술, 고유복장, 제례의식, 종교는 영감의 원천이다. 아메리카 인디언이 순은을 다량 사용한 것은 은세공 기술을 소개한 스페인 무역업자로 거슬러 올라갈 수 있다. 처음에, 아메리카 인디언들은 멕시코 은 페소와 아메리카 은 달러를 망치로 두드려 모양을 만들었고 나중에는 주형 디자인을 만들기 위해 동전을 녹이기 시작했다. 아메리카 인디언은 터키석, 오닉스, 데님 라피스, 산호, 적철광, 공작석, 오팔, 핑크색 조개껍데기를 사용했다.

　코코펠리(Kokopelli, 전설적인 댄서)와 스쿼시 꽃 디자인과 같은 유명한 디자인은 인디언의 역사적 뿌리의 중요성 때문에 인디언 주얼리에서 중요하다. 몇몇 부족(대다수 미국 남서부)은 그들 고유의 주얼리로 유명하다. 이러한 것에는 나바호(Navajo), 주니(Znui), 호피(Hopi), 산토도밍고(Santo Domingo), 아코마(Acoma) 인디언이 있다. 토착 아메리카 주얼리의 인기는 공예가들이 어느 정도 접근하기 쉽기 때문일 수 있다. 관광객들은 뉴 멕시코, 콜로라도, 애리조나를 포함하여, 일반적으로 남서부 주에 있는, 미국 내에 위치한 공예센터를 실제로 방문할 수 있다(그림 14.3).

　아메리칸 인디언 주얼리보다는 덜 알려진 것이 아프리카계 미국 흑인의 주얼리이며, 이는 아프리카 대륙의 전통적인 디자인과 재료에 의해 영감을 받은 것이다. 동물 프린트와 이미지, 가죽, 조각된 나무재료, 깊고 뜨거운 색상의 사용은 아프리카 조상으로 거슬러 올라갈 수 있다.

　더 블랙 카메오(The Black Cameo)의 소유자인 코린 심슨(Coreen Simpson)이라는 디자이너는, 아프리카 스타일의 주얼리가 아니라 흑인 여성의 옆얼굴을 담은 전통적인 카메오 주얼리로 시장의 틈새를 공략한 창의적인 천재성으로 유명해졌다.

(3) 노벨티 주얼리(Novelty Jewelry)

코스튬 주얼리 산업계에는 노벨티 주얼리가 가득하다. 매 시즌 제조업체와 판매자들은 **노벨티 주얼리** (novelty jewelry)—대개 한 시즌 정도 일시적으로 유행하는 제품—를 통해 고객을 끌어들이기 위한 노력을 펼친다. 최근 유행한 제품에는 발가락 반지, 파워 비즈, 타투 목걸이와 팔찌 및 착시 목걸이 등이 있다. 그 밖의 노벨티 주얼리에는 주얼리 코인과 베젤(bezel), 앤티크 타이프라이터 키 및 샤틀렌과 같은 특수 아이템, 피어싱 주얼리와 같은 보디 데코레이션 제품이 있다.

　코인아트 주얼리(Coin-art Jewelry)는 작은 시장을 형성하고 있는 고객을 위해 만들어진다. 동전의 주요 특징에 장식을 가미하거나, 베젤에 동전을 올려놓기도 한다. 베젤은 동전을 둥글게 감싸는 작은 스톤과 함께 세팅되기도 하지만, 단순히 베젤의 원래 기능만을 살릴 경우 거의 장식을 하지 않기도 한다. 미국은 통

▲ **그림 14.4** 베젤 테두리를 한 코인 주얼리

▲ **그림 14.3** 아메리카 인디언 영향의 주얼리
（자료원 : 페어차일드 출판사）

인물소개 : 블랙 카메오(The Black Cameo)

코린 심슨(Coreen Simpson) : 사진가, 저술가, 세계 여행가, 조각가 겸 보석디자이너. 코린 심슨은 그녀의 아프리카 문화유산에 몰두한 독특한 아티스트다. 그녀는 평생을 뉴욕에서 살았으며, FIT(Fashion Institute of Technology)와 파슨스 디자인학교를 다녔다. 저술가와 사진가로서 유럽 패션 컬렉션을 취재하는 등 세계적인 무대에서 활동했다.

1982년 수입을 올리기 위해, 자신이 갖고 싶었지만 구할 수 없었던 주얼리를 디자인하고 제작하기 시작했다. 스톤을 독특한 방식으로 결합한 그녀의 목걸이는 '파워 목걸이(Power necklaces)'라고 이름 붙여졌다. 1983년 디자이너 캐롤라이나 에레라(Carolina Herrera)는 심슨의 작품 11점을 자신의 리조트 컬렉션을 위해 구매하면서 "한 점 한 점이 최근의 어떤 작품보다 훌륭하다."고 말했다.

몇 년 후 심슨의 고객 중 한 명은 그녀에게 흑인 여성을 담은 카메오 한 점을 부탁했다. 심슨은 당시 검은 카메오 제작자를 단 한 사람도 찾지 못했고, 그래서 1990년 직접 자신만의 블랙 카메오를 파인 주얼리와 비교적 저렴한 코스튬 주얼리 두 부문 모두에서 제작하기 시작했다. 그러나 심슨이 블랙 카메오의 최초 제작자는 아니다. 1850년 영국의 한 회사가 '블랙아무르(Blackamoor : 피부색이 매우 짙은 사람) 카메오 해빌(Cameo Habille : 총명한 카메오 – 목걸이 또는 귀걸이를 착용하거나 종종 스톤을 새겨 넣은 카메오로 인물 형태로 묘사)'를 제작했다. 그러나 이들 카메오는 희귀하며 값비싼 앤티크에 속한다.

심슨의 블랙 카메오는 흑인인 자신의 문화적인 유산을 반영한다. 그녀의 작품은 전통적인 릴리프 방식으로, 현대적인 흑인 여성을 카메오에 담고 있다. 크고 도드라진 그녀의 카메오는 다시 '파워 핀(power pins)'으로 불리었다. 코스튬 주얼리 부문에서는, 폴리머로 제작해 금이나 은으로 도금된 백랍에 세팅해 비교적 저렴한 가격의 카메오를 생산한다.

코린 심슨은 수많은 상과 훈장을 받았고, 시각예술에 대한 그녀의 공은 널리 인정되었다. 1992년 그녀는 워싱턴 소재 스미스소니언 박물관으로부터 디자인계에 기여한 공로로 훈장을 받았으며, 1994년에는 에비 패션 어워드를 수상하기도 했다. 같은 해 심슨은 에이본(Avon)과 3년간의 라이선스 계약을 체결했다. 그녀는 '코린 심슨 리갈 뷰티 컬렉션(The Coreen Simpson Regal Beauty Collection)'이라는 브랜드로 에이본의 아프리카계 미국 흑인 고객을 위한 독특한 코스튬 주얼리를 디자인했다. 심슨의 작품은 전 세계 박물관에서 크게 다루고 있으며 영화배우 다이안 캐롤, 오페라 디바 캐스린 베틀 등 유명 여성의 개인 컬렉션에 소장되어 있다.

코린 심슨은 사람들이 자신을 꾸미는 방식을 사진으로 담는 데에 늘 관심을 가졌다. 그녀의 웹 사이트는 전 세계 유력 여성들의 사진을 '블랙 카메오 사이팅(The Black Cameo sightings)'이라는 이름으로 싣고 있다. 보석업계의 틈새를 채우는 데에서 출발한 그녀는 이제 흑인 여성의 대중적 상징이 되었다.

용되는 화폐의 훼손을 법으로 금지하지만, 현재 사용되지 않는 화폐를 개조하는 행위는 법적 제재 대상이 아니다(그림 14.4).

앤티크 타이프라이터 키는 독창적으로 팔찌, 귀걸이, 시곗줄 등의 주얼리가 될 수 있다. 각각의 타이프라이터 키를 순은으로 세팅하고 팔찌 또는 시곗줄의 링크 중 하나가 된다. 타이프라이터 키 한 개는 드롭 귀걸이로도 착용할 수 있다.

샤틀렌은 체인에 매달린 기능적이거나 장식적인 장신구다. 가장 널리 알려진 인터넷 경매 사이트인 이

베이(eBay)와 같은 경매대에서 구매할 수 있는 샤틀렌 중 대부분이 빅토리아 시대의 것이다. 최근 이베이의 경매 목록에는 손톱 줄, 가위, 줄자, 핀 쿠션, 바늘쌈, 버튼 훅, 돋보기, 향수병, 손거울, 약 상자, 성냥상자와 같은 기능이 있는 화려한 샤틀렌이 올랐다(그림 14.5).

보디 피어싱 및 타투와 유사한 데코레이션이 점점 인기를 끌면서 업계는 수익성 있는 액세서리 틈새시장을 갖게 되었다. 고객들은 티타늄, 외과용 스테인리스 스틸, 14K · 18K 금, 니오브 등을 재료로 만든 코에 거는 스터드, 바나나 벨, 리테니어(배꼽, 눈썹, 혀 등의 피어싱에 사용) 등 다양한 종류의 주얼리를 선택할 수 있게 되었다. 몸에 실제 피어싱을 하지 않고서 피어싱을 한 것처럼 보이고 싶은 이들도 자석으로 디자인된 주얼리와 클립을 위와 같은 다양한 스타일로 구매할 수 있다. 여러 웹 사이트에서 다양한 가격대의 피어싱 주얼리 정보를 제공하고 있으며, 피어싱 후 관리 방법, 피어싱 옵션, 피어싱과 관련된 전문용어도 인터넷을 통해 확인할 수 있다.

코스튬 주얼리 중 라인스톤의 트렌드는 덜 영구적인 보디 데코레이션으로 확대되었다. 접착식 타투는 특히 십대 초반에서 인기를 끌었다. 하트 모양, 키스 또는 사랑이라는 글자를 담은 비즈 및 크리스털 전사는 일시적으로 인기 있는 보디 데코레이션이다.

(4) 소재

얼핏 보면 코스튬 주얼리와 중가 주얼리는 비슷해 보일 수도 있다. 대개 코스튬 주얼리는 은, 금, 또는 기타 보석 이외의 재료로 만든다. 즉 스테인리스 스틸, 산화 피막을 입힌 알루미늄, 황동이 비싼 금속 대신 사용

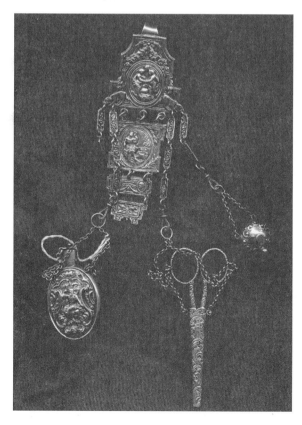

◀ 그림 14.5 장신구를 단 샤틀렌

된다. 구리나 니켈, 황동, 카드뮴, 크롬, 백랍, 아연과 같은 저가의 금속에 금을 씌우거나, 금도금, 덧칠한 금제판과 같이 은이나 금으로 가볍게 코팅하기도 한다. 코스튬 주얼리는 보석에 반점이 박혀 있는 광물에 플라스틱과 같은 비금속 재료와 함께 만들기도 한다. 기타 재료에는 에나멜(용해된 유리의 일종), 세라믹, 로즈우드와 같은 특수 목재, 가죽, 대마, 씨앗 및 조개껍데기 등이 있다.

부속품(finding)은 대량 생산되는 주얼리의 구성 요소 및 기계적인 부품으로 주얼리 작품을 사람이나 옷에 고정시키는 데 사용한다. 부속품에는 스톤을 선택해 세팅할 수 있도록 준비된 송곳으로 뚫은 구멍이 있는 이터니티 링 세팅(eternity-ring setting), 귀걸이의 뒤받침, 브로치 핀 마감재, 팔찌와 귀걸이의 잠금 고리 등이 있다. 파인 주얼리, 중가 주얼리, 코스튬 주얼리, 정크 주얼리 등에는 부속품이 필요하지만, 기본적인 차이는 부속품 제작에 사용된 금속의 종류이다.

코스튬 주얼리에 사용되는 스톤은 비교적 값이 싼 스톤이나 플라스틱 또는 **스트라스**(stras, 이를 발명한 프랑스인 조지 프레드릭 스트라스의 이름에서 유래)라고 불리는 눈부신 무거운 유리이다. **스트라스**(stras)는 인공 원석에 사용되는 일종의 고굴절 유리 페이스트다. 포일 백킹(foil backing)은 때때로 밝기와 스파클을 보강하기 위해 인공 원석에 사용된다. **더블릿**(doublet)과 **트리플릿**(triplet)은 크기가 작거나 품질이 떨어지는 2~3개의 원석 또는 유리로 제작한 보석이다. 이것을 접착제로 접착하거나 금속 프롱에 고정해 넣으며, 세팅은 파인 주얼리와 유사하다.

10캐럿의 금에 세팅된 큐빅 지르코니아(모조 다이아몬드)는 중가 주얼리로 간주되는데 이는 보석의 종류 때문이 아니라 금 함유량 때문이다. 또 다른 모조 다이아몬드에는 **마타라**(matara/matura)로 불리는 열처리된 지르콘 스톤이 있다. 이것은 컬러를 없애거나 다이아몬드처럼 만들기 위해 열처리를 한 자연적으로 생겨난 지르콘 스톤이다. 오스트리안 크리스털은 모조 혹은 가짜 다이아몬드로 업계에 상품명으로 등록된 다이아모니끄(*Diamonique*®) 다이아모네어(*Diamonaire*®)와 마찬가지로 다이아몬드와 비슷하다.

🌀 남성용 주얼리 스타일

남성용 주얼리는 여성용에 비해 스타일의 종류가 적으며, 대부분의 경우 비슷한 스타일에 무게만 더 무거운 수준이다. 제작에 사용된 재료의 종류에 따라 주얼리는 파인 주얼리, 중가 주얼리, 코스튬 주얼리로 구분한다. 다음은 일반적인 남성 주얼리에 대한 설명이다(그림 14.6).

    커프 링크(cuff link) 또는 **커프 버튼**(cuff button)　셔츠의 프렌치 커프(더블 커프)의 정식 버튼의 위치에 착용. 짧은 체인 링크로 연결한 두 개의 버튼으로 디자인됨. 원석으로 세팅하거나 모노그램을 새겨 넣음.

    스터드(stud)　정장용 셔츠 프론트, 깃, 커프에 사용. 뒤쪽에 보다 작은 버튼이 있는 작은 포스트에 부착된 장식적이고 탈부착이 가능한 버튼으로 디자인.

    타이 택(tie tack)　타이의 안과 바깥쪽 날을 함께 고정시킨다. 타이의 중앙에 끼우는 포스트에 장식적인 버튼을 얹는 디자인.

타이 클립(tie clip) 또는 **클래습**(clasp) 타이를 셔츠 프론트에 고정시키기 위해 타이 택에 착용. 이중으로 굽은, 헤어핀과 유사한, 금속 재질의 바를 타이의 양쪽 날과 셔츠 프론트 플래킷 위에 얹는다.

칼라 핀(collar pin) 펼쳐진 칼라의 끝을 고정한다. 핀은 셔츠 목의 버튼에서 떨어져 있는 매듭을 살짝 들어 올리면서, 타이 매듭 아래, 칼라 끝의 아일릿을 통해 얹는다.

머니 클립(money clip) 접은 지폐를 고정하는 데 사용되나, 반지갑에서는 사용 빈도가 낮음.

◎ 세계의 코스튬 주얼리 산업

미국은 코스튬 주얼리와 중가 주얼리의 수입량이 수출량보다 더 많다. 이러한 경향은 저가의 코스튬 주얼리에서 특히 두드러진다. 세계무역기구(WTO)는 미국이 수입산 코스튬 주얼리에 부과하는 관세를 약 11%에서 5%로 낮추는 문제를 논의했는데, 관세 인하는 개발도상국이 더 많은 코스튬 주얼리를 미국에 수출할 수 있게 됨을 의미한다. **면세 지위**(duty-free status)는 멕시코와 캐나다에는 북미자유무역협정(NAFTA), 대부분의 개발도상국에는 일반관세특혜제도(GSP)가 적용된다. 이는 GSP 참여국인 한 나라가 또 다른 참여국에 보호 관세나 세금 없이 수출이 가능함을 의미한다. 중국, 한국, 대만, 홍콩은 GSP 참여국이 아니다.

표 14.1은 2002년 미국에 코스튬 주얼리를 가장 많이 수출한 5개국 목록이다. 1990년대에 중국으로부터의 수입량은 크게 증가한 반면, 그 밖의 나라로부터의 수입은 오르내림을 반복했다. 1996년 중국은 미국 코스튬 주얼리 시장의 약 33%를 차지하는 데에 그쳤으나 2002년에는 중국산이 거의 64%를 차지했다.

미국에서 코스튬 주얼리를 가장 많이 생산하는 곳은 뉴욕 주와 로드아일랜드 주다. 이곳에서 미국의 코

커프 버튼

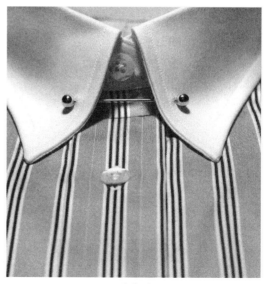

칼라 핀

▲ **그림 14.6** 일반적인 남성용 주얼리

▶ 표 14.1 2002년 미국 코스튬 주얼리 상위 수입국

국 가	수입액 (달러)
중국	492,372,000
한국	85,733,000
인도	26,863,000
타이	26,756,000
홍콩	22,933,000

U.S. trade quick-reference tables: 2002 imports: 3961. *International Trade Administration*. 2003년 6월 26일 검색, http://www.ita.doc.gov/td/ocg/imp3961.htm

스튬 주얼리 수출품의 약 2/3를 생산한다. 주얼리 제작에 있어 유서 깊은 도시인 매사추세츠 주 애틀버러에도 보석업 종사자가 많다. 1999년 보석업은 많은 소규모 기업으로 구성되어, 전체적으로 900여 업체에 12,200여 명이 일하고 있다.

미국은 여러 나라에 코스튬 주얼리를 수출한다. 표 14.2의 국가는 2002년 미국의 코스튬 주얼리 수출 세계 5대 시장이다.

특히 중국을 비롯한 개발도상국의 값싼 인건비 때문에 미국의 수출은 매년 감소할 것으로 예상된다. 경제적으로 자동화될 수 없거나 개선될 수 없는 노동집약적인 주얼리 생산은 해외 노동시장으로 생산기지를 옮기게 될지 모른다. 생산 거점이 해외로 옮겨지면, 살아남은 코스튬 주얼리 회사들은 고급 또는 더 나은 재료를 사용하는 중가 주얼리에 속하는 제품을 생산하거나, 사업의 초점을 국내 생산이 아닌 국내 마케팅과 스타일링으로 전환해야 할 처지에 놓이게 된다.

파인 주얼리를 위한 무역기구와 출판물은 중가 주얼리에도 서비스를 제공한다. 전시회는 중가 주얼리와 파인 주얼리 혹은 중가 주얼리와 코스튬 주얼리가 만나는 곳이다. 그러나 파인 주얼리와 코스튬 주얼리는 대개 별도의 전시회에 전시한다. 표 14.3, 표 14.4, 표 14.5는 주요 무역기구, 출판물, 전시회 목록이다.

▶ 표 14.2 2002년 미국 코스튬 주얼리 상위 수출국과 수출액

국 가	수출액 (달러)
캐나다	21,611,000
일본	15,360,000
멕시코	9,805,000
오스트리아	9,010,000
도미니카공화국	8,072,000

U.S. trade quick-reference tables: 2002 imports: 3961. *International Trade Administration*. 2003년 6월 26일 검색, http://www.ita.doc.gov/td/ocg/imp3961.htm

▶ 표 14.3 코스튬 주얼리 산업을 위한 무역기구

무역기구	위 치	목 적
미국원석거래협회(AGTA)	텍사스 주, 댈러스	북미천연색원석 및 양식진주업계 편의제공. 교육 및 재료제공, 홍보, 대정부 관계 대변
미국오팔협회	캘리포니아 주, 가든 그로브	오팔에 대한 관심과 지식 촉진
주얼리제조자협회	로드아일랜드 주, 프로비던스	주얼리 생산무역 후원, 전시회 주최
미국 패션 액세서리협회(NFAA) 및 패션 액세서리수출협회(FASA)	뉴욕 주, 뉴욕	파인 주얼리를 비롯한 모든 액세서리 부문 대변

▶ 표 14.4 코스튬 주얼리 산업 무역 관련 출판물

출판물	설 명
액세서리 매거진	월간 트레이드 출판물. 브리지 및 코스튬 액세서리를 포함한 대부분의 액세서리를 다룸.
인터내셔널 주얼러	주얼리가 주는 영향, 영감 및 트렌드에 중점. VNB 비즈니스 퍼블리케이션이 발행.
내셔널 주얼러	격월간으로 인쇄매체, 일대일, 온라인으로 주얼리 산업 정보 제공. VNB 비즈니스 퍼블리케이션이 발행.
위민즈 웨어 데일리 – 월요판	주간 트레이드 신문으로 페어차일드가 발행. 코스튬 주얼리 및 기타 액세서리에 관한 비즈니스 및 패션 정보 수록.
WWD 액세서리 보충판	코스튬 주얼리를 포함한 모든 액세서리에 관한 패션 정보를 싣는 페어차일드의 특별판.

머천다이징 트렌드와 기술

코스튬 주얼리는 미국 베이비붐 세대(1946~1964년 출생), X 세대(1965~1979년 출생), Y 세대(1980~1994년 출생)의 고객층에게 중요한 액세서리다. 2000년 위민즈 웨어 데일리는 코스튬 주얼리의 평균가격을 20.73 달러로 보고했다. 고령의 베이비붐 세대에 속한 여성들이 주얼리에 가장 많은 비용을 지출하며, 그 규모는 1인당 평균 연간 209달러 수준이다. NPD그룹과 액세서리협회(the Accessories Council)은 위의 세 고객층이 바로 코스튬 주얼리를 기타 액세서리를 제치고 2위나 3위에 오를 수 있도록 한다고 밝혔다.

다음은 NPD 그룹이 발표한 2000년 Y 세대가 구입한 최고 브랜드들이다.

1. 클레어스(Claire's)
2. 애프터소츠(Afterthoughts)
3. 올드 네이비(Old Navy)

▶ **표 14.5** 코스튬 주얼리 산업 전시회

전시회	개최장소	협찬
액세서리 서킷	뉴욕 주, 뉴욕	ENK 인터내셔널
액세서리더쇼	뉴욕 주, 뉴욕	비즈니스 저널
오스트레일리아 보석류 박람회	호주, 시드니	엑스퍼티즈 이벤트
보석 박람회	애리조나 주, 투손	미국원석거래협회
인터메조 컬렉션	뉴욕 주, 뉴욕	ENK 인터내셔널
보석제조자협회 무역 전시회	로드아일랜드 주, 프로비던스	주얼리제조자협회
MJSA 엑스포	뉴욕 주, 뉴욕	미국 매뉴팩처링 주얼러즈 앤 서플라이어즈
미라지 주얼리 쇼	네바다 주, 라스베이거스	어소시에이티드 서플러스 딜러즈 앤 어소시에이티드 머천다이즈 딜러즈(ASD/AMD)
비첸차오로 무역 박람회	이탈리아, 비첸자	피에라 디 비첸차
WWD/매직 쇼	네바다 주, 라스베이거스	위민즈 웨어 데일리 앤 맨즈 어페어 길드 인 캘리포니아
뉴욕 인터내셔널 패션 주얼리 쇼	뉴욕 주, 뉴욕	인터내셔널 패션 주얼리 앤 액세서리 그룹(IFJAG) 액세서리 쇼

같은 해 X 세대와 베이비붐 세대 소비자들이 구입한 최고 브랜드는 다음과 같다.

1. 모네 (Monet)
2. 더 리미티드 (The Limited)
3. 올드 네이비 (Old Navy)
4. 네이피어 (Napier)

1) 점포 소매상

코스튬 주얼리를 상점에 디스플레이할 경우 상당한 주의가 요구된다. 보석의 크기가 상대적으로 작기 때문에 고객들이 상품을 쉽게 지나칠 수 있다. 판매자는 강한 시각적 효과를 주기 위해 관련된 작은 아이템을 그룹별로 묶거나, 아이템에 관심을 집중시키기 위해 하나의 제품을 열린 공간에 전시하는 방법을 택할 수도 있다(그림 14.7).

중가 주얼리는 파인 주얼리 매장에서 종종 감시가 가능하면서도 상당히 눈에 잘 띄는 위치에 배치해 주목을 끈다. 저렴한 가격은 소비자들의 충동구매를 자극하기 때문에 파인 주얼리 판매자는 이를 통해 수익 마진을 높일 수 있다. 중가 주얼리는 또한 기프트 숍, 좀 더 고급 매장이나 특선 매장의 보석 코너에서도 볼 수 있다.

코스튬 주얼리는 종종 회전이 가능한 선반에 전시되어, 소비자들이 쉽게 제품에 접근할 수 있도록 하며,

대개는 잠금 장치가 없다. 절도 가능성이 높기 때문에, 이들 제품의 최초 가격인상 폭은 다른 액세서리보다 높을 수 있다.

벤더(vendor)들은 소량의 몇몇 라인이 아니라 제한된 수의 주요 중가 주얼리와 코스튬 주얼리를 적절히 선별하여 대표성을 띄도록 하는 데에 중점을 둘 것을 점포에 제안한다. 이러한 형태의 판매방식은 더욱 강한 인상을 줄 수 있다. 점포에서는 고객에게 설명할 수 있도록 충분한 양의 제품을 확보할 필요가 있다.

2) 인터넷 소매상과 텔레비전 판매

파인 주얼리, 중가 주얼리, 코스튬 주얼리 등 모든 주얼리는 인터넷을 통해 쉽게 접할 수 있으며, 이는 전체 미국 시장에서 소비자가 주얼리에 지출하는 금액의 약 6%에 해당된다. 상대적으로 높은 가격인상 폭 때문에 주얼리는 수익성 높은 e-비즈니스 시장을 창출했다. 주얼리 제조업체들은 자신만의 웹 사이트를 제공하기 시작했으며, 전통적인 소매상점을 앞지르고 있다. 상점을 운영하는 소매상은 소비자의 제한된 예산을 확보하기 위한 경쟁에서 가격을 인하하게 되어 수익마진이 적어지는 결과를 가져올지는 조금 더 두고 보아야 한다. 이들 웹 사이트의 대부분에서는 코스튬 주얼리를 패션 주얼리라 칭한다. 중가 주얼리라는 용어는 웹 사이트 운영자들에게 널리 쓰이는 단어가 아니다. 그 대신, 이들은 준보석, 순은, 베이비 주얼리(작은 반지와 같은 유아를 위한 주얼리)라는 용어를 사용해 주얼리의 하위 범주로 분류한다.

인터넷에 접속할 여유 시간이 없는 고객의 경우, 텔레비전 쇼핑이 중요한 판매 방식이다. 텔레비전 쇼핑 채널은 중가 주얼리와 코스튬 주얼리의 주요 판매 경로다. 그러나 웹 사이트에서는 쉽게 여러 판매자가 제공하는 상품을 비교할 수 있는 기회를 제공하는 반면, 텔레비전 채널(그리고 전통적 제조업 소매상)은 선택

◀ **그림 14.7** 이것은 시각적 효과를 극대화하기 위해 검정을 배경으로 단 하나의 아이템만을 전시하였다.

의 폭이 좁다.

텔레비전 쇼핑채널과 대형 상점은 서로 비슷한 고객층을 확보하고 있다. 예를 들면, 1949년에서 1980년대 초까지 홈 파티 플랜으로 잘 알려진 사라 코번트리사(Sarah Coventry Company)는 2003년 휴면상태의 주얼리를 시장에 다시 내놓았다. 주얼리는 텔레비전 쇼핑채널과 대형 상점에서 판매되었다. 또 2001년에 QVC 홈쇼핑 텔레비전 채널과 타겟(Target) 매장 사이에 파트너십이 형성되었다. 주얼리는 QVC의 최대 판매 품목으로 모든 타겟(Target) 매장에서 판매되고 있다. 우선 재고에 있던 22개의 다이아모니끄(Diamonique) 주얼리가 매장에 진열되었으며, 가격은 20달러에서 200달러 사이였다. QVC가 미국에서 7,700만 가구의 시청자를 확보하고 있었기 때문에, 타겟(Target) 매장은 이러한 창시를 두 대형 소매업체가 서로 성장할 수 있는 주요한 계기로 보았다.

유명인사가 텔레비전에서 상품 보증 선전을 한 예로, 주간 텔레비전 여배우인 수잔 루시(Susan Lucci, 드라마 '내 모든 아이들(All My Children)'에서 에리카 캐인 역)가 홈쇼핑 네트워크에서 코스튬 주얼리 한 라인을 선보였다. 수잔 루시 주얼리 컬렉션(Susan Lucci Jewelery)이라 이름 붙은 40피스로 구성된 이 라인은 24.50~90달러 사이에서 판매된다. 이 라인은 그녀의 개인 컬렉션에 의해 영감을 받아서, 그녀가 남편에게서 받은 결혼 선물인 금으로 된 팔찌의 복제품을 포함하고 있다.

3) 카탈로그 소매상

패션 주얼리와 중가 주얼리는 카탈로그 판매의 중요한 부분이다. 맞음새는 주얼리의 경우 큰 문제가 되지 않기 때문에, 의류에 비해 구입 후 반품 양이 적다. 고객은 주얼리가 의류와 함께 사진에 담겨 있거나 같은 페이지에 있으면 앙상블(의류 및 관련 액세서리)을 더욱 함께 구매하고 싶어한다.

제이시 페니(JCPenney) 소매 체인은 거의 일 년에 한 번씩 발간하는 자사 카탈로그 빅 북(Big Book)에 코스튬 주얼리를 약간 싣는다. 대신 회사는 별도로 주얼리를 위한 특별 카탈로그를 인쇄하는데, 여기에 실린 제품은 온라인에서도 구입이 가능하다. 고객은 제이시 페니 웹 사이트를 방문해 등록하면 카탈로그를 받아 볼 수 있다.

◎ 코스튬 주얼리와 중가 주얼리 판매

대부분의 코스튬 주얼리는 고객이 스스로 고를 수 있는 제품 형태로 포장되어 있다. 고가의 패션 주얼리와 중가 주얼리는 고객의 접근이 제한되어 있기 때문에 점원의 도움이 필요하다. 점원은 주의력을 동원하여 상점에서 절도를 막고, 구매고객을 도와 줄 수 있다.

판매 시 점원이 도움을 제공하는 상점은 해당 점원들에게 적절한 훈련 및 자료를 제공한다. 탄생석 목록이나 원석의 관리, 보석 용어 및 기타 적절한 정보가 담긴 매뉴얼(또는 본 텍스트북)을 통해 고객의 질문에 답을 할 수 있도록 준비되어 있어야 한다. 아르바이트생이나 임시직원이라 하더라도 자주 묻는 질문에 대한 정보를 알고 있어야 한다.

고객은 코스튬 주얼리나 중가 주얼리를 구매하기 전에 매우 풍부한 정보를 얻을 수 있다. 패션 주얼리와 중가 주얼리를 판매하는 웹 사이트는 어디서든 접속할 수 있고, 이들 중 많은 사이트는 고객에게 정보를 주고 교육하는 각종 정의와 설명을 제공한다. 훌륭한 코스튬 주얼리 판매처가 되려면 스스로 학습한 풍부한 지식을 갖춘 판매원이 필요하다.

1) 가격과 가치

코스튬 주얼리와 중가 주얼리의 가격은 사용된 재료, 표적 고객, 브랜드 네임에 달려 있다. 제6장 '기타 재료'에서 논의하였듯이, 소매가격의 차이는 재료의 희귀성 때문에 나타난다. 일부 준보석은 몇몇 고급 원석보다 값이 비싸며 따라서 중가 주얼리보다는 파인 주얼리로 구분될 수 있다. 플라스틱, 나무, 유리는 대체로 순은이나 준보석과 조합하지 않으면, 고가로 판매되지 않는다.

표적 고객과 브랜드 이미지는 주얼리의 소매가에 영향을 끼친다. 예를 들면, 빅토리아 앤 컴퍼니(Victoria & Company)의 두 개의 라이선스 브랜드인 나인 웨스트(Nine West)와 토미 힐피거(Tommy Hilfiger)는 서로 다른 표적 시장을 겨냥한다. 가격은 표적 고객층이 기꺼이 지불할 만한 가격대를 반영한다. 나인 웨스트 주얼리는 12~80달러 사이에서 소매되며, 토미 힐피거는 청소년 시장에서는 11달러부터 시작되며, 성인 여성 시장의 경우 125달러까지 올라간다. 이와 비슷하게 리즈 클레이본의 LCI 주얼리 그룹(Liz Claiborne's LCI Jewelry Group)은 유서 깊은 코스튬 주얼리 브랜드인 모네(Monet)를 인수한 회사로, 표적 고객층에 따라 제품의 라인을 차별화하고 있다. 두 제품 라인은 코스튬 주얼리 매장 내 가까운 위치에 있지만, 가격대가 18~260달러 사이인 모네 라인은 클래식하고 모던한 고객을 표적으로 하는 반면, 리즈 클레이본 라인은 보다 캐주얼한 고객을 표적으로 한다.

2) 사이즈

대부분의 코스튬 주얼리는 파인 주얼리와 비슷한 스타일이다. 스타일은 목걸이, 귀걸이, 팔찌, 브로치, 핀과 클립, 반지로 분류한다. 주얼리 스타일에 대한 세부 설명은 제13장을 참고하면 된다.

반지는 조정할 수 있는 밴드가 없다면, 적절한 사이즈 조절이 요구되는 대중적인 패션 주얼리와 중가 주얼리이다. 표 14.6에서는 일반적인 미국 표준 반지 사이즈와 그 지름을 인치로 환산하였다.

3) 코스튬 주얼리와 중가 주얼리 손질법

중가 주얼리의 관리방식은 파인 주얼리와 비슷하며 이는 제13장 '파인 주얼리'에서 자세히 다루었다. 패션 또는 코스튬 주얼리는 유행주기가 짧고, 종종 한 시즌에 그치기도 하는데, 과도한 세척은 피해야 한다. 평평한 형태의 메탈 제품 중 대다수는 얇은 층의 금이나 은으로만 되어 있어 마모되기가 쉽다. 따라서 코스튬 주얼리는 필요한 경우 젖은 천으로 먼지를 닦아내면 된다.

▶ 표 14.6 미국 반지 사이즈 및 지름 차트

표준 치수	지름(cm)
4	1.486cm
5	1.570cm
$5\frac{1}{2}$	1.610cm
6	1.651cm
$6\frac{1}{2}$	1.692cm
7	1.735cm
$7\frac{1}{2}$	1.775cm
8	1.819cm
$8\frac{1}{2}$	1.859cm
9	1.900cm
$9\frac{1}{2}$	1.941cm
10	1.984cm

국제원석협회(The International Gem Society). 반지 사이즈 비교 차트(Ring Size Comparison Chart. (n.d). International Gem Society. 2003년 5월 27일 검색, http://www.gemsociety.org/info/chrings.htm

4) 소비자 욕구에 대응하기

중가 주얼리의 경우 선물 구매 고객은 보다 높은 가격대의 제품을 선택하며, 직접 자신의 제품을 구매하는 고객은 코스튬 주얼리에 비해 양질의 보다 내구성이 높은 제품을 찾는다. 판매원은 선물로 적어도 20달러를 지불하도록 권한다.

   패션 주얼리나 코스튬 주얼리는 고객이 중가 라인의 제품을 살 때 지불하는 만큼 많은 비용을 지불하지 않아도 더 나은 주얼리로 돋보이게 해준다. 코스튬 주얼리를 활용하면 많은 돈을 들이지 않고도 차림을 완성하거나 의상을 더욱 돋보이게 할 수 있다. 유행은 수명이 짧고, 주얼리 업계의 트렌드는 빠르게 변한다. 디자이너, 제조업체, 판매자들은 적당한 때, 적당한 물량으로 고객들이 지불할 의사가 있는 가격대에 제품을 적절히 판매하기 위해 고객의 욕구와 필요를 예상할 수 있어야 한다.

요약

- 코스튬 주얼리의 역사는 지배 계급의 값비싼 보석을 모방한 고대 이집트 시대로 거슬러 올라간다. 고대 중국은 비즈나 옥과 같은 준보석으로 옷을 장식했다.

- 의상 디자이너 코코 샤넬은 여성들이 모조 보석을 착용하도록 장려하였으며, 20세기 코스튬 주얼리의 옹호자이다. 모조 진주에 대한 그녀의 공헌은 패션 역사에 있어 전설적인 위치를 차지한다.

- 저렴한 재료의 향상 및 합성 재료의 발달은 패션 주얼리 또는 코스튬 주얼리의 활용 및 대중화를 증진했다.

- 중가 주얼리는 캐주얼 트렌드와 병행하여 1990년대에 발달하였다. 21세기까지 중가 주얼리는 대부분의 주얼리 매장에서 중요 부문으로, 상당한 수익의 원천이었다. 할인매장, 대형매장, 기프트 숍, 특선매장 및 백화점은 파인 주얼리를 좋아하지만 보다 낮은 가격대를 선호하는 여성에게 중가 주얼리를 판매했다.

- 코스튬 주얼리와 중가 주얼리는 청소년과 젊은 여성을 대상으로 한 시장에 상당한 공을 들이고 있다. 흥미로운 포장, 유명인의 상품 보증 선전, 언론 노출, 기성품 런웨이 쇼는 모두 주얼리 제조업체에서 고객에게 접근하고 소구하기 위해 사용하는 수단이다.

- 민속적 주얼리는 다양한 가격대로 구입 가능하다. 남서부 아메리카 인디언 주얼리는 종종 순은과 터키석으로 제작된다. 아프리카계 미국 흑인의 주얼리는 동물 프린트와 이미지를 해석한 것으로, 가죽으로 제작되거나 나무로 조각되었다.

- 노벨티 주얼리는 비전통적인 주얼리의 범주에 속한다. 코인, 타이프라이터 키, 샤틀렌, 보디 피어싱 주얼리, 보디 데코레이션 등이 여기에 해당된다.

- 코스튬 주얼리와 패션 주얼리는 보석 혹은 준보석, 귀금속, 준귀금속을 제외한 기타 다른 재료로 만든다. 여기에는 플라스틱, 가죽, 나무, 유리, 페이스트, 세라믹, 에나멜, 저가의 각종 스톤, 씨앗 및 조개껍데기 등이 포함된다. 대부분의 코스튬 주얼리는 한두 시즌 넘게 지속되는 경우가 드물다. 정크 또는 펀 주얼리는 매우 값싼 코스튬 주얼리다.

- 중가 주얼리는 저렴한 코스튬 주얼리와 고가의 파인 주얼리를 이어주는 교량 역할을 한다.

- 부속품은 모든 주얼리를 위해 대량 생산된 부품이다. 여기에는 미리 제작된 세팅, 클래습, 힌지, 백스(backs) 및 기타 기계적인 장치를 포함한다.

- 소수의 대기업에서는 대부분의 코스튬 주얼리를 제작하며, 이들 회사 중 대다수는 해외 특히 중국에 위치해 있다.

- 주얼리 관리는 주얼리의 종류와 사용된 재료에 따라 다르다. 대부분의 패션 또는 코스튬 주얼리는 깨끗한 젖은 천으로 닦는 것 이상의 관리가 필요하지 않으며, 중가 주얼리는 파인 주얼리와 같이 관리해야 한다.

- 미국에서는 뉴욕과 로드아일랜드가 코스튬 주얼리 생산의 주요 중심지다.

- 중국은 미국에 코스튬 주얼리를 최대로 공급하는 나라이다.

- 코스튬 주얼리는 미국의 베이비붐 세대, X 세대, Y 세대에게 중요한 구매 영역이다. 2000년 코스튬 주얼리 구매 평균 가격은 20.73달러였다. 베이비붐 세대가 코스튬 주얼리를 가장 많이 구매하며 그 액수는 연

평균 209달러다.

- 디스플레이를 할 때는 작은 피스의 주얼리를 대개 제조회사별로 그룹으로 묶거나, 중요한 하나의 아이템을 열린 공간에 전시하는 기법을 활용해야 한다. 판매원은 코스튬 주얼리가 가진 충동구매의 잠재성을 활용해야 하며, 눈에 잘 띄고 접근하기 쉬운 장소에 제품을 진열한다. 대부분의 제조업체는 고객에게 설명하기 위해 특별한 한 브랜드의 주요 제품 라인을 선보일 것을 권고한다.
- 인터넷, 텔레비전, 카탈로그 판매는 코스튬 주얼리와 중가 주얼리 판매의 중요한 원천이다.
- 카탈로그에는 다양한 종류의 파인 주얼리, 중가 주얼리, 코스튬 주얼리 제품을 소개하고, 일부 기업은 같은 제품을 온라인과 인쇄 카탈로그를 통해서도 소개한다.
- 코스튬 주얼리는 흔히 상대적으로 값이 싸기 때문에 소비자가 직접 선택하여 판매된다. 중가 주얼리는 높은 가격 때문에 대개 잠금 장치가 있는 곳에 진열한다.
- 가격은 사용된 재료, 표적 고객, 브랜드 네임에 영향을 받는다. 대량생산된 코스튬 주얼리 브랜드 중 대다수는 브랜드 이미지와 표적 고객에 따라 가격이 결정되며, 재료비가 끼치는 영향은 미미하다.

핵심용어

노벨티 주얼리(novelty jewelry)

더블릿(doublets)

마타라(마투라)(matara(matura))

머니 클립(money clip)

면세 지위(duty-free status)

부속품(findings)

빈티지 주얼리(vintage jewelry)

상감(inlay)

스터드(stud)

스트라스(stras)

아방가르드 주얼리
 (avant-garde jewelry)

정크(펀) 주얼리
 (junk(fun) jewelry)

중가 주얼리(bridge jewelry)

칼라 핀(collar pin)

커프 링크(커프 버튼)
 (cuff link(cuff button))

타이 택(tie tack)

타이 클립(클래습)(tie clip(clasp))

트리플릿(triplets)

파양스(faience)

패션 주얼리(fashion jewelry)

복습문제

1. 코스튬 주얼리 디자이너가 새로운 라인을 개발할 때 고려하는 점은 무엇인가?
2. 캐주얼 라이프스타일 트렌드가 중가 주얼리와 코스튬 주얼리 생산에 어떻게 영향을 미쳤는가?
3. 중가 주얼리와 코스튬 주얼리의 차이점은 무엇인가?
4. 중가 주얼리와 파인 주얼리의 비슷한 점과 다른 점은 무엇인가?
5. 부속품이란 무엇인가?
6. 노벨티 주얼리와 코스튬 주얼리의 차이는 무엇이고, 구체적인 예는 무엇이 있는가?
7. 미국이 코스튬 주얼리를 수출하는 나라는 어디인가?
8. 미국이 코스튬 주얼리를 수입하는 나라는 어디인가?

9. 중가 주얼리와 코스튬 주얼리의 판매를 위해 추천하는 방식은 무엇인가?

10. 전자상거래는 주얼리의 판매 방식을 어떻게 변화시켰는가?

응용문제

1. 학급 전체가 기억할 만한 주얼리의 유행 목록을 만드시오. 어떻게 이것이 그 시대에 아주 적절하게 유행할 수 있었는지에 대하여 사회적, 정치적, 경제적 사건 측면에서 토론하시오.

2. 이 장에 수록된 청소년을 위한 주요 주얼리 목록을 참고하시오. 학급에서, 코스튬 주얼리 업계의 다른 분명한 트렌드를 논의하고 목록을 만드시오.

3. 아메리카 인디언 주얼리를 소개하는 웹 사이트를 방문해 보시오. 그리고 각 제품의 핵심 테마, 주요 재료, 역사적 중요성을 알아 보시오.

4. 베이비붐 세대, X 세대, Y 세대가 선호하는 대중적인 브랜드 목록을 참고하시오. 목록에 있는 주얼리 브랜드에 대한 자신만의 경험을 활용해서, 이들 브랜드가 표적 고객을 끌어들이기 위하여 어떤 마케팅 기법을 사용하는지 알아보시오.

5. 관련 주얼리 아이템과 소품 컬렉션을 수업에 직접 가져 오시오. 수업 시간에 미니 디스플레이를 설치하시오.

6. 소매상점을 방문하여 패션 주얼리 또는 중가 주얼리 판매 방식을 분석하시오. 판매 방식을 두 페이지 분량에 비판하시오. 한 페이지에는 바람직한 점을 나머지 페이지에는 개선점으로 추천할 만한 내용을 정리하시오.

제 **15**장

시계

완벽한 미국 시계

좋은 시계는 문명의 필수품이다. 많은 사람들은 태양의 움직임이나 반복해 찾아오는 음식에 대한 욕구에서 느낄 수 있는 것보다 더 짧게 시간에 주의하지 않은 채 나이를 먹어간다. 많은 이들은 기차 여행을 한 번도 해보지 않은 채 기관차의 소리를 들으며 살아왔다. 그런 사람들은 주변 사회가 발전해 감에 따라 하나의 이정표가 된다.

　모든 사람들이 언제나 좋은 시계에 대한 필요를 느끼지 않을 수 있고, 같은 말을 빵과 고기에도 적용할 수 있을 것이다. 그러나 종종 믿음직한 시계 하나가 상황을 통제하는 순간이 온다. 그것은 필수다. 그리고 핵심은 주머니 시계 하나를 소유하는 것뿐만 아니라 그 시계가 좋은 것이어야 한다는 점이다. 좋은 시계 하나면 그 사람은 늦을 필요도 서두를 필요도 없다. 조잡한 시계는 없는 것만 못하다.

－ 월샘 워치사(the Waltham Watch Company), 1907년

◎ 시계의 역사

시계학(Horology)은 시간과 시간측정, 시계(벽걸이 및 손목)의 예술과 과학이다. 시계학의 기원은 선사시대이다. 인간은 언제나 태양의 움직임에 매료되어 왔다.

휴대용 시계의 발명은 약 5세기로 거슬러 올라가는데, 1800년대 중반까지 실제 그 활용은 제한적이었다. 초기 시계 중 일부는 16세기 초 독일의 뉘른베르크에서 제작되었다. 복잡한 디자인과 특이한 형태, 즉 드럼, 공, 배(pears), 두개골 또는 십자가 모양 등을 한 휴대용 시계는 수정으로 된 시계 앞면을 보호하기 위해 격자 세공으로 만들어졌다. **샤틀렌**(chatelaine)이나 체인 등에 매달아 쓰는 경우가 많았고, 벨트에 부착하기도 했다.

수백 년이 지나면서 시계는 점점 복잡해졌고, 18세기경에는, 연마된 수정으로 보호하고 그 아래에 분침과 초침을 넣고, 회전축의 포인트 베어링은 진짜 보석을 사용하여 디자인하였다.

유럽의 수공업자들은 시계의 질적 수준을 유지하고, 제작 기술을 보호하기 위해 길드를 조직했다. 파리 시계공 길드(the Paris Guild of Clockmakers, 1544)와 런던 시계공 단체(the London Clockmakers Company, 1630)가 그런 목적으로 결성된 길드였다. 네덜란드, 독일, 스위스 등 여러 나라에서는 시계 제작 길드를 조직했다. 훌륭한 시계로 유명한 스위스는 쥐라 산맥(Jura Mountains)을 중심으로 시계를 제조하는 가내공업의 중심지가 되었다. 여러 가족이 가정에서 시계의 부속품을 만들고, 그것으로 시계를 조립해 전 세계에 판매하는 장인 시계공에게 팔았다.

코네티컷의 토마스 할런드(Thomas Harland)는 1800년대 초 1년에 200점을 생산하는 자신의 공장에서 미국 최초로 시계를 생산했다. 그 과정에는 많은 공이 들었으며, 시계는 하나하나 손으로 만들었다. 1836년, 코네티컷 주 이스트 하트포드(East Hartford)에서는 피트킨(Pitkin)형제가 기계로 제작한 부속품을 넣어 미국산 시계를 생산했다.

1850년, 기계 제작된 부속품이 일부 과거 수공예 시계 부속품을 대체하기 시작하면서 원가가 하락하고, 시간의 정확성이 향상되었다. 경쟁 관계에 있던 두 명의 미국 시계공은 시계 디자인과 대량생산을 위해 사용되는 기계를 더욱 발전시켰다. 에드워드 하워드(Edward Howard)는 키스톤 워치 케이스사(the Keystone Watch Case Company)의 일부로 오늘날에도 여전히 존재하고 있는 E.하워드 워치사(the E. Howard Watch Company)를 설립했다. 나머지 한 명은 아론 데니스(Aaron Dennison)로 그는 1854년 월샘 임프루브먼트사(the Waltham Improvement Company)를 세운 인물로 나중에 회사는 월샘 워치사(the Waltham Watch Company)로 이름을 전환했다. 이 회사는 조립라인 제조기술을 개척하는 데에 도움을 주었다. 교체 가능한 시계 장치 부속품이라는 개념은 다른 산업의 대량생산에 기초가 되었다. 몇 차례 회사명을 바꾸며 백 년 이상 지속된(1957년 문을 닫음) 아메리칸 월샘 워치사(the American Waltham Watch Company)는 보석 박힌 4천만 점의 시계와 다른 정밀 기기들을 생산했다(그림 15.1).

주머니 시계가 대량생산되고 저렴해지면서 그 가격은 단 몇 달러 선으로 떨어졌으며, 주머니 시계는 이제 흔한 개인 소지품이 되었다. 유명한 미국의 시계 브랜드인 워터베리(Waterbury)는 단 4달러에 이것을 팔았는데 바로 시계를 기계로 찍어냈기 때문이다. **달러 워치**(dollar watches)라는 용어는 잉거솔(Ingersol)과 잉

▶ **그림 15.1** 월샘사의 주머니 시계

그러햄(Ingraham)과 같은 나중에 나온 저렴한 시계를 부르는 말이다.

기록에 남아 있는 미국에서 판매된 최초의 손목시계는 팔찌 시계로 1906년에 광고되었다. 이것은 처음에 여성용이었으며, 남성들은 손목시계란 너무나 사내답지 못한 것이라 생각했다. 그러나 제1차 세계대전 중에, 장교들은 표준 지급품인 주머니 시계에 우선하여 편리한 손목시계를 선택했다. 기계로 만든 손목시계는 제1차 세계대전 이후 남성과 여성 모두에게 널리 대중화되었다.

20세기 동안 기술은 예상을 뛰어넘었다. 1957년에 전기 손목시계가 소개되었고, 그 후 2년 이내에 전자시계가 시장을 강타했다. **LED(발광 다이오드)와 LCD(액정표시장치)** 같은 일루미네이션 기술은 1960년대와 1970년대가 이룩한 과학적 진보였다. 1970년대 초 쿼츠 시계(Quartz watch, 전자 시계)가 등장했으며, 1980년대 즈음에는 쿼츠 시계 부속품이 시계 산업을 지배했다. 스위스의 정밀 시계 제조업자들은 초기에 이 새 쿼츠 시계 부속품 때문에 어려움을 겪었다. 새로운 부속품을 재빨리 수용하지 못한 결과 이들의 시계 시장 점유율은 1974년과 1984년 사이 30%에서 9%로 급락했다. 1982년 스위스의 부활을 도운 것은 Asuag-SSIH가 제작한 스와치(Swatch®) 시계였다. 시계 산업이 이룩한 최근의 발전에는 방진·방습 봉인 방식—맹인을 위한 브라유(braille) 시계, 알람시계, 달력 시계—태양 및 체온, 원자력 시계 등이 있다.

◎ 시계 개론

시계 산업은 액세서리의 한 부문으로 점점 그 중요성을 더해가고 있다. 고객은 일반적으로 단 하나의 다용도 시계를 갖기보다는 다양한 모습을 연출하기 위해 여러 개의 시계를 구매한다. **시계용 장**(watch wardrobing)으로 알려진 이 트렌드는 미국과 유럽의 시계 판매를 촉진하는 역할을 해왔다.

▶ **그림 15.2** 시계 하나로 스포티한, 드레시한 혹은 캐주얼한 스타일을 완성할 수 있다.(자료원 : 페어차일드 출판사)

　유럽의 제조사들은 미국 시장에 접근하면서, 소비자들이 여러 분위기와 상황에 따라 다양한 시계, 즉 특수 스포츠용, 드레시, 캐주얼, 젊은이를 위한 제품 등 여러 종류의 시계를 구매할 것을 부추기고 있다. 남성들은 항상 여러 개의 타이와 벨트 및 다른 액세서리를 구매하는데, 제조사는 남성의 시계 역시 다른 종류의 의상과 어울리도록 똑같은 방식을 적용할 수 있음을 일깨우고 있다.

　고객은 여러 개의 시계를 구매할 뿐만 아니라, 시계에 더 많은 비용을 지출하고 있다. 1999년 주얼러즈 서큘러 키스톤(Jewelers' Circular Keystone)이 실시한 조사에 따르면, 1600만 명의 미국 성인이 100달러가 넘는 시계를 구매했으며, 해당 시계 구매자 중 남성이 차지하는 비율은 49%, 여성은 51%였다.

　브랜드명의 인지도는 시계 산업에서 중요하다. 페어차일드 100 서베이(the Fairchild 100 survey)에서는 시계회사의 브랜드를 순위로 매겼다. 미국에서 가장 인지도 높은 패션 브랜드는 타이멕스사(Timex Corporation)였다. 50년의 역사를 가진 타이멕스의 기억에 남는 시계 슬로건은 '한 번 망치질하면, 시계는 계속 간다(It takes a lickin' and keeps on tickin)' 이며, 전 세계적인 판매로 회사는 위의 조사에서 1위에 오를 수 있었다.

조사에 참여한 응답자들이 꼽은 인지도 높은 10대 시계 브랜드는 아래와 같다.

1. 타이멕스(Timex)　　　　6. 스위스 아미(Swiss Army)

2. 세이코(Seiko)　　　　　7. 스와치(Swatch)

3. 롤렉스(Rolex)　　　　　8. 모네(Monet)

4. 시티즌(Citizen)　　　　9. 나인 웨스트(Nine West)

5. 카시오(Casio)　　　　　10. 티파니(Tiffany)

(자료원 : The Fairchilld 100: Watches/Jewelry. (2000, January). Women's Wear Daily Special Report. pp.114, 116)

대조적으로, 1999년 주얼러즈 서큘러 키스톤(Jewelers' Circular Keystone)지에서 실시한 소규모 설문조사에서는 응답자에게 시계 브랜드의 이름을 물어보았다. 주얼리 매장에서 팔린 시계 브랜드 중 가장 인정받는 4가지 브랜드의 연구결과 순위가 다음과 같았다.

1. 롤렉스(Rolex, 그림 15.3)

2. 세이코(Seiko)

3. 부로바(Bulova)

4. 시티즌(Citizen)

(자료원 : 미국인이 주얼리와 시계를 사는 동기: 4의 제 4부(1999년 11월). Jewelers' Circular Keysone, CLXX(11), 112)

▲ **그림 15.3** 롤렉스는 주얼리 매장에서 판매된 시계 브랜드 중 가장 인정받는 브랜드이다.(자료원 : 페어차일드 출판사)

▶ **표 15.1** 2000년도 페어차일드 럭셔리 브랜드 상위 100 순위

브랜드명	상위 100의 순위
롤렉스	1
티파니	2
카르티에	3
반클리프 앤 아플즈	15
몽블랑	18
파텍 필립 SA	24
모바도	25
피아제	25
보메 앤드 메르시에	49
태그 호이어	40

WWD Luxury: The 100. (2001년 2월). *Women's Wear Daily* Special Report, 8, 10-15.
Courtesy of Fairchild Publication, Inc.

　페어차일드 역시 범주와 상관없이 가장 잘 알려진 주얼리 브랜드의 상위 100 순위를 매겼다. 시계, 주얼리, 핸드백, 의류가 순위에 포함된 럭셔리 브랜드의 일부였다. 미국에서의 연간 매출이 4억 5천만 달러 이상인 롤렉스는 상위 100에서 1위를 차지하였다. 시계와 파인 주얼리의 제조회사인 티파니사와 카르티에(Cartier)가 2위와 3위를 하였다. 표 15.1은 인정받고 있는 상위 10의 럭셔리—시계 제조회사 목록과 페어차일드지의 상위 100 럭셔리 브랜드 중 부유층 여성이 꼽은 순위이다.

1) 시계의 각 부분

시계는 다음과 같은 부분으로 되어 있다(그림 15.4).

　　손목시계 케이스(watchcase)　시계의 형태를 잡아준다.
　　시계 판(dial)　시계의 앞면
　　크리스털(crystal)　시계 판을 덮는 투명한 덮개(사파이어 크리스털이 가장 긁힘에 강하다).
　　베젤(bezel)　특히 스포츠 시계의 시계판 주변 가장자리
　　시계 침(hands)　시, 분, 초를 나타내는 움직이는 바늘
　　돌림나사 또는 **축**(crown/stem)　큰 태엽과 시계 침을 감는 데 사용하는 시계 케이스 측면에 붙은 돌림 축.
　　큰 태엽(mainspring)　시계 케이스 안에 있으며, 태엽을 움직임(시계가 똑딱거리게 함).

달력
시계 침
베젤
시계 판
돌림나사
시계 케이스
크리스털

▶ **그림 15.4** 아날로그 손목시계 상세도

2) 시계의 기능

시계 작동을 설명하는 용어는 다음과 같다.

아날로그(analog) 시간을 나타내도록 앞면에 있는 시계 침을 움직임.

디지털(digital) 앞면에 수치로 시간을 나타냄.

자동(automatic) 착용자 손목의 움직임과 같이 자동으로 감는 메커니즘. 손목이 움직이면 큰 태엽이 감긴다. 배터리가 필요 없음.

기계조작(mechanical) 천천히 풀리는 큰 태엽을 감아야 하는 아날로그 시계의 작동법. 배터리가 필요 없음.

쿼츠(quartz) 배터리 전원으로 시계작동. 수정(합성 사파이어) 결정이 초당 수천 번 진동하는 매우 정교한 계시법

보석(jewel) 기계식 시계 작동 시 더 부드럽고 정밀하게 작동시켜 추축점의 마찰을 감소시키기 위해 보통 17개의 합성 루비보석(때때로 루비, 사파이어, 가닛과 같은 진짜 보석을 사용)을 사용함.

크로노그래프(chronograph) 경과시간을 기록하는 스톱워치(시작 시와 정지 시에 사용 가능)

속도계(tachymeter) 특정 거리 간의 속도를 기록하는 스톱워치 기능

3) 시계 생산

대량생산된 쿼츠 시계는 보통 아시아에서 생산되며 홍콩, 중국, 한국, 대만이 주요 생산지이다.

스위스는 수제 기계식 시계의 중요한 생산지이며, 정밀 시계 제조의 으뜸지로 여겨지고 있다. 숙련된 장인이 되기 위해서 시계 제조인은 수리와 서비스를 하는 다양한 위치에서 수년간 종사하는 수습생으로 시작한다. 스위스에서 최고급 시계 제조인은 큰 노력을 요하는 **제네바 실 표준**(Geneva Seal Standard)을 따를지 선택한다. 제네바 실(Geneva Seal)을 취득한다는 것은 스위스 시계가 최고의 기계식 시계를 검사하고 증명하는 전문적인 시계검수 기관에서 검사받고 인증받았다는 것을 의미한다.

'스위스제(Swiss made)'란 합법적 라벨이 붙은 시계는 고객에게 '시계가 스위스에서 조립되고 검사를 거쳤다는 것과 시계부품의 대부분이 스위스에서 생산되었음'을 보장한다.

(1) 디자인

큰 회사들은 고객에게 각 시즌별로 여러가지 특징적 스타일을 제공한다. 회사의 디자인 팀은 자신의 고유 표적 시장, 디자인 콘셉트 및 마케팅 프로그램이 있는 시계—제품 브랜드 컬렉션을 만들어낸다. 마케팅 프로그램에는 시계 회사에 상당한 매출 증대를 가져다주는 광고홍보 캠페인이 포함된다.

정밀 시계 산업에서는 새로운 표적 고객을 매료시키도록 고안된 판촉이 나타난다. 상당수의 고가의 광고홍보 캠페인은 럭셔리 패션 액세서리 마케팅 담당자들이 열심히 찾고 있는 여성에게 맞춰져 있다.

주로 남성용 시계를 제공하는 메제브(Megeve)와 파텍 필립(Patek Philippe) 같은 회사는 부유한 여성 구매자를 대상으로 삼았다. 여성이 남성용 시계를 자기 자신을 위해 구매한다는 사실을 발견한 후 이 회사는 작은 사이즈의 남성용 스타일을 제공하기보다는 여성에게 어필할 수 있는 여성용 시계를 디자인하기 시작하였다(그림 15.5와 15.6). 타이멕스사(Timex Corporation)는 1999년에 특히 젊은 여성 소비자를 대상으로 하여 홍보에 약 1900만 달러를 지출하였다.

시계 디자인은 주얼리 디자인을 밀접하게 추종한다. 가령, 황금과 유색 다이아몬드가 파인 주얼리 생산에 많이 사용되면 시계에서도 유사하게 증가한다.

◀ **그림 15.5** 메제브 여성용 시계
(자료원 : 채리올 메제브 시계(800) 872-0172)

◀ **그림 15.6** 파텍 필립의
T-150 시계
(자료원 : 페어차일드 출판사)

인물소개 : 포실(Fossil)

미국 텍사스 주 리차드슨에 소재한 포실사(Fossil Inc.)는 재미, 패션, 유머 그리고 1950년대의 미국적 가치에 대한 향수의 개념으로 1984년에 설립되었다. 1980년대 초에 시계는 패션 액세서리라기보다는 기능적 액세서리였으나 사장과 CEO인 코스타 카트소티스(Kosta Kartsotis)의 지침하에 포실사는 이러한 개념상 변화를 추구하였다.

포실 액세서리의 전체 라인에는 수백 종의 시계 스타일(대부분의 소매가가 55달러에서 75달러), 선글라스, 열쇠고리, 지갑, 벨트, 지갑류, 배낭, 캐쥬얼 의류, 데님 의류가 포함된다. 선물 주는 사람들은 수집용 깡통으로 독특하게 포장된 포실 선물증서를 구입할 수 있다. 포실의 웹사이트는 세일가격으로 모든 종류의 시계와 액세서리 컬렉션을 제공하며, 제품 검색, 회사와 직원 정보, 재무정보, 라이브 오디오 인터넷 방송으로 분기별 회의를 제공하고 있다.

포실사는 렐릭(Relic)과 애비아(Avia) 브랜드(영국에서 판매됨)하에서 시계를 제조하며, 엠포리오 아르마니(Emporio Armani), 디케이엔와이(DKNY, Donna Karan New York)와 디젤(Diesel)과 특허계약을 맺고 있다. 포실은 브랜드를 붙인 판매에 덧붙여, 유통업자 상표 시계와 전국 소매업자, 엔터테인먼트 회사, 테마 식당과 같은 기업과 관련된 상품도 생산한다. 거대 소프트웨어 회사인 마이크로소프트(Microsoft)사는 직원이 다른 직원의 회사 기밀을 유출을 보고할 때 인센티브로 포실 시계를 제공하리란 계획을 발표한 바 있다.

포실사는 십대들에게 상품을 보이고, 유통업자 상표 제품을 홍보하기 위해, 텔레비전 스타, 밴드인 오 타운(O-Town)의 멤버들과 계약을 체결하였다. 포실사는 연예인들에게 포실의 옷과 액세서리 전 제품을 입혔고 런던, 필라델피아, 애틀랜타와 같은 전 세계 포실 매장에 게스트로 초빙하였다.

포실은 1993년에 주식공개상장(NASDAQ에서의 약어 : FOSL)이 될 때까지 개인소유의 기업이었다. 포실 제품은 호주, 캐나다, 일본, 이탈리아, 영국, 아시아 지역, 카리브해 지역, 유럽, 중남미 및 중동을 포함한 전 세계 85개국의 백화점과 고급전문점에서 팔린다. 일본시장은 포실에게 수지맞는 시계시장이었다. 2001년 6월, 포실은 SFJ, Inc.로 불리는 합자회사를 만들며, 포실 재팬(Fossil Japan)의 절반을 세이코(Seiko)에 팔았다.

포실 시계는 전통적인 소매점뿐만 아니라, 공항 매점과 크루즈 배에서도 구입할 수 있다. 품절된 포실 상품은 미국 전역에 있는 포실 아웃렛에서 구입할 수 있다. 포실은 전 세계 확장에 중점을 두면서 연간 순매출 증가를 보이고 있다. 아래 표는 포실사의 1996년부터 2001년까지의 순매출이다.

포실의 전망은 2002년도 1/4분기 매출이 2001년 1/4분기 매출보다 18.6% 증가하여 지속적으로 강세를

▶ 1996~2001년 포실사 순매출

연도	매출(달러)
2001	545,541,000
2000	504,285,000
1999	418,762,000
1998	304,743,000
1997	244,798,000
1996	205,899,000

포실 회사정보. (2002). 2002년 7월 7일 검색.
http://www.fossil.com/CompanyInfo

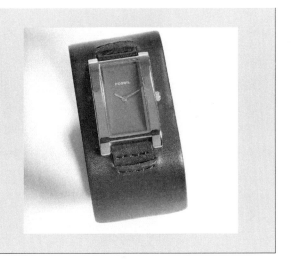

보이고 있다. 포실사가 홍보 노력을 통해 브랜드 구축 (brand building: 브랜드의 소비자 인식 증가)을 강조해 감에 따라, 알맞은 가격의 시계가 '수집용'으로 유리한 지위를 유지할 것이다.

대부분의 패션 시계 디자이너들은 두 시즌 정도는 지속되고 가장 큰 시장에 특히, 15세에서 35세 사이의 여성을 목표로 한 시장에 제공할 트렌디 디자인을 만들고자 한다. 이 연령 그룹은 패션 시계 시장에서 가장 큰 비중을 차지한다. 이 소비자는 패션의 첨단 트렌드를 따르며 새로운 시계 디자인에 더 개방적이다.

시계 디자인에서 일반적인 주제는 제품을 다용도로 만들며 손목에서 아주 잘 보이도록 한다. 이러한 것은 최근 교환 가능한 부품, 색이 있는 시계 판, 특대형 앞면을 포함한다. 교환 가능한 부품은 소비자들이 다수의 시계를 사지 않고도 시계용 장(watch wardrobe)을 만들 수 있게 해준다. 몇몇 제조업체들은 옷과 맞출 수 있도록 세 가지 또는 네 가지의 베젤(bezel) 옵션을 제공하거나 금, 은 또는 혼합 톤의 베젤을 제공한다. 또 나일론, 플라스틱, 가죽으로 바꿀 수 있는 손목 시곗줄도 제공한다. 버튼을 눌러 색을 바꿀 수 있는 시계 판은 시계의 색채 조화를 확대할 수 있는 또 다른 방법이다. 디자이너들이 다기능의 시계를 만들어냄으로 써 시계 앞면은 특별한 시계 판과 디스플레이를 수용할 수 있도록 점점 커지고 있다.

(2) 라이선싱

시계 브랜드는 많지만 한정된 수의 거대 기업들이 대규모로 제조하고 있다. 라이선싱은 스와치(Swatch), 리치몬트(Richemont), 모바도(Movado), LVMH와 같은 큰 회사들 사이에서 일반적으로 행해지고 있다. 중가 시계와 정밀 시계의 제조업체인 모바도 그룹은 토미 힐피거와 코치(Coach)와 같은 의류와 액세서리 회사와 특허 계약을 체결하였다. 모바도는 또 콩코드(Concord)와 ESQ 시계 브랜드뿐만 아니라 유통업자 상표로도 시계를 생산한다(그림 15.7).

어린이 시계는 맥도널드(McDonald)의 맥키즈(McKids)와 마텔(Mattel)의 바비(Barbie)와 같은 재미있는 특징과 라이선스 이름으로 생산된다. 아동 시장을 장악하려는 타이멕스사는 바비 시계와 TMX®시계를 개발하였다. 24.95달러인 아날로그 바비 시계는 핑크하트 시계 판 또는 꽃잎 모양의 베젤로 된 여섯 개의 패션 바비 중 하나로 되어 있다. 이 시계는 '물론', '전혀', '모호한'과 같은 (인기있는 마술의 여덟 개의 공 같은) 14개의 무작위적이고 신비스러운 대답을 나타내는 스크린 세이버 모드를 장착하고 있다. 타원형 케이

▶ **그림 15.7** 토미 힐피거 시계는 모바도에
라이선스를 받았다.
(자료원 : 페어차일드 출판사)

스와 밴드는 보라색, 파란색, 연두색, 빨간색의 밝은 톤으로 되어 있다.

(3) 생산

시계는 숙련된 장인들에 의해 전체적으로 수작업으로 만들거나 기계의 제조라인에서 대량생산될 수도 있
다. 시계 제작은 처음 스케치를 컴퓨터 디자인이나 초기 청사진으로 옮기는 것부터 시작된다. 선반으로 깎
고, 뚫고, 분쇄하고 광택내는 기계가 시계 제작에 사용된다. 많은 시계 제조인들은 일부 금속작업이 유사하
기 때문에, 주얼리 제작도 연구해왔다. 전자시계는 기계장치라기보다는 컴퓨터이며, 위성항법장치(GPS)
같은 '추가' 장치가 없는 한 비싸지 않은 가격에 팔릴 수 있다.

(4) 소재

시계는 주얼리와 같이 패션 시계, 중가 시계, 고급 시계로 구분된다. 세공과 재료비는 분류를 결정하는 데
중요하다. 패션 시계는 보통 비싸지 않은 금속이나 플라스틱으로 만들어져 비싸지 않고, 중가 시계는 말 그
대로 패션 시계와 고급 시계 사이에서 '브리지(교량)' 가격에 있다. 소재에는 스테인리스 스틸, 티타늄, 순
은, 금도금이 포함된다. 중가 시계는 수백 달러에서 판매된다. 금이나 백금을 포함한 귀금속과 희귀 금속으
로 만든 시계가 고급 시계에 사용되며, 수천 달러 혹은 수만 달러에 판매된다.

티타늄 금속은 가장 가벼운 시계 소재 중 하나이며, 철과 같은 강도를 가져 스포츠용 시계에 이상적이
다. 손목시계 케이스를 선택할 때 백색 금속의 티타늄이나 18K 황금 중에서 선택한다. 태그 호이어(TAG
Heuer)사에서는 키리움(Kirium) Ti5 시계를 위해 항공산업에서 사용되는 티타늄, 알루미늄, 바나듐 등의 합
금물질로 시계를 만들면서 티타늄을 더 많이 넣었다.

또 라도 비전 I(Rado Vision I) 케이스는 4,000개의 다이아몬드 분말로 만들었다. 또 다른 소재인 방부 로

기술 이야기 : 손목시계 기술 : GPS, EDI, PC, TV, VCR

시간은 맞습니까?

"첨단 스포츠 시계는 정밀시계의 SUV이다. 즉, 엄청나고 비싸고 결코 테스트해 보지도 않은 특징으로 되어 매우 화끈한 것이다."[1]

전자 악기로 소비자에게 잘 알려져 있는 카시오사(Casio, Inc.)는 남성용 시계와 여성용 시계로 알려져 있는 몇 가지 세련된 손목시계용 데이터 장치를 제공하고 있다. 특히, 카시오는 GPS(위성항법장치) 수신기를 장착한 위성 내비게이터 PAT-2GP 시계를 전 세계에 처음으로 내놓았다. 2002년까지 시계 제조업체들이 이와 유사한 버전을 소개하였다. 이러한 내비게이션 시계는 궤도를 선회하는 위성으로부터 데이터를 수집한다. 하이킹을 즐기는 사람들은 자신의 위치와 길과 목적지를 컴퓨터에 입력시켜 특정 소프트웨어를 사용하여 데이터를 자신의 손목시계로 전송할 수 있다. 일단 추적하기 시작하면, 시계는 전 세계 어디서나 정확한 위도, 경도, 고도 측정값을 나타낸다. 달리는 사람들도 자신의 속도와 거리를 계산할 수 있으며, 데이터 검색은 아주 쉽게 이용할 수 있다. 타이멕스사는 월 사용료 10달러를 추가하여 175달러에 GPS 옵션을 장착한 유사한 손목시계를 내놓았다.

아웃도어 열광자가 아니라, 비밀요원 같은 삶을 즐기는 소비자를 위해, 모토롤라(Motorola)와 삼성(Samsung) 같은 일부 시계 제조업체에서 소비자에게 첨단 손목시계를 제공하고 있다. 한 가지 스타일은 1946년에 시작된 연재만화의 범죄 해결사 딕 트레이시(Dick Tracy)가 착용한 송수신 양용 손목 라디오를 회상시킨다. 이러한 전형적인 디지털 전화 시계가 2000년 미국 네바다 주 라스베이거스의 소비자 전자제품 전시회(CES)에서 크게 다루어졌다. 카시오사는 80개 가량의 압축 디지털 이미지를 기록하여 컴퓨터에 컬러로 전송할 수 있는 카메라 시계를 개발하였다. 사용자는 흑백 스크린에서 찍은 이미지를 미리 볼 수 있다. 또한 카시오사는 30페이지가량의 문서를 저장하는 **텔레메모 시계**(Telememo Watch)라는 소형 TV/VCR 시계 전면을 장착한 손목시계와 오디오파일을 재생하는 손목시계를 소개하였다.

손목장치는 편리성과 위치성 때문에 모든 종류의 데이터 관리에서 인기를 얻고 있다. 또한, 기술장치를 축소시켜 개인이 착용할 수 있게 하였다. 그래서 소형 장치의 분실을 막기 위해 손목시계 밴드가 필요하게 되었다.

손목시계에서 울리는 모든 벨소리와 휘파람 소리의 즐거움은 정확한 시간을 대신하지는 않는다. 세이코 기계(Seiko Instrument)의 루퓨터(Ruputer) 시계 같은 **온도시계**(thermo watch)는 착용자의 체열이 전원이 된다. 시계를 뺏을 때, 시계는 정확한 시간을 표시하면서 전원절약 모드로 전환된다. 시티즌사의 에코 드라이브(Eco-Drive) 시계는 인공광 또는 자연광으로 배터리를 충전할 수 있도록 되어 있다. 저장용량이 아주 강력해서, 이 시계는 빛이 없는 곳에서도 5년까지 기능을 유지할 수 있다. **원자시계**(atomic precision)는 정확한 계시로 잘 알려져 있으며, 이에 대하여 뉴욕 타임즈(New York Times)의 피터 루이스(Peter Lewis)가 놀림조로 정의하였다. "오늘날의 원자시계의 정확성은 시계가 가능한 보증기간을 훨씬 넘는 2000년 동안 단 1초도 빠르지도 늦지도 않음을 의미한다."[2] 200달러 미만의 가격으로 소비자는 SUV 같은 손목시계와 원자시계의 정확한 계시를 얻을 수 있게 되었다.

[1] Meadow, S. (2000년 6월 25일). 모든 것을 가진 손목을 위하여. *Newsweek*, 137(26), 80.

[2] Lewis, P. (2000년 1월 20일). 주의하라! 자유로운 새 손목시계. *New York Times*, 최신판, G 섹션, p. 1

듐으로 코팅한 순은이 시계 케이스로 인기가 있으며 선호되고 있다.

적당하게 가격이 책정된 패션 시계는 황동에 금 또는 철로 도금하여 만든다. 알루미늄 시계는 가볍고, 스테인리스 스틸 시계는 뛰어난 착용성과 방부식성 때문에 중가 시계에서 인기가 많으며 다소 가격이 높다. 스위스 시계 산업연합(FSWI)에 따르면, 스테인리스 스틸 시계는 스위스의 대미 수출품 중 40%를 차지한다.

손목 시곗줄과 팔찌는 시계 케이스와 같은 재질 혹은 가죽, 비닐, 고무, 플라스틱, 나일론으로 만들 수 있다. 손목 시곗줄 소재의 선택은 사용 목적에 달려 있다. 가죽 줄은 종종 최소로 마모되도록 디자인된 캐주얼 또는 드레시 시계에서 종종 찾아볼 수 있다. 가죽은 통기성이 있으며 편안하나, 땀이 과도하게 나거나 물에 노출되면 가죽의 색을 탈색시킬 수 있다. 패션 시계와 저가 시계는 종종 비닐 시곗줄을 사용하며, 일부는 색을 바꿀 수 있다. 가죽과 달리, 비닐은 '숨쉬지' 않으며 더운 곳에서 착용할 경우 불편할 수 있다. 나일론 시곗줄은 관리가 거의 필요없기 때문에 활동적인 스포츠를 위해서는 훌륭한 선택이 된다—강도, 지속성, 방마모성—땀으로 변색하지 않는다. 또한 침수 시 나일론에 전혀 영향을 미치지 않는다.

4) 시계 스타일

시계 스타일은 크기의 차이는 있으나 남성과 여성이 비슷하다. 시계는 주머니 시계, 손목시계, 팔찌 시계, 목걸이 시계, 반지 시계 및 시계 주머니와 같이, 어떻게 사용하는지와 어디에 사용하는지로 분류된다.

회중시계(pocket watch) 시계 체인(watch chain)에 매달려 있으며, 베스트나 재킷 주머니에 넣고 다닌다. 시계를 잃어버리거나 떨어트리지 않도록 하기 위해서 체인은 단춧구멍을 통해 끼워넣는다 (그림 15.8).

손목시계(wristwatch) 손목에 안전하게 착용하며, 버클로 착용하거나 탄력 있는 시곗줄을 착용한다. 몇몇의 손목시계는 점착성 지지로 시곗줄이 필요치 않다.

팔찌 시계(bracelet watch) 역시 손목 근처에 착용하나 단단하게 고정되지는 않는다. 대신 팔찌처럼 느슨하게 매달려 있다.

목걸이 시계(necklace watch) 목 주변에 체인이나 리본으로 착용한다.

▶ **그림 15.8** 회중시계

직사각형 시계 판

정사각형 시계 판

▶ **그림 15.9** 시계 케이스 모양
(자료원 : 페어차일드 출판사)

둥근형 시계 판

반지 시계(ring watch)　반지에 작은 시계 판과 시계 기계가 부착됨.

시계 주머니(watch fob)　회중시계에 짧은 체인이나 리본으로 부착함. 귀금속 주머니에는 이니셜을 새
길 수 있다.

5) 시계 케이스의 형태

고객이 이용할 수 있는 여러 가지 인기 있는 시계 케이스가 있다. 여기에는 둥근형, 타원형, 8변형, 플레어
형, 사각형 및 직각형이 있다. 그림 15.9는 다양한 케이스 디자인이다.

◎ 세계의 시계 산업

시계는 작동에 이용되는 전원의 유형에 따라 여러 국가에서 생산한다. 가령, 스위스는 주로 자기 감김 시계와 보석이 박힌 기계 시계를 생산하며, 아시아는 주로 일본과 중국에서 수많은 배터리 전원 시계를 생산한다. 스위스와 이탈리아는 고품질의 시계 케이스로 유명한 반면, 아시아는 저가의 시계 케이스를 생산한다. 일본, 중국, 타이는 전 세계 시계 배터리의 대부분을 생산한다.

미국은 일정량의 저가 및 고가 시계를 다른 국가에 수출한다. 표 15.2는 미국이 시계를 수출하는 국가와 중저가 금속 케이스 또는 귀금속 케이스를 사용한지 여부를 비교하여 제시하였다.

미국으로 밀수되는 위조 고급 시계가 증가되어 수많은 고급 시계 제조업체와 소매상을 좌절시키고 있으며, 모조 시계가 모조 상품 중 네 번째로 많다고 추정한다. 2001년 6월 미국 세관은 홍콩에서 로스앤젤레스로 들어오는 선박에서 40,000여 건의 모조 시계와 모조 시계 부품들을 압수하였다. 위조되는 상표에는 카르티에(Cartier), 불가리(Bulgari), 아르마니/포실(Armaini/Fossil), 테크노마린(Technomarine), 태그 호이어(TAG Heurer), 오메가(Omega), 모바도(Movado), 롤렉스(Rolex)가 포함된다. 불가능하지 않다고 하더라도 특히, 진품의 포장용기에 포장되어서 오고 가짜 제품 증명서가 같이 올 경우 소비자는 진품과 위조품 고급품 시계 간의 차이를 알아내기가 쉽지 않다. 가짜 롤렉스 시계가 44,000달러에 팔린 것을 포함하여, 수많은 모조 시계가 인터넷을 통해 수천 달러에 팔리고 있다.

1) 무역기구, 출판물, 전시회

경우에 따라, 시계는 주얼리 무역기구 및 출판물에 합쳐진다. 시계 부속품의 상당수를 생산하는 남아시아 지역은 대만, 홍콩, 싱가포르를 포함한 자체 제조업자 거래 연합을 가지고 있다. 파인 주얼리나 패션 주얼리 전시회에는 전시회의 일부로서 비교할 만한 시계를 함께 전시한다.

표 15.3과 표 15.4 및 표 15.5는 중요한 무역기구, 출판물, 전시회 목록이다.

▶ **표 15.2** 2002년 국가별 미국의 중저가 및 고가 손목시계 수출 값 순위

순위	중저가 시계를 구입하는 국가	고가 시계를 구입하는 국가
1	멕시코	스위스
2	일본	홍콩
3	캐나다	멕시코
4	아랍 에미리트	캐나다
5	홍콩	영국

미국무역참조표:2002년 12월 수출: 9101, 9102. 국제무역부(ITA). 2003년 6월 28일 검색.
http://www.ita.doc.gov/td/industry/otea/ Trade-Detail/Latest-
December/Exports/91/910219.html

▶ **표 15.3** 시계 산업 거래 기관

기 관	소재지	목 적
미국 시계연합(AWA)	워싱턴, D.C.	수입자, 조립자, 제조업자, 시계 공급자와 손목시계 단체에 서비스 제공.
미국 손목시계제조업자-시계제조업자 협회(AWI) http://awi-net.org	오하이오 주, 해리슨	시계 수공업을 지원하고 복구 및 수리 시 품질 표준을 수립.
영국 시계협회 http://www.bhi.co.uk	영국, 노츠 업톤 홀	조사수행, 교육지원과 기술전문저널 발간.
영국 손목시계와 시계 수집가협회 http://www.ubr.com/clocks/bwcca/bwcca.html	영국, 콘월 트루로	유사한 흥미를 가진 시계 수집가들이 함께 모임.
스위스 시계산업연합회(FH) http://www.fhusa.com	스위스, 비엔나	스위스 시계 제조업자들을 대표하고, 데이터를 발간하며 소비자를 교육.
국제 시계와 주얼리길드 (IWJG) http://www.iwjg.com	텍사스 주, 휴스턴	트레이드 쇼를 주관.
미국 귀금속상인(JA) www.jewelers.org	뉴욕 주, 뉴욕	연구수행, 교육지원, 매뉴얼 발간을 통해 주얼리 소매상과 시계 산업을 지원.
미국 손목시계 및 시계 수집가 협회(NAWCC) www.nawcc.org	펜실베이니아 주, 컬럼비아	비영리 교육 문화 자원으로 회원들과 공공기관에 서비스를 제공.
미국 패션 액세서리협회(NFAA)와 패션 액세서리 운송업협회(FASA) www.accessoryweb.com	뉴욕 주, 뉴욕	손목시계를 포함한, 전 액세서리 종류를 대표.

▶ **표 15.4** 시계 산업 무역 관련 출판물

출판물	설 명
액세서리 잡지(Accessories Magazine)	월간 거래 잡지 : 시계를 포함한 대부분의 액세서리를 다룸.
아메리칸 타임(American Time)	월간 거래 잡지 : 제조업체와 소매상에서의 최근 이슈들을 다룸.
시계 잡지(Clocks Magazine)	손목시계와 시계 수집가들과 복원가들용 월간 잡지.
호로로지컬 타임즈(Horological Times)	AWI에서 출간하는 월간 거래 잡지. 제조와 기술거래정보를 포함.
삽화로 된 시계학 전문사전/버너 시계 사전 국제손목시계	4개국 언어로 된 수천 가지의 시계학지 용어를 포함.
여성의류일간지 – 월요일판	페어차일드에서 출간한 주간 거래 신문. 기타 액세서리뿐만 아니라, 시계에 대한 사업과 패션 정보를 다룸.
WWD 액세서리 보충판	시계를 포함한 모든 액세서리 영역에 대한 패션 정보가 특징인 페어차일드의 특별판.

▶ **표 15.5** 시계 산업 무역 전시회

전시회	소재지	후 원
액세서리 서킷	뉴욕 주, 뉴욕 시	ENK International
액세서리더쇼	뉴욕 주, 뉴욕 시	Business Journal, Inc.
연례 시계 쇼	영국	영국 시계협회
바젤월드-시계와 주얼러리 쇼	스위스, 바젤	MCH 바젤 국제 전람회
국제 시계와 주얼리 길드쇼	미국 전 도시(뉴올리언스, 뉴욕, 디트로이트, 댈러스, 마이애미, 올랜도, 라스베이거스)	국제 시계와 주얼리 길드
고급 시계 살롱(SIHH)	스위스 ,제네바	Comite International de la Haute Horlogerie

◎ 머천다이징 트렌드와 기술

저가 시계는 자주 충동구매되는 반면, 중고가 시계의 경우에는 흔히 계획된 구매가 된다. 또한, 시계는 보통 선물로 주어지기 때문에 매력적인 포장이 중요하다.

시계는 다양한 방식으로 전시된다. 그러나 이것은 일단 브랜드명으로 우선 구매되고 라이프스타일 범주는 그 다음이 된다.

독특하게 포장된 시계는 젊은 소비자와 선물을 주는 소비자에게 특히 매력적이다. 아이그너 그룹(Aigner Group)은 축제일 선물 구매자에게 자사의 제품을 팔기 위한 전략을 수립하여 포장, 그래픽 및 설치물을 재디자인하였다. 남성용 열쇠고리와 지갑을 가게 안에 설치된 디스플레이에 어울리는 독특한 부르고뉴 포도주 선물상자에 담았다. 또 다른 포장의 명수가 포실사 시계를 소비자가 자주 수집하는 아메리카나를 주제로 한 깡통 포장에 담았다.

제조업체들은 자사의 시계제품 라인을 홍보하기 위해 창조적인 광고홍보 전략을 세웠다. 특별히 주목할 만한 이벤트에서의 '공식 시계(official watch)'의 위치는 시계 판매뿐 아니라 회사의 신용도 홍보할 수 있다. 예를 들면, 오메가(Omega) 시계는 피지에이(PGA, Professional Golfer's Association) 투어에서 심판 시계로 고안되었고, 테크노마린(Technomarine) 시계는 이에스피와이(ESPY, ESPN 스포츠 뉴스 네트워크에서 후원한) 시상식에서 공식 시계였다. 2001년 여름 블록버스터였던 터치스톤사의 영화 '진주만'에서 남여 배우들은 해밀턴(Hamilton) 시계를 착용하였다. 해밀턴 시계회사는 제 2차 세계대전 당시 시계류와 크로노미터(정밀 경도측정용 시계)의 주요 공급자였다. 진주만 공습 50주년 기념 및 영화개봉을 기념으로, 해밀턴은 1940년대 오리지널 시계와 유사한 스타일의 핵 시계(Hack watch)를 출시하였다.

1) 점포 소매상

상인들은 매장 내에서 브랜드의 영향력을 위해 노력할 때 숫자와 위치의 힘을 깨닫게 된다. 일반적으로, 손목시계는 기능과 소재 또는 가격보다는 브랜드로 거래되며, 여러 브랜드의 손목시계는 스포츠, 캐쥬얼, 드레시와 같은 기능으로 세분된다. 잘 팔리는 손목시계 브랜드는 흔히 주요 입구 주변과 기타 100% 번잡지역에 자리 잡는다. 뉴욕 맨해튼에 소재한 블루밍데일(Bloomingdale) 백화점에서 패션 시계 구획은 1층 입구 쪽에 위치하고 있다.

중저가 시계 제조업체는 시계를 수납하고 재고를 갖추고 전시할 수 있는 독립구조 판매점을 소매상에게 제공할 수 있다. **구매시점**(POP, point-of-purchase)이라고 하는 이러한 매장 내 판촉전시는 설치물을 전시하고, 지나가는 사람의 눈을 사로잡는 시각 매체를 놓아 사람들이 제품을 가까이 가서 보도록 한다. 점원에게 재고 목록 관리가 간단해지기 때문에, 제조업체에서 제공하는 POP 전시는 소비자들이 충동구매를 하도록 하며 소매점 바이어가 더 많이 주문서를 작성하도록 한다.

시계-전문 체인의 개시는 시계의 매출 증가의 또 다른 요소이기도 하다. 모바도, 포실, 스와치, 워치 스테이션과 워치 월드(Sunglass Hut의 부서도 됨)와 투르노(Tourneau)와 같은 매장에서는 모든 경우를 대비한 광범위한 시계 종류를 제공하고 있다. 티파니사는 개별 주얼리 매장을 통한 브랜드 상품 판매를 중단하고, 인터넷 웹 사이트와 티파니사 소매 아웃렛을 통해서 독점적으로 판매하고 있다.

2) 인터넷 소매상

다양한 브랜드의 시계를 온라인에서 쉽게 구매할 수 있다. 2000년 11월에 NPD 그룹은 인터넷을 통한 판매가 전체 액세서리 매출의 5% 미만을 차지하였으며, 이들 구매자의 대부분이 베이비붐 세대라고 보고하였다.

이러한 하강방식 소매판매는 소비자들이 보증기간 동안 기계상 하자를 발견하였을 때 수리 받기가 힘들다는 인터넷 판매의 장애를 예상하고, 회사에서는 전통적 제조업 소매상과 제휴를 맺었다. 일부 인터넷 시계 판매 회사는 **가맹점**(affiliate retailers)이라 불리는 개별 시계 소매상과 파트너십을 형성하였으며, 이러한 시계 소매상은 인터넷에서 구입한 시계를 수리하고 청소하며 감정할 권한을 가진다. 소비자들이 필요할 경우 1:1 지원을 받을 수 있기 때문에 구매자의 후회 가능성이 적어진다.

브랜드 구축은 시계 회사 사이에서 중요한 인터넷 추세이다. 세이코, 롤렉스, 시티즌과 같은 몇몇 상위 제조업체들도 자사의 브랜드를 소개하는 웹 사이트를 만들지만, 웹에서는 판매하지 않는다. 그러나 페어차일드의 상위 10에 속하는 유명 시계 브랜드 중 절반 이상이 자사의 홈페이지를 통해 제품을 판매한다. 전통적 제조업 소매상들은 제조업체의 인터넷 판매가 너무 관심을 끄는 것을 알고 자사의 매장과 직접적으로 경쟁하게 될 것을 우려하고 있다.

일부 시계 회사들은 자사의 브랜드 이미지가 인터넷 때문에 나빠질 수도 있다고 우려하는 반면, 또 다른 회사들은 인터넷을 통한 판매가 자사의 브랜드 주체성을 증대시킨다고 느끼고 있다. 거래 잡지인 국제 순회 소매업자(Travel Retailer International)는 브레이틀링(Breitling), 카르티에, 레이몬드 웨일(Raymond Weil), 롤렉스, 구치(Gucci), 쇼파드(Chopard)를 포함한 여러 고급 브랜드 제조업체들과 연계되어 있다. 이러한 회사들은 공인되지 않은 온라인 판매상에 의해 제품이 판매되는 것을 우려하였다. 그들은 서비스 수준과 인터넷 상 시각적 명확도에 그다지 만족해하지 않았다. 공인되지 않은 일부 소매상에서 인터넷을 통하여 고급 브랜드를 판매해왔다고 할지라도, 이러한 회사들은 결코 인터넷을 통해 자사의 브랜드를 판매하지 않았다.

비록 사진이 손에 차고 있는 시계와 같지는 않더라도, 인터넷에서의 시각적 요소가 빠르게 향상되고 있다. 파텍 필립의 웹 사이트는 고객들이 빠르게 돌아가는 일련의 정지 사진 프레임에 접속하여 스타 캘리버(Star Caliber) 2000 시계를 회전시켜 보기도 하고 열어보게 하기도 한다. 포실사의 웹 사이트는 더 쉽게 상품을 관찰할 수 있도록 사이버 쇼핑객에게 3-D 기술을 지원하고 있다. 소비자들은 웹 사이트에서 상품을 확대 할 수도 있고, 시계를 작동시켜 볼 수도 있고, 손목시계를 잠글 수도 있다.

일부 제조업체들은 인터넷 판매가 중가 시계의 브랜드 정체성을 끌어올릴 수 있을 것이라고 믿고 있으나, 고가 스타일의 경우에는 반드시 그렇지는 않다. 훨씬 정교한 스타일은 전통적 제조업 소매상에서 판매된다. 고가의 시계를 판매하기 위한 1대 1 상호작용은 기술로도 대체할 수 없는 판매과정의 중요한 일부로 간주된다.

3) 카탈로그 소매상

패션 시계는 중저가 액세서리의 충동구매 특성 때문에 카달로그에서 두드러져 보일 수 있다. 일반적으로, 공간적 제약 때문에 단지 몇 가지 스타일만 카달로그를 통해 이용할 수 있으며, 소개된 스타일은 판매상의 검증을 받아 선택된 것이다. 카달로그 판매상은 의류 모델의 액세서리로 같은 시계를 여러 번 보여주는 것이 통상적이다.

선글라스 헛, 워치 월드, 워치 스테이션의 고객은 시계가 소개된 2001년도 카달로그를 받았다. 약 800~1000만 명 정도의 고객이 매년 한 가지 이상의 우편 카달로그를 받는다. 10~12개 정도 카달로그가 각각 약 100만 부 정도 인쇄되어 우편으로 고객에게 발송된다. 이러한 카탈로그의 목적은 두 가지로 직접 우편을 통해 판매하거나 카탈로그 수령자가 가까운 소매점을 방문하도록 하는 데 있다.

◉ 시계 판매

시계 소매상은 고객이 시계를 선택하기 전에 몇 개 정도를 차 보도록 한다. 대부분의 고객은 쇼핑을 가기 전에, 이미 자신이 원하는 시계 유형을 생각하고 있다. 중요하게 고려하는 사항에는 브랜드 선호도, 예산, 라이프스타일, 패션 기호와 신체 사이즈가 포함된다.

시계를 선물로 줄 때 구매자는 선물을 받는 사람이 만족할지 확신하지 못하기 때문에 흔히 유명 브랜드를 선호한다. 비록 구매자가 어떠한 스타일이 착용자에게 가장 잘 어울리는지에 대해 확신할 수 없지만 그들은 자신의 브랜드 선택에 대해서는 최소한의 확신을 가질 수 있다. 시계는 꽤 비싼 경우도 있기 때문에, 소매상은 구매자의 경제적 여건을 고려하여 시계를 구매할 것을 제안해야 한다. 일반적인 판매기법은 중가의 제품을 먼저 보여주고, 그 다음에 소비자가 더 고가 또는 저가의 제품을 보여 달라고 요구하도록 하는 것이다.

1) 가격과 가치

잡지구독자를 대상으로 한 1995년과 1996년 잰틀맨쿼털리(Gentlemen's Quarterly)의 주얼리 시계 조사연구에 따르면, 남성용 액세서리의 주요 트렌드로 자가구매 쇼핑 남성의 수가 늘었다는 것이다. 설문조사 응답자들은 일반적으로 보다 스타일에 대한 감각이 있고 부유하고, 평균 5개 정도의 시계를 소유하고 있었다. 자신을 위해 시계를 구입할 때 이 남성들은 시계의 가격보다는 시계의 명성과 이미지를 더 중요시했다. 응답자들은 또한 어떤 시계나 보석을 구입할 때 시계의 모양/디자인, 품질/기술 가격을 중요하게 평가했고, 보다 덜 중요한 구매 기준은 가족/친구의 추천, 잡지의 기사/광고문, 판매원의 추천이었다.

1999년도 조사에서 응답자의 시계 구매가격(100달러 이상)에 따라 가격 범위를 분류했다. 다음 범위를 응답에 대한 분류에 적용하였다. 100~299달러, 300~499달러, 500~999달러, 1000달러 이상. 표 15.6은 조사자료 결과이며, 대부분의 응답자는 100~299달러를 지출하고 있다. 흥미로운 사실은 응답한 소비자의 1/3이 자신의 시계를 사는데 500달러 이상을 소비하였다는 것이다.

2) 시계 손질법

기계식 시계와 자동시계는 3년마다 깨끗이 청소해 주고 수리를 해야 한다. 자동시계는 필요할 때 배터리를 교환해 주어야 한다. 먼지와 같은 이물질이 시계 케이스에 들어가 시계의 작동을 중단시키는 경우가 있다. 작업 활동 때문에 물과 돌발적인 충격으로 시계에 손상이 발생할 수도 있기 때문에 제조업체들은 특히 스포츠 라인에, 방수되고 충격완화되는 시계를 생산했다. 또 지나친 땀이나, 샤워 또는 수영 등에 대한 방수용으로 시계를 나사식 홈으로 조여 놓았다.

잠수부용 시계는 최소 수중 99m까지 방수가 되어야 한다. 방수봉인은 매년 갱신되어야 하며, 깊이 저항은 제조업체의 압력측정기를 사용하여 측정한다.

시계 제조업체들은 필요할 때 젖은 헝겊으로 닦아도 녹슬지 않는 금속을 사용한다. 순은은 이리듐과 같은 방부 금속으로 한 겹의 코팅을 하지 않으면 녹슬게 된다. 캐럿-골드 워치(Karat-gold watch)는 신체활동 시에도 흠집이 생기기 쉬운 연한 금속으로 제조된다. 금은 일반적으로 과도하게 착용하거나 잡아당기지 않

▶ **표 15.6** 1999년에 시계에 100달러 이상을 지출한 소비자

가격범위(달러)	소비자 수 %
100~299	45%
300~499	22%
500~999	18%
1000 +	15%

미국인들이 주얼리와 시계를 사는 동기 : 4의 제 3부(1999년 11월).
Jewelers' Circular Keysone, CLXX(11), 108

는 화려한 시계와 회중시계에 사용한다. 많은 금속이 화학약품에는 강하지만, 염소나 해수와 같은 화학성분에 일상적으로 접촉하면, 끈이나 도금된 케이스에 손상이 생길 수 있다.

3) 소비자 욕구에 대응하기

운동화와 마찬가지로 기능성 시계는 상당히 다양하며 사용자의 특별한 필요를 충족시킬 수 있다. 기능에 덧붙여, 고객의 구매 동기로 내구성, 적응성, 유행 및 지위가 있다.

많은 고객이 활동적인 스포츠를 즐기며 물리적인 충격과 화학적인 요소의 노출에도 견딜 수 있는 시계를 원한다. 이러한 고객들은 땀이나 물을 흡수하지 않는 금속 시곗줄을 선호한다. 티타늄 시계는 매우 가볍고 소금물에 부식되지 않고, 또 수백 피트 깊이에서도 방수가 가능한 시계는 샤워나 수영, 목욕을 할 때에도 적합하다. 스톱워치 기능으로 운동선수들은 자신들의 스피드를 잴 수 있다.

시계 제조업체는 기술을 활용해 데이터를 관리하는 다기능 손목시계 제품을 만들어 생활을 보다 덜 (혹은 더) 복잡하게 만든다. 마이크로프로세서, 카메라, GPS, 세계시계, 달력, 알람, 조명, 무선호출 장치 등이 내장된 시계도 첨단 기술을 선망하는 고객을 위해 선보였다.

일부 고객들은 기능보다 패션을 더 선호하여 멋진 시계 앞면이나 베젤, 시곗줄에 만족을 느낀다. 제조사는 이러한 시장에 다양한 색상의 시계판이나 시곗줄, 보석이 박히거나 장식된 베젤, 팔찌 형태의 줄을 내놓기도 하였다. 1980년대에, 스와치는 부속을 갈아 끼울 수 있는 젊고 다양한 색상의 플라스틱 패션 시계를 판매하는 대단히 성공적인 마케팅을 시작했다.

지위에 민감한 고객들은 기능과 패션도 중요시하지만, 불가리, 카르티에, 구치, 롤렉스와 같은 인지도 있는 브랜드를 선호한다. 고급 상품의 다른 구매자들과 마찬가지로, 시계의 브랜드명을 중시하는 구매자들은 자신의 수준 높은 취향과, 자신이 시계에 지출하는 '상당한 비용'은 물론, 시계의 기술적인 완성도, 우수한 재료에 대한 감탄이 타인에게 인식된 것으로 인식한다(그림 15.10).

▶ **그림 15.10** 카르티에 시계(자료원 : 페어차일드 출판사)

❧ 요 약 ❧

- 시계학이란 시간, 시간측정, 시계에 관한 학문이다.
- 휴대용 시계는 유럽에서 15세기에 발달했다.
- 수공업자 길드는 시계공을 옹호하고 질적 수준을 유지하기 위해 유럽에서 발전했다.
- 초기 제조 형태는 가내공업이었다.
- 미국에서 시계 공장은 동부 연안에 세워졌다.
- 기계로 만들고, 생산라인에서 조립되는 갈아 끼울 수 있는 부속은 시계 원가를 낮추는 역할을 했다.
- 정밀 수공예 기계조작 시계는 1970년대 쿼츠 시계가 도입될 때까지 최후의 시간측정 장치라고 생각되었다.
- 쿼츠 개념을 도입하지 않은 스위스 제조업자는 상당한 시장 점유율을 잃었다.
- 20세기 말 몇십 년간 고도의 하이테크 시계가 등장했다.
- 시계는 패션, 중가, 파인으로 분류될 수 있다.
- 시계 부속품에는 케이스, 시계 판, 크리스털, 베젤, 시계 침, 돌림나사 또는 축, 큰 태엽 등이 있다.
- 시계 기능에는 아날로그, 디지털, 자동, 기계조작, 쿼츠, 보석, 초시계, 속도계 등이 있다.
- 시계 소재에는 캐럿 금 또는 도금한 금, 순은은 물론, 널리 사용되는 스테인리스 스틸과 무게가 가벼운 티타늄 및 알루미늄 요소가 있다.
- 시곗줄은 앞서 언급한 금속, 가죽, 비닐, 고무, 플라스틱, 나일론 등으로 만들어진다.
- 대형 제조회사들은 두 회사 간 라이센스 협정 또는 합작 투자로 많은 시계 브랜드를 생산한다.
- 어린이용 시계는 종종 아이에게 어필할 수 있는 테마와 연결되고, 라이선스 계약을 체결한 캐릭터를 담는다.
- 고급 시계 생산업체는 과거 주로 남성 구매자의 요구에 부응했으나, 이러한 경향은 변화하고 있다. 기업은 자사의 제품을 스스로 구매하는 여성 구매자가 중요한 표적 고객임을 깨닫고 있다.
- 대부분의 시계는 전문가에 의해 세척되고 서비스를 받아야 한다. 방수 시계는 정기적으로 봉합 부분을 교체해야 하며 압력을 체크해야 한다. 널리 사용되는 많은 시계 소재는 스테인리스 스틸처럼 쉽게 녹슬거나 변색되지 않는다.
- 시계 구매 트렌드는 여러 개의 시계를 구입하는 것으로, 그 결과 시계용 장이 생겨난다.
- 시계 구매는 단 몇 달러에서 수천 달러에 이른다. 소비자는 시계에 상당한 돈을 지불할 의사가 있다.
- 중요하고 인지도 높은 시계 브랜드에는 타이멕스, 롤렉스, 세이코, 시티즌 등이 있다. 인기 있는 고급 브랜드 제조사 중 많은 수가 겪는 문제의 원인은 미국으로 수입되는 모조품이다. 이들 모조품 중 대다수는 진품 시계와 사실상 구별이 불가능하다.
- 시계는 충동구매 제품이지만 계획구매 제품이라고도 할 수 있다.
- 시계는 대개 처음에는 브랜드로, 두 번째는 라이프스타일을 기준으로 판매된다.

- 인터넷은 시계와 남성용 주얼리의 일반적인 판매망이다. 기업은 브랜드 구축 또는 전통적 제조업 소매상과 경쟁하기 위해 웹 사이트를 활용한다.
- 세세한 디테일 관찰과 수리 서비스 접근성이 웹 사이트의 두 가지 취약점이다.
- 카탈로그 판매는 시계와 남성용 주얼리 판매에 자주 활용되는 수단이다. 인터넷과 마찬가지로 카탈로그는 이러한 액세서리를 판매하거나, 관심 있는 구매자를 가장 가까운 점포로 끌어들이는 데에 활용될 수 있다.
- 광고는 브랜드 이미지를 강화하고 새로운 표적 시장에 도달하도록 설계되어 있다.
- 판매라인을 한정하는 전문점은 시계 판매의 주요 경로가 되었다. 모바도, 포실, 스와치, 투르노, 워치 스테이션, 워치 월드는 시계를 판매하는 회사 소유의 매장이다.
- 일부 소비자에게 시계 구입 결정은 가격 이외의 기준을 바탕으로 한다. 여기에는 회사의 이미지와 지위, 시계의 스타일과 디자인, 질, 장인정신, 가치, 내구성, 적응성이 포함된다. 가격에 민감한 소비자는 소매점에서 눈에 잘 띄는 가격표를 선호한다.
- 활동적인 스포츠 애호가들은 가볍고 습기에 강한 시계를 필요로 한다. 다기능 시계는 스톱워치, 데이터 관리 능력, 알람, 달력, 카메라, 전화 및 기타 기술적인 장치들이 포함된다.
- 패션 애호가들은 다양한 색과 갈아 끼울 수 있는 시계 앞면, 베젤 및 시곗줄을 선호한다. 신분상징에 민감한 소비자들은 인지도 높은 브랜드뿐만 아니라, 비싼 금속 및 원석을 선택한다.

핵심용어

가맹점(affiliate retailers)

구매시점
  (point of purchase(POP))

기계조작(mechanical)

달러 워치(dollar watches)

돌림나사(축)(crown(stem))

디지털(digital)

목걸이 시계(necklace watch)

반지 시계(ring watch)

발광다이오드
  (LCD, liquid crystal display)

베젤(bezel)

보석(jewel)

브랜드 구축(brand building)

샤틀렌(chatelaine)

속도계(tachymeter)

손목시계(wristwatch)

시계용 장(watch wardrobing)

시계 주머니(watch fob)

시계체인(watch chain)

시계 침(hands)

시계 케이스(watchcase)

시계 판(dial)

시계학(horology)

아날로그(analog)

액정표시장치

  (LED, light-emitting diode)

온도시계(thermic watch)

원자 정밀도
  (atomic precision)(automatic)

자동(automatic)

제네바 실(Geneva Seal)

주머니 시계(pocket watch)

초시계(chronograph)

쿼츠(quartz)

크리스털(crystal)

큰 태엽(mainspring)

텔레메모 시계(telememo watch)

팔찌 시계(bracelet watch)

복습문제

1. 시계 산업이 이룬 주요 발전에는 어떤 것이 있는가?

2. 19세기와 20세기 미국에서 남성들은 처음에 주로 기능성 주얼리를 착용했다. 그 이유는 무엇이며, 어떤 사회적 변화가 남성들이 주얼리를 수용하도록 하였는가?

3. 시계의 주요 부분은 무엇인가? 아날로그 시계와 디지털 시계의 차이점은 무엇인가?

4. 시계에 사용되는 부속에는 어떤 것이 있는가?

5. 소비자들이 시계와 시곗줄의 소재를 선택하는 데 영향을 끼칠 수 있는 요소는 무엇인가? 그 이유는?

6. '시계용 장'과 '브랜드 구축'이라는 용어를 설명하시오.

7. 가격 이외에, 일부 고객들이 시계를 구매할 때 갖는 동기에는 어떤 것이 있는가?

8. 시계 제조업체가 브랜드 인지도를 구축하는 방법을 설명하시오?

9. 상점이 시계와 남성용 주얼리 판매를 늘리기 위해 사용하는 마케팅 및 판매 전략은 무엇인가?

10. 판매수단으로서 인터넷과 카탈로그 판매의 장점과 단점에는 무엇이 있는가?

응용문제

1. 펜실베이니아 주 컬럼비아 소재 미국시계박물관(the National Watch and Clock Museum) 홈페이지 (www.nawcc.org/Library/library.htm)를 방문해 보시오.

2. 패션잡지에서 최소한 세 개의 시계 광고를 찾아보시오. 다음의 기준으로 이들 광고를 평가해 보시오. 표적 고객, 패션 이미지, 예상 가격 범위, 시계의 특징 및 사용된 소재. 자신의 평가 내용을 수업에 참여한 다른 학생들과 비교해 보시오.

3. 시계 구매자와 인터뷰를 해 보시오. 방문하기 전에 디스플레이 기법, 가격책정 및 인상폭, 판촉, 패션 트렌드와 같은 판매 이슈와 관련된 열 개의 질문 목록을 작성하시오.

4. 특정한 시계 제조업체를 선택하고, 그 회사/디자이너를 (과거, 현재, 미래의 문제) 조사하고 결과를 보고하시오. 그림으로 시간 라인을 나타내거나 기타 창의적인 시각자료를 개발해 볼 수 있다.

5. 학급 전체가 캠퍼스의 학생들을 포함하는 미니 리서치 프로젝트를 계획해 보시오. 최소 200명의 시계 착용자를 대상으로 주요 브랜드와 시계 구입 동기를 파악하기 위한 조사를 실시하시오. 조사를 진행하고 데이터를 취합해 결과를 기록한 후, 최종 결론을 내리시오.

참고문헌

A to Z dictionary. (2001). *Infoplease.com.* Retrieved June 20, 2001, from http://www.infoplease.com/ipd/

About Enjewel. (1999–2000). Enjewel. Retrieved October 13, 2000, from http://www.enjewel.com

About Indian jewelry. (2000). *Rocking Horse Ranch.* Retrieved June 20, 2001, from http://www.indianjewelry.com/aboutindianjewelry.cfm

About Pashmina. (n.d.) Retrieved April 1, 2001, from http://www.spencerspashmina.com/aboutpashmina.html

About your Tiffany gemstone & pearl jewelry. (1998). *Tiffany & Company.* Retrieved June 1, 2001, from www.tiffany.com

Accessory Report: Coventry's Comeback. (2002, July 15). *Women's Wear Daily, 184*(10), p. 17.

Agins, T. (1999, November 23). Forget the clothes–fashion fortunes turn on heels and purses. *Wall Street Journal,* p. A1, A14.

All about gems. (n.d.). Arnold J. Silverberg (AJS) Gems. Retrieved May 3, 2001, from http://www.ajsgems.com/about-gems.htm

All about jewels: Illustrated dictionary of jewelry. (1999). *All about jewels glossary.* Retrieved November 3, 1999, from http://www.allaboutjewels.com/jewel/glossary

All that glitters: How to buy jewelry. (2001, March). *Federal Trade Commission.* Retrieved May 15, 2001, from http://www.ftc.gov/bcp/conline/pubs/products/jewelry.htm

Allison, L. (n.d.). *Making Ties.* Retrieved April 17, 2001, from http://www.leeallison.com

American Airlines announces restrictions on baggage size. (1999, November 17). *Dallas Morning News.*

Anderson, J. F. (2000, January 30). *The best road to success.* Retrieved December 17, 2002, from http://www.thegavel.net/Maylead2.html

Arney, E. B. (2001, January). Gold. *U.S. Geological Survey, Mineral Commodity Summaries, 49*–52, 71. Retrieved May 7, 2001, from http://minerals.usgs.gov/minerals/pubs/commodity/gold/300798.pdf

Askin, E. (2001, January 5). Neckwear weathers a bumpy ride. *Daily News Record, 31*(3), p. 4.

Askin E. (2001, January 14). Nursing neckwear. *Daily News Record, 32*(2), p. 20.

Askin, E. (2001, June 4). Wanna buy a tie? *Daily News Record, 31*(60), p. 18.

Athens hints at further branded fashion areas. (2001, March 1). *Duty-Free News International, 15*(4), p. 11.

Atmore, M. (ed.). (1999). *FN Century: 100 Years of Footwear.* New York, NY: Fairchild.

Atmore, M. (1999, February 4). Connecting the dot-coms. *Footwear News, 56*(6), 14.

Attleboro. (2001). *Encyclopedia Britannica online.* Retrieved June 19, 2001, from http://www.britannica.com/eb/print?eu=11309

Audits and surveys worldwide. (2000). *U.S. sales of primary value gold jewelry.* World Gold Council. Email correspondence, May 25, 2001, John Calnon, World Gold Council, New York.

Bannerot, R. (n.d.). Gold fashioned girls. *World Gold Council.* Retrieved May 24, 2001, from http://www.gold.org/Gra/Pr/GFGirlsCam.htm

Barkow, A. (1998, April 30). Double-canopy umbrella has aversion to inversion. *The New York Times, 147,* p. C5(L), col. 3.

Barth, B. (2000, April 26). Head to toe customization on the Web. *Women's Wear Daily, 179*(81), p. 12.

Before this century: Great moments in shoe history. (2000). Retrieved April 28, 2000, from http://www.centuryinshoes.com/before/before.html

Beirne, M. (1999, September 27). Samsonite's strong suit. *Brandweek, 40* (36), 20.

Bernard, S. (1999, February 4).Webbed feet. *Footwear News, 56*(6) 34.

Behind the seams events. (n.d.). *Sewn Products Equipment & Suppliers of the Americas.* Retrieved September 4, 2001, from http://www.behind-the-seams.com/events.htm

Bio: Manolo Blahnik-the master. (1999). *Focus on fashion.* Retrieved November 12, 1999, from http://www.focusonfashion.com/footwear/blahnik.html

Birthstone chart. (n.d.). *International Gem Society.* Retrieved April 20, 2001, from http://www.gemsociety.org/info/chbstones.htm

Bittar, C. (2000, October 16). Waterford goes lux in leather, jewelry, per "lifestyle" push. *Brandweek XLI*(40), 13.

The Black Cameo. (n.d.). *The Black Cameo.* Retrieved June 20, 2001, from http://www.theblackcameo.com

Boehlert, B. Sole trained. (1999). *World of Style,* Hearst Corporation. Retrieved December 15, 2000, from Homearts.com/depts/style

Bold, K. (1996, October 31). The Cachet's in the bag. *Los Angeles Times, Orange County Edition,* p. 1.

Braunstein, P. (2001, January 22). Weaving a net of gems. *Women's Wear Daily, 181*(14), p. 32.

Brockman, E. S. (2000, March 5). A woman's power tool: High heels. *The New York Times.* p. 2.

Brodsky, R. (2000, February 11). New York men's shows take it to the neck. *Daily News Record,* p. 82.

Brodsky, R. (2000, March 3). Bright days ahead for new sunwear brands. *Daily News Record, 30*(2), p. 5.

Brodsky, R. (2000, March 3). Hermès ties: hard to resist, now harder to find. *Accessories for Men Supplement, Daily News Record, 30*(2), p. 4.

Brooks, D. (2001, April 29). The machine age: High-end watches. *New York Times on the Web.* Retrieved May 1, 2001, from http://www.nytimes.com

Bukowski, E. (1999, May 7). Under palm trees, sunny skies, the fur flies. *The Wall Street Journal,* p. W15.

Bruns, R. (1988, December). Of miracles and molecules: the story of nylon. *American History Illustrated, 23*(8), 24-29, 48.

Bruton, E. (1982). *The history of clocks and watches.* New York, NY: Crescent Books.

Buss, D. (1999, November). Teen nation. *Brandmarketing, VI*(1), 16, 18, 21.

Buying gold and gemstone jewelry: The heart of the matter. (2001, January). *Federal Trade Commission.* Retrieved May 15, 2001, from http://www.ftc.gov/bcp/conline/pubs/alerts/goldalrt.htm

Buying guide to sport specific socks. (1997). Acrylic Council, Inc. Retrieved November 15 2002, from http://www.fabriclink.com/acryliccouncil/SOCK/Home.html

Byron, J. (2000). Footwear, leather, and leather products. *U.S. industry and trade outlook 2000.* U.S. Department of Commerce/International Trade Administration. Washington D.C.: McGraw-Hill.

Calasibetta, C. & Tortora, P. (2003). *The Fairchild dictionary of fashion.* New York, NY: Fairchild.

Can gold polish up its tarnished image? (2000, December 12). *Marketing Week,* 15. Retrieved May 7, 2001, from http://newfirstsearch.oclc.org/WebZ/FSP...8523-cmglmikc-5mwo82:entitypagenum=33:0

Canedy, D. (1999, September 7). Advertising. *The New York Times,* p. C11.

Carmichael, C. (1999, July 19). Ticking away. *Footwear News, 55*(29), 25.

Carr, D. (1999, July 19). Get smart. *Footwear News, 55*(29), pp. 18–19.

Carr, D. (2000, February 4). Salt Lake City outdoor show mirrors all-season growth. *Footwear News 56*(6), p.4.

Carr, K. (2000, October). Showing off. *Women's Wear Daily Accessories Supplement,* 6.

Charting the stars. (2000, October). *Women's Wear Daily Accessories Supplement,* 40, 42.

Chen, J. (2000, August). Bag lady. *Women's Wear Daily Accessories Supplement,* 6.

Chen, J. (2000, August 14). Classic action. *Women's Wear Daily, 180*(29), p. 6.

Choosing fur: A consumer's guide to selecting and caring for a new fur. (n.d.). *Fur Council of Canada and Fur Information Council of America.*

Claire's creates teen center. (2000, August 14). *Drug Store News, 22*(11), 48.

Clark, D. (n.d.). Gem cutting terms. *International Gem Society.* Retrieved April 20, 2001, from http://www.gemsociety.org/info/igem6.htm

Clark, D. (n.d.). Hardness and wearability. *International Gem Society.* Retrieved April 20, 2001, from http://www.gemsociety.org/info/igem6.htm

Clark, D. (n.d.). What is a gem? *International Gem Society.* Retrieved April 20, 2001, from http://www.gemsociety.org/info/igem2.htm

Clocks and watches. (2001). *Microsoft Encarta Online Encyclopedia.* Retrieved July 18, 2001, from http://www.encarta.com

Clutton, C. & Daniels, G. (1979). *Watches: A complete history.* Totowa, NJ: P. Wilson.

Collier, B., & Tortora, P. (2001). *Understanding textiles.* Upper Saddle River, NJ: Prentice-Hall.

Collins, C. C. (1945). *Love of a glove.* New York, NY: Fairchild.

Colored gemstones. (1999). *Gleim Jewelers.* Retrieved May 3, 2001, from http://www.gleimjewelers.com/glmgems.htm

The colors of 2000: Forecasters predict a blue year. (1999, March 1). *Catalog Age, 16*(3), 10.

Colavita, C. (2000, December 11). New ideas at hosiery workshop. *Women's Wear Daily, 180*(109), p. 9

Colavita, C. & Seckler, V. (2001, January 23). Sunglass Hut Web site to sell Armani watches. *Women's Wear Daily, 181*(15), p. 2.

Company in the *Muskogee Phoenix & Times Democrat,* p. C-2.

Conaway, F. (2000, January 31). The right fit. *Footwear News, 56*(5), p. 100.

Cooper, N. (1999, August). Index early word. *Vogue, 189,* 266.

Cory, N. (2000, August). Erin Brockovich and chromium. *Leather Industries of America.* Retrieved Dec 15, 2000, from www.leather-usa.com/LABA5.html

Cotton Incorporated Spring/Summer 2002 color card. (n.d.). *Cotton Incorporated,* New York, NY.

Cross merchandising: What to buy, how to dress. (2000, April 24). *Women's Wear Daily Advertising Supplement, Accessor-Ease,* p. 34.

Cumming, V. (1982). *Gloves.* London, England: B.T. Batsford.

Curan, C. (1999, August 9). Retail gets dolled up. *Crain's New York Business,* p. 3.

Current highlights. (1999). *ShoeStats.* Footwear Industries of America. Retrieved April 30, 1999, from www.fia.org

Dang, K. (1995, June 26). CCC fine jewelry show debuts with by-invitation attendance. *Women's Wear Daily, 169*(122), p. 6.

Daniel, A. (1945, January 21). Inside story of a handbag. *The New York Times.*

Daswani, K. (2001, August 27). The new new thing. *Women's Wear Daily, 182*(40), p. 20.

Davenport, M. (1948). *The book of costume.* New York, NY: Crown Publishers.

Debnam, B. (1999, July 26). Gems and minerals. The Mini Page Publishing.

Del Franco, M. (2001, March 15). Sunglass Hut watches its catalog business. *Catalog Age, 18*(4), 6.

Determine your glove size. (2000, October 31). *Sullivan Glove.* Retrieved June 22, 2000, from www.sullivanglove.com

Dewan, S. (2000, April 4). Last of a dying breed folds up shop. *The New York Times,* p. A18(N), B3(L), col. 2.

Diamond, J. & Diamond, E. (1994). *Fashion apparel and accessories.* Albany, NY: Delmar.

Diamond, J. S. (1999, November). What motivates Americans to buy jewelry and watches: Part 1 of 4. *Jewelers' Circular Keystone, CLXX* (11), 98.

Diamonds: Facts and fallacies. (1991). *The American Gem Society.* Los Angeles, CA.

Dickerson, K. (1995). *Textiles and apparel in the global economy.* Englewood Cliffs, NJ: Prentice-Hall.

Did you know Croats invented neck ties? (n.d.). *Neck Ties.* Retrieved February 21, 1997 from http://www.middlebury.edu/~otisg/Croatia/ties.html

DiMartino, C. (2001, August). Winning strategies: Danner aims high with systems integration. *Bobbin Magazine.* Retrieved September 4, 2001, from http://www.bobbin.com/BOBBINGROUP/BOBBINMAG/aug01/winning0801

Dodd, A. (2000, April 7). Clothing consultation addresses the variable dress code. *Daily News Record, 30*(42), p. 16.

Doublet, D. (1991, December). Australia's magnificent pearls. *National Geographic, 180*(6), 108–123.

Dressier casual socks sell. (2002, September 23). *DSN Retailing Today, 41*(18), p. A14.

Dressing for sock-cess. (1996). *MBA Style*. Retrieved February 9, 2001, from http://members.aol.com/mbastyle/web/socks.html

Drewry, R. D. (2001). What man devised that he might see. *History of eyeglasses*. Retrieved June 22, 2002, from http://www.eye.utmem.edu/history/glass.html

Dun's market identifiers online. (1999, December 27). Dun and Bradstreet.

Dun's market identifiers, SIC 3171. (2000, August 18). Dun and Bradstreet.

e-diamonds.com. (2000, October 6). *Wall Street Journal, CCXXXVI*(68), p. A2.

Ellis, B. E. (1921). *Gloves and the glove trade.* London, England: Pitman & Sons.

Ellis, K. (2000, April 24). Partners Prada, De Rigo, launch sunglass line. *Women's Wear Daily, 179*(79), p. 11.

Ellis, K. (2001, February 13). Gargoyles retools executive team. *Women's Wear Daily, 181*(30), p. 23.

Enjewel advisor glossary of terms. (1999–2000). Enjewel. Retrieved October 13, 2000, from http://www.enjewel.com

Ewing, E. (1981). *Fur in dress.* London, England: B.T. Batsford.

Eye on Paris. (2000, July 24). *Women's Wear Daily, 180*(14), p. 8.

Fabric University. (2000). FabricLink. Retrieved August 31, 2000, from www.fabriclink.com

Facts about fur. (2000, July 6). *Fur Commission USA.* Retrieved December 15, 2000, from http://www.furcommission.com/resource/FAF.html

The Fairchild 100: Watches/jewelry. (2000, January). *Women's Wear Daily Special Report, 114*, 116.

Findings. (2001, July 16). *Women's Wear Daily, 182*(10), p. 7.

Findings: Potter mania. (2000, August 7). *Women's Wear Daily, 180*(24), p. 17.

Fallon, J. (2001, January 17). Diamonds: LVMH's new best friend. *Women's Wear Daily, 181*(11), p. 14.

Fashion traction. (2002, February 24). *The New York Times*, p. 3., Section 9.

Fashion vs. fine. (1994, October 17). *Discount Store News, 33*(20), A30.

FAST at Verona. (2000, March 14). Retrieved February 9, 2001, from http://fast-italy.com/eng/stampa/mar00.html

FAST Fair. (1999, March 3). Retrieved February 9, 2001, from http://fast-italy.com/eng/stampa/mar00.html

Feitelberg, R. (2000, January). An industry reinvents itself: The Fairchild 100. Legwear *Women's Wear Daily, 98*, 100.

Feitelberg, R. (2000, February 14 a). Ridgeview readies reve avoix leg-highs. *Women's Wear Daily, 179*(30), p. 18.

Feitelberg, R. (2000. February 14 b). Gazelle.com: All about legs. *Women's Wear Daily, 179*(30), p. 19.

Feitelberg, R. (2000, May 15 a). New lines liven market. *Women's Wear Daily, 179*(94), p. 22.

Feitelberg, R. (2000, May 15 b). Longstockings' encore. *Women's Wear Daily, 179*(94), p. 23.

Feitelberg, R. (2000, June 19). It's about time, say makers. *Women's Wear Daily, 179*(118), p. 17.

Feitelberg, R. (2000, July 10). Vendors ready for Fall turnaround time. *Women's Wear Daily, 180*(4), pp. 15, 27.

Feitelberg, R. (2000, July 17). Giving socks power. *Women's Wear Daily, 180*(9), p. 10.

Feitelberg, R. & Karimzadeh, M. (2000, August 7 a). Brights and 'burbs light up spring. *Women's Wear Daily, 180*(24), p. 18.

Feitelberg, R. & Karimzadeh, M. (2000, August 7 b). Bold prints and colors brighten spring. *Women's Wear Daily, 180*(24), p. 20.

Field, L. (1992). *The jewels of Queen Elizabeth II: Her personal collection.* New York, NY: Harry N. Abrams.

First offering of nylon hosiery sold out. (1939, October 25). *The New York Times*, p. 1.

Flusser, A. (n.d.). Neckwear. Retrieved Mar. 22, 2001 from http://www.fashionmall.com/flusser_book/doc/ch4.htm

Flusser, A. (1985). *Clothes and the man.* New York, NY: Villard Books.

Flusser, A. (1996). *Style and the man.* New York, NY: HarperStyle.

Foiled again. (2000, July 24). *Women's Wear Daily, 180*(14), pp. 6–7.

Foley, B. (2000, June 22). Tom gets ready. *Women's Wear Daily, 179*(121), p. 6+.

Fossil quarterly report for the first quarter 2002. U.S. Securities and Exchange Commission Form 10-Q. Retrieved July 7, 2002, from www.fossil.com/CompanyInfo/Financials

Fossil acquires the Avia Watch Company. (2001, May 21). New York, NY: PR Newswire wirefeed. UMI Article Re. No: PRN-3477-448.

Fossil and Seiko Instruments announce joint venture in Japan. (2001, June 28). New York, NY: PR Newswire wirefeed. UMI Article Re. No: PRN-3515-380.

Fossil company information. (2000). Retrieved July 28, 2001, from http://www.fossil.com/CompanyInfo

Fossil, Inc. notice of specialty retail conference Webcast. (2001, July 5.) New York, NY: PR Newswire wirefeed. UMI Article Re. No: PRN-3522-135.

Fossil partners with teen sensation, O-Town. (2001, April 12). New York, NY: PR Newswire wirefeed. UMI Article Re. No: PRN-3438-40

Foster, V. (1985). *Bags and purses.* New York, NY: Drama Books.

Framing America: Eyewear dos and don'ts. *Vision Council of America.* Retrieved Feb. 9, 2001, from http://www.visionsite.org/frame/dodont.htm

Frings, G. (1999). *Fashion: From concept to consumer.* Upper Saddle River, NJ: Prentice Hall.

FT900 report (CB-99-202). (1999, August). Bureau of the Census, Foreign Trade Division. Retrieved September 5, 1999, from www.census.gov/foreign-trade/Press-Release/current_press_release/exh15.txt

Fur care. (2000, February 25). *Fur Information Council of America.* Retrieved December 15, 2000, from http://www.fur.org/retcare.html

Fur facts. (2000, February 25). *Fur Information Council of America.* Retrieved December 15, 2000, from http://www.fur.org/edmat.html

Fur farming in North America. (n.d.). *Fur Farm Animal Welfare Coalition, Ltd.,* St. Paul, MN.

The fur industry history. (2000, July 12). *Fur Council of Canada.* Retrieved December 15, 2000, from www.furcouncil.ca.

Fur industry in America. (1998, April 2). *Fur Information Council of America.* Retrieved December 15, 2000, from http://www/fur.org/furind.html

GQ reveals truth: Men shop too. (1997, April). *Jewelers' Circular Keystone,* 37.

Gardening gloves. (1999, July 26). *Discount Store News, 38*(14), p. 47+.

Gault, Y. (1990, July 30). Tying into a market: new entrants expand neckwear. *Crain's New York Business, 6*(31), p. 1.

Gem care and handling. (1996). *International Colored Gemstone Association (ICA).* Retrieved March 19, 1997, from http://www.gemstone.org/care.html

Gems for Evert. (1995, July 24). *Women's Wear Daily, 170*(14), p. 16.

Gems of the rich and famous. (n.d.). International Colored Gemstone Association (ICA). Retrieved May 3, 2001, from http://gemstone.org/gem-o-rama/_famous.html

Glossary of terms. (n.d.). Majesty gloves. Retrieved October 31, 2000, from www.majglove.com/glossary_index.htm

Glossary of terms. (2001). Federation of the Swiss Watch Industry FH. Retrieved July 16, 2001, from http://www.fhs.ch

Glove glossary. (2000). *Sullivan glove.* Retrieved October 31, 2000, from www.Sullivanglove.com

Glove talk. (2000). *Gates gloves.* Retrieved October 26, 2000 from www.gatesgloves.com

Gloversville history. (2000). *Masonic Lodge #429.* Retrieved October 26, 2000, from www.telenet.net/commercial/masonic/Glover.html

Gloves add dimension to weather protection. (1999, August 16). *Chain Drug Review, 21*(13), p. 80.

Gold, A. (1975). *75 Years of Fashion.* New York, NY: Fairchild.

Gold recovers in '99. (1999, October 21). *Monthly investment review in standard & poors industry surveys, Vol. 3, M-Z,* 1, 8.

Goldberg, D. (1998). Crazy about comfort. *Footwear+*. The Landau Group. Retrieved December 15, 1999, from www.shoesonthenet.com/septftwr+/upfront.html

Good Microsoft. Now heel; Thursday's appellate court ruling does nothing to lessen the need for controls on the software giant's unfair business practices. Editorial. (2001, June 29). *Los Angeles Times*, p. B16.

Gore-Tex: Guaranteed to keep you dry. (1990). *User's guide by W.L. Gore & Associates*. Elkton, MD.

Green, P. L. (1997, May 5). Footwear imports were flat in 1996. *The Journal of Commerce*, 6A–7A.

Greenwood, K. & Murphy, M. (1978). *Fashion innovation and marketing*. New York, NY: Macmillan.

Grossman, A. (1998, October 5). Retailer participation, fashion grow eyewear sales. *Drug Store News*, p. 30.

Guide to the fur industry: Fact vs. fiction. (1993). *Fur Information Council of America*.

Guides for select leather and imitation leather products. (n.d.). 16 C.F.R., Section 24. *Federal Trade Commission*, Retrieved August 31, 2001, from http://www.ftc.gov/os/statutes/textile/gd-leath.htm#24.0

Haber, H. (2000, October). Full color. *Women's Wear Daily Accessories Supplement*, 54.

Hackney, K. and Edkins, D. (2000). *People and pearls: The magic endures*. New York, NY: Harper Collins.

Hamilton co-stars in Touchstone Picture's Pearl Harbor. (2001). *International Wrist Watch*, (47), 10.

Handbag wisdom. (2000, February). *Accessories Magazine*. 30.

Harris, J. (1999, August). Other consumer durables: Jewelry. *U.S. industry & trade outlook 2000*. U.S. Department of Commerce/International Trade Administration. Washington, D.C.: McGraw-Hill.

Held in a tangled web. (2001, May). *Travel Retailer International*, 91.

Hernadez, D. (2001, June 23). Los Angeles: Keeping watch on watches pays off. *Los Angeles Times*, p. B5.

Hessen, W. (1994, August 22). Selling under the sun. *Women's Wear Daily*, 168(38), p. S7.

Hessen, W. (1995, April 24). The new rain dance. *Women's Wear Daily*, 169(78), p. S12.

Hessen, W. (1999, September 7). Eyewear firms shift focus. *Women's Wear Daily*, 178(47), p. 22.

Hessen, W. (1999). Coach has a new game plan. *Women's Wear Daily*, 178(65), p. 18.

Hessen, W. (2000, February 14). Repeat performance. *Women's Wear Daily, WWD/Magic, Section II*, p. 14.

Hessen, W. (2000, April 10). Rosy times continue for watches. *Women's Wear Daily*, pp. 14–15.

Hessen, W. (2000, July 10). Keeping a strong cycle going. *Women's Wear Daily*, 180(4), p. 14.

Hessen, W. (2000, September 18). Special recognition for the best accessorized television program. *Women's Wear Daily*, 180(53), p. 31.

Hessen, W. (2000, October 3). Enjewel to launch Web site. *Women's Wear Daily*, 180(64), p. 19.

Hessen, W. (2000, November 6). Tommy's two-tier take on time. *Women's Wear Daily*, 180(87), p. 17.

Hessen, W. (2001, January). No worries. *WWD/MAGIC Supplement*, 30.

Hessen, W. (2001, February 21). Fine jewelry and watches. *Women's Wear Daily Special Report: WWD Luxury*, p. 31.

Hessen, W. (2001, March 15). Tiffany's to refurbish flagship. *Women's Wear Daily*, 181(51), p. 3.

Hessen, W. (2001, May). What women want. *Women's Wear Daily Jewelry and Watches Fall 2001 Supplement*, pp. 14, 52.

Hessen, W. & Karimzadeh, M. (2000, November 6). Presentation lacks punch in hosiery. *Women's Wear Daily*, 180(87), p. 6.

Hessen, W. & Kletter, M. (2000, March 13). Scarfs, handbags get early fall focus. *Women's Wear Daily*, p. 17.

Hessen, W. & Ozzard, J. (2000, February 7). The status-bag game: U.S. designers still playing catch-up. *Women's Wear Daily*, 179(25), p. 1+.

Hessen, W. (2001, January 2). Let it snow, let it snow, let it snow. *Women's Wear Daily*, p. 22.

Hilliard, H. E. (n.d.). Platinum-group metals. *U.S. geological survey, mineral commodity summaries*, 99–108. Retrieved May 7, 2001, from http://minerals.usgs.gov/minerals/pubs/commodity/platinum/550798.pdf

Jones, R. A. (2000, August). Stone love. *Women's Wear Daily Accessories Supplement,* p. 44.

Joseph, M. (1988). *Essentials of textiles.* New York, NY: Holt, Rinehart & Winston.

Kapner, S. (2001, April 26). Oppenheimer family and partners raise offer for De Beers. *The New York Times.* Retrieved May 1, 2001, from www.nytimes.com

Karimzadeh, M. (2000, August). Growing pains. *Women's Wear Daily Accessories Supplement,* 20, 22.

Karimzadeh, M. (2000, August 28). In the bag. *Women's Wear Daily, 180*(39), pp. 48, 50.

Karimzadeh, M. (2000, September 11). FAE adopts a new name. *Women's Wear Daily,* p. 32.

Karimzadeh, M. (2000, September 18). Ace is high. *Women's Wear Daily, 180*(53), p. 30.

Karimzadeh, M. (2000, September 18). Growing the Euro niche. *Women's Wear Daily, 180*(53), p. 22.

Karimzadeh, M. (2000, October 30). Scarfs and bags boost Paris shows. *Women's Wear Daily,* p. 16.

Karimzadeh, M. (2000, November 6). Legwear made easy at H & M. *Women's Wear Daily, 180*(87), p. 7.

Karimzadeh, M. (2001, January). From Coco to cowgirl. *WWD/MAGIC Supplement,* 22, 29.

Karimzadeh, M. (2001, April 27). Jones Apparel Group acquires Judith Jack. *Women's Wear Daily, 181*(84), p. 2.

Karimzadeh, M. (2001, May). Shiny, happy people. *Women's Wear Daily Jewelry and Watches Fall 2001 Supplement,* p. 34.

Karimzadeh, M. (2001, June 4). Susan Lucci launches jewelry line on HSN. *Women's Wear Daily, 181*(111), p. 9.

Karimzadeh, M. (2002, June 3). Wolford's next step: individual nature. *Women's Wear Daily, 183*(109), p. 8.

Karimzadeh, M., & Kletter, M. (2002, July 15). Taking innovative steps for Fall. *Women's Wear Daily, 184*(10), p. 16.

Kaylin, L. (1987, July). The semiotics of the tie. *Gentleman's Quarterly, 57*(7), pp. 112, 115, 117.

Kazanjian, D. (1997, November). That touch of mink. *Vogue, 187,* 352–355.

Keshishian, J. M. (1979, June). Anatomy of a Burmese beauty secret. *National Geographic, 155*(6), 798–801.

King, S. (1999, December 11). Sisyphus of the sneaker makers. *The New York Times,* pp. C1, C4.

Kleeberg, I. C. (1975). *Butterick fabric handbook.* New York, NY: Butterick Publishing.

Kletter, M. (2000, January). A tale of time. *Women's Wear Daily Special Report: The Fairchild 100,* 114, 116.

Kletter, M. (2000, January). Bracelets, beads and brights. *Women's Wear Daily, WWD/Magic Supplement,* 26–27.

Kletter, M. (2000, February 14). Busting out. *Women's Wear Daily, WWDMagic/Junior Accessories,* p. 26.

Kletter, M. (2000, April 17). New views for eyewear. *Women's Wear Daily,* p. 13.

Kletter, M. (2001, October 4). Teen market shows red, white & blue. *Women's Wear Daily, 182*(65), p. 12.

Kletter, M. (2002, May 6). Makers putting on the glitz. *Women's Wear Daily, 183*(90), p. 18.

Knot Bad Choices. (1996). *MBA Style.* Retrieved Feb. 21, 1997, from http://members.aol.com/mbastyle/web/ties.html

Krall, S. (2000, December 1). The case for jewelry. *Gifts & Decorative Accessories, 101*(12), 179.

LVMH buys stake in De Rigo. (2000, December 28). *Women's Wear Daily, 180*(121), p. 2.

Lady avenger. (1997). *Women's Wear Daily, 174*(14), p. 1.

Latest gold news. (2001, April 20). *Kitco.* Retrieved April 20, 2001, from www.kitco.com.

Leather Apparel Association—about us. (2000, August 11). *Leather Apparel Association.* Retrieved December 15, 2000, from http://www.leatherassociation.com

Leather facts. (1994). Peabody, MA: New England Tanners Club.

Legwear report: Legbeat. (2000, August 28). *Women's Wear Daily, 180*(39), p. 23.

Lettich, J. (1993, November 1). Chains strike gold with fine jewelry. *Discount Store News, 32*(21), 34.

Light work. (1987). *Coreen Simpson.* Retrieved June 20, 2001, from http://www.lightwork.org/residency/simpson.html

Lockwood, L. (2001, April 17). Harry Winston taps new marketing firm. *Women's Wear Daily, 181*(76), p. 8.

Jones, R. A. (2000, August). Stone love. *Women's Wear Daily Accessories Supplement,* p. 44.

Joseph, M. (1988). *Essentials of textiles.* New York, NY: Holt, Rinehart & Winston.

Kapner, S. (2001, April 26). Oppenheimer family and partners raise offer for De Beers. *The New York Times.* Retrieved May 1, 2001, from www.nytimes.com

Karimzadeh, M. (2000, August). Growing pains. *Women's Wear Daily Accessories Supplement,* 20, 22.

Karimzadeh, M. (2000, August 28). In the bag. *Women's Wear Daily, 180*(39), pp. 48, 50.

Karimzadeh, M. (2000, September 11). FAE adopts a new name. *Women's Wear Daily,* p. 32.

Karimzadeh, M. (2000, September 18). Ace is high. *Women's Wear Daily, 180*(53), p. 30.

Karimzadeh, M. (2000, September 18). Growing the Euro niche. *Women's Wear Daily, 180*(53), p. 22.

Karimzadeh, M. (2000, October 30). Scarfs and bags boost Paris shows. *Women's Wear Daily,* p. 16.

Karimzadeh, M. (2000, November 6). Legwear made easy at H & M. *Women's Wear Daily, 180*(87), p. 7.

Karimzadeh, M. (2001, January). From Coco to cowgirl. *WWD/MAGIC Supplement,* 22, 29.

Karimzadeh, M. (2001, April 27). Jones Apparel Group acquires Judith Jack. *Women's Wear Daily, 181*(84), p. 2.

Karimzadeh, M. (2001, May). Shiny, happy people. *Women's Wear Daily Jewelry and Watches Fall 2001 Supplement,* p. 34.

Karimzadeh, M. (2001, June 4). Susan Lucci launches jewelry line on HSN. *Women's Wear Daily, 181*(111), p. 9.

Karimzadeh, M. (2002, June 3). Wolford's next step: individual nature. *Women's Wear Daily, 183*(109), p. 8.

Karimzadeh, M., & Kletter, M. (2002, July 15). Taking innovative steps for Fall. *Women's Wear Daily, 184*(10), p. 16.

Kaylin, L. (1987, July). The semiotics of the tie. *Gentleman's Quarterly, 57*(7), pp. 112, 115, 117.

Kazanjian, D. (1997, November). That touch of mink. *Vogue, 187,* 352–355.

Keshishian, J. M. (1979, June). Anatomy of a Burmese beauty secret. *National Geographic, 155*(6), 798–801.

King, S. (1999, December 11). Sisyphus of the sneaker makers. *The New York Times,* pp. C1, C4.

Kleeberg, I. C. (1975). *Butterick fabric handbook.* New York, NY: Butterick Publishing.

Kletter, M. (2000, January). A tale of time. *Women's Wear Daily Special Report: The Fairchild 100,* 114, 116.

Kletter, M. (2000, January). Bracelets, beads and brights. *Women's Wear Daily, WWD/Magic Supplement,* 26–27.

Kletter, M. (2000, February 14). Busting out. *Women's Wear Daily, WWDMagic/Junior Accessories,* p. 26.

Kletter, M. (2000, April 17). New views for eyewear. *Women's Wear Daily,* p. 13.

Kletter, M. (2001, October 4). Teen market shows red, white & blue. *Women's Wear Daily, 182*(65), p. 12.

Kletter, M. (2002, May 6). Makers putting on the glitz. *Women's Wear Daily, 183*(90), p. 18.

Knot Bad Choices. (1996). *MBA Style.* Retrieved Feb. 21, 1997, from http://members.aol.com/mbastyle/web/ties.html

Krall, S. (2000, December 1). The case for jewelry. *Gifts & Decorative Accessories, 101*(12), 179.

LVMH buys stake in De Rigo. (2000, December 28). *Women's Wear Daily, 180*(121), p. 2.

Lady avenger. (1997). *Women's Wear Daily, 174*(14), p. 1.

Latest gold news. (2001, April 20). *Kitco.* Retrieved April 20, 2001, from www.kitco.com.

Leather Apparel Association—about us. (2000, August 11). *Leather Apparel Association.* Retrieved December 15, 2000, from http://www.leatherassociation.com

Leather facts. (1994). Peabody, MA: New England Tanners Club.

Legwear report: Legbeat. (2000, August 28). *Women's Wear Daily, 180*(39), p. 23.

Lettich, J. (1993, November 1). Chains strike gold with fine jewelry. *Discount Store News, 32*(21), 34.

Light work. (1987). *Coreen Simpson.* Retrieved June 20, 2001, from http://www.lightwork.org/residency/simpson.html

Lockwood, L. (2001, April 17). Harry Winston taps new marketing firm. *Women's Wear Daily, 181*(76), p. 8.

Lombardy, D. (ed). (2000). *Ulrich's international periodicals directory 2000.* New Providence, NJ: R.R. Bowker.

Lorusso, M. (2000, March 6). New Cole Haan lifestyle line injected with Nike technology. *Footwear News, 56* (10), pp. 2, 31.

Major shippers report: cotton handkerchiefs. (2002, May 16). Office of Textiles and Apparel, U.S. Department of Commerce. Retrieved June 16, 2002, from http://otexa.ita.doc.gov/msr/cat330.htm

Major shippers report: silk neckwear. (2002, May 16). Office of Textiles and Apparel, U.S. Department of Commerce. Retrieved June 16, 2002, from http://otexa.ita.doc.gov/msr/cat758.htm

Malone, S. (1999, July 27). Making strides in mass customization. *Women's Wear Daily, 178*(18), p. 12.

Marcinek, L. (2000, July 8). What's hot? *Fur Age.* Retrieved December 15, 2000, from http://www.fur.com/FUR/FurAge136.html

Marquardt, K. (1998, April 2). *Putting People First.* Internet correspondence. Retrieved December 15, 2000, from http://www.thewild.com/ppf

Mason, A. (1974). *An illustrated dictionary of jewellery.* New York, NY: Harper & Row.

Mass market rings up strong jewelry sales. (1996, August 19). *Discount Store News, 35*(16), A42.

Matched sets. (2000, June 12). *Women's Wear Daily, 179*(113), p. 6.

Matlins, A. L. (1998). *Jewelry and gems: The buyer's guide.* Gem Stone Press.

McCants, L. (2000, May 16). Indies take to fashion furs. *Women's Wear Daily, 179*(95), pp. 8–9.

McCants, L. (2000, June 13). Fur week's 'sex' appeal. *Women's Wear Daily, 179*(114), p. 8.

McKinney, M. (1999, March 19). Women's designer Mary McFadden to do first-ever neckwear collection. *Daily News Record, 29*(33), p. 2.

Meadows, S. (2001, June 25). For the wrist that has everything. *Newsweek, 137*(26), 80.

Meadus, A. (1995, January 17). Market week perks. *Women's Wear Daily, 169*(10), p. 14.

Meadus, A. (1995, October 16). Safety meets style. *Accessories Magazine, 170*(71), p. S16.

Medina, M. (2001, January 8). New best friends. *Women's Wear Daily, 181*(5), p. 18.

Medina, M. (2001, January 8). A new shine for vintage jewelry. *Women's Wear Daily, 181*(5), p. 14.

Meilach, D. (1971). *Contemporary leather: Art and accessories, tools and techniques.* Chicago, IL: Regnery.

Mendoza, D. (2000, August 28). It's in the bag. *Women's Wear Daily, 180*(39), pp. 58–59.

Menkes, S. (1998, December). What a pair. *Town & Country Monthly, 218.*

Men's colonial shoes. (1999). Fugawee Corporation. Retrieved December 15, 1999, from www.fugawee.com

Meyer, M. (2000, October 7). Wearable technology is the latest fashion revolution. *St. Louis Post-Dispatch,* p. 32.

Midwest Expo gets new home. (2000, June). *Jewelers' Circular Keystone, 171*(6), 416.

Mills, B. (1985). *Calico chronicle.* Lubbock, TX: Texas Tech Press.

Mineral production. (1998). *International marketing data and statistics 1998.* London, England: EURO-MONITOR Plc.

Minerals yearbook: Metals and minerals 1998, Vol. 1. (2000). U.S. Department of the Interior, U.S. Geological Survey. Washington, D.C.: United States Government Printing Office.

Mink national agricultural statistics service. (1999, May 4). Washington, D.C.: USDA. Retrieved December 15, 2000, from http://jan.mannlib.cornell.edu/reports/nassr/other/zmi-bb/mink_07.23.98

Moin, D. (2001, March 26). QVC will distribute Diamonique to Target. *Women's Wear Daily, 181*(58), p. 2.

Mossimo eyes. (1999, July 26). *Women's Wear Daily, 178*(17), p. 14.

Murphy, R. (2000, June 26). Escada licenses scarf, lingerie lines. *Women's Wear Daily, 179*(123), p. 10.

NAICS 315: Apparel manufacturing. (1997). 1997 Economic Census. Retrieved April 9, 2001, from http://www.census.gov/epcd/ed97brdg/E97B1315.HTM

Neckwear Association of America, Inc. (1995). Apparel Net, Inc. Retrieved April 10, 2001 from http://apparel.net/naa/naa-news.html

Nelson, S. (2000, January). New technologies improve shoe store efficiency. *Stores Magazine, 82* (1), 68, 70, 83.

Wide Width and Narrow Shoes. (2000). New Balance. Retrieved Dec 1, 2000, from www. newbalancewebexpress.com/width_sizing.htm

New soft insert for Gore-Tex gloves offers better feel, greater flexibility. (2000, January 29). *Gore(TM) fabrics: 2000.* Available: www.gorefabrics. com or www.gore-tex.com

Newman, J. (2000, August). Victoria's Secret. *Women's Wear Daily Accessories Supplement,* 8, 10.

News. (2001). *International Wrist Watch,* (47), 6.

News about Lezanova. (2000, August). Osaka, Japan: Daikin Industries, Ltd.

North American Fur and Fashion Exposition (NAF-FEM) press release. (2000, July, 6). *The Canadian Fur Trade Development Institute.* Retrieved December 15, 2000, from http://www.naffem.com

Of men and money. (1995, April). *Jewelers' Circular Keystone, CLXVI*(4), 40.

O'Neil, P. (1983). *Planet Earth: Gemstones.* Chicago, IL: Time Life Books.

Open your store. (2000). Shoenet1. Retrieved January 18, 2000, from www.shoenet1.com/yourstore.asp

Ozzard, J. (2000, September 19). Hermes's Paris accent spreads in NY with newest, largest store. *Women's Wear Daily, 180*(54), p. 1.

Palmeri, C. (1999, November 15). Filling big shoes. *Forbes, 164* (12), 170, 172.

Palmieri, J. E. (2000, September 20). Hermes opens majestic Madison Avenue store. *Daily News Record, 30*(111), p.1.

Passy, C. (2000, October 13). Blown away. *The Wall Street Journal,* p. W14.

Payne, B., Winakor, G., & Farrell-Beck, J. (1992). *The history of costume. New York,* NY: HarperCollins.

Peerless umbrella history. (n.d.). *Peerless Umbrella Company.* Retrieved November 1, 2000, from www.PeerlessUmbrella.com

Peltz, L. (1986). *Fashion accessories.* Mission Hills, CA: Glencoe.

People of the fur trade: The auction. (2000, July 8). *The Fur Institute of Canada.* Retrieved December 15, 2000, from http://www.fur.ca/people/auction.html

Platinum-group metals statistics and information. (n.d.). *U.S. geological survey, mineral commodity summaries,* 99–108. Retrieved May 8, 2001, from http://minerals.usgs.gov/minerals/pubs/ commodity/platinum.

Point of information systems begins with Broadway generation. (1999). Gemmar Systems International, Inc. Retrieved September 15, 1999, from www.gsi.ca/press_details.asp?PressID=22

Power, D. (2000, March 8). Fossil's new dimensions online and in the stores. *Women's Wear Daily,* p. 15.

The precious world of platinum. (n.d.). *Platinum Guild International.* Retrieved May 3, 2001, from http://www.ags.org

Precision points. (2001, February 5). *Women's Wear Daily, 181*(24), p. 4–5.

Productivity: The DSN annual productivity report. (1999, August 9). *Drug Store News, 38*(15), p. 69.

Redecker, C. (1999, May 10). Buyers scope shows for newness and flair. *Women's Wear Daily.* p. 14(1).

Redecker, C. (2000, January). Brands capitalize on the lifestyle image. *The Fairchild 100 Supplement Women's Wear Daily,* 78–80.

Reebok shoes get kids moving. (1999, December 13). *Footwear News 55*(50), p. 6.

Retail sales hit new highs. (2000, April 24). *Women's Wear Daily Accessories Supplement,* 12.

Revolution: The bracelet watch. (1996, September). *Jewelers' Circular Keystone,* 290.

Reynolds, V. (2001, February 27). Platinum group metals prices expected to remain strong. *American Metal Market, 109*(39), n. p.

Ring size comparison chart. (n.d.). *International Gem Society.* Retrieved Apr. 20, 2001, from http://www.gemsociety.org/info/chrings.htm

Robertson, R. (2001, February 5). De Beers homes in on diamond retail market. *The Northern Miner, 86*(50), 1+.

Rossi, W. (2000, January 31). Selling floor: Future shock. *Footwear News, 56* (5), pp. 130–131.

Rossi, W. & Tennant, R. (1993). *Professional shoe fitting.* New York, NY: National Shoe Retailers Association.

Samsonite reports fourth quarter results. (2002, March 19). *CBS MarketWatch.* Retrieved May 24, 2002, from wysiwyg://31/http://cbs.marketwatch.com

Scarves, neckwear & wraps census. (2002, January). *Accessories Magazine, 103*(1), p. 38.

Schachter, R. (ed.). (1983). *The art and science of footwear manufacturing.* Philadelphia, PA: Footwear Industries of America, Inc.

Schneider-Levy, B. (2000, January 31). Interior motives. *Footwear News. 56*(5), pp. 34, 36, 38, 40.

Schneider-Levy, B. (2000, February 4). Zeroing in. *Footwear News, 56* (6), p. 98.

Schneiderman, I. P. (1999, November 29). Extra, extra. *Footwear News, 55*(48), p. 13+.

Schneiderman, I. (2000, January). The Fairchild 100. *Women's Wear Daily,* 10, 12.

Schwartz, J. & Urman, E. (2001, March 11). Gem-dandies jewelry trends sparkle aplenty. *Denver Rocky Mountain News,* p. 28.

Screen test. (2000, August). *Accessories supplement, Women's Wear Daily,* pp. 38, 40.

The sheer facts about hosiery. (2000). *National Association of Hosiery Manufacturers.*

Sheets, T. (Ed.). (2000). *Encyclopedia of Associations, Vol. 1, 36th Edition.* Farmington Hills, MI: The Gale Group.

Sherwood, J. (1999, October 23). How to spend it: Wild things. *London Financial Times,* p. 10.

The Shoe Museum (1999). *Temple University School of Podiatric Medicine.* Retrieved December 1, 1999, from www.pcpm.edu/shoemus.htm

Shoe history. (2000). *Shoeinfonet.* Retrieved January 11, 2000, from www.shoeinfonet.com/history/usm/hi_shoes.htm

Show news. (n.d.). Retrieved November 3, 2000, from http://www.busjour.com/fae/news_content.html

Shuster, W.G. (2001, April). Record sales in Europe for 2000. *Jewelers' Circular Keystone, 172*(4), 74.

Shuster, W. G. (2000, July). Real men do wear silver. *Jewelers' Circular Keystone, CLXXI* (7), 106+.

Silver. (2001). *Navajo Shopping Center.* Retrieved June 20, 2001, from http://www.navajoshop.com

Sims, C. (1999, November 26). Be tall and chic as you wobble to the orthopedist. *The New York Times International,* p. A4.

Siu, T. (2000, January 31). Interior motives. *Footwear News. 56* (5), pp. 34, 36, 38, 40.

Sizing. (n.d.). *Gloves-online.* Retrieved October 24, 3000, from www.gloves-online.com

Solemates: The century in shoes. (2000). Retrieved January 17, 2000, from www.centuryinshoes.com/intro.html

Solnik, C. (1999, April). Taking inventory. *FN Century,* 58, 60, 62, 64.

Solnik, C. (2000, June 5). The sacred cow. *Women's Wear Daily, 179* (27), p.16.

SPESA news release. (2001, August). *Sewn Products Equipment & Suppliers of the Americas.* Retrieved September 4, 2001, from http://www.spesa.org/news_releases.htm

Soucy, C. (2001, March). Escada joins fine jewelry brigade. *Jewelers' Circular Keystone, 172*(3).

Spat, W. J. (n.d.). A loosening of ties. Retrieved Apr. 10, 2001, from http://fly.hiwaay.net/~jimes/necktie/spatHistory.html

Specter, M. (2000, March 20). High heel heaven. *The New Yorker,* pp. 102–111.

Spevack, R. (1997, October 10). Accessories a key link in the golfwear game. *Daily News Record, 27*(122), p. 17.

Stankevich, D. (1997, April a). The sock hop. *Discount Merchandiser, 37*(4), 84–87.

Stankevich, D. (1997, April b). Who left their socks here? *Discount Merchandiser, 37*(4), 88–89.

Stankevich, D. (1999, May). Keeping the sparkle. *Discount Merchandiser, 39*(5), 113–115.

Stanton, J. (2001). Jan Stanton hat designer. Retrieved April 26, 2003, from http://www.heartfeltbyjanstanton.com

Steele, V. (1999). Shoes: *A lexicon of style.* New York, NY: Rizzoli.

Stocks and ... scarfs? (2001, January). *On Wall Street, 11,* p. 16.

Stoecker, D. L. (ed.) (2000). Leather and fur industries. *38th edition: Ulrich's International Periodicals Directory 2000*. New Providence, NJ: R.R. Bowker.

Stohr, K. (2000, May 15). Vision quest. *In Style, 1*(2), p. 146+.

Stone, E. (1999). *The dynamics of fashion*. New York, NY: Fairchild.

Store display. (1997). National Fashion Accessory Association. Retrieved August 31, 2002, from http://www.accessoryweb.com.

Storm, P. (1987). *Functions of dress: Tools of culture and the individual*. Englewood Cliffs, NJ: Prentice-Hall.

Sun glasses. (n.d.). Retrieved March 6, 2001, from http://www.eyeglasses-site.com/sun_glasses.htm

THA major publications. (n.d.) *The Hosiery Association*. Retrieved February 27, 2001, from http://www.nahm.com/majorpubs.html

Tait, H. (Ed.). (1986). *Jewelry: 7000 years*. New York, NY: Harry N. Abrams.

Takamura, Z. (1993). *Fashion with style*. Tokyo, Japan: Graphic-sha Publishing Company.

The 100. (2001, February). *Women's Wear Daily Special Report: WWD Luxury*.

The top 100. (2000, January). *Women's Wear Daily Special Report: The Fairchild 100*. 15, 20.

Tie me, try me. (2000, February 25). *Daily News Record, 30*(24), p. c3.

Tie, tie again. (2000, July). *Men's Wear Retailing*, p. 110.

Titanium gets trendy. (2000, May 15). *Review of Optometry, 137*(5), p. 122.

Tolman, R. (1973). *Guide to fashion merchandise knowledge, Volume I*. Bronx, New York, NY: Milady Publishing.

Tolman, Ruth. (1982). *Selling Men's Fashion*, New York, NY: Fairchild.

Tortora, P. & Collier, B. (1997). *Understanding textiles (5th ed.)*. Upper Saddle River, NJ: Prentice Hall.

Tortora, P. & Eubank, K. (1989). *A survey of historic costume*. New York, NY: Fairchild.

Trade show USA calendar. (2001, June 27). *Women's Wear Daily, 181*(128), pp. 10–11.

Trim Pickings. (Oct. 2, 2001). *Women's Wear Daily, 182*(63), p. 10.

Tully, S. (1984, August 26). The Swiss put the glitz in cheap quartz watches. *Fortune*, 102.

U.S. branded athletic footwear market. (2000). *Sporting Goods Intelligence News*. Retrieved June 23, 2000, from www.sginews.com

U.S. slowdown tells upon gems and jewellery exports. (2001, April 21). *Economic Times*, n.p.

U.S. trade quick-reference tables: December 2001 imports and exports: 6601.91, 6603.20.3000, and 9004.10. (2001, December). Retrieved June 27, 2002, from http://www.ita.doc.gov/td/industry/otea/

U.S. trade quick-reference tables: Dec. 2001 exports: 9101 and 9102. (2001, December). International Trade Administration. Retrieved July 11, 2002, from http://www.ita.doc.gov/td/industry/otea/Trade-Detail/Latest-December/Exports/91/910219.html

Ultimate diamond information site. (1998). *Good old gold*. Retrieved June 4, 2001, from http://www.goodoldgold.com/clarity2.htm

United to limit size of carry-on luggage. (1998, October 15). *Houston Chronicle*, n. p.

United States Watch Company. (n.d.). Retrieved July 19, 2001, from http://www.oldwatch.com

Vexed generation bags victory. (2000, June 23). *Design Week*, 5.

Vierhile, T. (2001, August 17). Personal correspondence.

Vierhile, T. (2000, July). The new "hemp": It's not what you think. *Health Products Business, 46*(7), 50.

Vogel, M. (2000, July). Beauty care suppliers look to teens to drive business. *Chain Drug Review, 22*(12), 6.

Von Neumann, R. (1972). *The design and creation of jewelry*. Radnor, PA: Chilton Book Company.

Waltham Watch Company. (1907, 1976). *The perfected American watch*. Kansas City, MO: Heart of America Press.

Waltham Watch Company FAQs. (n.d.). Retrieved July 19, 2001, from www.waltham-community.com

Ward, F. (1979, January). The incredible crystal diamonds. *National Geographic, 155*(1), 84–113.

Ward, F. (1990, July). Emeralds. *National Geographic, 178*(1), 38–69.

Warner, B. (1999). Just do it online. *The Industry Standar, 1999.* Retrieved January 22, 1999, from www.idg.net/crd_online_65562.html

Watch. (2000). The Columbia electronic encyclopedia. Columbia University Press. Retrieved July 18, 2001, from http://www.infoplease.com/ce6/sci/A0851562.htm

Waterhouse, V. (2001, January 29). Italian jewelry shines, but with less luster. *Women's Wear Daily, 181*(19), p. 12–13.

Watson, T. (1998, November 12). Terror on the beasts' behalf. *USA Today,* p. 3.

Weber, L. (2001, April 8). The diamond game, shedding its mystery. *The New York Times, 150*(51, 717), pp. 1, 11.

Weir, J. & Wolfe, D. (1999). *The Weir/Wolfe Report, 1,* (10). The Doneger Group, HDA Productions, Inc.

What motivates Americans to buy jewelry and watches: Part 2 of 4. (1999, November). *Jewelers' Circular Keystone, CLXX* (11), p. 106+.

What motivates Americans to buy jewelry and watches: Part 3 of 4. (1999, November). *Jewelers' Circular Keystone, CLXX* (11), p. 108+.

Wheeled bags roll out of style. (2000, July 14). *Wall Street Journal-3 Star, Eastern Edition.* pp. W1+.

Where to get more information on gemology and gemcutting. (n.d.). Retrieved May 3, 2001, from http://phya.yonsei.ac.kr/~maskmanx/jewelry/moreinfo.html

Whitaker, B. (1999, December 19). Diamond buyers wonder: Is it real or treated? And does it matter? *The New York Times, Sunday,* p. 16.

White, P. (1974, January). The eternal treasure gold. *National Geographic, 145*(1), 1–51.

Who invented the umbrella? (2003). *Inventors with Mary Bellis.* Retrieved November 10, 2000, from http://inventors.about.com

Why we love platinum. (n.d.). *Precious platinum.* Retrieved May 3, 2001, from http://www.preciousplatinum.com/about_history.asp

Williamson, R. (2000, August 28). The late night hosiery spot. *Women's Wear Daily, 180*(39), pp. 22.

Wilson, C. (2000, April 24). Council's Web site is link to the industry. *Women's Wear Daily Advertising Supplement, Accessor-Ease,* p. 26.

Wilson, E. (1999, May 25). Furs cut from a different cloth. *Women's Wear Daily, 77*(100), p. 8.

Wilson, E. (2000, May 2). Cassin's second act shapes up. *Women's Wear Daily, 179*(85), p. 11.

Wilsons leather. (2000). The Wilsons for women executive collection. Retrieved September 9, 2000, from www.wilsonsleather.com

Winning stripes. (2000, August 28). *Women's Wear Daily, 180*(39), p. 20.

Women's handbag and purse manufacturing. (1997). *Economic Census.* U.S. Census Bureau. U.S. Department of Commerce. Retrieved September 9, 2000, from www.uscensus.gov

World demand soars for leathergoods and accessories. (2000, March 1). *Duty-Free News International, 14*(4), p. 33+.

World Gold Council seventh international symposium dedicated to gold jewellry technology. (n.d.). *World Gold Council.* Retrieved May 9, 2001, from http://www.gold.org/Wgc/Gfl/Gf001108.htm

World leather markets. (1998, October). *Leather,* p. 29.

Yaukey, J. (2000, November 14). Computers to wear. *Muskogee Daily Phoenix,* p. 1–2C.

Year of the handbag; new fabrications and status brands propel handbags into the fashion forefront. (2000). *Accessories Magazine 101*(4), 44+.

Your guide to diamonds: Nature's most precious gift. (n.d.). Moody's Jewelry, Tulsa, OK.

Zargani, L. (2000, June 16). Baldoria ties into the Internet. *Women's Wear Daily,* p. 12.

찾아보기

人

ㅇ

Ⅱ

ㅎ